C 程式設計藝術(第八版)(國際版)

(附部分內容光碟)

C How to Program, Global Edition, 8/E

Paul Deitel
Deitel & Associates, Inc.　原著
Harvey Deitel
Deitel & Associates, Inc.

全華翻譯小組　編譯

DEITEL

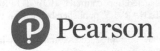
全華圖書股份有限公司

Pearson

國家圖書館出版品預行編目資料

C 程式設計藝術 / Paul Deitel, Harvey Deitel
　原著；全華翻譯小組編譯. – 八版. --
　新北市：全華圖書，2018.09
　　面；　公分
　國際版
　譯自：C how to program, 8th ed.
　ISBN 978-986-463-940-3(平裝附光碟片)

　1.　C(電腦程式語言)　2.C++(電腦程式語言)
　2.　Java(電腦程式語言)

312.32C　　　　　　　　　　　107015353

C 程式設計藝術(第八版)(國際版)(附部分內容光碟)
C HOW TO PROGRAM, GLOBAL EDITION, 8/E

原著 / Paul Deitel、Harvey Deitel
編譯 / 全華翻譯小組
執行編輯 / 李慧茹
發行人 / 陳本源
出版者 / 全華圖書股份有限公司
郵政帳號 / 0100836-1 號
印刷者 / 宏懋打字印刷股份有限公司
圖書編號 / 06146027
八版六刷 / 2023 年05 月
定價 / 新台幣 840 元
ISBN / 978-986-463-940-3
全華圖書 / www.chwa.com.tw
全華網路書店 Open Tech / www.opentech.com.tw
若您對書籍內容、排版印刷有任何問題，歡迎來信指導 book@chwa.com.tw

臺北總公司(北區營業處)
地址：23671 新北市土城區忠義路 21 號
電話：(02) 2262-5666
傳眞：(02) 6637-3695、6637-3696
中區營業處
地址：40256 臺中市南區樹義一巷 26 號
電話：(04) 2261-8485
傳眞：(04) 3600-9806

南區營業處
地址：80769 高雄市三民區應安街 12 號
電話：(07) 381-1377
傳眞：(07) 862-5562

有著作權‧侵害必究

目錄

3 結構化程式的開發

4 C 程式控制

5 函式

6　陣列

7　指標

8 字元與字串

9 C 格式化輸入／輸出

13　C 前置處理器

14　C 語言的其他主題

15　C++：較好的 C；簡介物件技術

16　類別、物件與字串簡介

17　類別：深入討論；拋出例外狀況

18　運算子多載：String 類別

19　物件導向程式設計：繼承

20　物件導向程式設計：多型

21　串流輸入／輸出：深入探討

22　例外處理：一窺究竟

23　自訂樣版

附錄 A　運算子優先次序表

附錄 B　ASCII 字元集

附錄 C　數字系統

附錄 D　排序：更深入的探討

附錄 E 多執行緒與 C11 和 C99 的其他主題

本書第 17、20-23 章以及附錄 A-E 之內容，均收錄於隨書光碟中

序言

歡迎來到 C 語言的世界！本書為資訊領域的學生、教師、軟體開發人員提供了最先進的電腦技術。

本書的軸心是 Deitel 特有的「實況程式碼（live-code）」教學方法。我們使用完整的可運作程式來呈現觀念，而不是片段的程式碼。每個程式碼範例之後都會有一個以上的執行示範。請上本書官網，線上閱讀 Additional Resources 中的「Before You Begin」資料（http://deitel.com/bookresources/chtp8/chtp8_BYB.pdf），學習如何設置電腦以執行數百個程式碼範例。本書所有的程式碼都可以從下列網址下載：www.pearsonglobaleditions.com/deitel。研讀時，使用我們提供的原始碼執行每一程式。

我們相信本書及其輔助資料完全滿足讀者所需，提供廣泛、有趣、具挑戰性與娛樂性的 C 學習體驗。閱讀本書時，若有任何疑問，請寄電子郵件至 **deitel@deitel.com**，我們將儘速回覆。關於本書最新資訊，請造訪官網 **www.deitel.com/books/chtp8/**，加入我們的各個社群：

- Facebook®—http://facebook.com/DeitelFan
- Twitter®—@deitel
- LinkedIn®—http://linkedin.com/company/deitel-&-associates
- YouTube™—http://youtube.com/DeitelTV
- Google+™—http://google.com/+DeitelFan

並請線上訂閱 *Deitel Buzz Online* 通訊，網址：

    www.deitel.com/newsletter/subscribe.html

新版特色

以下為第八版的重要特色：

- **整合更多 C11 和 C99 標準的功能。**C11 和 C99 標準的支援隨編譯器而不同。微軟 Visual C++支援 C 在 C99 及 C11 中加入的新特色中的一部分，主要是那些 C++標準也有要求的。我們在本書的前幾章中納入了幾個 C11 和 C99 廣泛支援的功能，適用於入門課程和本書中使用的編譯器。附錄 E《多執行緒與 C11 和 C99 的其他主題》介紹了較進階的功能（例如日益流行的多核心架構的多執行緒）以及目前 C 編譯器未廣泛支援的各種其他功能。

- **所有程式碼都在 Linux、Windows 和 OS X 上測試過**。我們使用 Linux 上的 GNU gcc、Windows 上的 Visual C ++（Visual Studio 2013 Community Edition）和 OS X 上的 Xcode 中的 LLVM，重新測試了所有範例和練習程式碼。

- **更新的第一章**。新的第一章吸引學生之處在於，利用更新內容中可激發興趣的事實及圖片，使其能興奮地學習電腦及電腦程式。內容包括當前科技趨勢及硬體討論、資料階層、社交網路、表列出商業及科技類的刊物及網站，讓讀者可熬夜瀏覽最新的科技新聞及趨勢。也包括更新過的測試驅動（test-drivers），展示如何在 Linux、微軟 Windows 以及 OS X 上執行一支命令列 C 程式。我們也更新了網際網路和網站的討論以及物件技術的介紹。

- **更新的 C++與物件導向程式設計內容**。我們更新了第 15 至 23 章的 C++物件導向程式設計的全新內容，更新內容來自《C++程式設計藝術（第九版）》一書以及 C++11 標準。

- **更新的程式碼風格**。我們刪除了括號和方括號內的間距，並略微減少了我們對註解的使用。為了清楚起見，我們還在某些複合條件式加入括號。

- **變數宣告**。由於改進了編譯器支援，我們能夠將變數宣告移到更接近它們首次使用的位置，並在每個初始化的地方定義 **for** 迴圈計數器控制變數。

- **摘要的項目符號**。我們刪除了章末的術語列表，每個小節逐一更新內容，改採用粗體字標出重要的術語，並且對大部分頁面的參考資料更新了它們的定義。

- **使用標準術語**。為了幫助學生準備在全球各地工作，我們根據 C 標準對本書進行審閱，並將我們的術語升級為使用 C 標準術語，而不是一般的程式設計術語。

- **線上偵錯器的附錄**。我們更新了線上的 GNU gdb 和 Visual C ++®偵錯器的附錄，並加入 Xcode®偵錯器的附錄。

- **其他習題**。我們除了更新各種習題，也增加了一些新的題目，包括第 10 章中的 Fisher-Yates 無偏差洗牌演算法。

其他特色

本書第八版的其他特色如下：

- **C 的安全程式設計**。在很多章提到 C 程式設計時，我們都加入了探討 C 的安全程式設計小節。我們也在線上成立 C 安全程式設計資源中心，**www.deitel.com/SecureC/**。詳細介紹請參閱序言中的「關於 C 的安全程式設計」。

- **效能議題的探討。** C（及 C++）為效能密集的應用程式設計師所喜愛，如操作系統、即時系統、嵌入式系統及通訊系統，所以我們集中探討效能議題。

- **進階習題。** 我們鼓勵讀者利用電腦及網路來解決真的很重要的題目。這些習題的用意是增加對於世界正在面對的重要議題的認識。我們希望讀者以本身的價值觀、政見及信仰來處理這些議題。

- **排序：更深入的探討。** 排序是根據一個或多個排序鍵值將資料依序擺放。第 6 章以簡單的演算法介紹了排序，而在附錄 D 則有更深入探討。我們考慮了數個演算法並加以比較其記憶體消耗量及處理器需求量。為此，我們介紹了 Big O 表示法，以評估一個演算法在解決問題時的困難程度。透過範例及習題，附錄 D 討論了選擇排序、插入排序、遞迴合併排序、遞迴選擇排序、貯桶排序、遞迴快速排序等。排序是個有趣的問題，因為不同排序法在達到相同的最終結果時，可以有大幅不同的記憶體消耗量、CPU 時間及其他系統資源使用量。

- **在程式設計的習題前方加上標題。** 我們替大部分的程式設計習題都加上標題。這可以協助教師在課堂上分派適當的習題給學生。

- **運算的順序。** 我們增加了有關運算順序的注意事項。

- **C++風格的 // 註解。** 我們使用了較新且較簡潔的 C++風格的 // 註解，取代 C 以前的 /*...*/註解方式。

關於 C 的安全程式設計

全書的焦點都在 C 程式設計的基本原則。撰寫每一本程式設計的課本時，均尋找該程式語言的標準文件，尋找初學者在入門程式課程中應該學習的特色，以及程式設計師要開始以該語言工作時應該知道的特色。我們也考量到本書主要讀者為入門的程式設計師，故涵蓋電腦科學基礎及軟體工程基礎。

任何程式語言中的工業級強度的編碼技術超出了入門課本的範圍。因此，我們在 C 的安全程式設計小節，介紹了一些重要議題及技術，並提供相關連結及參考資料以持續學習。

由經驗也得知，很難建立工業級強度的系統禁得起來自病毒及蠕蟲的攻擊。今天透過網路，這些攻擊可以非常迅速，且範圍擴及全球。軟體漏洞常常來自簡單的程式設計問題。在發展階段一開始就建立好軟體的安全性可以大幅減少成本及漏洞。

CERT® 協調中心（**www.cert.org**）的創建目的是對攻擊做即時分析及回應。CERT（Computer Emergency Response Team，電腦緊急回應小組）發佈及提倡安全的編碼標準，協助 C 程式設計師及其他人能應用工業級強度系統，來避免程式設計實務上使系統暴露於攻擊中。CERT 標準會隨新的安全性議題出現而改進。

　　我們更新了程式碼（若對入門課本適當的話），以遵循各種 CERT 建議。如果你將建立工業用的 C 系統，建議閱讀 *The CERT C Secure Coding Standard, 2/e*（Robert Seacord, Addison-Wesley Professional, 2014）以及 *Secure Coding in C and C++, 2/e*（Robert Seacord, Addison-Wesley Professional, 2013）。CERT 指導方針可於下列網站線上免費取得：

> `https://www.securecoding.cert.org/confluence/display/seccode/`
> `CERT+C+Coding+Standard`

Seacord 先生是本書的 C 技術部分的審閱者，對於本書最新版的 C 安全程式設計小節都提供了具體的建議。他也是 CERT 的安全編碼主任（CERT 位於 Carnegie Mellon 大學的軟體工程研究所），以及 Carnegie Mellon 大學電腦科學學校的助理教授。

第 2 至 13 章各章末的 C 的安全程式設計小節討論了很多重要主題，包括：

- 算術溢位測試陣列界限檢查
- 使用無正負號的整數型態
- C 標準附錄 K 中新的更安全的函式
- 檢查標準函式庫回傳的狀態資訊之重要性
- 範圍檢查
- 安全的亂數產生
- 陣列界限檢查
- 緩衝溢流的預防技術
- 輸入驗證
- 避免未定義行為
- 選擇回傳狀態資訊的函式 vs.使用不回傳的相似函式
- 確保指標恆為 NULL 或包含有效位址
- 使用 C 函式 vs.使用前置處理器巨集等等。

隨書光碟內容

本書的隨書光碟提供下列章節與附錄的 pdf 檔：

- 第 17 章　類別：深入討論：例外拋出狀況
- 第 20 章　物件導向程式設計：多型
- 第 21 章　串流輸入／輸出：深入探討
- 第 22 章　例外處理：一窺究竟
- 第 23 章　自訂樣板
- 附錄 A　運算子優先序表
- 附錄 B　ASCII 字元集
- 附錄 C　數字系統
- 附錄 D　排序：更深入的探討
- 附錄 E　多執行緒與 C11 和 C99 的其他主題

章節關係表

圖 1 及圖 2 顯示了各章節之間的關係，可幫助教師製作教學大綱。本書適用於 CS1 和 CS2 課程，以及中級的 C 和 C++程式設計課程。本書的 C++部分假設讀者已研讀過 C 的部分。

C 的章節關係表

（請注意，箭頭代表章節之間互有關聯）

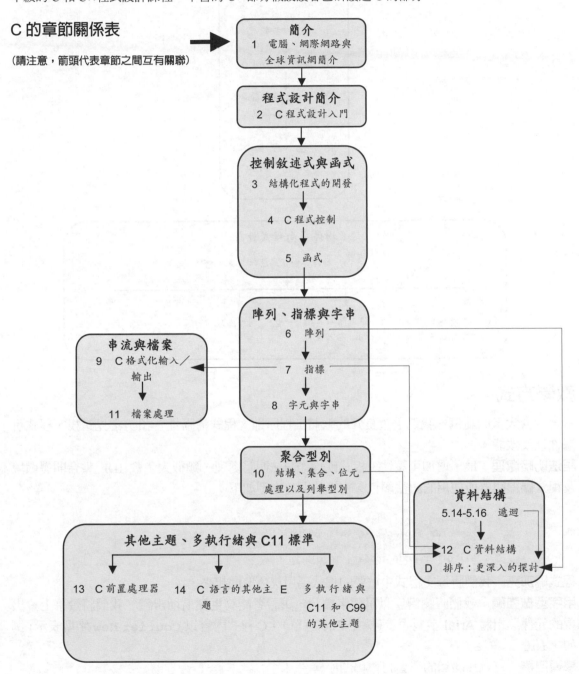

C++的章節關係表 ➡️

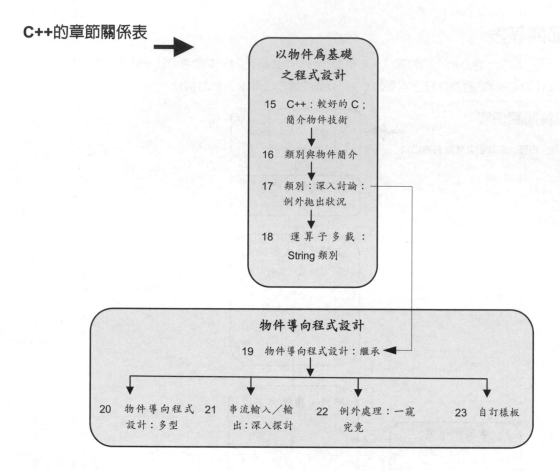

以物件為基礎
之程式設計

15 C++：較好的 C；
簡介物件技術

16 類別與物件簡介

17 類別：深入討論：
例外拋出狀況

18 運算子多載：
String 類別

物件導向程式設計

19 物件導向程式設計：繼承

20 物件導向程式 21 串流輸入／輸 22 例外處理：一窺 23 自訂樣板
設計：多型 出：深入探討 究竟

教學方式

本書內含大量的範例。我們著重良好的軟體工程原則、程式清晰性、預防常見錯誤、程式可
攜性以及效能。

語法明暗處理 為了增加可讀性，程式碼均作語法明暗處理，類似大多數 IDE 整合開發環境
及程式碼編輯器所使用的語法顏色。書裡的明暗處理如下：

```
comments appear like this in gray
keywords appear like this in dark blue
constants and literal values appear like this in light blue
all other code appears in black
```

程式碼加亮 我們將每支程式中重要的程式碼用灰色塊圍起來。

用字型做強調 我們將關鍵字以粗體字標記，讓讀者能夠更輕易地辨識。我們將螢幕上會出
現的元件以粗體 **Arial** 字型表示（例如 **File** 選單），C 程式內容以 **Courier New** 字型表示（例
如，`int x = 5`）。

學習目標 每章以該章的學習目標揭開序幕。

圖解／圖形 本書含大量圖表、表格、線條圖、UML 圖表（C++的章節中）、程式與程式輸
出。

程式設計技巧　本書內含程式設計技巧，幫助讀者將心力集中在程式開發的重要觀點上。這些技巧與實務，是我們從數十年的程式設計與教學經驗中累積而來的最佳心得。

良好的程式設計習慣

「良好的程式設計習慣」可以幫助你注意如何撰寫清晰易懂且容易維護的程式。

常見的程式設計錯誤

指出這些「常見的程式設計錯誤」，可降低讀者犯相同錯誤的可能性。

測試和除錯的小技巧

這些小技巧包含了如何從程式偵錯及除錯的建議。許多這類技巧描述了 C++的觀點，這些觀點可以從一開始就減少「錯誤」進入程式的機會，因此可簡化測試與除錯的程序。

增進效能的小技巧

這些小技巧標示出可提升程式效能的方法；讓程式執行得更快，或將記憶體用量降至最低。

可攜性的小技巧

幫助你寫出可以在各種平台上執行的程式碼。

軟體工程的觀點

「軟體工程的觀點」標明出會影響軟體系統建構（尤其是大規模系統）之架構與設計上的議題。

摘要　我們在每章都提供了摘要，分各小節條列出來。

自我測驗習題與解答　每章含豐富的自我複習題與答案以供自我測驗。

習題　每章末均有一組扎實的習題，包括：

- 重要術語和觀念的簡單複習
- 找出程式碼中的錯誤
- 撰寫獨立的 C 程式敘述
- 撰寫函式與類別的一小部分
- 撰寫完整的 C 函式、類別與程式
- 特定主題專案

本書使用之軟體

我們使用下列免費的編譯器測試本書中的程式：

- GNU C 及 C++編譯器（`http://gcc.gnu.org/install/binaries.html`），這些已經安裝在大多數的 Linux 系統，也可安裝在 OS X 及 Windows 系統。
- 微軟的 Visual Studio 2013 Community 版本中的 Visual C++，載點為 `http://go.microsoft.com/?linkid=9863608`

- Apple 的 Xcode IDE 中的 LLVM，OS X 的使用者可從 Mac App Store 下載。

教師資源

只有透過 Pearson Education 具密碼保護的教師資源中心（www.pearsonglobaleditions.com/deitel）認證的教師才可取得以下輔助教材：

- **PowerPoint** 投影片，內含書中所有程式碼與圖片，以及摘要書中重點的條列項目。
- **Test Item File** 提供多選題題庫（每小節約兩題）。
- **Solutions Manual** 提供每章最後大部分（非全部）習題的解答。哪些習題有解答，請至教師資源中心確認。

請勿寫信向本書作者及出版商要求教師資源中心的認證。只有用此書教學的教師可以取得，且僅能透過 Pearson 業務代表取得。 假如你不是已註冊的教職會員，請聯繫你的 Pearson 業務員。

習題解答並不包含「專案」習題的部分。請拜訪我們的 Programming Projects 資源中心：`http://www.deitel.com/ProgrammingProjects/`，可以取得更多關於習題和專案的資訊。

致謝

我們要特別感謝 Abbey Deitel 以及 Barbara Deitel，他們為本書出版計畫付出大量心血，以及本書第一章的共同作者 Abbey。我們也有幸與 Pearson 出版專業團隊合作。感謝 Computer Science 部門的執行編輯 Tracy Johnson 的指導、機智與能量。Carole Snyder 與 Bob Engelhardt 分別負責本書的審閱及製作環節，表現令人讚賞。

《C 程式設計藝術（第八版）》審閱者

我們想要感謝審閱者所花費的努力。時程雖然緊湊，但諸位審閱者仍詳細檢閱了本書內容與程式，並提供無數建言，讓本書內容臻於正確與完美：Dr. Brandon Invergo (GNU/European Bioinformatics Institute), Danny Kalev (A Certified System Analyst, C Expert and Former Member of the C++ Standards Committee), Jim Hogg (Program Manager, C/C++ Compiler Team, Microsoft Corporation), José Antonio González Seco (Parliament of Andalusia), Sebnem Onsay (Special Instructor, Oakland University School of Engineering and Computer Science), Alan Bunning (Purdue University), Paul Clingan (Ohio State University), Michael Geiger (University of Massachusetts, Lowell), Jeonghwa Lee (Shippensburg University), Susan Mengel (Texas Tech University), Judith O'Rourke (SUNY at Albany) and Chen-Chi Shin (Radford University).

其他版本的審閱者

William Albrecht (University of South Florida), Ian Barland (Radford University), Ed James Beckham (Altera), John Benito (Blue Pilot Consulting, Inc. and Convener of ISO WG14—the Working Group responsible for the C Programming Language Standard), Dr. John F. Doyle (Indiana University Southeast), Alireza Fazelpour (Palm Beach Community College), Mahesh Hariharan (Microsoft), Hemanth H.M. (Software Engineer at SonicWALL), Kevin Mark Jones (Hewlett Packard), Lawrence Jones, (UGS Corp.), Don Kostuch (Independent Consultant), Vytautus Leonavicius (Microsoft), Xiaolong Li (Indiana State University), William Mike Miller (Edison Design Group, Inc.), Tom Rethard (The University of Texas at Arlington), Robert Seacord (Secure Coding Manager at SEI/CERT, author of The CERT C Secure Coding Standard and technical expert for the international standardization working group for the programming language C), José Antonio González Seco (Parliament of Andalusia), Benjamin Seyfarth (University of Southern Mississippi), Gary Sibbitts (St. Louis Community College at Meramec), William Smith (Tulsa Community College) and Douglas Walls (Senior Staff Engineer, C compiler, Sun Microsystems—now part of Oracle).

給 Brandon Invergo 和 Jim Hogg 的特別感謝

我們有幸請到 Brandon Invergo（GNU／歐洲生物信息學研究所）和 Jim Hogg（微軟公司 C/C++編譯器團隊專案經理）做全書評論。他們仔細檢查了本書的 C 部分，提供了許多見解和具有建設性意見。我們的讀者中使用最多的就是 GNU gcc 編譯器或 Microsoft 的 Visual C++編譯器（也編譯 C）。 Brandon 和 Jim 幫助我們確保我們的內容在 GNU 和 Microsoft 編譯器都是準確的。他們的評論表達了我們對軟體工程、計算機科學和教育的熱愛。

出發吧！C 是功能強大的程式語言，可以幫助你迅速有效率地撰寫高效能的程式。C 可以出色地延伸到企業系統開發的範疇，幫助組織建立重要商業和關鍵任務的系統。我們竭誠歡迎您的意見、批評、更正與建議，讓這本書變得更好。請來信至：

```
deitel@deitel.com
```

我們將儘速回覆，並將修正與說明公布在我們的網站：

```
www.deitel.com/books/chtp8/
```

願您享受《C 程式設計藝術（第八版）》的學習旅程，就跟我們寫這本書一樣喜悅！

Paul Deitel

Harvey Deitel

關於作者

Paul Deitel，Deitel & Associates, Inc.的執行長與技術長，畢業於麻省理工學院，他也是在此學習資訊科技的。透過 Deitel & Associates, Inc.，他已為許多業界客戶提供數百門程式設計課程，客戶包括 Cisco、IBM、Siemens、Sun Microsystems、Dell、Lucent Technologies、Fidelity、NASA at the Kennedy Space Center、National Severe Storm Laboratory、White Sands Missile Range、Hospital Sisters Health System、Rogue Wave Software、Boeing、Stratus、Cambridge Technology Partners、One Wave、Hyperion Software、Adra Systems、Entergy、CableData Systems、Nortel Networks、Puma、Invensys 和諸多其他組織。他與另一作者

Harvey M. Deitel 博士是全世界最暢銷的程式語言教科書作者。

Harvey M. Deitel 博士，Deitel & Associates, Inc.主席與策略長，在資訊領域耕耘達 54 年，經驗豐富。Deitel 博士於麻省理工學院取得電機工程學士與碩士學位，並在波士頓大學取得數學博士學位（研究皆關注於計算機領域）。他有豐富的大專教學經驗，於 1991 年與兒子 Paul Deitel 合辦 Deitel & Associates 之前，擔任波士頓學院電腦科學系系主任並獲得終身職。Deitel 的著作廣受國際認同，已譯為多國語言版本，包括中文、韓文、日文、德文、俄文、西班牙文、法文、波蘭文、義大利文、葡萄牙文、希臘文、烏都語和土耳其文。Deitel 博士已舉辦數百場程式設計課程給大企業、學術機構、政府組織與軍方單位。

有關 Deitel & Associates, Inc.

Deitel & Associates, Inc.由兩位 Deitel 作者創立，是廣受國際肯定的程式編寫、企業教育訓練機構，專攻電腦程式語言、物件技術、行動裝置應用程式開發、網際網路軟體技術。該公司的訓練為全球客戶提供領先教育界的主流程式語言和平台課程，如 C、C++、Java™、Android 應用開發程式、Swift™ 和 iOS™、Visual C#®、Visual Basic®、Visual C++®、Python®、物件技術、網際網路程式等，以及持續增加中的程式設計和軟體開發課程。客戶包括許多世界最大的電腦公司、政府機構、軍方單位與學術機構。

Deitel & Associates, Inc.與 Prentice Hall/Pearson 出版合作 40 年，出版最先進的程式設計大學教科書與專業書籍（實體書與電子書）、**Live-Lessons** 視訊課程（可在 Safari Books Online 和其他視訊平台購得）。您可用電子郵件連絡 Deitel & Associates, Inc.與作者：

`deitel@deitel.com`

假如讀者想要知道更多關於 Deitel & Associates, Inc.、其出版品及全球性的 Dive Into Series 系列企業訓練課程，請造訪：

`www.deitel.com/training`

若公司或組織有 nn 講師授課方式的訓練需求，可 email 至：`deitel@deitel.com`。

想購買 Deitel 書籍、**LiveLessons** DVD 與網頁型教學課程的人，可至：`www.deitel.com`。公司、公家、軍方單位與學術機構的大量訂購應直接向 Pearson 下單。更多資訊，請造訪：

`http://www.informit.com/store/sales.aspx`

Pearson 感謝 Arup Bhattacharjee（RCC 資訊技術研究所）、Soumen Mukherjee（RCC 資訊技術研究所），以及 Saru Dhir（Amity University）審閱本書的全球版。

電腦、網際網路與全球資訊網簡介

1

學習目標

在本章中，你將學到：

- 電腦基本概念
- 不同類型的程式語言
- C 程式語言的演進歷史
- C 標準函式庫的功能
- 物件技術的基礎
- 典型的 C 程式開發環境元件
- 在 Windows、Linux、OS X 的 C 語言試行應用
- 網際網路與全球資訊網沿革

1.1　簡介

歡迎來到 C 與 C++！C 是一種簡潔但功能強大的程式語言，適合稍微有程式設計經驗或是完全沒有程式設計經驗的技術人員，也適合資深的程式設計師建立大量的軟體系統。對這些人來說，《C 程式設計藝術》(第七版)是極佳的學習工具。

　　本書的核心在於透過已實證之 C 的結構化程式設計與 C++的物件導向程式設計方法，來強調軟體工程。本書提供數以百計的可執行程式，並且列出這些程式在電腦上執行的結果。我們稱之為「實況程式碼」(live-code) 教學。所有的範例程式都可以從我們的網站 **www.deitel.com/books/chtp8/**上下載。

　　大部分的人都知道電腦能執行許多有趣的工作。使用這本書，你將學會如何命令電腦來執行這些工作。電腦（通常稱作**硬體，hardware**）由**軟體**（**software**）所控制（軟體就是人撰寫的指令，可讓電腦執行**動作** [action]並做**判斷** [decision]）。

1.2　硬體與軟體

電腦可用來執行計算和做出比人類更快的邏輯判斷。現今許多個人電腦可以在一秒內執行十億個計算，遠超過人類一輩子所做的運算。超級電腦已經可每秒執行數以千兆（10 的 15 次方）個指令！中國國防科技大學的天河二號超級計算機每秒可以執行超過 33 萬億次計算（33.86 ×10^{15}）！[1]從這個角度來看，天河二號超級計算機可以在一秒鐘內爲地球上每個人完成約 300 萬次計算！超級計算的「上限值」正在快速增加中！

　　電腦受到稱爲**電腦程式**（computer programs）的一組指令控制來處理**資料**（data）。這些電腦程式指揮電腦去執行一連串有次序的動作，這些動作都是由**電腦程式設計者**（computer programmers）預先指定的。

　　電腦是由各種裝置（如鍵盤、螢幕、滑鼠、硬碟、記憶體、DVD 以及處理器）所組成的，我們稱它們爲**硬體**（hardware）。由於軟硬體的技術快速發展，電腦的價格急速地下降。在幾十年前，體積龐大到塞滿整個大房間，費用高達數百萬美金的電腦，現在竟然能夠放在一個比指甲還小的矽晶片表面上，單價只要幾塊美金。幸運的是，矽是地球上藏量最豐富的物質之一，也是構成沙子的主要元素。矽晶片技術造就了運算處理是非常便宜的，以至於電腦已經變成了商品化。

1.2.1　摩爾定律（Moore's Law）

每年，人們通常想以多一點點的錢來得到更多的產品及服務。相對的情況表現在電腦和通信領域，特別是關於硬體以及支援這些技術的硬體費用。數十年來，硬體的規格一再地快速滑落。每隔一兩年，電腦運算能力會增加近一倍，且仍廉價。這個出色的趨勢通常稱做**摩爾定律**，以提出此定律的人──Intel 的共同創辦人 Gordon Moore 來命名。Intel 是現今電腦與嵌入式系統內處理器的領導者。摩爾定律和類似的趨勢在某些事物上特別地明顯：像是電腦的記憶體數量（用來提供程式所需）、輔助儲存裝置的容量（如磁碟機，可用來長時間儲存資料）、以及處理器速度（與電腦執行程式速度有關）。同樣的成長現象也發生在通訊領域，硬體的價格直線下降，特別是最近幾年通訊頻寬的大量需求與競爭之下。沒有其他領域的技術進展地如此迅速。如此驚人的發展眞眞實實地促進了資訊革命。

---

[1] http://www.top500.org.

1.2.2　電腦的架構

不管電腦外觀爲何，每部電腦實際上都可分成不同**邏輯單元**（logical units）或區段（圖 1.1）。

邏輯單元	描述
輸入單元 (input unit)	這個用來「接收資訊」的區域，會從**輸入裝置**（input devices）取得資訊（資料與電腦程式），並將此資訊放在其它裝置上以進行處理。大多數的訊息是透過鍵盤、觸控螢幕與滑鼠來輸入到電腦中。其他的輸入型式包括有接收語音指令、掃描影像與條碼、從次儲存裝置（如硬碟、DVD 磁碟機、藍光光碟機與 USB 快閃儲存記憶體——也可稱做「大姆哥」或「隨身碟」）、從網路攝影機接收影像和透過你的個人電腦上網接收資料（如你從 YouTube®下載影片檔或從 Amazon 下載電子書）。更新的輸入型態包含 GPS 來的地理位置、從智慧型手機與遊戲把手中的加速計（一個可以回應上/下、左/右、前進/後退加速的設備）提供的動作與方向訊息（例如 Xbox®的 Microsoft® Kinect®、Wii Remote™與 Sony® PlayStation® Move）。
輸出單元 (output unit)	這個用來「輸出資訊」的區域會接受經電腦處理過的資訊，並且將資訊送到不同的**輸出裝置**（output devices），讓這些資訊能夠在電腦之外使用。現今大多數的電腦會將資訊輸出到螢幕上（包括觸控螢幕）、列印到紙張（「綠色環保」並不鼓勵此行爲）、在個人電腦上播放聲音或視頻（例如 Apple 有名的 iPods）、體育館的超大型螢幕、在網路上發布或使用來控制其他裝置，如機器人與「智慧型」家電。資訊也通常輸出到輔助儲存設備，例如硬碟、DVD 驅動器和 USB 快閃儲存裝置。最近流行的輸出形式是智慧型手機和遊戲控制器振動，以及 Oculus Rift 之類的虛擬實境設備。
記憶單元 (memory unit)	這是電腦中一個存取快速、但容量相對較低的「倉庫」區域。它將輸入單元接收到的資訊保存起來，需要時，可以馬上運用這些資訊。記憶體單元也將電腦處理過的資訊儲存起來，直到該資訊可透過輸出單元送到輸出裝置爲止。記憶體中的資訊是「揮發的」（volatile）——當電腦的電源關掉時，裡面的資訊就會消失了。記憶體單元又稱爲**記憶體**（memory）、**主記憶體**（primary memory）或 RAM（**隨機存取記憶體**，Random Access memory）。一般桌上型或是膝上型電腦的主記憶體內建 128GB 的 RAM，2GB 到 16GB 是最常見的。GB 是 GigaByte 的縮寫，1GB 接近十億個位元組。一個**位元組**（bytes）是 8 位元。位元不是 0 就是 1。

圖 1.1　電腦的邏輯單元(1/2)

邏輯單元	描述
算術和邏輯單元 (arithmetic and logic unit，ALU)	這是「生產製造」的區域，它負責執行如加、減、乘、除等計算。它所包含的判斷機制能讓電腦做運算，例如比較記憶單元中的兩個項目，判斷它們是否相等。在今日的系統中，ALU 通常是下一個邏輯單元，也就是 CPU 的一部分。
中央處理單元 (central processing unit，CPU)	它是電腦「執行管理」的區域，負責協調監督其它區域的作業。需要將資訊讀入記憶單元時，CPU 會通知輸入單元；需要將記憶單元的資訊進行計算處理時，CPU 就會通知 ALU 加以處理；需要將記憶單元的資訊傳送到某個輸出裝置時，CPU 就會通知輸出單元。今天許多電腦都具備多個 CPU，因此能同時執行許多操作。**多核心處理器**（multi-core processor）將多個處理器放在一個積體電路晶片中──例如雙核心處理器有兩個 CPU，四核心處理器則有四個 CPU。現在的桌上型電腦一秒可以執行超過十億個以上的指令。
輔助儲存單元 (secondary storage unit)	這是電腦長期、高容量的「倉庫」區域。目前沒有被其它單元使用的程式或資料，通常都放在輔助儲存單元（例如你的硬碟），直到再度需要使用它們時才會加以讀取，這可能相隔幾個小時、幾天、幾個月甚至幾年之久。因此，儲存在輔助儲存裝置中的資料為「永續的」（persistent），當電腦的電源關閉時，這些資料還是會保留著。輔助儲存單元的存取速度比主要儲存單元慢，但每單元的儲存成本少很多。輔助儲存裝置包括例如硬碟、DVD 光碟機和快閃儲存裝置，有些裝置的容量甚至可以超過 2 TB（TB 是 terabyte 的縮寫，terabyte 接近一兆個位元組）。一般桌上型和筆記型電腦的硬碟可達 2TB 的容量，有些桌上型電腦的硬碟容量可高達 6 TB。

圖 1.1　電腦的邏輯單元(2/2)

1.3　資料架構

電腦處理的資料單元形成了**資料架構**（data hierarchy），資料架構隨著從位元至字元、欄位等依此類推，在結構上會變成越來越大且複雜。圖 1.2 介紹了資料架構的一部份。

位元（bits）

電腦中最小的資料單元定義為值 0 與值 1，這樣的資料單元被稱為**位元**（為二元數字"binary digit" 的縮寫──一個可以設定為二個值的其中一個之數字）。了不起的是，電腦以最簡單的 0 與 1 對應來提供令人驚豔的功能── 驗證一個位元值、設定位元值與反轉位元值（從 1 到 0 或是從 0 到 1）。

字元（characters）

對於人們來說使用低階的位元來處理資料是很乏味的，取而代之，偏好使用十進位數字（0 至 9）、字母（A–Z 和 a–z）、特殊符號（例如：$、@、%、&、*、(、)、–、+、"、:、?和/）。數字、字母、和特殊符號是所謂的**字元**，電腦的**字元集**是用來撰寫程式與代表資料，電腦僅處理 1 與 0，因此所有字元都可以用 1 與 0 的格式來表達。C 語言支援多種字元集（包括**萬國碼字集 [Unicode®]**），由一個、兩個或四個位元組組成（8、16 或 32 位元）。萬國字碼集包含世界上許多語言的字元。更多關於 ASCII **字元集**的資訊請參考附錄 B——萬國碼的常用子集合，包括大小寫字母、數字和一些特殊字元。

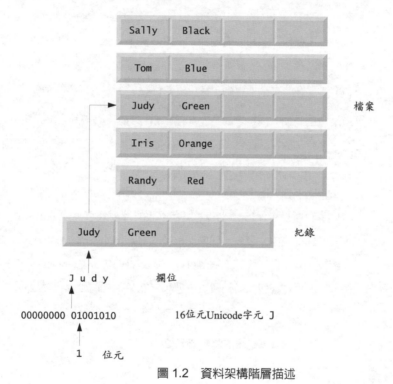

圖 1.2　資料架構階層描述

欄位（fields）

如同字元是由位元所組成，**欄位**是由字元或位元組所組成。欄位是一組有意義的字元或位元組的集合，例如，一個欄位包含了大小寫字母用來表示人名，並且另一個欄位包含著數字來表示人的年齡。

紀錄（records）

記錄是以數個欄位所組成。在一個薪資系統裡，舉例來說，對於一個員工的紀錄可能包含著下列欄位（括弧中表示欄位可能的資料類型）：

- 員工號碼（全為數字）
- 名字（字串）
- 地址（字串）
- 時薪（帶小數的數值）
- 至今的收入（帶小數的數值）
- 預扣稅款金額（帶小數的數值）

　　因此一個記錄是相關欄位群組，此例所有的欄位都屬於同一個員工。一間公司會有數個員工並有各自的薪資紀錄。

檔案（files）

檔案是個相關記錄的群組。（請注意：更一般來說，檔案室包含任意資料的任意格式。在一些作業系統，檔案簡單地看似為一連串的位元組——檔案中位元組的任意組織，像是把資料匯入記錄，是由應用程式設計者來建立的。）對於一個組織常有許多的檔案，有些包含著數十億，或甚至是上兆的字元資訊。

資料庫（database）

資料庫是電子化的集合便於資料之存取與對應。最後歡迎的資料庫模型是將資料以簡單表格儲存的關連性資料庫。表格包含著記錄與欄位，例如，一個學生的表格可能包含著名字、姓氏、科系、級別、ID 號碼和平均分數。各個學生的資料是一筆記錄，並且欄位是在每個記錄中各個資訊的片段。讀者可搜尋、排序與依照表格或資料庫關係對應資料。例如，大專院校可能會用學生資料庫，與課程資料庫、校舍、供餐計畫等等做組合。

大數據（big data）

全球生產的數據量巨大且迅速增長。根據 IBM 的說法，每天約有 2.5×10^{18} 個位元組（2.5exabytes）的資料被創造，並全世界有 90%的資料在過去兩年中被創造出來！[2]根據 IDC 的一項研究，到 2020 年時，全球資料供應量將達到每年 40zettabytes（相當於 40×10^{12}gigabytes）。[3]圖 1.3 展示了一些常用的位元組的度量衡。**大數據**應用程式處理巨量資料，這一領域正在迅速增長，為軟體開發人員創造了很多機會。根據 Gartner 集團的研究，全球超過 400 萬個 IT 工作將在 2015 年時支援大數據。[4]

---

[2] http://www.ibm.com/smarterplanet/us/en/business_analytics/article/it_business_intelligence.html.
[3] http://recode.net/2014/01/10/stuffed-why-data-storage-is-hot-again-really/.
[4] http://tech.fortune.cnn.com/2013/09/04/big-data-employment-boom/.

Unit	Bytes	Which is approximately
1 kilobyte (KB)	1024 bytes	10^3 (1024 bytes exactly)
1 megabyte (MB)	1024 kilobytes	10^6 (1,000,000 bytes)
1 gigabyte (GB)	1024 megabytes	10^9 (1,000,000,000 bytes)
1 terabyte (TB)	1024 gigabytes	10^{12} (1,000,000,000,000 bytes)
1 petabyte (PB)	1024 terabytes	10^{15} (1,000,000,000,000,000 bytes)
1 exabyte (EB)	1024 petabytes	10^{18} (1,000,000,000,000,000,000 bytes)
1 zettabyte (ZB)	1024 exabytes	10^{21} (1,000,000,000,000,000,000,000 bytes)

圖 1.3　位元組的度量衡

1.4　機器語言、組合語言、高階語言

程式設計者可用各種程式語言撰寫指令,有些程式語言可由電腦直接讀取,有些則須經過中間轉譯(translation)步驟。今日,有數以百計的語言被使用,這些語言可以分為三種常見的類型:

1. 機器語言
2. 組合語言
3. 高階語言

機器語言

由於硬體架構的定義,任何的電腦僅能直接瞭解其自身的**機器語言**(machine language)。機器語言一般來說是以數字組成(最後簡化成 1 與 0),它指示電腦一次執行一個最基本的操作。機器語言與機器相關(特定的機器語言只能用於一種類型的計算機),這些語言對人類來說很麻煩。例如,以下是早期機器語言工資單程式的一部分,該程式將加班工資加到基本工資中,並將結果存入總工資中:

```
+1300042774
+1400593419
+1200274027
```

組合語言與組譯器

編寫機器語言對多數的程式設計師是非常慢且枯燥。取而代之地,程式設計師不再使用電腦可直接了解的數字串,而是開始使用類似英語的縮寫來表達基本運算元,這些縮寫字構成**組合語言**(assembly languages)的基礎。名為**組譯器**(assembler)的轉譯程式(translator program)可將早期的組合語言以電腦的速度轉成機器語言。接著看到的組合語言工資程式一樣將加班工資加到基本工資中,並將結果存入總工資中:

```
Load      basepay
Add       overpay
Store     grosspay
```

雖然對人類而言這種程式碼較清楚易懂，但除非轉譯成機器語言，電腦仍無法理解。

高階語言與編譯器

隨著組合語言的出現，計算機使用率迅速增加，但程式設計師仍然需要使用大量指令完成最簡單的任務。為了加快程式設計的過程，於是發展了**高階語言**（high-level languages），它只需單一敘述（statement）就能完成不少工作。名為**編譯器**（compiler）的轉譯程式（translator program）可將高階語言程式轉成機器語言。高階語言可讓程式設計者以近似於日常英文的用語，和一些常用的數學符號來撰寫指令。以高階語言寫成的工資程式可能包含一個單一敘述：

```
grossPay = basePay + overTimePay
```

從程式設計師的觀點來看，高階語言比機器語言和組合語言更可取。C 語言是最普遍使用的高階語言之一。

直譯器

將高階語言編譯成機器語言可能要花不少時間。直譯器（Interpreter）可直接執行高階語言程式，可省去編譯所花的時間，但其執行速度比編譯好的程式要來得慢。

1.5　C 程式語言

C 是由 B 和 BCPL 這兩種語言所發展出來的。BCPL 語言是 Martin Richards 在 1967 年時為了撰寫作業系統和編譯器時所發明的。Ken Thompson 將 BCPL 上的許多功能加以模式化後，移到他的程式語言 B 中使用，並於 1970 年在貝爾實驗室（Bell Laboratories）用 B 建立了早期的 UNIX 版本。

　　C 語言是在 1972 年由貝爾實驗室的 Dennis Ritchie 由 B 語言所發展出來的。C 語言最初是以開發 UNIX 作業系統而聞名。如今，幾乎所有新的主要作業系統都是以 C 和 C++ 撰寫而成的。只要精心設計，就有可能寫出具**可攜性**（portable）的 C 程式，在大部分電腦均可執行。

專為效能

C 被廣泛地用在追求效能的系統開發，像是作業系統、嵌入式系統、及時系統與通訊系統（圖 1.4）。

應用	描述
作業系統	C語言因為其可攜性與效能而適用於作業系統的建構，像是Linux、一部份的微軟視窗和 Google Android。Apple 的 OS X 是以 C 語言為基礎所發展的 Objective-C 語言所建構。我們將在章節 1.11 探討幾個熱門的桌上型 / 膝上型電腦作業系統與行動式作業系統。
嵌入式系統	每年所生產的微處理器比起通用型電腦，絕大多數內嵌於裝置中。這些**嵌入式系統**包括導航系統、智慧家電、家庭保全系統、智慧型手機、機器人、智慧型交通號誌系統諸如此類。C 語言是嵌入式系統開發眾多熱門的程式語言之一，這需要盡可能地快速執行，並使用最少的記憶體，例如，汽車的防鎖死煞車必須要立即反應、降低車速或停止而不打滑；遊戲機的控制桿必須要即刻回應，以避免控制端與動作間的延遲，並確保動畫的順暢。
即時系統	即時系統通常運用於需要幾近於瞬間反應的「關鍵任務」應用中，例如，飛航交通管制系統需要不斷地監測飛機的高度與速度，並即時地回報資訊給飛航管制員，使其能夠根據狀況調配以避免衝撞。
通訊系統	通訊系統需要能夠快速地轉送大量資料，確保像是影音傳送的即時與順暢。

圖 1.4　一些效能導向的 C 語言應用

　　到了 1970 年代晚期，C 演變為現今的「傳統 C 語言」。1978 年 Kernighan 和 Ritchie 出版了《The C Programming Language》一書，引起對 C 語言廣大的注意。這本書在那時成為最成功的電腦科學書籍之一。

標準化

C 語言在各種電腦（有時稱為**硬體平台**）上的快速發展，並且產生了許多的版本。這些版本相當類似，但是卻不相容。若程式設計者想撰寫在數種平台執行的可攜性程式，這便是個嚴重的問題。因此非有標準版的 C 不可。1983 年，美國國家標準局（ANSI）中負責電腦和資訊處理的委員會（X3）組成了一個代號為 X3J11 的技術委員會，來為 C 語言提供明確且不受機器影響的定義。在 1989 年，在美國由**美國國家標準局**(American National Standards Institute，ANSI) 核可為 ANSI X3.159-1989，然後經**國際標準組織**（International Standards Organization，ISO）核可為全球通行標準。簡稱為標準 C 語言，此標準在 1999 年修訂──其標準文件為 INCITS/ISO/IEC 9899-1999 並簡稱為 C99。可以在美國國家標準協會訂購（`www.ansi.org`），網頁是 `web-store.ansi.org/ansidocstore`。

新的 C 語言標準

在此也介紹新的 C 語言標準（或稱為 C11），2011 年時公布。新的標準加強並延伸 C 語言的能力。本書將這些建構了新功能的編譯器包含在附錄 E（可參考或省略的章節）。

可攜性的小技巧 1.1

由於 C 是與硬體無關且被廣泛使用的程式語言，所以用 C 寫的應用程式只需稍加修改，甚至不需修改，就可在許多不同的電腦系統上執行。

1.6　C 標準函式庫

你將會在第五章中學到，C 程式是由許多稱為**函式**（functions）的模組或是片段所構成的。你可以自己設計所有要用到的函式，不過大多數的 C 程式設計師都會利用一套現成的函式，稱為 C **標準函式庫**。所以，學習 C 語言可分為兩個部分，第一是學習 C 語言本身，第二則要學習如何使用 C 標準函式庫所提供的函式。透過本書我們將探討這些函式。P.J.Plauger 的書《C 標準函式庫（The Standard C Library）》對於想要更深入瞭解函式庫、如何建構、如何運用寫出可攜性程式碼的的程式設計師們是必讀的。我們使用到許多這本書中介紹的 C 函式庫函式。

《C 程式設計藝術（第八版）》倡導以區塊導向編寫程式。避免重寫軟體。因此使用現有的區塊則稱作為**軟體再用**。當使用 C 語言撰寫程式，將會使用到下列構件：

- C 標準函式庫所提供的函式。
- 自己撰寫的函式。
- 其他人撰寫並提供給你使用的函式。

自行建立函式的優點，是可以清楚瞭解其實際運作方式。你可自行試驗 C++ 原始碼。缺點則是必須花費時間來設計、發展、偵錯新函式，並對新函式進行效能調整。

增進效能的小技巧 1.1

盡量利用 C 標準函式庫所提供的函式，而不要自己撰寫。因為標準函式都是經過專家精心設計的，效率會比較好。

可攜性的小技巧 1.2

盡量利用 C 標準函式庫所提供的函式，而不要自己撰寫。因為標準函式適用於所有標準 C 的實作，所以可攜性較高。

1.7　C++與其他以 C 為基礎的語言

C++是由貝爾實驗室的 Bjarne Stroustrup 所發展出來的。C++根源於 C 語言，而且增加了許多功能使得 C 語言變得更好。最重要的是它提供了**物件導向程式設計**（object-oriented programming）的功能。**物件**是模擬真實世界項目的可重複使用**軟體元件**。利用模組物件導向的設計與建構方法可以使軟體開發更具有生產力。在本書的第 15 到 23 章中，會簡要地介紹 C++。圖 1.5 介紹數種以 C 語言為基礎的熱門程式語言。

程式語言	描述
Objective-C	Objective-C 是個以 C 語言為基礎的物件導向語言，是在 1980 年代早期所開發並稍後為 NeXT 所併購，之後 NeXT 被蘋果併購。它成為 Mac OS X 作業系統和所有以 iOS 為基礎之裝置（像是 iPod, iPhone 和 iPad）的關鍵程式語言。
Java	昇陽電腦（Sun Microsystems）在 1991 年內部研究計畫開發的基於 C++物件導向語言，後續稱為 Java。Java 的一個目標讓廣泛的電腦系統和電腦控制裝置都可以執行程式。這也稱作為「撰寫一次到處可用」。Java 目前被用來開發大型的商用軟體，增強網站伺服器（提供我們由瀏覽器上看到之內容的電腦）的功能，提供消費性電子商品的應用程式（如智慧型手機、電視機上盒等）以及其他許多用途上。
C#	Java 也是開發 Android 應用程式的語言。
PHP	PHP——以 C 語言為基礎之物件導向開放原始碼的腳本語言，由一群用戶群組與開發者支援——被數以百萬計的網站所採用。PHP 與平台無關——它可用於 UNIX、Linux、Mac 和 Windows 作業系統。PHP 也支援許多資料庫系統，包括最普遍的開放源碼資料庫 MySQL。
Python	Python 是另一種物件導向的腳本語言，於 1991 年公開發布。由位於阿姆斯特丹的國家數學與計算機科學研究所（CWI）的 Guido van Rossum 所開發，Python 大量使用 Modula-3——一種系統程式語言。Python 是「可擴充的」——它可以透過類別和程式介面口進行擴充。
Javascript	JavaScript 是最廣為使用的腳本語言，主要用於增加網頁的動態行為，例如動畫以及與使用者的互動，多數的網頁瀏覽器也都有支援。
Swift	Swift 是 Apple 開發 iOS 和 Mac 應用程式的新程式語言，於 2014 年 6 月在蘋果全球開發者大會（WWDC）上宣布。雖然應用程式仍可以使用 Objective-C

進行開發和維護，但 Swift 是 Apple 未來的應用程式開發語言。這是一種現代語言，它消除了 Objective-C 的一些複雜性，使初學者以及從其他高級語言（如 Java、C#、C++和 C）轉換的過程變得更加輕鬆。Swift 強調效能和安全性，並且可以完全存取 iOS 和 Mac 程式編寫功能。

圖 1.5　以 C 語言為基礎的熱門程式語言

1.8　物件技術

本節適用於本書後面部分要學習 C++的讀者。在嶄新的和強大的軟體需求迅速攀升，快速、正確並簡約地建立軟體仍然是難以實現的目標。物件或是更精確地來說類別物件，本質上來自於可再用軟體元件。這些是資料物件、時間物件、音效物件、影像物件、汽車物件、人類物件…等等，幾乎任何名詞都可以合理地以屬性（attributes，例如名稱、顏色和大小）和行為（behaviors，例如計算、移動和通訊）表示成軟體物件。軟體開發者發展模組、物件導向設計和建構方法可讓軟體開發比早期技術更具有生產力──物件導向程式較容易瞭解、修正和修改。

1.8.1　以汽車作為物件

為了讓你了解物件及其內容，現在用個簡單的比喻，假設讀者要駕駛一輛汽車，並踩油門加速。在此之前必須有什麼事情發生？在能夠開車之前，必須有人設計汽車。汽車一般從工程繪圖開始，就像是設計房子所繪製的藍圖。這些繪圖包含了油門的設計，油門對於駕駛人而言隱藏了可以讓汽車跑更快的複雜機制，就如同煞車隱藏了可以讓汽車速度減慢的複雜機制、以及方向盤隱藏了駕馭汽車方向的機制。這讓人們可以僅具備一點或沒有任何有關引擎、煞車和操舵機制的知識也可以輕易地駕車。

　　如同你不能在畫在藍圖上的廚房裡做飯一樣，你也不能駕駛畫在工程圖紙上的汽車。在讀者可以開車之前，必須從所描述的工程繪圖建構起。一台完整的汽車具備了實際的油門可加速，但即使如此仍然不夠──汽車無法自行加速，因此必須要由駕駛踩油門加速。

1.8.2　方法與類別

繼續用汽車的例子來介紹物件導向語言的重要概念。在程式中執行一個任務必須要有方法，方法安排執行任務的程式。這對使用者來說隱藏了這些敘述，就如同汽車的油門對駕駛來說隱藏著讓汽車加速的機制。在物件導向程式語言，建立了一個稱為**類別**（class）的程式片段，來安排執行類別任務的方法。例如，一個類別代表著存戶包含著存入帳戶的存款方法，另外也包含從帳戶提領的提款方法，並且還包括一個查詢存款餘額的方法。類別類似於汽車工程的繪圖，其中安排了油門的設計、操舵系統…等等。

1.8.3　實例

像是在實際上能開車前，必須從工程繪圖組裝出一輛車；讀者必須在程式可以執行任務前，要從定義好的一個類別建立起物件。進行這個步驟稱爲實例化。物件即是參照這個類別的**實例**。

1.8.4　再用

如同汽車的工程繪圖可再用許多次來組裝出更多的汽車，讀者可多次再用類別來建立起許多的物件。當建立新的類別和程式再用現成的類別節省時間和力氣。再用也提供了更爲可靠且有效率的系統，因爲現有類別和元件通常經過大規模的測試、除錯和效能調校。正如同可互換零件的概念是工業革命的關鍵，以物件技術激發出可再用的類別是軟體革命的關鍵。

軟體工程的觀點 1.1

使用積木式拼塊的方法來構件你的程式。避免重新發明輪子——盡可能使用現有的高品質作品。這種軟體的再用是物件導向程式的一個重要優勢。

1.8.5　訊息和方法的呼叫

當讀者駕駛著車，踩下油門即送出訊息通知汽車執行一項任務——也就是走快一點。類似地，傳送訊息給一個物件。每個訊息是實作爲**方法呼叫**，會呼叫物件的方法而執行其任務。例如，程式可呼叫某個銀行帳戶物件的存款方法來增加存款結餘。

1.8.6　屬性和實例變數

一輛車除了具備完成任務的效能外，也具有屬性，像是顏色、車門的數量、油箱的容量、當前的速度與駕駛里程數（也就是里程表）。就如同效能，汽車的屬性表示在工程設計中的一部份（其中舉例來說也包括了里程表和燃料指示）。如同實際駕駛的汽車，這些屬性跟隨著車輛。每一輛車都搭載著個別的屬性，例如，各車輛都可知道該車油箱中還有多少的汽油，但不會知道其他車的。

物件也是類似地，在程式中具備著個別屬性，這些屬性被指定爲物件類別的其中一部份，例如，銀行帳戶物件有代表此帳戶有多少錢的存款結餘的屬性，每個銀行帳戶物件僅知道該帳戶的金額，而不知道同一個銀行其他帳戶的。屬性內容由物件的**實例變數**所指定。

1.8.7　封裝和資訊隱藏

類別（及其物件）**封裝**，亦即將它們的屬性和方法封裝起來。類別（及其物件）的屬性和方法密切相關。物件可以相互溝通，但通常不允許讓它們知道其他物件是如何建構的——建構的細節隱藏在物件中。正如我們將看到的，這種**資訊隱藏**是對良好的軟體工程是至關重要的。

1.8.8　繼承

物件的新類別可快速又方便地藉由**繼承**來建立——新的類別（稱為**子類別**）包含來自於現有類別（稱為**超類別**或**父類別**）的特徵，可以將其作客制化並增加獨一無二的特徵。在汽車的比喻中，可交換類別的物件必然是最通用類別「汽車」的物件，但更具體時，車頂可能為高或低。

1.9　典型的 C 開發環境

C 系統通常由幾個部分組成：程式開發環境、程式語言及 C 標準函式庫。下列的探討解釋圖 1.6 中典型的 C 語言開發環境。

　　C 程式在真正執行前，通常必須經過 6 個階段（圖 1.6）。它們是：**編輯（edit）**、**前置處理（preprocess）**、**編譯（compile）**、**連結（link）**、**載入（load）**和**執行（execute）**。雖然本書是一本通用的 C 教科書（與任何作業系統沒有關聯性），不過，在本節裡我們將會以傳統的以 Linux 為基礎的 C 系統來進行介紹。[請注意：本書中的程式只需小幅修改或無需修改便能夠在現今大多數的 C 系統上執行，包括了微軟的視窗系統。]如果你目前使用的不是 Linux 系統，那麼請參考系統的使用手冊，或請教老師，讓你能在你的環境中完成工作。同時，請參考我們的 C 資源中心網站，網址是 **www.deitel.com/C**，可找到 "getting started" 教學中常用的 C 編譯器以及開發環境。

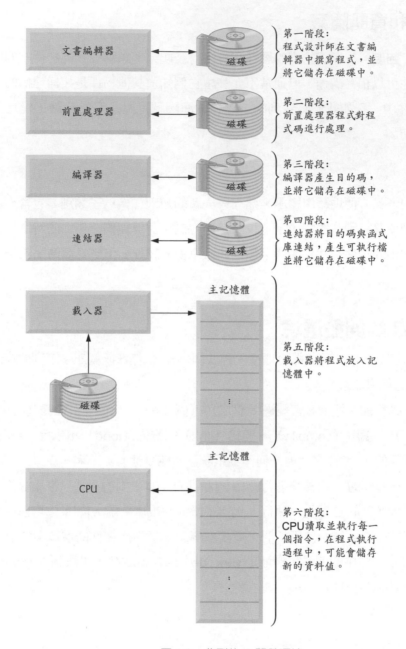

圖 1.6　典型的 C 開發環境

1.9.1　第一階段：建立程式

第一個階段是編輯檔案。這可以利用**文書編輯器**（editor program）來完成。Linux 系統中最常用的兩種編輯器就是 **vi** 和 **emacs**。而 C/C++整合開發環境的套裝軟體如 Eclipse 和 Microsoft Visual Studio，都附有內建的編輯器，而且都將編輯器整合在程式發展的環境中。

程式設計師用編輯器鍵入或修改（如果需要的話）C 程式，然後將程式存放在輔助記憶體如磁碟內。C 程式的副檔名應為 .c。

1.9.2　第二階段與第三階段：前置處理與編譯 C++程式

在第二階段，程式設計者會下指令以**編譯**（compile）程式。編譯器會將 C 程式碼轉譯成機器碼（也稱為**目的碼**，object code）。在 C 系統中，**前置處理**（preprocessor）程式會在編譯器轉譯階段之前執行。**C 前置處理器**（C preprocessor）會按照一種叫做「**前置處理指令**」（preprocessor directive）的特殊指令進行動作，該指令表示編譯前要對程式執行某些操作。這些操作通常會把其它要編譯的文字檔含括進來，並進行各種文字取代動作。前幾章先討論一般的前置處理指令，將於第 13 章討論到前置處理特徵的細節。

　　第三階段，編譯器轉譯 C 語言成為機器語言碼，當編譯器無法辨識敘述時，便發生**語法錯誤**，因為違反了語言的規則。編譯器釋出錯誤訊息幫助程式設計師找出並修改不正確的敘述。標準 C 語言並沒有定義編譯器回應的錯誤訊息，因此當讀者看到所使用的系統可能會和其他的系統有所不同。語法錯誤也稱為**編譯錯誤**或**編譯期錯誤**。

1.9.3　第四階段：連結

第四階段叫做**連結**（linking）。C 程式中，常有些參照（reference）會指到在別處定義的函式與資料，如標準函式庫或特定專案成員私有函式庫中的函式與資料。C 編譯器所產生的目的碼通常包含這些尚未加入的程式碼所形成的「洞」。**連結器**（linker）會將目的碼與這些尚未加入的函式連接起來，以產生**可執行的影像檔**（executable image），就沒有遺漏的部分了。在一般的 Linux 系統上，編譯及連結程式的命令是 gcc（GNU C 編譯器）。舉例來說，如果要編譯及連結一個稱為 **welcome.c** 的程式，那麼我們必須在 Linux 的提示字元後鍵入

```
gcc welcome.c
```

然後鍵入 Enter（或 Return）。[請注意：Linux 命令是有大小寫區分的，請確認你鍵入的命令是小寫，且檔案名稱的大小寫是正確的。]若程式正確的編譯和連結，就會產生一個檔名為 **a.out** 的檔案。這是我們的 **welcome.c** 程式的可執行影像檔。

1.9.4　第五階段：載入

下一個階段叫做**載入**（loading）。程式執行前，必須先被放入記憶體中。**載入器**（loader）負責這項工作，它能把可執行的影像檔從磁碟搬到記憶體中。程式所用到的共享函式庫中其它元件，也須一併載入。

1.9.5　第六階段：執行

最後，電腦會在 CPU 的控制下，以每次執行一個指令的方式開始**執行**（executes）程式。在 Linux 系統中，載入和執行只需在 Linux 提示字元後鍵入 **./a.out**，然後按下 Enter 鍵即可。

1.9.6　執行時可能會發生的問題

程式在第一次測試時不一定會成功。前面幾個階段都可能因各種錯誤而失敗，這些錯誤本書都會討論。例如：一個執行中程式可能會除以 0（如同算術，在電腦中這是一個非法的運算）。這可能會使電腦顯示一段錯誤訊息。若發生這樣的情形，就要回到編輯階段做些必要修正，再繼續後面的幾個階段，看看改對了沒。

常見的程式設計錯誤 1.1

當程式執行發生除以零的錯誤時，這種錯誤稱為執行時期錯誤（run-time error 或 execution-time error）。除以零通常是致命錯誤，也就是使程式立即終止無法繼續執行的錯誤。非致命的執行時期錯誤（Nonfatal runtime errors）可以允許程式繼續執行完畢，但通常會產生錯誤的結果。

1.9.7　標準輸入、標準輸出和標準錯誤串流

C 中大部份程式都會輸入和/或輸出資料。大部分的 C 函式都從 **stdin**（**標準輸入串流**，standard input stream）輸入資料，**stdin** 通常是鍵盤，不過也可以重新指向到其他的裝置。大部分的 C 函式都從 **stdout**（**標準輸出串流**，standard output stream）輸出資料。**stdout** 通常是螢幕，不過他們也可以連結到其他的裝置。當我們說「程式印出結果」時，通常是指在螢幕上顯示結果。資料也可輸出到其它裝置，如磁碟和印表機。電腦也有**標準錯誤串流**（standard error stream），稱為 **stderr**。**stderr** 串流（一般會連到螢幕）用來顯示錯誤訊息。使用者通常會將輸出資料 **stdout** 指定到螢幕以外的裝置，而 **stderr** 仍指定到螢幕，因此當錯誤發生時，使用者會馬上知道。

1.10　C 應用於 Windows、Linux 和 Mac OS X 的試行

本節之中，將會執行並與讀者的第一個 C 應用程式互動，這裡將會從執行猜數字遊戲開始，它會隨機地從 1 至 1000 抽出一個數字並請讀者猜猜看。若讀者猜對，遊戲即結束，若讀者猜錯了，應用程式會提示比正確數字高或是低。猜數字的次數沒有任何限制，但讀者應該是可以在 10 次或更少的次數猜出。在這個遊戲背後隱藏著一些有趣的電腦科學—章節 6.10，搜尋矩陣，讀者將會發現二元搜尋的方法。

　　對於這個試行，在第 5 章將會修改此一應用程式，通常這個應用程式隨機地選取正確答案，修改過的應用程式在每次執行時都使用相同的順序的正確答案（即使可能會因編譯器不同而異），因此讀者可以用和本節相同猜數字順序並看到相同的結果。

　　我們會使用微軟命令列提示、Linux 的殼和 Mac OS 的終端機視窗來執行此示範的 C 應用程式。程式在三個平台上執行都相當類似，當讀者在自己的平台上試行之後，可以嘗試執行隨機版本的，本書將會提供各種試行版本於名稱爲 **randomized_version** 的資料夾下。

　　許多開發環境都可以提供讀者進行編譯、建立和執行 C 應用程式，像是 GNU C、Dev C++、Microsoft Visual C++、CodeLite、Net-Beans、Eclipse、Xcode 等等。可以向課程助教詢問所使用的開發環境。多數的 C++開發環境可以編譯 C 和 C++程式。

　　依照下列步驟，讀者將可以執行應用程式並輸入數字來猜正確的號碼。在這個應用程式所看到的元件和功能，都是本書中會學到的程式。這裡用字型來區分螢幕上將看到的（例如命令列）以及與螢幕無直接輸出關係的。螢幕特徵如標題和選單（例如 **File** 選單）用半粗黑體的 **sans-serif Helvetica** 字型來強調，而強調檔名、應用程式顯示的文字、和使用者須輸入應用程式的值（例如 **GuessNumber** 或 **500**）時，則使用 **sans-serifLucida** 字體。如同你已經注意到的，**關鍵字定義**設定爲**藍色粗體字**。

　　對於本章節的視窗版本試行，我們修改了**命令列**視窗的背景顏色以使**命令列**視窗更便於閱讀。讀者要修改系統的命令列顏色，可以選擇**開始>所有程式>附屬應用程式>命令提示字元**，然後開啟**命令列**視窗，在標題列上按滑鼠右鍵選擇**內容**。在**命令提示字元**的**內容**對話框中選擇**色彩**欄位，並選擇你的偏好字型和背景顏色。

1.10.1　從視窗命令列提示執行 C 應用程式

1. **讀者請檢查設置**。在開始 **www.deitel.com/books/chtp8/**這一節之前請先閱讀並且複製了本書的範例至硬碟中。

2. **將完成的應用程式定位**。開啟**命令提示字元**。如要變換完成的 GuessNumber 應用程式的目錄，輸入 **cd C:\examples\ch01\GuessNumber\Windows** 並按下 Enter 鍵（圖 1.7）。指令 **cd** 是用來變換目錄。

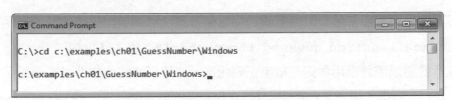

圖 1.7　開啟一個命令列視窗並變換目錄

3. **執行 GuessNumber 應用程式**。現在讀者已經在包含 GuessNumber 的目錄下，輸入 **GuessNumber**（圖 1.8）並按下 Enter 鍵。（請注意：**GuessNumber.exe** 是應用程式的檔案名稱，視窗系統將 **.exe** 視爲可執行檔的預設值。）

```
Command Prompt - GuessNumber
c:\examples\ch01\GuessNumber\Windows>GuessNumber

I have a number between 1 and 1000.
Can you guess my number?
Please type your first guess.
?
```

圖 1.8　執行 GuessNumber 應用程式

4. **輸入第一組猜測的數字**。應用程式將顯示**"Please type your first guess."**，然後出現一個問號（**?**）命令提示在下一行（圖 1.9）。在提示輸入 **500**（圖 1.9）。

```
Command Prompt - GuessNumber
I have a number between 1 and 1000.
Can you guess my number?
Please type your first guess.
? 500
Too high. Try again.
?
```

圖 1.9　輸入第一組猜測的數字

5. **輸入另一組數字**。應用程式將顯示**"Too high. Try again."**，表示所輸入的值高於應用程式所選定的正確答案。因此，在下一次猜的時候必須輸入較小的數字。在提示輸入 250（圖 1.10）。應用程式再次顯示**"Too high. Try again."**，因爲讀者所輸入的值仍然高過於應用程式所選定的正確值。

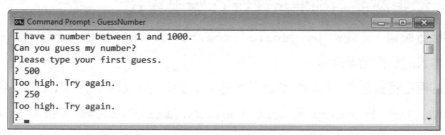

```
Command Prompt - GuessNumber
I have a number between 1 and 1000.
Can you guess my number?
Please type your first guess.
? 500
Too high. Try again.
? 250
Too high. Try again.
?
```

圖 1.10　輸入第二組並接收回應

6. **輸入多次的猜測數字**。輸入數值繼續進行這個遊戲，直到猜出正確的值。應用程式將會顯示出**"Excellent! You guessed the number!"**（圖 1.11）。

7. **再次執行遊戲或離開應用程式**。猜出正確值後，應用程式將會詢問是否繼續另一局遊戲（圖 1.11）。在提示輸入 **1**，應用程式將會選定新的值並顯示訊息**"Please type your first guess."**，同時跟隨一個問號提示（圖 1.12），讀者可在新的一局遊戲繼續猜數字。輸入 **2**，結束此應用程式，且**命令列提示**回到應用程式所在的目錄（圖 1.13）。每次開始執行此應用程式的時候（步驟三），都會選定同樣的數字讓使用者猜。

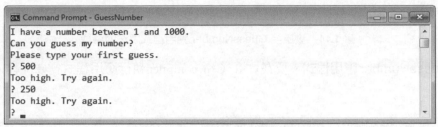

圖 1.11　輸入多次並且猜出正確的數值

8. 關閉命令列視窗

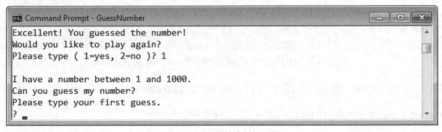

圖 1.12　進行新的一局

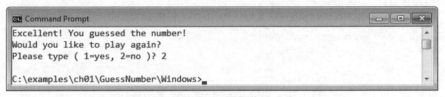

圖 1.13　離開遊戲

1.10.2　使用 GNU C 在 Linux 執行 C 語言的應用程式

在本次的試行，這裡假設讀者已經知道如何將範例複製到家目錄。如果對於在 Linux 複製檔案有問題，請尋求課程助教的協助。並且，在本節我們使用粗體字標明每個步驟所需的使用者輸入，在我們使用的系統中波浪號（~）代表家目錄，並且每個提示之後以（$）字元作結尾。各種 Linux 系統的提示皆有所不同。

1. **讀者請檢查設置**。在開始 `www.deitel.com/books/chtp8/`這一節之前請先閱讀並且複製了本書的範例至硬碟中。

2. **將完成的應用程式定位**。在 Linux shell，以下列輸入變更 GuessNumber 應用程式目錄（圖 1.14）

```
cd examples/ch01/GuessNumber/GNU
```

按下 Enter 鍵。指令 **cd** 是用來變換目錄。

```
~$ cd examples/ch01/GuessNumber/GNU
~/examples/ch01/GuessNumber/GNU$
```

圖 1.14　變更至 GuessNumber 應用程式所在的目錄

3. **編譯 GuessNumber 應用程式**。要在 GNU C++ compiler 執行應用程式需要先輸入下列編譯核心

```
gcc GuessNumber.c -o GuessNumber
```

如圖 1.15。這個命令編譯應用程式並產生名稱為 **GuessNumber** 的可執行檔。

```
~/examples/ch01/GuessNumber/GNU$ gcc GuessNumber.c -o GuessNumber
~/examples/ch01/GuessNumber/GNU$
```

圖 1.15　使用 gcc 編譯 GuessNumber 應用程式

4. **執行 GuessNumber 應用程式**。執行檔案 **GuessNumber** 需再次一個命令提示輸入 **./GuessNumber**，按下 Enter 鍵（圖 1.16）。

```
~/examples/ch01/GuessNumber/GNU$ ./GuessNumber

I have a number between 1 and 1000.
Can you guess my number?
Please type your first guess.
?
```

圖 1.16　執行 GuessNumber 應用程式

5. **輸入第一組猜測的數字**。應用程式將顯示 **"Please type your first guess."**，然後出現一個問號（**?**）。命令提示在下一行（圖 1.16）。在提示輸入 **500**（圖 1.17）。

```
~/examples/ch01/GuessNumber/GNU$ ./GuessNumber

I have a number between 1 and 1000.
Can you guess my number?
Please type your first guess.
? 500
Too high. Try again.
?
```

圖 1.17　輸入第一組猜測的數字

6. **輸入另一組數字**。應用程式將顯示 **"Toohigh.Tryagain."**，表示所輸入的值高於應用程式所選定的正確答案（圖 1.17）。在下一個命令提示輸入 **250**（圖 1.18）。這次會顯示 **"Too low.Try again."**，因為讀者所輸入的值比正確值還低的緣故。

```
~/examples/ch01/GuessNumber/GNU$ ./GuessNumber

I have a number between 1 and 1000.
Can you guess my number?
Please type your first guess.
? 500
Too high. Try again.
? 250
Too low. Try again.
?
```

圖 1.18　輸入第二組猜測的數字

7. **輸入多次的猜測數字**。輸入數值繼續進行這個遊戲（圖 1.19），直到猜出正確的值。當猜出正確值，應用程式會顯示**"Excellent!You guessed the number!"**

```
Too low. Try again.
? 375
Too low. Try again.
? 437
Too high. Try again.
? 406
Too high. Try again.
? 391
Too high. Try again.
? 383
Too low. Try again.
? 387
Too high. Try again.
? 385
Too high. Try again.
? 384

Excellent! You guessed the number!
Would you like to play again?
Please type ( 1=yes, 2=no )?
```

圖 1.19　輸入多次並且猜出正確的數值

8. **再次執行遊戲或離開應用程式**。猜出正確值後，應用程式將會詢問是否繼續另一局遊戲。在提示輸入 **1**，應用程式將會選定新的值並顯示訊息**"Please type your first guess."**並跟隨一個問號提示（圖 1.20），讀者可在新的一局遊戲繼續猜數字。輸入 **2**，結束此應用程式並命令列提示回到應用程式所在的目錄（圖 1.21）。每次開始執行此應用程式的時候（步驟四），都會選定同樣的數字讓使用者猜。

```
Excellent! You guessed the number!
Would you like to play again?
Please type ( 1=yes, 2=no )? 1

I have a number between 1 and 1000.
Can you guess my number?
Please type your first guess.
?
```

圖 1.20　進行新的一局

```
Excellent! You guessed the number!
Would you like to play again?
Please type ( 1=yes, 2=no )? 2

~/examples/ch01/GuessNumber/GNU$
```

圖 1.21　離開遊戲

1.10.3　使用終端機在 Mac OS X 執行 C 語言的應用程式

在本節的圖中我們使用粗體字標明每個步驟所需的使用者輸入，讀者將使用 Mac OS X 的**終端機**視窗來執行試行。欲開啓**終端機**視窗，點擊在螢幕上右上角的 Spotlight Search，輸入 **Terminal** 來找出**終端機**應用程式。Spotlight Search 搜尋結果中的**應用程式**下，選擇**終端機**開啓**終端機**視窗。終端機視窗的命令提示出現 hostName:~ userFolder$ 來表示目前使用者目錄，在本節我們移除了 hostName: 的部分，並且使用一般使用者名稱來表示。

1. **讀者請檢查設置**。在開始 **www.deitel.com/books/chtp8/** 這一節之前請先閱讀並且複製了本書的範例至硬碟中，假設範例都已經位於使用者的 **Documents/examples** 目錄。

2. **將完成的應用程式定位**。在終端機視窗輸入下列，變換至應用程式 GuessNumber 目錄下（圖 1.22）

```
        cd Documents/examples/ch01/GuessNumber/GNU
```

按下 Enter 鍵指令 **cd** 是用來變換目錄。

```
hostName:~ userFolder$ cd Documents/examples/ch01/GuessNumber/GNU
hostName:GNU$
```

圖 1.22　變換至 GuessNumber 應用程式的目錄

3. **編譯 GuessNumber 應用程式**。要在 GNU C compiler 執行應用程式需要先輸入下列編譯核心

gcc GuessNumber.c -o GuessNumber

如圖 1.23，此命令編譯並產生名稱爲 **GuessNumber** 的可執行檔。

```
hostName:GNU~ userFolder$ gcc GuessNumber.c -o GuessNumber
hostName:GNU~ userFolder$
```

圖 1.23　使用 gcc 命令編譯 GuessNumber 應用程式

4. **執行 GuessNumber 應用程式**。欲執行檔案 **GuessNumber**，在命令列輸入 **./GuessNumber** 並按下 Enter 鍵（圖 1.24）。

```
hostName:GNU~ userFolder$ ./GuessNumber

I have a number between 1 and 1000.
Can you guess my number?
Please type your first guess.
?
```

圖 1.24　執行 GuessNumber 應用程式

5. **輸入第一組猜測的數字**。應用程式將顯示**"Please type your first guess."**，然後出現一個問號（**?**）命令提示在下一行（圖 1.24）。在提示輸入 **500**（圖 1.25）。

```
hostName:GNU~ userFolder$ ./GuessNumber

I have a number between 1 and 1000.
Can you guess my number?
Please type your first guess.
? 500
Too low. Try again.
?
```

圖 1.25　輸入第一組猜測的數字

6. **輸入另一組數字**。應用程式將顯示**"Too low.Try again."**（圖 1.25），表示所輸入的值低於應用程式所選定的正確答案，在下一個命令提示輸入 **750**（圖 1.26）。再一次地應用程式顯示**"Too low.Try again."**，因為讀者所輸入的值比正確值還低的緣故。

```
hostName:GNU~ userFolder$ ./GuessNumber

I have a number between 1 and 1000.
Can you guess my number?
Please type your first guess.
? 500
Too low. Try again.
? 750
Too low. Try again.
?
```

圖 1.26　輸入第二組並接收回應

7. **輸入多次的猜測數字**。輸入數值繼續進行這個遊戲（圖 1.27），直到猜出正確的值。當猜出正確值，應用程式會顯示**"Excellent!You guessed the number!"**

```
Too low. Try again.
? 825
Too high. Try again.
? 788
Too low. Try again.
? 806
Too low. Try again.
? 815
Too high. Try again.
? 811
Too high. Try again.
? 808

Excellent! You guessed the number!
Would you like to play again?
Please type ( 1=yes, 2=no )?
```

圖 1.27　輸入多次並且猜出正確的數值

8. **再次執行遊戲或離開應用程式**。猜出正確值後，應用程式將會詢問是否繼續另一局遊戲。在提示輸入 **1**，應用程式將會選定新的值並顯示訊息**"Please type your first guess."**，並跟隨一個問號提示(圖 1.28)，讀者可在新的一局遊戲繼續猜數字。輸入 **2**，結束此應用程式，且命令列提示回到**終端機**視窗中應用程式所在的目錄（圖 1.29）。每次開始執行此應用程式的時候（步驟四），都會選定同樣的數字讓使用者猜。

```
Excellent! You guessed the number!
Would you like to play again?
Please type ( 1=yes, 2=no )? 1

I have a number between 1 and 1000.
Can you guess my number?
Please type your first guess.
?
```

圖 1.28　進行新的一局

```
Excellent! You guessed the number!
Would you like to play again?
Please type ( 1=yes, 2=no )? 2

hostName:GNU~ userFolder$
```

圖 1.29　離開遊戲

1.11　作業系統

作業系統是一個提供使用者、應用程式開發者、系統管理者更方便的使用環境之軟體系統。作業系統提供應用程式更安全地、更有效率地以及能與其他應用程式同時（平行）執行。此軟體包含作業系統的主要元件部分稱作爲**核心**（kernel）。目前流行的桌上型作業系統爲 Linux、Windows 和 Mac OS X，常用於智慧型手機和平板電腦的行動式作業系統包括 Google 的 Android、Apple 的 iOS（用於 iPhone、iPad 和 iPod Touch 等裝置）、Windows Phone 和 BlackBerry OS。

1.11.1　Windows—專有的作業系統

在 1980 年代中期，微軟開發了 Windows **作業系統**，包含建構於 DOS 之上的圖形化使用這介面——異於當時讓使用者輸入命令互動的個人電腦作業系統。Windows 借用了許多 Xerox PARC 和早期 Apple 麥金塔作業系統的概念（像是圖示、選單、視窗）。Windows 8.1 是 Microsoft 近期最新的作業系統——其增強了 PC 和平板的支援、動態磚的使用者介面、更精緻的安全功能、支援觸控和多點觸控…等等。Windows 是個專有的作業系統——僅由 Microsoft 所獨佔。Windows 目前是世界上最廣爲使用的作業系統。

1.11.2　Linux—開放原始碼的作業系統

Linux 作業系統——在伺服器、個人電腦和嵌入式系統最普及的——或許是開放原始碼推動最成功的，**開放原始碼軟體**有別於早年佔主導地位的專有軟體開發風格（例如，微軟的 Windows 和 Apple 的 Mac OS X 採用的）。隨著開放原始碼的開發，個人與公司（通常在全球範圍內）在開發、維護上貢獻一己之力，不斷地發展軟體並提供無償的使用權利。

　　在開放原始碼社群中，有一些重要的組織：Eclipse 基金會（Eclipse 整合開發環境幫助程式設計師更方便地開發程式）、Mozilla 基金會（爲 Firefox 網頁瀏覽器的開發者）、Apache 軟體基金會（Apache 網頁伺服器，爲回應網頁瀏覽器的需求而透過網際網路傳送網頁），以及 GitHub 與 SourceForge（提供開放原始碼專案管理的工具）。

　　快速改善計算與通訊、降低成本，並且相較於幾十年前開放原始碼軟體使得軟體事業的建立更爲容易且經濟。一個最好的例子是 Facebook，從大學宿舍發起並以開放原始碼爲基礎建構。[5]

　　各種不同的問題——像是 Microsoft 的市場影響力、少數使用者友善的應用程式與多樣的 Linux 版本（像是 Red Hat Linux、Ubuntu Linux 和許多其他的版本）——阻止 Linux 廣泛用於

---

[5] https://code.facebook.com/projects/.

桌上型電腦。但是 Linux 現在於伺服器與嵌入式系統中變得極為普及，例如 Google 以 Android 為基礎的智慧型手機。

1.11.3　Apple 的 Mac OS X、iOS 用於 iPhone®、iPad®及 iPod Touch®裝置

Apple 在 1976 年由 Steve Jobs 和 Steve Wozniak 創立，迅速地成為個人電腦領導者。於 1979 年，Jobs 和許多 Apple 員工參觀全錄 PARC(Palo Alto Research Center，帕洛奧圖研究中心)，學到有關全錄桌上型電腦的圖形化使用者介面的功能。此圖形化使用這介面（簡稱 GUI）為 Apple 麥金塔提供了靈感，並於 1984 年大張旗鼓地在超級盃打出令人難忘的廣告。

　　物件導向 C 語言是於 1980 年代早期由 Brad Cox 和 Tom Love 在 Stepstone 所建立。Steve Jobs 於 1985 年離開 Apple，並創立了 NeXT。於 1988 年得到 Stepstone 的授權，並發展了物件導向 C 編譯器與函式庫，以提供 NeXTSTEP 作業系統之使用者介面和介面產生器的一個平台——用來產生圖形化使用者介面。

　　當 Apple 買下了 NeXT 後，Jobs 在 1996 年回到了 Apple。Apple 的 Mac OS X 作業系統繼承了 NeXTSTEP。Apple 的封閉式作業系統，iOS，衍生自 Apple 的 Mac OS X，並用於 iPhone、iPad 和 iPod Touch 裝置。

1.11.4　Google 的 Android

Android——成長最快的行動與智慧型手機作業系統——它是基於 Linux 核心和 Java 所開發。開發 Android 應用程式的優點之一是平台的透明度，作業系統是開放原始碼，而且是免費的。

　　Android 作業系統是由 Android 公司所開發的，在 2005 年被 Google 所併購。2007 年，在開放式手機聯盟（Open Handset Alliance™）——目前全球有 87 間公司加入——持續地致力於 Android 的維護與開發，推動行動通訊技術的創新，並在降低成本的同時改善用戶體驗。至 2013 年 4 月，平均每天有超過 150 萬個 Android 裝置(智慧型手機、平板電腦等等)啓用！[6]在美國地區 Android 智慧型手機的銷量已經超越 iPhones。Android 裝置現在包含智慧型手機、平板電腦、電子閱讀器、機器人、噴射引擎、NASA 衛星、遊戲機、冰箱、電視、照相機、健康照護設備、智慧型手錶、汽車的車載訊息娛樂系統（用來控制收音機、衛星定位系統、撥打電話、溫度調節等等），以及其他。[7]Android 同時也用於桌上型電腦和筆記型電腦。[8]

---

[6]http://www.technobuffalo.com/2013/04/16/google-daily-android-activations-1-5-million/.
[7]http://www.businessweek.com/articles/2013-05-29/behind-the-internet-of-thingsis-android-and-its-everywhere.
[8]http://www.android-x86.org.

1.12　網際網路與全球資訊網

1960 年代晚期，ARPA（美國國防部的先進研究計畫署）推出了十幾個 ARPA 資助大學院校與研究機構的主要電腦系統間的網路藍圖。當大多數人（少數可以連上網路的人中的大部分）透過電話線以每秒 110 位元連上網路時，這些電腦以每秒 50,000 位元的速度與通信線路連接。在學術研究是一個飛越式的進步。ARPA 持續地發展出 ARPANET，最終演變成為現在的**網際網路**。今天，最快速的網際網路速度在每秒數十億位元的級數以上，每秒萬億位元的速度即將到來！

事情與原計劃有所不同。儘管 ARPANET 使得研究人員能夠將他們的電腦連上網路，但它的主要好處是能夠透過被稱為電子郵件（email）的方式進行快速和輕鬆的通信。即使在今天的網際網路上也是如此，透過電子郵件、即時通訊、檔案傳輸和 Facebook 和 Twitter 之類的社交媒體，全球數十億人可以快速輕鬆地進行通信。

透過 ARPANET 進行通信的協定（一組規則）被稱為**傳輸控制協定（TCP）**。TCP 確保訊息——由順序編號的封包所組成——正確地從發送端傳送到接收端，完好無損地按照正確的順序進行組合。

1.12.1　網際網路：網路的網路

ARPANET 的主要目標是讓多個使用者透過相同通訊路徑（例如電話線）同時傳送與接收資訊。此網路運作技術被稱為**封包交換**，其中以小型捆包傳送的數位資料稱為封包。封包包含了位址、錯誤控制和序列資訊，位址資訊讓封包路由至其目的地，序列資訊協助重組封包——其中，由於複雜的路由機制，各封包不會依照順序抵達——至原始順序重現給接收者。從不同寄送者的封包混在相同的線路中，以便有效地利用有限之頻寬。相對於專用通訊線路而言，封包交換技術大大地減低傳輸成本。

此網路的設計為非集中式控制，若部分的網路失效，剩下仍在運作的部分仍然會透過別的路徑路由從寄送者的封包至接收者。

1.12.2　全球資訊網：讓網際網路使用者友善

全球資訊網（World Wide Web，簡稱「網路（web）」）是與網際網路相關之硬體和軟體的集合，允許電腦使用者查找幾乎是各種主題、以多媒體為基礎的檔案（具有文本、圖形、動畫、聲音、視訊等各種組合的檔案）。網路的引進是一個相對較新的事件。1989 年，CERN（歐洲核研究組織）的 Tim Berners-Lee 開始開發一種透過「超連結」文本文件的資訊共享技術。Berners-Lee 稱他的發明為**超文件標記語言（HTML）**，他還編寫了**超文本傳輸協定（HTTP）**之類的通訊協定，形成了他稱為 World Wide Web 的新式超文本資訊系統的骨幹。

　　1994 年，Berners-Lee 成立了一個名為**全球資訊網聯盟**（W3C，`http://www.w3.org`）的組織，致力於開發網路技術。W3C 的主要目標之一是使網路能夠普及到所有人，無論他們是否有殘疾，也不管語言或文化是否相同。

1.12.3　網路服務

網路服務是儲存在一台電腦上的軟體組件，可透過網際網路上的另一台電腦中的應用程式（或其他軟體組件）來存取。藉由網路服務，你可以創造混搭（mashups），讓你能夠透過結合輔助的網路服務來快速開發應用程式，這些網路服務通常來自多個組織，或可能是其他形式的資訊饋送）。例如，網站 100 Destinations（`http://www.100destinations.co.uk`）將來自 Twitter 的照片和推文與 Google 的地圖功能相結合，讓你可以透過其他人的照片探索世界各地的國家。

　　網站 Programmableweb（`http://www.programmableweb.com/`）提供超過 11,150 個應用程式介面（API）和 7,300 個混搭的目錄，加上用於創作自己的混搭之操作指南和範例程式碼。圖 1.30 列出了一些流行的網路服務。根據 Programmableweb 的內容，三種應用最廣泛的混搭 API 是 Google 地圖、Twitter 和 YouTube。

網路服務來源	使用方法
Google 地圖	地圖服務
Twitter	微網誌
YouTube	視頻搜尋
Facebook	社交網路
Instagram	照片分享
Foursqiare	行動報到
LinkedIn	商務社交網路
Groupon	社交商務
Netflix	電影租借
eBay	網際網路商務
Wikiprdia	協作百科全書
PayPal	付款
Last.fm	網際網路收音機
Amazon eCommerce	書籍及其他商品購物
Salesforce.com	顧客關係管理（CRM）

Skype	網際網路電話
Microsoft Bing	搜尋
Flickr	照片分享
Zillow	房地產之實價登錄
Yahoo Search	搜尋
WetherBug	天氣

圖 1.30　一些流行的網路服務
（http://www.programmableweb.com/category/all/apis）

　　圖 1.31 列出了可以找到許多最流行網路服務訊息的目錄。圖 1.32 則列出一些流行的網路混搭。

目錄	網址
ProgrammableWeb	`www.programmableweb.com`
Google Code API Directory	`code.google.com/apis/gdata/docs/directory.html`

圖 1.31　網路服務目錄

網址	描述
`http://twikle.com/`	Twikle 利用 Twitter 的網路服務彙整網路上分享的流行新聞報導。
`http://trendsmap.com/`	TrendsMap 使用 Twitter 和 Google 地圖，它讓你按照所在位置追蹤推文，並即時在地圖上查看它們。
`http://www.coindesk.com/price/bitcoin-price-ticker-widget/`	Bitcoin Price Ticker Widget（比特幣價格收報機工具集）使用 CoinDesk 的 API 顯示即時的比特幣價格、當日的高低價格以及過去六十分鐘內價格波動的圖表。
`http://www.dutranslation.com/`	Double Translation 的混搭讓你同時使用 Bing 和 Google 翻譯服務，將文本翻譯成超過 50 種語言，然後你可以比較兩者之間的結果。
`http://musicupdated.com/`	Music Updated 使用 Last.fm 和 YouTube 的網路服務。用它來追踪你最喜愛的藝術家專輯發行、音樂會資訊等。

圖 1.32　一些流行的網路混搭

1.12.4　Ajax

Ajax 技術可以幫助以網際網路爲基礎的應用程式執行桌面應用程式，這是一項艱鉅的任務，因爲資料在你的電腦和網際網路上的伺服器電腦之間來回傳輸，因此，這些應用程式會遭遇傳輸延遲。使用 Ajax，像 Google 地圖這樣的應用程式已經有了出色的效能，並且能夠處理桌面應用程式的介面外觀。

1.12.5　物聯網（Internet of Things）

網際網路不再只是電腦的網路，而是一個物聯網。物品（thing）是具有 IP 位址的任何物體，並且能夠透過網際網路自動發送資料。例如，一輛帶有收費收發器的汽車、一個植入人體的心臟監測器、一台報告能源使用情況的智慧型測量儀、可以追蹤你的移動和位置的行動應用程式，以及可以根據天氣預報和家庭活動來調整房間溫度的智慧型恆溫器。

1.13　一些軟體開發術語

圖 1.33 列出一些在軟體開發社群會聽到的流行語。

技術	描述
敏捷式軟體開發	**敏捷式軟體開發**（Agile software development）是一套讓軟體開發更爲快速而且更省資源的方法。從 Agile Alliance（**www.agilealliance.org**）與 Agile Manifesto（**www.agilemanifesto.org**）可以獲得相關資訊。
重構	**重構**（Refactoring）包含改造程式以讓它更清楚並易於維護，以保持其正確性與功能。重構被敏捷式開發方法廣泛地使用，許多整合性開發環境（IDE）包含內建的重構工具，以自動地執行大部分之改造。
設計模式	**設計模式**是經過驗證的架構，以建構彈性與可維護的物件導向軟體。設計模式領域試著列舉遞迴模式、鼓勵軟體設計者再用，以較少的時間、費用與人力來開發品質較佳的軟體。
LAMP	**LAMP** 是開放原始碼技術的縮寫，許多開發人員使用它以降低成本來構建網路應用程式。它代表 Linux、Apache、MySQL 和 PHP（或者是 Perl 或 Python，它們是另外兩種流行的腳本語言）。MySQL 是一個開放原始碼的資料庫管理系統。PHP 是最流行的開放原始碼伺服端的「腳本」語言，用於開發網路應用程式。Apache 是最流行的網路伺服器軟體。和 Windows 開發相當的是 WAMP──Windows、Apache、MySQL 和 PHP。
軟體即服務（SaaS）	軟體通常被視爲一項產品，多數的軟體仍然以此方式來提供。若使用者想要執行此應用程式，則必須要向軟體供應商購買軟體包，通常是 CD、DVD 或網頁下載。然後將此軟體安裝於電腦上，並且在需要的時候執行。當有新版的軟體出現，使用者必須更新軟體，通常需要相當地時間與費用。這樣的程序對於數萬的系統來說顯得繁重，因爲必須維護多樣化

的電腦設備。利用**軟體即服務**（Software as a Service, SaaS），軟體在網路別處的伺服器上執行。當伺服器更新後，所有的用戶端都可以看到新的功能，不需要在當地安裝。使用者透過瀏覽器來使用服務，瀏覽器是相當可攜式的，因此使用者可以執行相同的應用程式於世界各地各種不同的電腦。Salesforce.com、Google 和 Microsoft 的 Office Live 與 Windows Live 都提供 SaaS。

平台即服務（PaaS）	**平台即服務**（Platform as a Service, PaaS）透過網站提供開發與執行應用程式的一個運算平台之服務，而不是安裝工具於使用者的電腦。Google App 引擎、Amazon EC2 和 Windows Azure™ 都是 PaaS 提供者。
雲端運算	SaaS 和 PaaS 都是**雲端運算**的例子。你可以使用儲存在「雲」中的軟體和資料，亦即透過網際網路在遠端電腦（或伺服器）上存取，並按需取得，而不是將其儲存在你所在的桌上型電腦、筆記型電腦或行動通訊設備上。這允許你可以隨時增加或減少計算資源以滿足你的需求，比購買可提供足夠儲存和處理效能的硬體來滿足偶爾的高峰需求更具成本效益。透過將管理這些應用程序的負擔轉移給服務提供商（例如安裝和升級軟體、安全性、備份和復原），雲端運算還可以節省成本。
軟體開發套件(SDK)	**軟體開發套件**（Software Development Kits, SDKs）包含了開發者用來撰寫應用程式的開發工具與文件。

圖 1.33　軟體技術

軟體很複雜。大型的、現實世界中的軟體應用程式可能需要數月甚至數年的時間來設計和開發。大型軟體產品在開發時，通常會對使用者族群發布一系列的版本，每個版本都比上一版本更完整和優化（圖 1.34）。

版本	描述
Alpha	Alpha 版是軟體產品最早發布的版本，但仍然在開發當中。Alpha 版通常是錯誤(bug)很多，尚未完成且不穩定，是發布給相對少數的開發者用來測試新功能、早期收到回饋等等。
Beta	Beta 版是在重大錯誤修正與新功能幾近完成後，發布給較多數的開發者。Beta 版的軟體較為穩定，但仍會有所改變。
最終測試版	最終測試版（Release candidates）一般是完整功能且（假設）沒有任何錯誤，可以提供給社群使用並於其環境試行測試，軟體使用在不同系統，有不同的限制和各種的用途。
最終發布版	最終測試版中的所有錯誤都已經修正，將最終版本產品發布給一般大眾。軟體公司通常透過網際網路發布補正的更新。
持續測試版	使用此方式開發的軟體通常不會有版本號碼（例如 Google 搜尋或 Gmail）。軟體是常駐於雲端（非安裝於使用者的電腦），且不斷地在修改，因此使用者總是用最新的版本。

圖 1.34　軟體產品發布版本術語

1.14　用資訊科技持續跟上時代

圖 1.35 列出關鍵的技術與商業刊物，幫助讀者保持最新的知識、資訊與科技。你也可以在 `www.deitel.com/ResourceCenters.html` 找到豐富的網路及網站相關資源中心的列表。

刊物	連結
AllThingsD	`allthingsd.com`
Bloomberg BusinessWeek	`www.businessweek.com`
CNET	`news.cnet.com`
Communications of the ACM	`cacm.acm.org`
Computerworld	`www.computerworld.com`
Engadget	`www.engadget.com`
eWeek	`www.eweek.com`
Fast Company	`www.fastcompany.com`
Fortune	`money.cnn.com/magazines/fortune`
GigaOM	`gigaom.com`
Hacker News	`news.ycombinator.com`
IEEE Computer Magazine	`www.computer.org/portal/web/computingnow/computer`
InfoWorld	`www.infoworld.com`
Mashable	`mashable.com`
PCWorld	`www.pcworld.com`
SD Times	`www.sdtimes.com`
Slashdot	`slashdot.org`
Stack Overflow	`stackoverflow.com`
Technology Review	`technologyreview.com`
Techcrunch	`techcrunch.com`
The Next Web	`thenextweb.com`
The Verge	`www.theverge.com`
Wired	`www.wired.com`

圖 1.35　技術和商業刊物(2/2)

自我測驗

1.1 填充題：

a) 電腦受一組稱作_____的指令控制來處理資料。

b) 電腦的重要邏輯單元是_____、_____、_____、_____、_____、_____。

c) 本章討論的三種語言為、_____、_____。

d) 能夠將高階語言程式轉譯成機器語言的程式稱為_____。

e) _____是一種以 Linux 核心和 Java 為基礎的行動裝置作業系統。

f) _____軟體通常功能完整，原則上應該已沒有程式錯誤且可供社群使用。

g) Wii 遙控器以及許多智慧型手機都使用了_____，讓設備能夠對運動做出回應。

h) C 語言最初是以開發_____作業系統而聞名。

i) _____是一種開發 iOS 和 Mac 應用程式的新型程式語言。

1.2 請在以下關於 C 環境的敘述中填空。

a) C 程式通常是以_____軟體輸入電腦中。

b) 在 C 系統裡，_____程式會在進行轉譯過程開始之前自動執行。

c) 兩個最普遍的前置處理器命令是_____和_____。

d) _____程式會將編譯好的程式碼和各種函式庫的函式結合，產生一個可執行影像檔。

e) _____程式可以將 C 程式的可執行檔從磁碟傳到記憶體。

1.3 填充題（請見 1.8 節）：

a) 物件具有_____的性質—即使物件知道如何透過定義良好的介面來通訊，但通常不會讓他們知道其他物件是如何建構的。

b) 在物件導向程式語言，建立了一個稱為_____的程式片段，來安排執行類別任務的方法。

c) 物件的新類別可被快速且方便地藉由_____來建立—新的類別包含來自於現有類別的特徵，可以將其客制化並增加獨一無二的特徵。

d) 尺寸、外型、顏色與重量都是屬於物件類別中的_____。

自我測驗解答

1.1 a) 程式　b) 輸入單元、輸出單元、記憶體單元、中央處理單元、算術邏輯單元、輔助儲存單元　c) 機器語言、組合語言、高階語言　d) 編譯器　e) Android　f) 最終測試版　g) 加速器　h) UNIX　i) Swift。

1.2 a)文書編輯　b)前置處理器　c)將其他檔案引入要編譯的檔案，將特殊符號以程式本文代換　d)連結器　e)載入器。

1.3 a) 資訊隱藏　b) 類別　c) 繼承　d)屬性。

習題

1.4 將下列項目區分為硬體或軟體：

a) 微處理器　　　　　　　　　　　　d) 前置處理器

b) RAM　　　　　　　　　　　　　　e) 掃描器

c) Microsoft Visual Studio　　　　　　f) 網際網路瀏覽器

1.5 填充題：

a) 稱為_____的翻譯程式將高階語言編寫的程式轉換為機器語言。

b) 多核心處理器在單一積體電路晶片上實現多個_____。

c) _____將程式放在記憶體中以便執行。

d) _____中的程式一般由指示電腦同時執行其最基本操作的數字串組成。

e) _____是電腦中最小的資料項目。

f) _____由字元或位元組所組成。

g) _____是為了便於存取和操作而組織的一組資料。

h) C 程式通常要經過六個階段才能執行，包括_____、_____、_____、

　　_____、_____、_____。

i) _____通常允許包括其他檔案和各種文本替換。

j) _____和_____基本上是可再用的軟體組件。

1.6 填充題：

a) _____允許透過網際網路按需託管軟體、平台和基礎設施。

b) _____，一種 Web 2.0 的技術，可幫助以網際網路為基礎的應用程式，能像桌面應用程式一樣執行。

c) _____，以 Linux 核心和 Java 為基礎，是成長最快的行動和智慧型手機作業系統。

1.7 解釋下列各名詞所代表的意義。

a) 連結（linking）

b) 載入（loading）

c) 執行（execution）

1.8 何謂標準輸入、輸出和錯誤流？

1.9 （網路的負面影響）網際網路與全球資訊網帶來許多好處，但他們也有許多壞處，像是隱私問題、身份盜用、垃圾郵件和惡意軟體。找出一些網路的負面影響，列出五個問題並提出可能的解決方法。

1.10 （以手錶為物件）讀者手腕上可能戴著很平常的物件——手錶。請試著以手錶來對應下列每一項目與概念：物件、屬性、行為、類別、繼承（例如可考慮為鬧鐘）、訊息、封裝和資訊隱藏。

進階習題

在整本書中，我們納入了進階習題。在這些習題，讀者會被要求研究對個人、社群、國家和世界真正重要的問題。

1.11 （試行：**碳足跡計算工具**）有些科學家認為，碳排放量（特別來自石油燃燒）會嚴重影響全球暖化的問題，然而假如每個人能夠開始限制自己在碳基燃料上的使用，這些問題便可以獲得改善。許多組織和個人開始關心他們的「碳足跡」（carbon footprints）如 TerraPass

`http://www.terrapass.com/carbon-footprint-calculator-2/`

以及碳足跡

`http://www.carbonfootprint.com/calculator.aspx`

等網站都提供了碳足跡的計算工具。測試這些工具程式，算出你自己的碳足跡。接下來的章節中，我們會請你設計出你自己的碳足跡計算程式。為了準備之後的習題，現在請你先研究這些網站上的碳足跡計算公式。

1.12 （測試：**身體質量指數計算工具**）肥胖症會增加許多疾病的發生率，諸如糖尿病和心臟疾病等等。你可以使用身體質量指數（body mass index，BMI）來判斷一個人是否過重或肥胖。美國衛生部提供了 BMI 計算工具，網址為

`http://www.nhlbi.nih.gov/guidelines/obesity/BMI/bmicalc.htm`。使用它計算你自己的 BMI。在第二章的習題中，你必須寫出自己的 BMI 計算工具。為了準備之後的習題，現在請你先研究這個網站上的 BMI 計算公式。

1.13 （**混合動力汽車的屬性**）在本章中，你學到了一些類別的基礎知識。現在，你將對一個名為「混合動力汽車」的課程「賦予血肉」。混合動力汽車越來越受歡迎，因為它們通常比純粹的汽油動力汽車獲得更好的行駛里程。請瀏覽網頁，並研究當今流行的四或五款混合動力汽車的性能，然後盡可能列出與混合動力相關的屬性。一些常見的屬性包括每加侖汽油能跑的城市里程和每加侖汽油能跑的公路里程，並請列出電池的屬性（類型、重量等等）。

1.14 （**性別中立**）許多人會想要消除我們在語言中的各種性別歧視。你被要求撰寫一個程式，這個程式要處理一篇文章，將具有性別差異的文字以性別中立的文字替代。假設你的手邊有一份包含了許多具有性別差異的文字及其性別中立的替換字（例如將 wife 以 spouse 替代，將 man 以 person 替代，將 daughter 以 child 替代等等）的表格，解釋你會用什麼樣的程序來閱讀整段文章，然後手動地執行這些替換動作。你的程式是如何地產生像"woperchild"的陌生名詞？在第 4 章，你會學到以更正式的用語來稱呼上述程序：「演算法(algorithm)」。演算法是用來指定執行步驟，以及這些步驟執行的順序。

1.15 （**隱私**）某些線上電子郵件服務儲存著一個時期所有的電子郵件。假設一個不滿的員工將數百萬人（包括你）的郵件張貼在網際網路上，試討論此一問題。

1.16 （**程式設計師的義務與責任**）假設您是在業界的程式設計師，你可能開發了一套有可能影響到人們的健康甚至是生命的軟體。假設一個程式中的軟體錯誤讓癌症病患接受過量的放射線治療，導致病患受重傷或是死亡，試討論此一問題。

1.17 （2010「**閃電崩盤**」**事件**）一個我們過度依賴電腦的例子稱之為「閃電崩盤（flash crash）」，發生在 2010 年 5 月 6 日，美國股票市場在數分鐘突然急遽下跌，抹消了數兆美元的投資並花了數分鐘復舊。請在線上搜尋此崩盤的原因，並針對此問題進行探討。

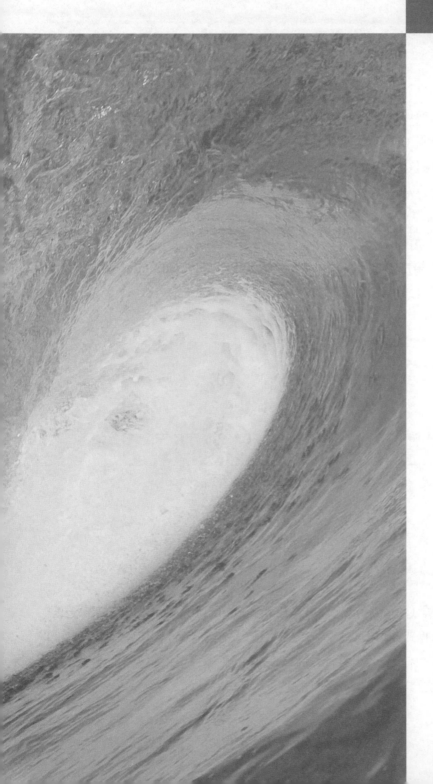

C 程式設計入門

2.1　簡介

C 語言使得程式設計者能以結構化且有條理的方法來設計電腦程式。本章將簡單介紹 C 程式的設計，並舉出數個例子來說明 C 語言的一些重要特性。我們將會對每個例子一行一行地詳細剖析。第 3 和第 4 章將會介紹 C 的**結構化程式設計**（structured programming），本書接下來的數章都將使用這種結構化的方法。我們提供了許多「安全的 C 程式設計」的第一部分。

2.2　一個簡單的 C 程式：列印一行文字

從未寫過程式的人可能會對 C 語言中的某些符號感到陌生。我們從一個簡單的 C 程式開始。第一個例子是列印一行文字。程式和輸出範例如圖 2.1 所示。

```
1   // Fig. 2.1: fig02_01.c
2   // A first program in C
3   #include <stdio.h>
4
5   // function main begins program execution
6   int main( void )
7   {
8      printf( "Welcome to C!\n" );
9   } // end function main
```

```
Welcome to C!
```

圖 2.1　第一個 C 程式

註解

這個程式非常的簡單，但它包含了 C 語言的幾個重要的特性。第 1 行與第 2 行

```
// Fig. 2.1: fig02_01.c
// A first program in C
```

以 // 開頭的兩行表示這是**註解**（comment）。你可以以**在 document programs 程式中加入一些註解**，使程式較容易閱讀。當程式在執行的時候，電腦會跳過註解的部分。註解會被 C 編譯器略過，因此也不會為註解產生任何機器語言目的碼。開頭的註解只是用來說明此程式的編號、檔名以及用途。註解有助於其他人來了解你的程式。

　　你也可以使用 /* */ **多行註解**（multi-line comments），從 /* 開始且以 */ 結尾之間的任何內容都會被視為註解。我們建議使用 // 註解，因為這種註解比較短，而且不會產生一些使用/**/註解常帶來的程式設計錯誤，特別是結尾的 */ 容易被遺漏。

#include 前置處理器指令
第 3 行

```
#include <stdio.h>
```

是個 **C 前置處理器**（C preprocessor）指令。在程式編譯之前，前置處理器會處理以#開頭的每一行。第 3 行告訴前置處理器將**標準輸入／輸出標頭檔**（standard input/output header）（**<stdio.h>**）引入到程式裡面。這個前置檔含有編譯器在編譯標準輸入／輸出函式庫函式（如 **printf**）時，所用到的資訊。我們將會在第 5 章進一步地探討標頭檔的內容。

空白列與空白格
第 4 行是一列空白列。您可以使用空白行、空白字元或跳格字元（例如 tab）讓程式更容易閱讀。這些字元統稱為空白（white space）。空白字元在編譯時會自動被忽略。

Main 函式
第 6 行

```
int main( void )
```

是每個 C 程式都有的部分。在 **main** 之後的小括號表示 **main** 是程式的一個建構區塊，稱為**函式**（function）。C 程式中可含有一個或多個函式，不過其中一個必須是 **main**。每個 C 程式都是從 **main** 函式開始執行。函式會傳回一些資訊。位於 **main** 左邊的關鍵字 **int**，表示 **main** 函式會「回傳」一個整數值。在第 5 章中，我們將介紹如何建構你自己的函式，到時將會解釋函式的「回傳值」是什麼意思。目前我們只要在每個程式的 **main** 左邊擺個 **int** 關鍵字就行了。

　　當函式被呼叫執行時，也可以「接收」資訊。括號內的 **void** 表示 **main** 沒有接收任何資訊。在第 14 章中，我們會展示一個 **main** 接收資訊的範例。

良好的程式設計習慣 2.1

每個函式之前最好加上一道註解，用以說明此函式的目的。

　　每個函式**本體**（body）以左大括號（ { ，如第 7 行}開始。相對的**右大括號** ( )，如第 9 行）表示每個函式的結束位置。這一對大括號以及之間的程式稱為一個區塊（block）。區塊是 C 裡面一項重要的程式單元。

輸出敘述式

第 8 行

```
        printf( "Welcome to C!\n" );
```

指示電腦執行一個**動作**（action），將雙引號內的**字串**（string）顯示在螢幕上。字串有時稱爲**字元字串**（character string）、**訊息**（message），或是**字面常數**（literal）。這一整行，包括 **printf**（字母 **f** 表示「格式化的」）函式、括號和括號裡的**引數**（argument）及分號（；）等，組合成一道**敘述式**（statement）。每行敘述須以分號（也叫敘述結束符號，statement terminator）結束。當前述的 **printf** 敘述式執行時，它會在螢幕上印出 **Welcome to C!**。通常螢幕上所顯示的結果會和 **printf** 敘述式中雙引號所括起來的內容一樣。

跳脫序列

要特別注意的是，字元**\n** 並不會顯示在螢幕上。反斜線符號（\）稱爲**跳脫字元**（escape character）。它表示 **printf** 應印出一些特殊的字元。當字串中出現反斜線時（也就是跳脫字元），編譯器就會找尋下一個字元，與反斜線結合成**跳脫序列**（escape sequence）。跳脫序列 **\n** 表示**新增一行**（newline）。當換行字元出現在 **printf** 輸出的字串當中，換行字元會將螢幕上的游標移到下一行的起始位置。其他一些常見的跳脫序列請參閱圖 2.2。

跳脫序列	說明
\n	換行。將游標移到下一行開始處。
\t	水平 tab。將游標移到下一個 tab 定位點。
\a	警告。讓系統發出聲音或是顯示警告，但不改變游標位置。
****	反斜線符號。在字串中插入反斜線字元。
\"	雙引號。在字串中插入雙引號。

圖 2.2　一些常見的跳脫序列

　　由於反斜線在字串中具有特殊的意義，例如，編譯器將它視爲跳脫字元，所以我們若想顯示\時，就必須以兩個\來表示。此外，想要列印雙引號（"）也會帶來一些問題，因爲它被視爲是所列印字串的分界符號，因此雙引號不會被列印出來。若想用 **printf** 顯示雙引號，則必須在字串中以跳脫序列\"來表示。右大括號}（第 9 行）表示 **main** 函式的結束位置。

良好的程式設計習慣 2.2

在有右大括號的行之後加上註解，右大括號}會結束每一個函式，包括 **main** 函式。

　　我們說 `printf` 使電腦執行一個**動作**（action）。任何程式在執行時，會進行各種不同的動作以及決策的**判斷**（decisions）。在 2.6 節，我們會再討論決策判斷。而在第 3 章我們將更進一步地介紹有關程式設計的**動作／判斷模式**（action/decision model）。

連結器與可執行程式

標準函式庫的函式（如 `printf` 或 `scanf`）並不是 C 語言的一部分。比如說，編譯器無法發現他們是否有拼字錯誤。當編譯器在編譯 `printf` 敘述式時，它只是在目的碼中空出一塊空間來「呼叫」函式庫函式。編譯器並不知道函式庫函式在哪裡——但是連結器知道。連結器在進行連結的時候，它會找出函式庫函式的位置，然後在目的碼中插入對函式庫函式正確的呼叫。此時，目的碼便是完整且可執行的了。因此，已經連結的程式通常稱為**可執行**（executable）的程式。如果將函式名稱拼錯，連結器將會發現這個錯誤，因為它無法將這個錯誤名稱，正確地配對到 C 程式函式庫中任何現存的函式。

常見的程式設計錯誤 2.1

在程式裡誤把輸出函式 `printf` 寫成 `print`。

良好的程式設計習慣 2.3

將函式的整個本體內容在劃分函式本體的大括號間縮排一層（我們建議是 3 個空格）。如此可強化函式的結構性，並可讓程式更容易閱讀。

良好的程式設計習慣 2.4

依您的喜好設定慣用的縮排量，然後統一使用此縮排量。Tab 鍵可用來建立縮排，但 tab 定位點可能有所差異。因此，專業風格指南會建議使用 space 而不是 tab 來進行縮排。

使用多個 printf

`printf` 函式能以數種不同的方式印出 `Welcome to C!`。舉例來說，圖 2.3 的程式就可以產生與圖 2.1 程式相同的輸出。這是因為每個 `printf` 都會從上一個 `printf` 結束列印的地方開始列印。第一個 `printf`（第 8 行）印出 `Welcome` 及一個空格（但不換行），而第二個 `printf`（第 9 行）便從同一行的空格之後開始列印。

```
 1   // Fig. 2.3: fig02_03.c
 2   // Printing on one line with two printf statements
 3   #include <stdio.h>
 4
 5   // function main begins program execution
 6   int main( void )
 7   {
 8      printf( "Welcome " );
 9      printf( "to C!\n" );
10   } // end function main
```

```
Welcome to C!
```

圖 2.3　以兩個 **printf** 敘述式列印一行文字

同一個 **printf** 可利用多個換行字元印出數行文字（如圖 2.4）。每次碰到\n（換行）跳脫序列時，**printf** 便移至下一行的起頭位置輸出。

```
 1   // Fig. 2.4: fig02_04.c
 2   // Printing multiple lines with a single printf
 3   #include <stdio.h>
 4
 5   // function main begins program execution
 6   int main( void )
 7   {
 8      printf( "Welcome\nto\nC!\n" );
 9   } // end function main
```

```
Welcome
to
C!
```

圖 2.4　以一個 **printf** 列印數行文字

2.3　另一個簡單的 C 程式：將兩個整數相加

我們的下一個程式使用標準函式庫函式 **scanf**，來讀進使用者從鍵盤輸入的兩個整數，然後計算這兩個值的和，再以 **printf** 將結果印出來。程式和輸出範例如圖 2.5 所示。（在圖 2.5 的輸入／輸出對話中，我們把使用者輸入數字的部分以**粗體**表示。）

```
 1   // Fig. 2.5: fig02_05.c
 2   // Addition program
 3   #include <stdio.h>
 4
 5   // function main begins program execution
 6   int main( void )
 7   {
 8      int integer1; // first number to be entered by user
 9      int integer2; // second number to be entered by user
10
11      printf( "Enter first integer\n" ); // prompt
12      scanf( "%d", &integer1 ); // read an integer
13
14      printf( "Enter second integer\n" ); // prompt
15      scanf( "%d", &integer2 ); // read an integer
16
17      int sum; // variable in which sum will be stored
18      sum = integer1 + integer2; // assign total to sum
19
20      printf( "Sum is %d\n", sum ); // print sum
21   } // end function main
```

圖 2.5　一個有關加法的程式

```
Enter first integer
45
Enter second integer
72
Sum is 117
```

圖 2.5　一個有關加法的程式(續)

第 1 至 2 行的註解說明了本程式的目的。我們前面曾經提到過，每個程式都是從 **main** 開始執行。左大括號 {（第 7 行）標明 **main** 本體的起點，而對應的右大括號 }（第 23 行）則標明 **main** 的終點。

變數與變數定義

第 8−9 行

```
int integer1; // first number to be entered by user
int integer2; // second number to be entered by user
```

都是**定義**（definition）。**integer1**、**integer2** 是**變數**(variables)名稱。變數就是電腦記憶體中，存放值供程式使用的位置。這些定義指定 **integer1**、**integer2** 為 **int** 型別的變數，意思是在這裡他們所存放的將會是**整數**（integer）值，像 7、-11、0、31914 這些數就是整數。

在使用變數前先宣告變數的定義

所有的變數均需在程式使用之前宣告名稱和資料型別。C 標準允許你在 main 函式內的任何地方宣告變數的定義，但必須是變數在第一次使用之前就先宣告（還是有些較舊的編譯器不允許）。稍後你會看到為什麼應該在變數即將第一次被使用之前先宣告。

在一個敘述式裡定義相同型別的多個變數

前述的定義也可以合併成單一定義如下：

```
int integer1, integer2;
```

但這樣就很難像我們在第 8 至 9 行所做的那樣，用相對應的註解清楚地描述每個變數的功用。

識別字和大小寫區別

C 語言的變數名稱可以是任意合法的**識別字**（identifier）。識別字是由字母、數字和底線（_）組成的一連串字元，但第一個字元不可以是數字。C 是有大小寫區別（case sensitive）的，也就是對 C 而言，大寫字母和小寫字母不一樣，所以 **a1** 與 **A1** 是不同的識別字。

常見的程式設計錯誤 2.2

在應該使用小寫字母的地方使用大寫字母（如將 **main** 輸入成 **Main**）。

測試和除錯的小技巧 2.1

避免使用底線（_）作為識別字的第一個字母，以免與編譯器產生的識別字以及標準函式庫的識別字衝突。

良好的程式設計習慣 2.5

請選用具有意義的變數名稱，來增進程式本身的可讀性。也比較不需要註解。

良好的程式設計習慣 2.6

作為簡單變數名稱的識別字，其第一個字母應為小寫。稍後我們將解釋第一個字母為大寫的識別字，以及全用大寫字母的識別字的特別含義。

良好的程式設計習慣 2.7

數個字組成的變數名稱可增進程式的可讀性。應將各個字之間以底線分隔，如 **total_commissions**。或者如果你想將所有字合在一起的話，請在首字之後的每一個字的第一個字元使用大寫字母，如 **totalCommissions**。後者的風格較佳，我們通常稱它為駝峰式大小寫，因為大寫和小寫字母的圖案類似於駱駝的輪廓。

提示訊息

第 11 行

```
printf( "Enter first integer\n" ); // prompt
```

如字面印出 **Enter first integer**，並將游標移至下一行的開頭。這個訊息就叫作**提示**（prompt），因為它指示使用者進行某特定動作。

Scanf 函式與格式化輸入

第 12 行

```
scanf( "%d", &integer1 ); // read an integer
```

使用 **scanf** 從使用者處讀取一個值。**scanf** 函式由標準輸入（通常是鍵盤）讀取輸入值。

這一行 **scanf** 裡有兩個引數"**%d**"和&**integer1**。第一個引數是**格式控制字串**（format control string），它顯示出使用者應該輸入的資料型別。這個**%d 轉換指定詞**（conversion specifier）表示資料應該是整數（字母 **d** 代表「十進制整數」）。這裡的%被 **scanf**（**printf** 亦然）視為一個跳脫字元，作為轉換指定詞的開端。

scanf 的第二個引數以&符號爲開頭，稱爲**位址運算子**（address operator），後面接一個變數名稱。&加上變數名稱，是用來告訴 **scanf** 變數 **integer1** 存放在記憶體中的什麼地方（位址），然後電腦就會將使用者所輸入的 **integer1** 值儲存在那個地方。&的使用通常讓新手或沒有用過這個符號的其他語言程式設計師感到困惑。現在你只要記住在 **scanf** 敘述式的每個變數前，都要加&即可。我們將在第 6 和第 7 章討論有關這條規則的一些例外狀況。而至於使用&的眞正意義爲何，則當你在第 7 章學過指標（pointer）之後便會比較清楚。

 ### 良好的程式設計習慣 2.8

在每個逗號（,）後面放一個空白字元，提高程式可讀性。

當電腦執行前述的 **scanf** 時，它會等待使用者輸入變數 **integer1** 的值。使用者鍵入一個整數並按 Enter 鍵（有時稱爲 Return 鍵）將數值傳給電腦。電腦便將此數字，或值（value），設定給變數 **integer1**。在接下來的程式中，任何對 **integer1** 的參考都將使用這一個值。**printf** 和 **scanf** 函式構成了電腦與使用者之間的交談。因爲這種互動像是一般的對話，因此常被稱爲**互動式操作**（interactive computing）。

提示並輸入第二個整數

第 14 行

```
printf( "Enter second integer\n" ); // prompt
```

在螢幕上印出 **Enter second integer** 這個訊息，然後將游標移到下一行的開頭。這個 **printf** 也是用來提示使用者進行某項動作。第 15 行

```
scanf( "%d", &integer2 ); // read an integer
```

則從使用者的輸入得到變數 **integer2** 的值。

定義變數 sum

第 17 行

```
int sum; // variable in which sum will be stored
```

定義型別爲 int 的變數 sum，就在它在第 18 行要被使用之前。

指定敘述句

第 18 行的**指定敘述句**（assignment statement）

```
sum = integer1 + integer2; // assign total to sum
```

計算變數 **integer1** 加 **integer2** 的和，並使用**指定運算子**＝（assignment operator）將結果設定給變數 **sum**。這道敘述式應讀成「**sum 得到 integer1 + integer2** 的值」。大部分的計算都是用指定敘述式來執行。運算子=和+稱為**二元運算子**（binary operator），因為它們具有二個**運算元**（operands）。+運算子的兩個運算元是 **integer1** 和 **integer2**。而=運算子的兩個運算元則是 **sum** 和運算式 **integer1 + integer2** 的值。

良好的程式設計習慣 2.9

在二元運算子的兩邊都放空白字元。除了突顯運算子外，也可讓程式更具可讀性。

常見的程式設計錯誤 2.3

指定敘述式的計算部分應放在=運算子的右邊。若將它放在左邊的話是編譯錯誤。

使用格式控制字串列印

第 20 行

```
printf( "Sum is %d\n", sum ); // print sum
```

呼叫函式 **printf**，在螢幕上印出字面常數 **Sum is** 以及變數 **sum** 的數值。這個 **printf** 函式有兩個引數**"Sum is %d\n"**和 **sum**。第一個引數是所謂的格式控制字串。它包含了一些待印的字面常數，以及轉換指定詞%d，表示有個整數將要被列印。第二個引數則指明了要被列印的值。請注意整數的轉換指定詞在 **printf** 和 **scanf** 裡是相同的。而對 C 的大部分資料型別而言亦如此。

結合變數定義和指定敘述句

你可以在變數的定義中指定一個值——亦即將變數**初始化**（initializing）。例如，第 17 - 18 行可以結合為如下之敘述句，增加了 **integer1** 和 **integer2**，並且將結果儲存在變數 **sum**。

```
int sum = integer1 + integer2; // assign total to sum
```

在 **printf** 敘述式裡執行計算

我們也可以將計算的執行放在 **printf** 敘述式裡。例如，第 17 - 20 行可以合併成

```
printf( "Sum is %d\n", integer1 + integer2 );
```

此處不需要變數 **sum**。

常見的程式設計錯誤 2.4

忘了在 `scanf` 敘述式內應該加上&的變數之前加上&，這樣會導致執行時期錯誤（execution-time error）。在許多系統裡，這種執行時期錯誤被稱為「分段錯誤（segmentation fault）」或「逾越存取（access violation）」。這種錯誤是因為使用者的程式嘗試存取電腦中的某塊記憶體，而此程式並不具有存取這塊記憶體的權力所引起的。我們將會在第 7 章再詳細探討這個問題。

 常見的程式設計錯誤 2.5

在 `printf` 敘述式內的變數之前多加了&。實際上，這個變數之前不應該加上&。

2.4　記憶體觀念

像 `integer1`、`integer2` 和 `sum` 這樣的變數名稱都會對應到電腦裡的記憶體位置（locations）。每個變數都具有**名稱**（name）、**型別**（type）、和一個**值**（value）。

在圖 2.5 的加法程式中，當敘述式（第 12 行）

```
scanf( "%d", &integer1 ); // read an integer
```

執行時，使用者鍵入的值會被放在 `integer1` 所被指定的記憶體位置。假設使用者輸入數字 **45** 作為變數 `integer1` 的值，電腦會將 **45** 放到變數 `integer1` 的位置，如圖 2.6 所示。當值放入記憶體位置時，會蓋掉該位置裡原本的值，因此，將新值放到記憶體位置是有**破壞性**的（destructive）。

| integer1 | 45 |

圖 2.6　顯示變數名稱及變數值的記憶體位置

再次回到我們的加法程式，當下列敘述式（第 15 行）

```
scanf( "%d", &integer2 ); // read an integer
```

執行時，假設使用者輸入 **72**，這個值就會存到 `integer2` 的位置，其記憶體配置如圖 2.7 所示。這些位置不一定是記憶體中相鄰的位置。

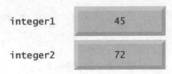

| integer1 | 45 |
| integer2 | 72 |

圖 2.7　輸入兩個變數之後的記憶體位置配置

在程式讀取 **integer1** 和 **integer2** 的值之後，它會將這兩個值相加，然後將其和放到變數 **sum**。敘述式（第 18 行）

```
sum = integer1 + integer2; // assign total to sum
```

會執行加法，並取代目前 **sum** 的值。這發生在將 **integer1** 和 **integer2** 相加後的和放到 **sum** 的位置（破壞了 **sum** 中可能已有的值）。計算 **sum** 之後，記憶體就如圖 2.8 所示。我們可看到 **integer1** 和 **integer2** 的值和他們被相加之前是一樣的。電腦執行計算時，只是利用這些值而已，不會破壞它們。因此，從記憶體讀取值時，其過程**不具破壞性**（nondestructive，不會改變值的內容）。

integer1	45
integer2	72
sum	117

圖 2.8 在計算執行之後的記憶體情形

2.5 C 的算術運算

大多數的 C 程式都會使用**算術運算子**（arithmetic operators）執行算術運算（圖 2.9）。

請注意，在這裡用到了幾個代數中並未使用的特殊符號。*（星號）代表乘，而%（**百分號**）代表模數運算子，我們將會在下面介紹。在代數裡面，如果我們想將 **a** 乘以 **b**，只要寫成 **ab** 即可。不過，我們若在 C 裡寫出 **ab**，代表的是一個有兩個字元的識別字。因此，C 和其他許多程式語言一樣，需要*運算子來明確地表示相乘，如 **a*b**。算術運算子都是二元運算子。例如，運算式 **3+7** 包含了二元運算子＋和運算元 **3** 及 **7**。

C 的運算	算術運算子 (arithmetic operator)	代數運算式	C 運算式
加法	+	$f + 7$	f + 7
減法	–	$p - c$	p – c
乘法	*	bm	b * m
除法	/	x / y or $\frac{x}{y}$ or $x \div y$	x / y
模數除法	%	$r \bmod s$	r % s

圖 2.9 算術運算子

整數除法與模數運算子

整數除法（Integer division）得到的結果會是個整數。如 **7/4** 會等於 **1**，而 **17/5** 會等於 **3**。C 還提供了**模數運算子%**（remainder operator），它的運算結果是整數相除後的餘數。模數運算子是個整數運算子，它的運算元必須是整數。運算式 **x%y** 會產生 **x** 除以 **y** 的餘數。因此 **7%4** 等於 **3**，而 **17%5** 等於 **2**。我們將會討論幾個模數運算子的有趣應用。

常見的程式設計錯誤 2.6

除以零這個動作通常在電腦系統裡都是未定義的，它會造成致命錯誤，亦即這個錯誤發生時將立刻中止程式的執行。而非致命錯誤（Nonfatal error）則允許程式繼續執行至結束，不過其結果通常是不正確的。

橫行形式的算術運算式

C 的算術運算式必須是**橫行形式**（straight-line form），以方便將程式輸入電腦。因此，像是「**a** 除以 **b**」的運算式就必須寫成 **a/b**，如此所有的運算子和運算元都會排成橫行。以下的代數符號

$$\frac{a}{b}$$

通常無法為編譯器接受，不過某些特殊用途的軟體套件，的確支援以更自然的符號寫法來表示複雜的數學運算式。

用小括號將子運算式分群

在 C 運算式中，小括號的用法跟代數運算的用法很像。例如，要將 **a** 乘以 **b + c** 的值，就寫成 **a * (b + c)**。

運算子優先順序規則

C 在算術運算式中的運算子用法，依照下述的「**運算子優先權規則**（rules of operator precedence）」決定運算的順序，一般而言與代數中的規則相同：

1. 在同一對小括號中的運算子先進行計算。小括號具有「最高優先權」。若為**巢狀**（nested），或稱**嵌入**（embedded）、**小括號組**（parentheses），如

   ```
   ( ( a + b ) + c )
   ```

   最裡面那對小括號中的運算子會最先計算。

2. 接著會處理乘法、除法和模數運算。若運算式中有多個乘法、除法和模數運算，則從左到右進行計算。因此乘法、除法和模數運算具有相同的優先權層級。

3. 接下來進行加和減的運算。若運算式中有多個加減法運算，則從左到右進行計算。加和減的優先權層級是相同的，但是優先順序低於乘法、除法以及模數運算子。

4. 最後處理的是賦值運算子（=）。

運算子優先順序的規則是讓 C 能以指定的順序計算運算式。[1]此外，當我們講到由左至右運算時，指的是運算子的**結合性**（associativity）。往後我們將會看到有些運算子的結合性是由右至左。圖 2.10 列出我們目前認識的運算子的優先順序規則。

運算子	運算	計算的順序（優先順序）
( )	小括號	優先計算。如果小括號是巢狀的，則會先計算最內層的。若有數個此類型的運算，則會從左到右運算。
* / %	乘法 除法 模數除法	第二個計算。若有數個此類型的運算，則會從左到右運算。
+ -	加法 減法	第三個計算。若有數個此類型的運算，則會從左到右運算。
=	指定	最後計算。

圖 2.10　算術運算子的優先順序

代數與 C 運算式範例

現在看看幾個遵照運算子優先順序的運算式。每個範例都會列出一個代數運算式和對等的 C 運算式。下面的運算式計算 5 個數的算術平均數：

$$\text{Algebra:} \quad m = \frac{a+b+c+d+e}{5}$$
$$\text{C:} \qquad m = (a + b + c + d + e) / 5;$$

此處需要用小括號將加法圍起來，因為除法比加法擁有更高的優先權。上式的值就是將(**a** + **b** + **c** + **d** + **e**)整個除以 **5**。假如遺漏了其中的括號，便會得到 **a** + **b** + **c** + **d** + **e/5**，運算式就算錯了，如下所示

$$a + b + c + d + \frac{e}{5}$$

下面的算式是直線的方程式：

---

[1] 我們使用簡單的範例來解釋運算式的計算順序。在更複雜的運算式中，可能會發生一些微妙的問題，本書稍後會碰到這類問題。到時我們再來討論。

> Algebra: $y = mx + b$
> C: y = m * x + b;

這裡不需要小括號。程式會先計算乘法運算，因爲乘法的優先權高於加法的優先權。

以下算式包括模數運算（%）、乘法、除法、加法、減法和賦值等運算：

> *Algebra:* $z = pr \bmod q + w/x - y$
> C: z = p * r % q + w / x - y;
>   ⑥　①　②　④　③　⑤

在運算式底下圈起來的數字，表示 C 執行這些運算子的順序。乘法、模數運算和除法首先會依據從左到右的順序進行計算（也就是這些運算子的結合性爲從左到右），因爲它們的優先權比加法和減法更高。接著才計算加法和減法，它們也是從左到右進行計算。最後，將計算結果賦值於變數 **z**。

並不是擁有一對括號以上的運算式均含有多層的括號。例如，底下的運算式就不包含多層括號，這兩對括號是屬於「同層級的」。

> a * (b + c) + c * (d + e)

二次多項式計算

爲了進一步了解運算子優先順序，我們看 C 如何計算一個二次多項式。

> y = a * x * x + b * x + c;
>   ⑥　①　②　④　③　⑤

在敘述式底下圈起來的數字，表示 C 執行這些運算的順序。C 語言中沒有表示指數的算術運算子，所以我們把 x^2 寫成 **x * x**。C 標準函式庫裡有一個可執行指數運算的函式，稱爲 **pow**。因爲有一些細節牽涉到 **pow** 所需要的資料型別，所以第 4 章再詳細討論 **pow**。

假設前述二次多項式中的變數 **a**、**b**、**c** 和 **x** 的初始值如下：**a=2**、**b=3**、**c=7** 以及 **x=5**。圖 2.11 說明了運算子執行的順序。

使用括號來宣告

跟代數運算一樣，在運算式中加入非必要的小括號，可讓運算式的計算順序更清楚。這些括號稱爲**多餘括號**（redundant parentheses）。例如，前述的敘述可加上以下的小括號：

> y = (a * x * x) + (b * x) + c;

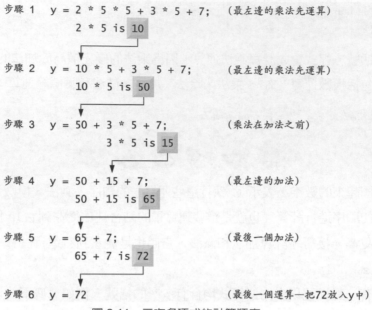

圖 2.11　二次多項式的計算順序

2.6　判斷：等號運算子和關係運算子

可執行的 C 敘述式若不是執行某一項動作（actions，如計算或資料的輸入輸出），便是進行某項**判斷**（decisions，我們很快會見到幾個範例）。例如，我們會在程式裡判斷某位學生的月考成績是否大於等於 60 分，以及程式是否應該印出 "Congratulations!You passed."。本節將介紹 C 的 **if 敘述式**的簡單版本，這種版本可讓程式根據某個稱為**條件式**（condition）之敘述式的真偽，來進行判斷。若條件吻合，也就是條件式為**真**（true），則程式會執行 if 本體中的敘述式。若條件不吻合，也就是條件是**偽**（false），則程式不會執行本體中的敘述。不論本體內敘述式是否執行，當 if 敘述式完成後，接下來執行的是 if 敘述式之後的下一個敘述式。

　　在 if 敘述中的條件式，通常是由**等號運算子**（equality operator）和**關係運算子**（relational operator）所組成（圖 2.12）。所有關係運算子都擁有相同的優先權，並從左到右進行結合運算。等號運算子的優先順序要比關係運算子低，他們也是由左至右地結合。（請注意：C 的條件式可以是任何為零（偽）或非零（真）的運算式。

常見的程式設計錯誤 2.7

==、!=、>=和<=這四個運算子的兩個符號之間隔著空格，就是語法錯誤。

常見的程式設計錯誤 2.8

等號運算子==與賦值運算子=很容易混淆使用。要避免困擾，等號運算子應該讀成「雙等號」，而賦值運算子應該讀成「取得值」或是「設定值」。我們將會看到，混用== 和= 這兩個運算子並不一定會造成明顯的編譯錯誤，卻有可能引發極嚴重的邏輯錯誤。

標準代數的等號或關係運算子	C 的等號或關係運算子	C 的條件式範例	C 條件式的意義
等號運算子			
=	==	x == y	x 等於 y
≠	!=	x != y	x 不等於 y
關係運算子			
>	>	x > y	x 大於 y
<	<	x < y	x 小於 y
≥	>=	x >= y	x 大於或等於 y
≤	<=	x <= y	x 小於或等於 y

圖 2.12　等號運算子和關係運算子

圖 2.13 的例子用了 6 個 **if** 敘述式來比較使用者輸入的兩個數。如果任何一個 **if** 敘述式的條件滿足的話，相關的 **printf** 敘述式便會執行。此圖包括了這個程式和三個示範的輸出情形。

```c
1  // Fig. 2.13: fig02_13.c
2  // Using if statements, relational
3  // operators, and equality operators
4  #include <stdio.h>
5
6  // function main begins program execution
7  int main( void )
8  {
9     printf( "Enter two integers, and I will tell you\n" );
10    printf( "the relationships they satisfy: " );
11
12    int num1; // first number to be read from user
13    int num2; // second number to be read from user
14
15    scanf( "%d %d", &num1, &num2 ); // read two integers
16
17    if ( num1 == num2 ) {
18       printf( "%d is equal to %d\n", num1, num2 );
19    } // end if
20
21    if ( num1 != num2 ) {
22       printf( "%d is not equal to %d\n", num1, num2 );
23    } // end if
24
25    if ( num1 < num2 ) {
26       printf( "%d is less than %d\n", num1, num2 );
```

圖 2.13　使用 **if** 敘述式、關係運算子和等號運算子

```
27      } // end if
28
29      if ( num1 > num2 ) {
30         printf( "%d is greater than %d\n", num1, num2 );
31      } // end if
32
33      if ( num1 <= num2 ) {
34         printf( "%d is less than or equal to %d\n", num1, num2 );
35      } // end if
36
37      if ( num1 >= num2 ) {
38         printf( "%d is greater than or equal to %d\n", num1, num2 );
39      } // end if
40   } // end function main
```

```
Enter two integers, and I will tell you
the relationships they satisfy: 3 7
3 is not equal to 7
3 is less than 7
3 is less than or equal to 7
```

```
Enter two integers, and I will tell you
the relationships they satisfy: 22 12
22 is not equal to 12
22 is greater than 12
22 is greater than or equal to 12
```

```
Enter two integers, and I will tell you
the relationships they satisfy: 7 7
7 is equal to 7
7 is less than or equal to 7
7 is greater than or equal to 7
```

圖 2.13　使用 **if** 敘述式、關係運算子和等號運算子(續)

　　程式利用 **scanf** 來將兩個整數分別輸入 **int** 變數 **num1** 和 **num2**（第 15 行）。每個轉換指定詞都有其相對應用來存放值的引數。第一個**%d** 將值轉換儲存到變數 **num1**，第二個**%d** 則將值轉換儲存到變數 **num2**。

良好的程式設計習慣 2.10

儘管是允許的，在程式中，每一行裡面最好不要超過一個敘述式。

常見的程式設計錯誤 2.9

於 **scanf** 敘述式的格式控制字串裡，在轉換指定詞之間放置逗號（其實是不需要的）。

數值比較

第 17-19 行的 **if** 敘述式

```
if ( num1 == num2 ) {
   printf( "%d is equal to %d\n", num1, num2 );
} // end if
```

比對兩個變數 **num1** 和 **num2** 的值是否相等。若值是相等的，第 18 行的敘述式會顯示一行文字表示數字相等。若第 21、25、29、33、37 行中，有一個或多個 **if** 敘述式裡的條件式為真（true），其相對應的本體敘述式將印出相稱的一行文字。將每個 **if** 敘述式的本體縮排，並在 **if** 敘述式的前後留一行空白，將可增加程式的可讀性。

常見的程式設計錯誤 2.10

把分號加在 **if** 敘述式中條件式的右括號之後。

每個 if 敘述式本體（body）以左大括號 {（如 17 行）開始。每個 **if** 敘述式本體皆以對應的右大括號 } 作為結束（如 19 行）。**if** 敘述式本體可以置入任意數量的敘述式。[2]

良好的程式設計習慣 2.11

一個較長的敘述式可能會分成數行。如果敘述式必須跨行的話，請慎選換行點（例如在用逗號分隔之串列中的某個逗號之後）。假如敘述式被分成兩行以上，請將第二行及其後數行縮排。但將識別字拆開則是不正確的。

圖 2.14 由高至低列出本章所介紹運算子的運算優先順序。運算子的優先權是從上到下遞減。注意：等號也是個運算子。除了賦值運算子 = 之外，其他所有運算子的結合性都是由左至右。賦值運算子（=）是從右至左結合。

良好的程式設計習慣 2.12

當你在撰寫含有很多運算子的運算式時，請參考運算子優先順序表。以確保運算式中所有的運算子均能以正確的順序執行。如果你無法確定複雜運算式內的運算順序，那麼請用括號將運算式分組，或將此敘述式分成幾個簡單的敘述式。還有，請小心運算子的結合性。有些 C 運算子（如賦值運算子，= ）是由右至左結合，而非由左至右。

運算子				結合性
()				從左到右
*	/	%		從左到右
+	-			從左到右
<	<=	>	>=	從左到右
==	!=			從左到右
=				從右到左

圖 2.14　目前討論過的運算子優先順序和結合性

---

[2] 假如本體只有一個敘述式，則不一定要使用大括號來分隔 **if** 敘述式的本體。有許多程式設計師認為，總是使用大括號來區隔本體，是一種良好的程式設計習慣。我們會在第 3 章討論這個問題。

　　本章的 C 程式中，有些字（特別是 **int**、**if** 及 **void**）是 C 語言的**關鍵字**（keywords）或保留字（reserved words）。圖 2.15 包含了 C 的關鍵字。這些字對 C 編譯器來說都具有特殊的意義，因此程式設計師必須小心，不可以將他們用來作為識別字（如變數名稱）。

　　本章已介紹了許多 C 語言重要的功能，包括了在螢幕上印出資料、由使用者輸入資料、執行計算，以及進行判斷等。在下一章中我們將為您介紹如何利用這些技術做結構化程式設計（structured programming）。你將會更熟悉編寫程式的方法。我們也將討論如何指定敘述式執行的順序，也就是**流程控制**（flow of control）。

關鍵字				
auto	do	goto	signed	unsigned
break	double	if	sizeof	void
case	else	int	static	volatile
char	enum	long	struct	while
const	extern	register	switch	
continue	float	return	typedef	
default	for	short	union	
C99 標準中新增的關鍵字				
_Bool _Complex _Imaginary inline restrict				
C11 標準中新增的關鍵字				
_Alignas _Alignof _Atomic _Generic _Noreturn _Static_assert _Thread_local				

圖 2.15　C 關鍵字

2.7　開發安全的 C 程式

我們在序章提到 C 安全程式標準（The CERT C Secure Coding Standard），其中提出了一些指導原則，幫助你免於在程式實作時，使系統暴露在攻擊之下。

避免單一引數的 printf 函式[3]

指導原則的其中一項，就是避免在使用 **printf** 時，只用一個字串當作引數。如果你要顯示一個以換行（newline）結束的字串，請使用 **puts** 函式，它會在引數裡的字串後加上換行字元並顯示。如圖 2.1 的第 8 行

```
printf( "Welcome to C!\n" );
```

[3.]更多資訊，請見 CERT C Secure Coding 規則 FIO30-C
（**www.securecoding.cert.org/confluence/display/seccode/FIO30-C.+Exclude+user+input+from +format+strings**）。在第 6 章的 C 安全開發章節裡，我們會解釋 CERT 指導原則中提到的使用者輸入的概念。

應該寫成：

```
puts( "Welcome to C!" );
```

在字串後面沒有\n，因為 **puts** 會自動加上。

如果你要顯示一個字串且不使用換行符號結尾，請在使用 **pintf** 時帶入%s 格式控制字串和要顯示的字串兩個引數。**轉換指定詞**（conversion specifier）%s 可用於顯示一個字串，例如圖 2.3 第 8 行

```
printf( "Welcome " );
```

應該寫成：

```
printf( "%s", "Welcome " );
```

雖然本章中 **printf** 的寫法並非真的不安全，但這些改變是比較值得信賴的程式實作，當我們更深入 C 時也能避免某些安全上的弱點，我們稍後將會在本書探討這些原理。你應該在你的習題解答裡使用我們本章範例的實作方式。

Scanf 與 printf，scanf_s 與 print_f

本章介紹了 **scanf** 與 **printf**，我們會在之後關於 C 安全實作指導原則的章節中提到更多。我們也會討論在 C11 提到的 **scanf_s** 與 **printf_s**。

摘要

2.1 簡介

● C 語言使得程式設計者能以結構化且有條理的方法來設計電腦程式。

2.2 一個簡單的 C 程式：列印一行文字

● 註解以//開頭，為程式寫註解可增加程式的可讀性。C 也支援以/*開頭以*/結尾的多行註解方式。

● 程式在執行時，電腦會跳過註解的部分。它們會被 C 編譯器略過，因此也不會為註解產生任何機器語言目的碼。

● 在程式被編譯之前，前置處理器會處理以#開頭的每一行。**#include** 告訴前置處理器將另一個檔案引入。

● 前置檔**<stdio.h>**含有編譯器在編譯標準輸入／輸出函式庫函式（如 **printf**）時，所用到的資訊。

● **main** 函式是每個 C 程式都有的部分。在 **main** 之後的小括號表示 **main** 是程式的一個建構區塊，稱為函式（function）。C 程式中可含有一個或多個函式，不過其中一個必須是 **main**。每個 C 程式都是從 **main** 函式開始執行。

- 函式會傳回一些資訊。位於 **main** 左邊的關鍵字 **int**，表示 **main** 函式會「回傳」一個整數值。
- 當函式被呼叫執行時，可以接收資訊。**main** 之後的括號內的 **void** 表示 **main** 沒有接收任何資訊。
- 每個函式本體（body）以左大括號{開始。而對應的右大括弧}表示每個函式的結束之處。這兩個大括號以及之間的程式稱為一個區塊（block）。
- **printf** 函式指示電腦將資訊顯示在螢幕上。
- 字串有時稱為字元字串（character string）、訊息（message），或是字面常數（literal）。
- 每行敘述須以分號（也叫敘述結束符號）做結束。
- **\n** 中的反斜線符號（****）稱為跳脫字元（escape character）。當字串中出現反斜線時，編譯器就會找尋下一個字元，與反斜線結合成跳脫序列（escape sequence）。跳脫序列 **\n** 表示換行（newline）。
- 當換行字元出現在 **printf** 輸出的字串當中，換行字元會將螢幕上的游標移到下一行的起始位置。
- 兩個反斜線 **** 是一個跳脫序列，可以用在字串中，代表單一的反斜線。
- 跳脫序列 **\"** 代表一個字面常數，雙引號字元。

2.3 另一個簡單的 **C** 程式：將兩個整數相加

- 變數（variable）就是電腦記憶體中的某個位置，它可以存放值供程式使用。
- **int** 型別的變數，所存放的是整數值，像 7、-11、0、31914 這些數就是整數。
- 所有的變數使用之前，均需定義其變數名稱及資料型態。
- C 語言當中變數的名稱可以是任意合法的識別字（identifier）。識別字是由字母、數字和底線（_）組成的一連串字元，但第一個字元不可以是數字。
- C 會區分大小寫，在 C 語言中大寫字母和小寫字母是不同的。
- 標準函式庫函式 **scanf** 由標準輸入（通常是鍵盤）讀取輸入值。
- **scanf** 格式控制字串（format control string），顯示應該輸入的資料型別。
- **%d** 轉換指定詞（conversion specifier）表示資料應該是整數（字母 **d** 代表「十進制整數」）。這裡的%被 **scanf**（**printf** 亦然）視為一個特殊字元，作為轉換指定詞的開端。
- **scanf** 格式控制字串的引數需以&為開頭，&稱為位址運算子（address operator），後面接一個變數名稱。&加上變數名稱，是用來告訴 **scanf**，變數存放在記憶體中的什麼地方（位址）。然後電腦就會將變數的值儲存在那個地方。
- 大部分的計算都是用指定敘述來執行。
- 運算子=和+稱為二元運算子（binary operator），因為它們具有二個運算元（operands）。
- **printf** 函式使用格式控制字串作為第一個引數，轉換指定詞則表示有個資料將要被輸出。

2.4 記憶體觀念

- 變數名稱都會對應到電腦裡的記憶體位置（locations）。每個變數都具有一個名稱（name）、一個型別（type）及一個值（value）。

- 當值被放入記憶體位置時，會蓋掉該位置原本的值，因此，將新值放到記憶體位置是有破壞性（destructive）的。
- 從記憶體位置讀取值時，其過程不具破壞性（nondestructive，不會改變數值的內容）。

2.5 C 的算術運算

- 在代數裡面，如果我們想將 **a** 乘以 **b**，只要寫成 **ab** 即可。不過我們若在 C 語言裡寫出 **ab**，代表的是一個有兩個字元的識別字。因此 C（別種程式語言亦然）需要用*運算子來明確地表示相乘，如 **a*b**。
- C 的算術運算式須以橫行形式書寫，方便將程式輸入電腦。因此，像是「**a** 除以 **b**」的運算式就必須寫成 **a/b**，如此所有的運算子和運算元都會排成橫行。
- 小括號可以將 C 的運算式分為群組，跟代數運算的用法很像。
- C 在算術運算式中的計算，依照「運算子優先權規則（rules of operator precedence）」決定運算的順序，一般而言與代數中的規則相同。
- 乘法、除法和模數運算會先處理。若運算式有多個乘法、除法和模數運算，則從左到右進行計算。因此乘法、除法和模數運算具有相同的優先權層級。
- 接下來進行加和減的運算。若運算式有多個加減法運算，則從左到右進行計算。加和減的優先權層級是相同的，但是優先次序低於乘法、除法以及模數運算子。
- 運算子優先順序的規則是讓 C 能以指定的順序計算運算式。運算子的結合性（associativity）是用來決定運算方式是由左至右或由右至左。

2.6 判斷：等號運算子和關係運算子

- 可執行的 C 敘述式若不是執行某一項動作，便是進行某項判斷。
- C 的 **if** 敘述式讓程式根據某個敘述式（稱為條件式）的真偽來進行判斷。若條件吻合，也就是條件式為真（true），則程式會執行 **if** 本體中的敘述式。若條件不吻合，也就是條件判斷是偽（false），則程式不會執行本體中的敘述。不論本體內敘述式是否執行，當 **if** 敘述式完成後，接下來執行的是 **if** 敘述式之後的下一個敘述式。
- 在 **if** 敘述中的條件式，通常是由等號運算子和關係運算子所組成。
- 所有關係運算子都擁有相同的優先權，並從左到右進行結合運算。等號運算子的優先順序要比關係運算子低，他們也是由左至右地結合。
- 為避免混淆賦值運算子（＝）和等號運算子（＝＝），賦值運算子應該讀成「取得值」，等號運算子應該讀成「雙等號」。
- 在 C 程式裡，空白字元（如定位、換行、空格等等）一般都是被忽略的。因此，敘述式和註解可以分成數行來撰寫。不過，將識別字拆開則是不正確的。
- 關鍵字（或保留字）對 C 編譯器來說都具有特殊的意義，因此你必須小心，不可以將他們用來作為識別字（如變數名稱）。

2.7 開發安全的 C 程式

● 免將系統暴露在攻擊的其中一種方式，就是 **printf** 不要只使用一個字串引數。

● 要列印出後面帶有換行字元的字串，請使用 **puts** 函式，它能將引數中的字串列印並加上換行字元。

● 要列印不帶有換行字元的字串，你可以使用 **printf** 函式，其中以轉換指定詞**%s** 當作第一個引數，再用第二個引數來表示要顯示的字串。

自我測驗

2.1　填充題。

　　a)　每個 C 程式都會先開始執行_____函式。

　　b)　每個函式都是以_____符號開始，以_____符號結束。

　　c)　每個敘述都是以_____結束。

　　d)　_____標準函式庫函式可將資訊顯示在螢幕上。

　　e)　跳脫序列**\n** 代表_____字元，它能夠將游標的位置移到螢幕下一行的起始位置。

　　f)　_____標準函式庫函式可用來從鍵盤讀取資料。

　　g)　轉換指定詞_____，用在 **scanf** 的格式控制字串裡，表示要輸入一個整數，用在 **printf** 的格式控制字串裡則表示要印出一個整數。

　　h)　當我們將一個新的值放入記憶體位置時，它會蓋掉該位置原本的值。這個過程稱爲_____。

　　i)　當我們將一個值從記憶體位置讀出時，該位置的值會被保留，這個過程稱爲_____。

　　j)　_____敘述可以用來進行判斷。

2.2　是非題。假如答案爲非，請解釋爲什麼。

　　a)　當呼叫 **printf** 函式時，它都會從新的一行的開頭開始列印。

　　b)　執行程式時，註解會讓電腦在螢幕上印出符號//之後的文字。

　　c)　跳脫序列**\n** 用在 **printf** 的格式控制字串裡時，會使得螢幕上的游標移到下一行的開頭。

　　d)　所有變數都必須在使用之前進行定義。

　　e)　所有的變數在定義的時候，都必須有一種型別。

　　f)　C 將變數 **number** 和 **NuMbEr** 視爲完全相同。

　　g)　定義可以出現在 C 函式本體的任何位置。

　　h)　在 **printf** 函式的格式控制字串之後的所有引數，其名稱前都必須加上&。

　　i)　模數運算子（**%**）只能夠用於整數運算元。

　　j)　算術運算子***、/、%、+**和**-**都擁有相同的優先權層級。

　　k)　一個要列印三行輸出的 C 程式，必須含有三個 **printf** 敘述式。

2.3　撰寫一行 C 敘述式，完成以下每個動作：

　　a)　宣告 **int** 型別的變數 **c、thisVariable、q76354** 和 **number**。

b) 提示使用者輸入整數。將提示文字以冒號（:）結束，再加上一個空格，然後將游標停在該空格之後。

c) 從鍵盤讀入一個整數，並將此值存放在整數變數 a。

d) 如果變數 **number** 不等於 **7**，便印出 **"The variable number in not equal to 7"**。

e) 將訊息 **"This is a C program."** 印在一行中。

f) 將訊息 **"This is a C program."** 印成兩行，其中第一行印到 C。

g) 將訊息 **"This is a C program."** 中的每一個字印成一行。

h) 列印訊息 **"This is a C program."**，並使用定位字元（tab）來分隔訊息中的每一個字。

2.4 爲下列每一項要求撰寫一個敘述式（或註解）。

a) 描述程式將計算三個整數的乘積。

b) 提示使用者輸入三個整數。

c) 將變數 x、y 和 z 定義爲 int 型別。

d) 從鍵盤讀取三個整數，並將它們儲存在變數 x、y 和 z 中。

e) 定義變數 result，計算變數 x、y 和 z 中整數的乘積，並使用該乘積初始化變數 result。

f) 列印 "The product is"，並在字串之後接著整數變數 result 的值。

2.5 使用你在習題 2.4 所撰寫的敘述，撰寫一個完整的程式來計算並且顯示三個整數的乘積。

2.6 找出並更正下列敘述句的錯誤：

a) ```printf("The value is %d\n", &number);```

b) ```scanf("%d%d", &number1, number2);```

c) ```
if (c <7);{
    printf("C is less than 7\n");
}
```

d) ```
if ( c =>7) {
    printf("C is greater than or equal to  7\n");
}
```

自我測驗解答

2.1 a)**main**　b) 左大括號(**{**}，右大括號(**}**)　c) 分號　d)**printf**　e)**newline**（換行）　f)**scanf**

g)**%d**　h) 破壞性的　i) 非破壞性的　j)**if**。

2.2 a) 非。**printf** 函式都是從目前游標所在的位置開始列印，可能是螢幕上一行的任何位置。

b) 非。當程式執行時，註解並不會產生任何的動作。註解可以用來說明程式，並且增進程式的可讀性。

c) 是。

d) 是。

e)　是。

f)　非。C會區分大小寫，所以這些變數是不同的。

g)　是。

h)　非。`printf`函式內的引數通常不應加&。而`scanf`函式格式控制字串後的引數通常需加&。我們將在第6章和第7章討論例外的情況。

i)　是。

j)　非。運算子`*`、`/`與`%`的優先權層級相同，運算子`+`和`-`的優先順序較低。

k)　非。一行`printf`敘述加上多個`\n`跳脫序列就可印出多行。

2.3　a)　`int c, thisVariable, q76354, number;`

b)　`printf("Enter an integer: ");`

c)　`scanf("%d", &a );`

d)　`if ( number !=7) {`
　　　`printf("The variable number is not equal to 7.\n");`
　　`}`

e)　`printf("This is a C program.\n");`

f)　`printf("This is a C\nprogram.\n");`

g)　`printf("This\nis\na\nC\nprogram.\n");`

h)　`printf("This\tis\ta\tC\tprogram.\n");`

2.4　a)　`// Calculate the product of three integers`

b)　`printf( "Enter three integers: " );`

c)　`int x, y, z;`

d)　`scanf( "%d%d%d", &x, &y, &z );`

e)　`int result = x * y * z;`

f)　`printf( "The product is %d\n", result );`

2.5　參考以下程式

```
1   // Calculate the product of three integers
2   #include <stdio.h>
3
4   int main( void )
5   {
6      printf( "Enter three integers: " ); // prompt
7
8      int x, y, z; // declare variables
9      scanf( "%d%d%d", &x, &y, &z ); // read three integers
10
11     int result = x * y * z; // multiply values
12     printf( "The product is %d\n", result ); // display result
13  } // end function main
```

2.6　a)　錯誤：`&number`。

　　　更正：刪除&符號。稍後的章節將討論例外的情形。

b)　錯誤：**number2** 沒有&。

更正：**unmber2** 應改為&**number2**。稍後的章節將討論例外的情形。

c)　錯誤：**if** 敘述式的條件式之後的分號。

更正：去掉右括號之後的分號。（請注意：這個錯誤將導致不論 **if** 敘述式內的狀況是否為真，均會執行 **printf** 敘述式。在右括號右方放置一個分號，程式會認為敘述後面的輸出敘述是一個空的敘述，也就是不會執行任何動作的敘述。）

d)　錯誤：=>不是一個 C 的運算子。

更正：關係運算子=>必須改成>=（大於或等於）。

習題

2.7　請為下列各敘述式找出錯誤並更正。（請注意：每行敘述式的錯誤可能不只一個。）

a)　`scanf("&d", %value );`

b)　`printf("The sum of %c and %c is %c"\n, x, y );`

c)　`a + b + c = sum;`

d)　`if ( number >= largest )`
　　`   largest == number;`

e)　`\\ Program to determine the largest of three integers`

f)　`Scanf("%f", float );`

g)　`printf("Remainder of %d divided by %d is\n", x, y, x / y );`

h)　`if ( x => y );`
　　`   printf("%d is greater than or equal to %d\n", x, y" );`

i)　`print("The product is &d\n," x * y );`

j)　`scanf("%d, %d, %d", &x&y &z );`

2.8　請填入以下題目的空格：

a)　所有_____必須在使用於程式之前宣告。

b)　C 是_____。在 C 中，大寫和小寫字母代表不同意義。

c)　單行註釋以_____開頭。

d)　_____是由 C 預留的單詞，不能使用。

e)　_____和_____被編譯器忽略。

2.9　撰寫一行 C 敘述，完成以下每個動作：

a)　列印訊息「祝你有美好的一天」。

b)　將變數 **b** 和 **c** 的總和指定給變數 a。

c)　檢查變數 **a** 的值是否大於變數 **b**。如果是，將這兩個變數的差儲存在變數 c。

d)　從鍵盤輸入三個整數值，並將它們放在 **int** 變數 **p**、**q** 和 **r** 中。

2.10 是非題。如果答案為非，請解釋您的原因。

a) C 將函式 **main** 和函式 **Main** 視為相同。

b) 運算子的結合性指定它們是從左到右或是從右到左運算。

c) 敘述式 **if(a = b)** 檢查變數 **a** 和 **b** 是否相等。

d) **if** 敘述式中的條件是透過使用賦值運算子形成的。

e) 以下全部都是有效的變數名稱：**_3g**、**my_val**、**h22**、**123greetings**、**July98**。

2.11 請填入以下題目的空格：

a) 敘述式允許程式根據條件來執行不同的動作。

b) 如果整數除法的結果（分子和分母均為整數）為分數，則小數部分為。

c) 指令告訴前置處理器要含括輸入／輸出流標頭檔的內容。

2.12 若下列各項的 C 敘述句在執行時會列印輸出，則會印出些什麼？假如什麼都沒有印出來，就回答「沒有」。假設 **a = 15**、**b = 4**、**c = 7**。

a) `printf( "%d", a % b);`

b) `printf( "%d", a % c + b);`

c) `printf( "b=");`

d) `printf( "a=15");`

e) `printf( "%d = % a + b", a + b );`

f) `c = a + b`

g) `scanf("%d%d",&a, &b);`

h) `// printf( "Now a and b changes to %d and %d", a, b );`

i) `printf( "\n" );`

2.13 下列哪一個 C 敘述會改變所包含的變數值？

a) `printf( "Enter two Numbers : " );`

b) `scanf( "%d%d", &a, &b );`

c) `sum = a + b;`

d) `printf( "\nThe result is : %d", sum );`

2.14 已知代數等式 $y = ax^3 - bx^2 - 6$，以下哪個 C 敘述可正確描述此等式？

a) `y = a * x * x * x - b * x * x - 6;`

b) `y = a * x * x * x * b * x * x - 6;`

c) `a * (x * x * x ) - b * x * x * ( - 6);`

d) `a * (x * x * x ) - b * (x * x) - 6;`

e) `a * x * x * x - (b * x * x - 6 );`

f) `(a * x * 3 - b * x * 2 ) - 6;`

2.15 請說出下列 C 敘述式的運算子計算順序，並答出每個敘述執行後的 **x** 值。

a) `x = 8 + 15 * ( 6 - 2) - 1;`

b) `x = 5 % 5 + 5 * 5 - 5 / 5;`

c) `x = ( 5 * 7 * ( 5 + ( 7 * 5 / ( 7 ) ) ) );`

2.16 （**算術計算**）撰寫一個程式，要求使用者輸入兩個數字，再從使用者取得這兩個數字，然後印出這兩個數字的總和、乘積、差、商和餘數。

2.17 （**最終速度**）請撰寫一個程式，要求使用者輸入某物件的初始速度和加速度，以及已經經過的時間，將這些值放入變數 **u**、**a** 和 **t** 中，並印出最終速度 **v** 和所經過的距離 **s**。請使用以下算式：

a) $v = u + at$

b) $s = ut + \dfrac{1}{2}at^2$

2.18 （**整數比較**）撰寫一個程式，要求使用者輸入一個國家在一個季節中的最高降雨量，以及該國當年的降雨量，從使用者那裡獲得數值，檢查目前降雨量是否超過最高降雨量，並印出螢幕上所顯示的相應訊息。如果目前的降雨量較高，則將該值指定為有史以來最高的降雨量。本題只能使用你在本章學到的 **if** 敘述式的單一選擇形式。

2.19 （**算數、最大值與最小值**）撰寫一個程式，讓使用者從鍵盤輸入三個不同的整數，印出總和、平均數、乘積、最小值和最大值。只能使用本章所學到的單一選擇 **if** 敘述式。螢幕上應該會出現以下的畫面：

```
Enter three different integers: 13 27 14
Sum is 54
Average is 18
Product is 4914
Smallest is 13
Largest is 27
```

2.20 （**從秒轉換到小時、分鐘和秒**）撰寫一個程式，要求使用者輸入自某事件發生以來經過的總時間（以秒為單位），並將其轉換為小時、分鐘和秒。時間應顯示為小時：分鐘：秒。（提示：使用模數運算子。）

2.21 （**用星號組成圖形**）撰寫一個程式，使用星號印出下列圖形。

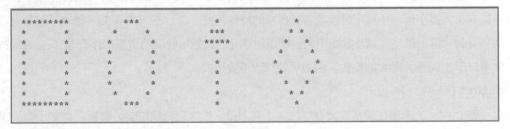

2.22 下述的程式碼會印出何種圖形？

```
printf("*\n**\n***\n****\n*****\n");
```

2.23 （**最大和最小整數**）撰寫一個程式，能讀取三個整數，並能夠判斷和印出最大值和最小值。只能使用目前為止您在本章學到的程式設計技巧。

2.24 （**奇數或偶數**）撰寫一個程式，能讀取一個整數，判斷它為奇數或偶數，並且將結果印出。（提示：使用模數運算子。因為偶數一定是 2 的倍數。任何 2 的倍數在除以 2 之後，其餘數必定為零。）

2.25 將你的英文名字縮寫以大寫的印刷字體印出來。請用該字母來組成印刷字體，如下圖所示。

```
PPPPPPPP
    P     P
    P     P
    P     P
     P  P

  JJ
 J
 J
 J
  JJJJJJJ

DDDDDDDD
D         D
D         D
 D       D
  DDDDD
```

2.26 （倍數）撰寫一個程式讀進兩個整數值，判斷第一個數值是否為第二個數值的倍數。（提示：使用模數運算子。）

2.27 （星號棋盤）使用 8 個 **printf** 敘述句印出下面的棋盤，然後盡可能使用最少的 **printf** 敘述句印出一樣的棋盤。

```
* * * * * * * *
 * * * * * * * *
* * * * * * * *
 * * * * * * * *
* * * * * * * *
 * * * * * * * *
* * * * * * * *
 * * * * * * * *
```

2.28 請分辨 fatal error（致命錯誤）和 nonfatal error（非致命錯誤）的不同。為什麼我們可能會比較喜歡遇上致命錯誤，而不是非致命錯誤。

2.29 （字元的整數值）讓我們預習一下後面的章節。在本章中，你學到了整數和 **int** 型別。C 語言也可以表示大寫字母、小寫字母以及各式各樣的特殊符號。在 C 語言的內部，是使用整數來表示每個字元的。這一組字元以及電腦用來對應這組字元的整數，就稱為電腦的字元集（character set）。你可以印出代表大寫 **A** 的整數。例如，執行以下敘述式

printf("%d",'A');

寫一個 C 程式，印出代表某些大寫字母、小寫字母、數字和特殊符號的整數。你至少要能印出代表下列字元的整數：**A B C a b c 0 1 2 $ * + /**以及空白字元。

2.30 （分開整數的每個數字）撰寫一個程式，輸入一個五位數的數字，將這個數字分成個別的數字，然後分別印出每個數字，數字中間必須相隔 3 個空格。（提示：運用整數除法和模數除法的組合。）例如，若輸入 **42139**，則程式必須印出：

```
4   2   1   3   9
```

2.31 （平方和立方的表格）使用本章所學的技術，撰寫一個能夠計算從 0 到 10 的平方數和立方數的程式，並用定位點 (tab) 將這些數字依下列格式印出：

```
number  square  cube
0       0       0
1       1       1
2       4       8
3       9       27
4       16      64
5       25      125
6       36      216
7       49      343
8       64      512
9       81      729
10      100     1000
```

進階習題

2.32 （身體質量指數計算工具）我們曾在習題 1.12 中介紹身體質量指數（body mass index，BMI）計算工具。BMI 的計算公式如下

$$BMI = \frac{體重（磅）\times 703}{身高（吋）\times 身高（吋）}$$

或

$$BMI = \frac{體重（公斤）}{身高（公尺）\times 身高（公尺）}$$

建立一個 BMI 計算工具程式，輸入使用者的體重（磅或公斤）、身高（吋或公尺），然後計算使用者的 BMI 值。同時，顯示下列資訊（由美國衛生部／國家衛生研究院所提供），讓使用者能夠評估他的 BMI 值是否標準：

```
BMI VALUES
Underweight: less than 18.5
Normal:      between 18.5 and 24.9
Overweight:  between 25 and 29.9
Obese:       30 or greater
```

（請注意：在本章中，你學到了如何使用 **int** 型別來表示整數。使用 **int** 值做出來的 BMI 計算工具也會算出整數的結果。在第 4 章中，你會學到如何使用 **double** 型別來表示具有小數的數字。當我們使用 **double** 值來寫這個程式時，就會產生具有小數的值，稱為「浮點數」（floating-point）。）

2.33 （共乘節約計算工具）研究幾個汽車共乘的網站。建立一個應用程式，計算你每日開車的費用，然後估計你可以藉由共乘省下多少錢，同時也減少碳排放量並紓解交通壅塞。這個應用程式應該輸入下列資訊，並印出使用者每天開車上班的花費。

a) 每天行駛里程。　　　　　b) 每加侖汽油的價格。

c) 每加侖汽油行駛里程數。　d) 每天的停車費。

e) 每天的過路費。

NOTE

結構化程式的開發

學習目標

在本章中，你將學到：

- 使用解決問題的基本技術
- 使用從上而下，逐步改良的過程來發展演算法
- 使用選擇敘述式 **if** 以及 **if-else** 來選擇要執行的動作
- 使用 **while** 循環敘述式重複執行程式中的敘述式
- 使用計數器控制循環結構和警示訊號控制循環結構
- 學會結構化程式設計
- 使用遞增、遞減及指定等運算子

3.1　簡介

在撰寫程式解決某個問題之前，必須能夠先充分了解問題，並仔細地規劃解決這個問題的方法。在第 3 和第 4 章中，我們將介紹有關開發結構化電腦程式的一些技巧。在 4.12 節當中，我們將總結本章以及第 4 章中結構化程式設計以及發展的技巧。

3.2　演算法

任何計算的問題均可歸納成以特定的順序來執行一系列的動作。於是我們可列出解決問題的**程序**（procedure）如下：

1. 將要執行的**動作**（actions），以及

2. 執行這些動作的**順序**（order）。

這就稱為**演算法**（algorithm）。下面的例子將告訴我們，正確地指定動作的執行順序是很重要的。

　　讓我們來看看下面這個演算法，它敘述一個中級主管一大早起床後到上班前所該做的事：(1)起床 (2)脫掉睡衣 (3)洗澡 (4)穿好衣服 (5)吃早餐 (6)開車上班。這個程序能夠讓這個中級主管精神飽滿地進行各項決策。然而，假使這些相同的步驟以稍微不同的順序來執行的話，如下：(1)起床 (2)脫掉睡衣 (3)穿好衣服(4)洗澡 (5)吃早餐 (6)開車上班。在這種情況下，我們的這位中級主管將會穿著溼的外衣去上班。在電腦程式裡指定敘述式執行的順序稱為**程式控制**（program control）。在本章和下一章裡，我們將為您介紹 C 的程式控制能力。

3.3　虛擬程式碼

虛擬程式碼（Pseudocode）是一種給人看的非正規語言，用來幫助你發展演算法。我們在這裡所要介紹的虛擬程式碼，特別有助於發展可以轉換成結構化 C 程式的演算法。虛擬程式碼十分類似於日常生活上所用的英文，雖然它不是眞的電腦程式語言，不過它卻是方便且用起來稱手的。

虛擬程式碼所寫的程式並不能實際在電腦上執行。它們是用來幫助你在眞正以電腦程式語言（如 C）撰寫程式前，「思考」這個程式該如何撰寫。

虛擬程式碼完全由字元所組成，因此你可以利用文書編輯軟體輕易地將之鍵入電腦。一份仔細設計過的虛擬程式碼，可以很快地轉換成相對應的 C 程式。在很多情況下，我們只需將虛擬程式碼的敘述式換成相等的 C 敘述式即可。

虛擬程式碼只包含了動作和決策的敘述式——就是那些當程式由虛擬碼轉換成 C 的時候被執行的部分。定義並不是可執行的敘述式，他們只是給編譯器看的簡易訊息。例如，宣告

```
int i;
```

只是用來告知編譯器變數 `i` 的型別，並命令編譯器爲此變數空出記憶體空間。但此宣告在程式執行的時候，並不會引起任何的動作，例如輸入、輸出、計算或比較。有些程式設計師會在虛擬碼程式的開頭，列出所有的變數並簡單地說明他們的用途。

3.4　控制結構

一般來說，程式中的敘述式是以他們在程式中的順序一個接一個地被執行。這叫作**循序式的執行**（sequential execution）。不過我們很快會看到，有些 C 敘述式能夠讓你指定下一個執行的敘述式（非循序式的），這叫作**控制權的移轉**（transfer of control）。

在 1960 年代，人們發現任意使用控制權轉移，將會使得軟體的發展愈來愈困難。批評的焦點都集中在 goto **敘述式**（goto statement）的身上，因爲它可讓程式設計師指定控制權轉移到程式中許多可能的地方。於是「**消除 goto**（goto elimination）」幾乎成了結構化程式設計的同義詞。

Bohm 和 Jacopini[1]已經證明了程式可以不必使用 **goto** 敘述式來撰寫。於是程式設計師所必須接受的挑戰，便是要將他們的設計風格轉變成「沒有 **goto** 的程式設計方式」。到了 1970 年代，程式設計師才逐漸嚴肅地面對結構化程式設計。結果令人印象深刻，軟體研發團隊減

---

[1]. C. Bohm and G. Jacopini, "Flow Diagrams, Turing Machines, and Languages with Only Two Formation Rules,"*Communications of the ACM*, Vol. 9, No. 5, May 1966, pp. 336–371.

少了發展軟體的時間,軟體計劃能更準時的完成,除錯的時間也更短。使用結構化技術產生的程式會比較清楚,比較容易除錯以及修改,而且不容易產生錯誤。[2]

Bohm 和 Jacopini 的研究告訴我們,所有的程式均可由三種**控制結構**(control structure)寫成,他們是**循序結構**(sequence structure)、**選擇結構**(selection structure)和**循環結構**(iteration structure)。其中循序結構很簡單:除非改變程式執行的流程,否則電腦會自動地按照你所寫的 C 敘述式的順序,一行一行地執行。圖 3.1 所示的**流程圖**(flowchart)片段,說明了 C 的循序結構。

流程圖(flowchart）

流程圖是整個演算法或是演算法一部分的圖形表示法。流程圖使用具有特殊含義的標誌來繪製,像是矩形、菱形、圓角矩形以及小圓圈等等;這些標誌用稱爲**流向**(flowline)的箭頭連接起來。

如同虛擬程式碼一般,流程圖對發展和表示演算法非常有幫助。雖然大多數的程式設計師較喜歡使用虛擬程式碼。不過流程圖可以清楚地表示出控制結構的運作情形,這點也是我們在本書中採用流程圖的原因。

讓我們來看看圖 3.1 循序結構的流程圖片段。我們用**矩形**(rectangle symbol),也稱爲**動作符號**(action symbol)來表示任何形式的動作,包括了計算或輸入/輸出的操作等。圖中的流向代表動作執行的順序:先將 `grade` 加到 `total`,然後再將 `counter` 加 `1`。C 允許我們在一個循序結構中放入任意個數的動作。很快我們將會看到,在任何可以放置單一動作的地方,我們都可以循序地放進數個動作。

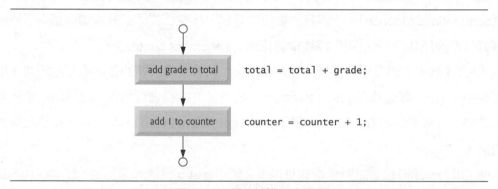

圖 3.1 C 循序結構的流程圖

當我們畫流程圖表示完整的演算法時,要用兩個**圓角矩形符號**(rounded symbol),一個寫上"Begin",表示它是此流程圖的第一個符號,一個寫上"End"表示是最後一個符號。而當我

---

[2] 在 14.10 節中您將會看到一些使用 goto 敘述的特殊案例。

們畫流程圖的片段（如圖 3.1）時，則可省略圓角矩形而以**小圓形**（small circle symbols）代替，此小圓形符號稱爲**連接符號**（connector symbols）。

　　流程圖中最重要的要算是**菱形符號**（diamond symbol），它也被稱爲**判斷符號**（decision symbol），它表示某項判斷將在此進行。我們將在下一節當中討論菱形符號。

選擇結構

C 語言以敘述式的形式提供三種選擇結構。**if** 選擇敘述式（3.5 節）在條件式爲眞時選擇（執行）某項動作，而當條件爲僞時則跳過這項動作。**if...else** 選擇敘述式（3.6 節）在條件爲眞時執行某項動作，而當條件爲僞時則執行另一項動作。**switch** 選擇敘述式（在第 4 章當中討論）會依運算式的值不同，選擇執行許多動作中的一項。**if** 敘述式也稱爲**單一選擇敘述式**（single-selection statement），因它只選擇或跳過一項動作。**if...else** 敘述式也稱爲**雙重選擇敘述式**（double-selection statement），因它會在兩種不同的動作之中選擇。**switch** 敘述式稱爲**多重選擇敘述式**（multiple-selection statement），因爲它可以在許多不同的動作中選擇。

循環敘述

C 以敘述式的形式提供了三種循環結構，分別是 **while**（3.7 節）、**do...while** 和 **for**（兩者都在第 4 章討論）。

　　以上所介紹的便是 C 的所有控制結構。C 只有七種控制敘述式：循序、三種選擇和三種循環。每個 C 程式都是依據其演算法的需要，組合這七種結構所形成的。我們將可看到，每一種控制敘述式都會和圖 3.1 的循序結構一樣具有兩個小圓形，一個在控制敘述式的入口，另一個在出口。這種**單一入口／單一出口的控制敘述式**（single-entry/single-exit control statements），將更容易地建構清楚的程式。我們可將一個控制結構的入口連接到另一控制結構的出口，來結合不同的控制敘述式。這個動作十分類似小朋友玩的堆疊積木遊戲，因此我們稱之爲**控制敘述式的堆疊**（control-statement stacking）。除了這種連接方式之外，只有另外一種方式可以連接控制敘述式，稱爲**巢狀的控制敘述式**（control-statement nesting）。所以，任何 C 程式的建構，都可以用兩種連接方式連接七種控制敘述來達成。這就是簡單化的原理。

3.5　**if** 選擇敘述式

選擇敘述式可用來選取不同功能的動作。例如，假設考試中，及格的成績爲 60 分，以下的虛擬碼敘述式

> *If student's grade is greater than or equal to 60*
> *Print "Passed"*

會判斷條件“student's grade is greater than or equal to 60”是眞或僞。若條件爲眞則印出
“Passed”，然後繼續「執行」下一個虛擬碼敘述式（要記得，虛擬碼並不是眞的程式語言）。
如果條件式爲僞，則列印的動作不會執行，然後執行下一個虛擬碼敘述式。

上述虛擬碼 **If** 敘述式可改寫成如下的 C 程式

```
if ( grade >= 60 ) {
    puts( "Passed" );
} // end if
```

請注意，C 程式十分地類似上述的虛擬碼（當然也必須要宣告 **int** 變數 **grade**）。這是虛擬碼
的一項特性，它使得虛擬碼成爲一種有用的程式發展工具。這個選擇敘述式的第二行是縮排
的，雖然這種縮排並非強制性的，但我們強烈建議這樣做，因爲它有助於強調結構化程式的
內在結構。C 編譯器會忽略用於縮排和垂直間距的**空白字元**（white-space characters），例如
空格、Tab 和換行符號。

圖 3.2 的流程圖所示爲單一選擇的 **if** 敘述式。這張流程圖裡包含了最重要的流程符號——
——菱形符號（diamond symbol，也稱爲判斷符號，decision symbol），它表示正在進行某項判斷。
判斷符號包含了一個運算式，例如一個控制條件，它可能爲眞或僞。判斷符號會發出兩條流
向。一條代表條件式爲眞時的流向，另一條則代表條件式爲僞時的流向。判斷的進行可依據
含有關係或等號運算子的條件式來進行。事實上，任何運算式皆可作爲判斷的依據，當運算
式的運算結果爲零時便代表僞，而當運算結果爲非零值時則代表眞。

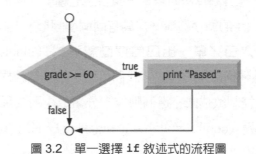

圖 3.2　單一選擇 **if** 敘述式的流程圖

If 敘述式也是個單一入口／單一出口的敘述。我們將討論到，其他的控制結構也都只包
含代表動作被執行的矩形，以及代表進行判斷的菱形。這便是我們所強調的動作／判斷的程
式設計（action/decision model of programming）模式。

我們可想成有七個箱子，每個箱子中放著這七種控制敘述流程圖中的一種。這些在箱子
裡的流程圖片段一開始時都是空無一物的，他們的矩形和菱形裡都沒寫上任何的文字。而你
的任務便是依照演算法的需要，以兩種方式（堆疊或巢狀）將這些控制敘述組成程式，我們
將會討論撰寫動作和判斷的各種方法。

3.6　if...else 選擇敘述式

if 選擇敘述式只在條件為真時執行某一項動作，而當條件為偽時便跳過這項動作。而
if...else 選擇敘述式則讓你可依據條件的真偽，來執行不同的動作。舉例來說，下列的虛擬
碼敘述式

> *If student's grade is greater than or equal to 60*
> 　　　*Print "Passed"*
> *else*
> 　　　*Print "Failed"*

會在學生的成績大於等於 60 的時候印出 Passed，而在成績小於 60 的時候印出 Failed。不論
是真或偽，當列印完成後，接下來的虛擬碼敘述式都將會被「執行」。請注意 else 的本體也是
縮排的。

良好的程式設計習慣 3.1

請將 if...else 敘述式中所有的本體敘述式縮排（虛擬碼和 C 程式皆應如此）。

良好的程式設計習慣 3.2

假如程式裡有數個層級的縮排，那麼每一個層級應該縮進的格數必須相同。

上述虛擬碼 If...else 敘述式可改寫成如下的 C 程式

```
if ( grade >= 60 ) {
   puts( "Passed" );
} // end if
else {
   puts( "Failed" );
} // end else
```

圖 3.3 的流程圖表示了 if...else 敘述的控制流程。同樣的，除了小圓形和箭號之外，這
張流程圖中也只包含了矩形（動作）和菱形（判斷）。

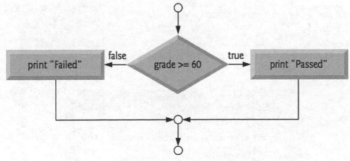

圖 3.3　C 之雙重選擇 if...else 敘述式的流程圖

　　C 提供了與 **if…else** 敘述式十分類似的**條件運算子**（?:）。條件運算子（conditional operator）是 C 中唯一的三元運算子（ternary operator），它使用了三個運算元。這些運算元加上條件運算子構成了**條件運算式**（conditional expression）。其中第一個運算元是條件，第二個運算元是當條件為真時整個條件運算式的值，第三個運算元則是當條件為偽時整個條件運算式的值。例如下面的 **puts** 敘述式：

```
puts( grade >= 60 ? "Passed" : "Failed" );
```

包含了一個條件運算式，當其條件 **grade >= 60** 為真時，值為字串**"Passed"**，而當其條件為偽時，值為字串**"Failed"**。這個**puts**敘述式，其效用與上述的 **if…else** 敘述式相同。

　　條件運算式裡的第二和第三個運算元也可以是某項要執行的動作。例如，底下的條件運算式

```
grade >= 60 ? puts( "Passed" ) : puts( "Failed" );
```

將被讀成「如果 **grade** 大於等於 60，就執行 **puts ("Passed")**，否則執行 **puts ("Failed")**」。這個敘述式的效用也和前述的 **if…else** 敘述式相同。而我們也將可看到，條件運算子能用在 **if…else** 敘述式無法適用的情況，包括表示式和功能的參數（例如 **printf**）。

 測試和除錯的小技巧 3.1

對條件運算子（?:）的第二個和第三個運算元使用相同型別的運算式，以避免細微的錯誤。

巢狀的 **if...else** 敘述式

我們可將 **if…else** 敘述式放到另一個 **if…else** 敘述式裡，構成**巢狀的 if…else 敘述式**（nested if…else statements），用以檢測多重的狀況。舉例來說，下列的虛擬碼敘述式會在考試成績大於等於 90 的時候印出 **A**，大於等於 80（但小於 90）時印出 **B**，大於等於 70（但小於 80）時印出 **C**，大於等於 60（但小於 70）時印出 **D**，而其他的成績則印出 **F**。

> If student's grade is greater than or equal to 90
> 　　Print "A"
> else
> 　　If student's grade is greater than or equal to 80
> 　　　　Print "B"
> 　　else
> 　　　　If student's grade is greater than or equal to 70
> 　　　　　　Print "C"
> 　　　　else
> 　　　　　　If student's grade is greater than or equal to 60
> 　　　　　　　　Print "D"
> 　　　　　　else
> 　　　　　　　　Print "F"

這段虛擬碼可寫成 C 如下

```
if ( grade >= 90 ) {
    puts( "A" );
} // end if
else {
    if ( grade >= 80 ) {
        puts( "B" );
    } // end if
    else {
        if ( grade >= 70 ) {
            puts( "C" );
        } // end if
        else {
            if ( grade >= 60 ) {
                puts( "D" );
            } // end if
            else {
                puts( "F" );
            } // end else
        } // end else
    } // end else
} // end else
```

如果變數 **grade** 大於等於 90 的話，所有四個條件都將為真，但只有第一個測試的 **puts** 敘述式會執行。在這個 **puts** 執行之後，最「外層」之 **if…else** 敘述式的 **else** 部分將會被跳過。

　　讀者可能喜歡將上述的 **if** 敘述式寫成

```
if ( grade >= 90 ) {
    puts( "A" );
} // end if
else if ( grade >= 80 ) {
    puts( "B" );
} // end else if
else if ( grade >= 70 ) {
    puts( "C" );
} // end else if
else if ( grade >= 60 ) {
    puts( "D" );
} // end else if
else {
    puts( "F" );
} // end else
```

這兩種方式對 C 編譯器來說是相同的。而後者較受歡迎的原因是它可避免因過深的縮排導致程式向右傾斜。這種過深的縮排將使得一行中可用的空間變小，甚至導致斷行，降低了程式的可讀性。

　　if 選擇敘述式認為它的本體中只有一個敘述式，如果在 **if** 的本體中只有一行敘述式，就不需要用大括號包起來。若是我們想在 **if** 結構中放入數個敘述式，便必須用大括號（**{**和**}**）將它們包起來。這些被包在大括號裡的敘述式稱為**複合敘述式**（compound statement）或是一個**區塊**（block）。

軟體工程的觀點 3.1

複合敘述式可放在程式中任何可放單一敘述式的地方。

下面的例子裡，在 **if…else** 敘述式的 **else** 部分中，包含了一個複合敘述式。

```
if ( grade >= 60 ) {
   puts( "Passed." );
} // end if
else {
   puts( "Failed." );
   puts( "You must take this course again." );
} // end else
```

在這個例子裡，如果 **grade** 小於 **60** 的話，程式將會執行 **else** 本體內的兩道 **puts** 敘述式，印出

```
Failed.
You must take this course again.
```

請注意包住 **else** 子句的兩個敘述式的大括號非常重要。如果沒寫這兩個大括號的話，第二個敘述式

```
puts( "You must take this course again." );
```

將會不屬於 **if…else** 敘述式，亦即不論 grade 是否小於 60，這個敘述式都會被執行。所以，即使通過的學生也必須重新參加課程！

測試和除錯的小技巧 3.2

務必將控制敘述式的本體包在大括號（**{**和**}**）裡面，即使這些本體裡只包含一條敘述。這會解決習題 3.30－3.31 的「懸置 **else**」問題。

　　語法錯誤（syntax error）會由編譯器產生。邏輯錯誤會在執行時期造成影響。致命的邏輯錯誤會使得程式失敗並提早終止。非致命的邏輯錯誤則可讓程式繼續執行，但會產生不正確的執行結果。

　　就像複合敘述式可放在任何單一敘述式可放的地方一樣，複合敘述式內也可以不含任何的敘述式，即空的敘述式。空敘述式的表示方式是在可放敘述式的地方放一個分號（**;**）。

常見的程式設計錯誤 3.1

在 **if** 敘述式的條件式之後放置一個分號，像是「**if（grade >= 60）;**」將會使單一選擇的 **if** 敘述式產生邏輯錯誤，而使雙重選擇的 **if** 敘述式產生語法錯誤。

測試和除錯的小技巧 3.3

在輸入個別的敘述式之前先輸入複合敘述式的左右大括號，可以避免忘記輸入一個或兩個大括號，而造成語法錯誤，或是邏輯錯誤。

3.7　`while` 循環敘述式

循環敘述（iteration statement），也稱爲**重複敘述式**（repetition statement）或**迴圈**（loop），可讓你指定在某種條件持續爲眞時，重複執行同一項動作。下面這個虛擬碼敘述式

> *While there are more items on my shopping list*
> *Purchase next item and cross it off my list*

描述了在購物行程中的循環動作。其中的條件 "there are more items on my shopping list"可能是眞也可能是僞。如果爲眞的話，動作"Purchase next item and cross it off my list"就會被執行。而只要此條件持續爲眞，這項動作就會重複地執行。While 循環敘述式內的敘述式構成了 **while** 的本體。while 敘述式的本體可以是單一的敘述式，也可以是複合敘述式。

當條件變成僞時（當購買了 shopping list 中的最後一項並將之刪除後），循環動作便停止，而接下來執行的是循環結構之後的第一個虛擬碼敘述式。

常見的程式設計錯誤 3.2

在 **while** 敘述式的本體內，沒有任何一個動作能讓 **while** 的條件變成僞。通常這種循環結構將不會停止──此種錯誤稱爲「無窮迴圈」（infinite loop）。

常見的程式設計錯誤 3.3

將關鍵字（例如 **while** 或 **if**）拼成首字大寫的字（例如 **While** 或 **If**）是一種編譯錯誤。請不要忘記 C 是一種區分大小寫的語言，關鍵字應該全部小寫。

讓我們來看看下面的 **while** 敘述式，這個程式片段是用來找出第一個大於 100 的 3 的次方數。整數變數 **product** 已被設定初值爲 3。當下列的程式碼執行完畢時，**product** 應該就是我們所要的答案。

```
product = 3;
while ( product <= 100 ) {
    product = 3 * product;
}
```

圖 3.4 的流程圖表示了這個 **while** 循環敘述式的控制流程。同樣地，我們看到這個流程圖中除了小圓形和箭號之外，只有一個矩形和一個菱形。流程圖清楚地顯示了循環性。從矩

形流出的流向線會在每次迴圈時折回到原來判斷步驟的開始處做測試，直到判斷最終變成僞時才結束。此時會離開 **while** 敘述式，而控制權將傳給程式中的下一個敘述式。

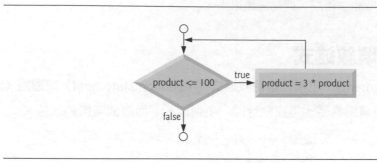

圖 3.4　**while** 循環敘述式的流程圖

　　一開始進入 **while** 敘述式時，**product** 的值爲 3。之後，變數 **product** 將被重複地乘以 3，其值將變成 9、27 以及 81。當 **product** 變爲 243 後，**while** 敘述式內的條件 **product<=100** 便變爲僞。此時循環動作將結束，而 **product** 最終的值爲 243。程式便從 **while** 之後的第一個敘述式繼續執行下去。

3.8　建構演算法
案例研究 1：計數器控制的循環結構

爲了說明如何發展一個演算法，我們利用了數種方法來解決計算全班平均成績的問題。請看下列的問題描述：

　　一個有 10 個學生的班級進行一次測驗。你手上已有這次測驗的成績（從 0 到 100 的整數）。請算出此班的平均成績。

全班平均即等於所有成績的總和除以學生的人數。在電腦上解決此問題的演算法必須輸入每個學生的成績，執行求平均值的計算，然後再將結果印出來。

　　讓我們先用虛擬碼列出所有需執行的動作，並指定這些動作的執行順序。我們利用**計數器控制的循環結構**（counter-controlled iteration），一次一個地輸入這些成績。在這項技巧裡，我們用了一個稱爲 counter（**計數器**）的變數，來指定某一組敘述句應被執行的次數。在本例中，當 counter 超過 10 時，循環動作便告結束。本案例我們將只列出虛擬碼演算法（圖 3.5）及其相對應的 C 程式（圖 3.6）。下一節再詳細介紹如何發展虛擬碼演算法。計數器控制的循環通常也稱爲**明確的循環**（definite interation），因爲循環的次數在迴圈開始執行之前便已得知。

```
 1    Set total to zero
 2    Set grade counter to one
 3
 4    While grade counter is less than or equal to ten
 5        Input the next grade
 6        Add the grade into the total
 7        Add one to the grade counter
 8
 9    Set the class average to the total divided by ten
10    Print the class average
```

圖 3.5　利用計數器控制的循環結構來解決全班平均問題的虛擬碼演算法

```c
 1  // Fig. 3.6: fig03_06.c
 2  // Class average program with counter-controlled iteration
 3  #include <stdio.h>
 4
 5  // function main begins program execution
 6  int main( void )
 7  {
 8     unsigned int counter; // number of grade to be entered next
 9     int grade; // grade value
10     int total; // sum of grades entered by user
11     int average; // average of grades
12
13     // initialization phase
14     total = 0; // initialize total
15     counter = 1; // initialize loop counter
16
17     // processing phase
18     while ( counter <= 10 ) { // loop 10 times
19        printf( "%s", "Enter grade: " ); // prompt for input
20        scanf( "%d", &grade ); // read grade from user
21        total = total + grade; // add grade to total
22        counter = counter + 1; // increment counter
23     } // end while
24
25     // termination phase
26     average = total / 10; // integer division
27
28     printf( "Class average is %d\n", average ); // display result
29  } // end function main
```

```
Enter grade: 98
Enter grade: 76
Enter grade: 71
Enter grade: 87
Enter grade: 83
Enter grade: 90
Enter grade: 57
Enter grade: 79
Enter grade: 82
Enter grade: 94
Class average is 81
```

圖 3.6　以計數器控制循環結構來解決全班平均問題

　　上述的演算法裡指到 total 和 counter 的參考。其中 total 是個變數，用來累計一連串數值的總和。counter 也是個變數（第 8 行），用來計數，在此例中用來計算成績輸入的個數。因為程式中 counter 變數用來計算 1 至 10（正數），我們宣告變數為可以儲存非負值（0 或是以上）

的無號整數（unsigned int）。變數 total 應在被程式使用之前初始化為 0，否則算出來的總和會包括先前存在 total 記憶體位置的值。變數 counter 通常設定初值為 0 或 1，這點需視其使用情形而定（我們將會展示這兩種使用情形的範例）。一個沒有初始化的變數包含「垃圾」值（"garbage" value），意指保留在該記憶體位置的其他變數的值。

常見的程式設計錯誤 3.4

如果 counter 或 total 沒有設定初值，這樣子程式執行的結果將可能不正確。這是個邏輯錯誤的例子。

測試和除錯的小技巧 3.4

必須初始化所有的 counter 及 total。

　　請注意，在本程式中計算的平均數會產生一個整數值 81。而事實上，本例的成績總和為 817，除以 10 之後應該是 81.7：一個具有小數點的數。我們將在下一節介紹如何處理這種數（稱為浮點數，floating-point number）。

有關變數定義之位置的重要提示

在第 2 章中，我們提到 C 標準允許你在變數第一次在程式碼中使用之前，將每個變數的定義放置在 **main** 中的任何位置。本章中，我們繼續將變數的定義集中在 **main** 的開頭，以強調簡單程式的初始、程序和終止階段。從第 4 章開始，我們將把每個變數定義放在該變數第一次被使用之前。我們將在第 5 章中看到，當我們討論變數的範圍（scope）時，這種作法如何幫助你消除錯誤。

3.9　以從上而下逐步改進的方式建構演算法案例研究 2：警示訊號控制的循環結構

現在讓我們將班級平均成績問題一般化。請看下面所述的問題：

　　開發一個求全班平均成績的程式，它可以處理任何數目的成績。

在第一個求全班平均成績的例子裡，成績的個數（10 個）是事先知道的。而在本例中則不知會輸入多少個成績。此程式必須能夠處理任何數目的成績。那麼這個程式如何判斷何時該停止成績的輸入呢？它又如何知道何時開始計算及印出全班平均成績呢？

　　解決此問題的方法之一是利用一種稱**警示值**（sentinel value，也稱為**信號值**，signal value、**虛值**，dummy value、或**旗標值**，flag value）的特殊數值，來代表「資料輸入的結束」。使用者持續地鍵入成績，直到所有的成績都輸入為止。接著便鍵入警示值，以表示最後一個成績已經輸入完畢。警示控制的循環結構通常也稱爲**不確定次數的循環結構**（indefinite repetition），因爲在迴圈開始執行之前並不知道循環的次數。

　　很顯然地，警示值的選擇必須不能與可接受的輸入值混淆。因爲測驗的成績通常都是非負的整數，因此我們可用-1 來作爲這個問題的警示值。如此一來，執行這個全班平均成績的程式將可以處理一連串如 95、96、75、74、89 和-1 的輸入。程式接下來便計算並印出 95、96、75、74、89 的全班平均值（-1 是警示值，所以不能把它放到平均數的計算裡）。

從上而下逐步改進的技術

我們用一種從上而下逐步改進（top-down, stepwise refinement）的技術，來發展上述的全班平均成績程式。這種技術特別適用於結構良好之程式的開發。我們先從代表總敘述式 top 的虛擬碼開始：

　　　　　Determine the class average for the quiz

總敘述式是一個單一敘述式，它涵蓋了程式所有的功能。因此，總敘述式是程式的完整表示。不過，總敘述式所涵蓋的資訊實在是太粗略了，我們並不能以它來撰寫 C 程式。因此我們現在開始進行改進的程序。我們先將總敘述式分割成數項較小的工作，並依它們執行的順序列出來。於是我們得到了下列**初步的改進**（first refinement）。

　　　　　Initialize variables
　　　　　Input, sum, and count the quiz grades
　　　　　Calculate and print the class average

到目前爲止，我們只使用了循序結構──以上所列的各步驟是一個接一個執行。

軟體工程的觀點 3.2

總敘述式及每一次的改進都是一份完整的演算法，不同的只是詳細的程度。

第二個改進

在**第二個改進**（second refinement）前，先讓我們來看看會用到哪些變數。我們需要記錄所有數值的總和，計算有多少個數值已被處理，接收輸入成績的變數，以及存放計算出來平均值的變數。下面這個虛擬碼敘述式

　　　　　Initialize variables

可改進成如下：

　　　　　Initialize total to zero
　　　　　Initialize counter to zero

　　請注意，只有 total 和 counter 需被設定初值；變數 average（算出來的平均值）和 grade（使用者輸入的成績）則不需設定初值，因爲這兩個變數的值會分別由使用者計算和輸入。下面的虛擬碼敘述式

> *Input, sum, and count the quiz grades*

需使用循環結構來連續輸入每一個成績。由於事先並不知道將要處理多少個成績，因此我們選擇使用警示值控制循環結構。使用者將一次輸入一個成績。在最後一個成績輸入之後，使用者接著輸入警示值。當每個成績輸入時，程式都必須檢查這個值。如果檢查到警示值已輸入的話，迴圈便將終止。於是上述的虛擬碼敘述式便可改進爲

> *Input the first grade (possibly the sentinel)*
> *While the user has not as yet entered the sentinel*
> 　　*Add this grade into the running total*
> 　　*Add one to the grade counter*
> 　　*Input the next grade (possibly the sentinel)*

　　請注意在此虛擬碼中，我們並沒有將 while 敘述式本體的敘述式用大括號包起來。我們只是將他們縮排，以表示他們是屬於 while 的。再次強調，虛擬程式碼是用來幫助發展程式。

　　下面這個虛擬碼敘述式

> *Calculate and print the class average*

可改進成如下：

> *If the counter is not equal to zero*
> 　　*Set the average to the total divided by the counter*
> 　　*Print the average*
> *else*
> 　　*Print "No grades were entered"*

請注意，我們在這裡小心地檢查了除以零的可能性。除以零是一種**致命錯誤**（fatal error），它將會使程式**當掉**（crashing）。完整的第二次改進可見圖 3.7。

常見的程式設計錯誤 3.5

嘗試除以零會造成一個致命錯誤。

良好的程式設計習慣 3.3

當執行除法時，若除數爲一值可能爲 0 的運算式，那麼請在程式裡檢查這項可能性，並在檢查到除數爲 0 時進行一些妥善的處理（如印出錯誤訊息），而不要讓致命錯誤真的發生。

在圖 3.5 和圖 3.7 裡，我們在虛擬碼中加了一些空行以增進可讀性。事實上，空行也將程式區隔成數個不同的階段。

1	*Initialize total to zero*
2	*Initialize counter to zero*
3	
4	*Input the first grade (possibly the sentinel)*
5	*While the user has not as yet entered the sentinel*
6	*Add this grade into the running total*
7	*Add one to the grade counter*
8	*Input the next grade (possibly the sentinel)*
9	
10	*If the counter is not equal to zero*
11	*Set the average to the total divided by the counter*
12	*Print the average*
13	*else*
14	*Print "No grades were entered"*

圖 3.7　利用警示訊號控制的循環結構來解決全班平均成績問題的虛擬碼演算法

軟體工程的觀點 3.3

大多數的程式在邏輯上都可分成三個階段：初始化階段爲程式裡的變數設定初值；處理階段負責輸入資料並修改相對應的變數；以及結束階段，負責計算並印出最後的結果。

圖 3.7 的虛擬碼演算法解決了本節所述的問題。這個演算法在經過兩個階層的改進之後發展完成。有時候可能會需要較多階層的改進。

軟體工程的觀點 3.4

當虛擬碼演算法已詳細地足以轉換成 C 程式時，你便可停止從上而下逐步改進的程序。此時要撰寫 C 程式通常已經是很明確了。

圖 3.8 所示爲此演算法所對應的 C 程式及執行範例。雖然我們所輸入的成績都是整數，不過其平均值卻是帶小數點的數字。**int** 型別並無法表示這種數。因此這個程式使用了 **float** 資料型別來處理小數（稱爲**浮點數**，floating-point numbers），並使用一個稱爲強制型別轉換運算子（cast operator）的特殊運算子，來處理平均值的計算。我們將會在稍後繼續介紹這些功能。

```c
 1  // Fig. 3.8: fig03_08.c
 2  // Class average program with sentinel-controlled iteration
 3  #include <stdio.h>
 4
 5  // function main begins program execution
 6  int main( void )
 7  {
 8     unsigned int counter; // number of grades entered
 9     int grade; // grade value
10     int total; // sum of grades
11
12     float average; // number with decimal point for average
13
14     // initialization phase
15     total = 0; // initialize total
16     counter = 0; // initialize loop counter
17
18     // processing phase
19     // get first grade from user
20     printf( "%s", "Enter grade, -1 to end: " ); // prompt for input
21     scanf( "%d", &grade ); // read grade from user
22
23     // loop while sentinel value not yet read from user
24     while ( grade != -1 ) {
25        total = total + grade; // add grade to total
26        counter = counter + 1; // increment counter
27
28        // get next grade from user
29        printf( "%s", "Enter grade, -1 to end: " ); // prompt for input
30        scanf("%d", &grade); // read next grade
31     } // end while
32
33     // termination phase
34     // if user entered at least one grade
35     if ( counter != 0 ) {
36
37        // calculate average of all grades entered
38        average = ( float ) total / counter; // avoid truncation
39
40        // display average with two digits of precision
41        printf( "Class average is %.2f\n", average );
42     } // end if
43     else { // if no grades were entered, output message
44        puts( "No grades were entered" );
45     } // end else
46  } // end function main
```

```
Enter grade, -1 to end: 75
Enter grade, -1 to end: 94
Enter grade, -1 to end: 97
Enter grade, -1 to end: 88
Enter grade, -1 to end: 70
Enter grade, -1 to end: 64
Enter grade, -1 to end: 83
Enter grade, -1 to end: 89
Enter grade, -1 to end: -1
Class average is 82.50
```

```
Enter grade, -1 to end: -1
No grades were entered
```

圖 3.8　以警示值控制循環結構來解決全班平均成績問題

　　注意圖 3.8 程式之 **while** 迴圈內（第 24 行）的複合敘述式。再一次強調，必須用大括號將迴圈內執行的四個敘述式括起來。若沒有這兩個大括號的話，迴圈本體內的後面三個敘述式將被視為在迴圈之外，電腦將會誤認這些敘述式如下：

```
while ( grade != -1 )
   total = total + grade; // add grade to total
counter = counter + 1; // increment counter
printf( "%s", "Enter grade, -1 to end: " ); // prompt for input
scanf( "%d", &grade ); // read next grade
```

假使使用者第一次輸入的 grade 不等於-1 的話，這樣子的程式將會造成無窮迴圈。

良好的程式設計習慣 3.4

在警示值控制迴圈裡，要求輸入資料的提示訊息應明確地告訴使用者警示值為何。

明確地類型與隱含地類型轉換

計算出來的平均成績並不一定是整數。通常平均數會是如 7.2 或-93.5 之類的小數。這種數值稱為浮點數，以資料型別 **float** 來表示。變數 **average** 被宣告成 **float** 型別（第 12 行），以便存放我們計算出來的小數。不過 **total/counter** 的計算結果是一個整數，這是因為 **total** 和 **counter** 這兩個變數都是整數變數之故。在 C 裡，兩個**整數相除**（integer division）的小數部分將被捨棄（truncated，即遺失，lost）。因此當這個相除的運算執行後，小數部分已被捨棄，此時被指定給 **average** 的值將只剩下整數部分。為了能保留計算結果的小數部分，我們必須製造一個暫時的浮點數。C 提供了**單元強制型別轉換運算子**（cast operator）來負責這項工作。第 38 行

```
average = ( float ) total / counter;
```

含有（**float**）這個強制型別轉換運算子，它會為它的運算元 **total** 產生一個暫時的浮點數拷貝。而存放在 **total** 的值仍然是個整數。以這種方式來使用強制型別轉換運算子稱為**明確地轉換**（explicit conversion）。此時，這項運算變成了一個浮點數（**total** 的暫時 **float** 版本）除以一個值存於 **counter** 變數裡的**無號**（unsigned）整數。C 語言只能夠執行運算元資料型別相同的算術運算式。為了確保所有的運算元型別相同，編譯器會對某些運算元執行一種稱為**隱含式轉換**（implicit conversion）的操作。例如在一個含有 **unsignedint** 和 **float** 資料型別的運算式裡，會複製一份 **unsignedint** 運算元，並將之提升為 **float**。在我們的例子裡，**counter** 被複製之後便被轉換為 **float**，然後執行兩個浮點數的相除，再將相除結果指定給 **average**。C 提供了一套關於不同型別之運算元轉換的規則。我們將在第 5 章裡討論。

　　強制型別轉換運算子（即 cast 運算子）可適用於絕大部分的資料型別。這種運算子的表示法是括號置入資料型別的名稱。cast 運算子是**單元運算子**（unary operator），亦即只有一個運算元的運算子。在第 2 章裡我們曾學過二元算術運算子。C 也支援單元的正（+）和負（-）運算子，所以你可撰寫像 -7 或 +5 之類的運算式。cast 運算子的結合性是由右至左，其運算優先順序與其他的單元運算子（如單元的+和單元的-）相同。這種等級的優先順序要比 *、/ 和 %等**乘法運算子**（multiplicative operators）高一級。

格式化浮點數

圖 3.8 的程式使用 printf 的轉換指定詞%.2f（第 41 行）來印出 average 的值。其中 f 表示將會有個浮點數要被列印，而 .2 則指定了此值被列印時的**精準度**（precision），表示要顯示小數點後 2 位。如果我們用的是%f 這個轉換指定詞（沒有指定精準度），那麼列印時將使用**預設精準度**（default precision）6——就如同我們使用%.6f 這樣的轉換指定詞。當列印帶小數點的浮點數時，其值會**被四捨五入**（rounded）成所指定的精準度。在記憶體內的值未被改變。如下兩個敘述式執行後，將會分別印出 3.45 和 3.4。

```
printf( "%.2f\n", 3.446 ); // prints 3.45
printf( "%.1f\n", 3.446 ); // prints 3.4
```

常見的程式設計錯誤 3.6

在 scanf 敘述式之格式控制字串內使用具有精準度的轉換指定詞是不正確的。精準度只能使用在 printf 的轉換指定詞上。

浮點數注意事項

雖然浮點數並不一定「100%的精確」，但他們還是可以應用在許多地方。例如，當我們說「正常」的體溫為華氏 98.6 度時，我們並不計較精準到何種程度。當我們從體溫計上讀出華氏 98.6 度時，真正的值可能是 98.5999473210643。但將此值看成 98.6 卻是較實用的。我們將在後面討論這個議題。

　　相除也會產生浮點數。當我們用 10 除以 3 時，得到的是一個無窮小數 3.3333333...。電腦只配置了固定大小的空間來存放這種數值，因此電腦所存的值只是個近似值。

常見的程式設計錯誤 3.7

在使用浮點數時假設他們能夠完全精準地被表示出來，可能會導致錯誤的結果。大多數的電腦都只能近似地表示浮點數。

測試和除錯的小技巧 3.3

不要比較兩個浮點數的相等性。

3.10　以從上而下逐步改進的方式建構演算法
案例研究 3：巢狀的控制敘述

讓我們來看看另一個完整的問題。這次我們也將使用虛擬碼，以及從上而下逐步改進的方式來建構演算法，並撰寫出其相對應的 C 程式。稍早我們曾討論過，控制敘述可以循序地堆疊在另一控制敘述的上方，就如同小孩子堆積木一樣。在本案例研討中，我們將可看到第二種在 C 中連接控制敘述式的方式（只有這兩種），即將一控制結構**巢狀地**（nesting）包含在另一控制敘述式之中。請看下列的問題描述：

> 某所學校開授一門課程，專門教授學生們有關房地產經紀人執照考試的知識。去年有 10 位學生修完這門課程，並參加了執照考試。很自然的，這所學校會想要知道學生們在這次考試的表現如何。假設你被授意寫個程式來統計考試結果。你手上有這 10 位學生的名單，以及他們的考試結果（1 代表過關，2 代表失敗）。
>
> 你的程式應按照下列的規定來統計此次考試的結果：
>
> 1. 輸入每個考試結果（即 1 或 2）。在程式每次要求輸入下一個考試結果時，提示 Enter result 這個訊息。
> 2. 計算每一種考試結果的個數。
> 3. 列出考試結果的統計，告知有多少個學生過關，有多少個學生失敗。
> 4. 如果超過 8 位學生通過這項考試的話，印出 Bonus to instructor 這個訊息。

在仔細地讀過問題的描述之後，我們做了下列的觀察報告：

1. 此程式必須處理 10 個考試結果。可用計數器控制式的迴圈。

2. 每一個考試結果是一個數字：不是 1 便是 2。每次程式讀進考試成績時，必須判斷此數為 1 或 2。在我們的演算法裡是判斷它的值是否為 1，若不是 1 的話，則假設它是 2（本章的習題 3.27 要求你確定每個考試結果是 1 還是 2）。

3. 會用到兩個計數器：一個計算過關的學生人數，一個計算失敗的學生人數。

4. 在程式處理完所有的考試結果後，它必須判斷是否有 8 位以上的學生通過這項考試。

現在讓我們來進行從上而下逐步改進的程序。我們先從代表總敘述式的虛擬碼開始：

Analyze exam results and decide whether instructor should receive a bonus

同樣的，我們必須強調總敘述式是此程式的完整表示敘述，但在虛擬碼能夠轉換成 C 程式之前，需要經過數個階段的改進。我們的第一次改進如下：

> *Initialize variables*
> *Input the ten quiz grades and count passes and failures*
> *Print a summary of the exam results and decide whether instructor should receive a bonus*

雖然我們已完全地表示整個程式,不過更進一步的改進還是需要的。現在來看看有哪些變數。需要有兩個計數器記錄過關和失敗的個數,一個控制迴圈的計數器,及一個存放使用者輸入值的變數。下面這個虛擬碼敘述式

> *Initialize variables*

可改進成下面的敘述式:

> *Initialize passes to zero*
> *Initialize failures to zero*
> *Initialize student to one*

請注意,我們只對計數器和學生人數設定初值。下面這個虛擬碼敘述式

> *Input the ten quiz grades and count passes and failures*

需要一個迴圈來連續輸入每個考試結果。因為在本例中已事先知道共有 10 個考試成績,所以採用計數器控制式的迴圈。在迴圈裡(**巢狀地**,nested)需有一個雙重選擇結構來判斷每一個考試結果是過關或失敗,並遞增相對應的計數器。於是上述的虛擬碼敘述式便可改進為

> *While student counter is less than or equal to ten*
>   *Input the next exam result*
>
>   *If the student passed*
>   *Add one to passes*
>   *else*
>   *Add one to failures*
>
>   *Add one to student counter*

請注意我們用空行將 `if...else` 控制結構與其他部分區隔,用以增進程式的可讀性。下面這個虛擬碼敘述式

> *Print a summary of the exam results and decide whether instructor should receive a bonus*

可改進成如下:

> *Print the number of passes*
> *Print the number of failures*
> *If more than eight students passed*
>   *Print "Bonus to instructor!"*

完整的第二次改進列在圖 3.9。在此圖中我們也用空行將 **while** 結構區隔開來，以增進程式的可讀性。

　　現在，這個虛擬碼程式已經改進得可以轉換成 C 程式了。圖 3.10 列出了所轉成的 C 程式，及兩個執行範例。我們利用了 C 的一項特性——在宣告變數時順便爲它設初值（9-11 行）。這種設定初值的動作是在編譯時進行。並注意，在輸出 unsigned int 時，會使用 **%u 轉換指定詞**（33-34 行）。

```
1   Initialize passes to zero
2   Initialize failures to zero
3   Initialize student to one
4
5   While student counter is less than or equal to ten
6       Input the next exam result
7
8       If the student passed
9           Add one to passes
10      else
11          Add one to failures
12
13      Add one to student counter
14
15  Print the number of passes
16  Print the number of failures
17  If more than eight students passed
18      Print "Bonus to instructor!"
```

圖 3.9　有關考試結果問題的虛擬碼

軟體工程的觀點 3.5

根據經驗顯示，利用電腦解決問題時，最困難的部分便是解決方法之演算法的開發。一旦有了正確的演算法，接下來便很容易寫出可以執行的 C 程式。

軟體工程的觀點 3.6

有些程式設計師沒使用程式開發工具（如虛擬碼）便開始撰寫程式。他們認為最終的目的是在電腦上解決他們的問題，撰寫虛擬碼只會延遲程式開發的進度。

```c
1   // Fig. 3.10: fig03_10.c
2   // Analysis of examination results
3   #include <stdio.h>
4
5   // function main begins program execution
6   int main( void )
7   {
8      // initialize variables in definitions
9      unsigned int passes = 0; // number of passes
10     unsigned int failures = 0; // number of failures
11     unsigned int student = 1; // student counter
12     int result; // one exam result
13
14     // process 10 students using counter-controlled loop
15     while ( student <= 10 ) {
16
17        // prompt user for input and obtain value from user
18        printf( "%s", "Enter result ( 1=pass,2=fail ): " );
19        scanf( "%d", &result );
20
21        // if result 1, increment passes
22        if ( result == 1 ) {
23           passes = passes + 1;
24        } // end if
25        else { // otherwise, increment failures
26           failures = failures + 1;
27        } // end else
28
29        student = student + 1; // increment student counter
30     } // end while
31
32     // termination phase; display number of passes and failures
33     printf( "Passed %u\n", passes );
34     printf( "Failed %u\n", failures );
35
36     // if more than eight students passed, print "Bonus to instructor!"
37     if ( passes > 8 ) {
38        puts( "Bonus to instructor!" );
39     } // end if
40  } // end function main
```

```
Enter Result (1=pass,2=fail): 1
Enter Result (1=pass,2=fail): 2
Enter Result (1=pass,2=fail): 2
Enter Result (1=pass,2=fail): 1
Enter Result (1=pass,2=fail): 1
Enter Result (1=pass,2=fail): 1
Enter Result (1=pass,2=fail): 2
Enter Result (1=pass,2=fail): 1
Enter Result (1=pass,2=fail): 1
Enter Result (1=pass,2=fail): 2
Passed 6
Failed 4
```

```
Enter Result (1=pass,2=fail): 1
Enter Result (1=pass,2=fail): 1
Enter Result (1=pass,2=fail): 1
Enter Result (1=pass,2=fail): 2
Enter Result (1=pass,2=fail): 1
Enter Result (1=pass,2=fail): 1
Enter Result (1=pass,2=fail): 1
Enter Result (1=pass,2=fail): 1
Enter Result (1=pass,2=fail): 1
Enter Result (1=pass,2=fail): 1
Passed 9
Failed 1
Bonus to instructor!
```

圖 3.10　考試結果的分析

3.11　指定運算子

C 提供了數種指定運算子，使得指定運算式可以縮寫。例如，以下的敘述

```
c = c + 3;
```

可利用**加法指定運算子** +=（addition assignment operator +=）縮寫成

```
c += 3;
```

+=運算子會把在此運算子右邊的運算式的值，加上此運算子左邊變數的值，然後將結果存到運算子左邊的變數。任何如下面格式的敘述式

```
variable = variable operator expression;
```

其中的運算子（operator）是二元運算子**+**、**-**、*****、**/**或**%**（第 10 章會再介紹其他的運算子）中的一種，他們都可以寫成下面的格式

```
variable operator= expression;
```

因此指定運算 c += 3 是將 c 加上 3。圖 3.11 列出了算術指定運算子，使用這些運算子的運算式範例，以及展開式。

指定運算子	範例運算式	展開式	指定值
假設： int c = 3, d = 5, e = 4, f = 6, g = 12;			
+=	c += 7	c = c + 7	10 到 c
-=	d -= 4	d = d - 4	1 到 d
*=	e *= 5	e = e * 5	20 到 e
/=	f /= 3	f = f / 3	2 到 f
%=	g %= 9	g = g % 9	3 到 g

圖 3.11　算術指定運算子

3.12　遞增和遞減運算子

C 還提供了**單元遞增運算子++**（increment operator）和**單元遞減運算子--**（decrement operator）。我們將這兩種運算子整理列成圖 3.12。如果變數 c 被遞增 1 的話，我們可用遞增運算子++來代替運算式 c = c + 1 或 c + = 1。如果遞增或遞減運算子放在變數之前（前置，prefixed）的話，他們稱爲**前置遞增**（preincrement）或**前置遞減運算子**（predecrement operators）。如果遞增或遞減運算子放在變數之後（後置，postfixed）的話，他們稱爲**後置遞**

增（postincrement）或**後置遞減運算子**（postdecrement operators）。前置遞增（前置遞減）變數會使變數的值遞增（遞減）1，然後將變數新的值應用在該變數所出現的運算式當中。後置遞增（後置遞減）一個變數會使變數目前的值用在該變數出現的運算式當中，然後該變數會遞增（遞減）1。

運算子	範例運算式	說明
++	++a	先將 a 遞增 1，再以 a 的新值進行運算
++	a++	以 a 目前的值進行運算，再將 a 遞增 1
--	--b	先將 b 遞減 1 再以 b 的新值進行運算
--	b--	以 b 目前的值進行運算，再將 b 遞減 1

圖 3.12　遞增和遞減運算子

　　圖 3.13 的程式示範了前置遞增與後置遞增運算子的差異。在此程式中，對變數 **c** 的後置遞增會使它在被 **printf** 敘述式使用之後才加 1。而對變數 **c** 的前置遞增，則會使它在被 **printf** 敘述式使用之前便遞加 1。

```
1   // Fig. 3.13: fig03_13.c
2   // Preincrementing and postincrementing
3   #include <stdio.h>
4
5   // function main begins program execution
6   int main( void )
7   {
8      int c; // define variable
9
10     // demonstrate postincrement
11     c = 5; // assign 5 to c
12     printf( "%d\n", c ); // print 5
13     printf( "%d\n", c++ ); // print 5 then postincrement
14     printf( "%d\n\n", c ); // print 6
15
16     // demonstrate preincrement
17     c = 5; // assign 5 to c
18     printf( "%d\n", c ); // print 5
19     printf( "%d\n", ++c ); // preincrement then print 6
20     printf( "%d\n", c ); // print 6
21  } // end function main
```

```
5
5
6

5
6
6
```

圖 3.13　示範前置遞增和後置遞增的差異

　　此程式印出了變數 **c** 在使用++運算子之前及之後的值。至於遞減運算子（--）的運作方式亦相似。

良好的程式設計習慣 3.4

單元運算子應與其運算元緊密地寫在一起，中間不要留有空白。

因此，圖 3.10 中的三個指定敘述式

```
passes = passes + 1;
failures = failures + 1;
student = student + 1;
```

可以利用指定運算子改寫成

```
passes += 1;
failures += 1;
student += 1;
```

也可以利用前置遞增運算子改寫成

```
++passes;
++failures;
++student;
```

或者利用後置遞增運算子改寫成

```
passes++;
failures++;
student++;
```

　　有一點需注意的是，若是被遞增或遞減之變數位於一個只含有此變數的敘述式之內的話，那麼不論是前置遞增（減）或後置遞增（減），其效果是一樣的。只有當變數出現在長運算式中，前置遞增（減）和後置遞增（減）的效果才會不一樣。到目前為止我們所學到的運算式中，只有單純的變數名稱才能作為遞增或遞減運算子的運算元。

常見的程式設計錯誤 3.8

將遞增或遞減運算子使用在一個運算式上，而不是一個單純的變數名稱。如++（x+1），便是個語法錯誤（syntax error）。

測試和除錯的小技巧 3.7

C 語言通常不會指定某一運算子之運算元的運算先後順序（我們將在第 4 章看到有些例外狀況）。因此最好在同一敘述式中使用遞增或遞減運算子讓某一變數自行遞增或遞減。

　　圖 3.14 列出了到目前為止，我們所介紹過之運算子的運算優先順序和結合性。優先權順序是以表格的上方逐次往下遞減。表中第二行描述了同一優先層級之運算子的結合性。請注意，表中的條件運算子（?:）、單元的遞增（++）、遞減（--）、正（+）、負（-）及強制型別轉換運算子，還有指定運算子（=、+=、-=、*=、/=和%=）的結合性都是由右至左。第三行則說明了這些運算子所屬的群組名稱。圖 3.14 中其他運算子的結合性都是由左至右。

運算子	結合性	形式
++（後置）　--（後置）	由右至左	後置
+　-　(type)　++（前置）　--（前置）	由右至左	單元性
*　/　%	由左至右	乘法
+　-	由左至右	加法
<　<=　>　>=	由左至右	關係
==　!=	由左至右	相等
?:	由右至左	條件
=　+=　-=　*=　/=　%=	由右至左	設值

圖 3.14　到目前為止所介紹之運算子的運算優先順序

3.13　安全程式開發

算數溢位

圖 2.5 表示計算兩個整數總和（18 行）的程式如下

```
sum = integer1 + integer2; // assign total to sum
```

即使這樣的簡單敘述也有著潛在的問題：兩個整數相加可能會產生大到無法儲存在 int 變數的值。這樣的算數溢位（arithmetic overflow）會造成不可預知的行為，可能導致系統曝露於遭攻擊的風險中。

特定平台所可以儲存於 int 變數的最大、最小值是以常數 INT_MAX 和 INT_MIN 來表示，定義於標頭檔<limits.h>中。對於其他整數型態類似的常數將會在第 4 章做介紹。讀者可以利用文書編輯器軟體開啟<limits.h>標頭檔，查看使用的平台可容納的變數值域。

圖 2.5 的第 18 行是在進行算數運算前最好的一個練習，它不會溢位。讀者可以在 CERT 網站 **www.securecoding.cert.org** 以 INT32-C 搜尋算數溢位處理的程式碼。您所查到的程式碼裡所用到的**&&**（邏輯且）與 **||**（邏輯或）將在第 4 章介紹。優質的程式碼必須要自行檢視這些計算，後面的章節中將會提出處理這些錯誤的程式技巧。

無號整數

圖 3.6 第 8 行宣告變數 counter 為無號整數（unsigned int），因為它是用來計算非負值。一般來說，計數器應該只用來儲存非負值，以無號數宣告在整數型態之前。無號類型所表示的變數其值的範圍從 0 到一般有號數正值數的兩倍，讀者可以在**<limits.h>**中 **UINT_MAX** 的常數值確認所使用的平台的最大無號整數值。

圖 3.6 中全班平均成績問題程式中，宣告變數 **grade**、**total** 和 **average** 為無號整數，**grade** 的值一般是在 0 至 100，因此 **total** 和 **average** 會大於或等於 0。我們宣告這些變數為 int 是因為無法控制使用者實際的輸入值，使用者可能輸入負數。更糟是使用者輸入的有可能並非一個數值（本書後面將會介紹到如何處理這些輸入）。

有時警示值控制迴圈使用無效的值來結束迴圈。例如，圖 3.8 的全班平均成績問題，當使用者輸入警示值-1（一個無效的成績），因此這不是一個正確宣告無號整數的 **grade** 變數。讀者將會看到 **EOF**（end-of-file）指示符（我們將在下一章介紹 EOF，它常被用來終結警示值控制迴圈）也是一個負數。更多的資訊可參考在 Robert Seacord 著作《*Secure Coding in C and C++, 2/e*》第 5 章 Integer Security。

scanf_s 和 printf_s

C11 標準的附錄 K 介紹更安全的 **printf** 和 **scanf** 版本為 **printf_s** 和 **scanf_s**，我們會在第 6.13 節和 7.13 節討論這些函式和相關的安全問題。附錄 K 被設定為「選項」（optional），因此並非所有 C 廠商都會加入。微軟在 C11 標準發表之前就已建構自有版本的 **printf_s** 和 **scanf_s**，它的編譯器於此時開始對每個 **scanf** 呼叫發出警告。警告提出 **scanf** 已經被廢止，它不該再被使用，因此需考慮使用 **scanf_s** 替代。

許多組織在程式碼撰寫標準上要求程式碼編譯後不能有警告訊息。有兩種方法可排除 Visual C++的 **scanf** 警告：讀者可使用 **scanf_s** 取代 **scanf**，或是直接將這些警告關閉。對於到目前為止我們使用到的輸入敘述，Visual C++使用者可以很簡單地將 **scanf** 更換為 **scanf_s**。使用者可以依下列方法將 Visual C++中的警告訊息關閉：

1. 輸入 Alt F7 顯示你的專案的「屬性頁面」（Property Pages）對話視窗。
2. 在左方欄位，展開組態屬性>C/C++，並選擇前置處理器。
3. 在右方欄位，在「前置處理器定義」最尾端加入

```
;_CRT_SECURE_NO_WARNINGS
```

4. 按下「確認」（OK）儲存變更。

之後再也不會收到 **scanf**（或是其他微軟以類似理由廢止的函數）的警告。對於優質的程式碼撰寫，不鼓勵關閉這些警告。後續的安全程式開發導引章節將會探討到如何使用 **scanf_s** 和 **printf_s**。

摘要

3.1 簡介

● 在撰寫程式解決某個問題之前，最好能夠先充分了解問題，並仔細地規劃解決這個問題的方法。

3.2 演算法

● 任何計算問題的解決方法均可歸納成以特定的順序來執行一系列的動作。

● 一連串依照順序執行、可用來解決問題的動作稱為演算法。

● 執行這些動作的順序（order）是很重要的。

3.3 虛擬程式碼

● 虛擬程式碼（Pseudocode）是一種給人看的非正規語言，可用來幫助你發展演算法。

● 虛擬程式碼十分類似於日常生活上所用的英文，它不是真的電腦程式語言。

● 虛擬程式碼幫助你「思考」這個程式。

● 虛擬程式碼完全由字元所組成，因此你可以利用文書編輯軟體輕易地將之鍵入電腦。

● 一份仔細設計過的虛擬程式碼，可以很快地轉換成相對應的 C 程式。

● 虛擬程式碼只包含了動作敘述式。

3.4 控制結構

● 一般說來，程式中的敘述式是以他們在程式中的順序一個接一個地被執行。這稱為循序式的執行（sequential execution）。

● 有些 C 敘述式能夠讓你指定下一個執行的敘述式(非循序式的)。這稱為控制權的移轉(transfer of control)。

● 「消除 goto（goto elimination）」幾乎成了結構化程式設計（structured programming）的同義詞。

● 使用結構化技術產生的程式會比較清楚、比較容易除錯和修改，而且不容易產生錯誤。

● 所有的程式都可以寫成循序、選擇和循環三種控制結構。

● 除非改變程式執行的流程，否則電腦會自動地按照你所寫的 C 敘述式的順序，一行一行地執行。

● 流程圖（flowchart）是演算法的一種圖形表示方式。流程圖使用矩形、菱形、圓角矩形以及圓形來繪製；這些標誌用稱為流向（flowline）的箭頭連接起來。

● 矩形（rectangle symbol）用來表示任何形式的動作（action），包括了計算或輸入／輸出的操作等。

● 而流向則表示動作執行的順序。

● 當我們畫流程圖表示完整的演算法時，要用一個寫上"Begin"的圓角矩形表示此流程圖的第一個符號，一個寫上"End"的圓角矩形表示結束。而當我們畫流程圖的片段時，則可省略圓角矩形而以小圓形（small circle symbols）代替，此小圓形符號稱為連接符號（connector symbols）。

● 菱形也稱為判斷符號（decision symbol），它表示正在進行某項判斷。

● if 單一選擇敘述式（single-selection statement）只選擇或跳過一項動作。

- **if...else** 敘述式也稱為雙重選擇敘述式（double-selection statement），因它會在兩種不同的動作之中選擇。
- **switch** 敘述式稱為多重選擇敘述式（multiple-selection statement），因為它可以根據運算式產生的值在許多不同的動作中選擇。
- C 以敘述式的形式提供了三種類型的循環敘述（iteration statement，或稱重複敘述，repetition statement），分別是 **while**、**do...while** 和 **for**。
- 在控制結構的流程圖片段中，我們可用控制敘述式的堆疊（control-statement stacking），將一個控制結構的入口連接到另一控制結構的出口，來結合不同的控制敘述式。
- 只有另外一種方式可以連接控制敘述式，稱為巢狀的控制敘述式（control-statement nesting）。

3.5 **if** 選擇敘述式

- 選擇結構可用來選取不同功能的動作。
- 判斷符號包含了一個運算式，例如一個控制條件，它可能為真或偽。判斷符號會發出兩條流向。一條代表條件式為真時的流向，另一條則代表條件式為偽時的流向。
- 事實上任何運算式皆可作為判斷的依據，當運算式的運算結果為零時便代表偽，而當運算結果為非零值時則代表真。
- if 敘述式也是個單一入口／單一出口的結構。

3.6 **if...else** 選擇敘述式

- C 提供了與 **if...else** 敘述式十分類似的條件運算子（?:）。
- 條件運算子是 C 中唯一的三元運算子（ternary operator），它使用了三個運算元。其中第一個運算元是條件，第二個運算元是當條件為真時整個條件運算式的值，第三個運算元則是當條件為偽時整個條件運算式的值。
- 我們可將 **if...else** 敘述式放到另一個 **if...else** 敘述式裡，構成巢狀的 **if...else** 敘述式，用以檢測多重的狀況。
- **if** 選擇敘述式認為它的本體中只有一個敘述式，因此若我們想在 **if** 結構的本體中放入數個敘述式，便必須用大括號（{和}）將它們包起來。
- 這些被包在大括號裡的敘述式稱為複合敘述式（compound statement）或是一個區塊（block）。
- 語法錯誤（syntax error）會在編譯時產生。邏輯錯誤（logic error）會在執行時期造成影響。致命的邏輯錯誤會使得程式失敗並提早終止。非致命的邏輯錯誤則可讓程式繼續執行，但會產生不正確的執行結果。

3.7 **while** 循環敘述式

- **while** 循環敘述式可讓你指定在某種條件為真時，循環執行同一項動作。最終，條件會變成「偽」。此時，循環動作便停止，而接下來執行的是循環結構之後的第一個敘述式。

3.8　建構演算法案例研究 1：計數器控制的循環結構

● 計數器控制的循環（counter-controlled iteration）結構使用了一個稱為 counter（計數器）的變數，來指定某一組敘述句應被執行的次數。

● 計數器控制的循環通常也稱為明確的循環（definite iteration），因為循環的次數在迴圈開始執行之前便已得知。

● 其中 total 是個變數，用來累計一連串數值的總和。變數 total 應在被使用之前清為 0，否則算出來的總和會包括先前存在 total 記憶體位置的值。

● counter 是一個變數，用來計數。變數 counter 則通常設定初值為 0 或 1，這點需視其使用情形而定。

● 一個沒有初始化的變數包含「垃圾」（garbage）值，意指保留在該變數的記憶體位置內未清乾淨的值。

3.9　以從上而下逐步改進的方式建構演算法，案例研究 2：警示值控制的循環結構

● 警示值（sentinel value，也稱為信號值、虛值、或旗標值）用在警示值控制迴圈中，代表「資料輸入的結束」。

● 警示值控制的循環結構通常也稱為不確定次數的循環結構（indefinite iteration），因為在迴圈開始執行之前，並不知道循環的次數。

● 警示值的選擇必須不能與可接受的輸入值混淆。

● 從上而下逐步改進的技術中，總敘述式（top）是一個單一敘述式，它涵蓋了程式所有的功能。總敘述式是程式的完整表示。在改進的過程中，我們先將總敘述式分割成數項較小的工作，並依它們執行的順序列出來。

● **float** 型別用來表示具有小數點的數字（稱為浮點數，floating-point number）。

● 兩個整數相除的時候，計算結果的小數部分將被捨棄。

● 為了在整數值計算時能保留計算結果的小數部分，你必須將整數強制型別轉換（cast）成為浮點數。C 提供了單元強制型別轉換運算子（**float**）來負責這項工作。

● cast 運算子執行明確的轉換（explicit conversions）。

● 大多數的電腦只能夠執行運算元資料型別相同的運算式。為了確保這個事實，編譯器會對某些運算元執行一種稱為提升的動作，也稱為隱含式轉換（implicit conversion）。

● cast 運算子的表示法是小括號括住資料型別的名稱。cast 運算子是單元運算子（unary operator），亦即只有一個運算元的運算子。

● cast 運算子的結合性是由右至左，其運算優先順序與其他的單元運算子（如一元的+和一元的-）相同。這種等級的優先順序要比*、/和%運算子高一級。

● **printf** 的轉換指定詞**%.2f** 指定浮點數列印到小數點後 2 位。如果我們只用**%f** 轉換指定詞的話（沒有指定精準度），將使用預設的精準度 6。

● 當列印浮點數時，其值會被四捨五入成所指定的精準度。

3.11 指定運算子

- C 提供了數種指定運算子，使得指定運算式可以縮寫。

- +=運算子會把在此運算子右邊的運算式的值，加上此運算子左邊變數的值，然後將結果存到運算子左邊的變數。

- 任何如下面格式的敘述式

  variable = variable operator expression;

  其中的運算子（operator）是二元運算子+、-、*、/或%（第 10 章會再介紹其他的運算子）中的一種，他們都可以寫成下面的格式

  variable operator= expression;

3.12 遞增和遞減運算子

- C 提供了單元遞增運算子++（unary increment operator）和單元遞減運算子--（unary decrement operator），來進行整數類型的計算。

- 如果遞增或遞減運算子放在變數之前的話，他們分別被稱爲前置遞增（preincrement）或前置遞減（predecrement）運算子。如果遞增或遞減運算子放在變數之後的話，稱爲後置遞增（postincrement）或後置遞減（postdecrement）運算子。

- 前置遞增（前置遞減）變數會使變數的值遞增（遞減）1，然後將變數的新值應用在該變數所出現的運算式當中。

- 後置遞增（後置遞減）一個變數會將它目前的值用在該變數出現的運算式當中，然後該變數值會遞增（遞減）1。

- 若是被遞增或遞減之變數位於一個只含有此變數的敘述式之內的話，那麼不論是前置遞增（減）或後置遞增（減），其效果是一樣的。只有當變數出現在長運算式中，前置遞增（減）和後置遞增（減）的效果才會不一樣。

3.13 安全程式開發

- 整數相加可能會造成值過大無法儲存於 int 變數中。這稱爲算數溢位（arithmetic overflow），它會造成不可預知執行時期行爲，可能導致系統曝露於攻擊的風險中。

- int 變數可儲存的最大、最小值以常數 **INT_MAX** 和 **INT_MIN** 來表示，定義於標頭檔**<limits.h>**。

- 在執行計算之前自行確認是否會溢位是個很好的練習，優質的程式碼必須要自行檢視這些計算是否有引起溢位（overflow or underflow）。

- 一般來說，若整數變數只用來儲存非負值，需在整數型態之前宣告爲無號數（unsigned）。無號類型的變數所表示的範圍從 0 到一般有號的兩倍範圍。

- 讀者可以在**<limits.h>**中查找 **UINT_MAX** 常數，確認所使用的平台的最大 **unsigned int** 值。

- C11 標準的附錄 K 介紹更爲安全的 **printf** 和 **scanf** 版本爲 **printf_s** 和 **scanf_s**。附錄 K 被設

定為選項，因此並非所有 C 編譯器供應商都會加入。

- 微軟在 C11 標準發表前就已加入自有版本的 **printf_s** 和 **scanf_s**，並開始對每個 **scanf** 呼叫發出警告。警告提出，**scanf** 已經被廢止，將不再被使用，因此需考慮使用 scanf_s 來替代。

- 許多組織在撰寫標準上要求程式碼編譯後不能有警告訊息。有兩種排除 Visual C++的 **scanf** 警告的方法：讀者可使用 **scanf_s** 取代 **scanf**，或是將這些警告關閉。

自我測驗

3.1 填充題

   a) 一連串依照順序執行、可用來解決問題的動作稱為_____。

   b) 指定敘述式被電腦執行的順序稱為_____。

   c) 所有的程式都可用三種控制敘述式來撰寫，分別是_____、_____和_____。

   d) _____選擇性敘述式在條件為真時執行某個動作，當條件為偽時則執行另一項動作。

   e) 數個敘述式集合在大括號（**{**和**}**）裡，稱為一個_____。

   f) _____循環敘述式在條件持續為真時，重複執行某個或某組敘述式。

   g) 重複一組指令一定次數稱為_____循環結構。

   h) 當事先不知道敘述式重複執行的次數時，_____值可用來結束此循環結構。

3.2 請撰寫四個不同的 C 敘述式，分別為整數變數 **x** 加 1。

3.3 請為下列各項撰寫一個 C 敘述式。

   a) 用***=**運算子將變數 **product** 乘以 2。

   b) 用**=**和*****運算子將變數 **product** 乘以 2。

   c) 檢測變數 count 的值是否大於 10。如果是的話，印出"Count is greater than 10"。

   d) 計算 **q** 除以 **divisor** 的餘數，並將餘數指定給 **q**。請用兩種不同的敘述式寫出。

   e) 將 **123.4567** 以 2 位精準度印出。將會印出什麼值呢？

   f) 將浮點數 **3.14159** 以小數點後 3 位的精準度印出。將會印出什麼值呢？

3.4 請撰寫 C 敘述式滿足下列各項要求。

   a) 宣告變數 **sum** 和 **x** 為 **int** 型別。

   b) 將變數 **x** 的初值設定為 1。

   c) 將變數 sum 的初值設為 **0**。

   d) 將變數 **x** 與變數 sum 相加，並將結果指定給變數 **sum**。

   e) 印出"**The sum is:**"後面跟上變數 **sum** 的值。

3.5 將你在 3.4 題中所寫的敘述式組合成一個程式，計算從 1 到 10 之整數的總和。請使用 **while** 敘述式的循環計算及遞增敘述式。迴圈應在 **x** 的值變為 11 的時候結束。

3.6 請為下列各項撰寫單一的 C 敘述式。

　　a)　用 **scanf** 輸入無號整數變數 **x**，請使用轉換指定詞%u。

　　b)　用 **scanf** 輸入無號整數變數 **y**，請使用轉換指定詞%u。

　　c)　將無號整數變數 **i** 設定初值爲 1。

　　d)　將無號整數變數 **power** 設定初值爲 1。

　　e)　將無號整數變數 **power** 乘以 **x**，並將結果指定給 **power**。

　　f)　將變數 **i** 遞增 1。

　　g)　在 **while** 敘述式的條件式當中測試 **i** 是否小於等於 **y**。

　　h)　用 **printf** 輸出無號整數變數 **power**，請使用轉換指定詞%u。

3.7　請利用你在 3.6 題中所寫的敘述式，撰寫一個 C 程式，計算 **x** 的 **y** 次方的值。此程式應包含一個 **while** 循環控制結構。

3.8　請找出並更正下列各項的錯誤。

　　a)　
```
while ( c <= 5 ) {
   product *= c;
   ++c;
```

　　b)　
```
scanf( "%.4f", &value );
```

　　c)　
```
if ( gender == 1 )
   puts( "Woman" );
else;
   puts( "Man" );
```

3.9　下面的 **while** 循環結構中有什麼問題（假設 **z** 的值是 100），假設計算從 100 到 1 的總和。

```
while( z >=0)
  sum += z;
```

自我測驗解答

3.1　a)演算法　b) 程式控制　c) 循序、選擇、循環　d) **if…else**　e) 複合敘述式或區塊　f) **while**
g) 計數器控制式或定義　h) 警示

3.2　
```
x = x+ 1;
x+= 1;
++x;
X++;
```

3.3　a)
```
product *= 2;
```
　　b)
```
product = product * 2;
```
　　c)
```
if ( count >10 )
    puts( "Count is greater than 10." );
```
　　d)
```
q %= divisor;
q = q % divisor;
```
　　e)
```
printf( "%.2f", 123.4567 );
123.46 is displayed.
```

f) `printf( "%.3f\n", 3.14159 );`

　　 `3.142 is displayed.`

3.4　a) `int sum, x;`

　　b) `x = 1;`

　　c) `sum = 0;`

　　d) `sum += x; or sum = sum + x;`

　　e) `printf( "The sum is: %d\n", sum );`

3.5　參考以下程式

```
1   // Calculate the sum of the integers from 1 to 10
2   #include <stdio.h>
3
4   int main( void )
5   {
6      unsigned int x = 1; // set x
7      unsigned int sum = 0; // set sum
8
9      while ( x <= 10 ) { // loop while x is less than or equal to 10
10        sum += x; // add x to sum
11        ++x; // increment x
12     } // end while
13
14     printf( "The sum is: %u\n", sum ); // display sum
15  } // end main function
```

3.6　a) `scanf( "%u", &x );`

　　b) `scanf( "%u", &y );`

　　c) `i = 1;`

　　d) `power = 1;`

　　e) `power *= x;`

　　f) `++i;`

　　g) `while ( i <= y )`

　　h) `printf( "%d", power );`

3.7　參考以下程式

```
1   // raise x to the y power
2   #include <stdio.h>
3
4   int main( void )
5   {
6      printf( "%s", "Enter first integer: " );
7      unsigned int x;
8      scanf( "%u", &x ); // read value for x from user
9      printf( "%s", "Enter second integer: " );
10     unsigned int y;
11     scanf( "%u", &y ); // read value for y from user
12
13     unsigned int i = 1;
14     unsigned int power = 1; // set power
15
16     while ( i <= y ) { // loop while i is less than or equal to y
17        power *= x; // multiply power by x
18        ++i; // increment i
19     } // end while
20
21     printf( "%u\n", power ); // display power
22  } // end main function
```

3.8 a) 錯誤：遺漏了 **while** 本體的右大括號。更正：在敘述式 **++　c;** 後加上右大括號。

b) 錯誤：在 **scanf** 轉換指定詞中使用的精確度。更正：從轉換指定詞中刪除 **.4**。

c) 錯誤：**if ... else** 敘述式的 **else** 部分之後的分號會導致邏輯錯誤。第二次 puts 一定會被執行。更正：在 **else** 之後刪除分號。

習題

3.10 請找出並更正下列各項的錯誤。（請注意：每段程式碼的錯誤可能會超過一個。）

a)
```
if ( sales=>5000);
   puts ( "Salesare greater than or equal to $5000" )
else
     puts( "Salesare less than $5000" )
```

b)
```
int x =1, product = 0;
while ( x <=10); {
   product*= x;
   ++x;
}
```

c)
```
While ( x <=100)
   total =+ x;
   ++x;
```

d)
```
while( y <10) {
   printf("%d\n", y );
}
```

3.11 填充題

a) 在_____中，敘述式按照它們的編寫順序依次執行。

b) _____程式幫助你「思考」出程式如何撰寫。

c) 所有程式都可以用_____、_____、_____控制結構來編寫。

d) 使用_____、_____、_____和_____等透過稱為流向的箭頭互相連接，來畫出流程圖。

e) 流向用來表示執行操作動作的_____。

f) _____多重選擇敘述式根據運算式的值在許多選項中選擇一個執行。

g) _____運算子是 C 唯一的三元運算子。它需要三個操作運算元、_____一個條件、____條件運算式的值（如果條件為眞），以及_____條件運算式的值（如果條件為假）。

h) **if** 敘述式是_____結構。

3.12 下面這個程式將印出什麼？

```c
#include <stdio.h>

int main( void )
{
   unsigned int x = 1;
   unsigned int total = 0;
   unsigned int y;

   while ( x <= 10 ) {
      y = x * x;
      printf( "%d\n", y );
      total += y;
      ++x;
   } // end while

   printf( "Total is %d\n", total );
} // end main
```

3.13 請為下列每項撰寫一個虛擬碼敘述式。

a) 顯示訊息"Enter your name"。

b) 將變數 a、b、c、d 的乘積指定到變數 p。

c) 以下條件將在條件敘述式中進行測試：如果 x 大於 y，則指定 x 的值為 10，否則指定 x 的值為 20。

d) 從鍵盤讀進變數 a、b、c 和 d 的值。

3.14 請為下列各項建構一個虛擬碼演算法。

a) 由鍵盤讀進三個數，計算其乘積並將結果印出來。

b) 由鍵盤讀進兩整數，判斷並印出（如果有的話）其中較小的數。

c) 由鍵盤讀進一連串的正數，計算所有數的平均數並印出結果。假設使用者鍵入警示值-1，代表「資料輸入結束」。

3.15 是非題。如果答案為非，請解釋為什麼。

a) 演算法是用於解決要執行之動作的問題的過程，不需要指定動作的順序。

b) 除非另有指示，否則電腦將依順序自動執行 C 敘述式。

c) if ... else 雙重選擇敘述式會選擇單一動作。

d) 編譯程式時，邏輯錯誤會影響程式。它不會過早失敗或終止程式。

e) 你可以使用來自<limits.h>的常數 UINT_MAX 來確定你平台中無號整數的最大值。

請為習題 3.16 到 3.20，執行下列每一項步驟：

1. 閱讀問題的描述。

2. 使用虛擬碼及從上而下逐步改進的方式，來建構演算法。

3. 寫一個 C 程式。

4. 測試、偵錯，並執行你編寫的 C 程式。

3.16　（**營業稅**）營業稅是向買方收取並轉付給政府的，零售商必須提交每月營業稅報表，其中列出該月的營業額和所徵收的營業稅額，並分別列出郡政府稅和州政府稅。請開發一個程式，輸入一個月的總收入，計算收入的營業稅，並分別顯示出郡政府稅和州政府稅。假設州的營業稅率是 4%，郡的營業稅是 5%。以下是輸入／輸出的對話範例。

```
Enter total amount collected (-1 to quit): 45678
Enter name of month: January
Total Collections: $ 45678.00
Sales: $ 41906.42
County Sales Tax: $ 2095.32
State Sales Tax: $ 1676.26
Total Sales Tax Collected: $ 3771.58

Enter total amount collected (-1 to quit): 98000
Enter name of month: February
Total Collection: $ 98000
Sales: $ 89908.26
County Sales Tax: $ 4495.41
State Sales Tax: $ 3596.33
Total Sales Tax Collected: $ 8091.74
Enter total amount collected (-1 to quit): -1
```

3.17　（**抵押計算工具**）開發一個 C 程式來計算銀行客戶抵押貸款的利息。對於每個客戶，我們有以下各項資訊：

a)　帳號

b)　抵押金額

c)　抵押期限

d)　利率

該程式應輸入每項資訊，計算出應付利息總額（=抵押金額×利率×抵押期限），並將其加到抵押金額中以獲得應付的總金額。它應該透過將應付總金額除以抵押期的月份數來計算每月所需支付的款項。該程式應顯示每月所需支付款項，四捨五入到最接近的金額（美元）。該程式應同時處理每個客戶的帳戶。以下是一個輸入／輸出的對話範例：

```
Enter account number (-1 to end): 100
Enter mortgage amount (in dollars): 6500
Enter mortgage term (in years): 3
Enter interest rate (as a decimal): 0.075
The monthly payable interest $ 221

Enter account number (-1 to end): 200
Enter mortgage amount (in dollars): 12000
Enter mortgage term (in years): 10
Enter interest rate (as a decimal): 0.045
The monthly payable interest is: $ 145
Enter account number (-1 to end): -1
```

3.18　（**銷售佣金計算工具**）某家公司付給銷售員的酬勞是以抽佣金的方式來計算的。銷售員每週可領到$200 元加上當週銷售金額的 9%。舉例來說，若某位銷售員在一週內賣出了$5000 元的商品，那麼那一週他便可領到$200 加$5000 的 9%，即$650 元。請撰寫一個 C 程式，輸入每個銷售員上週的銷售額，然後計算並顯示他的收入。請一次處理一個銷售員的資料。以下是輸入／輸出對話的範例。

```
Enter sales in dollars (-1 to end): 5000.00
Salary is: $650.00

Enter sales in dollars (-1 to end): 1234.56
Salary is: $311.11

Enter sales in dollars (-1 to end): -1
```

3.19　（利息計算工具）公債單利的公式如下

`interest = principal * rate * days /365;`

上述的公式假設利率 rate 是指年利率，因此公式中含有除以 365 這項。請發展一個 C 程式，輸入所買的每一種公債的資金（principal）、利率（rate）和天數（days），然後利用上述的公式，計算每一項公債所獲得的利息。以下是輸入／輸出對話的範例。

```
Enter loan principal (-1 to end): 1000.00
Enter interest rate: .1
Enter term of the loan in days: 365
The interest charge is $100.00

Enter loan principal (-1 to end): 1000.00
Enter interest rate: .08375
Enter term of the loan in days: 224
The interest charge is $51.40

Enter loan principal (-1 to end): -1
```

3.20　（薪資計算工具）請發展一個 C 程式來計算每位雇員的各類薪資所得。這家公司對員工每週工作前 40 小時內以「正常工資」計算薪資，超過 40 小時的部分則以「正常工資的 1.5 倍」計算。你手邊的資料包括了此公司雇員的名單，每個雇員上星期的工作時數，以及每位雇員每小時的工資。你的程式應輸入每個雇員上述的資訊，並計算及印出此雇員應得的工資。以下是輸入／輸出對話的範例。

```
Enter # of hours worked (-1 to end): 39
Enter hourly rate of the worker ($00.00): 10.00
Salary is $390.00

Enter # of hours worked (-1 to end): 40
Enter hourly rate of the worker ($00.00): 10.00
Salary is $400.00

Enter # of hours worked (-1 to end): 41
Enter hourly rate of the worker ($00.00): 10.00
Salary is $415.00

Enter # of hours worked (-1 to end): -1
```

3.21　（前置遞增 vs. 後置遞增）請撰寫一個 C 程式，利用遞增運算子++示範前置遞增和後置遞增的不同。

3.22　（檢查數字是否為質數）質數是大於 1 的任何自然數，只能由 1 和數字本身整除。請編寫一個讀取整數並確定它是否為質數的 C 程式。

3.23　（找出最大數）找出最大數（亦即在一堆數字中找出最大者）的程式在電腦應用上時常被用到。舉例來說，一個判斷銷售比賽的獲勝者的程式是由每個銷售人員輸入銷售數量，銷售數量最多的銷售人員贏得比賽。請撰寫一個虛擬碼程式（接著轉換成 C 程式），連續輸入 10 個非負數值，然後判斷並印出其中最大者。（提示：你的程式應使用到下列三個變數）：

counter:　　　　數到 10 的計數器（記錄已輸入多少個數值，並且判斷是否已處理完 10 個數值）
number:　　　　目前輸入到程式的值
largest:　　　　到目前為止，找到的最大的數。

3.24　（表格輸出）撰寫一個 C 程式利用迴圈印出下表。在 **printf** 敘述式中使用水平定位點**\t** 來分隔欄位。

N	N²	N³	N⁴
1	1	1	1
2	4	8	16
3	9	27	81
4	16	64	256
5	25	125	625
6	36	216	1296
7	49	343	2401
8	64	512	4096
9	81	729	6561
10	100	1000	10000

3.25　（表格輸出）撰寫一個 C 程式利用迴圈印出下表：

A	A+3	A+6	A+9
7	10	13	63
14	17	20	126
21	24	27	189
28	31	34	252
35	38	41	315

3.26　（找到最大的兩個數）使用類似習題 3.23 的方法，找出輸入的 10 個數中，最大的兩個。（請注意：同一個數不能輸入一次以上。）

3.27　（檢查使用者輸入值）修改圖 3.10 的程式，使它具有檢查輸入值的功能。在每次輸入時，如果輸入的值不是 1 也不是 2，便持續要求輸入，直到輸入正確為止。

3.28　下面這個程式將印出什麼？

```c
1    #include <stdio.h>
2
3    int main( void )
4    {
5       unsigned int count = 1; // initialize count
6
7       while ( count <= 10 ) { // loop 10 times
8
9          // output line of text
10         puts( count % 2 ? "****" : "++++++++" );
11         ++count; // increment count
12      } // end while
13   } // end function main
```

3.29 下面這個程式將印出什麼？

```c
 1  #include <stdio.h>
 2
 3  int main( void )
 4  {
 5     unsigned int row = 10; // initialize row
 6
 7     while ( row >= 1 ) { // loop until row < 1
 8        unsigned int column = 1; // set column to 1 as iteration begins
 9
10        while ( column <= 10 ) { // loop 10 times
11           printf( "%s", row % 2 ? "<": ">" ); // output
12           ++column; // increment column
13        } // end inner while
14
15        --row; // decrement row
16        puts( "" ); // begin new output line
17     } // end outer while
18  } // end function main
```

3.30 （懸置 else 的問題）當 **x**=9、**y**=11 及 **x**=11、**y**=9 兩種情況下，下列各項的輸出為何？編譯器會略過 C 程式中的縮排。還有，C 編譯器會把 **else** 與前一個 **if** 結合，除非你用大括號 **{}** 將之區隔。由於你在第一眼時並無法確定哪一個 **if** 對應到 **else**，這稱為「懸置 **else**」的問題。我們把下列程式的縮排拿掉了，使得這個問題更具挑戰性。（提示：運用你所學過的縮排習慣。）

a)
```c
if ( x <10)
if ( y >10)
puts("*****");
else
puts("#####");
puts("$$$$$");
```

b)
```c
if ( x <0) {
if ( y >10)
puts("*****");
}
else {
puts("#####");
puts("$$$$$");
}
```

3.31 （另一個懸置 else 的問題）修改以下的程式碼，讓它可以輸出下列的文字。使用適當的縮排技巧。除了加入大括號之外，你應該不用做任何改變。編譯器會略過程式中的縮排。我們把下列程式的縮排拿掉了，使得這個問題更具挑戰性。（請注意：也有可能不需要做任何改變。）

```c
if ( y ==8)
if ( x ==5)
puts( "@@@@@" );
else
puts("#####");
puts("$$$$$");
puts("&&&&&");
```

a)　假設 **x=5**，**y=8**，會產生下列輸出。

```
@@@@@
$$$$$
&&&&&
```

b)　假設 **x=5**，**y=8**，會產生下列輸出。

```
@@@@@
```

c)　假設 **x=5**，**y=8**，會產生下列輸出。

```
@@@@@
&&&&&
```

d)　假設 **x=5**，**y=7**，會產生下列輸出。

```
#####
$$$$$
&&&&&
```

3.32　（用星號印出矩形）編寫一個程式讀入矩形的邊長，然後用星號（＊）印出該矩形。你的程式應該適用於邊長為 1 到 20 之間的所有矩形。例如，如果你的程式讀到的長度是 4，那麼應該印出

```
****
****
****
****
```

3.33　（用星號印空心矩形）修改你在習題 3.32 所寫的程式，使它能印出一個空心矩形。例如，假若程式讀到的邊長是 5，應印出

```
*****
*   *
*   *
*   *
*****
```

3.34　（弗洛伊德三角形）弗洛伊德三角形是一個直角三角形的自然數陣列，它透過用連續整數填入列來定義。因此，第 1 列有數字 1，第 2 列有數字 2 和 3，依此類推。請撰寫一個有 10 列的弗洛伊德三角形的程式。外迴圈可以控制要列印的列數，內迴圈可以確保每列包含正確的整數數量。

3.35　（印出二進制數字的十進制值）輸入一個二進制數字（5 個數字以下，僅含有 0 和 1），然後印出其十進制的值（提示：使用模數和相除運算子，由右至左一次拿出一個數元。在十進制系統裡，最右邊的數元其位置值為 1，往左的各數元其位置值分別為 10、100、1000 等等。而在二進制數字系統裡，最右邊數元的位置值為 1，往左各數元的位置值則依序為 2、4、8 等等。所以十進制數值 234 可視為 4＊1＋3＊10＋2＊100。而二進制數值 1101 的十進制值則是 1＊1＋0＊2＋1＊4＋1＊8，或 1＋0＋4＋8 或 13）。

3.36　（阿姆斯壯數）阿姆斯壯數是一個 n 位數，其各位數字的 n 次方和等於該數本身。例如，數字 153 等於 $1^3 + 5^3 + 3^3$，因此它是阿姆斯壯數。編寫一個程式來顯示所有三位阿姆斯壯數。

3.37　（檢出某數的倍數）撰寫一個程式印出 500 個錢號（$），一次印一個。每印 50 個錢號必須印一個換行字元（提示：從 1 數到 500，使用模數運算子來判斷計數器是否為 50 的倍數）。

3.38　（計算 9 的個數）撰寫一個程式讀入一個整數（5 位數以下），判斷並印出此數中有多少個數字為 9。

3.39　（用星號印出西洋棋盤）撰寫一個程式印出如下的圖形：

```
* * * * * * * *
 * * * * * * * *
* * * * * * * *
 * * * * * * * *
* * * * * * * *
 * * * * * * * *
* * * * * * * *
 * * * * * * * *
```

你的程式只能使用三個 printf 敘述式，

```
printf( "%s", "* " );
printf( "%s", " " );
puts( "" ); // outputs a newline
```

3.40　（用無窮迴圈計算 3 的次方）撰寫一個程式持續印出 3 的次方數，即 3、9、27、91、273 等等。你的迴圈不會結束，換句話說，它是個無窮迴圈。當你執行這個程式時，會出現什麼結果？

3.41　（圓的直徑、圓周和面積）撰寫一個程式讀入圓的半徑（**float** 值），然後計算並印出此圓的直徑、圓周和面積。圓周率 π＝3.14159。

3.42　下面的敘述式有什麼問題？請試著改寫成原設計者可能想要的樣子。

```
printf("%d", --( x*y ) );
```

3.43　（三角形的邊長）撰寫一個程式讀進三個非零的整數值，判斷並印出他們是否可作為三角形的三邊長。

3.44　（正三角形的邊長）撰寫一個程式讀進三個非零的整數值，判斷並印出他們是否能作為正三角形的三邊長。

3.45　（階乘）非負整數 n 的階乘寫作 n!，（讀作「n 的階乘」）其定義如下：

$$n! = n \cdot (n-1) \cdot (n-2) \cdot \ldots \cdot 1 \quad （n 大於等於 1）$$

且

$$n! = 1 \quad （n=0 時）$$

例如，5! = 5 · 4 · 3 · 2 · 1 = 120

a)　撰寫一個程式讀入一個非負的整數，計算並印出其階乘值。

b)　撰寫一個程式計算數學常數 e 的趨近值。利用下列的公式：

$$e = 1 + \frac{1}{1!} + \frac{1}{2!} + \frac{1}{3!} + \ldots$$

c)　寫一個程式計算 e^x 的值，利用下列的公式：

$$e^x = 1 + \frac{x}{1!} + \frac{x^2}{2!} + \frac{x^3}{3!} + \dots$$

進階習題

3.46　（世界人口成長率的計算工具）利用網路找出目前的世界人口數及其年成長率。寫一個應用程式，輸入上述資訊，並估算一年、兩年、三年、四年以及五年之後的世界人口數。

3.47　（目標心率計算工具）當你運動時，可以用一個心跳監視器來檢視你的心率是否維持在教練或醫師所建議的安全範圍。根據美國心臟協會（American Heart Association，AHA）的建議，每分鐘最大心率的公式，是將 220 減去你的年齡。你的目標心率範圍是在 50-85% * 你的最大心率。（請注意：這個公式是由 AHA 所估算出來的。最大心率和目標心率可能會因個人的健康、體質和性別而有所不同。在你開始或變更一個新的運動課程之前，請先向醫師或合格的健康管理師諮詢。）建立一個程式，輸入使用者的生日和目前的日期（包括年月日）。你的程式應該可以計算並顯示這個人的年齡，他的最大心率以及目標心率範圍。

3.48　（利用密碼學保護隱私）隨著網際網路通訊以及網路資料儲存的爆炸性成長，資料隱私的問題越來越受重視。密碼學是將資料編碼，讓未經授權的使用者難以（最好能使用最先進的技術，讓他不可能）解讀這些資料。在本習題中，你將使用最簡單的方法來替資料加密和解密。某一間公司想要透過網際網路傳送資料，他們請你寫一個程式將資料加密，因此可以較安全地將資料傳送出去。他們所有的資料都是以四位數的整數來傳送。你的程式應該讓使用者鍵入一個四位數的整數，並以下列的方法加密：將每一位數分別加 7，然後將此數除以 10，所得餘數即為新的數，以此取代原來的位數。然後將第一個位數和第三個位數交換，第二個位數和第四個位數交換。最後印出加密過的整數。請再寫一個程式讀入加密過的四位數整數，然後反過來操作原加密的程序，將之解密成原來的數字。（選讀性的閱讀專題：在產業應用中，你需要使用比本習題中所提供的更強大的加密技術。你可以研讀一般性的公開金鑰法（public key cryptography）以及特殊化的 PGP（Pretty Good Privacy）法。也可以研究 RSA 法，這種方法被廣泛運用在許多專業的應用軟體中。）

NOTE

C 程式控制

學習目標

在本章中，你將學到：

- 計數器控制循環的基本原理
- 能夠使用 **for** 和 **do...while** 循環敘述式，重複執行程式中的敘述
- 了解如何使用 **switch** 選擇敘述式的多重選擇架構
- 能夠使用 **break** 和 **continue** 程式控制敘述式，變更控制流程
- 使用邏輯運算子在控制敘述裡組成複雜的條件表示式
- 避免因為混淆等號運算子和賦值運算子所造成的後果

4.1　簡介

現在你應該能自在地撰寫簡單、完整的 C 程式了。本章中將會更詳細地考慮有關循環的概念，並且會介紹 **for** 和 **do…while** 這兩種用來控制循環的敘述式。也將會介紹 **switch** 多重選擇敘述式。我們會討論能直接且迅速離開某個控制敘述式的 **break** 敘述式，以及跳過循環敘述式本體剩餘部分，然後執行迴圈中下一個循環的 **continue** 敘述式。本章會討論用來組合控制條件的邏輯運算子，最後則會對第 3 章和本章介紹的結構化程式設計加以整理。

4.2　循環的基本概念

大部分的程式都包含了循環的動作或是迴圈（looping）。迴圈是指當某一個**迴圈繼續條件式**（loop-continuation condition）持續為真時，電腦會重複執行的一組指令。我們已經討論過以下這兩種循環的方法：

1. 計數器控制循環

2. 警示值控制循環

因為計數器控制的循環在迴圈開始執行之前就已經知道循環的次數，所以有時候將它稱為**明確的循環**（definite iteration）。而警示值控制的循環有時稱為**非明確的循環**（indefinite iteration），因為我們事先並不知道迴圈需循環執行多少次。

　　在計數器控制的循環當中，必須使用**控制變數**（control variable）來計算循環的次數。每次這群指令執行之後，就會遞增控制變數（通常是 1）。當控制變數的值顯示已經執行了正確的循環次數時，就會結束此迴圈，循環敘述式之後的敘述式會繼續執行。

　　在下列兩種情形時，必須用警示值來控制循環的動作：

1. 不能事先知道循環的次數，以及

2. 迴圈內含有一個每次迴圈執行時都會取得資料的敘述式。

警示值表示「資料結束」。警示值會在所有正式的資料項都輸入之後，才會輸入到程式當中。
警示值必須與其他正式的資料項不同。

4.3 計數器控制的循環

計數器控制的循環需要有：

1. 控制變數（或迴圈計數器）的**名稱**（name）。
2. 控制變數的**初始值**（initial value）。
3. 每一次迴圈執行的時候控制變數的**遞增量**（increment）或**遞減量**（decrement）。
4. 判斷控制變數是否是**終止值**（final value）的條件（也就是檢查迴圈是否應該繼續）。

　考慮圖 4.1 列出的簡單程式，該程式會印出從 1 到 10 的整數。其中定義

```
unsigned int counter = 1; // initialization
```

為控制變數（**counter**）命名（name），將它定義為整數，為它保留記憶體空間，並且將它
的初始值（initial value）指定為 1。

```
1  // Fig. 4.1: fig04_01.c
2  // Counter-controlled iteration
3  #include <stdio.h>
4
5  int main(void)
6  {
7     unsigned int counter = 1; // initialization
8
9     while (counter <= 10) { // iteration condition
10        printf ("%u\n", counter);
11        ++counter; // increment
12    }
13 }
```

```
1
2
3
4
5
6
7
8
9
10
```

圖 4.1 計數器控制式循環

　定義 **counter**，以及指定 **counter** 初值的動作也可以用以下的敘述式來完成

```
unsigned int counter;
counter = 1;
```

宣告是「不可」執行的，而指定動作是「可」執行的。這兩種方式都可以用來為變數指定初始值。

以下的敘述式

```
    ++counter; // increment
```

在每次迴圈執行時讓迴圈計數器遞增的值是 1。在 **while** 敘述式中，迴圈持續執行的條件式（loop-continuation condition）會測試控制變數的值是否小於等於 **10**（也就是會讓控制條件為真的最後一個值）。請注意當控制變數等於 **10** 時，**while** 迴圈的本體仍然會執行。當控制變數超過 **10** 時（例如：**counter** 變成 **11**），這個迴圈就會結束。

你可以將圖 4.1 的程式中的 **counter** 初始值設為 0，並且將 **while** 敘述式改寫如下，使得程式更為簡潔

```
    while (++counter <= 10) {
       printf("%u\n", counter);
    }
```

因為遞增直接在 **while** 條件式中動作，並且在測試控制條件之前完成，所以程式碼可以節省敘述式的數量。要撰寫出這種扼要的程式碼需要一些學習。但有些程式設計師卻認為這樣的程式碼不好理解而且容易出錯。

常見的程式設計錯誤 4.1

浮點數的值可能只是個近似值，因此用浮點數變數來控制迴圈可能會造成計數器的值不精確，而對迴圈是否終止做出錯誤的判斷。

測試和除錯的小技巧 4.1

使用整數值來控制迴圈的計數。

良好的程式設計習慣 4.1

太多層的巢狀縮排會使程式不具可讀性。一般而言，試著不要使用超過三層的縮排。

良好的程式設計習慣 4.2

在控制敘述式前後空行，以及為控制敘述式的本體縮排，為程式提供二維的外觀，大幅提升程式的可讀性。

4.4　**for** 循環敘述式

for 循環敘述式會處理計數器控制式循環的所有細節。為了說明 **for** 的強大威力，讓我們重新撰寫圖 4.1 的程式。輸出結果見圖 4.2。此程式的運作如下所述。當 **for** 敘述式開始執行時，控制變數 **counter** 的值會被定義且初始化為 **1**。然後，檢查迴圈持續執行的條件 **counter <= 10**。因為 **counter** 的初始值 **1** 能滿足這個條件，所以 **printf** 敘述式（第 10 行）會印出 **counter** 的值，也就是印出 **1**。接著控制變數 **counter** 因運算式 **++counter** 而遞增 1，然後迴圈會再度測試迴圈持續執行的條件。因為現在控制變數的值是 **2**，也未超過終止值，因此程式會再次執行 **printf** 敘述式。這個程序將一直持續下去，直到控制變數 **counter** 遞增到它的終止值 11 為止——這會使得測試迴圈持續執行的條件變成失敗，並且結束循環動作。接下來，程式會執行 **for** 敘述式之後的第一個敘述式（在此例中為程式的結束）。

```
1   // Fig. 4.2: fig04_02.c
2   // Counter-controlled iteration with the for statement
3   #include <stdio.h>
4
5   int main(void)
6   {
7      // initialization, iteration condition, and increment
8      //  are all included in the for statement header.
9      for (unsigned int counter = 1; counter <= 10; ++counter) {
10        printf("%u\n", counter);
11     }
12  }
```

圖 4.2　以 **for** 敘述式撰寫的計數器控制式循環

for 敘述式標頭的組成

圖 4.3 仔細檢視圖 4.2 中的 **for** 敘述式。請注意，**for** 敘述式「做了每件事」，**for** 敘述式指定了含有控制變數的計數器控制循環結構所需要的每個項目。如果 **for** 本體內的敘述式超過一個，請將迴圈的本體用大括號括起來，以便定義它們——如我們在 3.6 節所討論的，你應該養成把控制敘述式的本體放在大括號裡的習慣，即使只有一個敘述式也是。

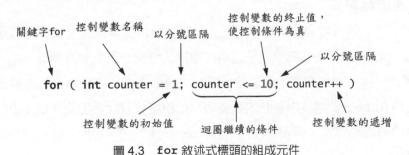

圖 4.3　**for** 敘述式標頭的組成元件

在 `for` 標頭中的控制變數定義僅在迴圈終止之前存在

當你在第一個分號（;）之前的 `for` 標頭中定義控制變數時，如圖 4.2 中的第 9 行所示：

```
for (unsigned int counter = 1; counter <= 10; ++counter) {
```

控制變數僅在迴圈終止之前存在。

常見的程式設計錯誤 4.2

對於在 `for` 敘述式標頭中定義的控制變數，嘗試在 `for` 敘述式的右大括號（)）後存取控制變數是一個編譯時期錯誤。

誤差為 1 的錯誤

請注意圖 4.2 使用迴圈繼續條件 `counter <= 10`。如果你將它誤寫為 `counter < 10`，則此迴圈只會執行 9 次。這是一種常見的邏輯錯誤，稱為**誤差為 1 的錯誤**（off-by-one error）。

測試和除錯的小技巧 4.2

在 `while` 或 `for` 敘述式的條件式內使用終值，及使用`<=`關係運算子，可以幫助你避免誤差為 1 的錯誤發生。例如用來印出 `1` 到 `10` 的迴圈當中，迴圈繼續條件式應該用 `counter <= 10`，而不要用 `counter < 11` 或 `counter < 10`。

`for` 敘述式的一般格式

`for` 敘述式的一般格式如下

```
for (initialization; condition; increment) {
    statement
}
```

其中，initialization 運算式為迴圈控制變數進行初始化（或是給它定義，如圖 4.2 所做的），condition 運算式是迴圈繼續的條件，而 increment 運算式則會遞增控制變數。

逗號分隔的連續運算式

通常，初始化運算式和遞增運算式是由逗號分隔的一連串運算式。逗號在這裡是當成**逗號運算子**（comma operators），它確保這一連串的運算式會由左到右執行運算。這一連串由逗號所分隔的運算式，其型別和數值是由逗號分隔的一連串運算式中最右邊的運算式來決定。逗號運算子最常用在 `for` 敘述式中。它的主要功用是讓程式設計者能夠使用多重的初始值指定和（或）多重的遞增運算式。例如，在同一個 `for` 敘述式裡，可能會有兩個控制變數必須指定初始值和遞增。

軟體工程的觀點 4.1

請在 **for** 敘述式的初始值指定和遞增部分裡，只放入與控制變數有關的運算式。對其他變數的操作，應放在迴圈之前（如果他們只執行一次的話，像是用來初始化的敘述式），或放在迴圈的本體裡面（如果他們是每次循環均需執行的話，像是遞增或是遞減的敘述式）。

for 敘述式裡標頭運算式是可有可無的

for 敘述式裡的三個運算式都是可有可無的。如果我們省略了條件運算式的話，則 C 會認為迴圈繼續的條件永遠為真，因而建立一個無窮迴圈。如果控制變數已在 **for** 敘述式之前設定好初始值，則我們可以省略初始化運算式。如果遞增動作在 **for** 敘述式當中執行，或是不需要遞增動作，則遞增運算式便可省略。

遞增運算式如同一個獨立敘述式

for 敘述式當中的遞增運算式，就像是位在 **for** 迴圈本體結尾的一行 C 獨立敘述式。因此下列各運算式

```
counter = counter + 1
counter += 1
++counter
counter++
```

對 **for** 敘述式的遞增部分來說是一樣的。有些 C 程式設計師較偏好使用 **counter++**，因為遞增動作是在迴圈本體執行「之後」才進行的。所以用後置遞增格式似乎較為自然。因為這裡的前置遞增或後置遞增並沒有出現在大的運算式中，所以這兩種遞增格式的效果是相同的。最後提醒一點，**for** 敘述式中的兩個分號是不能省略的。

常見的程式設計錯誤 4.2

在 **for** 的標頭中以逗號代替分號是語法錯誤。

常見的程式設計錯誤 4.3

循環敘述式中迴圈繼續的條件永遠非偽時，會導致無窮迴圈。為了防止無窮迴圈，請確保在 **while** 敘述式的標頭之後不要立即放置分號。在計數器控制的迴圈中，確保迴圈中的控制變數是遞增（或遞減）的。在警示值控制（sentinel-controlled）的迴圈中，確保最終輸入的是警示值。

4.5　`for` 敘述式：要注意的事項以及提示

1. 初始值指定、迴圈繼續條件和遞增的部分都可以包含算術運算式。例如，假設 **x=2**、 **y=10**，底下的敘述式

```
for (j = x; j <= 4 * x * y; j += y / x)
```

和以下的敘述式是相等的。

```
for (j = 2; j <= 80; j += 5)
```

2. 「遞增量」可以是負的（這種情況實際上是遞減，亦即迴圈是往下計數的）。

3. 如果迴圈繼續條件一開始為偽，則迴圈的本體部分將不會執行。程式接著會由 `for` 敘述 式之後的第一個敘述式開始執行。

4. 控制變數經常會由迴圈本體的計算列印或使用，但並非一定要這麼做。我們也常只用控 制變數來控制循環的次數，而在迴圈的本體內並不會使用它。

5. `for` 敘述式的流程圖十分類似 **while** 敘述式。例如，圖 4.4 展示了 `for` 敘述式的流程圖

```
for (unsigned int counter = 1; counter <= 10; ++counter) {
   printf("%u", counter);
}
```

這張流程圖清楚地表示初始值指定動作只進行一次，以及遞增發生在本體敘述式每次執 行之後。

測試和除錯的小技巧 4.4

雖然我們可以在 **for** 迴圈的本體內改變控制變數的值。但如此做可能會造成意想不到的 錯誤。最好不要在迴圈內改變它。

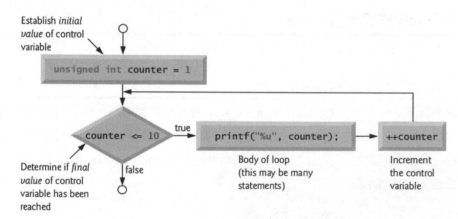

圖 4.4　典型之 `for` 循環敘述式的流程圖

4.6 使用 `for` 敘述式的範例

下列的範例展示了用來改變 `for` 敘述式內控制變數的幾種方法。

1. 將控制變數從 **1** 遞增到 **100**（遞增量為 1）。

```
for (unsigned int i = 1; i <= 100; ++i)
```

2. 將控制變數從 **100** 漸減到 **1**，遞增量為 **-1**（也就是遞減量為 1）。

```
for (unsigned int i = 100; i >= 1; --i)
```

3. 將控制變數從 **7** 遞增到 **77**，每次遞增 **7**。

```
for (unsigned int i = 7; i <= 77; i += 7)
```

4. 將控制變數從 **20** 漸漸減到 **2**，每次遞增 **-2**。

```
for (unsigned int i = 20; i >= 2; i -= 2)
```

5. 將控制變數按照下列數列進行改變：2、5、8、11、14、17。

```
for (unsigned int j = 2; j <= 17; j += 3)
```

6. 將控制變數按照下列數列進行改變：44、33、22、11、0。

```
for (unsigned int j = 44; j >= 0; j -= 11)
```

應用：計算由 2 到 100 的偶數總和

圖 4.5 的程式利用 `for` 敘述式算出由 **2** 到 **100** 所有偶數的和。迴圈的每次循環（9-11 行）都會把控制變數 `number` 的值加到變數 `sum`。

良好的程式設計習慣 4.3

盡可能將控制敘述式標頭的大小，限制在一行之內。

```
1   // Fig. 4.5: fig04_05.c
2   // Summation with for
3   #include <stdio.h>
4
5   int main(void)
6   {
7       unsigned int sum = 0; // initialize sum
8
9       for (unsigned int number = 2; number <= 100; number += 2) {
10          sum += number; // add number to sum
11      }
12
13      printf("Sum is %u\n", sum);
14  }
```

```
Sum is 2550
```

圖 4.5 使用 `for` 將數字加總

應用：計算複利

下面的例子利用 **for** 敘述式來計算複利。請看下列的問題描述：

　　某人將$1000 元存在一個年利率為 5%的存款帳戶裡。假設利息採複利計算，請計算並印出十年中每年結算時，這個帳戶內的錢是多少。請利用下列的公式來計算：

　　　　$a = p (1+r)^n$

　　其中

　　　　p 是原存款數（也就是本金）
　　　　r 是年利率（例如，以 0.05 代表 5%）
　　　　n 是年數
　　　　a 是第 n 年結算時的本利和

這個問題會用一個迴圈來計算 10 年中每年結算時的本利和。答案如圖 4.6 所示。

```c
1   // Fig. 4.6: fig04_06.c
2   // Calculating compound interest
3   #include <stdio.h>
4   #include <math.h>
5
6   int main(void)
7   {
8      double principal = 1000.0; // starting principal
9      double rate = .05; // annual interest rate
10
11     // output table column heads
12     printf("%4s%21s\n", "Year", "Amount on deposit");
13
14     // calculate amount on deposit for each of ten years
15     for (unsigned int year = 1; year <= 10; ++year) {
16
17        // calculate new amount for specified year
18        double amount = principal * pow(1.0 + rate, year);
19
20        // output one table row
21        printf("%4u%21.2f\n", year, amount);
22     }
23  }
```

```
Year    Amount on deposit
   1              1050.00
   2              1102.50
   3              1157.63
   4              1215.51
   5              1276.28
   6              1340.10
   7              1407.10
   8              1477.46
   9              1551.33
  10              1628.89
```

圖 4.6　計算複利

此 **for** 敘述式會執行迴圈的本體 10 次，並且將控制變數由 1 遞增到 10（遞增量為 1）。雖然 C 並沒有次方運算子，不過我們可以用標準函式庫（Standard Library）中的函式 **pow**（第 18 行）來做這件事。函式 **pow**（**x, y**）會計算出 **x** 之 **y** 次方的值。它的兩個引數的資料型別都是 **double**，其傳回值的型別也是 **double**。

軟體工程的觀點 4.2

double 型別是和 **float** 型別同類的浮點數型別，但通常 **double** 型別的變數可以儲存比 **float** 更精確且精度更高的值。**Double** 型別的變數比 **float** 型別的變數佔用更多記憶體。除了大多數記憶體需求密集的應用程式外，專業程式設計師通常較喜歡 **double**，而非 **float**。

請注意，當我們使用類似 **pow** 這樣的數學函式時，應該將標頭檔 **<math.h>**（第 4 行）含括進來。如果沒有將 **math.h** 含括進來，這個程式可能會遇到些問題，連結器可能沒有辦法找到 **pow** 函式。[1] **pow** 函式需要兩個 **double** 型別的引數，但 **year** 變數是一個整數。**math.h** 這個檔案裡含有一些用來告訴編譯器在呼叫 **pow** 函式之前，要先將 **year** 的值轉換為一個暫時性的 **double** 值的資訊。這個資訊是包含在 **pow** 的**函式原型**（prototype）當中。我們將在第 5 章進一步介紹函式的原型，我們也會在第 5 章提供 **pow** 函式以及其他數學函式的總整理。

計算貨幣金額時慎用 float 和 double

請注意，在此程式中，我們將變數 **amount**、**principal** 和 **rate** 宣告為 **double** 型別。這麼做是為了簡單化，因為在處理金額時可能會帶有小數。

測試和除錯的小技巧 4.5

最好不要使用 **float** 或 **double** 變數型別來執行貨幣金額的計算。因為浮點數不精準的特性，可能會導致不正確的金額。（我們將在習題 4.23 中討論使用整數值錢幣來執行精確的貨幣金額計算。）

讓我們簡單解釋一下，使用 **float** 或 **double** 表示貨幣金額時會發生什麼問題。在電腦裡存著兩個 **float** 型別的金額，分別是 14.234（以%**.2f** 列印時印出 14.23）和 18.673（以%**.2f** 列印時印出 18.67）。當這兩個值相加時會得到 32.907，以%**.2f** 列印，則會印出 32.91。此時列印將會出現

---

[1] 很多 Linux/UNIX 的 C 編譯器在編譯如圖 4.6 的程式時，必須包含 **-lm** 項目（例如：**gcc -lm fig04_06.c**），這個動作會將數學函式庫連結到程式當中。

```
  14.23
+ 18.67
─────────
  32.91
```

但很明顯地，14.23+18.67 應該是 32.90 才對！現在你已經知道這中間出現問題！

將數值輸出格式化

在程式中我們使用轉換指定詞%**21.2f**來列印變數 **amount** 的值。轉換指定詞中的 **21** 表示將要列印的欄位寬度（field width）。亦即欄位寬度為 **21**，在列印時將佔用 **21** 個列印單位。**2** 則表示此數的精準度（即小數點後有幾位）。如果顯示字元的數量**小於**欄寬，則這個值會自動地在欄位內**靠右對齊**。用在對齊一些具有相同精準度的浮點數時會很有用（會自動對齊小數點）。若我們想要在欄位中**靠左對齊**的話，只要在%和欄位寬度之間加一個負號(**-**)即可。負號也可以用來控制整數（%**-6d**）和字串（如%**-8s**）的靠左對齊。我們將在第 9 章討論 **printf** 和 **scanf** 強大的格式化功能。

4.7　**switch** 多重選擇敘述式

在第 3 章中，我們討論了 **if** 單一選擇敘述式和 **if...else** 雙重選擇敘述式。有時候，演算法可能需要進行一連串的判斷，來檢驗某一變數或運算式是否為數個常數整數中的一個，並針對不同情況採取不同的動作。這就稱為多重選擇。C 提供了 **switch** 多重選擇敘述式來處理這類型的判斷。

　　switch 敘述式包含了一連串的 **case** 標籤，以及一個可有可無的 **default case** 和對應每個 **case** 所要執行的敘述式。圖 4.7 的程式使用了 **switch** 來計算在某次考試中，學生們的成績屬於各個等級（譯注：A、B、C、D 和 F）的數目。

```c
1  // Fig. 4.7: fig04_07.c
2  // Counting letter grades with switch
3  #include <stdio.h>
4
5  int main(void)
6  {
7     unsigned int aCount = 0;
8     unsigned int bCount = 0;
9     unsigned int cCount = 0;
10    unsigned int dCount = 0;
11    unsigned int fCount = 0;
12
13    puts("Enter the letter grades." );
14    puts("Enter the EOF character to end input." );
15    int grade; // one grade
16
17    // loop until user types end-of-file key sequence
18    while ((grade = getchar()) != EOF) {
19
20       // determine which grade was input
21       switch (grade) { // switch nested in while
```

圖 4.7　利用 **switch** 計算成績分級

```
22
23      case 'A': // grade was uppercase A
24      case 'a': // or lowercase a
25          ++aCount;
26          break; // necessary to exit switch
27
28      case 'B': // grade was uppercase B
29      case 'b': // or lowercase b
30          ++bCount;
31          break;
32
33      case 'C': // grade was uppercase C
34      case 'c': // or lowercase c
35          ++cCount;
36          break;
37
38      case 'D': // grade was uppercase D
39      case 'd': // or lowercase d
40          ++dCount;
41          break;
42
43      case 'F': // grade was uppercase F
44      case 'f': // or lowercase f
45          ++fCount;
46          break;
47
48      case '\n': // ignore newlines,
49      case '\t': // tabs,
50      case ' ': // and spaces in input
51          break;
52
53      default: // catch all other characters
54          printf("%s", "Incorrect letter grade entered.");
55          puts(" Enter a new grade.");
56          break; // optional; will exit switch anyway
57      }
58    } // end while
59
60    // output summary of results
61    puts("\nTotals for each letter grade are:");
62    printf("A: %u\n", aCount);
63    printf("B: %u\n", bCount);
64    printf("C: %u\n", cCount);
65    printf("D: %u\n", dCount);
66    printf("F: %u\n", fCount);
67 }
```

```
Enter the letter grades.
Enter the EOF character to end input.
a
b
c
C
A
d
f
C
E
Incorrect letter grade entered. Enter a new grade.
D
A
b
^Z ——————— Not all systems display a representation of the EOF character

Totals for each letter grade are:
A: 3
B: 2
C: 3
D: 2
F: 1
```

圖 4.7　利用 **switch** 計算成績分級（續）

讀取輸入字元

在這個程式中，使用者輸入全班學生的成績等級。在 **while** 敘述式的標頭裡（第 18 行）

```
while ((grade = getchar()) != EOF)
```

括號中的（**grade = getchar()**）會先執行。**getchar** 函式（來自<stdio.h>）會從鍵盤讀進一個字元，並將此字元存放到整數變數 **grade** 當中。字元通常是存到 **char** 型別的變數中。不過，C 有一項重要的功能，便是可以將字元存成任何的整數資料型別，因為在電腦裡字元是以一個位元組的整數表示。函式**getchar**將使用者輸入的字元轉換成一個 **int**，我們可以把一個字元當成一個整數或是一個字元，端視其用途。例如，下面的敘述式

```
printf("The character (%c) has the value %d.\n", 'a', 'a');
```

使用轉換指定詞%c 和%d 分別印出字元 **a** 和它的整數值。其結果為：

```
The character (a) has the value 97.
```

ASCII

整數 97 是字元在電腦中的數字表示方式。目前大多數的電腦都使用 ASCII **字元集**（**美國標準資訊交換碼字元集**，American Standard Code for Information Interchange character set），而在此字元集中，97 便代表了小寫字母 **a**。附錄 B 列出了 ASCII 字元及其十進制數值。字元可以在 **scanf** 裡用轉換指定詞%c 讀進來。

指定敘述式具有值

整個指定敘述式也具有值，也就是指定給等號（=）左邊之變數的值。因此 **grade = getchar()**這個指定運算式的值，就是由 **getchar** 傳回並且指定給變數 **grade** 的字元。

　　指定敘述式具有值這項事實，對我們將數個變數設為同一個值是很有用的。例如：

```
a = b = c = 0;
```

此敘述式會先執行 **c = 0**（因為=運算子是由右往左結合）。然後變數 **b** 會設定成 **c = 0** 的值（為 0）。然後變數 **a** 會設定成 **b = (c = 0)** 的值（也是 0）。在這個程式當中，設定敘述式 **grade = getchar()**的值會拿來與 **EOF**（end of file 的縮寫）的值比較。亦即我們是以 **EOF** 當成警示值（**EOF** 的值通常為-1）。使用者根據系統的指定鍵入某種按鍵組合，來表示「檔案結束，end of file」，亦即表示「我已經沒有別的資料要輸入了」。**EOF** 是定義在 **<stdio.h>**標頭檔裡的一個整數常數（在第 6 章，我們將討論到如何定義符號常數）。如果指定給 **grade** 的值等於 **EOF**，則程式便會停止輸入資料。我們在此程式中選用 **int** 型別來表示字元，因為 **EOF** 是個整數值（通常為-1）。

可攜性的小技巧 4.1

代表 **EOF**（end of file）的按鍵組合是隨系統而變的。

可攜性的小技巧 4.2

檢驗是否為符號常數 **EOF** 而不是檢驗 **-1**，可使程式更具可攜性。C 標準指定 **EOF** 是個負整數值（但並不一定是 **-1**）。因此在不同的系統上，**EOF** 可能會有不同的值。

輸入 EOF 警示值

在 Linux/UNIX/Mac OS X 系統中，**EOF** 的指定值是在鍵盤上鍵入下列的按鍵（單獨在一行）

> *<Ctrl> d*

這個符號<Ctrl> d 的意思是同時按下 Ctrl 和 d 鍵。而在其他系統，如微軟公司的 Windows 裡，**EOF** 的指定是鍵入

> *<Ctrl> z*

在 Windows 系統中，你可能也需要按下 Enter 鍵。

　　使用者從鍵盤輸入成績的等級。當按下 Enter 鍵後，輸入的字元便由 **getchar** 函式讀取（一次只讀一個字元）。如果所輸入的字元不等於 **EOF**，程式便進入了 **switch** 敘述式（第 21 行至第 57 行）。

switch 敘述式的細節

在關鍵字 **switch** 之後是用小括號包起來的變數名稱 **grade**。這稱為**控制運算式**（controlling expression）。這個運算式的值會拿來與每一個 **case** 標籤（case labels）比較。假設使用者輸入字母 **C** 作為成績等級，**C** 便會自動與 **switch** 中的每一個 **case** 比較。如果找到一個符合要求的（**case 'C':**），則此 **case** 的敘述式就會執行。在字母 **C** 的 **case** 當中，**cCount** 會遞增 **1**（第 35 行），然後 **switch** 敘述式將因 **break** 敘述式而馬上結束。

　　break 敘述式會使程式從 **switch** 敘述式之後的第一個敘述式繼續執行。我們必須要使用 **break** 敘述式，否則 **switch** 當中的 **case** 敘述式們會一起執行。我們在 **switch** 敘述式中若沒有使用 **break** 敘述式的話，則剩餘所有 **case** 中的敘述式將都會執行（這項稱為 fall-through 的功能幾乎沒什麼用，雖然它很適合用來撰寫習題 4.38 的循環歌曲 "The Twelve Days of Christmas"！的程式）。如果找不到符合的 **case**，將會執行 **default case**，它會印出錯誤訊息。

switch 敘述式的流程圖

每一個 case 可以有一個或一個以上的動作。switch 敘述式不同於其他控制敘述式的地方在於，它並不需為某一 switch 的 case 裡的數個動作加上大括號。圖 4.8 所示為一般的 switch 多重選擇敘述式（每一個 case 均使用 break）的流程圖。此流程圖清楚指出，在每個 case 之後的 break 敘述式會使程式的控制立即離開 switch 敘述式。

常見的程式設計錯誤 4.4

在 switch 敘述式中必須有 break 的地方，忘了加上 break，會造成邏輯錯誤。

測試和除錯的小技巧 4.6

請為 switch 敘述式準備一個 default 的 case。沒有在 switch 中明確指定值需要進行檢驗的狀況，將會被忽略。而 default 的 case 可讓你集中處理例外狀況的需求，因此能幫我們避免遺漏了某些狀況。不過有些 case 程式並不需要 default。

良好的程式設計習慣 4.4

雖然 switch 敘述式中的 case 子句和 default 的 case 子句，可以用任何的順序來進行排列，不過通常是將 default 子句放在最後面。

良好的程式設計習慣 4.5

當我們將 default 子句放在 switch 敘述式的最後面時，它的 break 敘述式便可有可無。但你最好還是把它包含進來，以清晰地顯示出與其他 case 的對稱性。

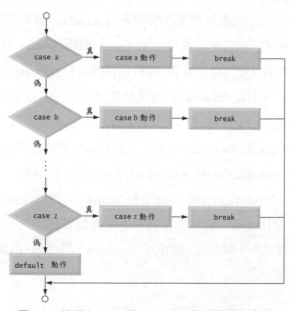

圖 4.8　使用 break 的 switch 多重選擇敘述式

忽略輸入的換行、tab 和空白字元

在圖 4.7 的 **switch** 敘述式裡，下面幾行

```
      case '\n': // ignore newlines,
      case '\t': // tabs,
      case ' ': // and spaces in input
        break;
```

會使程式跳過換行（newline）、tab 和空白字元。一次只讀一個字元會引發一些問題。為了命令程式讀進輸入的字元，我們必須按鍵盤上的 Enter 鍵，將字元送給電腦，這會使得換行字元放在我們所希望處理的字元之後。通常，換行必須忽略，使程式能正確運作。我們的 **switch** 敘述句在前面的例子中，可以避免每次在輸入中遇到換行、tab 或空白在 default 產生錯誤訊息。所以每次輸入會引發兩個迴圈的循環——第一個是代表成績的字母，第二個是 **'\n'**。當數個 case 標籤列在一起時（如圖 4.7 的 **case 'D': case 'd':**），只是表示他們都會進行同樣的一組動作。

測試和除錯的小技巧 4.7

當你一次一個地處理字元時，請為換行字元（以及其他可能的空白字元）提供處理功能。

常數整數的運算式

當我們在使用 **switch** 敘述式時，請記住每一個 **case** 只能檢驗一個**常數整數運算式**（constant integral expression，即任何字元常數和整數常數所組合成的運算式，其計算出來的值也是個常數整數值）。字元常數可以表示成字元放在單引號中，如 **'A'**。字元「必須」被放在單引號中，才被視為是字元常數。被放在雙引號中的字元會被視為字串。而整數常數則是一般的整數值。在本例中示範了字元常數。請不要忘記字元實際上是一個小的整數值。

整數型別的注意事項

具可攜性的語言（如 C），其資料型別的大小必須具有彈性。不同的應用程式可能需要不同大小的整數。C 提供了數種資料型別來表示整數。除了 **int** 和 **char** 型別之外，C 還提供了 **short int**（可簡寫成 **short**）和 **long int**（可簡寫成 **long**）型別，以及所有整數型別的 **unsigned** 變數。在 5.14 節，我們會看到 C 也提供型別 **long long int**。C 標準規定了各種整數值的最小範圍，但實際範圍可能更大，需視實作方式而定。**Short int** 整數值的最小範圍為-32767 到+32767。對大多數的整數運算而言，**long int** 整數便已經夠用了。**long int** 整數值的最小範圍為-2147483647 到+2147483647，而 **int** 的範圍至少要跟 **short int** 的範圍相同，而最多不可超過 **long int** 的範圍。在現今許多平台上，**int** 和 **long int** 表示同樣的值的範圍。至於 **signed char** 資料型別則可以用來表示-127 到+127 之間的整數，

或者電腦字元集中的任何一個字元。C 標準文件中的第 5.2.4.2 節有完整的有號（**signed**）及無號（**unsigned**）整數型別的範圍。

4.8　do…while 循環敘述式

do…while 循環敘述式十分類似 **while** 敘述式。在 **while** 敘述式裡，迴圈繼續條件是在迴圈的一開始檢驗的，即在迴圈的本體執行之前。而 **do…while** 敘述式則在迴圈本體執行*之後*才檢驗迴圈繼續條件。因此，迴圈本體至少會執行一次。當 **do…while** 終止時，程式由 **while** 子句之後的第一個敘述式繼續執行。**do…while** 敘述式寫法如下：

```
do {
    statements
} while (condition); // semicolon is required here
```

圖 4.9 的程式利用一個 **do…while** 敘述式來印出從 1 到 10 的整數。我們選擇在迴圈繼續條件的檢驗時前置遞增控制變數 **counter**（第 11 行）。

```c
1   // Fig. 4.9: fig04_09.c
2   // Using the do...while iteration statement
3   #include <stdio.h>
4
5   int main(void)
6   {
7       unsigned int counter = 1;
8
9       do {
10          printf("%u  ", counter);
11      } while (++counter <= 10);
12  }
```

```
1  2  3  4  5  6  7  8  9  10
```

圖 4.9　**do…while** 循環敘述式的使用範例

do…while 敘述式流程圖

圖 4.10 的 **do…while** 敘述式流程圖清楚地指出，迴圈繼續條件在動作執行一次之前是不會檢驗的。

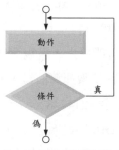

圖 4.10　**do…while** 循環敘述式的流程圖

4.9　break 和 continue 敘述式

break 和 continue 敘述式可以用來改變程式的控制流程。4.7 節示範了 break 如何中斷 switch 敘述式的執行，本節將討論 break 在循環敘述式中如何使用。

break 敘述式

當 break 敘述式在 while、for、do...while 或 switch 敘述式內執行時，會使得程式馬上離開那個敘述式。程式接著由 while、for、do...while 或 switch 敘述式之後的第一個敘述式繼續執行。break 通常用來早點跳離迴圈，或跳過 switch 敘述式中剩下的部分（見圖 4.7）。圖 4.11 示範了 break 敘述式（第 14 行）用在 for 循環敘述式裡的情形。在此程式中，當 if 敘述式偵測到 x 變成 5 的時候，便執行 break。此舉會終止 for 敘述式，程式接著執行的是 for 之後的 printf。迴圈總共完整地執行了 4 次。我們在這個範例中的迴圈之前宣告 x，所以我們可以在迴圈終止之後使用它的最終值。回想一下，當你在一個 for 迴圈的 initialization 運算式中宣告控制變數時，迴圈終止之後變數就不再存在。

```c
1   // Fig. 4.11: fig04_11.c
2   // Using the break statement in a for statement
3   #include <stdio.h>
4
5   int main(void)
6   {
7      unsigned int x; // declared here so it can be used after loop
8
9      // loop 10 times
10     for (x = 1; x <= 10; ++x) {
11
12        // if x is 5, terminate loop
13        if (x == 5) {
14           break; // break loop only if x is 5
15        }
16
17        printf("%u ", x);
18     }
19
20     printf("\nBroke out of loop at x == %u\n", x);
21  }
```

```
1 2 3 4
Broke out of loop at x == 5
```

圖 4.11　在 for 敘述式中使用 break 敘述式

continue 敘述式

當 continue 敘述式在 while、for 或 do...while 敘述式中執行時，控制敘述式本體內尚未執行的敘述式會跳過，而直接執行下一次的迴圈動作。在 while 和 do...while 敘述式中，迴圈繼續條件會在 continue 敘述式執行之後馬上檢驗。而在 for 敘述式中，則會先執行遞增運算式，然後再檢驗迴圈繼續條件。圖 4.12 的程式在 for 敘述式中使用了一個 continue 敘述式（第 12 行），來跳過敘述式中的 printf 敘述式，然後繼續下一次的迴圈動作。

```
1   // Fig. 4.12: fig04_12.c
2   // Using the continue statement in a for statement
3   #include <stdio.h>
4
5   int main(void)
6   {
7      // loop 10 times
8      for (unsigned int x = 1; x <= 10; ++x) {
9
10        // if x is 5, continue with next iteration of loop
11        if (x == 5) {
12           continue; // skip remaining code in loop body
13        }
14
15        printf("%u ", x); // display value of x
16     }
17
18     puts("\nUsed continue to skip printing the value 5");
19  }
```

```
1 2 3 4 6 7 8 9 10
Used continue to skip printing the value 5
```

圖 4.12　在 for 敘述式中使用 continue 敘述式

軟體工程的觀點 4.3

某些程式設計師覺得 **break** 和 **continue** 違反結構化程式設計的規範。我們很快就會討論到，因為這些敘述式的效果可以由結構化程式設計技術取代，所以這些程式設計師不使用 **break** 和 **continue**。

增進效能的小技巧 4.1

當正確地使用 **break** 和 **continue** 敘述式時，其執行速度會比相應功能的結構化技巧來得快（我們很快會學到這些技巧）。

軟體工程的觀點 4.4

在獲取良好軟體工程品質和最佳執行效率之間，常存在著矛盾。通常是魚與熊掌不可兼得。在大多數要求效率的情況下，請遵守以下原則：先求程式碼簡單正確，若有需要再求小巧快速。

4.10　邏輯運算子

到目前為止，我們已介紹過簡單的條件式（simple conditions），如 **counter <= 10**、**total > 1000** 和 **number != sentinelValue** 等。這些條件式都是以關係運算子>、<、>=和<=以及相等運算子==和!=所寫成的。每一個判斷式都只檢驗一項條件。如果我們想要檢驗多重條件以進行判斷的話，我們便必須以數個敘述式或巢狀的 **if**（或 **if…else**）敘述式，來執行這些條件的檢驗。C 提供了邏輯運算子（logical operator），可以將數個簡單條件式組合成一

個較複雜的條件式。邏輯運算子包括了**&&**（**邏輯 AND**）、**||**（**邏輯 OR**）和**!**（**邏輯 NOT，也稱為邏輯否定**）。我們將來看看每一個運算子的例子。

邏輯 AND 運算子（&&）

如果我們希望在**兩種**條件都為真的情況下，才執行某項動作，則我們可以用邏輯運算子**&&**，如下所示：

```
if (gender == 1 && age >= 65) {
    ++seniorFemales;
}
```

這個 **if** 敘述式包含了兩個簡單的條件式。條件式 **gender == 1**（例如用來判斷某人是否為女性）和條件式 **age >= 65**（例如用來判斷某人是否為年長者）。這兩個簡單的條件式會先執行，因為**==**和**>=**的優先順序均比**&&**高。接下來，**if** 敘述式會考慮 **gender == 1 && age >= 65** 這個複合條件，只有在兩個簡單條件都為真時才是真。最後，如果此複合條件確實為真的話，便將 **seniorFemales** 的值遞增 1。如果簡單條件有一個（或兩個都是）為偽的話，程式便會跳過遞增的動作，然後從 **if** 之後的第一個敘述式繼續執行。

　　圖 4.13 的表列出了**&&運算子**的行為特性。表中列出了運算式 1 和運算式 2 之零（false）與非零（true）值的四種可能組合。這種表通常稱為**真值表**（truth table）。C 會將所有的運算式（含有關係運算子、相等運算子和／或邏輯運算子）計算成 0 或 1。雖然 C 將真值設為 1，不過**任何**不為零的值都可接受當成真。

運算式 1	運算式 2	運算式 1 && 運算式 2
0	0	0
0	非零	0
非零	0	0
非零	非零	1

圖 4.13　&&（邏輯 AND）運算子的真值表

邏輯 OR 運算子（||）

現在讓我們來看看**||**（邏輯 OR）運算子。如果我們希望程式在任一個或兩種條件皆為真的情況下，執行某項動作，這時候，我們可以運用**||**運算子，如下列的程式片段所示：

```
if (semesterAverage >= 90 || finalExam >= 90) {
    puts("Student grade is A");
}
```

此敘述式也包含了兩個簡單條件。條件 `semesterAverage >= 90` 用來決定學生是不是因一整個學期的學習成果可以得到「A」。而條件 `finalExam >= 90` 則用來決定學生是不是因期末考的表現出色而得到「A」。接下來 `if` 敘述式會考慮下面的複合條件

```
semesterAverage >= 90 || finalExam >= 90
```

如果這兩個簡單條件中任一個（或兩個都是）為真的話，就將這個學生的成績評定為「A」，只有在兩個簡單條件式的計算值皆為偽（0）時才不會印出"Student grade is A"訊息。圖 4.14 列出了邏輯 OR 運算子（||）的真值表。

運算式 1	運算式 2	運算式 1 || 運算式 2
0	0	0
0	非零	1
非零	0	1
非零	非零	1

圖 4.14　邏輯 OR（||）運算子的真值表

捷徑計算

&&運算子的運算優先順序比||高。這兩個運算子均由左至右結合。一個含有&&或||運算子的運算式會一直執行，直到真或偽成立為止。因此，下列條件

```
gender == 1 && age >= 65
```

的執行在發現 `gender` 不等於 1 時停止（此時整個條件便為偽），而當 `gender` 等於 1 時繼續下去（如果 `age >= 65` 也為真的話，整個條件就為真）。這種計算邏輯 AND 和邏輯 OR 運算式的方式稱為**捷徑計算**（short-circuit evaluation）。

增進效能的小技巧 4.2

在使用&&運算子的運算式裡，請將最有可能為偽的條件放在複合條件的最左邊。而在使用||運算子的運算式裡，則請將最有可能為真的條件放在最左邊。如此可節省程式的執行時間。

邏輯否定運算子！

C 提供了！（邏輯否定）運算子，讓你將條件的意義「反過來」解釋。它不像&&和||運算子結合了兩個條件式（因此是二元運算子），邏輯否定運算子只有一個條件當成運算元（因此是個一元運算子）。當我們想讓程式在某個條件為偽時執行某項動作，便可在此條件之前加一個邏輯否定運算子，如下面的程式片段：

```
if (!(grade == sentinelValue)) {
    printf("The next grade is %f\n", grade);
}
```

包圍條件 **grade == sentinelValue** 的小括號是必須的，因為邏輯否定運算子的運算優先順序比相等運算子高。圖 4.15 所列為邏輯否定運算子的真值表。

運算式	! 運算式
0	1
非零	0

圖 4.15　!（邏輯否定）運算子的真值表

在大多數情況下，程式設計師可改用更恰當的關係運算子，來避免使用邏輯否定運算子執行運算。例如，上述的程式片段可改寫如下：

```
if (grade != sentinelValue) {
    printf("The next grade is %f\n", grade);
}
```

總結運算子的運算優先順序和結合性

圖 4.16 列出了到目前為止，我們所介紹過之運算子的運算優先順序和結合性。運算子的運算優先順序是由表格的上方逐次往下遞減。

運算子	結合性	形式
++（後置）　--（後置）	由右至左	後置
+　-　!　++（前置）--（前置）　(*type*)	由右至左	單元性
*　/　%	由左至右	乘法
+　-	由左至右	加法
<　<=　>　>=	由左至右	關係
==　!=	由左至右	相等
&&	由左至右	邏輯 AND
||	由左至右	邏輯 OR
?:	由右至左	條件
=　+=　-=　*=　/=　%=	由右至左	指定
,	由左至右	逗號

圖 4.16　運算子的運算優先順序以及結合性

資料型態_Bool

C 標準包含了**布林（boolean）資料型態**，用關鍵字**_Bool** 來代表，可以用來表示值盡可能為 0 或 1。還記得 C 語言規定用零值和非零值表示真偽。零值在條件式視為偽，任何非零的值則視為真。賦非零值於**_Bool** 數等於設為 1。此外，標準也在標頭檔**<stdbool.h>**中定義了 **bool** 作為**_Bool** 型態的簡寫，並用 **true** 和 **false** 分別表示 1 和 0。在前置處理器階段，**bool** 的 **true** 和 **false** 會被取代為**_Bool** 的 1 和 0。E.4 節用 **bool** 的 **true** 和 **false** 作為例子，該範例還使用了程式設計師自訂函式，我們會在第 5 章介紹到這個概念。你可以現在先研究這個範例，但也可以在讀完第 5 章後再看一次。

4.11　相等運算子（==）和指定運算子（=）常見的混淆

不管是有沒有經驗的 C 程式設計師，都很容易犯一種錯誤。我們覺得有必要用一個章節來討論這種錯誤。這種錯誤就是：不小心地混用==（相等）運算子和=（指定）運算子。這種混用為什麼這麼危險呢？原因在於它通常不會造成編譯錯誤。含有這種錯誤的敘述式通常可正確地編譯，讓程式順利通過編譯時期，但程式執行的結果卻可能會因執行時的邏輯錯誤而不正確。

引起這個問題的原因來自於 C 的兩項特性。第一，可以產生值的任何運算式，都可使用在任何控制敘述式的判斷部分裡。如果值是零，便當作偽。如果值不是零，則視為真。第二，C 的指定動作會產生值，此值便是指定給指定運算子左邊之變數的值。

舉例來說，假設我們想要寫的是

```
if (payCode == 4) {
    printf("%s", "You get a bonus!");
}
```

但卻不小心寫成

```
if (payCode = 4) {
    printf("%s", "You get a bonus!");
}
```

第一個 **if** 敘述式會在 paycode 等於 4 的時候，正確地印出**"You get a bonus!"**這個訊息。第二個 **if** 敘述式是一道有錯的敘述式，它會執行 **if** 條件裡的指定運算式。這個運算式是個簡單的指定動作，其值為常數 4。因為任何非零的數值都會解釋為「真」，因此 **if** 敘述式的條件將永遠為真，所以它的問題不只是 **PayCode** 在無意間被設為常數 **4**，且不管那個人實際的 payCode 是多少，都會拿到獎金！

常見的程式設計錯誤 4.5

使用==運算子進行指定動作，或是使用=運算子來做相等的比較是邏輯錯誤。

lvalues 與 rvalues

當我們在撰寫條件式時，最好將變數名稱寫在左邊，而將常數寫在右邊，如 x == 7。如果將這個習慣改成常數在左邊，變數在右邊，也就是 7 == x 的話，當你不小心將 == 運算子誤寫成 = 時，編譯器便會將這個錯誤找出來。編譯器會認為這是一個語法錯誤，因為只有變數名稱才能放在指定運算子的左邊。這樣子可避免因不小心所造成的執行時期邏輯錯誤。

變數名稱是個 lvalue（"left value"，即左邊數值），因為他們可放在指定運算子的左邊。常數是個 rvalue（"right value"，即右邊數值），因為他們只能放在指定運算子的右邊。lvalues 也可以用作 rvalues，但反過來則不行。

 測試和除錯的小技巧 4.8

當比較相等性的運算式中有一個變數和一個常數（如 x == 1）時，你最好將常數寫在左邊，而將變數寫在右邊（如 1 == x）。如此可避免因不小心將==寫成=時所引起的邏輯錯誤。

在獨立敘述式中容易混淆的==與=

另外一種情況是將=誤寫成==。假設原先你想要把一個值設定給變數，如下列的簡單敘述式：

```
x = 1;
```

卻不小心地寫成

```
x == 1;
```

同樣地，這也不是個語法錯誤。編譯器只會把它當成是一個條件運算式。如果 x 等於 1 的話，則此條件為真並且運算式會傳回值1。如果 x 不等於 1，則此條件為偽，而運算式會傳回值0。但不論傳回什麼數值，由於這裡沒有指定運算子，數值就只是消失了。因此 x 的值不會改變，這可能會造成一個執行時期的邏輯錯誤。很不幸的，我們並沒有什麼法寶可以幫助你解決這個問題。不過，有許多編譯器會對這樣的敘述式提出警告。

 測試和除錯的小技巧 4.9

在寫完程式之後，利用文字搜尋功能搜尋所有文字中的=，並檢查=是否正確使用。這麼做可以讓你預防不易發現的錯誤。

4.12　結構化程式設計總整理

正如建築師設計建築物時是匯聚了許多人的智慧，程式設計師設計程式也是一樣。但我們的領域和建築界比起來實在是太年輕了，因此我們所匯聚的智慧便不夠博大精深。過去八十年來我們已學習了許多有關程式設計的方法。其中最重要的，莫過於我們學習到了結構化程式設計可以生產出比非結構化程式設計法的作品更容易了解，更容易測試偵錯及修改，而且在數學上也證實是正確的程式。

　　第 3 和第 4 章討論了有關 C 語言的控制敘述式。我們針對每一種敘述式詳細地講解，以流程圖表示，並以一些例子來加以說明。現在我們在這裡為第 3 和第 4 章做了一個總整理，並為結構化程式的格式和特性導出一組簡單的規則來。

　　圖 4.17 是第 3 和第 4 章所討論之控制敘述式的總整理。圖中的小圓形代表每一控制敘述式的單一入口和單一出口。任意地連接個別的流程圖符號可能會導致非結構化的程式。因此，程式設計的風格應以組合流程圖符號來構成限定的一些控制敘述式，並以兩種簡單的方式正確地組合控制敘述式來建構出結構化程式。簡而言之，僅使用單一入口／單一出口的控制敘述式，也就是說，每個控制敘述式只有一個方式能夠進入，也只有一個方式能夠離開。循序地連接控制敘述式以形成結構化程式是很簡單的：某一控制敘述式的出口點直接連到另一控制敘述式的入口點，亦即在程式中一個接一個地放置控制敘述式；這種方式稱為「控制敘述式的堆疊」。此外，控制敘述式也可以是巢狀的。

　　圖 4.18 列出了正確建構結構化程式的規則。這些規則假設矩形的流程圖符號可以用來表示任何的動作，包括輸入／輸出在內。圖 4.19 為最簡單的流程圖。

　　運用圖 4.18 的規則一定能夠讓我們得到一張整齊的、區塊狀的結構化流程圖。例如，將規則 2 重複地運用到最簡單的流程圖（圖 4.19）身上，將可得到一張含有許多循序排列之矩形的結構化流程圖（圖 4.20）。規則 2 產生了控制敘述式的堆疊，因此，我們稱之為**堆疊規則**（stacking rule）。

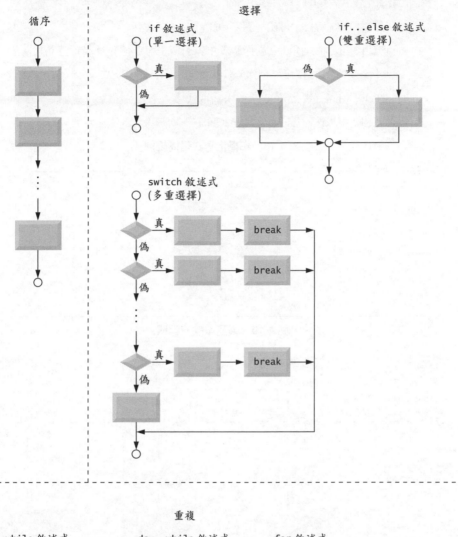

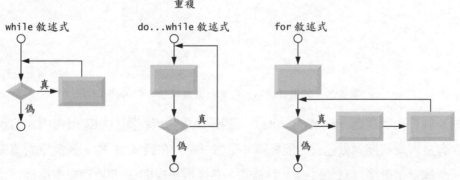

圖 4.17　C 的單一入口／單一出口之循序，選擇和循環敘述式

形成結構化程式的規則

1. 從「最簡單的流程圖」開始（圖 4.19）。

2. （「堆疊」規則）任何矩形（動作）都可以被兩個矩形（動作）依順序替換。

3. （「巢狀」規則）任何矩形（動作）都可以被任何控制敘述式（序列、if、if ... else、switch、while、do...while 或 for）所取代。

4. 規則 2 和 3 可以按照你的喜好以任何順序經常使用。

圖 4.18　結構化程式建構規則

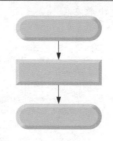

圖 4.19　最簡單的流程圖

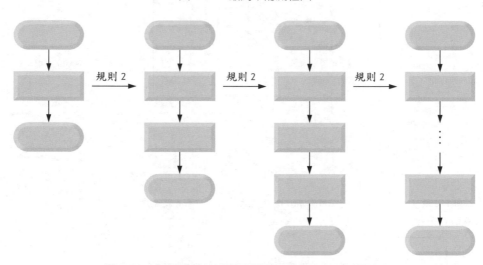

圖 4.20　對最簡單的流程圖循環運用圖 4.18 的規則 2

　　規則 3 稱為**巢狀規則**（nesting rule）。對最簡單的流程圖重複運用規則 3 的話，將可得到一張含有整齊巢狀控制敘述式的流程圖。舉例來說，在圖 4.21 中，最簡單的流程圖的矩形首先換成一個雙重選擇（**if...else**）敘述式。然後再將規則 3 運用到雙重選擇敘述式的兩個矩形身上，以雙重選擇敘述式換掉了每一個矩形。圖中用虛線包起來的雙重選擇敘述式代表矩形替換掉的部分。

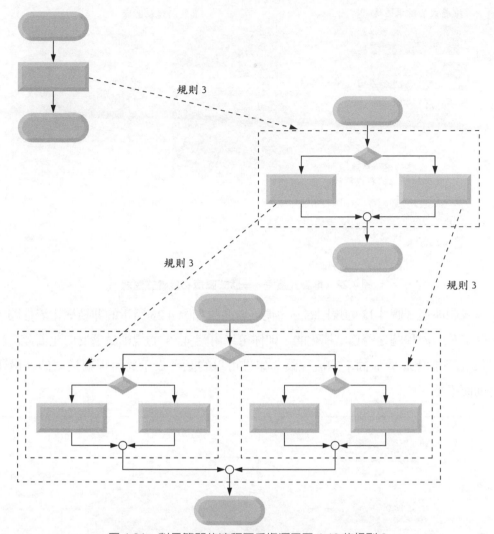

圖 4.21　對最簡單的流程圖重複運用圖 4.18 的規則 3

　　圖 4.18 的規則 4 可產生更大、更複雜且更深的巢狀敘述式。運用此規則所畫出的流程圖可包含任何可能的結構化流程圖，亦即包含了所有可能的結構化程式。

　　由於我們希望消除 goto 敘述式，因此這些建構用的區塊彼此不會有重疊的現象發生。結構化方法最漂亮的地方在於它只使用數種簡單的單一入口／單一出口的零件，而且只能以兩種簡單的方式來組合這些零件。圖 4.22 所示為運用規則 2 所得到的堆疊式建構區塊，和運用規則 3 所得到的巢狀式建構區塊。另外，此圖也顯示了「不能」出現在結構化流程圖中的重疊式建構區塊（因為結構化方法去除了 goto 敘述式）。

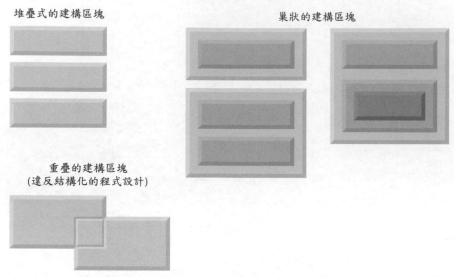

圖 4.22　堆疊式區塊、巢狀式區塊和重疊式區塊

如果我們能遵守圖 4.18 的規則的話,便不會產生如圖 4.23 所示的非結構化流程圖。如果你無法確定某個流程圖是否為結構化的,則你可以用圖 4.18 的規則試著反向化簡此流程圖,看它最後能不能化簡成最簡單的流程圖。如果可以的話,表示此流程圖是一個結構化流程圖,否則便不是。

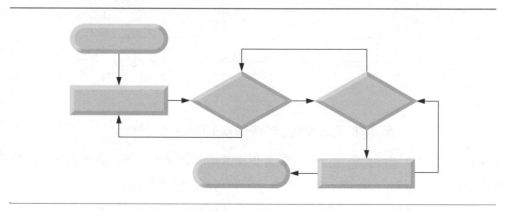

圖 4.23　非結構化流程圖

結構化程式設計促成了程式的簡單化。Bohm 和 Jacopini 的研究指出,任何程式都只需下列三種控制格式:

- 循序
- 選擇
- 循環

其中循序是很自然的一種。選擇可以用下列三種方式來製作：

- **if** 敘述式（單一選擇）
- **if…else** 敘述式（雙重選擇）
- **switch** 敘述式（多重選擇）

我們可以很直觀地證明，只需簡單的 **if** 敘述式便能提供任何形式的選擇　—任何以 **if…else** 敘述式和 **switch** 敘述式所表示的事物，都能用一個或多個 **if** 敘述式來取代。

循環是以下列三種方式中的一個來製作：

- **while** 敘述式
- **do…while** 敘述式
- **for** 敘述式

事實上 **while** 敘述式已足以提供任何形式的循環。任何以 **do…while** 和 **for** 敘述式所表示的事物，均能用 **while** 敘述式來取代。

綜合以上所述，我們可得到以下的結論。C 程式中所需要的任何形式的控制，都可以由下列三種控制格式來達成：

- 循序
- **if** 敘述式（選擇）
- **while** 敘述式（循環）

而且這些控制敘述式只能以兩種方式組合——堆疊和巢狀。因此，結構化程式設計確實促進了簡單化。

在第 3 和第 4 章裡，我們討論了如何用含有動作和判斷的控制敘述式來組成程式。第 5 章我們將介紹另一種稱為函式（function）的程式結構化單元。我們將學習如何將控制敘述式組合成函式，以及如何將函式組合成更大的程式。此外，我們也將討論如何利用函式來提升軟體的再使用性。

4.13　安全的 C 程式開發

檢查 **scanf** 函式回傳值

圖 4.6 使用了數學函式庫中的 **pow** 函式，計算了第一個參數的值以第二個參數當作指數，將結果以資料型態 **double** 的值回傳。整個計算的結果在敘述式裡稱為 **pow**。

許多函式用回傳值來表示執行是否成功。例如 **scanf** 函式回傳一個 **int** 來表示輸入的動作是否成功。倘若輸入有錯，**scanf** 會回傳 **EOF**（定義於 **<stdio.h>**），否則會回傳讀到項目的個數，若此數與你希望他讀的個數不符，那麼表示 **scanf** 沒有完成輸入的操作。

思考下圖 3.6 的敘述式：

```
scanf("%d", &grade); // read grade from user
```

它預期會讀入一個 **int** 值。若使用者輸入一個整數，**scanf** 回傳 **1** 表示確實讀到一個值。若使用者輸入一個字串，例如 **"hello"**，**scanf** 回傳 **0**，表示讀到的輸入值無法視為一個整數。在本例中，變數 **grade** 就不會收到值。

scanf 函式也可以讀入多個輸入，例如

```
scanf("%d%d", &number1, &number2); // read two integers
```

若輸入成功，**scanf** 會回傳 **2** 表示讀到兩個值。若使用者在第一個值輸入字串，**scanf** 會回傳 **0**，且 **number1** 與 **number2** 都不會收到值。若使用者先輸入一個數字，再輸入字串，**scanf** 會回傳 **1**，且只有 **number1** 會收到值。

測試和除錯的小技巧 4.10

為了使你的輸入程序更加健全，請檢查 **scanf** 的回傳值，以確保讀取的輸入數量與預期的輸入數量相符。否則，你的程式會使用變數的值，好像 **scanf** 成功完成了一樣。這可能會導致邏輯錯誤、程式崩解或攻擊。

範圍檢查

scanf 即使執行完成，讀入的值可能是無用的。例如成績的範圍通常是整數 0 到 100，當程式要輸入成績時，你必須用範圍檢查(range checking)來驗證成績，以保證值都是從 0 到 100，你可以在該值超出範圍的時候要求使用者重新輸入。如果一個程式需要輸入特定範圍的值（例如非序列的產品碼），你可以確保每個輸入值都在範圍內。若想知道更多，請見 Secure Coding in C and C++, 2/e（Robert Seacord 著）的第 5 章「整數安全（Integer Security）」。

摘要

4.2　循環的基本概念

- 大部分的程式都包含了循環的動作或是迴圈（looping）。迴圈是指當某一個迴圈繼續條件式（loop-continuation condition）為真時，電腦會重複執行的一群指令。
- 因為計數器控制的循環在迴圈開始執行之前就已經知道循環的次數，所以有時候將它稱為明確循環（definite iteration）。
- 警示值控制的循環有時稱為非明確循環（indefinite iteration），因為我們事先並不知道迴圈需循環執行多少次。這種迴圈會包含一個每次迴圈執行時都會讀取資料的敘述式。

- 在計數器控制的循環當中，必須使用控制變數（control variable）來計算循環的次數。每次這群指令執行之後，就會遞增（或是遞減）控制變數。當控制變數的值顯示已經執行了正確的循環次數時，就會結束此迴圈，程式會繼續執行循環敘述式之後的敘述式。
- 警示值表示「資料結束」。警示值會在所有正式的資料項都輸入之後，才會輸入到程式當中。警示值必須與其他正式的資料項不同。

4.3　計數器控制的循環

- 計數器控制的循環需要有：控制變數（或迴圈計數器）的名稱、控制變數的初始值（initial value）、每一次迴圈執行的時候控制變數的遞增（或遞減）量、判斷控制變數是否是終止值（final value）的條件式（也就是檢查迴圈是否會繼續）。

4.4　for 循環敘述式

- **for** 循環敘述式會處理計數器控制式循環的所有細節。
- 當 **for** 敘述式開始執行時，控制變數的值會初始化。然後檢查迴圈繼續條件式。假如條件為真，則迴圈本體會執行。接著控制變數會遞增，然後迴圈會再次開始，並檢查迴圈繼續條件式。這個過程會持續直到迴圈繼續條件式的值變成偽。
- **for** 敘述式的一般格式如下

  for *(initialization; condition; increment) {*

  　　statements

  }

  其中的 *initialization* 運算式為控制變數指定初始值（以及可能的定義），*condition* 運算式是迴圈繼續條件式，而 *increment* 運算式則會遞增控制變數。
- 逗號運算子（comma operators）確保這一連串的運算式會由左到右執行運算。運算式的值是由最右邊的運算式來決定。
- **for** 敘述式裡的三個運算式都是可有可無的。如果我們省略了 *condition* 運算式的話，則 C 會認為控制條件永遠為真，因而建立一個無窮迴圈。如果控制變數已在程式迴圈之前的其他位置設定好了初始值，則我們可以省略 *initialization* 運算式。如果遞增動作在 **for** 迴圈本體內的敘述式當中執行，或是不需要遞增動作，則 *increment* 運算式便可省略。
- **for** 敘述式當中的遞增運算式就像是位在 **for** 迴圈本體結尾的一行 C 獨立敘述式。
- **for** 敘述式中的兩個分號是不能省略的。

4.5　for 敘述式:要注意的事項以及提示

- 初始值指定、迴圈繼續條件和遞增的部分都可以包含算術運算式。
- 遞增量可以是負的（在這種情況下實際上是為遞減，亦即迴圈是往下計數的）。

- 如果迴圈繼續條件一開始為偽，則迴圈的本體部分將不會執行。程式接著會由 **for** 敘述式之後的第一個敘述式開始執行。

4.6　使用 **for** 敘述式的例子

- **pow** 函式可執行指數運算。函式 **pow (x, y)** 會計算出 **x** 之 **y** 次方的值。它的兩個引數的型別都是 **double**，其傳回值的型別也是 **double**。

- **double** 型別是種類似 **float** 的浮點數型別，不過 **double** 可以表示的值以及精準度要比 **float** 大很多。

- 當我們使用類似 **pow** 這樣的數學函式時，應該將標頭檔 **<math.h>** 含括進來。

- 轉換指定詞 **%21.2f** 表示，在顯示浮點數時，會在寬度為 21 個字元的欄位內靠右對齊（right justified），且精準度到小數點後兩位。

- 若我們在值的欄位想要靠左對齊（left justify）的話，只要在%和欄位寬度之間加一個負號（-）即可。

4.7　**switch** 多重選擇敘述式

- 有時候演算法可能需要進行一連串的判斷，來檢驗某一變數或運算式是否為數個常數整數值中的一個，並針對不同情況採取不同的動作，這就稱為多重選擇。C 提供了 **switch** 敘述式來處理這類型的判斷。

- **switch** 敘述式包含了一連串的 **case** 標籤，一個可有可無的 **default case**，以及每個 **case** 對應的一組可執行敘述式。

- **getchar** 函式（來自標準輸入／輸出函式庫）從鍵盤讀取並回傳一個代表字元的 **int** 值。

- 字元通常是存到 **char** 型別的變數中。字元可以存在任何的整數資料型別中，因為在電腦裡，字元是表示為長度為一個位元組的整數。因此我們可視需要將字元當成一個整數或是一個字元。

- 目前大多數的電腦都使用 ASCII（美國標準資訊交換碼，American Standard Code for Information Interchange）字元集，而在此字元集中，97 便代表了小寫字母 **'a'**。

- 字元可以在 **scanf** 裡用轉換指定詞%c 讀進來。

- 整個指定運算式也具有值，就是指定給等號左邊之變數的值。

- 指定敘述式具有值這項事實，對我們將數個變數設為同一個值是很有用的，例如 **a = b = c = 0;**。

- **EOF** 常拿來當作警示值。**EOF** 是定義在 **<stdio.h>** 裡的一個整數常數。

- 在 Linux/UNIX 系統中，**EOF** 的輸入是在鍵盤上鍵入<Ctrl> d。而在其他系統，如微軟公司的 Windows 裡，**EOF** 的輸入是鍵入<Ctrl> z。

- 在關鍵字 **switch** 之後是用小括號包起來的控制運算式。這個運算式的值會拿來與每一個 **case** 標籤（**case** labels）比較。如果找到一個符合要求的 **case**，則此 **case** 的敘述式就會執行。如果找不到符合的 **case**，將會執行 **default** case。

- **break** 敘述式會控制程式從 **switch** 敘述式之後的第一個敘述式繼續執行。**break** 敘述式可避免 **switch** 當中的 **case** 敘述式們一起執行。

- 每一個 **case** 可以有一個或一個以上的動作。**switch** 敘述式不同於其他的控制敘述式，它並不需為某一 **case** 裡的數個動作加上大括號。

- 請注意當數個 **case** 標籤列在一起時，只是表示他們之中任何一個 **case** 發生時，都會進行同樣的一組動作。

- 請記住，**switch** 敘述式只能檢驗常數整數的運算式（即任何字元常數和整數常數所組合成的運算式，其值也是個常數整數）。字元常數可以表示成字元放在單引號中，如 **'A'**。字元必須放在單引號裡才會當作是字元常數。而整數常數則是一般的整數值。

- 除了整數型別 **int** 和 **char** 型別之外，C 還提供了 **short int**（簡寫成 **short**）和 **long int**（簡寫成 long）型別，還有 **unsigned** 型別表示所有的整數型別。C 標準規定了每種整數型別值的最小範圍，但實際範圍可能更大，需視實作而定。**Short int** 整數值的最小範圍為－32767 到+32767。**long int** 的最小範圍為－2147483647 到+2147483647。**int** 的範圍至少要跟 **short int** 的範圍相同，而最多不可超過 **long int** 的範圍。在現今許多平台上，**int** 和 **long int** 表示同樣的值的範圍。至於 **signed char** 型別則可以用來表示－127 到+127 之間的整數，或者電腦字元集中的任何一個字元。C 標準文件的 5.2.4.2 節有完整的有號（**signed**）及無號（**unsigned**）整數型別的範圍。

4.8　do...while 循環敘述式

- 而 **do...while** 敘述式則在迴圈本體執行之後才檢驗迴圈繼續條件式。因此，迴圈本體至少會執行一次。當 **do...while** 終止時，程式由 **while** 子句之後的第一個敘述式繼續執行。

4.9　break 和 continue 敘述式

- 當 **break** 敘述式在 **while**、**for**、**do...while** 或 **switch** 敘述式內執行時，會使得程式馬上離開那個敘述式。程式接著由敘述式之後的第一個敘述式繼續執行。

- 當 **continue** 敘述式在 **while**、**for** 或 **do...while** 敘述式中執行時，敘述式本體內尚未執行的敘述式會跳過，而直接執行下一次的迴圈動作。在 **while** 和 **do...while** 敘述式中，迴圈繼續條件會在 **continue** 敘述式執行之後馬上檢驗。而在 **for** 敘述式中，則會先執行遞增運算式，然後再檢驗迴圈繼續條件。

4.10　邏輯運算子

- 邏輯運算子可以將數則簡單的條件結合成較複雜的條件式。邏輯運算子包括了&&（邏輯 AND）、||（邏輯 OR）和!（邏輯 NOT，或邏輯否定）。

- 含有&&（邏輯 AND）運算子的條件式只有在兩個簡單條件都為真時才是真。

- C 會將所有的運算式（含有關係運算子、相等運算子和／或邏輯運算子）計算成 0 或 1。雖然 C 將真值設為 1，不過，只要是不為零的值都可接受當成真。

● 含有‖（邏輯 OR）運算子的條件式在兩個簡單條件中的任一個或兩者皆為真時是真。

● &&運算子的運算優先順序比‖高。這兩個運算子均由左至右結合。

● 一個含有&&或‖的運算式會一直執行，直到真或偽成立為止。

● C 提供了！（邏輯否定）運算子，讓你將條件的意義「反過來」解釋。它不像&&和‖二元運算子結合了兩個條件式，一元的邏輯否定運算子只有一個條件式當成運算元。

● 當我們想讓程式在某個條件（不含邏輯否定運算子）為偽時執行某項動作，便可在此條件之前加一個邏輯否定運算子。

● 在大多數情況下，程式設計師可改用更恰當的關係運算子來撰寫條件式，避免使用邏輯否定運算子。

4.11　相等運算子（==）和指定運算子（=）常見的混淆

● 程式設計師都很容易犯一種錯誤：不小心地混用==（相等）運算子和=（指定）運算子。這種混用為什麼這麼危險呢？原因在於它通常不會造成語法錯誤。含有這種錯誤的程式通常可正確地編譯，但程式執行的結果卻可能會因執行時期的邏輯錯誤而不正確。

● 你在撰寫條件式時，通常會將變數名稱寫在左邊，常數寫在右邊，如 x == 7。如果將這個習慣改成常數在左邊，變數在右邊，也就是 7 == x 的話，當你不小心將==誤寫成=時，編譯器便會將這個錯誤找出來。編譯器會認為這是一個語法錯誤，因為只有變數名稱才能放在指定運算子的左邊。

● 變數名稱是個 lvalues（「left values」，即左邊數值），因為他們可放在指定運算子的左邊。

● 常數是一個 rvalues（「right values」，即右邊數值），因為他們只能放在指定運算子的右邊。**lvalues** 也可以用來當作 **rvalues**，但反過來則不行。

自我測驗

4.1　填充題

　　a)　計數器控制式循環又稱為＿＿＿＿循環，因為事先知道迴圈重複執行的次數。

　　b)　警示值控制式循環又稱為＿＿＿＿循環，因為事先並不知道迴圈重複執行的次數。

　　c)　在計數器控制式循環裡，用一個＿＿＿＿來計算一組指令必須重複執行的次數。

　　d)　＿＿＿＿敘述式在循環敘述式裡執行時，會使得下一次的迴圈動作立即執行。

　　e)　＿＿＿＿敘述式在循環敘述式或 **switch** 裡執行時，會使得程式立即跳離該敘述式。

　　f)　＿＿＿＿可以用來檢驗某個指定的變數或運算式，看看它是否為數個常數整數值之一。

4.2　是非題。如果答案為非，請解釋其原因。

　　a)　**switch** 選擇敘述式中一定要有 **default case**。

　　b)　**switch** 選擇敘述式的 **default case** 中，一定要含有 break 敘述式。

　　c)　當 x > y 為真或 a < b 為真時，運算式（x > y && a < b）將為真。

　　d)　當它的運算元中有一個（或全部）為真時，含有‖運算子的運算式將為真。

4.3 撰寫一個（或一組）C 敘述式，來完成下列每一項工作。

　　a)　利用 **for** 敘述式求 1 到 99 之間奇數之和。假設我們已宣告了無號數整數變數 **sum** 和 **count**。

　　b)　分別以精準度 1、2、3、4、5，將 **333.546372** 印在 15 個字元的欄位裡，靠左輸出。列印出來的 5 個數值會是什麼？

　　c)　利用 **pow** 函式計算 **2.5** 的 3 次方之值。用精確度 **2** 將此值印在 **10** 位的欄位裡。印出來的值為何呢？

　　d)　利用 **while** 迴圈和計數器變數 **x**，印出從 1 到 20 的整數，每行只印 5 個整數。（提示：利用 **x % 5**，當此計算結果為 0 時，便印出一個換行字元，否則印出一個 tab 字元。）

　　e)　利用 **for** 敘述式重複 4.3 (d)的題目。

4.4 找出以下每一段程式碼片段的錯誤，並且說明要如何更正。

　　a)
```
x = 1;
while (x <= 10);
    ++x;
}
```

　　b)
```
for (double y = .1; y != 1.0; y += .1 ){
    printf("%f\n", y);
```

　　c)
```
switch (n) {
    case 1:
        puts("The number is 1 ");
    case 2:
        puts("The number is 2 ");
        break;
    default:
        puts("The number is not 1 or 2 ");
        break;
}
```

　　d)　下面的程式會印出 1 到 10 的整數。

```
n = 1;
while (n < 10){
    printf("%d ", n++);
}
```

自我測驗解答

4.1 a) 明確的　b) 非明確的　c) 控制變數或計數器　d) **continue**　e) **break**

　　f) **switch** 選擇敘述式。

4.2 a)　非。不一定要有 **default** case。如不需要 **default** 動作，就不需要 **default** case。

　　b)　非。**break** 敘述式是用來跳離 **switch** 敘述式的。 並不是任何的 case 後面，都需要 **break** 敘述式。

c)　非。當使用&&運算子的時候，兩個關係運算式都必須為真才能讓整個運算式為真。

d)　是。

4.3　a)
```
unsigned int sum = 0;
for (unsigned int count = 1; count <= 99; count += 2) {
   sum += count;
}
```

b)
```
printf("%-15.1f\n", 333.546372); // prints 333.5
printf("%-15.2f\n", 333.546372); // prints 333.55
printf("%-15.3f\n", 333.546372); // prints 333.546
printf("%-15.4f\n", 333.546372); // prints 333.5464
printf("%-15.5f\n", 333.546372); // prints 333.54637
```

c)
```
printf("%10.2f\n", pow(2.5, 3)); // prints 15.63
```

d)
```
unsigned int x = 1;
while (x <= 20) {
   printf("%d", x);
   if (x % 5 == 0) {
      puts("");
   }
   else {
   printf("%s", "\t");
   }
   ++x;
}
```
或是
```
unsigned int x = 1;
while (x <= 20) {
   if (x % 5 == 0) {
      printf("%u\n", x++);
   }
   else {
      printf("%u\t", x++);
   }
}
```
或是
```
unsigned int x = 0;
while (++x <= 20) {
   if (x % 5 == 0) {
      printf("%u\n", x);
   }
   else {
      printf("%u\t", x);
   }
}
```

```
e) for (unsigned int x = 1; x <= 20; ++x) {
       printf("%u", x);
       if (x % 5 == 0) {
           puts("");
       }
       else {
           printf("%s", "\t");
       }
   }
```

或是

```
for (unsigned int x = 1; x <= 20; ++x) {
    if (x % 5 == 0) {
        printf("%u\n", x);
    }
    else {
        printf("%u\t", x);
    }
}
```

4.4 a) 錯誤：跟在 **while** 標頭之後的分號，將造成無窮迴圈。

更正：用 **{** 取代 **;** 或拿掉 **;** 和 **}**。

b) 錯誤：用浮點數控制 **for** 循環敘述式。

更正：使用整數，並且執行能算出正確結果的計算。

```
for (int y = 1; y != 10; ++y ) {
    printf( "%f\n", ( float ) y / 10 );
}
```

c) 錯誤：第一個 **case** 的敘述式之後沒有 **break**。

更正：在第一個 **case** 敘述式的結尾加上 **break** 敘述式。不過本題的錯誤並不一定成立，有時你故意要在 **case 1:** 的敘述式執行之後，執行 **case2:** 的敘述式，因此沒有為 **case 1:** 使用 **break**。

d) 錯誤：在 **while** 循環繼續條件式裡使用了不正確的關係運算子。

更正：用 **<=** 取代 **<**。

習題

4.5 請找出下列各項的錯誤。（請注意：每項的錯誤可能會超過一個。）

a)
```
for (a = 25, a <= 1, a--);
    printf("%d\n", a);
}
```

b) 下列程式碼會印出某個數是奇數或偶數：
```
switch (value) {
```

```
        case (value % 2 == 0):
            puts("Even integer");
        case (value % 2 != 0):
            puts("Odd integer");
    }
```

c）下列程式碼會計算 10 年後遞增的薪資：

```
for (int year = 1; year <= 10; ++year) {
    double salary += salary * 0.05;
}
printf("%4u%21.2f\n", year, salary);
```

d）
```
for (double y = 7.11; y != 7.20; y += .01)
    printf("%7.2f\n", y);
```

e）下列程式碼應該輸出從 1 到 100 中 3 的倍數：

```
for (int x = 3; x <= 100; x%3 == 0; x++ ) {
    printf("%d\n", x);
}
```

f）
```
x = 1;
while ( x <= 10 ) {
    printf("%d\n", x);
}
```

g）下列程式碼應該將 1 到 50 中每個整數的平方數加總（假設 sum 的初始值為 0）。

```
for (x = 1; x == 50; ++x) {
    sum =+ x * x;
}
```

4.6 在下列各項中，控制變數 x 的值將印為多少？

a）
```
for (x = 20; x >= 3; x -= 3) {
    printf("%u\n", x);
}
```

b）
```
for (x = 7; x <= 27; x += 5) {
    printf("%u\n", x);
}
```

c）
```
for (x = 2; x <= 20; x += 4) {
    printf("%u\n", x);
}
```

d）
```
for (x = 30; x >= 15; x -= 6) {
    printf("%u\n", x);
}
```

e）
```
for (x = 22; x >= 2; x -= 5) {
    printf("%d\n", x);
}
```

4.7 為下列各項撰寫一個 **for** 敘述式，來印出各項中的數列：

a)　1, 3, 5, 7, 9, 11, 13

b)　2, 5, 8, 11, 14, 17

c)　30, 20, 10, 0, –10, –20, –30

d)　15, 23, 31, 39, 47, 55

4.8 下面的程式做的事為何？

```
1   #include <stdio.h>
2
3   int main(void)
4   {
5       unsigned int x;
6       unsigned int y;
7
8       // prompt user for input
9       printf("%s", "Enter two unsigned integers in the range 1-20: ");
10      scanf("%u%u", &x, &y); // read values for x and y
11
12      for (unsigned int i = 1; i <= y; ++i) { // count from 1 to y
13
14          for (unsigned int j = 1; j <= x; ++j) { // count from 1 to x
15              printf("%s", "@");
16          }
17
18          puts("");
19      }
20  }
```

4.9 （整數的和和平均數）請撰寫一個會將一連串整數相加並計算其平均數的程式。假定以 **scanf** 所讀取的第一個整數，是用於指出接下來要輸入的數值的個數。你的程式每執行一次 **scanf**，必須只能讀取一個數值。底下是一個輸入列的範例

7 678 234 315 489 536 456 367

其中 7 表示後面共有 7 筆資料要輸入。

4.10 （將攝氏溫度轉換為華氏溫度）編寫一個程式，將溫度從攝氏 30°C 到攝氏 50°C 轉換為華氏溫標。程式應印出一個表格，並列顯示兩種尺度的溫度。（提示：

$$°F = \frac{9}{5}C + 32]$$

4.11 （計算倍數的和）請撰寫一個程式，計算及印出 1 到 100 之間所有 7 的倍數之和。

4.12 （質數）請撰寫一個程式，計算並印出從 1 到 100 之間所有質數。

4.13 （自然數的計算）編寫一個程式，印出從 1 到使用者輸入之任何數字之間的所有自然數的總和、平方和以及立方和。

4.14 （階乘）階乘函式常用在機率問題上。正整數 n 的階乘（寫成 n!，讀作 「n 階乘」）等於從 1 到 n 的正整數的乘積。請撰寫一個程式，計算整數 1 到 5 的階乘。以表格形式印出結果。當你計算 20 的階乘時，可能會遇到哪些困難？

4.15 （修改複利程式）請修改 4.6 節的複利計算程式，分別計算下列各利率值：5%、6%、7%、8%、9% 和 10%。請用一個 **for** 迴圈來控制利率的變化。

4.16 （印出三角形的程式）請為下列各圖形撰寫一個程式，印出每一項中的圖案。請利用 `for` 迴圈來產生圖案。所有的星號(`*`)都必須以格式如 `printf("%s", "*");`之 `printf` 敘述式來列印（所以星號會一個接著一個地印出來）。（提示：最後兩個花樣必須以適當個空格當成開頭。）

```
(A)              (B)                 (C)                 (D)
*                * * * * * * * * *   * * * * * * * * *            *
* *              * * * * * * * *     * * * * * * * *            * *
* * *            * * * * * * *       * * * * * * *            * * *
* * * *          * * * * * *         * * * * * *            * * * *
* * * * *        * * * * *           * * * * *            * * * * *
* * * * * *      * * * *             * * * *            * * * * * *
* * * * * * *    * * *               * * *            * * * * * * *
* * * * * * * *  * *                 * *            * * * * * * * *
* * * * * * * * * *                  *            * * * * * * * * *
```

4.17 （計算信用額度）在不景氣期間，籌措資金變得愈來愈困難了。因此各公司都緊縮他們的信用額度，以避免客戶們積欠過多的金錢。為了因應長期的不景氣，某公司打算將客戶的信用額度削減為一半。若某個客戶原來的信用額度為\$2000 元的話，將變為\$1000 元；若某個客戶原來的信用額度為\$5000 元的話，將變為\$2500 元。請撰寫一個程式來分析本公司三位客戶目前的信用狀況。針對每一個客戶，你有以下資料：

a) 此客戶的帳號。

b) 在不景氣前此客戶的信用額度。

c) 此客戶目前積欠的金額 (即客戶積欠公司的金額)。

你的程式應計算並印出每位客戶新的信用額度，並判斷（及印出）哪一位客戶積欠的金額超出了他的新信用額度。

4.18 （繪製長條圖）電腦的一項有趣的應用，便是用它來繪出統計圖表。請撰寫一個程式讀入 5 個數（都在 1 到 30 之間），並依據所讀入之數的大小，印出一行相同數目的星號。例如，如果程式讀到 7 的話，應會印出`*******`。

4.19 （計算銷售額）某家網路零售商販售五種不同的產品，每一種產品的零售價如下表所示：

產品編號	零售價
1	\$2.98
2	\$4.50
3	\$9.98
4	\$4.49
5	\$6.87

請撰寫一個程式要求會計人員輸入如下的兩個數：

a) 產品編號

b)　一天之內的銷售量

你的程式需要應用 **switch** 敘述式來判斷每一項產品的零售價。此程式須計算並顯示上週賣出產品的總獲利。

4.20　（**真值表**）請在下列的空格中填入 0 或 1，來完成各張真值表。

條件 1	條件 2	條件 1 && 條件 2
0	0	0
0	非零	0
非零	0	——
非零	非零	——

條件 1	條件 2	條件 1 ‖ 條件 2
0	0	0
0	非零	1
非零	0	——
非零	非零	——

條件 1	! 條件 1
0	1
非零	——

4.21　（**ASCII 值**）編寫一個程式來轉換和印出 ASCII 值為 0 到 127 的字元。程式應該每行印出 10 個字元。

4.22　（**平均成績**）請修改圖 4.7 的程式，使它能夠計算全班的平均成績。

4.23　（**計算整數複利**）請修改圖 4.6 的程式，使它只使用整數來計算複利。（提示：用分當成幣值的單位，然後使用除法和餘數運算子把結果「分為」元的部分以及分的部分，中間插入句號。）

4.24　假設 i = 5、j = 7、k = 4、m = -2，下列各敘述式將會印出什麼？

```
a) printf("%d", i == 5);
b) printf("%d", j != 3);
c) printf("%d", i >= 5 && j < 4);
d) printf("%d", !m && k > m);
e) printf("%d", !k || m);
f) printf("%d", k - m < j || 5 - j >= k);
g) printf("%d", j + m <= i && !0);
h) printf("%d", !(j - m));
i) printf("%d", !(k > m));
j) printf("%d", !(j > k));
```

4.25 （十進制、二進制、八進制、和十六進制數字比較表）撰寫一個程式，印出從 1 到 256 的二進制、八進制和十六進制數字的比較表。如果你不熟悉這些數字系統的話，請先參考附錄 C。（注意：你可以用轉換指示詞%o 與%x 使數字分別以八進制和十六進制的方式印出。）

4.26 （計算 π 值）使用下列無窮數列來計算π值

$$\pi = 4 - \frac{4}{3} + \frac{4}{5} - \frac{4}{7} + \frac{4}{9} - \frac{4}{11} + \cdots$$

藉由計算數列的一項、二項、三項和…，求得*π*的近似值，以表格形式列出這些近似值。你用了數列中的幾項才求得 3.14 這個值？ 3.141? 3.1415? 3.14159?

4.27 （畢氏三元數）直角三角形的三邊可以都是整數。構成直角三角形邊長的三個整數稱為畢氏三元數。這三個邊必須滿足以下公式：斜邊的平方等於另外兩邊的平方和。尋找斜邊不大於 500 的所有畢氏三元數的 **side1** 和 **side2**。使用一個三層的巢狀 **for** 迴圈來嘗試所有的可能性。這種計算方式就稱為「暴力法」。許多人認為這不是一個好方法。但是從許多層面來看，這仍是很重要的技巧。首先，電腦的威力以驚人的速度增加，幾年前的電腦需要好幾年或好幾世紀才能算出的問題，現在可能只花幾個小時、幾分鐘，甚至幾秒鐘之內就能算出來。現今的微處理器晶片可以在一秒之內處理十億個指令。其次，在你將來的資訊科學課程中，你會發現還有許多有趣的問題沒有演算法可以解決，只能使用窮舉暴力法。我們在本書中介紹了許多解決問題的方法。我們會在許多有趣的問題上使用暴力法。

4.28 （計算週薪）某家公司支付員工薪水的方式分為：經理人員（領固定的週薪），時薪工（每週工作時數在 40 小時內，以「每小時工資」計算，超過 40 小時的部分，則以「每小時工資的 1.5 倍」計算加班薪資），抽佣金工（週薪為$250 元加上當週銷售金額的 5.7%），和零工（按每週所生產的件數計酬──每位零工只能參與一種產品的生產）。請撰寫一個程式來計算每位員工的週薪。你事先並不知道員工的人數。每一類的員工都有他們自己的薪資代碼：1 代表經理人員、2 代表時薪工、3 代表抽佣金、4 代表零工，請用 **switch** 根據每位員工的薪資代碼算出他們的薪資所得。在 **switch** 裡提示使用者（薪資結算人員）輸入所需之員工工作資料，以根據員工的薪資代碼計算出薪資所得。（注意：你可以在 **scanf** 中使用轉換指示詞%lf 使輸入的數值為 **double** 型別。）

4.29 （De Morgan 定律）在本章中，我們討論了邏輯運算子&&、||和!。De Morgan 定律有時能幫助我們更方便地表示一個邏輯運算式。此定律指出，運算式! (條件 1 && 條件 2)在邏輯上相等於運算式(! 條件 1 ∥ !條件 2)。同樣的，運算式 !(條件 1 || 條件 2)在邏輯上相等於運算式(! 條件 1 &&! 條件 2)。請用 De Morgan 定律寫出下列各項的相等運算式，並撰寫程式來驗證原來的和新的運算式在各種情況下皆相等。

a) `!(x < 5) && !(y >= 7)`
b) `!(a == b) || !(g != 5)`
c) `!((x <= 8) && (y > 4))`
d) `!((i > 4) || (j <= 6))`

4.30 （用 **if…else** 替換 **switch**）請改寫圖 4.7 的程式，將 **switch** 敘述式換成巢狀的 **if…else** 敘述式；請小心正確地處理 **default** case。接著改寫這個新程式，將巢狀的 **if…else** 敘述式換成一連串的 **if** 敘述式；同樣地，請小心正確地處理 **default** case（這裡要比巢狀的 **if…else** 版本難）。本題闡述了 **switch** 的便利特性，以及 **switch** 敘述式可以用單一選擇敘述式來改寫。

4.31 （印出菱形）撰寫一個程式印出如下的菱形。你只能使用 **printf** 敘述式印出一個空白或一個星號。請盡量加大循環的次數（使用巢狀的 **for** 敘述式），並盡量減少 **printf** 敘述式的數目。

```
        *
       ***
      *****
     *******
    *********
     *******
      *****
       ***
        *
```

4.32 （修改菱形列印程式）請修改你在習題 4.31 所寫的程式，使它能讀入一個介於 1 到 19 之間的奇數值，來指定菱形的列數。你的程式也應將正確大小的菱形印出。

4.33 （十進位的羅馬數字等值表）編寫一個程式，印出 1 到 100 之間所有十進位數的羅馬數字等值表。

4.34 描述將 **do…while** 迴圈代換為 **while** 迴圈的過程。而當你想把 **while** 迴圈換成 **do…while** 迴圈時，將會遇到什麼問題？若你必須將 **while** 迴圈換成 **do…while**，你需要什麼額外的控制敘述式呢？又該如何使用才能確保新的程式能執行和原始程式一樣的工作？

4.35 人們經常批評 **break** 敘述式和 **continue** 敘述式的非結構化問題。事實上，**break** 和 **continue** 敘述式可以用結構化敘述式來取代（雖然看起來可能會不太順暢）。請口語化地描述你如何將 **break** 敘述式由迴圈中移除，並以其他具結構性的敘述式來取代。（提示：**break** 敘述式是從迴圈本體內部離開的。另一個方法是讓迴圈繼續條件式的測試失敗。試著在迴圈繼續條件式中增加一個測試，表示「因為具有 **break** 條件為真的情況，必須提早離開迴圈」。）將你所發展的技巧應用到圖 4.11 的程式，為它移除 **break** 敘述式。

4.36 下列的程式片段做些什麼事？

```
 1    int n = 4, a = 1;
 2      int i, c;
 3        for (i = 1; i <= n; i++) {
 4
 5          for (c = 1; c <= i; c++) {
 6
 7              printf("%d", a);
 8              a++;
 9          }
10      printf("\n");
11   }
```

4.37 請口語化地描述你如何將 **continue** 敘述式從程式的迴圈中移除，並以其他具結構性的敘述式來取代。將你所發展的技巧應用到圖 4.12 的程式，為它移除 **continue** 敘述式。

4.38　（"The Twelve Days of Christmas"之歌）寫一個程式，使用循環與 **switch** 敘述式，印出這首歌 "The Twelve Days of Christmas"。每一個 **switch** 敘述式應該用來印出每一天，例如 first（第一天）、 second（第二天）等等。每一個 **switch** 敘述式應該印出每一段曲子剩餘的部分。

4.39　（貨幣數量浮點數的局限性）第 4.6 節針對使用浮點數進行貨幣計算提出警告。嘗試這個實驗：建 立一個值為 **1000000.00** 的浮點變數，接著，向該變數加上文字浮點值 **0.12f**。使用 **printf** 和轉換指定詞 **"%.2f"** 顯示結果。請問，你得到了什麼？

進階習題

4.40　（世界人口成長率）幾世紀以來，世界人口有驚人的成長。如果人口繼續增加，一定會衝擊到有 限的資源，例如呼吸的空氣、飲用水、農田等等。有證據顯示，近年來人口增加速度正在減緩， 世界人口會在本世紀達到尖峰值，接著就會衰退下來。

在本習題中，請在網路上調查世界人口的議題。請注意含括各種觀點的看法。請估算目前的世界 人口數以及成長率（今年可能增加的比例）。寫一個程式計算接下來 75 年每年的人口成長率，我 們簡單地假設接下來也會維持目前的成長率。然後將結果以表列的方式印出來。第一行應該印出 從今年到第 75 年的年份。第二行應該印出該年結束時我們預期的世界人口數。第三行印出該年世 界人口的增加數量。用這個表格，找出哪一年世界人口會變成現在的兩倍（假如成長率沒有改變 的話）。

4.41　（稅收方案；公平稅）我們有很多讓稅制更公平的提案。你可以在以下網站找到美國公平稅 （FairTax）的計劃

    www.fairtax.org

研究這些公平稅計劃的執行方法。有一個建議是除去所得稅和其他稅，而你購買的所有商品和服 務都課以 23% 的消費稅。有些人質疑 23% 的計算方式，認為以稅的計算方法來說，應該是 30% 才 正確──仔細思考這個問題。寫一個程式，提示使用者輸入生活中各式各樣的支出項目（房屋、 食物、衣服、交通、教育、健康照顧、休閒），顯示出此人應付的公平稅為何。

函式

5

學習目標

在本章中，你將學到：

- 藉由稱為函式的小單位來建構模組化的程式
- C 標準函式庫中常用的數學函式
- 建立新的函式
- 函式之間傳遞資訊的方法
- 使用函式呼叫堆疊和堆疊框架來支援函式呼叫／返回機制
- 使用亂數產生器的模擬技術
- 撰寫並使用「呼叫自己的函式」

5.1　簡介

大部分用來解決眞實世界問題的電腦程式，都要比我們在前幾章中所介紹的程式大很多。經驗告訴我們，發展和維護大型程式最好的方法，便是以一些較小的單元來建構整個程式，這些小單元要比整個大程式好管理多了。這種技巧稱爲**分治法**（divide and conquer）。本章將介紹 C 語言在設計、實作、操作和維護大型程式方面的關鍵功能。

5.2　C 語言中的程式模組

在 C 語言中，**函式**（function）是用來模組化程式的。C 程式的撰寫，通常是將程式設計師所寫的新函式，與位於 **C 標準函式庫**（C standard library）中事先寫好的函式結合起來構成一個程式。本章將討論這兩種函式。C 標準函式庫提供了包羅萬象的函式，包括了常用的數學運算、字串處理、字元處理、輸入／輸出，以及許多其他有用的功能。由於這些函式提供了你所需要的大部分功能，因此可以大量減輕你的工作負擔。

良好的程式設計習慣 5.1

請熟悉 C 標準函式庫所提供的包羅萬象的函式。

軟體工程的觀點 5.1

避免「重新發明輪子」。盡可能使用 C 標準函式庫的函式，而不要自己撰寫功能相同的新函式。這將可以減少程式發展的時間。這些函式是由專家寫成，經過充分測試且是有效的。

可攜性的小技巧 5.1

使用 C 標準函式庫的函式，將有助於提高程式的可攜性。

　　C 語言和標準函式庫都是 C 標準所定義的，所有的標準 C 系統都會提供這些函式（一些作為可有可無的選項的函式庫屬於例外）。我們在前幾章中所用過的 **printf**、**scanf** 和 **pow** 函式都是標準函式庫的函式。

　　你可以為某個將在程式中許多位置用到的特定工作，撰寫一個函式。這種函式有時稱為**程式設計師自訂函式**（programmer-defined functions）。定義此函式的敘述式實際上只需撰寫一次，而且這些敘述式對其他函式來說是隱藏起來的。

　　函式經由**函式呼叫**（function call）的方式**調用**（invoked）。函式呼叫指明了欲調用之函式的名稱，並提供所需的資訊（當作**引數**，argument）給受呼叫函式，以執行其工作。與此十分類似的是管理的階層形式。老闆（**呼叫函式或呼叫者**，calling function 或 caller）要求某位員工（**受呼叫的函式**，called function）去執行某項工作，並在工作完成後回報（圖 5.1）。舉個例來說，某個函式想在螢幕上顯示資訊，它便呼叫員工函式 **printf** 去執行這項工作，然後 **printf** 將資訊顯示出來，並在顯示完畢之後回報（或**返回**，return）呼叫函式。老闆函式並「不」知道員工函式如何執行這項工作。員工可能會再呼叫其他的員工函式，而老闆並不曉得。我們很快會看到，諸如此類的「隱藏」製作細節將如何來促進良好的軟體工程。圖 5.1 展示了 **boss** 函式以階層式的方式與數個員工函式進行溝通。請注意，**worker1** 的動作相當於他是 **worker4** 和 **worker5** 的老闆函式。函式間的關係並非一定如此圖所示的階層式架構。

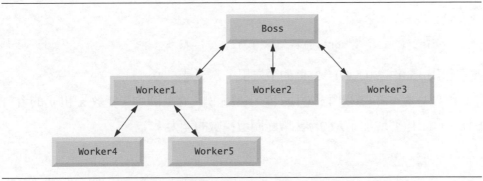

圖 5.1　階層式的老闆函式／員工函式關係圖

5.3　數學函式庫函式

數學函式庫函式讓你能夠執行某些常用的數學運算。在此我們將使用部分的數學函式庫函式來介紹函式的觀念。稍後我們會再討論 C 標準函式庫中的其他函式。

　　函式在程式裡調用的方法，通常是先寫函式名稱，接著寫一個左小括號，然後跟著寫此函式的**引數**（argument，或是由逗號分隔的引數列），最後再寫一個右小括號。例如，若各位讀者想計算並印出 **900.0** 的平方根，可以寫成

```
printf("%.2f", sqrt(900.0));
```

當此敘述式執行時，數學函式庫函式 **sqrt** 將被呼叫來計算小括號內之值（**900.0**）的平方根。**900.0** 這個數便是 **sqrt** 函式的引數。上述的敘述式將會印出 **30.00**。**sqrt** 函式的引數資料型別為 **double**，它的傳回值的資料型別也是 **double**。數學函式庫中所有函式傳回的浮點數值，其資料型別都是 **double**。請注意，**double** 型別的值和 **float** 型別的值類似，都可以使用%**f**轉換指定詞來輸出。你也可以將函式呼叫的結果存在一個變數裡，如下所示，以便稍後使用：

```
double result = sqrt(900.0);
```

測試和除錯的小技巧 5.1

當使用數學函式庫的函式時，請用前置處理器命令#**include <math.h>**將數學標頭檔含括進來。

　　函式的引數可以是常數、變數或運算式。如果 **c1 = 13.0**、**d = 3.0**、**f = 4.0** 的話，下面的敘述式

```
printf("%.2f", sqrt(c1 + d * f));
```

將計算並且印出 13.0 + 3.0 * 4.0 = 25.0 的平方根，答案是 5.00。

　　圖 5.2 整理一些 C 的數學函式庫函式的小型範例。在此圖中，變數 **x** 和 **y** 的資料型別都是 **double**。C11 標準增加了大的浮點數範圍與複數的能力。

函式	說明	範例
sqrt(x)	x 的平方根	sqrt(900.0) is 30.0 sqrt(9.0) is 3.0
exp(x)	指數函式 e^x	exp(1.0) is 2.718282 exp(2.0) is 7.389056
log(x)	x 的自然對數 (底為 e)	log(2.718282) is 1.0 log(7.389056) is 2.0
log10(x)	x 的對數 (底為 10)	log10(1.0) is 0.0 log10(10.0) is 1.0 log10(100.0) is 2.0
fabs(x)	x 的絕對值	fabs(13.5) is 13.5 fabs(0.0) is 0.0 fabs(-13.5) is 13.5
ceil(x)	不小於 x 的最小整數	ceil(9.2) is 10.0 ceil(-9.8) is -9.0
floor(x)	不大於 x 的最大整數	floor(9.2) is 9.0 floor(-9.8) is -10.0
pow(x, y)	x 的 y 次方 (x^y)	pow(2, 7) is 128.0 pow(9, .5) is 3.0
fmod(x, y)	x/y 的浮點餘數	fmod(13.657, 2.333) is 1.992
sin(x)	x 的正弦值 (x 的單位為弧度)	sin(0.0) is 0.0
cos(x)	x 的餘弦值 (x 的單位為弧度)	cos(0.0) is 1.0
tan(x)	x 的正切值 (x 的單位為弧度)	tan(0.0) is 0.0

圖 5.2　常用的數學函式庫函式（要換圖）

5.4　函式

函式讓你能夠模組化一個程式。所有宣告在函式定義裡的變數都是**區域變數**（local variable）——只有定義它們的函式才知道這些變數的存在。大多數的函式都有一列**參數**（parameter），參數提供了函式間經由函式呼叫的引數交換資訊的管道。函式的參數也是這些函數的區域變數。

軟體工程的觀點 5.2

在含有許多函式的程式裡，**main** 通常被寫成一群執行程式工作的函式呼叫。

　　有數個動機誘使我們將程式「函式化」。第一個動機是各個擊破（divide-and-conquer）的方法使得程式發展更容易管理。另一個動機是**軟體可以重複使用性**（software reusability）——利用現有的函式作為「磚塊」來建構新程式。軟體的可重複使用性是物件導向程式設計的主要因素，當你學習了 C 語言所衍生出來的語言（像是 C++、Objective-C、Java、C#、Swift）之後，你將會瞭解更多。經由妥善的函式命名和定義，程式可以由執行某些特定工作的標準化函式來加以建構，而不需使用個人撰寫的程式碼。此項技術稱為**抽象化**（abstraction）。每當我們撰寫含括標準函式庫函式（如 **printf**、**scanf** 和 **pow**）的程式時，就使用了抽象化技巧。第三個動機是可以避免程式中重複地撰寫相同的程式碼。像函式這種包裝好的程式碼，可以在程式中的各個位置藉由函式呼叫來執行。

軟體工程的觀點 5.3

應將每一個函式限制在只執行一項定義明確的工作，而且函式的名稱應能充分反映出它所執行的工作。如此可以增進抽象化並提昇軟體可再使用性。

軟體工程的觀點 5.4

如果你無法選用一個恰當的名稱來代表函式在做些什麼，那麼可能是這個函式被賦予的工作太多樣化了。最好能將這種函式再切割為數個較小的函式，這個動作有時又稱為函式分解（decomposition）。

5.5　函式定義

我們介紹過的每個程式都含有一個稱為 **main** 的函式，它負責呼叫標準函式庫函式來完成程式的工作。再讓我們來看看程式設計師該如何撰寫他們自己的函式。

5.5.1　函式 **square**

請看圖 5.3 的程式，此程式使用了一個稱為 **square** 的函式來計算和列印 1 到 10 之整數的平方。

```c
1   // Fig. 5.3: fig05_03.c
2   // Creating and using a programmer-defined function.
3   #include <stdio.h>
4
5   int square(int y); // function prototype
6
7   int main(void)
8   {
9       // loop 10 times and calculate and output square of x each time
10      for (int x = 1; x <= 10; ++x) {
11          printf("%d  ", square(x)); // function call
12      }
13
14      puts("");
15  }
16
17  // square function definition returns the square of its parameter
18  int square(int y) // y is a copy of the argument to the function
19  {
20      return y * y; // returns the square of y as an int
21  }
```

```
1  4  9  16  25  36  49  64  81  100
```

圖 5.3　建立並使用程式設計師自訂函式

呼叫函式 square

在此程式中，**square** 函式是在 **main** 的 **printf** 敘述式（第 11 行）中被**調用**（invoked）或**被呼叫**（called）。

```
printf("%d  ", square(x)); // function call
```

函式 **square** 用它的參數（parameter）**y** 接收了一份引數（argument）**x** 的複製品（第 18 行），然後 **square** 執行 **y * y** 的計算，計算的結果傳回 **main** 的第 11 行，**square** 在此被調用（第 11 行）。接著，第 11 行繼續將 **square** 結果傳遞給函式 **printf**，便將此結果顯示在螢幕上。這個過程重複 10 次——**for** 敘述式每循環一次就重複一次。

函式 square 的定義

函式 **square** 的定義（第 18-21 行）告訴我們它希望接收一個整數參數 **y**。而位於函式名稱之前的關鍵字 **int**（第 18 行），則表示 **square** 將傳回一個整數值。**square** 中的 **return** 敘述式用來將運算式 **y*y** 計算結果的值傳回給呼叫函式。

函式 square 的原型

第 5 行

```
int square(int y); // function prototype
```

是**函式原型**（function prototype，也稱爲**函式宣告**，function declaration）。小括號內的 **int** 告訴編譯器，**square** 希望從呼叫函式接收一個整數值。而函式名稱 **square** 之前的 **int** 則告訴編譯器，**square** 會傳回一個整數值結果給呼叫函式。編譯器根據函式的原型來比較對 **square**（第 11 行）的呼叫以確認：

- 引數的數目是否正確，
- 引數的型別是否正確，
- 引數的排列順序是否正確，
- 被呼叫的函式是否使用正確的回傳型別。

5.6 節將對函式原型做進一步的討論。

函式定義的格式

函式定義的格式如下

```
return-value-type function-name(parameter-list)
{
    statements
}
```

其中 function-name 是任何合法的識別字。return-value-type 是指傳回給呼叫者之結果的資料型別。return-value-type 為 **void** 的話，表示此函式「沒有」傳回值。有時候把 return-value-type、function-name 以及 parameter-list 稱為**函式標頭**（function header）。

測試和除錯的小技巧 5.2

確認所撰寫的函式是否如假設地回傳值，也確認是否不會回傳非假設的值。

　　parameter-list 中的各參數是以逗號分隔，它含有在函式呼叫時所接收的參數宣告。如果某個函式不接收任何的值，那麼它的 parameter-list 為 **void**。每個參數的型別都必須明確列出。

常見的程式設計錯誤 5.1

將具有相同型別的參數宣告成如 **double x, y** 而不是如 **double x, double y**，會造成編譯錯誤。

常見的程式設計錯誤 5.2

在函式定義的參數列小括號右方放一個分號，將造成語法錯誤。

常見的程式設計錯誤 5.3

將函式的參數在函式內重新定義為區域變數，是一種編譯錯誤。

良好的程式設計習慣 5.2

對於傳給某函式的引數，以及該函式定義中相對應的參數，請盡量不要使用相同的名稱，雖然這麼做並沒有錯。如此有助於避免產生混淆。

函式本體

大括號內的敘述式構成了**函式的本體**（function body），函式的本體通常也稱為區塊（block）。任何區塊中都可以宣告變數，區塊可以是巢狀的（但是函式不能為巢狀）。

常見的程式設計錯誤 5.4

將函式定義在另一個函式之內是一種語法錯誤。

良好的程式設計習慣 5.3

請選用有意義的函式名稱和參數名稱，以使程式更具可讀性，並可以減少註解。

軟體工程的觀點 5.5

小型函式可以提升軟體可再使用性。

軟體工程的觀點 5.6

程式應以一些小型函式來組成。這將使程式較容易撰寫、偵錯、維護及修改。

軟體工程的觀點 5.7

某一個函式要求很多的參數，那麼它可能執行太多工作了。可以考慮一下將此函式切割成數個執行不同工作的小型函式。函式的標頭最好能在一行之內寫完。

軟體工程的觀點 5.8

函式原型、函式標頭和函式呼叫，這三部分對於引數與參數的數目、型別和順序，以及回傳值型別應該要一致。

從函式回傳控制權

有三種方式將控制權從函式呼叫傳回調用函式的位置。如果函式沒有回傳結果，則當到達函式終止的右大括號時，控制權便自動地傳回。我們也可以執行底下的敘述式來傳回控制權。

```
return;
```

如果函式有回傳結果的話，底下的敘述式

```
return expression;
```

會將 expression 的值傳回給呼叫者。

main 的回傳型態

請注意，main 有個 int 回傳型態，main 的回傳值是用來指出程式是否正確地執行。在早期的 C 語言，如下所示

```
return 0;
```

在 main 的結尾──0 代表程式執行成功。在 C 語言標準裡如果省略了此一敘述，則隱含預設回傳值為 0──本書範例都是如此。讀者可以為 main 設定回傳非零之值，以表示程式在執行中出現問題。關於如何回報程式錯誤的資訊，請參考所使用的作業系統環境相關手冊。

5.5.2 **maximum** 函式

圖 5.4 是我們的第二個例子。此程式使用一個程式設計師自訂函式 **maximum**，來判斷並傳回三個整數中最大的一個。首先整數以 **scanf** 輸入（第 14 行）。接著，這些整數傳給 **maximum**（第 18 行），以決定哪一個是最大整數。**maximum** 將最大值以 **return** 敘述式傳回給 **main**（第 35 行）。然後第 18 行的 printf 敘述式便將由 **maximum** 傳回的值印出。

```c
1    // Fig. 5.4: fig05_04.c
2    // Finding the maximum of three integers.
3    #include <stdio.h>
4
5    int maximum(int x, int y, int z); // function prototype
6
7    int main(void)
8    {
9       int number1; // first integer entered by the user
10      int number2; // second integer entered by the user
11      int number3; // third integer entered by the user
12
13      printf("%s", "Enter three integers: ");
14      scanf("%d%d%d", &number1, &number2, &number3);
15
16      // number1, number2 and number3 are arguments
17      // to the maximum function call
18      printf("Maximum is: %d\n", maximum(number1, number2, number3));
19   }
20
21   // Function maximum definition
22   // x, y and z are parameters
23   int maximum(int x, int y, int z)
24   {
25      int max = x; // assume x is largest
26
27      if (y > max) { // if y is larger than max,
28         max = y; // assign y to max
29      }
30
31      if (z > max) { // if z is larger than max,
32         max = z; // assign z to max
33      }
34
35      return max; // max is largest value
36   }
```

```
Enter three integers: 22 85 17
Maximum is: 85
```

```
Enter three integers: 47 32 14
Maximum is: 47
```

```
Enter three integers: 35 8 79
Maximum is: 79
```

圖 5.4　尋找三個整數中的最大值

　　函式最初假定設其第一個引數（儲存在參數 **x** 中）最大，並將其分配給 **max**（第 25 行）。接下來，第 27-29 行的 **if** 敘述式判斷 y 是否大於 **max**，如果是，則將 **y** 指定給 **max**。然後，第 31-33 行的 **if** 敘述式判斷 **z** 是否大於 **max**，如果是，則將 **z** 值指定給 **max**。最後，第 35 行將 **max**（最大）值回傳給呼叫者。

5.6　函式原型：深入探討

C 語言最重要的功能之一便是**函式原型**（function prototype）。這是向 C++借用的功能。編譯器會利用函式原型來驗證函式呼叫。早期版本的標準 C 並沒有執行這類的檢查，編譯器無法偵測到這些錯誤，因此函式呼叫有可能不正確。這種函式呼叫可能會導致致命的執行時期錯誤，或者導致非致命但卻難以偵錯的錯誤。函式原型彌補了這項缺陷。

良好的程式設計習慣 5.4

請為所有的函式調用函式原型，以便使用 C 之型別檢查功能的優點。請使用前置處理器命令#include 為標準函式庫函式含括進適當的標頭檔（內含這些函式的原型）。此外也請用#include 含括進內有你和（或）你的工作群組成員使用之函式原型的標頭檔。

圖 5.4 中（第 5 行），函式 **maximum** 的函式原型為

```
int maximum(int x, int y, int z); // function prototype
```

它指明了 **maximum** 有三個型別為 **int** 的引數，且傳回型別為 **int** 的呼叫結果。請注意，函式原型和 **maximum** 函式定義的第一行是一樣的。

良好的程式設計習慣 5.5

為了增加說明的功能，參數名稱有時也會放到函式原型當中。不過，編譯器會忽略這些名稱，故原型 int maximum(int, int, int);為真。

常見的程式設計錯誤 5.5

忘記在函式原型的結尾擺分號，是一種語法錯誤。

編譯錯誤

不合函式原型規定的函式呼叫將造成編譯錯誤。若是函式原型與函式定義不一致的話，也會造成錯誤。舉例來說，如果圖 5.4 中的函式原型寫成了

```
void maximum(int x, int y, int z);
```

將會使編譯器產生一個錯誤，因為這個函式原型中的 **void** 回傳型別，與函式標頭中的 **int** 回傳型別不一致。

強制引數與常用算數轉換規則

函式原型的另一項重要功能是**強制的引數型別轉換**（coercion of arguments），亦即強迫引數變成恰當的型別。例如，雖然數學函式庫中的 **sqrt** 其函式原型（位於**<math.h>**檔）規定了

一個 **double** 引數，但我們可以用一個整數引數來呼叫它，而且此函式也能正確地運作。以下的敘述式

```
printf("%.3f\n", sqrt(4));
```

可以正確地執行 **sqrt(4)**，並印出 **2.000**。函式原型讓編譯器在引數值傳給 **sqrt** 之前，將 **int** 值 **4** 轉換成 **double** 值 **4.0**。總而言之，當引數的值沒有準確地對應到函式原型中的參數型別時，這些引數值將會在函式呼叫之前，先轉換成正確的型別。這種轉換如果沒有遵守 C 的常用算數轉換規則（C's usual arithmetic conversion rules）的話，可能導致不正確的結果產生。轉換規則規定了在不遺漏資料的前提下，某一型別如何才能轉換成另一型別。在 **sqrt** 的例子中，**int** 可以自動轉換成 **double** 而不會遺漏資料（因為 **double** 可以表示比 **int** 更大範圍的值）。不過，若是 **double** 轉換成 **int** 的話，**double** 值的小數部分將會捨去（truncate），這將改變原始的值。將大的整數型別轉換成較小的整數型別（如 **long** 變 **short**），也可能造成數值改變。

常用算數轉換規則會自動應用到含有兩種（或更多）資料型別之數值的運算式，也稱為**混合型別運算式**（mixed-type expressions），會自動由編譯器處理。在混合型別運算式中，編譯器會複製暫存每一個值，型別轉換為此運算式中的「最高」型別——這個動作稱為「提升」（promotion）。對至少包含一個浮點數值的混合型別運算式，常用算數轉換規則為：

- 如果一個數值為 **long double**，則其他的值都轉換成 **long double**。
- 如果一個數值為 **double**，則其他的值都轉換成 **double**。
- 如果一個數值為 **float**，則其他的值都轉換成 **float**。

如果混合型別運算式僅包含整數型態，常用算數轉換規則會採用整數提升規則。在大多數的例子，圖 5.5 中較低的整數型態會轉換到圖中較高的型態。6.3.1 小節中的 C 標準文件定義了完整的算術運算元細節與常用算數轉換規則。圖 5.5 列出各種浮點數和整數資料型別，並列出每一個型別的 **printf** 和 **scanf** 轉換指定詞。

將數值轉換成較低的型別，通常會得到不正確的值。因此，我們只能用 cast 運算子，或明確地將值指定給較低型別的變數，才能夠轉換成較低的型別。函式呼叫的引數值要想能夠轉換成函式原型中的指定的參數型別，其條件是這些引數值必須能夠直接指定給那些型別的變數。圖 5.3 的 **square** 函式使用了一個 **int** 參數，若我們以一個浮點數引數來呼叫它的話，此引數將轉換成 **int**(較低的型別)，而 **square** 則可能經常傳回不正確的值。例如，**square**（**4.5**）將傳回 **16** 而不是 **20.25**。

資料型別	printf 的轉換指定詞	scanf 的轉換指定詞
Floating-point types		
long double	%Lf	%Lf
double	%f	%lf
float	%f	%f
Integer types		
unsigned long long int	%llu	%llu
long long int	%lld	%lld
unsigned long int	%lu	%lu
long int	%ld	%ld
unsigned int	%u	%u
int	%d	%d
unsigned short	%hu	%hu
short	%hd	%hd
char	%c	%c

圖 5.5　算數資料型別與轉換指定詞

常見的程式設計錯誤 5.6

從較高的資料型別轉換成在提升階層中較低的型別，有可能會改變資料值。有許多編譯器會對這種情況提出警告。

　如果某個函式沒有函式原型，那麼編譯器將會以第一次遇到此函式的形式（不論是函式定義或函式呼叫），來建立它自己的函式原型。這可能會產生警告或錯誤（取決於你用的編譯器）。

測試和除錯的小技巧 5.3

在定義或使用函式時，一定要引入函式原型，以避免產生編譯錯誤或警告。

軟體工程的觀點 5.9

將某個函式的原型放在任何函式定義之外，此函式原型將應用到檔案中所有出現在原型之後的此函式呼叫上。若將函式原型放在另一函式本體內的話，則只會應用到這一函式中對該函式的呼叫身上。

5.7　函式呼叫堆疊與堆疊框架

要了解 C 是如何處理函式呼叫，我們必須先了解一種稱為**堆疊（stack）**的資料結構（集合相關資料項目的方法）。你可以把堆疊想成一疊盤子。當一個盤子堆上去的時候，通常是放在頂端，又稱為把盤子「**推入（push）**」堆疊。同樣地，當一個盤子拿下來的時候，通常是從頂端拿，又稱爲把盤子從堆疊「**取出（pop）**」。堆疊是一種**後進先出**（last-in, first-out，LIFO）的資料結構，也就是說，最後推入（加入）堆疊的項目會最先從堆疊取出（移除）。

　　電腦科學系學生需了解的一個重要機制是**函式呼叫堆疊**（function call stack，有時稱爲**程式執行堆疊**，program execution stack）。這個資料結構「在背景運作」，提供了函數呼叫與回傳機制。它也支援每個被呼叫函式的區域變數（也稱爲自動變數，automatic variables）之建立、維護與破壞。我們以疊盤子的例子說明了堆疊的後進先出(LIFO，last-in, first-out)行爲。在圖 5.7 到圖 5.9，我們將會看到當回傳所呼叫的函數，其所進行的後進先出行爲。

　　當每一個函數被呼叫時，它可能呼叫其他函數，這些被呼叫的函數都是在函數回傳之前。每個函數終究必須回傳控制權給所呼叫的函數，因此必須追溯回傳位址，每個函數都需要回傳控制權給所呼叫的函數。函數呼叫堆疊就是個處理此資訊的最佳資料結構。每當函數呼叫另一個函數時，將會把實體推入堆疊。這個實體稱爲**堆疊框架（stack frame）**，包含了被呼叫函數需要用來回傳給呼叫函數之回傳位址。它也包含了一些稍後會提到的額外資訊。若被呼叫的函數要回傳，而不是回傳前再呼叫另一個函數，此函數呼叫的堆疊框架就會取出，並控制轉移至取出的堆疊框架中的回傳位址。

　　每個被呼叫的函數總是可以在呼叫堆疊的最上層找到可以回傳給呼叫者的資訊。而且，如果函數呼叫了另一個函數，新的函數呼叫之堆疊框架將會推入呼叫堆疊。因此，較新的被呼叫函式所需回傳給呼叫函式的回傳位址，就在堆疊的最上方。

　　堆疊框架有另一個重要的責任。大部分的函式有區域（自動）變數，包含參數與一些或所有他們的區域變數，在函式執行的時候自動變數必須要存在。當函式呼叫另一個函式的時候，它們仍需是有效的。但是當被呼叫函式回傳值給呼叫函式，被呼叫函式的自動變數必須要消失。被呼叫函式的堆疊框架正好是個保留記憶體空間給自動變數的絕佳位置。堆疊框架只有在被呼叫函式有效時存在，當函式回傳，再也不需要區域自動變數，堆疊框架就會被從堆疊中取出，而這些區域自動變數再也不會被這個程式所認得。

　　當然，電腦的記憶體容量有限，因此可以用來儲存函數呼叫堆疊中堆疊框架的記憶體容量也是有限的。假如函式呼叫的數量超過函數呼叫堆疊可以儲存的堆疊框架時，會產生稱爲「**堆疊溢位（stack overflow）**」的致命錯誤。

活動中的函式呼叫堆疊

現在來探討呼叫堆疊如何支援 **main** 函式（圖 5.6 的 8-13 行）呼叫 **square** 函式。首先作業系統呼叫 **main**，這會將堆疊框架推入堆疊（圖 5.7）。堆疊框架指出 **main** 該如何地回到作業系統（即轉移到回傳位址 **R1**）以及包含 **main** 的自動變數的空間（即初始化爲 10）。

```
1   // Fig. 5.6: fig05_06.c
2   // Demonstrating the function call stack
3   // and stack frames using a function square.
4   #include <stdio.h>
5
6   int square(int); // prototype for function square
7
8   int main()
9   {
10      int a = 10; // value to square (local automatic variable in main)
11
12      printf("%d squared: %d\n", a, square(a)); // display a squared
13  }
14
15  // returns the square of an integer
16  int square(int x) // x is a local variable
17  {
18      return x * x; // calculate square and return result
19  }
```

```
10 squared: 100
```

圖 5.6　使用 **square** 函式展示函式呼叫堆疊與堆疊框架

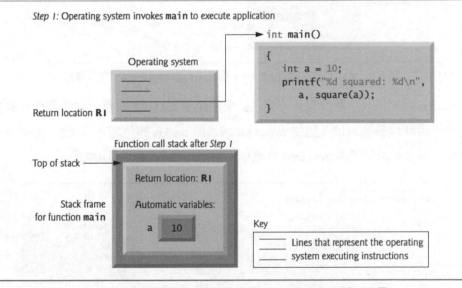

圖 5.7　作業系統調用 **main** 函式執行程式後的函式呼叫堆疊

　　這時候 **main** 函式（在回傳至作業系統前）於圖 5.6 的第 12 行呼叫了 **square** 函式，這使得 **square** 函式的堆疊框架（第 16-19 行）推入至函式呼叫堆疊（圖 5.8）。堆疊框架包含了 **square** 函式所需要的回傳至 **main** 的位址（即 **R2**）與 **square** 函式的自動變數記憶體空間（即 x）。

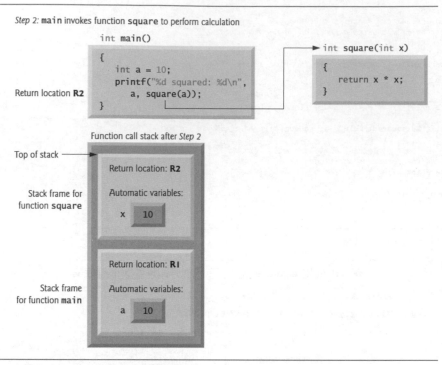

圖 5.8 **main** 函式調用 **square** 函式進行計算後的函式呼叫堆疊

在 **square** 函式以其引數計算平方後,需要回傳至 **main**,並且再也不需要自動變數 x 的記憶體空間。因此堆疊被取出(提供 **square** 回傳給 **main** 的位址,即 R2)並捨棄 **square** 的自動變數。圖 5.9 表示了在 **square** 堆疊框架被取出後的函式呼叫堆疊。

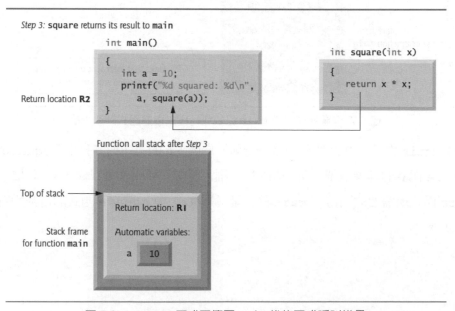

圖 5.9 **square** 函式回傳至 **main** 後的函式呼叫堆疊

Main 函式顯示呼叫 **square** 後的結果（如圖 5.6 的第 12 行），程式執行到達 **main** 的右大括弧，讓 **main** 的堆疊框架從堆疊中取出，提供 **main** 回傳到作業系統所需的位址（即圖 5.7 的 **R1**）並讓 **main** 的自動變數（即 **a**）不再作用。

現在已經看過堆疊資料結構如何在程式執行中扮演關鍵的角色，資料結構在電腦科學中有許多的重要應用。在第 12 章將會探討到堆疊（stack）、序列（queue）、列表（list）、樹（tree）與其他資料結構。

5.8　標頭

每個標準函式庫都有一個相對應的**標頭**（header），它含有此函式庫中所有函式的函式原型，以及這些函式所需之各種資料型別和常數的定義。圖 5.10 依字母的順序列出了可以含括進程式裡的標準函式庫標頭檔。C 標準包含了額外的標頭。「巨集」這個名詞在此圖中出現了許多次，我們將在第 13 章再詳細地介紹。

標頭	說明
`<assert.h>`	包含用於添加幫助程式除錯的診斷資訊。
`<ctype.h>`	包含用於測試特定屬性字元之函式的函式原型，以及可用於將小寫字母轉換為大寫字母或反之亦然之函式的函式原型。
`<errno.h>`	定義對報告錯誤條件很有用的巨集。
`<float.h>`	包含系統的浮點數長度限制。
`<limits.h>`	包含系統的整數長度限制。
`<locale.h>`	包含函式原型和其他資訊，使程式可以在目前執行的語言環境中進行修改。區域性的概念使計算機系統能夠處理世界各地不同的慣例，諸如日期、時間、貨幣數量和大數等資料，以便表達資料代表的意義。
`<math.h>`	包含數學庫函式的函式原型。
`<setjmp.h>`	包含允許繞過常規函式呼叫和回傳序列的函式的函式原型。
`<signal.h>`	包含處理程式執行期間可能出現的各種情況的函式原型和巨集。
`<stdarg.h>`	定義用於處理其數量和類型未知的函式之引數列表的巨集。
`<stddef.h>`	包含 C 用於執行計算的通用型別定義。
`<stdio.h>`	包含標準輸入／輸出函式庫函式的函式原型及其使用的資訊。
`<stdlib.h>`	包含將數字轉換為文本和文本到數字、記憶體配置、亂數和其他工具函式的函式原型。
`<string.h>`	包含字串處理函式的函式原型。
`<time.h>`	包含用於處理時間和日期的函式原型和型別。

圖 5.10　標準函式庫標頭檔

　　你也可以撰寫自己的標頭檔。程式設計師定義的標頭檔，也應以 **.h** 作為副檔名。我們可以用前置處理器命令**#include** 含括進程式設計師定義的標頭檔。舉例來說，假如我們的 **square** 函式位在標頭檔 **square.h** 中，我們可以將標頭檔含括在我們的程式中。在程式的上方使用下列的命令：

```
#include "square.h"
```

第 13.2 節會再介紹更多有關含括標頭檔的資訊，例如，為什麼程式設計師定義的標頭要用引號（**""**）括起來而不是尖括號（**<>**）。

5.9　由值與參考傳遞參數

傳值呼叫（passby value）和**傳參考呼叫**（passby reference）是大多數的程式語言用來傳遞引數的兩種方式。當以傳值呼叫來傳遞引數時，此引數值的一份複製將會傳給被呼叫的函式。對此複製所做的修改並不會影響到呼叫者原來變數的值。當以傳參考來傳遞引數時，呼叫者允許被呼叫函式修改原來的變數值。

　　當被呼叫函式不需修改呼叫者的原始變數值時，應該使用傳值呼叫。如此一來，便可防止偶發性的**邊際效應**（side effect，即變數被更改），而此項邊際效應會大幅妨礙正確和可信賴軟體系統的研發。傳參考呼叫最好只用在可靠度高，且必須修改原始變數的被呼叫函式身上。

　　對 C 來說，所有的引數都是傳值呼叫。我們將在第 7 章見到 C 的指標，可以使用位址運算子和間接運算子來實踐傳參考呼叫。在第 6 章可以看到為了效能陣列參數將會自動地以傳參考呼叫來傳遞。我們在第 7 章可以看到這不是矛盾的。而現在我們把觀察重心放在傳值呼叫。

5.10　亂數產生

現在讓我們來介紹一個有趣的程式應用：模擬和賭博程式。我們將在本節和下節中，發展一個結構性良好的賭博程式，其中含括了數個函式。此程式將使用我們曾學過的函式和一些控制結構。在電腦的應用程式裡，我們可以用 C 標準函式庫中，標頭檔**<stdlib.h>**中的 **rand** 函式來模擬機會的運行。

獲取一個隨機整數值

請看底下的敘述式：

```
i = rand();
```

其中 **rand** 函式會產生一個介於 0 和 **RAND_MAX**（定義在**<stdlib.h>**標頭檔中的符號常數）之間的整數。C 標準規定 **RAND_MAX** 的值至少需為 32767，這也是兩個位元組（即 16 -bit）所能表示的最大整數值。本節的程式測試環境是 **RAND_MAX** 值為 32767 的 Microsoft Visual C++ 和 **RAND_MAX** 值為 2147483647 的 GNU　gcc 和 Xcode LLVM。如果 **rand** 真的可以隨機產生整數的話，那麼每一次呼叫 **rand** 時，0 到 **RAND_MAX** 之間的每一個整數應有相同的機會（chance）或機率（probability）選到。

　　rand 所產生的值，其範圍通常不合乎某個特定應用的需求。例如，一個模擬擲銅板動作的程式，只需要用 0 來代表「正面」以及用 1 來代表「反面」。而一個模擬擲骰子動作的程式，則需要 1 到 6 的亂數來代表骰子的 6 個面。

投擲具有六個面的骰子

為了示範 **rand** 函式，讓我們發展一個程式（如圖 5.11）來模擬投擲 6 面的骰子 20 次，並印出每一次擲骰子所得的值。

```c
1   // Fig. 5.11: fig05_11.c
2   // Shifted, scaled random integers produced by 1 + rand() % 6.
3   #include <stdio.h>
4   #include <stdlib.h>
5
6   int main(void)
7   {
8      // loop 20 times
9      for (unsigned int i = 1; i <= 20; ++i) {
10
11        // pick random number from 1 to 6 and output it
12        printf("%10d", 1 + (rand() % 6));
13
14        // if counter is divisible by 5, begin new line of output
15        if (i % 5 == 0) {
16           puts("");
17        }
18     }
19  }
```

```
         6         6         5         5         6
         5         1         1         5         3
         6         6         2         4         2
         6         2         3         4         1
```

圖 5.11　以 **1+rand()%6** 所產生的移位且比例化過的整

rand 函式的函式原型在**<stdlib.h>**檔裡。我們以模數運算子（%）與 **rand** 一起使用，如下

```
        rand() % 6
```

來產生 0 到 5 的整數。這稱為**比例化（scaling）**，數字 6 稱為**比例因子（scaling factor）**。接著，再將產生的結果加 1，將數值的範圍**移位（shift）**。因此圖 5.11 裡的輸出結果便落在 1 到 6 之間，其實際亂數值的結果因編譯器而異。

投擲一個 6 面骰子 60,000,000 次

爲了證明這些數出現的機率差不多，我們用圖 5.12 的程式來模擬投擲骰子 60,000,000 次的結果。從 1 到 6 的每個整數出現的次數，都應在 10,000,000 次左右。

```c
1   // Fig. 5.12: fig05_12.c
2   // Rolling a six-sided die 60,000,000 times.
3   #include <stdio.h>
4   #include <stdlib.h>
5
6   int main(void)
7   {
8      unsigned int frequency1 = 0; // rolled 1 counter
9      unsigned int frequency2 = 0; // rolled 2 counter
10     unsigned int frequency3 = 0; // rolled 3 counter
11     unsigned int frequency4 = 0; // rolled 4 counter
12     unsigned int frequency5 = 0; // rolled 5 counter
13     unsigned int frequency6 = 0; // rolled 6 counter
14
15     // loop 60000000 times and summarize results
16     for (unsigned int roll = 1; roll <= 60000000; ++roll) {
17        int face = 1 + rand() % 6; // random number from 1 to 6
18
19        // determine face value and increment appropriate counter
20        switch (face) {
21
22           case 1: // rolled 1
23              ++frequency1;
24              break;
25
26           case 2: // rolled 2
27              ++frequency2;
28              break;
29
30           case 3: // rolled 3
31              ++frequency3;
32              break;
33
34           case 4: // rolled 4
35              ++frequency4;
36              break;
37
38           case 5: // rolled 5
39              ++frequency5;
40              break;
41
42           case 6: // rolled 6
43              ++frequency6;
44              break; // optional
45        }
46     }
47
48     // display results in tabular format
49     printf("%s%13s\n", "Face", "Frequency");
50     printf("   1%13u\n", frequency1);
51     printf("   2%13u\n", frequency2);
52     printf("   3%13u\n", frequency3);
53     printf("   4%13u\n", frequency4);
54     printf("   5%13u\n", frequency5);
55     printf("   6%13u\n", frequency6);
56  }
```

```
Face     Frequency
   1       9999294
   2      10002929
   3       9995360
   4      10000409
   5      10005206
   6       9996802
```

圖 5.12　投擲 6 面骰子 60,000,000 次

　　如同程式的輸出所示，我們可以用比例化和移位的方式，將 **rand** 函式模擬成 6 面骰子的投擲結果。請注意，我們使用了 **%s** 轉換指定詞來印出字串 **"Face"** 和 **"Frequency"** 作爲每一列的標頭（第 49 行）。在學到第 6 章的陣列後，我們將展示如何將 26 行的 **switch** 結構精簡成單行的敘述式。

對亂數產生器進行隨機化

當我們再次執行圖 5.11 的程式時，得到底下的結果

```
6        6        5        5        6
5        1        1        5        3
6        6        2        4        2
6        2        3        4        1
```

您是否注意到，這些值出現的順序，竟然和圖 5.7 中一樣。那麼這些值如何能稱爲亂數呢？諷刺的是，這種重複性卻是 **rand** 函式的一項重要的特性。當我們爲一個程式偵錯時，此重複性正是修正程式的工作所不可或缺的。

　　事實上，**rand** 函式所產生的是**虛擬亂數**（pseudorandom numbers）。重複呼叫 **rand** 函式所產生的數列，看起來也是隨機的。只不過每次執行時，都會出現相同的數列。一旦程式偵錯完成了，我們便可以透過一些其他的步驟，來使每次的執行產生不同的數列。此過程稱爲**隨機化**（randomizing），可以用標準函式庫函式 **srand** 來進行。**srand** 函式需要一個 **unsigned int** 引數，它爲 **rand** 函式提供了**種子**（seed），讓 **rand** 能夠在每次程式執行時產生不同的亂數數列。

　　我們在圖 5.13 中示範 srand 函式的用法。我們在 **scanf** 裡用轉換指定詞 %u 來讀進 **unsignedint** 變數的數值。**srand** 的函式原型位於 **<stdlib.h>** 裡。

```
1   // Fig. 5.13: fig05_13.c
2   // Randomizing die-rolling program.
3   #include <stdlib.h>
4   #include <stdio.h>
5
6   int main(void)
7   {
8      unsigned int seed; // number used to seed the random number generator
9
10     printf("%s", "Enter seed: ");
11     scanf("%u", &seed); // note %u for unsigned int
12
13     srand(seed); // seed the random number generator
14
15     // loop 10 times
16     for (unsigned int i = 1; i <= 10; ++i) {
17
18        // pick a random number from 1 to 6 and output it
19        printf("%10d", 1 + (rand() % 6));
20
21        // if counter is divisible by 5, begin a new line of output
22        if (i % 5 == 0) {
23           puts("");
24        }
25     }
26  }
```

```
Enter seed: 67
         6         1         4         6         2
         1         6         1         6         4


Enter seed: 867
         2         4         6         1         6
         1         1         3         6         2


Enter seed: 67
         6         1         4         6         2
         1         6         1         6         4
```

圖 5.13　將擲骰子程式隨機化

　　讓我們執行這個程式數次,並觀察其結果。我們可以看到,當我們輸入不同的種子值時,此程式每次執行所產生的亂數數列便不相同。第一個和最後一個輸出使用相同的種子值,因此它們顯示相同的結果。

　　如果我們不想每次都要輸入一個種子值,便能達到隨機化的效果,可以用如下的敘述式

```
srand(time(NULL));
```

這個敘述式可以使電腦自動地讀取它內部的時鐘,來當作種子值。**time** 函式會傳回從 1970 年 1 月 1 日午夜到目前所經過的秒數。此值將轉換成一個無號數整數,並作為亂數產生器的種子值。**time** 的函式原型位於**<time.h>**裡。在第 7 章中有更多關於 **NULL** 的討論。

對亂數進行一般化的比例化和移位

直接由 **rand** 所產生的值一定落在以下的範圍內：

```
0 ≤ rand() ≤ RAND_MAX
```

前面我們介紹過如何以下列敘述式來模擬 6 面骰子的投擲結果：

```
face = 1 + rand() % 6;
```

此敘述式會將一個整數值（隨機的）指定給變數 **face**，而且一定在 **1 ≤ face ≤ 6** 這個範圍內。我們注意到範圍的大小（在範圍內連續整數的個數）為 6，而範圍的起始數為 1。從上面的敘述我們可以看出，範圍的大小取決於對 **rand** 進行比例化之數值（即 6）及模數運算子，而範圍的起點則是加到 **rand**（）**%6** 的數值。因此，我們可以歸納出如下的結果：

```
n = a + rand() % b;
```

其中 **a** 代表**位移值**（shifting value），即連續整數範圍的第一個數。**b** 代表比例因子（即連續整數範圍的大小）。在習題裡我們將看到如何從一組數值裡隨機地挑出整數，而不是從一群連續的整數。

5.11　範例：機會遊戲；採用 enum

有一種很普遍的賭博遊戲是稱為"crap"的擲骰子遊戲，這在全世界各地的賭館裡都可以看得到。這個遊戲的規則很簡單，如下：

> 玩家投擲兩顆骰子。每一顆骰子有 6 個面。這些面分別刻有 1、2、3、4、5 和 6 個點。當骰子靜止下來後，將兩個骰子朝天那一面的點數相加起來。如果第一次投擲便擲出 7 點或 11 點，那麼判定玩家贏。若第一次擲出 2 點、3 點或 12 點（這些點數稱為"crap"），則玩家輸（「莊家」贏）。如果第一次擲出 4 點、5 點、6 點、8 點、9 點或 10 點，則這個點數成為玩家的「目標點數」。玩家必須繼續投擲這兩顆骰子，直到「擲出目標點數才算贏」。但若玩家在達成目標點數之前擲出了 7 點，則判定玩家輸。

圖 5.14 的程式模擬了這個遊戲，圖 5.15 則列出了數個執行結果。

```c
1   // Fig. 5.14: fig05_14.c
2   // Simulating the game of craps.
3   #include <stdio.h>
4   #include <stdlib.h>
5   #include <time.h> // contains prototype for function time
6
7   // enumeration constants represent game status
8   enum Status { CONTINUE, WON, LOST };
9
10  int rollDice(void); // function prototype
11
12  int main(void)
13  {
14     // randomize random number generator using current time
15     srand(time(NULL));
16
17     int myPoint; // player must make this point to win
18     enum Status gameStatus; // can contain CONTINUE, WON, or LOST
19     int sum = rollDice(); // first roll of the dice
20
21     // determine game status based on sum of dice
22     switch(sum) {
23
24        // win on first roll
25        case 7: // 7 is a winner
26        case 11: // 11 is a winner
27           gameStatus = WON;
28           break;
29
30        // lose on first roll
31        case 2: // 2 is a loser
32        case 3: // 3 is a loser
33        case 12: // 12 is a loser
34           gameStatus = LOST;
35           break;
36
37        // remember point
38        default:
39           gameStatus = CONTINUE; // player should keep rolling
40           myPoint = sum; // remember the point
41           printf("Point is %d\n", myPoint);
42           break; // optional
43     }
44
45     // while game not complete
46     while (CONTINUE == gameStatus) { // player should keep rolling
47        sum = rollDice(); // roll dice again
48
49        // determine game status
50        if (sum == myPoint) { // win by making point
51           gameStatus = WON;
52        }
53        else {
54           if (7 == sum) { // lose by rolling 7
55              gameStatus = LOST;
56           }
57        }
58     }
59
60     // display won or lost message
61     if (WON == gameStatus) { // did player win?
62        puts("Player wins");
63     }
64     else { // player lost
65        puts("Player loses");
66     }
67  }
68
```

圖 5.14 模擬 crap 遊戲的程式

```
69   // roll dice, calculate sum and display results
70   int rollDice(void)
71   {
72      int die1 = 1 + (rand() % 6); // pick random die1 value
73      int die2 = 1 + (rand() % 6); // pick random die2 value
74
75      // display results of this roll
76      printf("Player rolled %d + %d = %d\n", die1, die2, die1 + die2);
77      return die1 + die2; // return sum of dice
78   }
```

圖 5.14　模擬 crap 遊戲的程式(續)

Player wins on the first roll

```
Player rolled 5 + 6 = 11
Player wins
```

Player wins on a subsequent roll

```
Player rolled 4 + 1 = 5
Point is 5
Player rolled 6 + 2 = 8
Player rolled 2 + 1 = 3
Player rolled 3 + 2 = 5
Player wins
```

Player loses on the first roll

```
Player rolled 1 + 1 = 2
Player loses
```

Player loses on a subsequent roll

```
Player rolled 6 + 4 = 10
Point is 10
Player rolled 3 + 4 = 7
Player loses
```

圖 5.15　crap 遊戲的執行範例

　　請注意，在遊戲規則中，玩家在第一次及後續輪擲時，均需投擲兩顆骰子。我們定義了 **rollDice** 函式來投擲骰子，並計算印出他們的點數和。**rollDice** 函式只定義一次，不過卻在程式中的兩個位置被呼叫（第 19 和 47 行）。**rollDice** 函式不需要引數，因此我們在它的參數列寫上 **void**（第 70 行）。**rollDice** 函式會傳回兩顆骰子的點數和，所以在它的函式標頭和函數原型以 **int** 標示其回傳型別。

列舉

這個遊戲是公平進行的。玩家在第一輪便可能贏或輸，或者在接下來的數回合中都有可能贏或輸。變數 **gameStatus** 被定義為新型別 **enum Status**，用來記錄目前的狀態。第 8 行建立了一個稱為**列舉**（enumeration）的使用者定義型別。列舉由關鍵字 **enum** 定義，它是一個表示為識別字的整數常數的集合。**列舉常數**（Enumeration constants）有助於使程序更易讀，且更易於維護。**enum** 裡面的值從 **0** 開始，並且以 **1** 遞增。在第 8 行，常數 **CONTINUE** 的值是 0，WON 的值是 1，以及 LOST 的值是 2。但是也可以將整數型別的值指定給 enum 中的識別字（參見第 10 章）。列舉中的識別字必須唯一，但是值可能會重複。

常見的程式設計錯誤 5.7

在為列舉常數定義之後，再將值設定給列舉常數會造成語法錯誤。

良好的程式設計習慣 5.6

只使用大寫字母當作列舉常數的名稱，讓人可以注意到這些常數，並且可以指出這些列舉常數不是變數。

　　如果玩家在第一回合或接下來的回合中贏了，gameStatus 將設定為 WON。如果玩家在第一回合或接下來的回合中輸了，gameStatus 將設定為 LOST。其他的狀況下則會將 gameStatus 設定為 CONTINUE，表示遊戲還須繼續進行。

在第一次投擲遊戲結束

在第一次投擲之後，如果遊戲已經結束了，while 敘述式（第 46-58 行）將因 gameStatus 不等於 CONTINUE 而跳過。程式接著執行第 61-66 行的 if…else 敘述式。如果 gameStatus 為 WON 的話，則它會印出"Player wins"，否則便印出"Player loses"。

在連續投擲遊戲結束

在第一次投擲之後，若遊戲未結束，那麼便將 sum 存到 myPoint 這個變數。由於此時 gameStatus 等於 CONTINUE，所以程式接下來執行 while 敘述式。while 的每次重複都會呼叫 rollDice 來產生新的 sum。如果 sum 和 myPoint 的值相等，將 gameStatus 設為 WON，表示玩家贏了，while 的條件檢查失敗，if…else 結構印出"Player wins"後，便結束了整個程式。如果 sum 等於 7 的話（第 54 行），gameStatus 將設為 LOST，表示玩家輸了，接著 while 條件檢查失敗，然後 if…else 敘述式印出"Player loses"之後，程式便會結束執行。

控制結構

請注意到本程式的控制結構。我們使用了兩個函式：main 和 rollDice，以及 switch、while、巢狀 if…else 和巢狀 if 等敘述式。我們將在本章習題裡介紹一些有關 craps 遊戲的有趣特性。

5.12　儲存類別

在第 2 章到第 4 章中，我們已使用了識別字來作為變數的名稱。變數的屬性包括了名稱、型別、大小和值。在本章中，我們也使用了識別字作為使用者定義的函式名稱。事實上，程式中的每一個識別字都還有一些其他屬性，包括**儲存類別**（storage class）、**儲存佔用期間**（storage duration）、**範圍**（scope）和**連結**（linkage）。

　　C 提供**儲存類別指定詞**（storage class specifier）：`auto`、`register1`、`extern` 和 `static2`。識別字的**儲存類別**（storage class）有助於判斷他們的儲存佔用期間、範圍和連結等特性。識別字的**儲存佔用期間**（storage duration）是指此識別字存在記憶體中的時期。有些識別字存在的時間很短暫，有些則重複地建立和清除，還有些則在程式的執行過程中一直都存在。識別字的**範圍**（scope）是指此識別字在程式中能夠被參考的範圍。有些識別字在整個程式中都可以調用，而有些只能被程式的某部分所調用。識別字的**連結**（linkage）可決定在有數個原始程式檔的情況下，此識別字是否只有目前的原始檔知道它，還是只要正確的宣告的話，任何原始檔都可以知道它的存在。本節將討論儲存類別，以及儲存佔用期間。5.13 節將討論範圍。至於識別字的連結，和使用數個原始檔的程式設計，則留待第 14 章再繼續討論。

　　儲存類別指定詞可以分為**自動儲存佔用期間**（automatic storage duration）和**靜態儲存佔用期間**（static storage duration）。關鍵字 `auto` 用來宣告自動儲存佔用期間的變數。具有自動儲存佔用期間的變數，是在程式控制進入宣告他們的區塊時，才會產生出來，在區塊作用的期間它們會一直存在，而當程式控制離開這個區塊時，他們便清除了。

區域變數

只有變數才能具有自動儲存佔用期間。函式的區域變數（宣告在函式的參數列或函式本體中的變數）通常都具有自動儲存佔用期間。關鍵字 `auto` 用來明確地宣告變數為自動儲存佔用期間。區域變數內定為具有自動儲存佔用期間，因此 `auto` 關鍵字很少使用。在接下來的內容中，我們會將具有自動儲存佔有期間的變數，簡稱為**自動變數**（automatic variables）。

 增進效能的小技巧 5.1

　　自動儲存是節省記憶體的一種方法，因為自動變數只有在需要他們時才會存在。自動變數在程式進入函式時才會產生，而當程式離開此函式時，他們便會被清除。

---

1. 關鍵字 `register` 是過時的，不應該被使用。
2. C11 標準增加了儲存類別指定詞`_Thread_local`，這已超出本書範圍。

靜態儲存類別

關鍵字 **extern** 和 **static** 是用來將變數或函式的識別字宣告為具有靜態儲存佔用期間。具有靜態儲存佔用期間的識別字，從程式開始執行至程式結束都存在。對靜態變數來說，在程式開始執行前，便為它配置好儲存位置並設好初始值了（只做一次）。對函式來說，在程式開始執行時，此函式的名稱就存在了。不過，即使這種變數和函式的名稱在程式一開始執行時便存在，並不代表這些識別字在程式的各個角落都可以使用。識別字的範圍（名稱可以使用的區域）和儲存暫用期間是另一個主題。我們將在 5.13 節中討論。

　　有數種識別字型別屬於靜態儲存佔用期間：外部的識別字（如全域變數和函式的名稱），以及以儲存類別指定詞 **static** 宣告的區域變數。全域變數和函式名稱預設為 **extern** 的儲存類別。全域變數的製造方法是將變數的宣告放在任何函式定義之外，他們將會在整個程式執行期間，一直保有他們的值。全域變數和函式，可以被同檔案中位於他們的宣告或定義之後的任何函式參考。這便是為什麼要使用函式原型的原因之一。當我們為某個呼叫 **printf** 的程式含括入 **stdio.h** 之後，**printf** 的函式原型便放到檔案的前頭，這使得 **printf** 這個名稱能夠讓檔案的其他位置都知道。

軟體工程的觀點 5.10

將變數宣告為全域（而不是區域）有時會產生一些不必要的邊際效應。因為可能會有不需要存取此變數的函式不小心更改它的數值。一般說來，應該避免使用全域變數，除非是在要求執行效率的情況下（將在第 14 章討論）。

軟體工程的觀點 5.11

只在某個函式內所使用的變數應宣告為此函式的區域變數，而不要將它宣告為外部變數。

　　以關鍵字 **static** 宣告的區域變數也只能夠在定義它的函式中使用，但和自動變數不同的是，**static** 區域變數在程式離開這個函式之後，還會保有他們的值。當這個函式下一次再被呼叫時，**static** 區域變數的值會和此函式上次離開函式時的值相同。下面的敘述式會將區域變數 count 宣告為 **static**，並為它指定初始值 1。

```
static int count = 1;
```

如果你沒有明確指定初始值的話，則所有靜態儲存佔用期間的數字變數，都會將初始值設定為 0。

　　extern 和 **static** 這兩個關鍵字如果明確的用於外部識別字的話，會具有特殊的意義。我們將在第 14 章討論明確使用 **extern** 和 **static** 在外部識別字以及多個原始檔的程式上。

5.13 範圍規則

識別字的範圍（scope of an identifier）是指可以參考到此識別字的程式部分。例如，當我們在某區塊中宣告一個區域變數時，此變數只能在這個區塊或其內的巢狀區塊調用。識別字的四種範圍分別是**函式範圍**（function scope）、**檔案範圍**（file scope）、**區塊範圍**（block scope）、以及**函式原型範圍**（function-prototype scope）。

標籤（識別字再加一個冒號，如 start:）是唯一具有**函式範圍**（function scope）的識別字。標籤可以在他們出現的函式中的任何位置使用，不過出了這個函式的本體，便不能參用這些標籤。標籤會用在 switch 敘述式（如 case 標籤）和 goto 敘述式裡（見第 14 章）。標籤隱藏在其定義的函式中。標籤屬於函式內部的實作細節，函式將其隱藏起來不讓別的函式知道。這種隱藏（較正式的稱法為**資訊隱藏**，information hiding）：是以**最小權限原則**（principle of least privilege）建構的方法，是良好的軟體工程最基本的原則。在應用的前後關係，原則是程式碼應該被授與完成任務所需的權限與存取，但不能更多。

宣告在任何函式之外的識別字都具有**檔案範圍**（file scope）。從這種識別字宣告的位置開始，一直到整個檔案結束，所有的函式中都會知道它的存在。全域變數、函式定義，和放在函式之外的函式原型都具有檔案範圍。

宣告在區塊之內的識別字都具有**區塊範圍**（block scope）。區塊範圍終止的位置在此區塊的結束右大括號（)）。宣告在函式一開頭的區域變數，和此函式的參數都具有區塊範圍。任何區塊都可以含有變數的宣告。在巢狀區塊的情形下，如果外層區塊的某個識別字與內層區塊某個識別字名稱相同的話，外層區塊的識別字在內層區塊裡將「隱藏」起來，直到內層區塊結束為止。這表示當執行到內層區塊時，內層區塊看到的是它自己的區域識別字的值，而不是外層區塊那個與它同名稱的識別字的值。雖然宣告為 static 的區域變數從程式一開始執行便存在，但他們仍然是屬於區塊範圍。因此儲存佔用期間並不會影響到識別字的範圍。

唯一具有**函式原型範圍**（function-prototype scope）的是用在函式原型參數列中的識別字。我們在前面曾經提過，函式原型的參數列中並不需要名稱，只需要型別。如果函式原型參數列中使用了名稱的話，編譯器將會忽略這些名稱。這些函式原型識別字可以在程式的其他位置重複使用，而不會有模稜兩可的情況發生。

常見的程式設計錯誤 5.8

當你不小心在內層區塊中使用了一個與外層區塊相同的識別字名稱，但你真正的用意卻是希望使用到外層區塊的那個識別字，此時實際上使用的是內層區塊裡的識別字。

測試和除錯的小技巧 5.4

避免變數名稱蓋掉了外層範圍的名稱。

圖 5.16 的程式分別以全域變數、自動區域變數以及 **static** 區域變數，來示範範圍界定的問題。程式中宣告了一個全域變數 **x**，並將其初始值設為 1（第 9 行）。這個全域變數在任何區塊（或函式）內將會隱藏起來，如果他們也都宣告了一個稱為 **x** 的變數的話。**main** 程式中宣告了一個區域變數 **x**，並將其初始值設為 5（第 13 行）。這個變數會印出來，以顯示全域的 **x** 在 **main** 裡隱藏起來了。接下來，一個新區塊定義在 **main** 裡面，它也宣告了一個區域變數 **x**，初始值為 7（第 18 行）。程式再把此變數印出來，以顯示它掩蓋了 **main** 外層區塊裡的 **x**。當這個區塊結束時，值為 7 的變數 **x** 便會自動清除，然後在 **main** 外層區塊的區域變數 **x** 會再印一次，以告知程式已不再隱藏這個區域變數。

```c
1   // Fig. 5.16: fig05_16.c
2   // Scoping.
3   #include <stdio.h>
4
5   void useLocal(void); // function prototype
6   void useStaticLocal(void); // function prototype
7   void useGlobal(void); // function prototype
8
9   int x = 1; // global variable
10
11  int main(void)
12  {
13     int x = 5; // local variable to main
14
15     printf("local x in outer scope of main is %d\n", x);
16
17     { // start new scope
18        int x = 7; // local variable to new scope
19
20        printf("local x in inner scope of main is %d\n", x);
21     } // end new scope
22
23     printf("local x in outer scope of main is %d\n", x);
24
25     useLocal(); // useLocal has automatic local x
26     useStaticLocal(); // useStaticLocal has static local x
27     useGlobal(); // useGlobal uses global x
28     useLocal(); // useLocal reinitializes automatic local x
29     useStaticLocal(); // static local x retains its prior value
30     useGlobal(); // global x also retains its value
31
32     printf("\nlocal x in main is %d\n", x);
33  }
34
35  // useLocal reinitializes local variable x during each call
36  void useLocal(void)
37  {
38     int x = 25; // initialized each time useLocal is called
39
40     printf("\nlocal x in useLocal is %d after entering useLocal\n", x);
41     ++x;
42     printf("local x in useLocal is %d before exiting useLocal\n", x);
43  }
44
45  // useStaticLocal initializes static local variable x only the first time
```

圖 5.16　範圍的例子

```
46    // the function is called; value of x is saved between calls to this
47    // function
48    void useStaticLocal(void)
49    {
50        // initialized once
51        static int x = 50;
52
53        printf("\nlocal static x is %d on entering useStaticLocal\n", x);
54        ++x;
55        printf("local static x is %d on exiting useStaticLocal\n", x);
56    }
57
58    // function useGlobal modifies global variable x during each call
59    void useGlobal(void)
60    {
61        printf("\nglobal x is %d on entering useGlobal\n", x);
62        x *= 10;
63        printf("global x is %d on exiting useGlobal\n", x);
64    }
```

```
local x in outer scope of main is 5
local x in inner scope of main is 7
local x in outer scope of main is 5

local x in useLocal is 25 after entering useLocal
local x in useLocal is 26 before exiting useLocal

local static x is 50 on entering useStaticLocal
local static x is 51 on exiting useStaticLocal

global x is 1 on entering useGlobal
global x is 10 on exiting useGlobal

local x in useLocal is 25 after entering useLocal
local x in useLocal is 26 before exiting useLocal

local static x is 51 on entering useStaticLocal
local static x is 52 on exiting useStaticLocal

global x is 10 on entering useGlobal
global x is 100 on exiting useGlobal

local x in main is 5
```

圖 5.16　範圍的例子(續)

　　程式定義了三個函式，他們都沒有任何引數也沒有傳回任何東西。函式 **useLocal** 定義一個自動變數 **x**，並且將它初始為 25（第 38 行）。當呼叫 **useLocal** 之後，先印出此變數的值，然後將它遞增，最後在離開此函式前再印一次它的值。每次函式 **useLocal** 呼叫時，自動變數 **x** 都會重新設成 25。

　　在第 51 行，函式 **useStaticLocal** 宣告了一個 **static** 變數 **x**，並給定其初始值為 50（記得在程式開始執行之前，儲存靜態變數的記憶體配置與初始化僅進行一次）。宣告成 **static** 的區域變數會一直保存他們的值，即使已經離開了他們的範圍亦是如此。當 **useStaticLocal** 被呼叫時，會先印出 **x** 的值，然後將它遞增，最後在離開此函式之前再印一次 **x** 的值。而在下一次呼叫函式 **useStaticLocal** 時，**static** 區域變數 **x** 的值將會是先前已遞增過的 51。

useGlobal 函式沒有宣告任何變數。因此當它參考到變數 x 的時候，便會使用全域變數 x（第 9 行）。當 useGlobal 被呼叫時，先印出此全域變數的值，然後將它乘以 10，最後在離開此函式之前再印一次它的值。下次函式 useGlobal 再被呼叫時，全域變數的值應該就是上次改過之後的值，即 10。程式的最後再印一次 main 中的區域變數 x（第 32 行），以確定所有的函式呼叫都沒有更改 x 的值，因為這些函式呼叫所參考到的是其他範圍裡的變數 x。

5.14　遞迴

對某些類型的問題來說，如果函式可以呼叫它自己，將會十分有用。**遞迴函式**（recursive function）就是一種可以直接或間接透過其他函式呼叫自己的函式。遞迴是進階電腦科學課程中所討論的一項複雜的課題。在本節和下一節中，將會介紹簡單的遞迴範例。本書的第 5 到 8 章以及第 12 章和附錄 D 和 E，將廣泛地介紹遞迴。在 5.16 節的圖 5.21 中，將整理本書所有關於遞迴的範例和習題。

首先讓我們了解遞迴的觀念，然後再來看看幾個含有遞迴函式的程式。遞迴函式解決問題的方法都具有一些共同特點。他們會呼叫一個遞迴函式來解決問題，這個函式事實上只曉得如何解決最簡單的情況，或稱為**基本情況**（base case）。如果此函式是在基本情況下被呼叫，那麼它便會傳回某個結果。如果是因為比較複雜的問題來呼叫遞迴函式，則此函式會將問題分成兩個概念性的小塊：一塊是此函式知道該怎麼做，另一塊是此函式不知道該怎麼做的部分。為了使遞迴順利進行，後面一塊必須類似原來的問題，不過比原先的問題簡單也比較小。由於新的問題看起來很像原來的問題，因此，此函式啟動（呼叫）它自己來解決這個較小的問題，稱為**遞迴呼叫**（recursive call），或稱為**遞迴步驟**（recursion step）。遞迴步驟裡也包含了 return 敘述式，因為它的結果會和知道問題該如何解決的部分，結合形成最後的結果，並且傳回給最原始的呼叫者。

當對遞迴函式的原始呼叫暫停，遞迴步驟會持續執行下去，等待遞回步驟的結果。遞迴步驟可以導致更多相同的遞迴呼叫，函式持續地將每個問題分成兩個概念性的小塊。為了使遞迴能結束，每次函式呼叫本身後，會解決一部分的問題，並產生比原來的問題要簡單的問題；所衍生出較簡單的問題，應該逐漸地接近基本情況。當函式將問題分解到基本情況時，當時的函式將結果傳回給上一份的函式，接著如骨牌效應似的回傳動作，最終將可以讓原始的函式呼叫將最終結果傳回給它的呼叫者。為了了解這樣的概念如何運作，接下來讓我們來寫個遞迴的程式，解決常見的數學問題。

用遞迴方法計算階乘

非負整數的階乘 n，寫成 $n!$（讀作「n 階乘」）如以下乘積：

$$n \cdot (n-1) \cdot (n-2) \cdot \ldots \cdot 1$$

而 1!等於 1，0!也定義成 1。例如，5!便是 5*4*3*2*1 的乘積，其值為 120。

對於大於等於零的整數 **number**，其階乘可以用 **for** 敘述句重複地（iteratively）計算（這不是遞迴）。如下：

```
factorial = 1;
for (counter = number; counter >= 1; --counter)
    factorial *= counter;
```

階乘函式的遞迴定義，可以經由觀察下列關係而得：

$$n! = n \cdot (n-1)!$$

例如，由底下的式子可以證明 5!即等於 5*4!

```
5! = 5 · 4 · 3 · 2 · 1
5! = 5 · (4 · 3 · 2 · 1)
5! = 5 · (4!)
```

5!的計算可以如圖 5.17 所示執行。圖 5.17(a)顯示遞迴呼叫不斷地進行，直到 1!計算成 1 為止（即基本情況），這時遞迴將會結束。圖 5.17(b)顯示了每個遞迴呼叫會回傳數值給呼叫它的函式，直到計算出最終的數值並且傳回之後才停止。

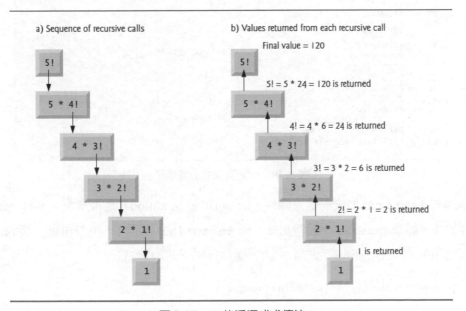

圖 5.17 5!的遞迴式求值法

　　圖 5.18 的程式利用遞迴來計算並印出 0 到 21 之整數的階乘值（稍後將解釋為何選用 **unsigned long long int** 資料型別）。

```
1   // Fig. 5.18: fig05_18.c
2   // Recursive factorial function.
3   #include <stdio.h>
4
5   unsigned long long int factorial(unsigned int number);
6
7   int main(void)
8   {
9       // during each iteration, calculate
10      // factorial(i) and display result
11      for (unsigned int i = 0; i <= 21; ++i) {
12          printf("%u! = %llu\n", i, factorial(i));
13      }
14  }
15
16  // recursive definition of function factorial
17  unsigned long long int factorial(unsigned int number)
18  {
19      // base case
20      if (number <= 1) {
21          return 1;
22      }
23      else { // recursive step
24          return (number * factorial(number - 1));
25      }
26  }
```

```
0! = 1
1! = 1
2! = 2
3! = 6
4! = 24
5! = 120
6! = 720
7! = 5040
8! = 40320
9! = 362880
10! = 3628800
11! = 39916800
12! = 479001600
13! = 6227020800
14! = 87178291200
15! = 1307674368000
16! = 20922789888000
17! = 355687428096000
18! = 6402373705728000
19! = 121645100408832000
20! = 2432902008176640000
21! = 14197454024290336768
```

圖 5.18　以遞迴函式計算階乘

　　遞迴函式 **factorial** 檢查結束條件（terminating condition）是否為眞，亦即 **number** 是否小於等於 1。如果 **number** 小於等於 1。則 **factorial** 傳回 1，不需再進一步的遞迴，程式也因而結束。如果 **number** 大於 1 的話，便執行底下的敘述式

```
return number * factorial(number - 1);
```

此敘述式將問題表示成 number 與對 factorial 遞迴呼叫（用來求出 number-1 的階乘）的乘積。factorial（number-1）比原來的 factorial（number）稍微簡單一點。

　　函式 **factorial** 接收一個 **unsigned int** 型別的參數（第 17-26 行），並傳回一個 **unsigned long long int** 型別的結果。C 標準所規定的 **unsigned long long int** 資料型別可儲存的最大值為 18,446,744,073,709,551,615。在圖 5.18 中可以看到，階乘值很快地就會變得非常大。在這裡我們選擇的資料型別是 **unsigned long long int**，所以程式可以計算較大的階乘值。我們用轉換指定詞%llu 來印出 **unsigned long long int** 的值。但是由於 **factorial** 函式所產生的數值很快地變得非常大，就算用 **unsigned long long int** 也沒辦法印出，太大的階乘值會超出 **unsigned long long int** 變數可表示的最大值。

　　即使我們使用 **unsigned long long int** 也仍然無法計算超過 **21!**的階乘問題。這指出 C 語言（以及許多其他的程式語言）的一項弱點，這種程式語言無法簡易地擴展來處理不同應用的獨特需求。而 C++則是一種可擴充的程式語言，透過「類別」，讓我們能建立包括可以處理我們所想要處理的任何大整數的新資料類別。

常見的程式設計錯誤 5.9

在一個遞迴函式中，忘了在必須回傳值的位置回傳一個數值。

常見的程式設計錯誤 5.10

沒有準備基本情況，或者不正確地撰寫遞迴步驟使得它無法收斂至基本情況，都將造成無窮遞迴，最終將耗盡記憶體。這種情況類似循環（非遞迴）函式裡的無窮迴圈。

5.15　使用遞迴的例子：Fibonacci 數列

費伯那契級數列

0, 1, 1, 2, 3, 5, 8, 13, 21, …

是以 0,1 開始，之後的每一個 Fibonacci 數，都是它的前兩個 Fibonacci 數之和。

　　這種數列會在自然界中出現，特別是用來描述螺旋形式的問題。連續兩個 Fibonacci 數的比值為一常數 1.618…。這個常數也在自然界中不斷地出現，稱為黃金比例（golden ratio）或黃金平均值（golden mean）。人們試著找出黃金比例以求美觀。而建築師們也將窗戶、房間和建築物的長寬比設計成黃金比例。此外，明信片的長寬比也依此黃金比例來設計。

費伯那契數列可以遞迴地定義，如下：

$$fibonacci(0) = 0$$
$$fibonacci(1) = 1$$
$$fibonacci(n) = fibonacci(n-1) + fibonacci(n-2)$$

圖 5.19 的程式利用函式 **fibonacci**，遞迴地計算出第 n 個 Fibonacci 數。請注意，Fibonacci 數會迅速變成很大，因此我們必須以 **unsigned int** 來作為 **fibonacci** 函式的參數，並以 **unsigned long long int** 作為傳回值的型別。在圖 5.19 當中，每個輸出行分別表示程式執行一次的結果。

```c
// Fig. 5.19: fig05_19.c
// Recursive fibonacci function
#include <stdio.h>

unsigned long long int fibonacci(unsigned int n); // function prototype

int main(void)
{
   unsigned int number; // number input by user

   // obtain integer from user
   printf("%s", "Enter an integer: ");
   scanf("%u", &number);

   // calculate fibonacci value for number input by user
   unsigned long long int result = fibonacci(number);

   // display result
   printf("Fibonacci(%u) = %llu\n", number, result);
}

// Recursive definition of function fibonacci
unsigned long long int fibonacci(unsigned int n)
{
   // base case
   if (0 == n || 1 == n) {
      return n;
   }
   else { // recursive step
      return fibonacci(n - 1) + fibonacci(n - 2);
   }
}
```

```
Enter an integer: 0
Fibonacci(0) = 0
```

```
Enter an integer: 1
Fibonacci(1) = 1
```

```
Enter an integer: 2
Fibonacci(2) = 1
```

```
Enter an integer: 3
Fibonacci(3) = 2
```

圖 5.19　遞迴 **fibonacci** 函式

```
Enter an integer: 10
Fibonacci(10) = 55
```

```
Enter an integer: 20
Fibonacci(20) = 6765
```

```
Enter an integer: 30
Fibonacci(30) = 832040
```

```
Enter an integer: 40
Fibonacci(40) = 102334155
```

圖 5.19　遞迴 **fibonacci** 函式(續)

從 **main** 對 **fibonacci** 的呼叫不是遞迴呼叫（第 16 行），但其他對 **fibonacci** 的呼叫全都是遞迴呼叫（第 30 行）。每次 **fibonacci** 被調用時，它會馬上檢測基本情況，即 **n** 是否等於 0 或等於 1。如果是真的話，將傳回 **n**。有趣的是，如果 **n** 大於 1，遞迴步驟會產生兩個遞迴呼叫，每個都代表一個比原來呼叫 **fibonacci** 還簡單的問題。圖 5.20 示範 **fibonacci** 函式如何計算 **Fibonacci(3)**。

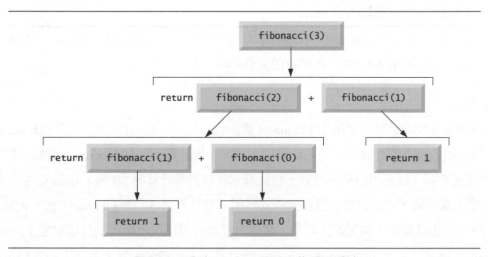

圖 5.20　呼叫 **fibonacci(3)** 的遞迴呼叫

運算元運算順序

此圖產生一些有趣的問題，C 編譯器是以何種順序來對運算子的運算元求值呢？另一個不同的問題就是，運算子應用到運算元的順序為何，也就是由運算子優先次序和結合性來獲取運算規則。圖 5.20 說明，在求 **fibonacci(3)** 的值時，會先進行兩次遞迴呼叫，分別是 **fibonacci(2)** 和 **fibonacci(1)**。但這兩個呼叫執行的順序為何呢？讀者可能會假設運算元是由左向右運算。為了最佳化，C 並沒有指明大多數運算子（包括+）的運算元之運算順序。因此，你不應該對這個呼叫的執行順序進行任何假設。程式可能先執行 **fibonacci(2)**再執行 **fibonacci(1)**，也可能先執行 **fibonacci(1)**再執行 **fibonacci(2)**。在許多其他的程式裡，這兩種執行順序會得到相同的結果。不過在某些程式中，對某個運算元運算可能會產生邊際效應，而影響運算式最終的結果。

　　C 只規定四種運算子的運算元運算順序，他們是&&、||、逗號運算子（,）和（?:）。前三個屬於二元運算子，他們的運算元均由左往右運算（請注意：在函式呼叫中用來分隔引數的逗號不是逗號運算子。）。最後一個是 C 唯一的三元運算子。它的最左邊運算元一定最先運算；如果最左邊運算元的運算得到非零（true）的值，便進行中間運算元的運算，並忽略最右邊的運算元；而如果最左邊運算元運算的結果為零（false），那麼便進行最右邊運算元的運算，並且忽略掉中間的運算元。

常見的程式設計錯誤 5.11

撰寫與運算子的運算元運算順序有關的程式時，由於編譯器可能不會以你預期的順序對運算元求值，程式可能會產生錯誤（&&、||、?:或逗號運算子除外）。

可攜性的小技巧 5.2

與運算子的運算元運算順序有關的程式（&&、||、?:或逗號運算子除外）在不同編譯器執行這樣的運算子運算，可能會產生不同的結果。

指數複雜度

關於遞迴程式（例如我們用來產生 Fibonacci 數的程式）有一點值得注意。在 **fibonacci** 函式中，每一級的遞迴都會讓呼叫的總數變為 2 倍，亦即計算第 *n* 個 Fibonacci 數時，需要執行 2*n* 次的遞迴呼叫。這會很快失去控制。想想看，當我們要計算第 20 個 Fibonacci 數，便需要約 220 個函式呼叫，也就是約一百萬個函式呼叫。要計算第 30 個 Fibonacci 數，便需要 230 個函式呼叫，也就是約十億個函式呼叫。電腦科學家將這種現象稱為指數複雜度（exponential complexity）。遇上這類的問題，別說一般人腦計算了，即使是世界上最強大的電腦也束手無策了！有關複雜度的問題，特別是指數複雜度，在稱為「演算法」的進階電腦科學課程中會加以介紹。

　　本節中討論的範例是用直覺的方法來計算 Fibonacci 數列，但是應該有更好的方式。習題 5.48 要你深入研究遞迴，找出其他實作遞迴 Fibonacci 演算法的方法。

5.16　遞迴 vs.循環

在上一節中，我們討論兩種可以簡單以遞迴或循環的方式來製作函式。本節將比較這兩種方法，並且討論在何種條件下，程式設計師應該選用哪一種方法。

- 循環和遞迴都是以控制敘述式為基礎：循環使用循環敘述式；遞迴使用選擇敘述式。
- 循環和遞迴都含有重複性：循環使用循環敘述式；遞迴則重複的使用重複函式呼叫。
- 循環和遞迴都含有一個終止檢測：循環在迴圈繼續條件失敗時結束；遞迴在到達基本情況時結束。
- 循環使用計數器控制循環結構，遞迴則逐步接近終止：循環會持續改變計數器的值，直到計數器的值讓迴圈繼續條件不符合為止；遞迴則持續將原始的問題簡化，直到問題變成基本狀況為止。
- 循環和遞迴都可能會產生無窮迴圈：在迴圈繼續條件測試永遠不是偽的時候，循環會產生無窮迴圈；在遞迴步驟無法將問題收斂到基本狀況時，遞迴會產生無窮遞迴。無窮循環和遞迴通常是由於程式邏輯中的錯誤而發生的。

遞迴有許多缺點。由於它會重複調用函式呼叫，因此在執行時間和記憶體空間兩方面，都會帶來昂貴的額外負擔。每個遞迴呼叫都會產生此函式的另一份拷貝（實際上只有此函式內的變數），這將消耗可觀的記憶體空間。循環通常只會在同一個函式內進行，因此沒有重複呼叫函式所造成的額外記憶體負擔。既然如此，為什麼要使用遞迴呢？

軟體工程的觀點 5.12

任何可以用遞迴解決的問題，也一定可以用循環結構（非遞迴）來解決。因為使用遞迴方式較能夠自然地反映出問題，且能讓程式較容易了解，也方便除錯，所以我們選用遞迴法，而不選用循環結構。另外一個選擇遞迴的理由是：循環不是顯而易見的。

大多數的程式設計教科書會在較後面的章節才介紹遞迴，不像我們在這個地方便提出介紹。我們認為遞迴是個內容豐富且複雜的課題，所以提前來介紹它，並在本書剩下的部分陸續介紹有關遞迴的例子。圖 5.21 整理本書中 30 個有關遞迴的例子和習題。

讓我們以本書中常提到的一些觀點來結束本章。良好的軟體工程是很重要的，而高效率也是很重要的。不幸地是，這兩種目標通常無法兼顧。良好的軟體工程是我們能夠更容易管理更大更複雜軟體系統的關鍵。高效率則是實現未來軟體系統的關鍵，在硬體上，對計算的需求甚至更高。哪裡有適合這裡的函式呢？

遞迴的例子和習題	
第 5 章	第 7 章
Factorial 函式	迷宮尋訪
Fibonacci 函式	第 8 章
最大公因數	反向印出輸入的字串
乘以兩個整數	第 12 章
將整數升冪為整數次冪	搜尋連結串列
河內塔	反向印出連結串列
遞迴 **main**	二元樹插入
視覺化的遞迴	二元樹的前序遍歷
第 6 章	二元樹的中序遍歷
加總一個陣列的元素	二元樹的後序遍歷
印出陣列	印出樹
印出反向陣列	附錄 D
印出反向字串	選擇排序
檢查字串是否為回文	快速排序
陣列中的最小值	附錄 E
線性搜尋	**Factorial** 函式
二元搜尋	
八皇后問題	

圖 5.21　本書中關於遞迴的範例和習題

增進效能的小技巧 5.2

將大型的程式分化成各個函式可以促進良好的軟體工程。不過這也需付出一些代價。一個過度函式化的程式與完全不用函式的程式相比,會存有大量的函式呼叫,而這將耗費電腦處理器的執行時間。不過完全不用函式的程式雖然效能可能比較好,但它難以撰寫、測試、偵錯、維護和擴充。

增進效能的小技巧 5.3

現今的硬體架構讓函數呼叫變得更有效率,而且硬體處理器也變得相當快,且 C 編譯器有助於最佳化你的程式碼。對於絕大多數的應用與讀者會建立的軟體系統來說,好的軟體工程比起追求高效能的程式來得更重要。然而,在許多 C 語言應用程式與系統,像是遊戲程式、即時系統、作業系統與嵌入式系統,效能是個關鍵,所以我們也將增進效能的小技巧加入本書。

5.17　安全程式設計

安全亂數

在 5.10 節中，我們介紹如何使用 **rand** 函式產生虛擬亂數。標準 C 函式庫沒有提供安全亂數產生器。根據標準 C 函式庫文件的描述，**rand** 函式「對於所產生的連續隨機之品質沒有保證，而一些已知產生序列的建構方式是用令人不安的非隨機低階位元」。CRET 的指南 MSC30-C 指出，要建立特定亂數產生函式，必須確定這些亂數的產生是否非可預測—這是相當重要的；例如密碼與其他安全性應用。指南提出數種被認為是安全的平台相關亂數產生器，例如，Microsoft Windows 提供了 **CryptGenRandom** 函式，以 POSIX 為基礎的系統（像是 Linux）提供了可以產生更安全結果的 **random** 函式。更多的資訊可以參考在 **https://www.securecoding.cert.org** 的 MSC30-C 指南。若讀者在建構需要亂數的優質應用程式，應該要查詢使用平台所推薦的函式。

摘要

5.1　簡介

● 發展和維護一個大型程式最好的方法是，將程式分割（divide）成數個較好管理的小模組。

5.2　C 語言中的程式模組

● 函式（function）是經由函式呼叫（function call）來調用的。函式呼叫的形式是函式名稱加上提供給受呼叫函式執行工作所需的資訊（即引數）。

● 資訊隱藏（information hiding）的目的是使函式只能存取到他們用來完成任務所需的資訊。這是製作最小權限原則（principle of least privilege）的一種方法。最小權限原則是良好的軟體工程所要求的最重要原則之一。

5.3　數學函式庫函式

● 函式在程式裡調用的方法，通常是先寫函式名稱，接著寫一個左括號，然後跟著寫此函式的引數（或是由逗號分隔的一個引數列），在函式的最後再寫一個右括號。

● 函式的每一個引數都可以是常數、變數或運算式。

5.4　函式

● 區域變數（local variable）只有在函式定義之內才為人所知。其他的函式無法得知此函式之區域變數的名稱，任何函式也都無法得知其他函式的製作細節。

5.5　函式定義

● 函式定義的一般格式是

return-value-type function-name(parameter-list)

　　{

　　　statements

　　}

其中，*return-value-type* 指明了傳回給呼叫函式之值的型別。如果函式並沒有回傳值的話，那麼 *return-value-type* 就宣告為 **void**。*function-name* 是任何合法的識別字。*parameter-list* 是一串以逗號分隔的變數宣告，這些變數將傳遞給此函式。如果某個函式不接收任何的數值，那麼它的 *parameter-list* 宣告為 **void**。

● 傳遞給函式的參數，在數量、型別和順序上都應符合函式定義內的參數列。

● 當程式執行到一個函式呼叫時，控制權便從這一點移轉到被呼叫的函式，等執行完函式的敘述式後，控制權再傳回到呼叫者身上。

● 被呼叫的函式可以用三種方式將控制權傳回給呼叫者。如果被呼叫的函式不需回傳值的話，當執行到函式的結束右大括號，或執行

　　　return;

敘述式，控制權都可以傳回給呼叫者。如果被呼叫函式需回傳值的話，則底下的敘述式

　　　Return *expression***;**

可以傳回 expression 的值。

5.6　函式原型：深入探討

● 函式原型（function prototype）宣告了函式的名稱、回傳型別，也宣告了此函式所希望接收之參數的個數、型別及順序。

● 函式原型讓編譯器能夠驗證此函式是否正確地呼叫。

● 編譯器會忽略寫在函式原型裡的變數名稱。

● 在混合型態運算式（mixed-type expression）的引數透過 C 語言標準常用算數轉換規則（usual arithmetic conversion rules）來轉換為一致的型別。

5.7　函式呼叫堆疊與堆疊框架

● 堆疊（stack）是一種後進先出（last-in, first-out，LIFO）的資料結構，也就是說，最後推入（插入）堆疊的項目會最先從堆疊取出（移除）。

● 被呼叫的函式必須知道要怎麼回到呼叫者的位置，因此當函式被呼叫時，呼叫函式的返回位址會被推入程式執行堆疊中。假如發生了一系列的函式呼叫，返回位址會依後進先出的順序被推入堆疊中，因此，最後一個被呼叫的函式會第一個返回它的呼叫者。

- 程式執行堆疊中也包含了程式執行時，函式所使用的區域變數的記憶體。這些資料也稱為函式呼叫的「堆疊框架（stack frame）」。當函式呼叫發生時，此函式呼叫的堆疊框架會被推入程式執行堆疊中。當函式返回它的呼叫者時，此函式呼叫的堆疊框架會從堆疊中被取出，而程式就無法認得這些區域變數了。

- 電腦的記憶體容量有限，因此可以用來儲存程式執行堆疊中堆疊框架的記憶體容量也是有限的。假如函式呼叫的數量超過程式執行堆疊可以儲存的堆疊框架時，會產生稱為「堆疊溢位（stack overflow）」的錯誤。應用程式的編譯將會是正確的，但它在執行時可能因為堆疊溢位而失敗。

5.8　標頭

- 每個標準函式庫都有一個相對的標頭檔，其包含有此函式庫所有函式的函式原型，並定義了這些函式需要用到的各種符號常數。

- 你可以製造並含括你自己的標頭檔。

5.9　由值與參考傳遞引數

- 當以傳值呼叫來傳遞某個引數時，會產生一份此變數值的拷貝，並將之傳給被呼叫函式。在被呼叫函式裡對這份拷貝所做的修改，將不會影響到原始變數的值。

- 當以傳參考呼叫來傳遞某個引數時，呼叫者允許被呼叫函式修改原始變數的值。

- C 的所有呼叫都是傳值呼叫。

- 但可以使用位址運算子和間接運算子來實現傳參考呼叫。

5.10　亂數產生

- `rand` 函式會產生一個介於 0 和 `RAND_MAX` 之間的整數，C 標準規定 `RAND_MAX` 的值至少需為 32767。

- 由 `rand` 所產生的值可以比例化（scaled）並移位（shifted），以產生出落在某個特定範圍內的值。

- 要將程式亂數化，請使用 C 標準函式庫的 `srand` 函式。

- `srand` 函式尋找亂數產生器。通常只有在程式完整偵錯完畢之後，才將 `srand` 敘述式加到程式裡面。在偵錯階段最好先不要用 `srand`。如此做可以確保重複性，這點證明亂數產生器程式的正確性是很有幫助的。

- `rand` 和 `srand` 的函式原型包含在 `<stdlib.h>` 當中。

- 若不想在每次執行時都要輸入種子（`seed`）值便達成亂數化，我們可以使用 `srand(time(NULL))`。

- 對亂數進行比例和移位的一般化公式為

```
n = a + rand() % b;
```

其中 `a` 代表位移值（相當於連續整數範圍的第一個數字），`b` 代表比例因子（相當於連續整數範圍的個數）。

5.11　範例：機會遊戲；採用 enum

- 列舉（enumeration）由關鍵字 enum 定義，它是一個表示爲識別字的整數常數的集合。enum 裡面的值從 0 開始，並且以 1 遞增。但是也可以將整數值指定給 enum 中的識別字。列舉中的識別字必須是唯一，但是值可以重複。

5.12　儲存類別

- 程式中的每一個識別字都具有儲存類別，儲存佔用期間、範圍和連結等屬性。
- C 提供了四種儲存類別，分別以下列四個儲存類別指定詞（storage class specifiers）來表示：auto、register、extern 和 static。
- 識別字的儲存佔用期間是指此識別字何時會存在記憶體中。
- 識別字的連結可以讓多原始檔的程式判斷此識別字是否只能其所在之原始檔被認得，或者任何正確宣告的原始檔都可以被認得。
- 具有自動儲存佔用期間的變數，會在進入宣告他們的區塊時產生，只要這個區塊仍在作用中，他們就一直存在，等到離開此區塊時他們便毀滅。函式的區域變數通常都具有自動儲存佔用期間。
- 關鍵字 extern 和 static 是用來爲變數和具有靜態儲存佔用期間的函式宣告識別字。
- 具有靜態儲存佔用期間的變數，只在程式開始執行前進行一次記憶體空間配置和設初始值的動作。
- 有兩種識別字型別屬於靜態儲存佔用期間：外部的識別字（如全域變數和函式的名稱），以及以儲存類別指定詞 static 宣告的區域變數。
- 全域變數（Global variable）是以將變數宣告在任何函式定義之外的方式來產生的，他們在整個程式執行的過程中，都會一直保有其值。
- 宣告成 static 的區域變數，在定義他們的函式之間呼叫時，會保有其值。
- 如果你沒有明確指定初始值的話，則所有靜態儲存佔用期間的數字變數，都會將初始值設定爲 0。

5.13　範圍規則

- 識別字的範圍（scope）是指此識別字在程式中能夠被參考的範圍。
- 識別字分別有函式範圍（function scope）、檔案範圍（file scope）、區塊範圍（block scope）以及函式原型範圍（function-prototype scope）。
- 標籤（label）是唯一具有函式範圍的識別字。標籤可以在他們出現的函式中的任何位置使用，不過出了這個函式本體，便不能參用這些標籤。
- 宣告在任何函式之外的識別字都具有檔案範圍（file scope）。從這種識別字宣告的位置一直到檔案結束，都可以知道它的存在。
- 宣告在區塊之內的識別字都具有區塊範圍（block scope）。區塊範圍終止的位置在此區塊的結束右大括號（)）。
- 宣告在函式一開頭的區域變數，和此函式的參數都具有區塊範圍，他們被視爲函式的區域變數。

- 任何區塊都可以含有變數的宣告。在巢狀區塊的情形下，如果外層區塊的某個識別字與內層區塊某個識別字名稱相同的話，外層區塊的識別字在內層區塊裡將「隱藏」起來，直到內層區塊結束爲止。
- 唯一具有函式原型範圍（function-prototype scope）的是用在函式原型參數列中的識別字。這些在函式原型中的識別字可以在程式的其他位置重複使用，而不會有模稜兩可的情況發生。

5.14　遞迴

- 遞迴函式是指一個會直接或間接呼叫自己的函式。
- 如果遞迴函式呼叫時滿足基本情況，那麼此函式便傳回結果即可。如果是以較複雜的問題來呼叫，則此函式會將問題分成兩個概念性的小塊：其中一塊是函式知道如何處理，而另一塊則是比原來問題較爲簡單的小塊。由於新的問題和原問題相似，所以函式便實行一個遞迴呼叫來解決這個較小的問題。
- 爲了能結束遞迴，每次遞迴函式都會以較原來問題簡單的問題呼叫自己，這些愈來愈簡單的問題應能收斂至基本情況。當函式確認已到達基本情況時，將會把結果回傳給上一個函式呼叫，接下來一連串的回傳動作，直到原始的函式呼叫將最後結果傳回給呼叫者爲止。
- 標準 C 並沒有指明大多數運算子（包括+）的運算元之運算順序。在 C 的大多數運算子中，ANSI 標準只規定四種運算子的運算元運算順序，他們是&&、||、逗號運算子（,）和（?:）。前三個屬於二元運算子，他們的運算元均由左往右運算。最後一個是 C 唯一的三元運算子。它的最左邊運算元一定最先運算；如果運算得到非零的值，便進行中間運算元的運算，並忽略最後運算元；而如果最左邊運算元運算的結果爲零，那麼便進行第三個運算元的運算，並且忽略掉中間的運算元。

5.16　遞迴 vs.循環

- 循環和遞迴都是以控制結構爲基礎：循環使用循環敘述式；遞迴使用選擇敘述式。
- 循環和遞迴都含有重複性：循環使用循環敘述式；遞迴則重複地使用重複函式呼叫。
- 循環和遞迴都含有一個終止檢測：循環在迴圈繼續條件失敗時結束；遞迴在到達基本情況時結束。
- 循環和遞迴都可能會產生無窮迴圈：在迴圈繼續條件永遠不是僞的時候，循環會產生無窮迴圈；在遞迴步驟無法將問題收斂到基本狀況時，遞迴會產生無窮遞迴。
- 遞迴會重複調用函式呼叫，造成多餘的負擔，在執行時間和記憶體空間兩方面，都會帶來昂貴的額外負擔。

自我測驗

5.1 回答下列各項問題：

　　a) 程式模組在 C 裡稱爲_____。

　　b) 函式以_____來調用。

　　c) 某個變數只有定義它的函式知道，稱爲_____。

　　d) 在被呼叫的函式中的_____敘述式，是用來將運算式的結果值傳回給呼叫函式。

e) ＿＿＿＿＿關鍵字用在函式的標頭中，以表示此函式不回傳值，或此函式沒有任何參數。

f) 識別字的＿＿＿＿是指在程式的哪個部分裡可以使用此識別字。

g) 將控制權由被呼叫函式傳回呼叫者的三種方式為＿＿＿＿、＿＿＿＿和＿＿＿＿。

h) ＿＿＿＿讓編譯器能檢查傳給函式的引數個數、型別及順序等是否正確。

i) ＿＿＿＿函式用來產生亂數。

j) ＿＿＿＿函式用來指定亂數的種子值，以對程式進行亂數化。

k) 儲存類別指定詞有＿＿＿＿、＿＿＿＿、＿＿＿＿和＿＿＿＿。

l) 宣告在區塊內或宣告在函數參數列上的變數，除非特別指明，否則均具有＿＿＿＿儲存類別。

m) 宣告在任何區塊或函式之外的非 static 變數是＿＿＿＿變數。

n) 若想讓函式內的區域變數在函式的各次呼叫之間仍可以保有其值，必須在此變數之前加上＿＿
儲存類別指定詞。

o) 識別字四種可能的範圍是＿＿＿＿、＿＿＿＿、＿＿＿＿和＿＿＿＿。

p) 一個直接或間接呼叫自己的函式稱為＿＿＿＿函式。

q) 一個遞迴函式通常可以分為兩部分：一個部分藉由檢查＿＿＿＿情況來使遞迴結束，另一個則
將原問題以較簡單的遞迴呼叫來表示。

5.2 參考下列程式，請敘述下列各項的範圍 (函式範圍、檔案範圍、區塊範圍或函式原型範圍)。

a) 在 **main** 裡的變數 **x**。

b) cube 裡的變數 y。

c) 函式 **cube**。

d) 函式 **main**。

e) **cube** 的函式原型。

f) 在 **cube** 函式原型內的識別字 **y**。

```
 1  #include <stdio.h>
 2  int cube(int y);
 3
 4  int main(void)
 5  {
 6     for (int x = 1; x <= 10; ++x)
 7        printf("%u\n", cube(x));
 8  }
 9
10  int cube(int y)
11  {
12     return y * y * y;
13  }
```

5.3 請撰寫一個程式，測試圖 5.2 中的數學函式庫函式呼叫是否真的會產生圖中所說的結果來。

5.4 請為下列各函式撰寫函式的標頭。

a) 函式 **hypotenuse**，它有兩個雙精度浮點數引數 **side1** 和 **side2**，並回傳一個也是雙精度
浮點數的結果。

b) 函式 **smallest**，它有三個整數 **x**、**y** 和 **z**，並回傳一個整數。

c) 函式 **instructions** 不接收任何引數，也不回傳任何值。（備註：這種函式通常用於向使用者顯示操作說明。）

d) 函式 **inToFloat** 有一個整數引數 **number**，並回傳一個浮點數的結果。

5.5 請爲下列各項撰寫函式原型。

a) 習題 5.4(a)中所描述的函式。

b) 習題 5.4(b)中所描述的函式。

c) 習題 5.4(c)中所描述的函式。

d) 習題 5.4(d)中所描述的函式。

5.6 撰寫一個浮點數變數 **lastVal** 的宣告，該宣告保留其在定義函式的呼叫之間的值。

5.7 請找出下列各程式片段的錯誤，並說明如何更正（也可以看習題 5.46）。

a)
```
int g(void)
{
   printf("%s",Inside function g\n");
   int h(void)
   {
      printf("%s","Inside function h\n");
   }
}
```

b)
```
int sum(int x, int y)
{
   int result = x + y;
}
```

c)
```
void f(float a);
{
   float a;
   printf("%f", a);
}
```

d)
```
int sum(int n)
{
   if (0 ==n) {
     return0;//
   }
   else {
       n + sum(n -1);
   }
}
```

e)
```
void product(void)
{
```

```
        printf("%s", "Enter three integers:")
        int a, b, c;
        scanf("%d%d%d", &a, &b, &c);
        int result = a * b * c;
        printf("Result is %d", result);
        return result;
    }
```

自我測驗解答

5.1　a) 函式　b) 函式呼叫　c) 區域變數　d) **return**　e) **void**　f) 範圍　g) **return**，**return** 運算式，函式的結束右大括號　h) 函式原型　i) **rand**　j) **srand**　k) **auto**、**register**、**extern**、**static**　l) **auto**　m) 外部或全域　n) **static**　o) 函式範圍、檔案範圍、區塊範圍、函式原型範圍　p) 遞迴　q) 基本。

5.2　a) 區塊範圍　b) 區塊範圍　c) 檔案範圍　d) 檔案範圍　e) 檔案範圍　f) 函式原型範圍。

5.3　如下：（請注意：在大多數 Linux 系統上，你必須使用 **-lm** 項目來編譯這個程式。）

```
1   // ex05_03.c
2   // Testing the math library functions
3   #include <stdio.h>
4   #include <math.h>
5
6   int main(void)
7   {
8       // calculates and outputs the square root
9       printf("sqrt(%.1f) = %.1f\n", 900.0, sqrt(900.0));
10      printf("sqrt(%.1f) = %.1f\n", 9.0, sqrt(9.0));
11
12      // calculates and outputs the cube root
13      printf("cbrt(%.1f) = %.1f\n", 27.0, cbrt(27.0));
14      printf("cbrt(%.1f) = %.1f\n", -8.0, cbrt(-8.0));
15
16      // calculates and outputs the exponential function e to the x
17      printf("exp(%.1f) = %f\n", 1.0, exp(1.0));
18      printf("exp(%.1f) = %f\n", 2.0, exp(2.0));
19
20      // calculates and outputs the logarithm (base e)
21      printf("log(%f) = %.1f\n", 2.718282, log(2.718282));
22      printf("log(%f) = %.1f\n", 7.389056, log(7.389056));
23
24      // calculates and outputs the logarithm (base 10)
25      printf("log10(%.1f) = %.1f\n", 1.0, log10(1.0));
26      printf("log10(%.1f) = %.1f\n", 10.0, log10(10.0));
27      printf("log10(%.1f) = %.1f\n", 100.0, log10(100.0));
28
29      // calculates and outputs the absolute value
30      printf("fabs(%.1f) = %.1f\n", 13.5, fabs(13.5));
31      printf("fabs(%.1f) = %.1f\n", 0.0, fabs(0.0));
32      printf("fabs(%.1f) = %.1f\n", -13.5, fabs(-13.5));
33
34      // calculates and outputs ceil(x)
35      printf("ceil(%.1f) = %.1f\n", 9.2, ceil(9.2));
36      printf("ceil(%.1f) = %.1f\n", -9.8, ceil(-9.8));
37
38      // calculates and outputs floor(x)
39      printf("floor(%.1f) = %.1f\n", 9.2, floor(9.2));
40      printf("floor(%.1f) = %.1f\n", -9.8, floor(-9.8));
41
```

```
42    // calculates and outputs pow(x, y)
43    printf("pow(%.1f, %.1f) = %.1f\n", 2.0, 7.0, pow(2.0, 7.0));
44    printf("pow(%.1f, %.1f) = %.1f\n", 9.0, 0.5, pow(9.0, 0.5));
45
46    // calculates and outputs fmod(x, y)
47    printf("fmod(%.3f/%.3f) = %.3f\n", 13.657, 2.333,
48       fmod(13.657, 2.333));
49
50    // calculates and outputs sin(x)
51    printf("sin(%.1f) = %.1f\n", 0.0, sin(0.0));
52
53    // calculates and outputs cos(x)
54    printf("cos(%.1f) = %.1f\n", 0.0, cos(0.0));
55
56    // calculates and outputs tan(x)
57    printf("tan(%.1f) = %.1f\n", 0.0, tan(0.0));
58 }
```

```
sqrt(900.0) = 30.0
sqrt(9.0) = 3.0
cbrt(27.0) = 3.0
cbrt(-8.0) = -2.0
exp(1.0) = 2.718282
exp(2.0) = 7.389056
log(2.718282) = 1.0
log(7.389056) = 2.0
log10(1.0) = 0.0
log10(10.0) = 1.0
log10(100.0) = 2.0
fabs(13.5) = 13.5
fabs(0.0) = 0.0
fabs(-13.5) = 13.5
ceil(9.2) = 10.0
ceil(-9.8) = -9.0
floor(9.2) = 9.0
floor(-9.8) = -10.0
pow(2.0, 7.0) = 128.0
pow(9.0, 0.5) = 3.0
fmod(13.657/2.333) = 1.992
sin(0.0) = 0.0
cos(0.0) = 1.0
tan(0.0) = 0.0
```

5.4 a) `double hypotenuse(double side1, double side2)`

b) `int smallest(int x, int y, int z)`

c) `void instructions(void)`

d) `float intToFloat(int number)`

5.5 a) `double hypotenuse(double side1, double side2)`

b) `int smallest(int x, int y, int z)`

c) `void instructions(void)`

d) `float intToFloat(int number)`

5.6 `static floatlastVal;`

5.7 a) 錯誤：函式 h 定義在函式 g 之內。

更正：將 h 的定義移到 g 的定義之外。

b) 錯誤：函式本體應該傳回一個整數的，但它沒有。

更正：將以下的敘述式放到函式中：

`return x + y;`

c) 錯誤：參數列的右括號旁多了一個分號，而且在函式定義內重複定義了參數 a。

更正：去掉參數列的右括號之後的分號，刪除函式本體內的宣告 `float a;`。

d)　錯誤：**n + sum(n-1)** 的結果沒有傳回；**sum** 回傳了一個不正確的結果。

　　更正：改寫 **else** 子句內的敘述式為

　　　　　return n + sum(n - 1);

e)　錯誤：函式不該回傳值，但它卻回傳。

　　更正：去掉 **return** 敘述式。

習題

5.8　請求出在下列每項敘述式執行後，x 的值為何？

a)　**x = fabs(10.85)**

b)　**x = floor(10.85)**

c)　**x = fabs(-0.678)**

d)　**x = ceil(9.234)**

e)　**x = fabs(0.0)**

f)　**x = ceil(-34.87)**

g)　**x = ceil(-fabs(-12 - floor(-9.5)))**

5-9　（汽車租賃服務）汽車租賃服務收費最低為 25 美元，可租用汽車 8 小時，8 小時後每小時另外收費 5 美元。每日最高收費為 50 美元，不含服務稅。該公司每小時收取 0.50 美元的服務稅。假設沒有汽車會租出去超過 72 小時。如果租用汽車的時間超過 24 小時，則以日計費。請編寫一個程式，計算並印出昨天從該公司租用汽車的三位客戶中，每一位的租賃費用。你應該輸入每位客戶租用汽車的時間（以小時計）。你的程式必須以表格的格式印出結果，並且應該計算及印出昨天的收據總金額。程式必須使用函式 **calculateCharges** 來確定每個客戶的收費。輸出結果應該以下列格式顯示：

```
Car      Hours       Charge
1        12           56.00
2        34          117.00
3        48          124.00
TOTAL    94          297.00
```

5.10　（四捨五入）函式 **ceil** 的應用便是將某個值四捨五入成與它最接近的整數。以下的敘述式

　　　　y = ceil(x + .5);

會把 **x** 四捨五入成最接近的整數，並將結果指定給 **y**。請撰寫一個程式讀入數個數，然後利用上面的敘述式將每個數四捨五入成最接近的整數。請印出每個數原來的值，以及處理後的值。

5.11　（四捨五入）函式 **floor** 可以用來將數值四捨五入到某個小數位數。以下的敘述式

　　　　y = floor(x * 10 +.5) / 10;

會將 **x** 四捨五入至十分位（小數點後第一位）。以下的敘述式

　　　　y = floor(x * 100 + .5) / 100;

則將 **x** 四捨五入至百分位（小數點後第二位）。請撰寫下列四個函式，將 **x** 四捨五入至不同的位置

a) `roundToInteger(number)`

b) `roundToTenths(number)`

c) `roundToHundreths(number)`

d) `roundToThousandths(number)`

對每一個讀進來的數值，你的程式應印出原來的值，四捨五入成最接近的整數值，四捨五入至最接近的十分位值，四捨五入至最接近的百分位值，以及四捨五入至最接近的千分位值。

5.12 回答下列各項問題：

a) 以引數傳遞引數和以參考傳遞引數有何差異？

b) rand 函式會產生什麼值？

c) 你如何為一個程式產生亂數？你如何比例化或移位 **rand** 函式產生的值？

d) 什麼是遞迴函式？基本情況為何？

5.13 請撰寫敘述式，將亂數按照下列各範圍的規定，指定給變數 n。

a) $1 \leq n \leq 6$

b) $100 \leq n \leq 1000$

c) $0 \leq n \leq 19$

d) $1000 \leq n \leq 2222$

e) $-1 \leq n \leq 1$

f) $-3 \leq n \leq 11$

5.14 請為下列各組整數撰寫一個敘述式，任意地印出此組整數中的任一個。

a) 3, 6, 9, 12, 15, 18, 21, 24, 27, 30。

b) 3, 5, 7, 9, 11, 13, 15, 17, 19。

c) 3, 8, 13, 18, 23, 28, 33。

5.15 （斜邊計算）定義一個稱為 **hypotenuse** 的函式，計算已知其他兩邊時直角三角形斜邊的長度。函式應具有兩個型別為 **double** 的引數，並傳回型別為 **double** 的斜邊。請用圖 5.22 中指定的邊長值測試你的程式。

Triangle	Side 1	Side 2
1	3.0	4.0
2	5.0	12.0
3	8.0	15.0

圖 5.22 習題 5.15 的直角三角形兩股長

5.16 （三角形的邊）請編寫一個函式，它會讀取三個非零 **double** 值作為三角形的邊，計算三角形的面積，並且將其以 **double** 變數回傳。在計算面積之前，還應該檢查數字是否代表三角形的邊。請在輸入一連串整組數字的程式中使用此函式。

5.17 （直角三角形的邊）請編寫一個讀取三個非零整數的函式，並確定它們是否是直角三角形的邊。如果引數包含直角三角形的三邊，則函式應該接收三個整數引數並傳回 **1**（眞），否則傳回 **0**（假）。在輸入一連串整組整數的程式中使用此函式。

5.18 （奇數或偶數）請撰寫一個程式輸入一連串的整數，並將它們一次一個地傳給函式 **isEven**，使用餘數運算子來判斷得到的整數是否爲偶數。此函式應接收一個整數引數，並在整數爲偶數時傳回 1，否則傳回 0。

5.19 （星號矩形）請撰寫一個函式顯示一個由星號所構成的實心矩形，其邊長是由整數參數 **side1** 和 **side2** 指定。例如，若邊長爲 4 和 5，則此函式應顯示如下：

```
* * * * *
* * * * *
* * * * *
* * * * *
```

5.20 (用任意字元排出矩形)請將習題 5.19 的函式修改成可以用字元參數 **fillCharacter** 來指定圖形字元。如此，若邊長分別爲 **5** 和 **4**，而 **fillCharacter** 爲「@」的話，此函式應印出如下的圖形：

```
@@@@
@@@@
@@@@
@@@@
@@@@
```

5.21 （專案：用字元畫出圖形）利用類似習題 5.19-5.20 的技巧，寫一個程式畫出各式各樣的形狀。

5.22 （將數字分開）請爲下列各項撰寫程式片段。

a)　計算整數 **a** 除以整數 **b**，所得之商的整數部分。

b)　計算整數 **a** 除以整數 **b**，所得之餘數的整數部分。

c)　利用本題 a)和 b)所寫的程式片段，撰寫一個函式來輸入一個介於 **1** 到 **32767** 之間的整數，然後把它以一連串的數字印出來，而每兩個數字之間以兩個空格作爲分隔。例如整數 **4562** 應印成

```
4  5  6  2
```

5.23 （以秒爲單位的時間）請編寫一個函式，把時間當作三個整數引數（小時、分鐘、秒），並傳回自上次時鐘「12 點的報時」以後的秒數。使用此函式計算兩次之間的時間，兩者都在一個以 12 小時制的時鐘。

5.24 （貨幣換算）請撰寫下列 **double** 函式：

a)　函式 **toYen** 以美元爲單位，並傳回等值日元。

b)　函式 **toEuro** 以美元爲單位，並傳回等值歐元。

c)　使用這些函式編寫一個程式，印出顯示某範圍內日元和歐元的等值金額圖表。必須以表格格式印出輸出結果。匯率爲 1 美元 = 118.87 日元，以及 1 美元 = 0.92 歐元。

5.25 （找出最大值）撰寫一個函式，傳回四個浮點數中最大者。

5.26 （完全數）某個整數被稱為完全數（perfect number），是因為這個整數的因數（包括 1，但不包括這個數本身）加起來的和等於該數。例如 6 便是個完全數，因為 6=1+2+3。請撰寫一個函式 **isPerfect** 來判斷參數 **number** 是否為一個完全數。再將此函式應用到一個程式上，印出 1 到 1000 之間所有的完全數。請為每一個完全數印出它的因數，以驗證你的判斷確實正確。可以試著用遠大於 1000 的數來測試你的電腦的能力。

5.27 （二次方程式的根）二次方程式是形式為 $ax^2 + bx + c = 0$ 的任何方程式，其中，a、b、c 是 x 的係數。二次方程式的根可以用下列公式計算：

$$x = \frac{-b \pm \sqrt{b^2 - 4ac}}{2a}$$

如果運算式 $b^2\text{-}4ac$（也稱為判別式）是正的，那麼方程式就有真正的根。如果判別式為負，則方程式具有虛數（或複數）的根。請編寫一個接受方程式係數作為參數的函式，檢查根是否是實數，並且計算方程式的根。然後，請編寫一個程式來測試這個函式。

5.28 （數字總和）請撰寫一個函式，輸入一個整數，傳回其所有位數的數字總和。例如，給定一個數字 7631，函式傳回為 17。

5.29 （最小公倍數）兩個整數的最小公倍數（lowest common multiple, LCM）是指能夠同時被這兩個數整除的最小整數值。請撰寫一個函式 **lcm**，傳回兩個整數的最小公倍數。

5.30 （學生分數的等級）請撰寫函式 **toQualityPoints**，輸入某位學生的平均分數，若分數介於 90 ～100 則傳回 4，若介於 80～89 則傳回 3，若介於 70～79 則傳回 2，若介於 60～69 則傳回 1，若小於 60 分則傳回 0。

5.31 （投擲硬幣）請撰寫一個程式來模擬投擲硬幣的動作。此程式應對每一次投擲的結果印出 **Heads**（正面）或 **Tails**（反面）。程式裡模擬投擲硬幣 100 次，並計算每一面出現的次數，最後將結果印出來。你的程式中應呼叫一個稱為 **flip** 的函式，它沒有任何引數，當它傳回 0 時代表反面，傳回 1 則代表正面。（請注意：如果你的程式真實地模擬了硬幣投擲，那麼硬幣每一面出現的次數應該接近於投擲次數的一半，即正面反面各接近 50 次。）

5.32 （猜數字）請撰寫一個 **C** 程式來進行猜數字的遊戲。說明如下：你的程式先從 1 到 1000 隨機選取一個整數數字，然後印出

```
I have a number between 1 and 1000.
Can you guess my number?
Please type your first guess.
```

猜的人便輸入第一次猜的數字，然後你的程式應對此數字做出下列三種反應中的一種：

```
1. Excellent! You guessed the number!
   Would you like to play again (y or n)?
2. Too low. Try again.
3. Too high. Try again.
```

　　如果猜得不對，你的程式應重複直至猜對爲止。而你的程式也應對每次的答案提示 **Too high**（太高）或 **Too low**（太低），來協助猜的人找到正確的答案。（請注意：本題中所使用的搜尋技巧稱爲二元搜尋（binary search）。下一題將再進一步提到。）

5.33　（**修改猜數字程式**）請修改習題 5.32 的程式來計算玩家猜數字的次數。如果次數小於等於 10 次的話，印出「**Either you know the secret or yougot lucky!**」如果玩家在第 10 次猜出這個數字，便印出「**Ahah! You know the secret!**」如果玩家超過 10 次才猜出，則印出「**You should be able to do better!**」。爲什麼 10 次之內便應該能猜出呢？現在請你證明，任何介於 1 到 1000 之間的數字，都能在 10 次之內猜出。

5.34　（**遞迴計算指數**）請撰寫一個遞迴函式 **Power（base,exponent）**，它可以傳回

　　　$base^{exponent}$

舉例來說，**power（3,4）=3*3*3*3**。假設 **exponent** 是個大於等於 1 的整數。提示：遞迴步驟應利用此關係式

　　　$base^{exponent}$ **= base * base$^{exponent-1}$**

而結束的條件是當 **exponent** 爲 1 時，因爲

　　　$base^1$ **= base**

5.35　（**費伯那契**）費伯那契數列

0, 1, 1, 2, 3, 5, 8, 13, 21, …

以 0 和 1 起頭，然後接下來的每一項均爲其前兩項的和。a)撰寫一個非遞迴的函式 **fibonacci(n)**，計算第 n 個 Fibonacci 數。以 **unsigned int** 爲函數的參數，並以 **unsigned long longint** 爲傳回值資料型別。b)找出你的系統中所能印出之最大的 Fibonacci 數。

5.36　（**河內塔**）每位新入門的電腦科學家都必須面對一些基本的問題，而河內塔（見圖 5.23）便是一個相當有名的基本問題。傳說中在東方的寺廟裡，僧侶們試圖將一疊的碟子由一根柱子移到另一根。剛開始時有 64 個碟子，由大到小地疊在一根柱子上。僧侶們移動碟子的規定是，一次只能移動一個碟子，而且在任何時刻都不能發生大碟子壓在小碟子之上的情形。第三根柱子可以用來暫時置放碟子。因爲推測當僧侶完成他們的工作的時候世界末日就會來到，這讓我們沒有多少動力來幫助他們工作。

圖 5.23　堆了四個碟子的河內塔

讓我們假設僧侶們想將碟子由柱子 1 移到柱子 3。我們想要發展一個演算法,完整地印出每次移動的詳細情形。

如果我們用傳統的方法來進行的話,將會很快地發現要管理這些碟子是件十分困難的事。所以我們改採遞迴式的方法來解決這個問題,問題馬上就變得簡單多了。我們可以用如下的想法,將移動 n 個碟子想成只移動 n-1 個碟子:

a) 將 n-1 個碟子由柱子 1 移到柱子 2,利用柱子 3 作為暫存區。

b) 將最後一個(最大的)碟子由柱子 1 移到柱子 3。

c) 將 n-1 個碟子由柱子 2 移到柱子 3,利用柱子 1 作為暫存區。

這個程序將在 n = 1(即基本情況)時結束,因為此時已不需要任何的暫存區便能直接移動了。

請撰寫一個程式來解決河內塔的問題。請使用一個具有下列四個參數的遞迴函式:

a) 要移動的碟子數。

b) 這些碟子開始時所在之柱子。

c) 這些碟子最後移往的柱子。

d) 當做暫存區的柱子。

你的程式應詳細印出每次移動的起點柱子和終點柱子。如將三個碟子的堆疊由柱子 1 移到柱子 3,你的程式應印出如下的輸出:

1 → 3(表示由柱子 1 移動一個碟子到柱子 3)

1 →2

3 →2

1 →3

2 →1

2 →3

1 →3

5.37　(河內塔:循環法)任何可以用遞迴方式製作的程式,都可以用循環的方式來製作。儘管這有時候會比較困難,也比較不清楚明瞭。請試著寫一個循環結構版的河內塔。假如你寫出來了,請與習題 5.36 的遞迴版本進行比較。比較的項目包括了效率、清晰度,展示程式正確性的難易度。

5.38　(顯示遞迴過程)來看看遞迴的運作是件有趣的事。請修改圖 5.18 的階乘函式,讓它印出區域變數和遞迴呼叫的參數。對每一次遞迴呼叫以單獨一行並逐次縮排地顯示出其輸出。盡你所能地使輸出清楚、有趣及有意義。你的目標是設計及製作一種輸出格式,來幫其他人更容易了解遞迴。你也可以為本書中其他有關遞迴的範例和習題,加上這項顯示功能。

5.39　(遞迴最大公因數)整數 x 和 y 的最大公因數是指能夠同時整除 x 和 y 的最大整數值。請撰寫一個遞迴函式 gcd,傳回 x 和 y 的最大公因數。x 和 y 的 gcd 可以遞迴地定義如下:如果 y 等於 0,那麼 gcd(x, y)為 x;否則 gcd(x,y)為 gcd(y, x%y),其中%是模數運算子。

5.40　（遞迴的 main）main 可否遞迴地呼叫？請撰寫一個含有函式 main 的程式，內含一個 static 區域變數 count，並將 count 初始值設爲 1。在每一次 main 被呼叫時，印出 count 的值然後將之加 1。執行你的程式。有什麼事情發生？

5.41　（遞迴質數）請寫一個遞迴函式 isPrime，判斷給定的輸入值是否爲質數。請在程式中使用此函式。

5.42　下面這個程式做了些什麼？若你交換第 8 行和第 9 行，會發生什麼事？

```
1    #include <stdio.h>
2
3    int main(void)
4    {
5       int c; // variable to hold character input by user
6
7       if ((c = getchar()) != EOF) {
8          main();
9          printf("%c", c);
10      }
11   }
```

5.43　下面這個程式做了些什麼？

```
1    #include <stdio.h>
2
3    unsigned int mystery(unsigned int a, unsigned int b); // function prototype
4
5    int main(void)
6    {
7       printf("%s", "Enter two positive integers: ");
8       unsigned int x; // first integer
9       unsigned int y; // second integer
10      scanf("%u%u", &x, &y);
11
12      printf("The result is %u\n", mystery(x, y));
13   }
14
15   // Parameter b must be a positive integer
16   // to prevent infinite recursion
17   unsigned int mystery(unsigned int a, unsigned int b)
18   {
19      // base case
20      if (1 == b) {
21         return a;
22      }
23      else { // recursive step
24         return a + mystery(a, b - 1);
25      }
26   }
```

5.44　在你知道了習題 5.43 的程式做了些什麼之後，請將程式修改成不必限制第二個引數一定要大於 0，而能夠正確地運作。

5.45　（測試數學函式庫函式）撰寫一個程式盡你所能地測試圖 5.2 中的數學函式庫函式。印出在各種引數值下，各函式的回傳值。

5.46　找出下列各程式片段中的錯誤，並說明如何更正。

a) `double cube (float) ; // function prototype`
`cube (float number) // function definition`
`{`
`   return number* number * number;`
`}`

```
b)  int random Number = srand ( ) ;
c)  double y = 123.45678;
    int x;
    x = y;
    printf ("%f\n", (double) x) ;
d)  double square (double number)
    {
        double number;
        return number * number;
    }
e)  int sum (int n)
    {
        if (0 == n) {
            return 0;
        }
        else {
            return n + sum(n);
        }
    }
```

5.47 （修改 crap 遊戲）請修改圖 5.14 的 craps 程式，讓玩者能夠下注。將執行一個 craps 遊戲的程式部分包裝成一個函式。將 **bankBalance** 變數初始化成 1000 元。提示玩家輸入 **wager**。使用一個 **while** 迴圈來檢查 **wager** 是否小於等於 **bankBalance**，若不是的話，再提示玩家輸入合理的 **wager**，直到輸入正確為止。正確的 **wager** 輸入之後，就開始執行擲骰子遊戲。如果玩家獲勝之後，就將 **bankBalance** 加上 **wager**，並且列印新的 **bankBalance**。如果玩家輸了，則將 **bankBalance** 減去 **wager**，並且列印新的 **bankBalance**，如果 **bankBalance** 變為零，就印出「**Sorry.You busted!**」信息。在賭局進行期間，請印出一些會製造效果的信息，如「**Oh, you're going for broke, huh?**」或「**Aw cmon, take a chance!**」或「**You're up big.** 或 Now'sthetimetocashinyourchips!」。

5.48 （研究專題：改進遞迴的 Fibonacci 實作程式）在 5.15 節中，我們所用來計算 Fibonacci 數的遞迴演算法是很直覺的。然而，這個演算法會讓遞迴函式呼叫呈指數級數的爆炸性地成長。請你在網路上尋找遞迴 Fibonacci 的實作方法。研究各種不同的方法，包括習題 5.35 的循環版本以及所謂的「尾端遞迴法（tail recursion）」。討論每種方式的優劣。

進階習題

5.49 （全球暖化的真相測驗）由前美國副總統，高爾主演的紀錄片「不願面對的真相」引起了對全球暖化議題的廣泛討論，他與聯合國氣候變遷委員會（intergovernmental panel on climate change, IPCC）在 2007 年獲得諾貝爾和平獎，以表揚他們「致力於建立和散播對人為氣候變遷的清楚認識」。請你在網路上尋找有關全球暖化議題的正反兩面意見（你可以搜尋關鍵字諸如 "global warming skeptic"）。建立一個具有五個問題的全球暖化測驗，每個問題都有四個可能的答案（編號 1-4）。試著客觀公正地傳達正反兩面的意見。接下來，寫一個應用程式來檢視這份測驗卷，計算使用者答對了幾題（0-5），並將訊息回傳給使用者。假如使用者答對五題，印出"Excellent"；四題印出"Very good"；三題以下則印出"Time to brush up on your knowledge of global warming"，並列出你找到這些資料的網站來源。

電腦輔助教學程式

隨著電腦的價格下降，無論學生在什麼樣的經濟環境中，都有機會可以擁有電腦或是在學校使用。因此我們有機會能夠藉由電腦來改善全世界所有學生的教學經驗，如同下列五個習題所做的。（請注意：你可以在網上找到像「一童一電腦（One Laptop Per Child Project）」這樣的計畫（**www.laptop.org**）。也可以研究所謂的「綠色行動電腦（"green" laptop）」是什麼──這些產品的「綠化」特質是什麼？你可以在 www.epeat.net 找到電子產品環境評估工具（Electronic Product Environmental Assessment Tool），它可以幫助你評估桌上型電腦、筆記型電腦和螢幕的「綠化程度」，幫助你決定要購買哪些產品。）

5.50 （**電腦輔助教學**）電腦用在教學上稱為電腦輔助教學（computer-assisted instruction，CAI）。請撰寫一個程式來協助小學生學習乘法運算。請利用 **rand** 來產生兩個正整數的個位數，程式應該提示使用者回答一個問題，像是：

```
How much is 6 times 7?
```

學生便將答案鍵入。程式將會檢查學生的答案。如果答對的話，印出「**Very good!**」然後再問下一道乘法問題。如果答錯的話，則印出「**No. Please try again.**」，並讓學生重複進行這一道題目，直到他答對為止。你應該用一個單獨的函式來產生新問題。當應用程式開始時，以及使用者答對問題時，都應該呼叫這個函式。

5.51 （**電腦輔助教學程式：防止學生的倦怠**）CAI 環境有一個問題，那就是學生容易感到倦怠。這一點可以經由改變電腦的問答方式來吸引學生的注意力。請修改習題 5.50 的程式，使得每一次回答問題的時候，能印出不同的評語。如下：

對正確答案的可能評語：

```
Very good!
Excellent!
Nice work!
Keep up the good work!
```

對錯誤答案的可能評語：

```
No. Please try again.
Wrong. Try once more.
Don't give up!
No. Keep trying.
```

請使用 1 到 4 的亂數對正確或錯誤的答案選擇適當的評語。用 **switch** 敘述式來印出評語。

5.52 （電腦輔助教學程式：監控學生的成績）較複雜的 CAI 系統會監控學生在某段期間內的成績表現。學生必須在目前的項目上取得一定的成績，才能進階至下一個項目。請修改習題 5.51 的程式來計算答對和答錯的次數。在學生鍵入 10 個答案之後，你的程式應計算出他的正確率。假如正確率低於 75%，在螢幕上顯示「Pleaseaskyourteacherforextrahelp.」，接下來重置程式，讓下一個學生練習。假如正確率大於等於 75%，在螢幕上顯示「Congratulations, you are ready to go to the next level!」，接下來重置程式，讓下一個學生練習。

5.53 （電腦輔助教學程式：困難度）習題 5.50 到 5.52 發展了一個電腦輔助教學程式來教導小學生學習乘法運算。請修改此程式讓使用者能夠輸入困難度。困難度 1 代表在問題裡只使用個位數，困難度 2 則可以使用二位數，以此類推。

5.54 （電腦輔助教學程式：改變練習種類）修改習題 5.53 的程式，讓使用者能夠選擇他想要進行的算術練習的種類。1 代表加法運算，2 代表減法運算，3 代表乘法運算，4 代表以上運算的綜合練習。

NOTE

陣列

6

學習目標

在本章中,你將學到:

- 使用陣列資料結構表示串列及表格中的數值
- 宣告陣列、初始化陣列,以及存取陣列中的個別元素
- 定義符號常數
- 將陣列傳遞給函式
- 使用陣列進行儲存、排序和搜尋串列以及表格中的數值
- 定義和操作多維陣列
- 建立大小在執行時決定的可變長度陣列
- 了解與使用 `scanf` 輸入及使用 `printf` 和陣列輸出相關的安全問題

本章綱要

6.1　簡介

本章將介紹資料結構。**陣列**（Arrays）是由相同型別的相關資料項所組成的資料結構。在第 10 章當中，我們會討論 C 的 **struct**（結構）概念，它是由不盡相同型別的相關資料項所組成的資料結構。陣列和結構都屬於「靜態」的實體，它們在程式執行期間的大小並不會改變（當然也可能是自動儲存類別，會在每次執行定義他們的區塊時建立或清除）。

6.2　陣列

陣列是一群具有相同型別的連續記憶體位置。若要引用陣列的某個位置或元素，我們必須指定陣列名稱，以及此元素在陣列中的**位置編號**（position number）。

圖 6.1 表示一個稱為 c 的整數陣列，這個陣列含有 12 個**元素**（elements）。我們可以使用陣列名稱，並且在後面接著一個放有位置編號的中括號（**[]**），來引用任何一個元素。每個陣列中的第一個元素均是**第零位元素**（zeroth element，**也就是它的位置編號為 0**）。陣列名稱如同其他識別字一樣，只能夠使用字母、數字和底線，名稱的第一個字母不能夠以數字開頭。

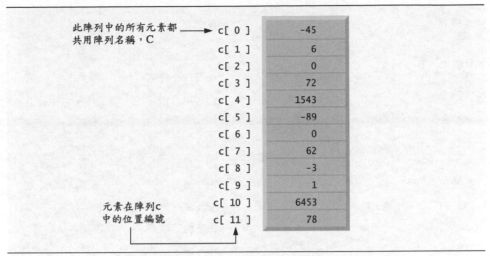

圖 6.1　含有 12 個元素的陣列

中括號中的位置編號正式名稱為元素的**索引**（index）或**下標**（subscript）。索引必須是整數或是整數運算式。例如，敘述式

```
c[2] = 1000;
```

將 **1000** 指定給陣列元素 **c[2]**。同樣地，假設 **a=5**、**b=6**。則下面的敘述式

```
c[a + b] += 2;
```

將會為陣列中的元素 **c[11]** 加上 2。請注意，具有索引的陣列名稱是一個**左值**（lvalue），它可以用於指定運算子的左邊。

讓我們更進一步地檢視圖 6.1 的陣列 **c**。此陣列的**名稱**（name）是 **c**。它的 12 個元素分別是 **c[0]**、**c[1]**、**c[2]**、...、**c[10]** 和 **c[11]**。**c[0]** 裡儲存的**值**（value）是 **-45**，**c[1]** 的值是 **6**，**c[2]** 的值是 **0**，**c[7]** 的值是 **62**，**c[11]** 的值是 **78**。若我們想印出陣列 **c** 前三個元素所含之值的總和，可以撰寫以下的敘述式：

```
printf("%d", c[0] + c[1] + c[2]);
```

若想將陣列 **c** 的第 6 位元素除以 **2**，並將結果設給變數 **x**，可以寫成

```
x = c[6] / 2;
```

用來包住陣列索引的中括號事實上被認為是 C 的運算子。它們的運算優先順序和函式呼叫運算子（也就是放在函式名稱後面，用來呼叫函式的括號）相同。圖 6.2 列出截至目前為止，我們所介紹過的運算子的運算優先順序和結合性。

運算子						結合性	型別
[]	()	++ *(postfix)*	-- *(postfix)*			由左至右	最高
+	-	!	++ *(prefix)*	-- *(prefix)*	*(type)*	由右至左	一元
*	/	%				由左至右	乘法
+	-					由左至右	加法
<	<=	>	>=			由左至右	關係
==	!=					由左至右	相等
&&						由左至右	邏輯AND
||						由左至右	邏輯 OR
?:						由右至左	條件
=	+=	-=	*=	/=	%=	由右至左	指定
,						由左至右	逗號

圖 6.2　運算子的運算優先順序與結合性

6.3　定義陣列

陣列會佔用記憶體空間。你會指定每個陣列所需要的元素型別和元素個數，電腦會依此來預留適當大小的記憶體空間。下列定義為整數陣列 **c** 保留 12 個元素空間，具有 0-11 範圍的下標。

```
int c[12];
```

定義

```
int b[100], x[27];
```

為整數陣列 **b** 預留 100 個元素的位置，並為整數陣列 **x** 預留 27 個元素的位置。這兩個陣列分別有 0 至 99 與 0 至 26 的索引。雖然你可以一次定義多個陣列，但每行最多只能定義一個，所以你可以添加註釋來解釋每個陣列的用途。

　　陣列還可以儲存別種資料型別。例如，一個型別為 **char** 的陣列可以用來存放字元字串。字元字串及他們與陣列之間的相似之處，將於第 8 章討論。而指標與陣列之間的關係，則會在第 7 章中討論。

6.4　使用陣列的例子

在本節當中，我們展示幾個使用陣列的範例，這些範例用來說明如何定義陣列、初始化陣列，以及如何實行共同的陣列操作。

6.4.1　定義一個陣列，並且使用迴圈來初始化陣列中的元素

就如同其他變數一樣，未初始化的陣列元素包含著無意義的值。圖 6.3 的程式使用了一個 **for** 敘述式，將 5 個元素的整數陣列 **n** 的所有元素初始值設定為零（第 11-13 行），並且以表列的方式印出這個陣列的內容（第 18-20 行）。第一個 **printf** 敘述式（第 15 行）印出兩個欄位的標題，接著由 **for** 敘述式印出這兩個欄位的內容。

```c
1   // Fig. 6.3: fig06_03.c
2   // Initializing the elements of an array to zeros.
3   #include <stdio.h>
4
5   // function main begins program execution
6   int main(void)
7   {
8      int n[5]; // n is an array of five integers
9
10     // set elements of array n to 0
11     for (size_t i = 0; i < 5; ++i) {
12        n[i] = 0; // set element at location i to 0
13     }
14
15     printf("%s%13s\n", "Element", "Value");
16
17     // output contents of array n in tabular format
18     for (size_t i = 0; i < 5; ++i) {
19        printf("%7u%13d\n", i, n[i]);
20     }
21  }
```

```
Element        Value
      0            0
      1            0
      2            0
      3            0
      4            0
```

圖 6.3　將陣列所有元素的初始值都設定為零

請注意，計數控制變數 **i** 在每個敘述式（第 11 行和第 18 行）中宣告為 **size_t** 的型別，根據標準 C 來表示一個無號整數型別[1]。這個型別建議用來表示陣列大小與索引的變數。**size_t** 是定義於標頭檔**<stddef.h>**，通常包含在其他的標頭檔之中（像是**<stdio.h>**）。（注意：如果讀者試著編譯圖 6.3 而得到錯誤訊息，請將**<stddef.h>**加入程式之中。）

6.4.2　在定義中以初始值串列來初始化陣列

陣列中的元素也可以在陣列宣告時就指定初始值，其方式就是在宣告之後加上一個等號和大括號包住的一串陣列**初始值**（array initializers）串列，這些初始值是以逗號做區隔。圖 6.4 的程式便是在宣告時為整數陣列設了 5 個初始值（第 9 行），並以表列的方式印出這個陣列的內容。

---

[1]. 在某些編譯器上，size_t 表示 unsigned int，在其他編譯器上則表示 unsigned long。使用 unsigned long 的編譯器通常會產收警告，如圖 6.3 的第 19 行所示。因%u 用於顯示 unsigned int，而不是 unsigned long。要消除此警告，請使用%u 代替格式指定%u。

```
1   // Fig. 6.4: fig06_04.c
2   // Initializing the elements of an array with an initializer list.
3   #include <stdio.h>
4
5   // function main begins program execution
6   int main(void)
7   {
8      // use initializer list to initialize array n
9      int n[5] = {32, 27, 64, 18, 95};
10
11     printf("%s%13s\n", "Element", "Value");
12
13     // output contents of array in tabular format
14     for (size_t i = 0; i < 5; ++i) {
15        printf("%7u%13d\n", i, n[i]);
16     }
17  }
```

```
Element         Value
      0            32
      1            27
      2            64
      3            18
      4            95
```

圖 6.4　以初始值串列將陣列的元素初始化

如果給定初始值的個數小於陣列的元素個數，則剩下的元素將自動指定初始值爲零。例如，圖 6.3 中陣列 **n** 的元素在下列的宣告後也會全部指定初始值爲零：

```
int n[10] = {0}; // initializes entire array to zeros
```

這個定義明確爲第一個元素指定初始值爲零，並且也自動爲其餘的 9 個元素指定初始值爲零，因爲初始值的個數少於陣列的元素個數。陣列並不會自動地將初始值設定爲零。你必須至少將第一個元素的初始值設定爲零，剩下的元素才會自動設定爲零。如果應用在 **static** 陣列時陣列元素在程式開始前初始化；如果應用在自動陣列中，則會在執行期間完成。

常見的程式設計錯誤 6.1

忘了爲應該進行初始值設定的陣列元素指定初始值。

常見的程式設計錯誤 6.2

在陣列初始值串列上提供比元素個數還多的初始值是一種語法錯誤。例如，*int n[3] = {32, 27, 64, 18};*是一種語法錯誤，因爲有 4 個初始值，但卻只有 3 個陣列元素。

如果在一個有初始值串列的定義上省略陣列的大小，則此陣列的元素個數將等於初始值串列上的元素個數。例如：

```
int n[] = {1, 2, 3, 4, 5};
```

將會產生一個帶有指定值的 5 個元素的陣列。

6.4.3　使用一個符號常數來指定陣列的大小，並且以計算來初始化陣列

圖 6.5 的程式將 5 個元素的陣列 **s** 的元素指定初始值為 **2**、**4**、**6**、**...**、**10**，並且以表列的方式印出這個陣列的內容。陣列元素的數值會以迴圈計數器乘以 2 再加上 2 而得到。

```c
1  // Fig. 6.5: fig06_05.c
2  // Initializing the elements of array s to the even integers from 2 to 20.
3  #include <stdio.h>
4  #define SIZE 5 // maximum size of array
5
6  // function main begins program execution
7  int main(void)
8  {
9     // symbolic constant SIZE can be used to specify array size
10    int s[SIZE]; // array s has SIZE elements
11
12    for (size_t j = 0; j < SIZE; ++j) { // set the values
13       s[j] = 2 + 2 * j;
14    }
15
16    printf("%s%13s\n", "Element", "Value");
17
18    // output contents of array s in tabular format
19    for (size_t j = 0; j < SIZE; ++j) {
20       printf("%7u%13d\n", j, s[j]);
21    }
22 }
```

```
Element        Value
      0            2
      1            4
      2            6
      3            8
      4           10
```

圖 6.5　將陣列 s 元素初始化成 2 到 10 的偶數

本程式使用了 **#define** 前置處理器命令。第 4 行

```
#define SIZE 5
```

定義了一個 **符號常數**（symbolic constant）**SIZE**，其值為 **5**。符號常數是一個識別字，它會在程式編譯之前，由 C 的前置處理器將它代換成 **代換文字**（replacement text）。當程式進行前置處理時，所有出現符號常數 **SIZE** 的位置都會代換成代換文字 **5**。利用符號常數來指定陣列的大小，將可以使程式更具 **可修改性**（modifiable）。我們可以將圖 6.5 **#define** 命令列中 **SIZE** 的定義從 **5** 改為 **1000**，以便讓第一個 **for** 迴圈（第 12 行）為 1000 個元素的陣列填入數值。如果沒有使用符號常數 **SIZE**，我們必須修改程式的第 10、12、19 行。當程式愈來愈大時，這項技巧將有助於撰寫清晰易懂且具可維護性的程式，符號常數（像是 **SIZE**）比數值 **5** 更容易了解，因為數值 **5** 可能在程式碼中代表不同的意義。

常見的程式設計錯誤 6.3

在 **#define** 或 **#include** 前置處理器命令之後加上一個分號。請不要忘記，前置處理器命令並不屬於 C 敘述式。

　　如果程式第 4 行的**#define** 前置處理器命令之後加上分號的話，則程式中所有出現符號常數 **SIZE** 的位置都會被前置處理器代換成文字"**5;**"。這在編譯時期將會造成語法錯誤，或在執行時期造成邏輯錯誤。請記住：前置處理器並「不是」C 編譯器。

軟體工程的觀點 6.1

請使用符號常數來定義每個陣列的大小，以便讓程式具可修改性。

常見的程式設計錯誤 6.4

在一個可執行的敘述式中，指定某個數值給符號常數，將造成語法錯誤。編譯器不會如同變數一樣在執行時為符號常數預留記憶體空間。

良好的程式設計習慣 6.1

請使用全部大寫字母來命名符號常數，如此可使這些常數在程式中較為醒目，並提醒你符號常數並不是一般的變數。

良好的程式設計習慣 6.2

在多個字組成的符號常數名稱中，使用底線來分開每個字可以增加程式的可讀性。

6.4.4　求陣列中所有元素的總和

圖 6.6 的程式將 12 個元素的整數陣列 **a** 中所有內含值進行加總。我們在 **for** 敘述式本體內（第 15 行）做了這件事。

```c
 1   // Fig. 6.6: fig06_06.c
 2   // Computing the sum of the elements of an array.
 3   #include <stdio.h>
 4   #define SIZE 12
 5
 6   // function main begins program execution
 7   int main(void)
 8   {
 9      // use an initializer list to initialize the array
10      int a[SIZE] = { 1, 3, 5, 4, 7, 2, 99, 16, 45, 67, 89, 45 };
11      int total = 0; // sum of array
12
13      // sum contents of array a
14      for (size_t i = 0; i < SIZE; ++i) {
15         total += a[i];
16      }
17
18      printf("Total of array element values is %d\n", total);
19   }
```

```
Total of array element values is 383
```

圖 6.6　計算陣列中所有元素的總和

6.4.5　使用陣列來加總調查結果

我們的下一個例子利用陣列來分析整理某項調查中所收集的資料。請看以下的問題描述。

> 要求 40 位學生對學生自助餐廳的食物打分數，分數為 1 分到 10 分（1 代表很差，10
> 代表非常好）。請將這 40 份回應放到一個整數陣列中，並且整理此項調查的結果。

　　這是一種典型的陣列應用（見圖 6.7）。我們希望整理出每一種回應（1 到 10）的數量。
陣列 **responses**（第 14-16 行）是個含有 40 個元素的陣列，它會用來存放學生們的回應。我
們另外使用一個 11 個元素的陣列 **frequency**（第 11 行）來計算每種回應的次數。但是我們
捨棄第一個元素（亦即 **frequency[0]**）不用，因為用 **frequency[1]** 來代表回應 1 的次數
較合乎邏輯。這會允許我們直接使用每個回應當作 **frequency** 陣列的索引。

```c
1   // Fig. 6.7: fig06_07.c
2   // Analyzing a student poll.
3   #include <stdio.h>
4   #define RESPONSES_SIZE 40 // define array sizes
5   #define FREQUENCY_SIZE 11
6
7   // function main begins program execution
8   int main(void)
9   {
10      // initialize frequency counters to 0
11      int frequency[FREQUENCY_SIZE] = {0};
12
13      // place the survey responses in the responses array
14      int responses[RESPONSES_SIZE] = {1, 2, 6, 4, 8, 5, 9, 7, 8, 10,
15          1, 6, 3, 8, 6, 10, 3, 8, 2, 7, 6, 5, 7, 6, 8, 6, 7, 5, 6, 6,
16          5, 6, 7, 5, 6, 4, 8, 6, 8, 10};
17
18      // for each answer, select value of an element of array responses
19      // and use that value as an index in array frequency to
20      // determine element to increment
21      for (size_t answer = 0; answer < RESPONSES_SIZE; ++answer) {
22          ++frequency[responses[answer]];
23      }
24
25      // display results
26      printf("%s%17s\n", "Rating", "Frequency");
27
28      // output the frequencies in a tabular format
29      for (size_t rating = 1; rating < FREQUENCY_SIZE; ++rating) {
30          printf("%6d%17d\n", rating, frequency[rating]);
31      }
32  }
```

Rating	Frequency
1	2
2	2
3	2
4	2
5	5
6	11
7	5
8	7
9	1
10	3

圖 6.7　學生意見調查分析程式

良好的程式設計習慣 6.3

盡力保持程式的清晰度。有時候要將最有效率使用記憶體和處理器時間的演算法捨棄不用，以便能夠寫出更清晰的程式。

增進效能的小技巧 6.1

有時候效率的考量要遠比清晰度更為重要。

　　`for` 迴圈（第 21-23 行）從 `responses` 陣列中一次取出一個回應，然後將 `frequency` 陣列中的 10 個計數器（`frequency[1]` 到 `frequency[10]`）中的某一個遞增 1。迴圈中的關鍵敘述式是（第 22 行）

```
++frequency[responses[answer]];
```

此敘述式會根據 `response[answer]` 運算式的值來遞增適當的 `frequency` 計數器。當計數器變數 `answer` 為 0，`responses[answer]` 為 1 時，`++frequency[responses[answer]];` 將解釋成

```
++frequency[1];
```

它會將陣列元素 1 遞增。當 `answer` 為 1，`responses[answer]` 的值為 2 時，`++frequency[responses[answer]]` ;將解釋成

```
++frequency[2];
```

它會將陣列元素 2 遞增。當 `answer` 為 2，`responses[answer]` 的值為 6 時，`++frequency[responses[answer]]` ;將解釋成

```
++frequency[6];
```

會將陣列元素 6 遞增，依此類推。請注意，不論在這項調查中有多少個回應，都只需要一個 11 個元素的陣列（元素 0 不用）來整理調查的結果。但如果資料中含有不合法的數值（例如 13），則程式會嘗試為 `frequency[13]` 加 1。而這已超出陣列的範圍。**C 並不會進行陣列範圍檢查，來防止程式存取到一個不存在的元素。**因此，執行中的程式可能會「超出」陣列的界線而不自知。第 6.13 節會探討到安全性問題。所以你必須能夠確保所有的陣列的存取都在陣列的範圍內。

常見的程式設計錯誤 6.5

存取一個超出陣列範圍的元素。

測試和除錯的小技巧 6.1

當在迴圈中使用陣列時，陣列的索引絕不能小於 0，而且一定要小於陣列元素的總數（size − 1）。請在迴圈繼續條件中加入上述的檢查，以免存取到不在此範圍內的元素。

測試和除錯的小技巧 6.2

程式應該要檢查所有輸入值的正確性，以避免錯誤的資訊影響程式的運算。

6.4.6　以長條圖表示陣列元素的值

我們的下一個例子（參閱圖 6.8）會從陣列讀取數值，然後將這些資訊以長條圖（histogram）印出來，先印出每個數字，然後再根據其大小印出相同數目的星號。程式中的巢狀 **for** 敘述式會負責印出這些長條圖（第 18-20 行）。此外，我們使用 **puts("")** 來結束每個長條圖的列印（第 22 行）。

```c
// Fig. 6.8: fig06_08.c
// Displaying a histogram.
#include <stdio.h>
#define SIZE 5

// function main begins program execution
int main(void)
{
   // use initializer list to initialize array n
   int n[SIZE] = {19, 3, 15, 7, 11};

   printf("%s%13s%17s\n", "Element", "Value", "Histogram");

   // for each element of array n, output a bar of the histogram
   for (size_t i = 0; i < SIZE; ++i) {
      printf("%7u%13d          ", i, n[i]) ;

      for (int j = 1; j <= n[i]; ++j) { // print one bar
         printf("%c", '*');
      }

      puts(""); // end a histogram bar with a newline
   }
}
```

```
Element        Value    Histogram
      0           19     *******************
      1            3     ***
      2           15     ***************
      3            7     *******
      4           11     ***********
```

圖 6.8　長條圖列印

6.4.7　投擲骰子 60,000,000 次，並且將結果寫到陣列中

在第 5 章我們曾經提過，可以使用更漂亮的方式來撰寫圖 5.12 的擲骰子程式。回想投擲一個 6 面的骰子 60,000,000 次的程式，來驗證亂數產生器是否真的可以產生亂數。現在我們就將該程式改寫成陣列版本，結果如圖 6.9 所示。第 18 行取代圖 5.12 中整個 **switch** 敘述式。

```
1    // Fig. 6.9: fig06_09.c
2    // Roll a six-sided die 60,000,000 times
3    #include <stdio.h>
4    #include <stdlib.h>
5    #include <time.h>
6    #define SIZE 7
7
8    // function main begins program execution
9    int main(void)
10   {
11      unsigned int frequency[SIZE] = {0}; // clear counts
12
13      srand(time(NULL)); // seed random number generator
14
15      // roll die 60,000,000 times
16      for (unsigned int roll = 1; roll <= 60000000; ++roll) {
17         size_t face = 1 + rand() % 6;
18         ++frequency[face]; // replaces entire switch of Fig. 5.12
19      }
20
21      printf("%s%17s\n", "Face", "Frequency");
22
23      // output frequency elements 1-6 in tabular format
24      for (size_t face = 1; face < SIZE; ++face) {
25         printf("%4d%17d\n", face, frequency[face]);
26      }
27   }
```

```
Face        Frequency
   1          9997167
   2         10003506
   3         10001940
   4          9995833
   5         10000843
   6         10000711
```

圖 6.9　投擲 6 面骰子 60,000,000 次

6.5　使用字元陣列來儲存及操作字串

截至目前為止,我們只討論整數陣列。然而陣列是可以存放任何型別的資料。現在讓我們來討論使用字元陣列來存放字串。在此之前,唯一介紹過的字串處理能力就是以 **printf** 輸出一個字串。而對 C 而言,字串(如**"hello"**)是一個存放各個字元的陣列。

6.5.1　用字串初始化字元陣列

字元陣列具有數種獨特的功能。字元陣列可以使用字串常數來指定初始值。例如:

```
char string1[] = "first";
```

會將陣列 **string1** 的元素初始值設定為字串常數**"first"**中的各個字元。上述宣告中陣列 **string1** 的大小,將由編譯器根據字串的長度來加以決定。字串**"first"**包含五個字元加上一個稱為**空字元**(null character)的字串終止字元。因此,陣列 **string1** 實際上含有 6 個元素。空字元的跳脫字元表示法為**'\0'**。C 的所有字串都會以此字元作為結束。用來表示字串的字元陣列,其宣告的大小應該要能夠放入字串的字元以及結束的空字元。

6.5.2　用字元初始值串列來初始化字元陣列

字元陣列也可以用初始值串列中的個別字元常數來指定初始值，這可能很乏味。以下的宣告和前面的宣告是相同的。

```
char string1[] = {'f', 'i', 'r', 's', 't', '\0'};
```

6.5.3　存取字串中的字元

因爲字串實際上是字元所組成的陣列，所以我們可以使用陣列索引記號來直接存取字串當中個別的字元。例如，**string1[0]** 是字元 **'f'**，而 **string1[3]** 則是字元 **'s'**。

6.5.4　輸入到字元陣列中

我們可以用 **scanf** 及轉換指定詞 %s，直接從鍵盤輸入一個字串到字元陣列中。例如，

```
char string2[20];
```

產生了一個最多能夠存放 19 個字元加上一個結束空字元（terminating null character）的字元陣列。以下的敘述式

```
scanf("%19s", string2);
```

則會從鍵盤讀入一個字串到 **string2** 當中。字元陣列的名稱並沒有像非字串變數一樣，要在名稱前面加上 & 才能夠傳給 **scanf**。& 通常會用來提供 **scanf** 有關變數在記憶體中的位置，讓 **scanf** 能夠將讀入的數值放到該位置。我們將在第 6.7 節討論傳遞陣列給函式的問題。屆時我們將可以看到，陣列名稱的值代表陣列的起始位址，因此便不需要使用 &。**scanf** 函式將會一直讀入字元，直到遇上了空白、**tab**、新行或 end-of-file 指示器爲止。字串 **string2** 不應該大於 19 個字元，我們必須留一個位置給結束空字元。假如使用者鍵入了 20 個以上的字元，你的程式可能會當掉或造成一種稱爲緩衝器溢位（buffer overflow）的安全漏洞！因此，我們使用轉換指定詞 %19s，如此 **scanf** 讀取最多 19 個字元，且不會將超過陣列 **string2** 末端的字元寫入記憶體。（在 6.13 節中，我們會重新討論輸入字元陣列引發的潛在安全問題，同時會討論 C 標準的 **scanf_s** 函式。）

　　使字元陣列能夠放得下由鍵盤所讀入之字串是你的責任。**scanf** 函式不會檢查陣列的大小。所以 **scanf** 可能會將資料寫到陣列的範圍以外。

6.5.5　輸出一個表示字串的字元陣列

一個代表字串的字元陣列，可以用 **printf** 和轉換指定詞%s 來加以輸出。上述的陣列 **string2** 可以用以下的敘述式印出

```
printf("%s\n", string2);
```

如同 **scanf**，**printf** 函式也不會檢查字元陣列到底有多大。它會一直列印此陣列的字元，直到遇到結束空字元為止。（想想看會印出什麼，基於某些原因，結束空字元會被遺忘掉。）

6.5.6　驗證字元陣列

圖 6.10 的程式示範以字串常數來為字元陣列指定初始值，讀入一個字串到字元陣列中，以字串的方式印出一個字元陣列，以及存取字串中的個別字元等。程式使用一個 **for** 敘述式（第 22-24 行）來走訪 **string1** 陣列，並且用轉換指定詞%c 將每個字元以空白區隔印出。**for** 敘述式中的條件當計數器小於陣列大小，且尚未遇到代表字串結束的空字元之前，將會一直為真。此程式中我們僅讀取字串不包含空白字元。在第 8 章將會介紹該如何讀取包含空白字元的字串。注意在第 17-18 行包含了兩個以空白字元分隔的字串。編譯器會自動地將這些字串合併為一，這對於長字串的可讀性是很有幫助的。

```c
1    // Fig. 6.10: fig06_10.c
2    // Treating character arrays as strings.
3    #include <stdio.h>
4    #define SIZE 20
5
6    // function main begins program execution
7    int main(void)
8    {
9       char string1[SIZE]; // reserves 20 characters
10      char string2[] = "string literal"; // reserves 15 characters
11
12      // read string from user into array string1
13      printf("%s", "Enter a string (no longer than 19 characters): ");
14      scanf("%19s", string1); // input no more than 19 characters
15
16      // output strings
17      printf("string1 is: %s\nstring2 is: %s\n"
18             "string1 with spaces between characters is:\n",
19             string1, string2);
20
21      // output characters until null character is reached
22      for (size_t i = 0; i < SIZE && string1[i] != '\0'; ++i) {
23         printf("%c ", string1[i]);
24      }
25
26      puts("");
27   }
```

```
Enter a string (no longer than 19 characters): Hello there
string1 is: Hello
string2 is: string literal
string1 with spaces between characters is:
H e l l o
```

圖 6.10　將字元陣列視為字串

6.6　靜態區域陣列及自動區域陣列

第 5 章曾討論過儲存類別指定詞 **static**。**static** 區域變數在程式執行期間會一直存在，但只有在此函式本體內才能夠「看得到」它。我們可以將 **static** 用於一個區域陣列的定義上，這樣陣列就不會在每次函式呼叫時產生以及指定初始值，而且陣列也不會在每次函式離開這個程式時加以清除。這樣子可以減少程式的執行時間，特別是經常呼叫含有大型陣列函式的程式效果顯著。

增進效能的小技巧 6.2

如果函式當中含有自動陣列，其函式出入該區段非常頻繁，則應該將此陣列指定為 **static**，才不用在每次呼叫函式時都建立該陣列。

宣告成 **static** 的陣列會自動在程式開始進行初始化。假如你沒有明確地為 **static** 陣列設定初值，預設就會將陣列元素的初始值設定為零。

圖 6.11 的程式示範含有宣告 **static** 區域陣列（第 24 行）的 **staticArrayInit** 函式（第 21-39 行），以及含有自動區域陣列（第 45 行）的 **automaticArrayInit** 函式（第 42-60 行）。程式呼叫兩次 **staticArrayInit** 函式（第 12 和 16 行）。此函式中的 **static** 區域陣列的初始值在程式開始時設為零（第 24 行）。此函式會先印出這個陣列的內容，接著為每個元素加上 5，然後再印出一次陣列的內容。當這個函式第二次被呼叫時，**static** 陣列仍保有第一次呼叫後的數值。

automaticArrayInit 函式也被呼叫兩次（第 13 和 17 行）。函式中的自動區域陣列的元素的初始值會設定為 1、2、3（第 45 行）。此函式會先印出這個陣列的內容，接著為每個元素加上 5，然後再印出一次陣列的內容。函式第二次被呼叫時，因為此陣列具有自動儲存佔用期間，所以陣列元素的初始值會指定為 1、2、3。

常見的程式設計錯誤 6.6

誤以為 **static** 區域陣列中的所有元素，在每次呼叫定義它的函式時都會重新指定為零。

```
1   // Fig. 6.11: fig06_11.c
2   // Static arrays are initialized to zero if not explicitly initialized.
3   #include <stdio.h>
4
5   void staticArrayInit(void); // function prototype
6   void automaticArrayInit(void); // function prototype
7
8   // function main begins program execution
9   int main(void)
10  {
11      puts("First call to each function:");
12      staticArrayInit();
```

圖 6.11　如果未明確指定初始值的話，**static** 陣列的初始值將自動地指定為零

```
13      automaticArrayInit();
14
15      puts("\n\nSecond call to each function:");
16      staticArrayInit();
17      automaticArrayInit();
18  }
19
20  // function to demonstrate a static local array
21  void staticArrayInit(void)
22  {
23      // initializes elements to 0 before the function is called
24      static int array1[3];
25
26      puts("\nValues on entering staticArrayInit:");
27
28      // output contents of array1
29      for (size_t i = 0; i <= 2; ++i) {
30          printf("array1[%u] = %d   ", i, array1[i]);
31      }
32
33      puts("\nValues on exiting staticArrayInit:");
34
35      // modify and output contents of array1
36      for (size_t i = 0; i <= 2; ++i) {
37          printf("array1[%u] = %d   ", i, array1[i] += 5);
38      }
39  }
40
41  // function to demonstrate an automatic local array
42  void automaticArrayInit(void)
43  {
44      // initializes elements each time function is called
45      int array2[3] = { 1, 2, 3 };
46
47      puts("\n\nValues on entering automaticArrayInit:");
48
49      // output contents of array2
50      for (size_t i = 0; i <= 2; ++i) {
51          printf("array2[%u] = %d   ", i, array2[i]);
52      }
53
54      puts("\nValues on exiting automaticArrayInit:");
55
56      // modify and output contents of array2
57      for (size_t i = 0; i <= 2; ++i) {
58          printf("array2[%u] = %d   ", i, array2[i] += 5);
59      }
60  }
```

```
First call to each function:

Values on entering staticArrayInit:
array1[0] = 0   array1[1] = 0   array1[2] = 0
Values on exiting staticArrayInit:
array1[0] = 5   array1[1] = 5   array1[2] = 5

Values on entering automaticArrayInit:
array2[0] = 1   array2[1] = 2   array2[2] = 3
Values on exiting automaticArrayInit:
array2[0] = 6   array2[1] = 7   array2[2] = 8

Second call to each function:

Values on entering staticArrayInit:
array1[0] = 5   array1[1] = 5   array1[2] = 5 —— values preserved from last call
Values on exiting staticArrayInit:
array1[0] = 10   array1[1] = 10   array1[2] = 10

Values on entering automaticArrayInit:
array2[0] = 1   array2[1] = 2   array2[2] = 3 —— values reinitialized after last call
Values on exiting automaticArrayInit:
array2[0] = 6   array2[1] = 7   array2[2] = 8
```

圖 6.11　如果未明確指定初始值的話，**static** 陣列的初始值將自動地指定為零(續)

6.7　傳遞陣列給函式

若我們想傳遞陣列引數給某個函式的話，只需要指定陣列名稱即可，不必加任何的中括號。例如，若陣列 **hourlyTemperatures** 的宣告定義為

```
int hourlyTemperatures[HOURS_IN_A_DAY];
```

則以下的函式呼叫

```
modifyArray(hourlyTemperatures, HOURS_IN_A_DAY)
```

會傳遞陣列 **hourlyTemperatures** 和其大小給函式 **modifyArray**。

　　先前提過 C 語言中所有引數都是傳值方式，C 會自動以傳參考的方式，來將陣列傳給函式（我們將會在第 7 章看到這並非矛盾的。），被呼叫的函式能夠更改位於呼叫者內的原始陣列元素值。陣列的名稱實際上是此陣列第一個元素的位址。因為我們傳遞了陣列的起始位址，所以被呼叫函式即可得知儲存這個陣列的位置。接下來，當被呼叫函式在其函式本體內更改陣列的元素時，它便會更改到陣列的真正元素所在的原始記憶體位置。

　　圖 6.12 的程式利用 **%p** 轉換指定詞（一個用來列印位址的特殊轉換指定詞）印出 **array**、**&array[0]** 和 **&array**，來驗證「陣列名稱的值」確實是此陣列第一個元素所在的位址。**%p** 轉換指定詞通常會將位址以十六進制數的形式印出來，但這是與編譯器有關。十六進制數（基底為 16）是由數元 0 到 9，以及字母 A 到 F（相當於十進制的 10-15）所組成。附錄 C 將針對二進制（基底為 2）、八進制（基底為 8）、十進制（基底為 10；標準整數）和十六進制的整數，進行介紹和比較。這個程式的輸出結果顯示，**array**、**&array** 和 **&array[0]** 的值都是 **0031F930**。這個程式的輸出會因系統而異，不過此程式在某一個電腦的某一次執行中，數值應該要相同才對，因為位址是一定的。

增進效能的小技巧 6.3

以傳參考呼叫來傳遞陣列，對效率而言是很有幫助的。如果陣列以傳值呼叫來進行傳遞，那麼將需要傳遞每一個複製的元素。對於那些大型，且經常傳遞的陣列來說，陣列複製將會耗費許多時間及記憶體空間。

```
1  // Fig. 6.12: fig06_12.c
2  // Array name is the same as the address of the array   first element.
3  #include <stdio.h>
4
5  // function main begins program execution
6  int main(void)
7  {
8     char array[5]; // define an array of size 5
9
```

圖 6.12　陣列的名稱和陣列第一個元素的位址是相同的

```
10      printf("    array = %p\n&array[0] = %p\n    &array = %p\n",
11         array, &array[0], &array);
12   }
```

```
        array = 0031F930
   &array[0] = 0031F930
     &array = 0031F930
```

圖 6.12　陣列的名稱和陣列第一個元素的位址是相同的(續)

軟體工程的觀點 6.2

陣列也可以用傳值呼叫來加以傳遞（藉由置入 **struct**，我們將在第 10 章「C 的結構、組合、位元操作和列舉」介紹這項技巧。）

　　雖然整個陣列會以傳參考呼叫的方式來進行傳遞，不過個別的陣列元素卻與簡單的變數一樣，會以傳值呼叫來進行傳遞。這種單一而簡單的資料項（像是個別的 **ints**、**floats** 以及 **chars**）稱爲**純量（scalar）**。若我們想傳陣列中的某元素給一個函式，可以用這個陣列元素的索引名稱當作此函式呼叫的引數。我們將在第 7 章介紹如何以純量（亦即個別變數和陣列元素）來模擬傳參考呼叫。

　　函式若想經由函式呼叫來接收一個陣列，則此函式的參數列中必須指明它將希望接收一個陣列。例如，函式 **modifyArray**（本節中較前面的函式呼叫）的標頭可以寫成

```
void modifyArray(int b[], size_t size)
```

這表示 **modifyArray** 函式希望以參數 **b** 接收一個整數陣列，以及以參數 **size** 接收此陣列的元素個數。在陣列的中括號裡不需要指定陣列的大小。如果指定了大小，則編譯器會檢查它是否大於零，然後省略它。指定一個負的大小會造成編譯時期錯誤。由於陣列會自動模擬成傳參考呼叫來進行傳遞，因此當被呼叫函式使用陣列名稱 **b** 時，實際上會引用呼叫函式的原始陣列（在上述呼叫中是引用陣列 **hourlyTemperatures**）。我們將在第 7 章中介紹其他的表示法，來代表某個函式接收一個陣列。我們將可以看到，這些表示法都是基於 C 的陣列與指標之密切關係而得到的。

傳遞整個陣列與傳遞陣列元素的差異

圖 6.13 的程式示範傳遞整個陣列和傳遞個別的陣列元素之間的差異。此程式首先會印出整數陣列 **a** 的 5 個元素（第 19–21 行）。接著 **a** 和它的大小會傳遞給函式 **modifyArray**（第 25 行），將 **a** 的每個元素都乘上 2（第 48–50 行）。然後回到 **main** 再印出 **a** 的內容（第 29–31 行）。如同輸出所示，**a** 的元素確實由 **modifyArray** 改變了。接下來，程式會印出 **a[3]** 的數值（第 35 行），並且將 **a[3]** 傳給函式 **modifyElement**（第 37 行）。函式 **modifyElement**

會爲它的引數乘上 2（第 58 行），並印出運算後的新值。然而當回到 **main** 後再印一次 **a[3]** 的數值（第 40 行），我們發現它並沒有改變。因爲個別的陣列元素會以傳值呼叫來進行傳遞。

```c
1   // Fig. 6.13: fig06_13.c
2   // Passing arrays and individual array elements to functions.
3   #include <stdio.h>
4   #define SIZE 5
5
6   // function prototypes
7   void modifyArray(int b[], size_t size);
8   void modifyElement(int e);
9
10  // function main begins program execution
11  int main(void)
12  {
13     int a[SIZE] = { 0, 1, 2, 3, 4 }; // initialize array a
14
15     puts("Effects of passing entire array by reference:\n\nThe "
16        "values of the original array are:");
17
18     // output original array
19     for (size_t i = 0; i < SIZE; ++i) {
20        printf("%3d", a[i]);
21     }
22
23     puts(""); // outputs a newline
24
25     modifyArray(a, SIZE); // pass array a to modifyArray by reference
26     puts("The values of the modified array are:");
27
28     // output modified array
29     for (size_t i = 0; i < SIZE; ++i) {
30        printf("%3d", a[i]);
31     }
32
33     // output value of a[3]
34     printf("\n\n\nEffects of passing array element "
35        "by value:\n\nThe value of a[3] is %d\n", a[3]);
36
37     modifyElement(a[3]); // pass array element a[3] by value
38
39     // output value of a[3]
40     printf("The value of a[3] is %d\n", a[3]);
41  }
42
43  // in function modifyArray, "b" points to the original array "a"
44  // in memory
45  void modifyArray(int b[], size_t size)
46  {
47     // multiply each array element by 2
48     for (size_t j = 0; j < size; ++j) {
49        b[j] *= 2; // actually modifies original array
50     }
51  }
52
53  // in function modifyElement, "e" is a local copy of array element
54  // a[3] passed from main
55  void modifyElement(int e)
56  {
57     // multiply parameter by 2
58     printf("Value in modifyElement is %d\n", e *= 2);
59  }
```

圖 6.13　傳遞陣列和個別的陣列元素給函式

```
Effects of passing entire array by reference:

The values of the original array are:
   0   1   2   3   4
The values of the modified array are:
   0   2   4   6   8


Effects of passing array element by value:

The value of a[3] is 6
Value in modifyElement is 12
The value of a[3] is 6
```

圖 6.13　傳遞陣列和個別的陣列元素給函式(續)

在很多種狀況下，在你的程式裡函式不可以更改陣列中的元素。C 提供一種特殊的型別修飾詞 const（常數），用來避免呼叫函式更改陣列的值。當一個陣列參數前面加上 const 修飾詞之後，陣列的元素在函式的本體當中會成為常數，所以在函式本體內任何試圖更改陣列元素的動作，都會造成編譯時期的錯誤。

陣列參數使用 const 修飾詞

圖 6.14 解釋 const 修飾詞的用法。函式 **tryToModifyArray** 和參數 **const int b[]** 一起定義（第 3 行），這項定義指出陣列 **b** 為常數，而且不能被更改。函式中每個嘗試修改陣列元素的動作都會導致編譯器錯誤。我們會在第 7 章額外地討論 const 修飾詞。

```
1   // in function tryToModifyArray, array b is const, so it cannot be
2   // used to modify its argument array in the caller.
3   void tryToModifyArray(const int b[])
4   {
5      b[0] /= 2; // error
6      b[1] /= 2; // error
7      b[2] /= 2; // error
8   }
```

圖 6.14　陣列使用 const 型別修飾詞

軟體工程的觀點 6.3

const 型別修飾詞可以應用到函式定義中的陣列參數，以避免原始陣列在函式本體中受到更改。這是最小權限原則的另一個例子。函式不應該具有更改呼叫者中的陣列的能力，除非真的需要。

6.8　陣列的排序

將資料排序（Sorting，也就是按照遞增或遞減順序放置資料）是電腦最重要的應用之一。銀行必須將支票依帳號順序進行排序，才能夠在月底時準備好所有的借貸表格。電話公司必須將電話號碼按照姓名來進行排序，才能夠很快地查出電話號碼。差不多每一個組織都必須排序某些大量的資料。排序是一個能引起大家研究興趣的課題，許多電腦科學家都在努力地鑽研這項主題。在本章中，我們將討論一項簡單的排序技術。而我們將在第 12 章和附錄 D 中，再介紹一些較複雜但效率較好的排序技術。

增進效能的小技巧 6.4

一般而言，最簡單的演算法的效率都不大好。他們的價值在於容易撰寫、測試及偵錯。不過，若想得到最大效率的話，還是必須使用較爲複雜的演算法。

圖 6.15 的程式以升冪的順序，爲擁有 10 個元素的陣列 **a**（第 10 行）中的所有元素值進行排序。我們所使用的技術稱爲**氣泡排序**（bubble sort 或 sinking sort），因爲較小的數值將會如「氣泡」浮出水面一樣，慢慢地上升至陣列的頂點，而較大的數值則會沉到陣列的尾端。這個技巧會對陣列處理數個回合。在每一回合當中，將會比較相鄰的一對元素（元素 0 和元素 1，然後是元素 1 和元素 2，以此類推）。如果此對元素爲遞增順序（或是他們的值相等）的話，則將他們維持現狀。如果這對元素爲遞減順序的話，便將他們在陣列中的值對調過來。

```c
1   // Fig. 6.15: fig06_15.c
2   // Sorting an array's values into ascending order.
3   #include <stdio.h>
4   #define SIZE 10
5
6   // function main begins program execution
7   int main(void)
8   {
9      // initialize a
10     int a[SIZE] = {2, 6, 4, 8, 10, 12, 89, 68, 45, 37};
11
12     puts("Data items in original order");
13
14     // output original array
15     for (size_t i = 0; i < SIZE; ++i) {
16        printf("%4d", a[i]);
17     }
18
19     // bubble sort
20     // loop to control number of passes
21     for (unsigned int pass = 1; pass < SIZE; ++pass) {
22
23        // loop to control number of comparisons per pass
24        for (size_t i = 0; i < SIZE - 1; ++i) {
25
26           // compare adjacent elements and swap them if first
27           // element is greater than second element
28           if (a[i] > a[i + 1]) {
29              int hold = a[i];
30              a[i] = a[i + 1];
31              a[i + 1] = hold;
32           }
33        }
34     }
35
36     puts("\nData items in ascending order");
37
38     // output sorted array
39     for (size_t i = 0; i < SIZE; ++i) {
```

圖 6.15　由小到大排序一個陣列的值

```
40          printf("%4d", a[i]);
41      }
42
43      puts("");
44  }
```

```
Data items in original order
    2    6    4    8   10   12   89   68   45   37
Data items in ascending order
    2    4    6    8   10   12   37   45   68   89
```

圖 6.15　由小到大排序一個陣列的值(續)

　　此程式首先比較 a[0] 和 a[1]，然後比較 a[1] 和 a[2]，然後比較 a[2] 和 a[3]，然後一直持續下去，直到比較完 a[8] 和 a[9] 才結束這一回合。雖然有 10 個元素，但只有執行 9 次比較。由於採用的是相鄰比較法，因此在一個回合中，一個大的數可能會往後移動數個位置，但小的數卻可能只往前移一個位置。

　　在第一回合裡，最大的數保證會移到陣列元素的最底部，即 a[9]。在第二回合裡，次大的數保證會沈到 a[8]。而在第九回合裡，第九大的數即可保證沈到 a[1]。而此時剩下的最小的值恰好在 a[0] 裡。因此，雖然這個陣列含有 10 個元素，但只需 9 個回合便能將之排序完成。

　　排序的動作是由巢狀的 for 迴圈來執行的（第 21–34 行）。如果需要對調的話，將由下列三個指定動作來進行

```
hold = a[i];
a[i] = a[i + 1];
a[i + 1] = hold;
```

其中額外的變數 hold，會用來暫時存放對調的兩個數值當中的一個。對調動作不能只用以下的兩個指定動作來進行

```
a[i] = a[i + 1];
a[i + 1] = a[i];
```

例如，若 a[i] 為 7，a[i + 1] 為 5 的話，在第一個指定動作之後，這兩個值都將變為 5，而 7 則漏失了。因此需要一個額外的變數 hold。

　　氣泡排序的優點是它很容易撰寫。但氣泡排序執行得相當慢，因為每次的交換只能朝元素的最終位置前進一步。尤其是在排序很大的陣列時。在習題中，我們將發展出一種較有效率的氣泡排序法。一些遠比氣泡排序法有效率的排序方法已經發展出來了。我們將在附錄 D 中介紹其他的演算法。有些進階的課程則會介紹更深入的排序及搜尋方法。

6.9　範例研究：使用陣列來計算平均數、中位數以及眾數

現在我們來看一個大型的範例。電腦常會被用來進行**調查資料分析**（survey data analysis），也就是用來編輯分析測驗和民意調查的結果。圖 6.16 使用陣列 **response** 來初始化 99 個調查的回應。每個回應都是範圍介於 1 到 9 之間的數字。這個程式會計算 99 個數值的平均數、中位數和眾數。圖 6.17 顯示此程式的執行結果。這個例子包含陣列問題中常見的操作，也包括如何傳遞陣列給函式。

```c
 1  // Fig. 6.16: fig06_16.c
 2  // Survey data analysis with arrays;
 3  // computing the mean, median and mode of the data.
 4  #include <stdio.h>
 5  #define SIZE 99
 6
 7  // function prototypes
 8  void mean(const unsigned int answer[]);
 9  void median(unsigned int answer[]);
10  void mode(unsigned int freq[], const unsigned int answer[]) ;
11  void bubbleSort(unsigned int a[]);
12  void printArray(const unsigned int a[]);
13
14  // function main begins program execution
15  int main(void)
16  {
17     unsigned int frequency[10] = {0}; // initialize array frequency
18
19     // initialize array response
20     unsigned int response[SIZE] =
21        {6, 7, 8, 9, 8, 7, 8, 9, 8, 9,
22         7, 8, 9, 5, 9, 8, 7, 8, 7, 8,
23         6, 7, 8, 9, 3, 9, 8, 7, 8, 7,
24         7, 8, 9, 8, 9, 8, 9, 7, 8, 9,
25         6, 7, 8, 7, 8, 7, 9, 8, 9, 2,
26         7, 8, 9, 8, 9, 8, 9, 7, 5, 3,
27         5, 6, 7, 2, 5, 3, 9, 4, 6, 4,
28         7, 8, 9, 6, 8, 7, 8, 9, 7, 8,
29         7, 4, 4, 2, 5, 3, 8, 7, 5, 6,
30         4, 5, 6, 1, 6, 5, 7, 8, 7};
31
32     // process responses
33     mean(response);
34     median(response);
35     mode(frequency, response);
36  }
37
38  // calculate average of all response values
39  void mean(const unsigned int answer[])
40  {
41     printf("%s\n%s\n%s\n", "********", "  Mean", "********");
42
43     unsigned int total = 0; // variable to hold sum of array elements
44
45     // total response values
46     for (size_t j = 0; j < SIZE; ++j) {
47        total += answer[j];
48     }
49
50     printf("The mean is the average value of the data\n"
51            "items. The mean is equal to the total of\n"
52            "all the data items divided by the number\n"
53            "of data items (%u). The mean value for\n"
54            "this run is: %u / %u = %.4f\n\n",
55            SIZE, total, SIZE, (double) total / SIZE);
```

圖 6.16　以陣列處理意見調查資料的分析程式：計算資料的平均數、中位數和眾數

```
56    }
57
58    // sort array and determine median element's value
59    void median(unsigned int answer[])
60    {
61       printf("\n%s\n%s\n%s\n%s",
62              "********", " Median", "********",
63              "The unsorted array of responses is");
64
65       printArray(answer); // output unsorted array
66
67       bubbleSort(answer); // sort array
68
69       printf("%s", "\n\nThe sorted array is");
70       printArray(answer); // output sorted array
71
72       // display median element
73       printf("\n\nThe median is element %u of\n"
74              "the sorted %u element array.\n"
75              "For this run the median is %u\n\n",
76              SIZE / 2, SIZE, answer[SIZE / 2]);
77    }
78
79    // determine most frequent response
80    void mode(unsigned int freq[], const unsigned int answer[])
81    {
82       printf("\n%s\n%s\n%s\n", "********", "  Mode", "********");
83
84       // initialize frequencies to 0
85       for (size_t rating = 1; rating <= 9; ++rating) {
86          freq[rating] = 0;
87       }
88
89       // summarize frequencies
90       for (size_t j = 0; j < SIZE; ++j) {
91          ++freq[answer[j]];
92       }
93
94       // output headers for result columns
95       printf("%s%11s%19s\n\n%54s\n%54s\n\n",
96              "Response", "Frequency", "Histogram",
97              "1    1    2    2", "5    0    5    0    5");
98
99       // output results
100      unsigned int largest = 0; // represents largest frequency
101      unsigned int modeValue = 0; // represents most frequent response
102
103      for (size_t rating = 1; rating <= 9; ++rating) {
104         printf("%8u%11u          ", rating, freq[rating]);
105
106         // keep track of mode value and largest frequency value
107         if (freq[rating] > largest) {
108            largest = freq[rating];
109            modeValue = rating;
110         }
111
112         // output histogram bar representing frequency value
113         for (unsigned int h = 1; h <= freq[rating]; ++h) {
114            printf("%s", "*");
115         }
116
117         puts(""); // being new line of output
118      }
119
120      // display the mode value
121      printf("\nThe mode is the most frequent value.\n"
122             "For this run the mode is %u which occurred"
123             " %u times.\n", modeValue, largest);
124   }
125
126   // function that sorts an array with bubble sort algorithm
```

圖 6.16　以陣列處理意見調查資料的分析程式：計算資料的平均數、中位數和眾數(續)

```
127  void bubbleSort(unsigned int a[])
128  {
129     // loop to control number of passes
130     for (unsigned int pass = 1; pass < SIZE; ++pass) {
131
132        // loop to control number of comparisons per pass
133        for (size_t j = 0; j < SIZE - 1; ++j) {
134
135           // swap elements if out of order
136           if (a[j] > a[j + 1]) {
137              unsigned int hold = a[j];
138              a[j] = a[j + 1];
139              a[j + 1] = hold;
140           }
141        }
142     }
143  }
144
145  // output array contents (20 values per row)
146  void printArray(const unsigned int a[])
147  {
148     // output array contents
149     for (size_t j = 0; j < SIZE; ++j) {
150
151        if (j % 20 == 0) { // begin new line every 20 values
152           puts("");
153        }
154
155        printf("%2u", a[j]);
156     }
157  }
```

圖 6.16　以陣列處理意見調查資料的分析程式：計算資料的平均數、中位數和眾數(續)

```
********
  Mean
********
The mean is the average value of the data
items. The mean is equal to the total of
all the data items divided by the number
of data items (99). The mean value for
this run is: 681 / 99 = 6.8788


********
 Median
********
The unsorted array of responses is
 6 7 8 9 8 7 8 9 8 9 7 8 9 5 9 8 7 8 7 8
 6 7 8 9 3 9 8 7 8 7 7 8 9 8 9 8 9 7 8 9
 6 7 8 7 8 7 9 8 9 2 7 8 9 8 9 8 9 7 5 3
 5 6 7 2 5 3 9 4 6 4 7 8 9 6 8 7 8 9 7 8
 7 4 4 2 5 3 8 7 5 6 4 5 6 1 6 5 7 8 7

The sorted array is
 1 2 2 2 3 3 3 3 4 4 4 4 4 5 5 5 5 5 5 5
 5 6 6 6 6 6 6 6 6 7 7 7 7 7 7 7 7 7 7 7
 7 7 7 7 7 7 7 7 7 7 7 7 8 8 8 8 8 8 8 8
 8 8 8 8 8 8 8 8 8 8 8 8 8 8 8 8 8 8 8 8
 9 9 9 9 9 9 9 9 9 9 9 9 9 9 9 9 9 9 9

The median is element 49 of
the sorted 99 element array.
For this run the median is 7


********
  Mode
********
Response  Frequency       Histogram

                       1   1   2   2
                   5   0   5   0   5
```

圖 6.17　意見調查資料分析程式的執行結果

```
1         1        *
2         3        ***
3         4        ****
4         5        *****
5         8        ********
6         9        *********
7        23        ***********************
8        27        ***************************
9        19        *******************

The mode is the most frequent value.
For this run the mode is 8 which occurred 27 times.
```

圖 6.17 意見調查資料分析程式的執行結果(續)

平均數（Mean）

平均數是這 99 個數值的算術平均數。函式 **mean**（圖 6.16，第 39-56 行）會將這 99 個元素加起來再除 99 來求出平均值。

中位數（Median）

中位數是「位在中間的值」。函式 **median**（第 59-77 行）呼叫函式 **bubbleSort**（定義在第 127-143 行）來對回應的陣列進行遞增排序，然後從已排序的元素當中選出中間的元素 **answer[SIZE/2]**。要注意當有偶數個元素的時候，中位數是由兩個中間數的平均算出。不過，**median** 函式目前並不提供此項功能。此外，程式會呼叫 **printArray**（第 146-157 行）函式來印出 **response** 陣列。

眾數（Mode）

眾數是這 99 個回應中出現頻率最高的數值。函式 **mode**（第 80-124 行）會對每種型別的回應執行計數的動作，並且以此來決定眾數，它會選出最大的計數值。目前這一版本的 **mode** 函式並沒有處理相等的狀況（見習題 6.14）。函式 **mode** 也產生長條圖，它可以以圖形化來輔助眾數的決定。

6.10 搜尋陣列

將來你會常常碰到存放在陣列裡的大量資料。有時候可能需要知道陣列中是否有一個符合某個**關鍵值**（key value）的數值。找出陣列中某個元素的過程稱為**搜尋**（searching）。本節將為您介紹兩種搜尋的技術：最簡單的**線性搜尋**（linear search）技巧和較有效率（也較複雜）的**二元搜尋**（binary search）技巧。本章的習題 6.32 和 6.33 會要求你撰寫遞迴式的線性搜尋和二元搜尋。

6.10.1　使用線性搜尋來搜尋陣列

線性搜尋（見圖 6.18）用**搜尋關鍵值**（search key）來比較陣列中的每個元素。由於陣列中並沒有任何特別的順序，所以有可能在第一次比較就找到，也有可能要到最後一個元素才能找到。平均上，程式需要一半的陣列元素來與搜尋關鍵值比較。

```c
1   // Fig. 6.18: fig06_18.c
2   // Linear search of an array.
3   #include <stdio.h>
4   #define SIZE 100
5
6   // function prototype
7   size_t linearSearch(const int array[], int key, size_t size);
8
9   // function main begins program execution
10  int main(void)
11  {
12     int a[SIZE]; // create array a
13
14     // create some data
15     for (size_t x = 0; x < SIZE; ++x) {
16        a[x] = 2 * x;
17     }
18
19     printf("Enter integer search key: ");
20     int searchKey; // value to locate in array a
21     scanf("%d", &searchKey);
22
23     // attempt to locate searchKey in array a
24     size_t index = linearSearch(a, searchKey, SIZE);
25
26     // display results
27     if (index != -1) {
28        printf("Found value at index %d\n", index);
29     }
30     else {
31        puts("Value not found");
32     }
33  }
34
35  // compare key to every element of array until the location is found
36  // or until the end of array is reached; return index of element
37  // if key is found or -1 if key is not found
38  size_t linearSearch(const int array[], int key, size_t size)
39  {
40     // loop through array
41     for (size_t n = 0; n < size; ++n) {
42
43        if (array[n] == key) {
44           return n; // return location of key
45        }
46     }
47
48     return -1; // key not found
49  }
```

```
Enter integer search key: 36
Found value at index 18
```

```
Enter integer search key: 37
Value not found
```

圖 6.18　陣列的線性搜尋

6.10.2　使用二元搜尋來搜尋陣列

對於小型陣列或未排序過的陣列而言,線性搜尋可以表現得很好。但是將線性搜尋用在大型陣列上,就很沒有效率了。如果陣列已經排序過了,則我們可以用速度很快的二元搜尋法。

　　二元搜尋演算法在每次比較之後,就可以將已排序陣列中一半的元素刪去不考慮。此演算法先找出陣列的中間元素,將之與搜尋關鍵值做比較。如果相等的話,表示已找到搜尋關鍵值,就將此元素的陣列索引傳回。如果不相等,此時問題便簡化成只需搜尋陣列的某一半。如果搜尋關鍵值小於陣列的中間元素,演算法就搜尋陣列的前半部;否則就會搜尋陣列的後半部。假如在指定的子陣列(原始陣列的一部分)當中,搜尋關鍵值並非中間元素,演算法就會重複搜尋原始陣列的四分之一。搜尋的動作會一直持續到搜尋關鍵值等於子陣列的中間元素為止,或是子陣列只包含一個與搜尋關鍵值不相等的元素為止(也就是沒有找到搜尋關鍵值)。

　　在最壞的情形之下,使用二元搜尋來搜尋 1023 個元素的已排序陣列只需 10 次比較。重複將 1024 除以 2 將會得到 512、256、128、64、32、16、8、4、2、1 等數值。即 1024(2^{10})只要除以 2 十次,便可得到值 1。除以 2 的動作相當於二元搜尋演算法的比較動作。一個具有 1,048,576(2^{20})個元素的已排序陣列,最多只需要進行 20 次的比較,就能找到搜尋關鍵值。而一個具有十億個元素的已排序陣列,最多也只需要 30 次比較便能找到搜尋關鍵值。這比起線性搜尋一個已排序的陣列,有了大幅的效能改進,線性搜尋找到搜尋關鍵值所需要的比較次數,平均為陣列元素個數的一半。對一個具有十億個元素的陣列來說,平均要比較 5 億次,與最多比較 30 次相比,其差別是很大的。任何一個陣列的最大比較次數,可以由大於此陣列元素個數的第一個 2 的次方數來加以決定。

　　圖 6.19 的程式為 **binarySearch** 函式的循環結構版本(第 40-68 行)。此函式接收四個引數:被搜尋的整數陣列 **b**、一個整數 **searchKey**、陣列的 **low** 索引,和陣列的 **high** 索引(這些引數定義了陣列要搜尋的部分)。如果搜尋關鍵值不等於子陣列的中間元素,則 **low** 索引或 **high** 索引將會受到更改,所以它能夠繼續搜尋較小範圍的子陣列。如果搜尋關鍵值小於中間元素,**high** 索引將設定為 **middle-1**,接下來程式會繼續搜尋 **low** 到 **middle-1** 的元素。如果搜尋關鍵值大於中間元素,則 **low** 索引將會設定為 **middle+1**,接下來程式會繼續搜尋 **middle+1** 至 **high** 之間的元素。這個程式使用 15 個元素的陣列。第一個大於 15 的 2 的次方數是 16(2^4),因此最多只需要 4 次便能找到搜尋關鍵值。這個程式使用 **printHeader** 函式(第 71-88 行)來輸出陣列索引,並且使用 **printRow** 函式(第 92-110 行)在二元搜尋的過程當中輸出每個子陣列。每個子陣列的中間元素都會標上星號(*****),來表示此元素將與搜尋關鍵值進行比較。

```
1   // Fig. 6.19: fig06_19.c
2   // Binary search of a sorted array.
3   #include <stdio.h>
4   #define SIZE 15
5
6   // function prototypes
7   size_t binarySearch(const int b[], int searchKey, size_t low, size_t high);
8   void printHeader(void);
9   void printRow(const int b[], size_t low, size_t mid, size_t high);
10
11  // function main begins program execution
12  int main(void)
13  {
14     int a[SIZE]; // create array a
15
16     // create data
17     for (size_t i = 0; i < SIZE; ++i) {
18        a[i] = 2 * i;
19     }
20
21     printf("%s", "Enter a number between 0 and 28: ");
22     int key; // value to locate in array a
23     scanf("%d", &key);
24
25     printHeader();
26
27     // search for key in array a
28     size_t result = binarySearch(a, key, 0, SIZE - 1);
29
30     // display results
31     if (result != -1) {
32        printf("\n%d found at index %d\n", key, result);
33     }
34     else {
35        printf("\n%d not found\n", key);
36     }
37  }
38
39  // function to perform binary search of an array
40  size_t binarySearch(const int b[], int searchKey, size_t low, size_t high)
41  {
42     // loop until low index is greater than high index
43     while (low <= high) {
44
45        // determine middle element of subarray being searched
46        size_t middle = (low + high) / 2;
47
48        // display subarray used in this loop iteration
49        printRow(b, low, middle, high);
50
51        // if searchKey matched middle element, return middle
52        if (searchKey == b[middle]) {
53           return middle;
54        }
55
56        // if searchKey is less than middle element, set new high
57        else if (searchKey < b[middle]) {
58           high = middle - 1; // search low end of array
59        }
60
61        // if searchKey is greater than middle element, set new low
62        else {
63           low = middle + 1; // search high end of array
64        }
65     } // end while
66
67     return -1; // searchKey not found
68  }
69
```

圖 6.19　在已排序的陣列中進行二元搜尋

```
70    // Print a header for the output
71    void printHeader(void)
72    {
73       puts("\nSubscripts:");
74
75       // output column head
76       for (unsigned int i = 0; i < SIZE; ++i) {
77          printf("%3u ", i);
78       }
79
80       puts(""); // start new line of output
81
82       // output line of - characters
83       for (unsigned int i = 1; i <= 4 * SIZE; ++i) {
84          printf("%s", "-");
85       }
86
87       puts(""); // start new line of output
88    }
89
90    // Print one row of output showing the current
91    // part of the array being processed.
92    void printRow(const int b[], size_t low, size_t mid, size_t high)
93    {
94       // loop through entire array
95       for (size_t i = 0; i < SIZE; ++i) {
96
97          // display spaces if outside current subarray range
98          if (i < low || i > high) {
99             printf("%s", "    ");
100         }
101         else if (i == mid) { // display middle element
102            printf("%3d*", b[i]); // mark middle value
103         }
104         else { // display other elements in subarray
105            printf("%3d ", b[i]);
106         }
107      }
108
109      puts(""); // start new line of output
110   }
```

```
Enter a number between 0 and 28: 25

Indices:
   0   1   2   3   4   5   6   7   8   9  10  11  12  13  14
---------------------------------------------------------------
   0   2   4   6   8  10  12  14* 16  18  20  22  24  26  28
                                  16  18  20  22* 24  26  28
                                              24  26* 28
                                              24*

25 not found
```

```
Enter a number between 0 and 28: 8

Indices:
   0   1   2   3   4   5   6   7   8   9  10  11  12  13  14
---------------------------------------------------------------
   0   2   4   6*  8  10  12  14* 16  18  20  22  24  26  28
   0   2   4   6*  8  10  12
                   8  10* 12
                   8*

8 found at index 4
```

圖 6.19　在已排序的陣列中進行二元搜尋(續)

```
Enter a number between 0 and 28: 6

Indices:
 0   1   2   3   4   5   6   7   8   9  10  11  12  13  14
---------------------------------------------------------------
 0   2   4   6   8  10  12  14* 16  18  20  22  24  26  28
 0   2   4   6*  8  10  12

6 found at index 3
```

圖 6.19　在已排序的陣列中進行二元搜尋(續)

6.11　多維陣列

C 語言的陣列可以有多重索引，標準 C 語言稱爲**多維陣列**（multidimensional arrays），經常會用來表示**表格**（tables），其數值是依照列（rows）和行（columns）排列的資料所組成。爲了指出特定的表格元素，我們必須指定兩個索引：一般而言，第一個索引會指定元素的列數，第二個索引則會指定元素的行數。使用兩個索引來指定表格或陣列中某個特定元素的陣列，稱爲**二維陣列**（double-dimensional arrays）。多維陣列能夠有兩個以上的索引。

6.11.1　二維陣列的示範

圖 6.20 示範一個二維陣列 **a**。這個陣列包含三列以及四行，因此它稱爲 3×4 的陣列。更一般地來說，一個有 m 列和 n 行的陣列就稱爲 m×n **陣列**（m-by-n array）。

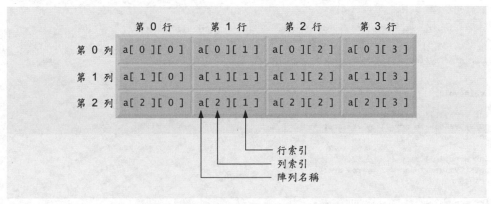

圖 6.20　有三列以及四行的二維陣列

在圖 6.20 中，陣列 **a** 的每個元素都可以用 **a[i][j]** 的方式來加以指定元素名稱，其中 **a** 是陣列名稱，而 **i** 和 **j** 則會用來指出 **a** 的每個元素的索引。第一列（Row 0）所有元素名稱的第一個索引都是 **0**；而第四行（Column 3）所有元素名稱的第二個索引都是 **3**。

常見的程式設計錯誤 6.7

誤以 **a[x, y]** 來引用二維陣列的元素（應該是 **a[x][y]**）是邏輯錯誤。C 會將 **a[x, y]** 直譯成 **a[y]**（因為這裡的逗號會被當作逗號運算子），因此這個程式設計人員造成的錯誤並不是語法錯誤。

6.11.2 二維陣列的初始值

多維陣列可以和一維陣列一樣，在宣告時指定其初始值。例如，二維陣列 **int b[2][2]** 可以用以下的方式來宣告並且指定初始值：

```
int b[2][2] = {{1, 2}, {3, 4}};
```

這些數值會以列為單位，並且用大括號括起來。第一組大括號的值會初始化第 0 列，第二組大括號的值會初始化第 1 列。所以第一組的值 1 和值 2 分別會初始化陣列元素 **b[0][0]** 和 **b[0][1]**。第二組的值 3 和值 4 則分別初始化陣列元素 **b[1][0]** 和 **b[1][1]**。如果給某一列的初始值個數不夠的話，則此列剩下的元素會將初始值設定為零。

```
int b[2][2] = {{1}, {3, 4}};
```

會將 **b[0][0]** 初始化成 **1**、**b[0][1]** 初始化成 **0**、**b[1][0]** 初始化成 **3**、**b[1][1]** 初始化成 **4**。圖 6.21 表示定義和初始化二維陣列。

```c
1   // Fig. 6.21: fig06_21.c
2   // Initializing multidimensional arrays.
3   #include <stdio.h>
4
5   void printArray(int a[][3]); // function prototype
6
7   // function main begins program execution
8   int main(void)
9   {
10      int array1[2][3] = { { 1, 2, 3 }, { 4, 5, 6 } };
11      puts("Values in array1 by row are:");
12      printArray(array1);
13
14      int array2[2][3] = { 1, 2, 3, 4, 5 };
15      puts("Values in array2 by row are:");
16      printArray(array2);
17
18      int array3[2][3] = { { 1, 2 }, { 4 } };
19      puts("Values in array3 by row are:");
20      printArray(array3);
21   }
22
23   // function to output array with two rows and three columns
24   void printArray(int a[][3])
25   {
26      // loop through rows
27      for (size_t i = 0; i <= 1; ++i) {
28
29         // output column values
30         for (size_t j = 0; j <= 2; ++j) {
```

圖 6.21　初始化多維陣列

```
31            printf("%d ", a[i][j]);
32        }
33
34        printf("\n"); // start new line of output
35    }
36 }
```

```
Values in array1 by row are:
1 2 3
4 5 6
Values in array2 by row are:
1 2 3
4 5 0
Values in array3 by row are:
1 2 0
4 0 0
```

圖 6.21　初始化多維陣列(續)

array1 的定義

這個程式定義了三個陣列，每個陣列都有 2 列和 3 行(也就是每個陣列有 6 個元素)。**array1**
的定義（第 10 行）提供了 6 個初始值（分別放在兩個子串列中）。第一個子串列會將陣列的
第一列（也就是 row 0）初始值設定為 1、2、3；第二個子串列則會將陣列的第二列（也就是
row 1）初始值設定為 4、5、6。

array2 的定義

如果從 **array1** 的初始值串列當中移除每個子串列的大括號，則編譯器會先用這些數值來為
第一列元素指定初始值，接著再為第二列元素指定初始值。**array2** 的定義（第 14 行）提供
5 個初始值。這 5 個初始值會先指定給第一列，然後再指定給第二列。所有沒有明確初始值的
元素都會自動設定為零，因此 **array2[1][2]** 的初始值將為零。

array3 的定義

array3 的宣告（第 18 行）提供了 3 個初始值（分別放在兩個子串列中）。給第一列子串列
明確地將第一列的前兩個元素的初始值設定為 1 和 2，第 3 個元素則自動設定為零。第二列子
串列則只明確地將第一個元素初始值設定為 4，而剩下的兩個元素也自動設定為零。

printArray 函式

這個程式呼叫了 **printArray** 函式（第 24-36 行）來印出每一個陣列的元素。此函式的定義
將陣列參數指定為 **int a[][3]**。在一維陣列參數中，陣列中括號是空的。而多維陣列的第
一個索引也不需指定，但所有子串列的索引則都是必須的。編譯器將利用這些索引，來判斷
多維陣列的元素位於記憶體中的什麼位置。不論是幾維的陣列，所有的陣列元素都是連續的
存放在記憶體中，不需要考慮索引的個數。對二維陣列來說，元素存放在記憶體中的順序是

第一列之後跟隨著第二列。

在參數宣告時提供索引值，可以讓編譯器告訴這個函式如何找到陣列中的某個元素的位置。在二維陣列中，每一列基本上都是一個一維陣列。若想找到某一列的某個元素的位置，編譯器必須知道每一列到底有多少個元素，這樣子它才可以算出總共要跳過多少個元素的記憶體位置，才能夠找到所要的元素。因此，當我們的例子在存取 **a[1][2]** 時，編譯器便知道要跳過第一列的 3 個元素，找到第二列（即 row 1）。然後編譯器才會存取此列的元素 2。

6.11.3　設定某一列的元素

許多常見的陣列處理都會使用 **for** 循環敘述式。例如，下面的敘述式會將圖 6.20 中的陣列 **a** 的 row 2 列所有元素均設定為零。

```
for (column = 0; column <= 3; ++column) {
   a[2][column] = 0;
}
```

由於我們指定對 row 2 操作，因此第一個索引應該都是 **2**。這個迴圈只改變第二個索引（即行）。上述的 **for** 敘述式和下列的指定敘述式是相同的。

```
a[2][0] = 0;
a[2][1] = 0;
a[2][2] = 0;
a[2][3] = 0;
```

6.11.4　將二維陣列中的元素加總

底下的巢狀 **for** 敘述式則計算了陣列 **a** 所有元素的總和。

```
total = 0;
for (row = 0; row <= 2; ++row) {
   for (column = 0; column <= 3; ++column) {
      total += a[row][column];
   }
}
```

這個 **for** 敘述式一次一列地來計算此陣列元素的總和。外層的 **for** 敘述式先將 **row**（即列索引）設定為零，所以內層的 **for** 敘述式便計算 row 0 的總和。接著外層 **for** 敘述式將 **row** 遞增成 **1**，將 row 1 的元素加到總和裡。最後，外層 **for** 敘述式會將 **row** 遞增成 **2**，因此 row 2 的元素也會加到總和。當巢狀的 **for** 敘述式結束時，陣列 **a** 所有元素內容的和會儲存於 **total**。

6.11.5　二維陣列的處理

圖 6.22 的程式使用 **for** 敘述式對一個 3×4 的陣列 **studentGrades** 執行幾種其他常見的陣列處理。陣列的每一列代表一個學生，而每一行則代表學生四次考試成績中的其中一次。陣列的處理是由四個函式來加以執行。函式 **minimum**（第 39-56 行）會找出所有學生在本學期中的最差成績。函式 **maximum**（第 59-76 行）會找出所有學生在本學期中的最高成績。函式 **average**（第 79-89 行）會算出某位學生本學期的平均成績。函式 **printArray**（第 92-108 行）會以表列的方式清楚印出這個二維陣列。

```c
1   // Fig. 6.22: fig06_22.c
2   // Two-dimensional array manipulations.
3   #include <stdio.h>
4   #define STUDENTS 3
5   #define EXAMS 4
6
7   // function prototypes
8   int minimum(const int grades[][EXAMS], size_t pupils, size_t tests);
9   int maximum(const int grades[][EXAMS], size_t pupils, size_t tests);
10  double average(const int setOfGrades[], size_t tests);
11  void printArray(const int grades[][EXAMS], size_t pupils, size_t tests);
12
13  // function main begins program execution
14  int main(void)
15  {
16     // initialize student grades for three students (rows)
17     int studentGrades[STUDENTS][EXAMS] =
18        { { 77, 68, 86, 73 },
19          { 96, 87, 89, 78 },
20          { 70, 90, 86, 81 } };
21
22     // output array studentGrades
23     puts("The array is:");
24     printArray(studentGrades, STUDENTS, EXAMS);
25
26     // determine smallest and largest grade values
27     printf("\n\nLowest grade: %d\nHighest grade: %d\n",
28        minimum(studentGrades, STUDENTS, EXAMS),
29        maximum(studentGrades, STUDENTS, EXAMS));
30
31     // calculate average grade for each student
32     for (size_t student = 0; student < STUDENTS; ++student) {
33        printf("The average grade for student %u is %.2f\n",
34           student, average(studentGrades[student], EXAMS));
35     }
36  }
37
38  // Find the minimum grade
39  int minimum(const int grades[][EXAMS], size_t pupils, size_t tests)
40  {
41     int lowGrade = 100; // initialize to highest possible grade
42
43     // loop through rows of grades
44     for (size_t i = 0; i < pupils; ++i) {
45
46        // loop through columns of grades
47        for (size_t j = 0; j < tests; ++j) {
48
49           if (grades[i][j] < lowGrade) {
50              lowGrade = grades[i][j];
51           }
52        }
53     }
```

圖 6.22　二維陣列的處理

```
54
55      return lowGrade; // return minimum grade
56   }
57
58   // Find the maximum grade
59   int maximum(const int grades[][EXAMS], size_t pupils, size_t tests)
60   {
61      int highGrade = 0; // initialize to lowest possible grade
62
63      // loop through rows of grades
64      for (size_t i = 0; i < pupils; ++i) {
65
66         // loop through columns of grades
67         for (size_t j = 0; j < tests; ++j) {
68
69            if (grades[i][j] > highGrade) {
70               highGrade = grades[i][j];
71            }
72         }
73      }
74
75      return highGrade; // return maximum grade
76   }
77
78   // Determine the average grade for a particular student
79   double average(const int setOfGrades[], size_t tests)
80   {
81      int total = 0; // sum of test grades
82
83      // total all grades for one student
84      for (size_t i = 0; i < tests; ++i) {
85         total += setOfGrades[i];
86      }
87
88      return (double) total / tests; // average
89   }
90
91   // Print the array
92   void printArray(const int grades[][EXAMS], size_t pupils, size_t tests)
93   {
94      // output column heads
95      printf("%s", "                  [0]  [1]  [2]  [3]");
96
97      // output grades in tabular format
98      for (size_t i = 0; i < pupils; ++i) {
99
100        // output label for row
101        printf("\nstudentGrades[%u] ", i);
102
103        // output grades for one student
104        for (size_t j = 0; j < tests; ++j) {
105           printf("%-5d", grades[i][j]);
106        }
107     }
108  }
```

```
The array is:
               [0]   [1]   [2]   [3]
studentGrades[0] 77    68    86    73
studentGrades[1] 96    87    89    78
studentGrades[2] 70    90    86    81

Lowest grade: 68
Highest grade: 96
The average grade for student 0 is 76.00
The average grade for student 1 is 87.50
The average grade for student 2 is 81.75
```

圖 6.22　二維陣列的處理(續)

函式 **minimum**、**maximum** 和 **printArray** 各自接收了三個引數：**studentGrades** 陣列（在每個函式裡都稱為 **grades**），學生的人數（亦即陣列的列數）以及考試的次數（亦即陣列的行數）。這三個函式都使用巢狀的 **for** 敘述式來走訪 **grades** 陣列。以下的巢狀 **for** 敘述式是取自 **minimum** 函式的定義：

```
// loop through rows of grades
for (i = 0; i < pupils; ++i) {
    // loop through columns of grades
    for (j = 0; j < tests; ++j) {
        if (grades[i][j] < lowGrade) {
            lowGrade = grades[i][j];
        }
    }
}
```

外層的 **for** 敘述式開始時會將 **i**（即列索引）設定為 0，這使得該列的元素（第一個學生的成績）可在內層 **for** 敘述式的本體當中，與變數 **lowGrade** 進行比較。內層的 **for** 敘述式走訪了某列中的四個成績，並且比較每個成績與 **lowGrade** 的大小。如果成績小於 **lowGrade**，則將 **lowGrade** 設定為該成績。接著外層 **for** 敘述式將 **row** 索引遞增成 1。該列的所有元素都拿來與變數 **lowGrade** 做比較。接著外層 **for** 敘述式將列索引遞增成 2，將該列的所有元素都拿來與變數 **lowGrade** 做比較。當巢狀結構執行完畢後，**lowGrade** 便是這個二維陣列中的最差成績了。函式 **maximum** 的運作類似於 **minimum**。

函式 **average**（第 79-89 行）有兩個引數：存放某位學生所有考試成績（稱為 **setOfGrades**），以及考試成績數目的二維陣列。當呼叫 **average** 時，第一個傳遞給它的引數是 **studentGrades[student]**。這將使得二維陣列某一列的位址傳給 **average**。引數 **studentGrades[1]** 是此二維陣列 row 1 的起始位址。二維陣列實際上是由一維陣列所組成的陣列，而一維陣列的名稱即代表它在記憶體中的位址。函式 **average** 計算所有陣列元素的總和，然後將總和除以考試成績的個數，最後將結果以浮點數傳回。

6.12　可變長度陣列[2]

對於到目前為止定義的每個陣列，你都是在編譯時期指定了它的大小，但若是在程式執行時還不知道陣列大小要怎麼辦呢？過去，為了處理這個問題，必須使用動態記憶體配置（在第 12 章「資料結構」中介紹）。對於在編譯時期還不知道陣列大小的情況，標準 C 語言讓使用者可以用可變長度陣列（variable-length arrays，VLAs）來處理，可變長度陣列是指其長度或大小是在執行階段時定義。圖 6.23 的程式碼宣告並印出多個可變長度陣列。

---

[2] Microsoft Visual C++不支援這項功能。

```
1    // Fig. 6.23: fig06_23.c
2    // Using variable-length arrays in C99
3    #include <stdio.h>
4
5    // function prototypes
6    void print1DArray(size_t size, int array[size]);
7    void print2DArray(size_t row, size_t col, int array[row][col]);
8
9    int main(void)
10   {
11       printf("%s", "Enter size of a one-dimensional array: ");
12       int arraySize; // size of 1-D array
13       scanf("%d", &arraySize);
14
15       int array[arraySize]; // declare 1-D variable-length array
16
17       printf("%s", "Enter number of rows and columns in a 2-D array: ");
18       int row1, col1; // number of rows and columns in a 2-D array
19       scanf("%d %d", &row1, &col1);
20
21       int array2D1[row1][col1]; // declare 2-D variable-length array
22
23       printf("%s",
24          "Enter number of rows and columns in another 2-D array: ");
25       int row2, col2; // number of rows and columns in another 2-D array
26       scanf("%d %d", &row2, &col2);
27
28       int array2D2[row2][col2]; // declare 2-D variable-length array
29
30       // test sizeof operator on VLA
31       printf("\nsizeof(array) yields array size of %d bytes\n",
32          sizeof(array));
33
34       // assign elements of 1-D VLA
35       for (size_t i = 0; i < arraySize; ++i) {
36          array[i] = i * i;
37       }
38
39       // assign elements of first 2-D VLA
40       for (size_t i = 0; i < row1; ++i) {
41          for (size_t j = 0; j < col1; ++j) {
42             array2D1[i][j] = i + j;
43          }
44       }
45
46       // assign elements of second 2-D VLA
47       for (size_t i = 0; i < row2; ++i) {
48          for (size_t j = 0; j < col2; ++j) {
49             array2D2[i][j] = i + j;
50          }
51       }
52
53       puts("\nOne-dimensional array:");
54       print1DArray(arraySize, array); // pass 1-D VLA to function
55
56       puts("\nFirst two-dimensional array:");
57       print2DArray(row1, col1, array2D1); // pass 2-D VLA to function
58
59       puts("\nSecond two-dimensional array:");
60       print2DArray(row2, col2, array2D2); // pass other 2-D VLA to function
61   }
62
63   void print1DArray(size_t size, int array[size])
64   {
65       // output contents of array
66       for (size_t i = 0; i < size; i++) {
67          printf("array[%d] = %d\n", i, array[i]);
68       }
69   }
70
```

圖 6.23　C99 使用可變長度陣列

```
71  void print2DArray(size_t row, size_t col, int array[row][col])
72  {
73      // output contents of array
74      for (size_t i = 0; i < row; ++i) {
75          for (size_t j = 0; j < col; ++j) {
76              printf("%5d", array[i][j]);
77          }
78
79          puts("");
80      }
81  }
```

```
Enter size of a one-dimensional array: 6
Enter number of rows and columns in a 2-D array: 2 5
Enter number of rows and columns in another 2-D array: 4 3

sizeof(array) yields array size of 24 bytes

One-dimensional array:
array[0] = 0
array[1] = 1
array[2] = 4
array[3] = 9
array[4] = 16
array[5] = 25

First two-dimensional array:
    0    1    2    3    4
    1    2    3    4    5

Second two-dimensional array:
    0    1    2
    1    2    3
    2    3    4
    3    4    5
```

圖 6.23　C99 使用可變長度陣列(續)

建立一個可變長度陣列

首先，程式先詢問使用者需要多大的一維陣列與二維陣列（第 11-28 行）。而第 15、21、28 行是用來輸入值來建立可變長度陣列，在第 15、21、28 行只要代表陣列大小的變數是整數型態都是合法的。

具有 sizeof 運算子的可變長度陣列

宣告完陣列後，第31-32行使用 sizeof 運算子來確認一維可變長度陣列的適當大小。早期版本的C語言，sizeof 都是編譯時期動作，但是當應用在可變長度陣列，sizeof 的運作就是在執行時期。輸出視窗顯示，sizeof 運算子傳回的大小為 24 位元組，是我們輸入的四倍，因為在我們的平台上，int 是佔用 4 個位元組。

指定值給可變長度陣列的元素

接下來指定值給可變長度陣列的各個元素（第 35-51 行），我們以 i < arraySize 作為一維陣列的迴圈繼續條件。如同固定長度陣列，對於超出陣列範圍是沒有任何的保護。

函式 print1DArray

第 63-69 行定義函式 **print1DArray** 處理一維可變長度陣列並顯示到螢幕上，可變長度陣列傳遞參數到函式的語法和一般固定長度陣列相同，我們在宣告中使用變數 **size** 作為陣列 **array** 的參數，但對程式設計者而言只是單純的文件。

函式 print2DArray

函式 **print2DArray**（第 71-81 行）處理的是二維可變長度陣列並顯示到螢幕上。回想第 6.11.2 小節，多維陣列的第一個索引必須在宣告參數的時候被指定。這限制在可變長度陣列一樣存在，除了大小可用變數來指定之外。和固定長度的陣列一樣，傳遞給函式的 **col** 之初始值是用來決定每一列在記憶體中開始的位置。在函式內更動 **col** 的值對於索引不會有任何的改變，但是會傳遞不正確的值給函式。

6.13　安全程式開發

陣列索引邊界的確認

確認每個陣列邊界的索引對於陣列元素的存取是很重要的。一維陣列的索引值應該要大於等於零，並且小於陣列元素的數目。一個二維陣列的行與列索引必須大於等於零，且小於相對的行與列之數目。這也會延伸到多維陣列其他的維度。

　　允許程式讀寫超過陣列邊界範圍的陣列元素是常見的安全性缺陷。讀取超過陣列元素邊界可能會導致程式當掉，甚至出現執行正確但使用錯誤的資料。寫入超過陣列元素邊界（像是緩衝區溢位）會影響到記憶體中的程式資料、引起程式當掉，並讓攻擊者有機會入侵系統並執行其自有的程式。

　　如同本章開始時所提的，C 並不會對陣列提供自動邊界檢視，因此讀者必須自行建立邊界檢視功能。技術上要避免這些的問題，可以參考 CERT 網頁 **www.securecoding.cert.org** 上的 ARR30-C 指南。

scanf_s

在字串處理上，邊界檢查也是很重要的，當讀取字串到字元陣列 **char** 時，**scanf** 並不會預防緩衝區溢位。如果輸入的字元數目大於或等於陣列長度，**scanf** 會將字元寫入，包括字串結束空字元(**'\0'**)，超過了陣列的尾段。這可能會覆蓋過其他變數的值。除此之外，程式如果寫入其他變數，程式就會將空字元**'\0'**覆蓋過去。

　　函數是藉由結束空字元**'\0'**來判斷字串的結尾，例如，**printf** 函式的字串輸出是藉由讀取記憶體中字串開頭的字元，一直到字串的空字元'\0'為止。如果空字元'\0'不見了，**printf** 就繼續讀取記憶體中的資料，直到找到記憶體中存在的某一個空字元'\0'為止。這可能會導致奇怪的結果或導致程式損毀。

　　在 C11 標準的選用附件 K 提供一個更新更安全的字串處理與輸出入函式集，當使用 **scanf_s** 函式將字串讀進字元陣列時，會包括執行額外檢查，以確保不會讀取超過儲存陣列結尾的字元。假設 **myString** 是一個 20 個字元的陣列，敘述式如下

```
        scanf_s("%19s", myString, 20);
```

將一個字串讀進 **myString**。在函式 **scanf_s** 的格式字串需要兩個引數給每一個%s：

- 一個用來放置輸入字串的字元陣列
- 陣列元素的數目

這個函式使用元素數量來避免緩衝區溢位。例如，可能為%s 提供的欄位寬度對於底層的字元陣列來說太長，或乾脆地略過整個欄位寬度。配合 **scanf_s** 函式，若輸入的字元加上結束空字元超過了指定的陣列元素數目，%s 的轉換就會失敗。對於前面的敘述式，它只包含一個轉換指定詞，**scanf_s** 會傳回 0 來代表沒有進行過任何轉換，而陣列 **myString** 沒有任何的變動。

　　一般來說，如果讀者的編譯器支援 C 標準的附錄 K 函式，最好使用他們。後續的安全程式設計章節將會探討更多關於附錄 K 的函式。

可攜性的小技巧 6.1

並非所有編譯器都支持 C11 標準的附件 K 函式。對於必須在多個平台和編譯器中編譯的程式，你可能需要編輯你的程式碼以使用每個平台上可用的 **scanf_s** 或 **scanf** 版本。你的編譯器也可能需要特定的設定才能使用附件 K 函式。

勿將讀取自使用者的字串作為格式控制字串

讀者可能注意到本書至目前都沒有提到單一引數的 **printf** 敘述式，而是使用下列形式取而代之：

- 當我們需要在字串後輸出'\n'，則用 **puts** 函式（它會自動地在單一字串引數後加上'\n'），如下

```
        puts("Welcome to C!");
```

- 當我們希望游標停留在字串的同一行，則是使用函數 **printf**，如下

```
        printf("%s", "Enter first integer: ");
```

因為我們要顯示字串文字，可以使用單一引數格式的 **printf**，如下

```
printf("Welcome to C!\n");
printf("Enter first integer: ");
```

當 **printf** 以其第一個引數（可能是唯一）評估格式控制字串，則函式會基於轉換指定詞處理字串。如果格式控制字串包含來自於使用者，則攻擊者可能會放惡意的轉換指定詞，會由格式化輸出函式執行。現在你已經知道如何將字串讀入字元陣列。有一點非常重要，注意勿使用 **printf** 的格式控制字串，其中包含使用者輸入的內容來輸入字元陣列。更多的資訊請參考 CERT 的網頁 **www.securecoding.cert.org** 中的 FIO30-C 指南。

摘要

6.1 簡介
- 陣列（Arrays）是由相同型別的相關資料項所組成的資料結構。
- 陣列是屬於「靜態」的實體，它們在程式執行期間的大小並不會改變。

6.2 陣列
- 陣列是一群具有相同名稱以及相同型別的連續記憶體位置群組（contiguous group of memory location）。
- 若要引用陣列的某個位置（location）或元素（element），我們必須指定陣列名稱，以及此元素在陣列中的位置編號（position number）。
- 每個陣列中的第一個元素均是第零個元素（zeroth element），也就是在位置編號為 0 的元素。所以陣列 **c** 的第一個元素是 **c[0]**，第二個元素是 **c[1]**，第七個元素稱為 **c[6]**，用一般化的表示式來說，陣列 **c** 當中的第 **i** 個元素是 **c[i-1]**。
- 陣列名稱（array name）如同其他變數名稱一樣，只能夠使用字母、數字和底線，但是第一個字母不能夠以數字開頭。
- 中括號中的位置編號正式名稱為索引（index）或下標（subscript），索引必須是整數或是整數運算式。
- 用來圈住陣列索引的中括號事實上被認為是 C 的運算子。它們的運算優先順序和函式呼叫運算子相同。

6.3 定義陣列
- 陣列會佔用記憶體空間。你會指定每個陣列元素的資料型別和元素個數，電腦會依此來預留適當大小的記憶體空間。
- 一個型別為 **char** 的陣列可以用來儲存字元字串。

6.4　使用陣列的例子

● **size_t** 型別表示無號整數型別，建議使用這個型別作為表達陣列大小與陣列的索引，標頭檔 **<stddef.h>** 定義了 **size_t** 且通常被其他的標頭檔引用（像是 **<stdio.h>**）。

● 陣列中的元素也可以在陣列宣告時就指定初始值，其方式就是在宣告之後加上一個等號和大括號包住的一串以逗號分隔的初始值串列（list of initializers）。如果給定的初始值的個數小於陣列的元素個數，則剩下的元素將自動指定初始值為零。

● 敘述式 **int n[10] = {0}** 明確為第一個元素指定初始值為零，並且也自動為其餘的 9 個元素指定初始值為零，因為初始值的個數少於陣列的元素個數。值得注意的是，自動陣列並不會自動地將初始值設定為零，你必須至少將第一個元素的初始值設定為零，剩下的元素才會自動設定為零。這種把陣列初始化為零的方法，如果應用在 **static** 陣列時，會在程式開始前完成；如果應用在自動陣列中，則會在執行期間完成。

● 如果在一個有初始值串列的定義上省略對陣列大小的定義，則此陣列的元素個數將等於初始值串列上的元素個數。

● **#define** 前置處理器命令（preprocessor directive）可以用來定義符號常數（symbolic constant），這是一個識別字，會在程式編譯之前，由前置處理器代換成代換文字（replacement text）。當程式進行前置處理時，所有出現符號常數的位置都會代換成代換文字。利用符號常數來指定陣列的大小，將可以使程式更具可修改性。

● C 並不會進行陣列邊界檢查，來防止程式存取到一個不存在的元素。因此，執行中的程式可能會「超出」陣列的邊界而不自知。所以你必須能夠確保所有的陣列存取都在陣列的邊界之內。

6.5　利用字元陣列儲存及操作字串

● 對 C 而言，字串（如 **"hello"**）是一個存放各個字元的陣列。

● 字元陣列可以使用字串常數（string literal）來指定初始值。在本例中，陣列的大小由編譯器根據字串的長度來加以決定。

● 每個字串都包含一個特別的字串終止字元（string-termination character），稱為空字元（null character）。空字元的字元常數表示法為 **'\0'**。

● 用來表示字串的字元陣列，其宣告的大小應該要能夠放入字串的字元以及結束空字元。

● 字元陣列也可以用初始值串列中的個別字元常數，來指定初始值。

● 因為字串實際上是字元所組成的陣列，所以我們可以使用陣列索引記號來直接存取字串當中個別的字元。

● 你可以用 **scanf** 及轉換指定詞 **%s**，直接從鍵盤輸入一個字串到字元陣列中。字元陣列的名稱並沒有像其他非陣列變數一樣，要加上名稱之前加上 **&** 才能夠傳給 **scanf**。

● **scanf** 函式會一直由鍵盤上讀入字元，直到遇到第一個空白字元為止，它不會檢查陣列的大小，所以 **scanf** 可能會將資料寫到陣列的範圍以外。

- 一個代表字串的字元陣列，可以用 **printf** 和轉換指定詞%**s** 來加以輸出。它會一直列印此陣列的字元，直到遇到結束空字元為止。

6.6　靜態區域陣列及自動區域陣列

- **static** 區域變數在程式執行期間會一直存在，但只有在此函式的本體內才能夠使用它。我們可以將 **static** 用於一個區域陣列的定義上，這樣陣列就不會在每次函式呼叫時產生以及指定初始值，也不會在程式每次離開這個函式時加以清除。這樣子可以減少程式的執行時間，特別是經常呼叫含有大型陣列函式的程式。

- 宣告成 **static** 的陣列會自動在程式開始前進行初始化。假如你沒有明確地為 **static** 陣列設定初始值，編譯器就會將陣列元素的初始值設定為零。

6.7　傳遞陣列給函式

- 若我們想傳遞陣列引數給某個函式的話，只需要指定陣列名稱即可，不必加任何的中括號。

- 和內含字串的 **char** 陣列不同，其他資料型別的陣列並沒有特殊的結束字元。因為這個理由，陣列的大小會傳給函式，使函式能夠正確處理元素的數量。

- C 會自動以傳參考的方式，將陣列傳給函式，被呼叫的函式能夠更改位於呼叫者內的原始陣列的元素值。陣列的名稱實際上是此陣列第一個元素的位址。因為我們傳遞了陣列的起始位址，所以被呼叫函式即可得知儲存這個陣列的位置。所以當被呼叫函式在其函式本體內更改陣列的元素時，它便會更改到陣列所在的原始記憶體位置裡的真正元素。

- 雖然整個陣列會以傳參考呼叫的方式來進行傳遞，不過個別的陣列元素卻與簡單的變數一樣，會以傳值呼叫來進行傳遞。

- 這種單一而簡單的資料項（例如個別的 **ints**、**floats** 以及 **chars**）稱為純量（scalar）。

- 若我們想傳遞陣列中的某元素給一個函式，可以用這個陣列元素的索引名稱當作此函式呼叫的引數。

- 函式若想經由函式呼叫來接收一個陣列，則此函式的參數列中必須指明它將希望接收一個陣列。在陣列的中括號裡不需要指定陣列的大小。如果指定了大小，則編譯器會檢查它是否大於零，然後省略它。

- 當一個陣列參數前面加上 **const** 修飾詞之後，陣列的元素在函式本體當中會成為常數，所以在函式本體內任何試圖更改陣列元素的動作，都會造成編譯時期的錯誤。

6.8　陣列的排序

- 排序（Sorting）資料（也就是照特定的順序放置資料，例如遞增或遞減順序）是電腦最重要的應用之一。

- 其中一個排序技術稱為氣泡排序（bubble sort）或下沉式排序（sinking sort），因為較小的數值將會如「氣泡」浮出水面一樣，慢慢地上升至陣列的頂點，而較大的值就會沉到陣列的底部。這個技巧會對陣列處理數個回合。在每一回合當中，將會比較相鄰的一對元素。如果此對元素為遞增順序（或相等）的話，則將他們維持現狀。如果這對元素為遞減順序的話，便將他們在陣列裡的值對調過來。

- 由於採用的是相鄰比較法，因此在一個回合中，一個大的數可能會往後移動數個位置，但小的數卻可能只往前移一個位置。

- 氣泡排序的優點是它很容易撰寫成程式。但氣泡排序執行得相當慢。尤其是在排序很大的陣列時這個缺點更是明顯。

6.9　範例研究：使用陣列來計算平均數、中位數以及眾數

- 平均數（mean）是一組數值的算術平均數。

- 中位數（median）是一組已排序的值當中，「位在中間的值」。

- 眾數（mode）是一組數值中出現頻率最高的數值。

6.10　搜尋陣列

- 找出陣列中某個元素的過程稱為搜尋（searching）。

- 線性搜尋（linear search）用搜尋關鍵值（search key）來比較陣列中的每一個元素。由於陣列中並沒有任何特別的順序，所以有可能在第一次比較就找到，也有可能要到最後一個元素才能找到。平均上，程式需要一半的陣列元素來與搜尋關鍵值比較。

- 對於小型的陣列或未排序過的陣列而言，線性搜尋演算法可以表現得很好。如果陣列已經排序過了，則我們可以用速度很快的二元搜尋法。

- 二元搜尋（binary search）演算法在每次比較之後，就可以將已排序陣列中一半的元素刪去不考慮。此演算法先找出陣列的中間元素，將之與搜尋關鍵值做比較。如果相等的話，表示已找到要找的元素，就將此元素的陣列索引傳回。如果不相等，此時問題便簡化成只需搜尋陣列的某一半。如果搜尋關鍵值小於陣列的中間元素，就搜尋陣列的前半部；否則就會搜尋陣列的後半部。假如在指定的子陣列（原始陣列的一部分）當中找不到搜尋的關鍵值，演算法就會搜尋原始陣列的四分之一。搜尋的動作會一直持續到搜尋關鍵值等於子陣列的中間元素為止，或是子陣列只包含一個與搜尋關鍵值不相等的元素為止（也就是沒有找到搜尋關鍵值）。

- 使用二元搜尋時，任何一個陣列的最大比較次數，可以由大於此陣列元素個數的第一個 2 的次方數來加以決定。

6.11　多維陣列

- 多維陣列（multidimensional arrays）經常會用來表示表格（tables），其數值是依照列（rows）和行（columns）排列的資料所組成。為了指出特定的表格元素，我們必須指定兩個索引：一般而言，第一個索引會指定元素的列數，第二個索引則會指定元素的行數。

- 使用兩個索引來指定某個特定元素的表格或陣列，稱為二維陣列（two-dimensional array）。

- 多維陣列能夠有兩個以上的索引。

- 多維陣列可以和一維陣列一樣，在宣告時指定其初始值。二維陣列的數值會以列為單位群聚，並且用大括號括起來。如果某一列的初始值個數不夠的話，則此列剩下的元素會將初始值設定為零。

- 多維陣列參數宣告的第一個索引不需指定，但其他的索引則都是必須的。編譯器將利用這些索引，來判斷多維陣列的元素位於記憶體中的什麼位置。不論是幾維的陣列，所有的陣列元素都是連續的存放在記憶體中的。對二維陣列來說，元素存放在記憶體中的順序是第一列之後跟隨著第二列。

- 在參數宣告時提供索引值，可以讓編譯器告訴這個函式如何找到陣列中的某個元素。在二維陣列中，每一列基本上都是一個二維陣列。若想找到某一列的某個元素，編譯器必須知道每一列到底有多少個元素，這樣子它才可以算出總共要跳過多少個元素，才能夠找到所要的元素。

6.12　可變長度陣列

- 可變長度陣列（variable-length array）是指其長度或大小是在執行階段時由運算式的結果定義的。

- 當使用可變長度陣列時，**sizeof** 在執行時期運作。

- 如同固定長度陣列，可變長度陣列對於超出陣列邊界沒有任何的保護機制。

- 可變長度陣列傳遞參數到函數的語法和一般固定長度陣列相同。

自我測驗

6.1　回答下列各項問題：

a) 串列和表格式的數值可儲存在＿＿＿＿＿中。

b) 用來引用陣列中某元素的數稱為此元素的＿＿＿＿＿。

c) ＿＿＿＿＿可以用來宣告陣列的大小，它可使程式更具可修改性。

d) 將陣列的元素依某種順序排列的程序，稱為對此陣列的＿＿＿＿＿。

e) 判斷陣列中是否含有某關鍵值的程序，稱為對此陣列的＿＿＿＿＿。

f) 使用了兩個索引的陣列稱為＿＿＿＿＿陣列。

6.2　是非題。如果答案為非，請解釋其原因。

a) 陣列可以用來存放各種不同型別的值。

b) 陣列索引的資料型別可以是 **double**。

c) 如果初始值串列上的初值個數，少於陣列的元素數目，C 會自動將剩下的元素設成初始值串列的最後一個值。

d) 如果初始值串列上的初值個數，多於陣列的元素數目，將會造成錯誤。

e) 以 **a[i]** 的形式，作為引數傳給函式的個別陣列元素，若在被呼叫函式當中更改，則呼叫函式中的此元素也會改變。

6.3　根據一個稱為 **fraction** 的陣列，來回答下列問題：

a) 定義一個符號常數 **SIZE**，它的代換文字為 10。

b) 宣告一個有 **SIZE** 個元素，資料型別為 **double**，且所有元素的初始值都設定為 0 的陣列。

c) 引用此陣列的元素 4。

d) 將 **1.667** 指定給陣列元素 9。

e) 將 **3.333** 指定給陣列的第七個元素。

f) 印出陣列元素 6 和 9，精確到小數點右側的兩位數字，並顯示螢幕上的輸出。。

g) 用一個 **for** 循環敘述式印出陣列中所有的元素。假設整數變數 **x** 已定義作為迴圈的控制變數。請列出輸出為何。

6.4 寫出敘述式來完成下列問題：

a) 將 **table** 宣告為 3 列 3 行的整數陣列。假設符號常數 **SIZE** 已定義成 3。

b) 陣列 **table** 共有多少個元素？印出元素的總數。

c) 利用一個 **for** 循環敘述式，將 **table** 中每一個元素的值都初始化為其兩個索引值的和。假設整數變數 **x** 和 **y** 已宣告作為控制變數。

d) 印出陣列 **table** 中每一元素的值。假設陣列用以下定義來初始化：

```
int table[size][size] =
   {{1, 8}, {2, 4,6 }, {5 } };
```

6.5 為下列各程式片段挑錯並更正。

a) **#defineSIZE100;**

b) **SIZE = 10;**

c) **Assume int b[10] = { 0 }, i;**
```
for (i = 0; i <= 10; ++i) {
    b[i] = 1;
  }
```

d) **#include<stdio.h>;**

e) 假設 **int a[2][2] = { { 1, 2 }, { 3, 4 } };**
   a[1, 1] = 5;

f) **#defineVALUE = 120**

自我測驗解答

6.1 a) 陣列　b) 索引　c) 符號常數　d) 排序　e) 搜尋　f) 二維。

6.2 a) 非。陣列只能存放相同型別的數值。

b) 非。索引必須是整數或是整數運算式。

c) 非。C 語言會自動將剩下的元素初始化為零。

d) 是。

e) 非。個別的陣列元素是以傳值呼叫傳遞給函式的。假如是整個陣列傳遞給函式，則任何元素的修改都會影響到原來的陣列。

6.3 a) **#defineSIZE10**

b) **doublefractions[SIZE] = {0.0};**

c)　`fractions[4]`

d)　`fractions [9] = 1.667;`

e)　`fractions[6] = 3.333;`

f)　`printf("%.2f %.2f\n", fractions[6], fractions[9]);`
　　輸出：**3.33 1.67**

g)　`for( x = 0; x<SIZE; ++x )`
　　`printf( "fraction [%u] = %f\n", x, fractions [x] );`
　　輸出：

```
fractions [0] = 0.000000
fractions [1] = 0.000000
fractions [2] = 0.000000
fractions [3] = 0.000000
fractions [4] = 0.000000
fractions [5] = 0.000000
fractions [6] = 3.333000
fractions [7] = 0.000000
fractions [8] = 0.000000
fractions [9] = 1.667000
```

6.4　a)　`int table[SIZE][SIZE];`

b)　**Nine elements.** `printf("%d\n", SIZE * SIZE);`

c)　
```
for (x = 0; x <SIZE; ++x) {
    for (y = 0; y <SIZE; ++y) {
        table[x][y] = x + y;
    }
}
```

d)　
```
for (x = 0; x <SIZE; ++x) {
    for (y = 0; y <SIZE; ++y) {
        printf("table[%d][%d] = %d\n", x, y, table[x][y]);
    }
}
```

輸出：
```
table[0][0] = 1
table[0][1] = 8
table[0][2] = 0
table[1][0] = 2
table[1][1] = 4
table[1][2] = 6
table[2][0] = 5
table[2][1] = 0
table[2][2] = 0
```

6.5　a)　錯誤：**#define** 前置處理器命令之後多了個分號。

　　　　更正：去掉分號。

　　b)　錯誤：用指定敘述式將值設給符號常數。

　　　　更正：在**#define** 前置處理器命令當中為符號常數設值，例如**#define SIZE 10**，不需使用指定運算子。

　　c)　錯誤：引用到一個超出陣列邊界的元素（**b[10]**）。

　　　　更正：將控制變數的終值改為 9。

　　d)　錯誤：**#include** 前置處理器命令之後多了個分號。

　　　　更正：去掉分號。

　　e)　錯誤：陣列的索引表示法錯誤。

　　　　更正：將敘述式改為 **a[1][1]=5;**

　　f)　錯誤：用指定敘述式將值設給符號常數。

　　　　更正：在**#define** 前置處理器命令中為符號常數設值，例如**#define VALUE 120**，不需使用指定運算子。

習題

6.6　填空題

　　a)　陣列是_____的實體，因為它們在程式執行期間保持同樣的大小。

　　b)　陣列是共享相同_____的記憶體位置的_____群組。

　　c)　每個陣列的第一個元素是_____元素，例如，陣列的第一個元素被稱為_____。

　　d)　陣列元素被_____引用，後面接著元素的_____。

　　e)　陣列藉由_____傳遞到函式。

　　f)　C 沒有陣列_____，這意味著程式可能會意外地儲存傳遞超出陣列邊界的資料。

　　g)　_____運算子不能跟陣列一起直接用於從一個陣列中複製資料到另一個陣列。

　　h)　每個字串包含一個特別的字串終止字元，稱為_____字元，以字元常數_____代表。

　　i)　一個 5 乘以 7 的陣列包含_____列_____行_____個元素。

　　j)　陣列中第 2 列第 3 行的元素名稱是_____。

6.7　是非題。假如答案為非，請解釋為什麼。

　　a)　如果初始值列表中的初始值少於陣列中的元素個數，則其餘元素將包含垃圾值。

　　b)　函式定義中的靜態區域變數存在於程式執行期間。

　　c)　型別 **size_t** 表示無號整數型別。

　　d)　如果陣列大小從具有初始值列表的定義中省略，則陣列中的元素數量將不會被定義。

　　e)　要計算陣列使用的記憶體容量，請將元素數量乘以每個元素佔用的字元組大小。

f)　當個別的陣列元素傳遞給函式時，它們透過傳參考傳遞，而且它們的修改值保留在呼叫函式中。

6.8　請為下列各項完成敘述式：

a)　將整數陣列 **n** 的元素 4 的值乘以 3，並顯示之。

b)　寫一個迴圈，將陣列 **n[10]** 的所有元素相加，並將結果儲存到 **total**。

c)　將一個二維整數陣列 **m[3][3]** 中的 9 個元素均設定初始值為 3。請使用迴圈。

d)　找出二維陣列 **sales[4][5]** 中最大的元素和最小的元素。

e)　將一個有 100 個元素的陣列複製到一個有 200 個元素的陣列，請從較大陣列的第 100 個位置開始。

f)　判斷 2 個有 100 個元素的 double 陣列 **d1** 和 **d2** 所包含的值之和與差，並將結果儲存到 double 陣列的 **sum** 和 **difference**。

6.9　假設有一個 5×20 的整數陣列 grades。

a)　請寫出 grades 的宣告。

b)　grades 有幾列？

c)　grades 有幾行？

d)　grades 有幾個元素？

e)　寫出陣列第一行所有元素的名稱。

f)　寫出陣列第 3 列第 2 行所有元素的名稱。

g)　寫一個單一敘述式，將第 1 列第 2 行的元素值設為 100。

h)　寫一個巢狀迴圈敘述式，從鍵盤讀入所有元素。

i)　寫一個巢狀的 **for** 敘述式，將每一個元素的初始值都設為零。

j)　寫一個敘述式，從陣列 double mathGrades[20] 複製值到 **grades** 的第一列中。

k)　寫一串敘述式，判斷及找出 **grades** 第一列中的最大值並將它印出來。

l)　寫一個敘述式，印出 **grades** 的第二行元素。

m)　寫一個敘述式，計算 **grades** 的第一列元素的平均值。

n)　寫一串敘述式，以表格形式印出陣列 **grades**。在上方印出每行的索引，在左邊印出每列的索引。

6.10　（銷售佣金）使用一個一維陣列來解決以下問題。某公司付給業務代表的酬勞是以抽佣金的方式來計算的。業務代表每週可領到$200 加上當週銷售金額的 9%。舉例來說，若某位業務代表在一週內賣出了$3,000 的商品，那麼那一週他便可領到$200 加上$3,000 的 9%，即$470。請撰寫一個 C 程式（使用一個計數器陣列）來計算該業務代表在下列的銷售金額範圍內，各可領到多少酬勞（假設酬勞的小數部分皆捨去）：

a)　$200–299

b)　$300–399

c) $400–499

d) $500–599

e) $600–699

f) $700–799

g) $800–899

h) $900–999

i) $1000 以上

6.11 （**選擇排序**）一維陣列的選擇排序演算法有以下步驟：

a) 找到陣列中的最小值。

b) 將它與陣列第一個位置的值交換。

c) 對於陣列的其餘部分重複上述步驟，從第二個位置開始並每次前進。

最後整個陣列分為兩部分：已經排序之項目的子陣列，其由左向右構建，而且在開始時找到；另一個是仍需要被排序之項目的子陣列，佔用陣列的剩餘部分。請編寫一個程式，使用這種演算法對 10 個整數的陣列進行排序。

6.12 寫一個迴圈，執行下列一維陣列的操作。

a) 從鍵盤讀取 20 個元素給 double 陣列 **sales**。

b) 將 double 陣列 **allowance** 中的 75 個元素都各加上 1000。

c) 將整數陣列 **numbers** 的 50 個元素都初始化為 0。

d) 將整數陣列 **GPA** 的 10 個值列印成行的格式。

6.13 請找出以下各敘述式的錯誤。

a) 假設：**inta[5];**
   scanf("%d", a[5]);

b) 假設：**int a[3][3];**
   printf("$d%d%d\n", a[0][1], a[0][2], a[0][3]);

c) **double f[3] = { 1.1;10.01;100.001};**

d) 假設：**double d[3][5];**
   d[2, 4] = 2.345;

6.14 （**集合的聯集**）使用一維陣列來解決以下問題。讀取兩組數字，每組有 10 個數字。讀取完所有值後，顯示兩組數字中的所有唯一元素。使用最小的可能陣列來解決這個問題。

6.15 （**集合的交集**）使用一維陣列解決以下問題。讀取兩組數字，每組有 10 個數字。讀取完所有值後，顯示被兩組數字共用的唯一元素。

6.16 請依照下列程式片段，按陣列 **sales** 之元素被指定為零的先後順序，列出這個 3×5 二維陣列的每個元素名稱。

```
        for (row = 0; row <= 2; ++row) {
            for (column = 0; column <= 4; ++column) {
                sales[row][column] = 0;
            }
        }
```

6.17 下面這個程式做了些什麼？

```c
1   // ex06_17.c
2   // What does this program do?
3   #include <stdio.h>
4   #define SIZE 10
5
6   int whatIsThis(const int b[], size_t p); // function prototype
7
8   // function main begins program execution
9   int main(void)
10  {
11      int x; // holds return value of function whatIsThis
12
13      // initialize array a
14      int a[SIZE] = { 1, 2, 3, 4, 5, 6, 7, 8, 9, 10 };
15
16      x = whatIsThis(a, SIZE);
17
18      printf("Result is %d\n", x);
19  }
20
21  // what does this function do?
22  int whatIsThis(const int b[], size_t p)
23  {
24      // base case
25      if (1 == p) {
26          return b[0];
27      }
28      else { // recursion step
29          return b[p - 1] + whatIsThis(b, p - 1);
30      }
31  }
```

6.18 下面這個程式做了些什麼？

```c
1   // ex06_18.c
2   // What does this program do?
3   #include <stdio.h>
4   #define SIZE 10
5
6   // function prototype
7   void someFunction(const int b[], size_t startIndex, size_t size);
8
9   // function main begins program execution
10  int main(void)
11  {
12      int a[SIZE] = { 8, 3, 1, 2, 6, 0, 9, 7, 4, 5 }; // initialize a
13
14      puts("Answer is:");
15      someFunction(a, 0, SIZE);
16      puts("");
17  }
18
19  // What does this function do?
20  void someFunction(const int b[], size_t startIndex, size_t size)
21  {
22      if (startSubscript < size) {
23          someFunction(b, startIndex + 1, size);
24          printf("%d  ", b[startIndex]);
25      }
26  }
```

6-19　**（擲骰子）**撰寫一個 C 程式模擬投擲兩個骰子。你的程式應使用兩次 `rand`，以得到兩顆骰子投擲後的點數。然後計算出兩顆骰子的點數和。（請注意：由於一顆骰子可能擲出 1 到 6 點整數值，因此兩顆骰子的可能點數和為 2 到 12 點，其中 7 點最常出現，2 和 12 則是最不常出現的點數。）圖 6.24 列出了兩顆骰子的 36 種可能組合。你的程式應投擲這兩顆骰子 36,000 次。用一個一維陣列來記錄各種點數出現的次數。然後將結果以表列的方式印出來。此外，請判斷一下執行的結果是否合理，比如說，有 6 種可能組合會產生 7 點，所以出現 7 點的次數應該接近總投擲次數的六分之一。

	1	2	3	4	5	6
1	2	3	4	5	6	7
2	3	4	5	6	7	8
3	4	5	6	7	8	9
4	5	6	7	8	9	10
5	6	7	8	9	10	11
6	7	8	9	10	11	12

圖 6.24　骰子投擲結果

6.20　**（Crap 遊戲）**寫一個程式，執行 1000 次 crap 遊戲（沒有人工介入），然後回答下列問題：

a)　在第一次投擲、第二次投擲……到第二十次投擲時，玩家各贏了多少次？

b)　在第一次投擲、第二次投擲……到第二十次投擲時，玩家各輸了多少次？

c)　在 crap 遊戲中，贏的機會有多少？（請注意：你會發現 crap 遊戲是賭場中最公平的遊戲之一。你認為這代表什麼意思？）

d)　crap 遊戲的平均長度為何？

e)　當遊戲時間拉長時，贏的機會會增加嗎？

6.21　一個 n×m 二維矩陣可以乘以另一個矩陣 m×p，得到一個矩陣，矩陣的元素是第一個矩陣的一列中的元素和第二個矩陣的行相關元素的乘積之和。兩個矩陣都應該是方陣，或者第一個矩陣的行數應該等於第二個矩陣的列數。

要計算合成矩陣的每個元素，請將第一個矩陣給定列的第一個元素與第二個矩陣中給定行的第一個元素相乘，將其加到同一列的第二個元素與同一行的第二個元素之乘積，並繼續這樣做，直到行和列的最後一個元素已被相乘，並加到總和中。

請編寫一個程式來計算兩個矩陣的乘積，並將結果儲存在第三個矩陣中。

6.22　**（銷售總額）**使用一個二維陣列來解決以下問題。某家公司有四個銷售人員（1 到 4），銷售五種不同的商品（1 到 5）。每個銷售人員每天都要將銷售的每一種商品記錄在一張紙條上。每張紙條上都要有：

a) 銷售員編號

b) 產品編號

c) 該產品當天銷售的總金額

因此，每個銷售員每天會交出 0~5 張的銷貨紙條。假設你的手邊有上個月所有的紙條。寫一個程式，讀入上個月所有的銷售資料，然後替每個銷售員加總每樣產品的總銷售額。將這些加總後的結果儲存在一個二維陣列 sales 中。當你處理過上個月所有的資訊後，用表格形式將結果列出來，每一行代表一個銷售員，每一列代表一個產品。將每一列加總，你可以得到上月每種產品的銷售額，將每一行加總，你可以得到上個月每位銷售員的銷售金額。你的表格應該在每一列的最右邊以及每一行的最下方，列出這些加總的金額。

6.23 （**海龜繪圖**）Logo 語言使得「海龜繪圖」這個概念變得十分有名。我們想像有一隻由 C 程式所控制的機器龜在房間裡走來走去。這隻海龜握著一支筆，這支筆的位置可以朝上或是朝下。當筆朝下時，海龜走過的位置都會畫上線；而當筆朝上時則不畫線。本問題將請你模擬這隻烏龜的動作，並製作出一個電腦化的畫板。

使用一個 50×50 的陣列 **floor**，並將它的初始值設定為 0。由一個含有命令的陣列中讀入命令。隨時注意海龜所在的位置，以及它的筆是朝上還是朝下。假設剛開始時海龜一定在 0, 0 這個位置，而且筆一定朝上。你的程式當中必須處理的海龜命令列在圖 6.25。假設海龜的位置在地板中央。下列的「程式」將會使海龜畫出並印出一個 12×12 的方形：

```
2
5,12
3
5,12
3
5,12
3
5,12
1
6
9
```

當海龜筆朝下地經過某格時，便將 **floor** 陣列中適當的元素設定為 1。當遇到 6 這個命令時，陣列中為 **1** 的元素便印出星號（或其他你選擇的字元），而 0 的元素則印空白。請撰寫一個 C 程式來製作以上所討論的海龜繪圖。請撰寫數個海龜繪圖命令的程式，來畫出一些有趣的圖形。另外，請增加其他的命令，以增強海龜繪圖語言的功能。

命令	意義
1	筆朝上
2	筆朝下
3	向右轉
4	向左轉
5, 10	前進 10 格（第二個數代表格數）
6	印出這個 50×50 的陣列
9	資料結束（警示值）

圖 6.25　海龜命令

6.24 （**騎士的旅程**）數學家 Euler 提出了一個很有趣的西洋棋難題：騎士的旅程的問題。此問題如下：
西洋棋中的騎士，能否走遍空棋盤上的每一格，而且同一格不能走兩次。我們將深入探討這個有趣的問題。

騎士是以 L 形前進的（先走兩格，再往垂直方向走一格）。因此，若將騎士放在空棋盤的中央，它可以有 8 種不同的移動方式（0 到 7），如圖 6.26 所示。

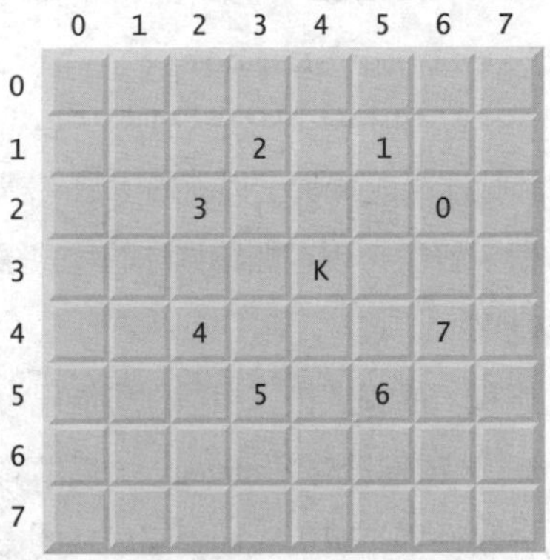

圖 6.26　八種騎士可能的移動方式

a) 現在紙上畫一個 8×8 的棋盤，並用筆來進行騎士的旅程。第一次走到的方格寫上 **1**，第二次寫上 **2**，以此類推。在開始走上旅程之前，估計你可以走多遠，記得完整的旅程需包含 64 次的移動。你能走多遠呢？很接近你估計的位置嗎？

b) 現在讓我們來發展這個程式模擬騎士如何走訪空棋盤。棋盤是以 8×8 的二維陣列 **board** 所表示。每個方格的初始值都設定為 0。我們將前述的 8 種可能移動方式，以水平和垂直分量來表示。例如，圖 6.26 中，0 號的移動包含了水平向右 2 格和垂直向上 1 格。2 號移動包括水平向左移動一格以及垂直向上移動兩格。向左水平移動以及向上垂直移動以負數表示。那麼，這 8 種移動方式可以用 2 個一維陣列 **horizontal**（水平）和 **vertical**（垂直）來表示，如下：

```
horizontal[0] = 2
horizontal[1] = 1
horizontal[2] = -1
horizontal[3] = -2
horizontal[4] = -2
horizontal[5] = -1
horizontal[6] = 1
horizontal[7] = 2
vertical[0] = -1
vertical[1] = -2
vertical[2] = -2
vertical[3] = -1
vertical[4] = 1
vertical[5] = 2
vertical[6] = 2
vertical[7] = 1
```

令變數 **currentRow** 和 **currentColumn** 分別表示騎士目前在棋盤所在位置的列和行。若想進行一次 **moveNumber**（**moveNumber** 介於 0 到 7）的移動，你的程式應使用下列的敘述式

```
currentRow += vertical[moveNumber];
currentColumn += horizontal[moveNumber];
```

使用一個由 **1** 數到 **64** 的計數器來記錄騎士目前的步數。請記得檢查是否重複走過這個格子。還有，不可讓騎士走出棋盤。好了，現在開始寫你的程式讓你的騎士開始他的旅程吧！執行程式。騎士能執行多少個移動？

c) 在試著撰寫並執行「騎士旅程」的程式後，相信你可能已發展出一些可貴的想法。我們將據此來開發一個經驗法（heuristic，或稱策略，strategy），以供騎士移動他的位置。經驗法則並不能保證成功，但小心發展的經驗法則卻可大大地提高成功的機會。你可能已觀察到外圍的方格比裡面的方格麻煩許多。事實上，最麻煩的方格是棋盤上的四個角。

直覺可能會建議你先將騎士移到最麻煩的方格，而留下那些較容易的方格。如此當旅程將結束時，棋盤將近塞滿時，你可以有較容易的方格可以移動，而成功的機會也較大。

我們發展一個「易接近的經驗法則」，作法是將每一個方格根據其易接近的程度來分類，而且每次都將騎士移往最不易接近的方格。我們用一個二維陣列，以數字來標示對特定的某一個方格來說，有幾個方格可以存取到它。在一個空白的棋盤上，中間的方格將會標示為 **8**，四個角落的方格標示為 **2**，而其他的方格則為 **3**、**4** 或 **6**。此陣列如下：

```
2 3 4 4 4 4 3 2
3 4 6 6 6 6 4 3
4 6 8 8 8 8 6 4
4 6 8 8 8 8 6 4
```

```
4 6 8 8 8 8 6 4
4 6 8 8 8 8 6 4
3 4 6 6 6 6 4 3
2 3 4 4 4 4 3 2
```

現在請撰寫一個應用易接近性經驗法則的騎士旅程程式。在任何時刻，騎士應移往可接近度最低的方格。若有相同接近度的方格時，則可移往這些相同接近度方格的任一個。因此，騎士應從四個角落的某一個開始。（請注意：當騎士在棋盤上移動時，你的程式應隨著愈來愈多的方格走過而減少每個方格的可接近度。在遊戲中的任何時刻，每個空格的可接近數字，應等於可到達此空格的其他空格總數。）執行這個程式，你得到完整的旅程了嗎？（另外：修改你的程式，執行 64 次旅程，每一次從棋盤上不同的方格開始進行。總共可以得到多少個完整的旅程呢？）

d)　撰寫另一版本的騎士旅程程式。改為當遇到 2 個或 2 個以上方格具有相同可接近度時，以這些方格的下一步方格的可接近度來決定移往何處。你的程式應選擇下一步方格的可接近度為最低的方格來移動。

6.25　（**騎士的旅程：暴力法**）在習題 6.24 裡，我們發展了一個解決騎士旅程問題的方法。這個方法利用了一個稱為「可接近度經驗法則」，此項法則可以用在許多不同的解決方法上，並且十分地有效率。當電腦的功能愈來愈強大後，我們也可以借助電腦強大的能力而採用一些比較笨拙的演算法。接著讓我們來看看暴力法的使用。

a)　使用亂數產生器，讓騎士在棋盤上任意地走動（以 L 走法）。用你的程式執行一次旅程，並印出棋盤的最後狀況。騎士能走多遠呢？

b)　上述的程式應該只能走一小段的旅程。現在將你的程式修改成走 1000 次旅程。用一個一維陣列來記錄每種長度的旅程數量。執行完 1000 次旅程之後，將結果以表列的方式印出來。最好的結果是多少呢？

c)　前述的程式通常會有還不錯的結果，但是無法跑完全程。現在取消次數的限制，讓你的程式一直執行，直到跑完全程為止。（注意：在功能強大的電腦上，這個程式也可能會執行數小時，甚至更久。）再次記錄每種長度的旅程數量，並在第一次找到完全旅程時，以表列的方式，印出你的紀錄。你的程式在走完全程之前，共嘗試了多少個旅程？花了多少時間呢？

d)　比較一下暴力法與易接近度經驗法則兩種版本的騎士旅程。哪一種方法需要更用心了解問題本身呢？哪一種演算法比較難製作呢？哪一種方法需要用到較多的電腦運算能力呢？利用易接近度經驗法則，我們是否能事先知道一定能得到完整旅程呢？利用暴力法，我們是否能事先知道一定能得到完整旅程呢？就一般狀況而言，討論一下暴力法的正反面意見。

6.26　（**8 皇后**）另一個與西洋棋有關的問題是 8 皇后問題。問題如下：是否有辦法將 8 個皇后同時放在空棋盤上，而她們彼此無法互相「攻擊」？即任兩個皇后都不在同一列，不在同一行，也不在同一對角線上。請使用類似習題 6.24 的思考方式，以經驗法則來解決 8 皇后問題。執行你的程式。

（提示：我們為每個方格給定一個數值，表示當某個皇后站在這裡時，將要去掉多少方格。例如，棋盤四個角的方格都應該是 22，見圖 6.27。）

當 64 個方格都放上了這些「去除數目」之後，你可選用的經驗法則可能是：將下一個皇后放在「去除數目」最小的方格上。為什麼這個策略有效？

6.27 （**8 皇后：暴力法**）在本習題裡你將發展數種暴力式方法，來解決習題 6.26 所介紹之 8 皇后的問題。

　　a)　用習題 6.25 所發展的隨機式暴力法，來解決 8 皇后的問題。

　　b)　使用窮舉法（嘗試這 8 皇后在棋盤上的任何擺放組合，來求出答案）。

　　c)　為什麼窮舉暴力法不適用於 8 皇后的問題呢？

　　d)　一般性地比較隨機暴力法和窮舉暴力法的差異。

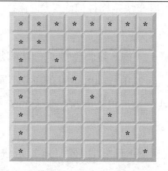

圖 6.27　將皇后放在左上角將會去掉 22 個方格

6.28 （**去除重複**）我們將會在第 12 章介紹快速的二元搜尋樹資料結構。二元搜尋樹的一項功能是，當有資料插入此樹時，如果這個資料是重複的（亦即樹中已有此資料值），它將會捨棄。這項功能稱為去除重複。請撰寫一個 C 程式來處理 20 個介於 1 到 20 之間的亂數。程式應把所有非重複的數值存在一個陣列裡。請儘量使用最小的陣列來完成這件工作。

6.29 （**騎士的旅程：封閉式旅程的測試**）在騎士的旅程當中，當騎士完成 64 次移動並且只經過棋盤中格子一次，就稱為一個完全旅程。封閉式旅程是指騎士的第 64 次移動，必須走至起點的相鄰方格。請修改習題 6.24 的程式，當完全旅程發生時，測試看看此旅程是否為封閉式旅程。

6.30 （**埃拉托斯特尼篩法**）質數是指一個只能被 1 和自己整除的整數。埃拉托斯特尼篩法（Sieve of Eratosthenes）是一種找出質數的方法。它的工作原理如下：

　　a)　產生一個陣列，把所有元素的初始值均設定為 1（真）。索引為質數的陣列元素會保持為 1。所有其他的陣列元素最終會被設為 0。

　　b)　由陣列索引 2 開始（因為 1 不是質數），每一次找到值為 1 的陣列元素，便往陣列的後方操作，只要下一個索引是目前索引的倍數，便將其所對應的陣列元素設定為 0。對於陣列索引 2，陣列中所有大於 2，並且是 2 的倍數的元素都將設定為零（索引為 4、6、8、10 等等）。對於陣列索引 3，陣列中所有大於 3，並且是 3 的倍數的元素都將設定為零（索引為 6、9、12、15 等等）當這個程序結束之後，陣列元素中仍然為 1 者，表示其索引值是個質數。請撰寫一個程式，使用 1000 個元素的陣列來判斷並印出 1～999 之間的質數。陣列的元素 0 不要使用。

遞迴習題

6.31　（回文）回文是一個向前拼寫和向後拼寫相同的字串。有一些回文的例子，例如：“radar”、“able was i ere i saw elba”，如果你忽略空白，還有一個例子是“a man a plan a canal panama”。請編寫一個遞迴函式 **testPalindrome**，如果字串儲存在陣列中是回文則回傳 1，否則回傳 0。該函式應忽略字串中的空格和標點符號。

6.32　（線性搜尋）修改圖 6.18 的程式，改使用遞迴函式 **linearSearch** 來對陣列執行線性搜尋。此函式會接收一個整數陣列、此陣列的大小以及搜尋關鍵字為其引數。若找到搜尋關鍵字的話，傳回陣列的索引，否則傳回 -1。

6.33　（二元搜尋）修改圖 6.19 的程式，改使用遞迴函式 **binarySearch** 來對陣列執行二元搜尋。此函式接收一個整數陣列、此陣列的起始索引和終止索引以及搜尋關鍵字為其引數。若找到搜尋關鍵字的話，傳回陣列的索引，否則傳回 -1。

6.34　（8 皇后）請將你在習題 6.26 所寫的 8 皇后的程式，改寫為遞迴的。

6.35　（印出一個陣列）請撰寫一個遞迴函式 **printArray**，它的引數為一個陣列的大小，沒有回傳值。這個函式應在接收到大小為 0 的陣列時，停止處理並返回。

6.36　（倒印字串）請撰寫一個遞迴函式 **stringReverse**，它的引數為一個字元陣列，將此陣列倒過來列印，沒有回傳值。這個函式應在遇到字串的結束空字元時，停止處理並返回。

6.37　（找出陣列中的最小值）請撰寫一個遞迴函式 **recursiveMinimum**，它的引數為一個整數陣列及此陣列的大小，它將會回傳此陣列中的最小元素值。這個函式應在接收到大小為 1 的陣列時，停止處理並回傳。

NOTE

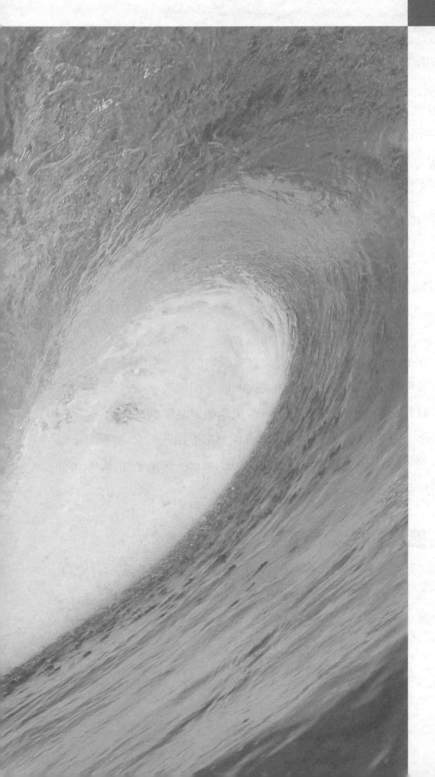

指標

7

7.1 簡介

指標（pointer）[1]是 C 程式語言最強大的功能之一，我們將在本章中討論。指標是 C 語言最難掌握的能力之一。指標能讓程式模擬傳參考呼叫，讓函式之間能互相傳遞，並且產生和操作動態的資料結構，亦即在程式執行時期會加大和減小資料結構，如鏈結串列、佇列、堆疊和樹。本章將介紹指標的基本概念。在 7.13 節，我們會討論各種與指標相關的安全性議題。第 10 章將討論使用指標的結構。第 12 章則介紹動態記憶體管理（dynamic memory management）技術，以及一些產生和使用動態資料結構的例子。

7.2 指標變數的定義及初始值設定

指標是代表記憶體位址的變數。通常一個變數都會存放某個特定的數值。而指標所存放的卻是某個變數的位址。在這種認知下，我們可以說一個變數名稱「**直接**」參考一個值，而一個指標則「**間接**」參考這個值（如圖 7.1 所示）。透過指標來參考某個值稱為**間接**（indirection）。

---

[1]. 指標和以指標為基礎的實體（如陣列和字串）被有心或無意誤用時，會造成程式的錯誤或安全漏洞。讀者可以參考我們的 Secure C Programming 資源中心（`www.deitel.com/SecureC/`），其中有許多關於議題的文章、書籍、白皮書及論壇。

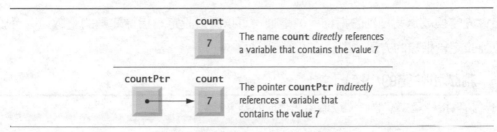

圖 7.1　直接和間接參考一個變數

宣告指標

指標和其他變數一樣，必須在使用之前進行定義。底下的宣告

```
int *countPtr, count;
```

指定變數 **countPtr** 的型別為 **int ***（也就是指向整數的指標），並且由右至左讀作
「**countPtr** 是指向 **int** 的指標」或「**countPtr** 指向型別為 **int** 的物件[2]」。此外，變數
count 定義為 **int** 型別，它不是一個指向 **int** 的指標。在這個定義中，***** 只會作用在
countPtr 的定義中。當 ***** 用於定義中時，表示此變數是要定義為指標。指標可以定義成指向
任何型別的物件。為了避免如上方在同一個宣告中同時宣告指標和非指標的變數造成的混
淆，你應該在一個宣告式中只宣告一個變數。

常見的程式設計錯誤 7.1

星號（*****）表示法是用來宣告指標變數，它的效用並不會作用到宣告內的所有變數名稱。
每一個指標在宣告時都必須在它的名稱之前加上 *****，也就是如果要將 **xPtr** 和 **yPtr** 宣告
成 **int** 指標，必須寫成 **int *xPtr, *yPtr;**。

良好的程式設計習慣 7.1

我們習慣將 **Ptr** 這三個字母放到指標變數的名稱中，可清楚表示這些變數是指標，程式
必須要謹慎處理它們。

對指標初始化及設定值

指標應該在定義時初始化，或為他們設定一個值。指標可能將初始值設定成 **0**、**NULL** 或某個
位址。指標的值設為 **NULL** 時並不指向任何東西。**NULL** 是定義在 **<stddef.h>** 標頭檔中的符
號常數（以及幾個其他的標頭檔，像是 **<stdio.h>**）。將指標初始化為 **0** 與將指標初始化為
NULL 是一樣的，但是使用 **NULL** 較佳，因為它強調變數是指標類型的事實。當 **0** 設定給指標

[2.] 在 C 中，「物件」是一個可以保存值的記憶體區域。因此，C 中的物件包括基本型別，例如 **int**、**float**、**char** 和 **double**，
以及聚合型別，例如陣列和 **struct**（我們將在第 10 章中討論）。

時，它會先轉換成適當型別的指標。0 是唯一可以直接設定給指標變數的整數值。至於將變數的位址設定給指標的方法，則將在 7.3 節中討論。

測試和除錯的小技巧 7.1

請為指標設定初始值，以避免非預期的結果產生。

7.3　指標運算子

在本節中，我們將介紹取址（&）和間接（*）運算子，以及它們之間的關係。

取址運算子（&）

&運算子，或稱為**取址運算子**（address operator），是一個會傳回運算元位址的一元運算子。舉例來說，我們假設以下的定義

```
int y = 5;
int *yPtr;
```

則以下的敘述式

```
yPtr = &y;
```

會將變數 **y** 的位址指定給指標變數 **yPtr**。這時，變數 **yPtr** 就可以說它「指向」**y**。圖 7.2 所示為上述的指定執行後，記憶體的符號表示圖。

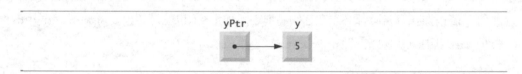

圖 7.2　一個指向整數變數的指標的記憶體表示圖

指標在記憶體中的形式

圖 7.3 展示了前導的指標在記憶體中的樣子，假設整數變數 **y** 儲存在位址 **600000**，而指標變數 **yPtr** 儲存在位址 **500000**。取址運算子的運算元必須是個變數；取址運算子不能應用到常數或運算式中。

圖 7.3　**y** 和 **yPtr** 的記憶體表示圖

間接運算子（*）

單元*運算子通常稱爲**間接運算子**（indirection operator）或**反參考運算子**（dereferencing operator），它會傳回其運算元（即指標）所指向的物件的值。例如，下面的敘述式

```
printf("%d", *yPtr);
```

將會印出變數 **y(5)** 的值。以這種方式來使用*就稱爲**反參考指標**(dereferencing a pointer)。

常見的程式設計錯誤 7.2

反參考一個沒有正確初始化或沒有指定爲指向記憶體特定位置的指標，將會導致錯誤。這會導致致命的執行時期錯誤，或將不小心修改到重要的資料，而且程式會完成它的執行，但卻得到錯誤的結果。

指標運算子&和*的使用方法

圖 7.4 說明&以及*指標運算子的使用方法。在大多數的平台中，**printf** 內的轉換指定詞%**p** 會將記憶體位址以十六進制數印出（請參考附錄 C 裡面更多與十六進位整數相關的資訊）。請注意，在程式的輸出中，**a** 的位址和 **aPtr** 的值印出來的結果是一樣的，由此驗證了 **a** 的位址確實會設定給指標變數 **aPtr**（第 8 行）。還有，&和*這兩個運算子彼此是互補的，當他們同時連續應用到 **aPtr** 時（第 18 行），我們可以看到一樣的列印結果。輸出中顯示的位址會因系統而異。圖 7.5 列出了到目前爲止，我們所介紹過之運算子的運算優先順序和結合性。

```c
1   // Fig. 7.4: fig07_04.c
2   // Using the & and * pointer operators.
3   #include <stdio.h>
4
5   int main(void)
6   {
7      int a = 7;
8      int *aPtr = &a; // set aPtr to the address of a
9
10     printf("The address of a is %p"
11            "\nThe value of aPtr is %p", &a, aPtr);
12
13     printf("\n\nThe value of a is %d"
14            "\nThe value of *aPtr is %d", a, *aPtr);
15
16     printf("\n\nShowing that * and & are complements of "
17            "each other\n&*aPtr = %p"
18            "\n*&aPtr = %p\n", &*aPtr, *&aPtr);
19  }
```

```
The address of a is 0028FEC0
The value of aPtr is 0028FEC0

The value of a is 7
The value of *aPtr is 7

Showing that * and & are complements of each other
&*aPtr = 0028FEC0
*&aPtr = 0028FEC0
```

圖 7.4　使用&和*指標運算子

運算子	結合性	形式
() [] ++ *(postfix)* -- *(postfix)*	由左至右	最高
+ - ++ -- ! * & *(type)*	由右至左	一元
* / %	由左至右	乘法
+ -	由左至右	加法
< <= > >=	由左至右	關係
== !=	由左至右	相等
&&	由左至右	邏輯 AND
||	由左至右	邏輯 OR
?:	由右至左	條件
= += -= *= /= %=	由右至左	指定
,	由左至右	逗號

圖 7.5　到目前為止學到的運算子的運算優先順序與結合性

7.4　傳參考呼叫

要將引數傳遞給函式有兩種方式：**傳值**（pass-by-value）和**傳參考**（pass-by-reference）。然而，在 C 語言中，所有的引數都是以值來進行傳遞。函式通常需要具有修改呼叫函式內定義之變數，或接收一個指向大型資料物件的指標的能力，以避免傳值呼叫時因接收物件所造成的溢位（因為需要複製物件所產生額外的時間及記憶體負擔）。我們在第 5 章曾提過，**return** 可以用在從被呼叫函式中回傳一個數值給呼叫函式（或不回傳任何值，只傳回控制權給被呼叫函式）。傳參考亦可用於讓函式可以藉由修改呼叫者中的變數來「回傳」多個值到它的呼叫者。

使用&和*來完成傳參考呼叫

在 C 語言裡，你可以利用指標和間接運算子來完成傳參考的動作。若傳給某個函式的引數應該要更改的話，則傳遞此引數的位址給函式。這可以在欲更改的變數之前加上取址運算子&來達成。我們曾在第 6 章中提過，陣列的傳遞不用加上&運算子，因為 C 會自動傳遞陣列在記憶體中的起始位置（陣列名稱相等於&**arrayName[0]**）。當傳遞變數的位址給函式時，函式可以利用間接運算子（*****）來修改位於呼叫者記憶體內的數值。

傳值呼叫

圖 7.6 和圖 7.7 的程式說明傳值呼叫與傳參考呼叫的差異。**cubeByValue** 和 **cubeByReference** 兩個程式的目的都是計算一個整數的三次方。圖 7.6 的第 14 行，程式以

變數 **number** 傳值給 **cubeByValue** 函式。**cubeByValue** 函式會計算傳入引數的三次方，再將新的值以 **return** 敘述式回傳給 **main**。而在 **main** 裡則會將傳回來的新數值指定給 **number**（第 14 行）。

```c
1   // Fig. 7.6: fig07_06.c
2   // Cube a variable using pass-by-value.
3   #include <stdio.h>
4
5   int cubeByValue(int n); // prototype
6
7   int main(void)
8   {
9      int number = 5; // initialize number
10
11     printf("The original value of number is %d", number);
12
13     // pass number by value to cubeByValue
14     number = cubeByValue(number);
15
16     printf("\nThe new value of number is %d\n", number);
17  }
18
19  // calculate and return cube of integer argument
20  int cubeByValue(int n)
21  {
22     return n * n * n; // cube local variable n and return result
23  }
```

```
The original value of number is 5
The new value of number is 125
```

圖 7.6 使用傳值呼叫將變數設定為它的立方值

傳參考呼叫

圖 7.7 的程式以傳參考的方式傳遞變數 **number**（第 15 行），將變數 **number** 的位址傳給 **cubeByReference** 函式。函式 **cubeByReference** 會以一個指向 **int** 的指標 **nPtr** 作為參數（第 21 行）。函式會將 **nPtr** 指標反參考，取出 **nPtr** 指向的值，然後計算這個數值的三次方（第 23 行），並且將結果設定給 ***nPtr**（實際上是在 **main** 中的 **number**）。這樣一來，**main** 內的 **number** 的值便會被改掉。圖 7.8 和圖 7.9 以圖形方式一步步分析圖 7.6 和圖 7.7 的程式。

```c
1   // Fig. 7.7: fig07_07.c
2   // Cube a variable using pass-by-reference with a pointer argument.
3
4   #include <stdio.h>
5
6   void cubeByReference(int *nPtr); // function prototype
7
8   int main(void)
9   {
10     int number = 5; // initialize number
11
```

圖 7.7 使用傳參考呼叫，以指標引數將變數設定為其立方值

```
12      printf("The original value of number is %d", number);
13
14      // pass address of number to cubeByReference
15      cubeByReference(&number);
16
17      printf("\nThe new value of number is %d\n", number);
18   }
19
20   // calculate cube of *nPtr; actually modifies number in main
21   void cubeByReference(int *nPtr)
22   {
23      *nPtr = *nPtr * *nPtr * *nPtr; // cube *nPtr
24   }
```

```
The original value of number is 5
The new value of number is 125
```

圖 7.7　使用傳參考呼叫，以指標引數將變數設定為其立方值(續)

使用指標參數來接收位址

若某函式想接收位址作為引數的話，則它必須定義一個指標參數（pointer parameter）來接收這個位址。例如，在圖 7.7 中，函式 **cubeByReference** 的標頭（第 21 行）為：

```
void cubeByReference(int *nPtr)
```

這個標頭指明 **cubeByReference** 將接收一個整數變數的位址作為引數，將位址存在 **nPtr**，而且此函式不會傳回任何數值。

函式原型中的指標參數

cubeByReference 函式原型（圖 7.7，第 6 行）指定了一個 **int *** 參數。和其他變數型別一樣，它不需在函式原型裡註明指標的名稱。即使指定其名稱，C 編譯器也不會理會它。

接收一維陣列的函式

對希望接收到一個一維陣列作為引數的函式而言，它的函式原型和標頭檔可以採用如函式 **cubeByReference** 之參數列的指標表示法（第 21 行）。因為編譯器認為接收一個指標和接收一個一維陣列是一樣的。不過，函式本身在處理傳參考時必須「知道」，它所接收的是一個陣列還是一個簡單的變數。當編譯器看到一個如 **int b[]** 的一維陣列函式參數時，會將此參數轉換成指標的表示符號 **int *b**，這兩種表示格式可以互換。

測試和除錯的小技巧 7.2

請儘量使用傳值的方式來傳遞引數給函式，除非呼叫函式真的希望被呼叫函式能夠為它在呼叫者的環境中修改引數變數的數值。這可以避免我們不小心修改呼叫函式的引數，這是最小權限原則的另一個例子。

Step 1: Before **main** calls **cubeByValue**:

```
int main(void)
{
    int number = 5;

    number = cubeByValue(number);
}
```
number

5

```
int cubeByValue(int n)
{
    return n * n * n;
}
```
n

undefined

Step 2: After **cubeByValue** receives the call:

```
int main(void)
{
    int number = 5;

    number = cubeByValue(number);
}
```
number

5

```
int cubeByValue( int n )
{
    return n * n * n;
}
```
n

5

Step 3: After **cubeByValue** cubes parameter **n** and before **cubeByValue** returns to **main**:

```
int main(void)
{
    int number = 5;

    number = cubeByValue(number);
}
```
number

5

```
int cubeByValue(int n)
{              125
    return n * n * n;
}
```
n

5

Step 4: After **cubeByValue** returns to **main** and before assigning the result to **number**:

```
int main(void)
{
    int number = 5;
            125
    number = cubeByValue(number);
}
```
number

5

```
int cubeByValue(int n)
{
    return n * n * n;
}
```
n

undefined

Step 5: After **main** completes the assignment to **number**:

```
int main(void)
{
    int number = 5;
    125        125
    number = cubeByValue(number);
}
```
number

125

```
int cubeByValue(int n)
{
    return n * n * n;
}
```
n

undefined

圖 7.8　典型傳值呼叫的分析

Step 1: Before main calls cubeByReference:

```
int main(void)                          number
{
    int number = 5;                       5

    cubeByReference(&number);
}
```

```
void cubeByReference(int *nPtr)
{
    *nPtr = *nPtr * *nPtr * *nPtr;
}
                                    nPtr

                                undefined
```

Step 2: After cubeByReference receives the call and before *nPtr is cubed:

```
int main(void)                          number
{
    int number = 5;                       5

    cubeByReference(&number);
}
```

```
void cubeByReference( int *nPtr )
{
    *nPtr = *nPtr * *nPtr * *nPtr;
}
                                    nPtr

call establishes this pointer
```

Step 3: After *nPtr is cubed and before program control returns to main:

```
int main(void)                          number
{
    int number = 5;                      125

    cubeByReference(&number);
}
```

```
void cubeByReference(int *nPtr)
{                                   125

    *nPtr = *nPtr * *nPtr * *nPtr;
}                                       nPtr
called function modifies caller's
variable
```

圖 7.9　典型使用指標引數傳參考的分析

7.5　const 修飾詞在指標上的使用

const 修飾詞（qualifier）讓你能夠告訴編譯器，某個變數的值不應該進行更改。

軟體工程的觀點 7.1

在軟體設計中，const 修飾詞可用來實行最小權限原則。使用最小權限原則來正確地設計軟體，將可以減少偵錯的時間，並且預防一些不正常的邊際效應。此外，還可以使程式更易於修改和維護。

　　數年前，由於當時的 C 並不提供 const，因此那時候所遺留下來的程式都沒有使用 const。所以，這些舊的 C 程式在軟體工程方面都還有許多待改進的地方。

　　在函式的參數上使用（或不使用）const 共有 6 種可能的方式，其中傳值的參數傳遞有兩種，而傳參考的參數傳遞有四種。如何從這 6 種可能方式中挑出適合自己使用的呢？你可以用**最小權限原則**（principle of least privilege）來作為挑選的準則，請記得，只要賦予函式夠用的權力來存取參數的資料即可，千萬不要給得太多。

const 的值和參數

在第 5 章中,我們曾討論過 C 的所有函式呼叫都是傳值,亦即在函式呼叫時為引數複製一份副本,然後將副本傳給函式。如果在被呼叫函式內更改這份副本,存在呼叫函式中的原始值並不會被更改。在許多情況下,函式可能會更改傳來的數值以完成它的工作。不過,在某些情形下,即使被呼叫函式所操作的只是原始值的一份副本,但這個數值卻不應該由被呼叫函式進行改變。

　　舉個例子來說,讓我們來看看一個函式,它的引數為一個一維陣列及此陣列之大小,它會列印出這個陣列。這個函式應該以迴圈循環處理整個陣列,並且單獨印出每一個陣列元素。在函式本體內,陣列的大小用來判斷迴圈何時可以終止。但函式本體並不需要改變陣列內容或是其大小的數值。

測試和除錯的小技巧 7.3

如果某個變數不會或不應該在它被傳遞的函式本體中被更改的話,這個變數應被宣告成 `const`,以避免不小心更改到它。

　　如果嘗試修改一個被宣告為 `const` 的數值,則編譯器會幫你把它找出來,然後發出警告或錯誤訊息,每種編譯器的處理方式都不盡相同。

常見的程式設計錯誤 7.3

當函式需要指標引數來進行傳參考,但卻誤以傳值來傳引數給它時,有些編譯器會將數值也當作是指標,並像對指標一樣的對數值做反參考(dereference)。在執行期間,常會發生記憶體逾越存取或分段錯誤等錯誤。而其他的編譯器則會找出這種引數和參數型別不符的錯誤,並發出錯誤訊息。

　　傳指標給函式共有四種方式:

- 指向非常數資料的非常數指標 (a non-constant pointer to non-constant data)
- 指向非常數資料的常數指標 (a constant pointer to non-constant data)
- 指向常數資料的非常數指標 (a non-constant pointer to constant data)
- 指向常數資料的常數指標 (a constant pointer to constant data)

這四種組合的每一種都提供不同等級的存取權。我們將會在以下幾個範例中討論這些問題。

7.5.1 使用指向非常數資料的非常數指標將字串轉換成大寫

資料存取權等級最高的是「**指向非常數資料的非常數指標**」。在這種情況下,資料可透過對指標的反參考而被修改,指標也可能改為指向其他的資料項。這種指向非常數資料的非常數指標的宣告中，不會包括任何的 **const**。我們可以用這種指標作爲函式所接收的字串引數，受呼叫函式便可處理（也可能是更改）字串中的每一個字元。圖 7.10 的函式 **convertToUppercase**，在第 19 行中宣告了稱爲 **sPtr**（**char *sPtr**）的一個指向非常數資料的非常數指標，來作爲它的引數。此函式一次一個字元地處理陣列 **string**（以 **sPtr** 指向）。C 標準函式庫中包含在 **<ctype.h>** 標頭檔中的 **toupper** 函式（第 22 行）被呼叫來將每個字元轉換成相對應的大寫字母，如果原來的字元不是字母或者已經是大寫字母，**toupper** 函式會回傳它原本的字元。第 23 行將指標移向字串中的下一個字元。第 8 章介紹了許多 C 標準函式庫中與字元處理和字串處理相關的函式。

```c
1   // Fig. 7.10: fig07_10.c
2   // Converting a string to uppercase using a
3   // non-constant pointer to non-constant data.
4   #include <stdio.h>
5   #include <ctype.h>
6
7   void convertToUppercase(char *sPtr); // prototype
8
9   int main(void)
10  {
11      char string[] = "cHaRaCters and $32.98"; // initialize char array
12
13      printf("The string before conversion is: %s", string);
14      convertToUppercase(string);
15      printf("\nThe string after conversion is: %s\n", string);
16  }
17
18  // convert string to uppercase letters
19  void convertToUppercase(char *sPtr)
20  {
21      while (*sPtr != '\0') { // current character is not '\0'
22          *sPtr = toupper(*sPtr); // convert to uppercase
23          ++sPtr; // make sPtr point to the next character
24      }
25  }
```

```
The string before conversion is: cHaRaCters and $32.98
The string after conversion is: CHARACTERS AND $32.98
```

圖 7.10　使用指向非常數資料的非常數指標來將字串轉換成大寫

7.5.2　使用指向常數資料的非常數指標，一次一個字元地印出一個字串

指向常數資料的非常數指標，可被改爲指向適當型別的任何資料項，但它所指向的資料卻不能夠被修改。如果某個函式只處理傳入陣列的元素，但不會更改元素的數值，我們便可以用這種指標來爲此函式接收陣列引數。例如，圖 7.11 的 **printCharacters** 函式將參數 **sPtr** 的型別宣告爲 **const char***（第 21 行）。這個宣告應由右往左念，即「**sPtr** 是一個指標，它指向常數字元」。函式使用一個 **for** 敘述式來輸出字串中的每一個字元，直到遇到 **null** 字元爲止。印完每一個字元之後，指標 **sPtr** 就遞增，這會讓指標指向字串中的下一個字元。

```
1   // Fig. 7.11: fig07_11.c
2   // Printing a string one character at a time using
3   // a non-constant pointer to constant data.
4
5   #include <stdio.h>
6
7   void printCharacters(const char *sPtr);
8
9   int main(void)
10  {
11     // initialize char array
12     char string[] = "print characters of a string";
13
14     puts("The string is:");
15     printCharacters(string);
16     puts("");
17  }
18
19  // sPtr cannot be used to modify the character to which it points,
20  // i.e., sPtr is a "read-only" pointer
21  void printCharacters(const char *sPtr)
22  {
23     // loop through entire string
24     for (; *sPtr != '\0'; ++sPtr) { // no initialization
25        printf("%c", *sPtr);
26     }
27  }
```

```
The string is:
print characters of a string
```

圖 7.11　使用指向常數資料的非常數指標，一次一個字元地印出一個字串

　　圖 7.12 說明嘗試要編譯一個函式，它接收一個指向常數資料的非常數指標（**xPtr**）。在第 18 行中，函式嘗試修改 **xPtr** 所指向的資料，這會造成編譯時期錯誤。圖中所顯示的錯誤是從 Visual C++編譯器而來，實際上，你所接收到的錯誤訊息（本例或其他範例）會因所使用的編譯器而異，例如，Xcode 的 LLVM 編譯器會報告下列錯誤：

```
Read-only variable is not assignable"
```

GNC gcc 編譯器會報告下列錯誤：

```
error: assignment of read-only location '*xPtr'
```

```
1   // Fig. 7.12: fig07_12.c
2   // Attempting to modify data through a
3   // non-constant pointer to constant data.
4   #include <stdio.h>
5   void f(const int *xPtr); // prototype
6
7   int main(void)
8   {
9      int y; // define y
10
11     f(&y); // f attempts illegal modification
12  }
13
14  // xPtr cannot be used to modify the
15  // value of the variable to which it points
16  void f(const int *xPtr)
17  {
18     *xPtr = 100; // error: cannot modify a const object
19  }
```

```
error C2166: l-value specifies const object
```

圖 7.12　嘗試由指向常數資料的非常數指標來修改資料

　　如同你所知道的，陣列是一種聚合資料型別（aggregate data type），它會把一些型別相同且彼此相關的資料項，以相同的名稱儲存。我們在第 10 章將討論另一種聚合資料型別，稱為**結構（structure）**，在其他程式語言中有時候稱為**紀錄（record）**或元組（tuple）。結構能夠將一些相關但是型別不同的資料項儲存在相同的名稱中（像是存放公司中每一位員工的資訊）。當我們以陣列作為引數呼叫某個函式時，此陣列會自動以傳參考呼叫的方式傳給函式。然而，結構永遠是傳值呼叫，它傳遞的是整個結構的副本。由於它必須為結構中每一個資料項製作副本，並將它存入電腦的函式呼叫堆疊，這會增加執行時期的負擔。當我們必須將結構的資料傳給函式時，可以使用指向常數資料的指標，一方面可獲得傳參考的效率性，另一方面也可以如傳值般地保護資料。當傳遞一個指向結構的指標時，你只需要複製一份該結構所存放的位址即可。對一個位址為 4 個位元組的機器而言，你只需複製 4 個位元組的記憶體資料，而不是複製一整個可能很大的結構。

增進效能的小技巧 7.1

使用指向常數資料的指標來傳遞像結構這類的大型物件，可以獲得傳參考的效率以及傳值的安全性。

　　如果記憶體的數量不多，而執行效率又是主要的考慮因素，則應該使用指標。如果記憶體充足，且效率並不是主要的考量重點，則應該使用傳值呼叫來傳遞資料以實行最小權限原則。請不要忘記，有些系統並不保證 `const` 真的有用，所以傳值仍是防止資料被修改的最佳方法。

7.5.3 嘗試更改一個指向非常數資料的常數指標

一個指向非常數資料的常數指標，它永遠都會指到同一個記憶體位置，不過我們可透過這個指標來修改它所指向的資料。陣列名稱預設便是這種指標。陣列名稱是一個指向陣列起始位址的常數指標。因此，我們可以使用陣列名稱和陣列索引來存取以及更改陣列裡所有的資料。如果某個函式只使用陣列索引表示法來存取所傳入的陣列元素，則我們可以用一個指向非常數資料的常數指標，來為此函式接收其陣列引數。宣告為 `const` 的指標必須在宣告時指定其初始值（如果這個指標是函式的參數，則它的初始值將設定成傳入此函式的指標）。圖 7.13 的程式嘗試修改一個常數指標。第 12 行的程式宣告一個指標變數 `ptr`，其型別為 `int *const`。這個宣告應由右往左念，亦即「`ptr` 是一個常數指標，它指向一個整數」。這個指標的初始值會設定成整數變數 `x` 的位址（第 12 行）。此程式嘗試將 `y` 的位址指定給 `ptr`（第 15 行），但編譯器卻產生了錯誤訊息。

```
1   // Fig. 7.13: fig07_13.c
2   // Attempting to modify a constant pointer to non-constant data.
3   #include <stdio.h>
4
5   int main(void)
6   {
7      int x; // define x
8      int y; // define y
9
10     // ptr is a constant pointer to an integer that can be modified
11     // through ptr, but ptr always points to the same memory location
12     int * const ptr = &x;
13
14     *ptr = 7; // allowed: *ptr is not const
15     ptr = &y; // error: ptr is const; cannot assign new address
16  }
```

```
c:\examples\ch07\fig07_13.c(15) : error C2166: l-value specifies const object
```

圖 7.13　嘗試更改一個指向非常數資料的常數指標

7.5.4 嘗試更改一個指向常數資料的常數指標

存取權等級最低的是指向常數資料的常數指標。這種指標會永遠指到同一個記憶體位置，而且該記憶體位置中的資料不能夠被更改。我們可以用這種指標來傳遞陣列給某個函式，該函式只能夠以陣列索引表示法來讀取這個陣列，而且不能夠更改陣列的內容。圖 7.14 的程式定義一個指標變數 **ptr**（第 13 行），其型別爲 **const int *const**。此宣告應該由右往左念，亦即「**ptr** 是個常數指標，它指向一個整數常數」。當這個程式嘗試更改 **ptr** 所指向的資料（第 16 行），以及更改指標變數 **ptr** 所存放的位址（第 17 行）時，這兩點都會產生錯誤訊息，如圖所示。

```
1   // Fig. 7.14: fig07_14.c
2   // Attempting to modify a constant pointer to constant data.
3   #include <stdio.h>
4
5   int main(void)
6   {
7      int x = 5; // initialize x
8      int y; // define y
9
10     // ptr is a constant pointer to a constant integer. ptr always
11     // points to the same location; the integer at that location
12     // cannot be modified
13     const int *const ptr = &x; // initialization is OK
14
15     printf("%d\n", *ptr);
16     *ptr = 7; // error: *ptr is const; cannot assign new value
17     ptr = &y; // error: ptr is const; cannot assign new address
18  }
```

```
c:\examples\ch07\fig07_14.c(16) : error C2166: l-value specifies const object
c:\examples\ch07\fig07_14.c(17) : error C2166: l-value specifies const object
```

圖 7.14　嘗試更改指向常數資料的常數指標

7.6　使用傳參考的氣泡排序法[3]

讓我們將圖 6.15 的氣泡排序程式，修改成使用 **bubbleSort** 和 **swap** 這兩個函式（圖 7.15）來執行。其中，**bubbleSort** 函式會對陣列進行排序。它會呼叫 **swap** 函式（第 46 行）來交換陣列元素 **array[j]** 和 **array[j + 1]**。

```c
1   // Fig. 7.15: fig07_15.c
2   // Putting values into an array, sorting the values into
3   // ascending order, and printing the resulting array.
4   #include <stdio.h>
5   #define SIZE 10
6
7   void bubbleSort(int * const array, const size_t size);
8
9   int main(void)
10  {
11     // initialize array a
12     int a[SIZE] = { 2, 6, 4, 8, 10, 12, 89, 68, 45, 37 };
13
14     puts("Data items in original order");
15
16     // loop through array a
17     for (size_t i = 0; i < SIZE; ++i) {
18        printf("%4d", a[i]);
19     }
20
21     bubbleSort(a, SIZE); // sort the array
22
23     puts("\nData items in ascending order");
24
25     // loop through array a
26     for (size_t i = 0; i < SIZE; ++i) {
27        printf("%4d", a[i]);
28     }
29
30     puts("");
31  }
32
33  // sort an array of integers using bubble sort algorithm
34  void bubbleSort(int * const array, const size_t size)
35  {
36     void swap(int *element1Ptr, int *element2Ptr); // prototype
37
38     // loop to control passes
39     for (unsigned int pass = 0; pass < size - 1; ++pass) {
40
41        // loop to control comparisons during each pass
42        for (size_t j = 0; j < size - 1; ++j) {
43
44           // swap adjacent elements if they  e out of order
45           if (array[j] > array[j + 1]) {
46              swap(&array[j], &array[j + 1]);
47           }
48        }
49     }
50  }
51
52  // swap values at memory locations to which element1Ptr and
53  // element2Ptr point
54  void swap(int *element1Ptr, int *element2Ptr)
55  {
```

圖 7.15　將數值放入陣列，並以漸增順序排序，然後印出陣列結果

---

[3] 在第 12 章和附錄 D 中，我們將研究產生效能更好的排序方案。

```
56    int hold = *element1Ptr;
57    *element1Ptr = *element2Ptr;
58    *element2Ptr = hold;
59 }
```

```
Data items in original order
   2   6   4   8  10  12  89  68  45  37
Data items in ascending order
   2   4   6   8  10  12  37  45  68  89
```

圖 7.15　將數值放入陣列，並以漸增順序排序，然後印出陣列結果(續)

swap 函式

請記住，由於 C 對函式與函式之間實行了資訊隱藏（information hiding），因此預設 **swap** 並沒有辦法存取 **bubbleSort** 內個別的陣列元素。又因為 **bubbleSort**「希望」**swap** 能夠存取到要交換的陣列元素，所以 **bubbleSort** 會以傳參考的方式，以明確地傳遞每一個陣列元素的位址的方式，將陣列元素傳給 **swap**。雖然整個陣列會自動以傳參考來傳遞，但個別的陣列元素是純量，所以程式只能夠以傳值的方式傳遞。因此，**bubbleSort** 在呼叫 **swap**（第 46 行）時，便需要為每一個陣列元素加上取址運算子(&)，才能以傳參考的方式傳遞，如下：

```
swap(&array[j], &array[j + 1]);
```

函式 **swap** 以指標變數 **element1Ptr** 來接收&array[j]（第 54 行）。雖然 **swap** 無法得知 **array[j]** 的名稱（因資訊隱藏之故），但它可以用 ***element1Ptr** 來當作 **array[j]** 的同義字（synonym）。當 **swap** 存取*element1Ptr 時，事實上是參考到了 **bubbleSort** 裡的 **array[j]**。同樣地，當 **swap** 在存取*element2Ptr 時，事實上是參考到 **bubbleSort** 裡的 **array[j + 1]**。所以，雖然 **swap** 不能寫成

```
int hold = array[j];
array[j] = array[j + 1];
array[j + 1] = hold;
```

但是使用圖 7.15 中 **swap** 函式的 56 到 58 行，可以達到同樣的效果。

```
int hold = *element1Ptr;
*element1Ptr = *element2Ptr;
*element2Ptr = hold;
```

bubbleSort 函式的陣列參數

bubbleSort 函式中有數項特性值得注意。函式的標頭（第 34 行）中將 **array** 宣告成 **int * const array**，而不是 **int array[]**，它用來表示 **bubbleSort** 接收一個一維陣列作為引數（再次強調，上述的兩種表示法是可以互換的）。參數 **size** 宣告成 **const** 以實行最小權限原則。雖然參數 **size** 接收到的是一份 **main** 裡的值的副本，而且修改此份副本並不會影響

到 `main` 中的原始值,不過 `bubbleSort` 不需更改 `size` 便能夠完成它的工作。在 `bubbleSort` 函式執行的期間內,陣列的大小是保持固定的。因此,`size` 被宣告為 `const`,以確保它不會被修改。

swap 函式的原型放在 bubbleSort 函式的本體內

`swap` 函式的原型(第 36 行)被放在 `bubbleSort` 函式的本體內,因為 `bubbleSort` 是唯一呼叫 `swap` 的函式。如此一來,只有 `bubbleSort` 能夠存取 `swap` 的原型(以及在原始碼中出現在 `swap` 之後的函式)。而其他定義在 `swap` 之前的函式若嘗試呼叫 `swap`,由於無法存取到正確的函式原型,因此編譯器便自動地為他們製造一個 `swap` 的原型。不過這通常會導致函式原型和函式標頭不符(將產生一個編譯錯誤或警告),因為編譯器假設回傳值和參數的型別皆為 `int`。

軟體工程的觀點 7.2

由於將函式原型放到另一個函式的定義中,可限制其他不相干的函式對此函式的呼叫,因此有助於實行最小權限原則。

bubbleSort 函式的 size 參數

`bubbleSort` 函式接收了陣列的大小作為參數(第 34 行)。此函式必須知道陣列的大小以便執行排序。當某個陣列被傳遞給函式時,這個函式會接收到此陣列第一個元素在記憶體中的位址。當然,這個位址無法提供陣列元素個數的資訊,因此,你必須提供陣列的大小給函式。另一個常用的方法,是傳遞一個指向陣列開端的指標,以及一個指向陣列尾端後一個位置的指標。你將會在第 7.8 節了解到這兩個指標的差距就是陣列的長度,而這個方法會讓程式更加簡單。

在此程式裡,陣列的大小明確傳遞給函式 `bubbleSort`。這麼做有兩個主要的優點:軟體的重複使用性以及正確的軟體工程。藉由定義此函式接收陣列大小當作參數,我們便能夠在需要排序任意個數的一維整數陣列的程式中,重複使用這一個函式。

軟體工程的觀點 7.3

當你在傳遞一個陣列給某函式時,請務必將此陣列的大小一起傳進去。這可使你的函式在許多程式裡重複使用。

我們也可將陣列的大小存放在一個全域變數裡,讓整個程式都可以存取到它。這種作法會比較有效率,因為不需要為了把陣列的大小傳遞給函式而製作一份副本。不過,其他需要整數陣列排序功能的程式,並不一定會有同樣的全域變數,因此這個函式便不能讓那些程式使用。

軟體工程的觀點 7.4

全域變數逾越了最小權限原則，而且是個不好的軟體工程的例子。全域變數通常只用在真正需要分享資源的地方，像是某天的時間。

　　陣列的大小可以直接寫在函式的程式碼裡。這個固定的大小會限制函式的使用，並且減少程式的可重複使用性。只有程式要處理固定大小的一維整數陣列時才會使用此種方法撰寫函式。

7.7　sizeof 運算子

C 提供了一個特殊的一元運算子 **sizeof**，它可以用來計算出陣列（或任何其他的資料型別）的大小，單位為位元組。這個運算子在編譯時被應用，除非它的運算元是可變長度陣列（第 6.12 節）。當 **sizeof** 應用到圖 7.16 裡的陣列名稱時（第 15 行），它會傳回一個型別為 **size_t**[4]的整數，這個整數值便是此陣列所佔用的位元組個數。**array** 宣告為具有 20 個元素，而在這台電腦上 **float** 型別的變數佔用 4 個位元組的記憶體，因此 **array** 總共有 80 個位元組。

增進效能的小技巧 7.2

sizeof 是一個編譯時期的運算子，所以不會增加執行時期的負擔。

```c
1   // Fig. 7.16: fig07_16.c
2   // Applying sizeof to an array name returns
3   // the number of bytes in the array.
4   #include <stdio.h>
5   #define SIZE 20
6
7   size_t getSize(float *ptr); // prototype
8
9   int main(void)
10  {
11     float array[SIZE]; // create array
12
13     printf("The number of bytes in the array is %u"
14        "\nThe number of bytes returned by getSize is %u\n",
15        sizeof(array), getSize(array));
16  }
17
18  // return size of ptr
19  size_t getSize(float *ptr)
20  {
21     return sizeof(ptr);
22  }
```

```
The number of bytes in the array is 80
The number of bytes returned by getSize is 4
```

圖 7.16　**sizeof** 運算子應用到陣列名稱時，程式將傳回此陣列所佔用的位元組數

[4.] Recall that on a Mac size_t represents unsigned long. Xcode reports warnings when you display an unsigned long using "%u" in a printf. To eliminate the warnings, use "%lu" instead.

　　陣列中有多少個元素也可以用 **sizeof** 算出來。例如，請看底下的陣列定義：

```
double real[22];
```

double 型別的變數通常佔 8 個位元組的記憶體，因此，**real** 陣列共佔了 176 個位元組。我們若想知道此陣列含有多少個元素，可以用以下的運算式：

```
sizeof(real) / sizeof(real[0])
```

此運算式會先計算出陣列 **real** 的位元組數，然後除以陣列 **real** 第一個元素（**double** 值）所使用的記憶體位元組數。

　　即使函式 **getSize** 接收一個 20 個元素的陣列作為引數，但函式的參數 **ptr** 僅為一個指標，指向陣列的第一個元素。當 **sizeof** 用在指標時，回傳的是指標的大小而不是它指的資料項目的大小。在我們的 Windows 和 Linux 的測試系統上，指標的大小為 4 個位元組，因此 **getSize** 回傳 4；在我們的 Mac 上，指標的大小為 8 個位元組，因此 **getSize** 回傳 8。同樣的，在上方的計算式也用了 **sizeof** 算出陣列的元素個數，但只能用在真正的陣列上，而不能用在指向陣列的指標。

算出標準型別、陣列和指標的大小

圖 7.17 的程式計算了 PC 上每一種標準資料型別所佔用的位元組數。但程式的執行結果可能會因不同的平台而不同，即使在同一個平台，不同的編譯器結果有時也不相同。輸出顯示了我們在 Windows 系統使用 Visual C++編譯器的結果。在使用 GNU gcc 編譯器的 Linux 系統上，**long double** 的大小是 12 個位元組。使用 Xcode 的 LLVM 編譯器的 Mac 系統，**long** 的大小為 8 個位元組，而 **long double** 的大小為 16 個位元組。

```c
1   // Fig. 7.17: fig07_17.c
2   // Using operator sizeof to determine standard data type sizes.
3   #include <stdio.h>
4
5   int main(void)
6   {
7      char c;
8      short s;
9      int i;
10     long l;
11     long long ll;
12     float f;
13     double d;
14     long double ld;
15     int array[20]; // create array of 20 int elements
16     int *ptr = array; // create pointer to array
17
18     printf("      sizeof c = %u\tsizeof(char)  = %u"
19          "\n     sizeof s = %u\tsizeof(short) = %u"
20          "\n     sizeof i = %u\tsizeof(int) = %u"
21          "\n     sizeof l = %u\tsizeof(long) = %u"
22          "\n    sizeof ll = %u\tsizeof(long long) = %u"
```

圖 7.17　使用 sizeof 運算子來計算標準資料型別的大小

```
23        "\n     sizeof f = %u\tsizeof(float) = %u"
24        "\n     sizeof d = %u\tsizeof(double) = %u"
25        "\n    sizeof ld = %u\tsizeof(long double) = %u"
26      "\n sizeof array = %u"
27        "\n    sizeof ptr = %u\n",
28      sizeof c, sizeof(char), sizeof s, sizeof(short), sizeof i,
29      sizeof(int), sizeof l, sizeof(long), sizeof ll,
30      sizeof(long long), sizeof f, sizeof(float), sizeof d,
31      sizeof(double), sizeof ld, sizeof(long double),
32      sizeof array, sizeof ptr);
33  }
```

```
    sizeof c = 1        sizeof(char)  = 1
    sizeof s = 2        sizeof(short) = 2
    sizeof i = 4        sizeof(int) = 4
    sizeof l = 4        sizeof(long) = 4
    sizeof ll = 8       sizeof(long long) = 8
    sizeof f = 4        sizeof(float) = 4
    sizeof d = 8        sizeof(double) = 8
    sizeof ld = 8       sizeof(long double) = 8
sizeof array = 80
  sizeof ptr = 4
```

圖 7.17　使用 **sizeof** 運算子來計算標準資料型別的大小(續)

可攜性的小技巧 7.1

用來存放某一種資料型別的位元組個數，可能會隨著系統的不同而有所差異。當你撰寫的程式與資料型別的大小有關，而且必須在數種電腦上執行時，你最好使用 **sizeof** 來判斷資料型別所佔用的位元組個數。

　　sizeof 運算子可以用在任何的變數名稱、型別，或值上（包含運算式的值）。當應用在變數名稱（這裡不包括陣列名稱）或常數時，將會傳回用來存放此變數或常數之型別的位元組個數。請注意，當我們以型別名稱來當作 **sizeof** 的運算元時，便必須使用小括號。

7.8　指標運算式和指標的算術運算

指標是算術運算式、指定運算式，以及比較運算式的合法運算元。不過，並非這些運算式中的所有運算子都能夠與指標變數一起使用。本節將介紹可以用指標作為運算元的運算子，以及這些運算子的使用方式。

7.8.1　指標算術運算允許的運算子

指標可以進行遞增（++）或遞減（--），指標可以加上一個整數（+或+=），指標也可以減去一個整數（-或-=），指標之間也可以進行相減（但最後的相減運算，只有在兩個指標都指向同一個陣列中的元素時，才有意義）。

7.8.2　將指標指向陣列

假設陣列 `int v[5]` 已經被定義過,它的第一個元素位在記憶體中的 `3000` 這個位址。假設指標 `vPtr` 設定成指向 `v[0]`,亦即 `vPtr` 的值為 `3000`。圖 7.18 描述了上述的情形(假設整數的大小為 4 個位元組)。我們可以用以下兩個敘述式之一,將 `vPtr` 設定成指向陣列 `v`。

```
vPtr = v;
vPtr = &v[0];
```

可攜性的小技巧 7.2

由於指標算術運算的結果取決於指標所指之物件的大小,因此指標的算術運算是隨機器和編譯器而不同的。

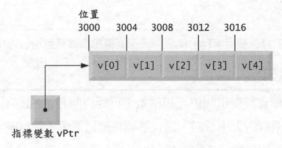

圖 7.18　陣列 **v** 及指向 **v** 的指標變數 `vPtr`

7.8.3　將一個整數加到指標

在傳統的算術運算裡,`3000 + 2` 可得 `3002`。但對指標算術運算(pointer arithmetic)而言,結果通常不是這個樣子。當某個指標要加上或減去某個整數值時,指標並不只是加上或減去這個整數值而已,而是加上或減去這個整數乘以指標所指向之物件的大小。需要加減的數目取決於物件的資料型別所佔的位元組數。例如,下面的敘述式

```
vPtr += 2;
```

將會產生 `3008`(`3000 + 2 * 4`),假設一個整數佔記憶體 4 個位元組。而陣列 **v** 的 `vPtr` 此時所指向的是 `v[2]`(見圖 7.19)。如果整數的大小變為 2 個位元組,則上述的計算結果會是記憶體位址 `3004`(`3000 + 2 * 2`)。如果陣列改成存放其他的資料型別,則上述的敘述式的執行結果為 `vPtr` 加上儲存物件的資料型別所佔位元組數的兩倍。而當對字元陣列執行指標的算術運算時,結果將與一般的算術運算相同,因為字元的大小為 1 個位元組。

常見的程式設計錯誤 7.4

對一個不是指向陣列元素的指標進行指標的算術運算。

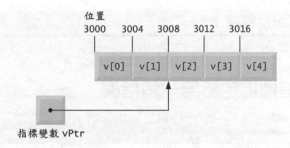

圖 7.19　經過指標算術運算後的 **vPtr** 指標

7.8.4　從指標中減去一個整數

假設 **vPtr** 已遞增成 **3016**，亦即指向 **v[4]**，則敘述式

```
vPtr -= 4;
```

會將 **vPtr** 重新設定為 **3000**，亦即陣列的啟始位址。

 常見的程式設計錯誤 7.5

使用指標算術運算時，在陣列的任何一端執行。

7.8.5　遞增指標與遞減指標

若想將指標遞增 1 或遞減 1，可以用遞增（**++**）或遞減（**--**）運算子。下面這兩個敘述式

```
++vPtr;
vPtr++;
```

都可將 **vPtr** 遞增成指向陣列的下一個元素。下面這兩個敘述式

```
--vPtr;
vPtr--;
```

都可以將 **vPtr** 遞減成指向陣列的上一個元素。

7.8.6　從一個指標中減去另一個指標

指標變數彼此之間可以進行相減。例如，假設 **vPtr** 指向位址 **3000**、**v2Ptr** 指向位址 **3008**，則敘述式

```
x = v2Ptr - vPtr;
```

會將介於 **vPtr** 與 **v2Ptr** 之間的陣列元素個數指定給 **x**，在本例中，**x** 的值將會是 **2**（而不是 **8**）。指標的算術運算只有對陣列執行時才有意義。我們不能假設相同型別的兩個變數，一定會連續存放在記憶體中，除非他們是相同陣列裡相鄰的兩個元素。

常見的程式設計錯誤 7.6

對兩個不是指向同一陣列中的元素的指標進行相減。

7.8.7　將一個指標指定給另一個指標

當兩個指標具有相同的型別時，一個指標可以被指定給另一個指標。這項規則唯一的例外是**指向 void 的指標**（pointer to void，即 void*），它是一種可以代表任何指標型別的一般性指標。任何型別的指標都能夠被指定給指向 **void** 的指標，而指向 **void** 的指標也可以被指定給任何型別的指標（包括指向 **void** 的另一個指標）。這兩種情況均不需使用 cast 運算式。

7.8.8　指向 void 的指標

指向 **void** 的指標不能夠進行反參考。想想看：編譯器知道一個指向 **int** 的指標會參考到記憶體裡的 4 個位元組（假設電腦系統中，一個整數佔 4 個位元組），但指向 **void** 的指標只是指向的記憶體位置，但是資料型別未知，這樣編譯器就不知道這個指標到底參考了多少個位元組。編譯器必須知道資料型別為何，才能在為某個指標求值時判斷它參考了多少個位元組。

常見的程式設計錯誤 7.7

將某種型別的指標指定給另一種型別的指標，如果這兩個指標的型別都不是 **void *** 的話，將會造成語法錯誤。

常見的程式設計錯誤 7.8

對一個 **void *** 指標進行反參考，會造成語法錯誤。

7.8.9　指標的比較

指標可以用相等運算子和關係運算子來進行比較，不過如果比較的指標不是指向同一個陣列中的元素，則這種比較動作是沒有意義的。指標的比較會比較存放在指標中的位址。例如，對兩個指向相同陣列的指標進行比較，便可以知道何者是指向較後面的陣列元素的指標。一種常用的指標比較就是判斷某個指標是否為 **NULL**。

常見的程式設計錯誤 7.9

比較兩個指向不同陣列的指標。

7.9　指標與陣列的關係

在 C 語言中，陣列與指標的關係非常密切，而且他們兩個幾乎都可以交換使用。陣列的名稱可想成是一個常數指標。我們可以用指標來進行任何和陣列索引相關的動作。

假設下列定義

```
int b[5];
int *bPtr;
```

由於陣列名稱 **b**（不具索引）是一個指向陣列第一個元素的指標，因此我們可以用下列的敘述式，將 **bPtr** 設定為陣列 **b** 第一個元素的位址

```
bPtr = b;
```

這個敘述式與取得陣列 **b** 第一個元素的位址的敘述式是相同的，我們將它表示如下

```
bPtr = &b[0];
```

7.9.1　指標／位移表示法

陣列元素 **b[3]** 便可以用以下的指標運算式來加以參考

```
*(bPtr + 3)
```

其中 **3** 是指由這個指標開始算起的**位移值**（offset）。當 **bPtr** 指向某個陣列的第一個元素時，位移值即表示要參考的陣列元素，它和陣列的索引是一樣的。這種表示法稱為**指標／位移表示法**（pointer/offset notation）。在此種表示法中，小括號是必要的。因為*****的運算優先順序會比**+**高。如果將小括號拿掉的話，上述的運算式將會為***bPtr**的值加上 **3**（即 **b[0]** 加上 **3**，假設 **bPtr** 指向陣列的開頭）。就如同陣列的元素可以用指標運算式來進行參考，位址

```
&b[3]
```

也可以寫成以下的指標運算式

```
bPtr + 3
```

而陣列本身也可以視為一個指標，並且用在指標的算術運算裡。如運算式

```
*(b + 3)
```

也參考了陣列元素 **b[3]**。一般而言，所有索引式的陣列運算式，都可以寫成具有指標與位移的形式。在這個案例中，指標／位移表示法是以陣列名稱來當作指標。不過，在任何情況下，你都不可以更改上述敘述式中的陣列名稱；**b** 應該一直指向陣列的第一個元素。

7.9.2　指標／索引表示法

指標也可像陣列般地被索引。如果 **bPtr** 的值是 **b**，下面的運算式

```
bPtr[1]
```

參考了陣列元素 **b[1]**。此稱爲**指標／索引表示法**（pointer/index notation）。

7.9.3　無法使用指標算術運算修改陣列名稱

請記得，陣列名稱實際上是個常數指標，它會一直指向陣列的開頭。因此下列的運算式

```
b += 3
```

是不合法的，因爲它嘗試以指標算術運算來更改陣列名稱的值。

常見的程式設計錯誤 7.10

嘗試以指標算術運算來修改陣列名稱的值將會造成編譯錯誤。

7.9.4　示範指標索引和位移

圖 7.20 的程式使用以上所討論的四種方法來參考陣列中的元素。這四種方法是：陣列索引法、以陣列名稱作爲指標的指標／位移法、**指標索引法**（pointer indexing），以及使用眞正指標的指標／位移法。此程式分別以這四種方法，印出了整數陣列 **b** 的四個元素。

```cpp
1   // Fig. 7.20: fig07_20.cpp
2   // Using indexing and pointer notations with arrays.
3   #include <stdio.h>
4   #define ARRAY_SIZE 4
5
6   int main(void)
7   {
8      int b[] = {10, 20, 30, 40}; // create and initialize array b
9      int *bPtr = b; // create bPtr and point it to array b
10
11     // output array b using array index notation
12     puts("Array b printed with:\nArray index notation");
13
14     // loop through array b
15     for (size_t i = 0; i < ARRAY_SIZE; ++i) {
16        printf("b[%u] = %d\n", i, b[i]);
17     }
18
19     // output array b using array name and pointer/offset notation
20     puts("\nPointer/offset notation where\n"
21          "the pointer is the array name");
22
23     // loop through array b
24     for (size_t offset = 0; offset < ARRAY_SIZE; ++offset) {
25        printf("*(b + %u) = %d\n", offset, *(b + offset));
26     }
27
28     // output array b using bPtr and array index notation
29     puts("\nPointer index notation");
30
```

圖 7.20　在陣列上使用索引與指標表示法

```
31      // loop through array b
32      for (size_t i = 0; i < ARRAY_SIZE; ++i) {
33          printf("bPtr[%u] = %d\n", i, bPtr[i]);
34      }
35
36      // output array b using bPtr and pointer/offset notation
37      puts("\nPointer/offset notation");
38
39      // loop through array b
40      for (size_t offset = 0; offset < ARRAY_SIZE; ++offset) {
41          printf("*(bPtr + %u) = %d\n", offset, *(bPtr + offset));
42      }
43  }
```

```
Array b printed with:
Array index notation
b[0] = 10
b[1] = 20
b[2] = 30
b[3] = 40

Pointer/offset notation where
the pointer is the array name
*(b + 0) = 10
*(b + 1) = 20
*(b + 2) = 30
*(b + 3) = 40

Pointer index notation
bPtr[0] = 10
bPtr[1] = 20
bPtr[2] = 30
bPtr[3] = 40

Pointer/offset notation
*(bPtr + 0) = 10
*(bPtr + 1) = 20
*(bPtr + 2) = 30
*(bPtr + 3) = 40
```

圖 7.20　在陣列上使用索引與指標表示法(續)

7.9.5　用陣列和指標複製字串

為了更進一步說明陣列與指標的可交換性，讓我們來看看圖 7.21 的兩個字串複製函式：copy1 和 copy2。這兩個函式都會將一個字串複製到一個字元陣列。在比較過函式原型後，我們可看到 copy1 和 copy2 函式是一樣的，它們可以完成相同的任務，但他們的製作方式並不相同。

```
1   // Fig. 7.21: fig07_21.c
2   // Copying a string using array notation and pointer notation.
3   #include <stdio.h>
4   #define SIZE 10
5
6   void copy1(char * const s1, const char * const s2); // prototype
7   void copy2(char *s1, const char *s2); // prototype
8
9   int main(void)
10  {
11      char string1[SIZE]; // create array string1
12      char *string2 = "Hello"; // create a pointer to a string
13
```

圖 7.21　使用陣列表示法和指標表示法來複製一個字串

```
14      copy1(string1, string2);
15      printf("string1 = %s\n", string1);
16
17      char string3[SIZE]; // create array string3
18      char string4[] = "Good Bye"; // create an array containing a string
19
20      copy2(string3, string4);
21      printf("string3 = %s\n", string3);
22  }
23
24  // copy s2 to s1 using array notation
25  void copy1(char * const s1, const char * const s2)
26  {
27      // loop through strings
28      for (size_t i = 0; (s1[i] = s2[i]) != '\0'; ++i) {
29          ; // do nothing in body
30      }
31  }
32
33  // copy s2 to s1 using pointer notation
34  void copy2(char *s1, const char *s2)
35  {
36      // loop through strings
37      for (; (*s1 = *s2) != '\0'; ++s1, ++s2) {
38          ; // do nothing in body
39      }
40  }
```

```
string1 = Hello
string3 = Good Bye
```

圖 7.21　使用陣列表示法和指標表示法來複製一個字串(續)

以陣列索引表示法來複製

函式 **copy1** 使用陣列索引表示法，將字串 **s2** 複製至字元陣列 **s1**。函式裡宣告了一個計數器變數 **i** 來作為陣列的索引。**For** 敘述式的標頭（第 28 行）執行整個複製的動作（而 **for** 的本體是一個空敘述式）。標頭檔指明將 **i** 的初始值設定為零，每當迴圈循環一次，便將 **i** 遞增 1。運算式 **s1[i] = s2[i]** 將 **s2** 的一個字元複製至 **s1**。當遇到 **s2** 的 **null** 字元時，此字元也會設給 **s1**，並且指定的值會成為指定到左邊的運算元（**s1**）的值。而此時迴圈便結束了，因為 null 字元從 s2 指定給了 s1（即偽）。

以指標和指標算術運算法來複製

函式 **copy2** 使用指標和指標的算術運算，將字串 **s2** 複製至字元陣列 **s1**。同樣的，此函式的 **for** 敘述式標頭（第 37 行）也執行了整個複製的動作。標頭中並不包含任何變數的初始值指定動作。如同 **copy1** 函式，運算式（***s1=*s2**）負責字串的複製。它先將指標 **s2** 反參考，然後將求出的字元設給反參考指標 ***s1**。在完成條件式內的指定動作之後，這兩個指標都遞增成分別指向陣列 **s1** 的下一個字元，以及指向字串 **s2** 的下一個字元。同樣的，當 **s2** 遇到 null 字元時，此字元也會指定給反參考指標 **s1**，迴圈即告結束。

關於函式 copy1 和 copy2 的注意事項

請注意，傳給 **copy1** 和 **copy2** 的第一個引數，必須是一個足以放下第二個引數（字串）的陣列。否則，當你試著寫入不屬於那一個陣列的記憶體位置時，可能會造成錯誤。還有，我們將這兩個函式的第二個參數宣告為 **const *char**（即一個常數字串）。因為在這兩個函式中，第二個引數會被複製到第一個引數，字元一次一個地被讀取，但是不會被修改。因此，將第二個參數宣告為指向常數值，有助實行最小權限原則。這兩個函式都不需要修改第二個引數字串的功能，所以我們也就不提供這項功能給他們。

7.10　指標陣列

陣列所存放的物件也可以是指標。**指標陣列**（array of pointer）常用來建構**字串陣列**（array of strings，簡稱為 string array）。在這種情形下，陣列中的每一個實體都是一個字串，而 C 的字串本質上是一個指向字串第一個字元的指標。所以字串陣列的每一個實體，實際上就是一個指向字串第一個字元的指標。請看下列對字串陣列 **suit** 的定義，在表示一副牌的時候很有用。

```
const char *suit[4] = {"Hearts", "Diamonds", "Clubs", "Spades"};
```

其中的 **suit[4]** 代表一個含有 4 個元素的陣列。**char *** 代表 **suit** 陣列的每一個元素都屬於「指向 **char** 之指標」的型別。修飾詞 **const** 指出每一個元素所指向的字串將不會變更。放到陣列內的 4 個值分別為 **"Hearts"**、**"Diamonds"**、**"Clubs"** 和 **"Spades"**。他們都是儲存在記憶體中，因為還需要一個結束 **NULL** 字元字串，所以他們的長度都會比引號內的字元個數還多 1。這 4 個字串分別是 7、9、6 和 7 個字元長度。雖然看起來這些字串好像都放到了 **suit** 陣列裡，但實際上只有指標存在陣列中（見圖 7.22）。每一個指標都會指向對應字串的第一個字元。因此，雖然 **suit** 陣列的大小是固定的，但它卻能夠用來存取任何長度的字串。這項彈性是 C 語言強大資料結構功能的一個例子。

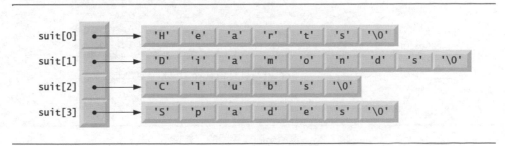

圖 7.22　**suit** 陣列的圖形表示

我們也可以將上述的四個字串（亦即樸克牌的四種花色）放到二維陣列中，其中每一列代表一種花色，而每一行則代表花色名稱中的一個點數。這種資料結構每一列中的行數必須是固定的，而且必須能夠放得下最長的字串。因此當大多數的字串都很短而有一個字串特別長的話，這種資料結構將會浪費可觀的記憶體空間。我們將在下一節裡使用字串陣列來表示一副樸克牌。

7.11 範例研究：洗牌和發牌的模擬

在本節裡，我們將利用亂數產生器來發展一個洗牌和發牌的模擬程式。以後你便可以利用這個程式來製作有關樸克牌遊戲的程式。為了突顯一些巧妙的效率問題，在此我們將先採用效率較差的洗牌和發牌演算法。在本章習題和第 10 章裡，我們會再介紹比較有效率的演算法。

我們將使用由上而下逐步改進（top-down, stepwise refinement）的方法來發展這個程式，此程式會將 52 張牌做洗牌的動作，並且發這 52 張牌。對大型且複雜的問題而言，這種由上而下的方法是特別有用的，你已經在前面的章節中看過更複雜的問題。

將一副牌以二維陣列來表示

我們以一個 4×13 的二維陣列 **deck** 來表示一副樸克牌（請見圖 7.23）。其中的列代表牌的花色：列 0 代表紅心、列 1 代表方塊、列 2 代表梅花以及列 3 代表黑桃。行則代表牌面的點數：行 0 到行 9 分別代表 A 到 10，行 10 到行 12 則分別代表傑克、皇后和國王。此外，我們還將用一個字串陣列 **suit** 來存放這四種花色的名稱的字元字串，以及一個字串陣列 **face** 來存放牌面的 13 種點數的字元字串。

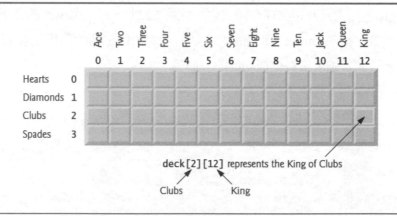

圖 7.23 表示一副樸克牌的二維陣列

將此二維陣列洗牌

這副模擬的樸克牌可以用下列的方式來進行洗牌。首先將陣列 **deck** 的初始值設定為 0。然後隨機地選取一列（0-3）和一行（0-12）。接著將陣列元素 **deck[row][column]** 設定為 1，表示這張牌在整副牌洗過之後，將是第一張發出去的牌。這個程序會持續到數字 2、3、……、52 都隨機插入 **deck** 陣列為止，**deck** 陣列表示完成洗牌的樸克牌中的第二、三、……、到第五十二張牌。而在 **deck** 陣列填入順序的過程中，有可能某張牌會再次被選到，即所選到的 **deck[row][column]** 並不為 0。此時我們會忽略這次的選取，然後再次隨機地選擇其他的 **row** 和 **column**，直到選到一張未選過的牌為止。當 1 到 52 的數字佔滿了 **deck** 陣列的 52 個元素時，這副牌就洗好了。

無限期延遲之可能性

如果已被洗過的牌重複地被隨機選取，則這個洗牌演算法可能會無限期地執行下去。這個現象稱為**無限期延遲**（indefinite postponement）。在本章的習題中，我們將討論更好的洗牌演算法，可以除去這種無限期延遲。

增進效能的小技巧 7.3

有時以「自然」的方式來設計的演算法，可能會有一些效率上的問題，像是無限期延遲。所以要找出除去無限期延遲的演算法。

從二維陣列發牌

當發第一張牌的時候，我們要從 **deck[row][column]** 陣列中找出哪個元素的值為 1。我們可以用一個巢狀的 **for** 敘述式讓 **row** 的值從 0 遞增到 3，並且使 **column** 的值由 0 遞增到 12，就可以完成這個動作。而找到的這個陣列元素對應到哪一張牌呢？由於陣列 **suit** 已存放四種花色的名稱，因此印出字元字串 **suit[row]** 即可得到這張牌的花色。同樣的，印出 **face[column]** 便可得到這張牌的點數。此外我們還印出了字元字串 **"of"**。以正確的順序印出這些資料，可讓每一張牌以 **"King of Clubs"** 或 **"Ace of Diamonds"** 這種形式列印出來。

透過由上到下逐步改進的方式發展程式的邏輯

讓我們以由上而下逐步改進的方式來進行這個演算法。此演算法的「總敘述式」為

Shuffle and deal 52 cards

我們的第一次改進如下：

```
Initialize the suit array
Initialize the face array
Initialize the deck array
Shuffle the deck
Deal 52 cards
```

"Shuffle the deck"可擴充成：

```
For each of the 52 cards
    Place card number in randomly selected unoccupied element of deck
```

"Deal 52 cards"可擴充成：

```
For each of the 52 cards
    Find card number in deck array and print face and suit of card
```

綜合上述的擴充，可得到我們的第二次改進：

```
Initialize the suit array
Initialize the face array
Initialize the deck array

For each of the 52 cards
    Place card number in randomly selected unoccupied slot of deck

For each of the 52 cards
    Find card number in deck array and print face and suit of card
```

其中，"Place card number in randomly selected unoccupied slot of deck"可以擴充成：

```
Choose slot of deck randomly
While chosen slot of deck has been previously chosen
    Choose slot of deck randomly
Place card number in chosen slot of deck
```

而"Find card number in deck array and print face and suit of card"可以擴充成：

```
For each slot of the deck array
    If slot contains card number
        Print the face and suit of the card
```

綜合上述的擴充，可得到我們的第三次改進：

```
Initialize the suit array
Initialize the face array
Initialize the deck array

For each of the 52 cards
    Choose slot of deck randomly

    While slot of deck has been previously chosen
        Choose slot of deck randomly

    Place card number in chosen slot of deck

For each of the 52 cards
    For each slot of deck array
        If slot contains desired card number
            Print the face and suit of the card
```

如此便完成所有改進的程序。我們可以看到，若將此演算法的洗牌和發牌部分結合起來，將可以使程式更有效率，因為這樣一來，所有的牌都要放在 deck 裡才能發出。因為通常會先洗完牌之後才會進行發牌，而不是邊洗邊發，因此，我們會將這兩個動作分開進行。

執行洗牌即發牌的程式

圖 7.24 是這個洗牌及發牌的程式，而圖 7.25 則是執行結果的範例。請注意我們在 **printf** 呼叫中使用了轉換指定詞%**s** 來印出字串中的字元。在 **printf** 呼叫裡與此相對應的引數必須是一個指向 **char**（或 **char** 陣列）的指標。**deal** 函式裡的格式指定"**%5sof%-8s**"（第 68 行）會先印出一個向右靠齊 5 個字元寬的欄位，接著印出"**of**"，然後是一個向左靠齊 8 個字元寬的字串欄位。%-**8s** 裡的負號代表此字串是靠左對齊的。

這個發牌演算法裡存在一個缺點。當找到合乎條件的紙牌時（即使在第一次嘗試時便找到），內層的兩個 **for** 敘述式還是會繼續搜尋 **deck** 剩下的元素是否符合條件。在本章習題以及第 10 章的案例研究中，我們將會改善這個缺點。

```
1   // Fig. 7.24: fig07_24.c
2   // Card shuffling and dealing.
3   #include <stdio.h>
4   #include <stdlib.h>
5   #include <time.h>
6
7   #define SUITS 4
8   #define FACES 13
9   #define CARDS 52
10
11  // prototypes
12  void shuffle(unsigned int wDeck[][FACES]); // shuffling modifies wDeck
13  void deal(unsigned int wDeck[][FACES], const char *wFace[],
14     const char *wSuit[]); // dealing doesn't modify the arrays
15
16  int main(void)
17  {
18     // initialize deck array
19     unsigned int deck[SUITS][FACES] = { 0 };
20
21     srand(time(NULL)); // seed random-number generator
22     shuffle(deck); // shuffle the deck
23
24     // initialize suit array
25     const char *suit[SUITS] =
26        {"Hearts", "Diamonds", "Clubs", "Spades"};
27
28     // initialize face array
29     const char *face[FACES] =
30        {"Ace", "Deuce", "Three", "Four",
31         "Five", "Six", "Seven", "Eight",
32         "Nine", "Ten", "Jack", "Queen", "King"};
33
34     deal(deck, face, suit); // deal the deck
35  }
36
37  // shuffle cards in deck
38  void shuffle(unsigned int wDeck[][FACES])
39  {
40     // for each of the cards, choose slot of deck randomly
```

圖 7.24　洗牌與發牌程式

```
41      for (size_t card = 1; card <= CARDS; ++card) {
42         size_t row; // row number
43         size_t column; // column number
44
45         // choose new random location until unoccupied slot found
46         do {
47            row = rand() % SUITS;
48            column = rand() % FACES;
49         } while(wDeck[row][column] != 0); // end do...while
50
51         // place card number in chosen slot of deck
52         wDeck[row][column] = card;
53      }
54   }
55
56   // deal cards in deck
57   void deal(unsigned int wDeck[][FACES], const char *wFace[],
58      const char *wSuit[])
59   {
60      // deal each of the cards
61      for (size_t card = 1; card <= CARDS; ++card) {
62         // loop through rows of wDeck
63         for (size_t row = 0; row < SUITS; ++row) {
64            // loop through columns of wDeck for current row
65            for (size_t column = 0; column < FACES; ++column) {
66               // if slot contains current card, display card
67               if (wDeck[row][column] == card) {
68                  printf("%5s of %-8s%c", wFace[column], wSuit[row],
69                     card % 2 == 0 ? '\n' : '\t'); // 2-column format
70               }
71            }
72         }
73      }
74   }
```

圖 7.24　洗牌與發牌程式(續)

```
   Nine of Hearts       Five of Clubs
  Queen of Spades      Three of Spades
  Queen of Hearts        Ace of Clubs
   King of Hearts        Six of Spades
   Jack of Diamonds     Five of Spades
  Seven of Hearts       King of Clubs
  Three of Clubs       Eight of Hearts
  Three of Diamonds     Four of Diamonds
  Queen of Diamonds     Five of Diamonds
    Six of Diamonds     Five of Hearts
    Ace of Spades        Six of Hearts
   Nine of Diamonds    Queen of Clubs
  Eight of Spades       Nine of Clubs
  Deuce of Clubs         Six of Clubs
  Deuce of Spades       Jack of Clubs
   Four of Clubs       Eight of Clubs
   Four of Spades      Seven of Spades
  Seven of Diamonds    Seven of Clubs
   King of Spades        Ten of Diamonds
   Jack of Hearts        Ace of Hearts
   Jack of Spades        Ten of Clubs
  Eight of Diamonds    Deuce of Diamonds
    Ace of Diamonds     Nine of Spades
   Four of Hearts      Deuce of Hearts
   King of Diamonds     Ten of Spades
  Three of Hearts       Ten of Hearts
```

圖 7.25　發牌程式的執行範例

7.12　函式指標

指向函式的指標（pointer to a function）內含有函式在記憶體中的位址。我們曾在第 6 章提過，陣列名稱實際上是此陣列第一個元素在記憶體內的位址。同樣的，函式的名稱是執行此函式之程式碼的起始位址。指向函式的指標可以被傳遞給函式，由函式傳回來，存放在陣列中，以及指定給其他的函式指標。

7.12.1　以漸增或漸減的順序排序

為了示範函式指標的使用，我們將圖 7.15 的氣泡排序程式修改成圖 7.26 的程式。這個新程式由 **main**、**bubble**、**swap**、**ascending** 和 **descending** 等函式所組成。其中 **bubbleSort** 函式的引數為一個整數陣列，此陣列大小，以及一個指向函式的指標（指向 **ascending** 函式或 **descending** 函式）。程式會先要求使用者選擇以漸增（**ascending**）或漸減（**descending**）的順序來對陣列排序。如果使用者輸入 1，一個指向 **ascending** 函式的指標將會傳給 **bubble** 函式，這使得陣列將以遞增順序來排序。如果使用者輸入 2，一個指向 **descending** 函式的指標將會傳給 **bubble** 函式，這使得陣列將以遞減順序來排序。這個程式的輸出結果顯示在圖 7.27。

```c
1   // Fig. 7.26: fig07_26.c
2   // Multipurpose sorting program using function pointers.
3   #include <stdio.h>
4   #define SIZE 10
5
6   // prototypes
7   void bubble(int work[], size_t size, int (*compare)(int a, int b));
8   int ascending(int a, int b);
9   int descending(int a, int b);
10
11  int main(void)
12  {
13     // initialize unordered array a
14     int a[SIZE] = {2, 6, 4, 8, 10, 12, 89, 68, 45, 37};
15
16     printf("%s", "Enter 1 to sort in ascending order,\n"
17            "Enter 2 to sort in descending order: ");
18     int order; // 1 for ascending order or 2 for descending order
19     scanf("%d", &order);
20
21     puts("\nData items in original order");
22
23     // output original array
24     for (size_t counter = 0; counter < SIZE; ++counter) {
25        printf("%5d", a[counter]);
26     }
27
28     // sort array in ascending order; pass function ascending as an
29     // argument to specify ascending sorting order
30     if (order == 1) {
31        bubble(a, SIZE, ascending);
32        puts("\nData items in ascending order");
33     }
34     else { // pass function descending
35        bubble(a, SIZE, descending);
```

圖 7.26　使用函式指標的多功能排序程式

```
36          puts("\nData items in descending order");
37      }
38
39      // output sorted array
40      for (size_t counter = 0; counter < SIZE; ++counter) {
41          printf("%5d", a[counter]);
42      }
43
44      puts("\n");
45  }
46
47  // multipurpose bubble sort; parameter compare is a pointer to
48  // the comparison function that determines sorting order
49  void bubble(int work[], size_t size, int (*compare)(int a, int b))
50  {
51      void swap(int *element1Ptr, int *element2ptr); // prototype
52
53      // loop to control passes
54      for (unsigned int pass = 1; pass < size; ++pass) {
55
56          // loop to control number of comparisons per pass
57          for (size_t count = 0; count < size - 1; ++count) {
58
59              // if adjacent elements are out of order, swap them
60              if ((*compare)(work[count], work[count + 1])) {
61                  swap(&work[count], &work[count + 1]);
62              }
63          }
64      }
65  }
66
67  // swap values at memory locations to which element1Ptr and
68  // element2Ptr point
69  void swap(int *element1Ptr, int *element2Ptr)
70  {
71      int hold = *element1Ptr;
72      *element1Ptr = *element2Ptr;
73      *element2Ptr = hold;
74  }
75
76  // determine whether elements are out of order for an ascending
77  // order sort
78  int ascending(int a, int b)
79  {
80      return b < a; // should swap if b is less than a
81  }
82
83  // determine whether elements are out of order for a descending
84  // order sort
85  int descending(int a, int b)
86  {
87      return b > a; // should swap if b is greater than a
88  }
```

圖 7.26　使用函式指標的多功能排序程式(續)

```
Enter 1 to sort in ascending order,
Enter 2 to sort in descending order: 1

Data items in original order
    2    6    4    8   10   12   89   68   45   37
Data items in ascending order
    2    4    6    8   10   12   37   45   68   89
```

```
Enter 1 to sort in ascending order,
Enter 2 to sort in descending order: 2

Data items in original order
    2    6    4    8   10   12   89   68   45   37
Data items in descending order
   89   68   45   37   12   10    8    6    4    2
```

圖 7.27　圖 7.26 之氣泡排序程式的輸出

以下的參數出現在 **bubble** 的函式標頭中（第 49 行）：

```
int (*compare)(int a, int b)
```

它用來表示 **bubble** 希望有一個指向函式之指標的參數（**compare**），而且這個指到的函式必須接收兩個整數參數並回傳一個整數值。包住 ***compare** 的小括號是必須的，將 ***** 和 **compare** 括在一起，代表 **compare** 是一個指標。如果我們將小括號去掉的話，則上述的宣告將變成

```
int *compare(int a, int b)
```

它宣告了一個接收兩個整數參數且回傳一個整數指標的函式。

　　bubble 的函式原型位在第 7 行中。函式原型中的第三個參數可寫成

```
int (*)(int, int);
```

不包含函式指標名稱以及參數名稱。

　　傳給 **bubble** 的函式是在 **if** 敘述式裡（第 60 行）被呼叫的，如下

```
if ((*compare)(work[count], work[count + 1]))
```

就如同指向變數的指標要反參考以存取變數的值一樣，指向函式的指標要能被反參考，才能使用該函式。

　　呼叫此函式也可以不需對函式指標進行反參考，例如

```
if (compare(work[count], work[count + 1]))
```

此時是將函式指標直接當成函式名稱來使用。我們建議您以第一種方法透過指標來呼叫函式，因為它可清楚地顯示出 **compare** 是一個指向函式的指標，而不是一個函式，用來反參考以呼叫函式。第二種透過指標呼叫函式的方法，會讓人誤以為 **compare** 是一個真正的函式。這可能會困擾想看 **compare** 函式的定義，卻在檔案中找不到此函式定義的程式設計師。

7.12.2　使用函式指標建立選單式系統

函式指標（function pointer）常會用在文字提示為主的選單式系統（menu-driven system）上。在這種系統中，使用者會被要求從選單裡選一個選項（可能是鍵入 1 到 5），藉由鍵入選項的號碼來選擇服務。每一個選項會以不同的函式來加以服務。指向每個函式的指標會存放在一個函式指標陣列中。使用者的選擇將當成此陣列的索引，而陣列中的指標則會用來呼叫適當的服務函式。

　　圖 7.28 的程式示範了宣告和使用指向函式的指標陣列的使用方式。此程式定義了三個函式：**function1**、**function2** 和 **function3**，每個函式都有一個整數引數，而且都不傳回任何值。我們將指向這三個函式的指標存放在陣列 **f** 裡，它的宣告如第 14 行。此定義應由最左邊的一組小括號開始讀爲「**f** 是個存放三個指向函式的指標的陣列，而這些指到的函式其引數皆爲 **int**，且傳回值都是 **void**」。此陣列的初始值會設定爲三個函式的名稱。當使用者輸入一個介於 0 到 2 的數值時，輸入值就會被當成此指向函式的指標陣列的索引。在這個函式呼叫中（第 25 行），**f[choice]** 選出了陣列中位置爲 **choice** 的指標。接著對這個指標反參考，以呼叫對應的函式，並將 **choice** 當作引數傳給函式。在此程式中，每個函式都會印出其引數值以及函式名稱，以表示函式正確地被呼叫。本章習題中，你將會開發一個文字型態的選單式系統。

```c
1   // Fig. 7.28: fig07_28.c
2   // Demonstrating an array of pointers to functions.
3   #include <stdio.h>
4
5   // prototypes
6   void function1(int a);
7   void function2(int b);
8   void function3(int c);
9
10  int main(void)
11  {
12     // initialize array of 3 pointers to functions that each take an
13     // int argument and return void
14     void (*f[3])(int) = {function1, function2, function3};
15
16     printf("%s", "Enter a number between 0 and 2, 3 to end: ");
17     size_t choice; // variable to hold user's choice
18     scanf("%u", &choice);
19
20     // process user's choice
21     while (choice >= 0 && choice < 3) {
22
23        // invoke function at location choice in array f and pass
24        // choice as an argument
25        (*f[choice])(choice);
26
27        printf("%s", "Enter a number between 0 and 2, 3 to end: ");
28        scanf("%u", &choice);
29     }
30
31     puts("Program execution completed.");
32  }
33
34  void function1(int a)
35  {
36     printf("You entered %d so function1 was called\n\n", a);
37  }
38
39  void function2(int b)
40  {
41     printf("You entered %d so function2 was called\n\n", b);
42  }
43
44  void function3(int c)
45  {
46     printf("You entered %d so function3 was called\n\n", c);
47  }
```

圖 7.28　指向函式的指標陣列的示範

```
Enter a number between 0 and 2, 3 to end: 0
You entered 0 so function1 was called

Enter a number between 0 and 2, 3 to end: 1
You entered 1 so function2 was called

Enter a number between 0 and 2, 3 to end: 2
You entered 2 so function3 was called

Enter a number between 0 and 2, 3 to end: 3
Program execution completed.
```

圖 7.28　指向函式的指標陣列的示範(續)

7.13　安全程式開發

printf_s、scanf_s 和其他安全的函式

前面的安全開發章節中，我們介紹了 **printf_s** 和 **scanf_s**，也提到了標準函式庫裡其他較安全的函式，這些都收錄在 C 標準的附錄 K。讓 **printf_s** 和 **scanf_s** 等函式較為安全的主要特性，在於這些函式有「執行時期限制」（runtime constraints），它們要求作為引數的指標必須是非 **NULL**。這類函式在嘗試使用指標之前會檢查這些執行時期限制，若發現引數中有任何 **NULL** 指標，都會被認為違反限制（constraint violation），使函式執行失敗並回傳一個狀態通知。如果 **scanf_s** 中有任何引數指標（包含格式控制字串）為 **NULL**，函式回傳會 EOF。如果 **printf_s** 中的格式控制字串、或任何對應 **%s** 的引數為 **NULL**，函式會中止輸出資料的動作，並回傳一個負值。附錄 K 中函式的完整細節，請參閱 C 標準文件，或是你的編譯器的函式庫文件。

其他關於指標的 CERT 指導方針

在現今的系統，不當使用指標會導致許多最常見的安全性弱點。CERT 提供了各種指導方針幫助你預防這些問題。如果你正在用 C 建立優質的系統，你應該要熟悉 CERT 的 C 安全程式標準（**www.securecoding.cert.org**）。本章已提及以下幾個關於指標程式開發的指導方針：

- EXP34-C：對 **NULL** 指標反參考通常會造成程式異常。但 CERT 已經針對這些案例，即使攻擊者對 **NULL** 指標反參考，程式依舊能執行。

- DCL13-C：第 7.5 節討論了指標的 **const** 用法。如果函式參數的指標所指的值不會被這個函式所改變，應該使用 **const** 來表示資料是一個常數。例如，為了表示指標指向的字串不會被修改，應該用 **const char *** 作為指標參數的資料型別，如圖 7.11 中的第 21 行。

- MSC16-C：此指導方針討論了函式指標的加密方法，以避免攻擊者對函式複寫或執行攻擊程式。

摘要

7.2　指標變數的定義及初始值設定

- 指標（pointer）是一種含有其他變數之位址的變數。在這種認知下，我們可以說一個變數名稱直接（directly）參考一個值，而一個指標則間接參考（indirectly reference）這個值。

- 透過指標來參考某個值稱為間接（indirection）。

- 指標可以定義成指向任何型別的物件。

- 指標應該在定義時設定初始值，或用指定敘述式來為他們設定初始值。指標可能將初始值設定成 0、NULL 或某個位址。值為 NULL 的指標不指向任何東西。將指標初始化為 0 與初始化為 NULL 是一樣的，但是使用 NULL 較佳，因為這樣的定義比較清楚。0 是唯一可以直接設定給指標變數的整數。

- NULL 是定義在 <stddef.h> 標頭檔（以及幾個其他標頭檔）中的符號常數。

7.3　指標運算子

- & 運算子，或稱為取址運算子（address operator），是一個會傳回運算元位址的一元運算子。

- 取址運算子的運算元必須是個變數。

- * 間接運算子會傳回其運算元所指向之物件的值。

- 在大多數的平台中，printf 內的轉換指定詞 %p 會將記憶體位址以十六進制數印出。

7.4　傳參考呼叫

- C 語言中所有的引數都是以值來進行傳遞。

- C 程式又提供傳參考（pass-by-reference）功能，利用指標和間接運算子完成。若要用傳參考方式來傳遞變數，需在變數名稱之前加上取址運算子（&）。

- 當傳遞變數的位址給函式時，函式可以利用間接運算子（*）來讀取和／或更改位於呼叫者記憶體內的數值。

- 若某函式想接收位址作為引數的話，它必須定義一個指標參數（pointer parameter）來接收這個位址。

- 因為編譯器認為函式接收一個指標和接收一個一維陣列並沒有什麼不同。所以函式本身在處理傳參考呼叫時必須「知道」，它所接收的是一個陣列還是一個簡單的變數。

- 當編譯器看到一個如 int b[] 的一維陣列函式參數時，它會將此參數轉換成指標的表示符號 int *b。

7.5　const 修飾詞在指標上的使用

- const 修飾詞表示某個變數的值不應該被更改。

- 如果嘗試更改一個宣告為 const 的數值，則編譯器會幫你把它找出來，然後發出警告或錯誤訊息，每種編譯器的處理方式不盡相同。

- 傳一個指標給函式共有四種方式：指向非常數資料的非常數指標（a non-constant pointer to non-constant data）、指向非常數資料的常數指標（a constant pointer to non-constant data）、指向常數資料的非常數指標（a non-constant pointer to constant data）以及指向常數資料的常數指標（a constant pointer to constant data）。

● 指向非常數資料的非常數指標，資料可透過反參考指標而被更改，指標也可能改為指向其他的資料項。

● 指向常數資料的非常數指標，可改為指向適當型別的任何資料項，但它所指向的資料卻不能夠被更改。

● 一個指向非常數資料的常數指標，它永遠都會指到同一個記憶體位置，不過我們可透過這個指標來更改它所指向的資料。陣列名稱預設便是這種指標。

● 指向常數資料的常數指標會永遠指到同一個記憶體位置，而且該記憶體位置中的資料不能夠被更改。

7.7　sizeof 運算子

● 一元運算子 **sizeof** 會在編譯時期判斷變數或型別的大小。

● **sizeof** 運算子應用到陣列名稱時，程式將傳回此陣列所佔用的總位元組數。

● **sizeof** 運算子可以用在任何的變數名稱、型別或值上。

● 當我們以型別名稱來當作 **sizeof** 的運算元時，便必須使用小括號。

7.8　指標運算式和指標的算術運算

● 有些算術運算子可以對指標進行運算。指標可以進行遞增（**++**）或遞減（**--**），指標可以加上一個整數（**+**或**+=**），指標可以減去一個整數（**-**或**-=**），指標之間也可以進行相減。

● 當某個指標要加上或減去某個整數時，指標是加上或減去這個整數乘以指標所指向之物件的大小。

● 當兩個指標指向同一個陣列中的兩個元素時，彼此之間可以進行相減，用來決定他們之間相隔了幾個元素。

● 當兩個指標具有相同的型別時，一個指標可以指定給另一個指標。唯一的例外是 **void*** 型別，它可以代表任何指標型別。任何指標型別都能夠指定給 void* 指標，而 void* 指標也可以指定給任何型別的指標。

● void* 指標不能夠進行反參考。

● 指標可以用相等運算子和關係運算子來進行比較，不過如果比較的指標不是指向同一個陣列中的元素，則這種比較動作是沒有意義的。指標的比較會比較存放在指標中的位址。

● 一種常用的指標比較就是判斷某個指標是否為 **NULL**。

7.9　指標與陣列的關係

● C 的陣列與指標間關係非常密切，而且他們兩個幾乎都可以交換使用。

● 陣列的名稱可想成是一個常數指標。

● 我們可以用指標來進行任何的陣列索引動作。

● 當指標指向某個陣列的開頭時，在指標中加入位移值即表示要參考的陣列元素，位移值和陣列的索引是一樣的。這種表示法稱為指標／位移表示法。

- 陣列名稱可以被視爲一個指標，並且用在指標的算術運算式裡，但這裡的運算並不能修改指標的位址。
- 指標也可像陣列般地使用索引。此稱爲指標／索引表示法。
- 型別爲 `const char *`的參數通常表示一個常數字串。

7.10 指標陣列

- 陣列所存放的物件也可以是指標。指標陣列（array of pointer）常用來建構字串陣列（array of strings）。在這種情形下，陣列中的每一個實體都是個字串，而 C 的字串本質上是一個指向字串第一個字元的指標。所以字串陣列的每一個實體，實際上就是一個指向字串第一個字元的指標。

7.12 函式指標

- 函式指標（functionpointer）內含有函式在記憶體中的位址。函式的名稱是執行此函式之程式碼在記憶體中的起始位址。
- 指向函式的指標可傳遞給函式，由函式傳回來，存放在陣列中，以及指定給其他的函式指標。
- 對指向函式的指標進行反參考即可呼叫函式。當呼叫函式時，可以將函式指標直接當成函式名稱來使用。
- 函式指標常會用在文字型態的選單式系統上。

自我測驗

7.1 回答下列各項問題：

　　a) 指標變數是一個含有其他_____變數之值的變數。

　　b) 可以用來指定指標之初始值的值有_____、_____和_____。

　　c) 唯一可指定給指標的整數是_____。

7.2 是非題。如果答案爲非，請解釋其原因。

　　a) 宣告爲 `void` 的指標可以被反參考。

　　b) 若不經過強制轉換動作的話，不同型別的指標彼此不能互相指定。

7.3 回答下列各項問題：假設單精準度的浮點數佔 4 個位元組的記憶體空間，陣列的起始位置在記憶體中的 1002500。每一項的問題都應使用前面幾項的結果。

　　a) 定義一個名爲 `numbers`，內含 10 個元素的 `float` 陣列，並將元素的初始值設定爲 `0.0`、`1.1`、`2.2`、……、`9.9`。假設符號常數 `SIZE` 已定義爲 `10`。

　　b) 定義一個指向 `float` 型別物件的指標 `nPtr`。

　　c) 用陣列索引表示法印出 `numbers` 陣列所有的元素。請使用 `for` 敘述式。請將每個數以 1 位精準度印出（即小數點後只印一位）。

　　d) 請以兩種不同的方式將 `numbers` 陣列的起始位址指定給指標變數 `nPtr`。

e)　以 **nPtr** 指標及指標／位移表示法，印出 **numbers** 陣列的所有元素。

f)　以陣列名稱作為指標，使用指標／位移表示法印出 **numbers** 陣列所有的元素。

g)　利用 **nPtr** 指標，以指標索引表示法印出 **numbers** 陣列的所有元素。

h)　分別使用陣列索引表示法、指標／位移表示法 (以陣列名稱作為指標)、指標索引表示法（以 **nPtr** 指標）、及指標／位移表示法（用 **nPtr**），來參考 **numbers** 陣列中的元素 4。

i)　假設 **nPtr** 指向了 **numbers** 陣列的開頭，則 **nPtr + 8** 將參考到什麼位址？而那個位置所存放的值為何？

j)　假設 **nPtr** 指向 **numbers[5]**，則 **nPtr-=4** 將參考到什麼位址，而那個位置所存放的值為何？

7.4　為下列每一項要求撰寫一個敘述式。假設浮點數變數 **number1** 和 **number2** 已宣告，而且 **number1** 的初始值為 **7.3**。

a)　定義一個指向 **float** 型別物件的指標變數 **fptr**。

b)　將變數 **number1** 的位址指定給指標變數 **fptr**。

c)　印出 **fptr** 所指之物件的值。

d)　將 **fptr** 所指向之物件的值指定給變數 **number2**。

e)　印出 **number2** 的值。

f)　印出 **number1** 的位址，使用 %**p** 轉換指定詞。

g)　印出 **fptr** 裡儲存的位址，並使用 %**p** 轉換指定詞。這個值是否和 **number1** 的位址相同？

7.5　完成下列各項：

a)　為 **exchange** 函式撰寫函式標頭，此函式的參數為兩個指向浮點數的指標 **x** 和 **y**，此函式沒有回傳值。

b)　為(a)的函式撰寫函式原型。

c)　為 **evaluate** 函式撰寫函式標頭，此函式傳回一個整數參數 **x**，以及一個指向 **poly** 函式的指標。此外，函式 **poly** 有一個整數參數，且回傳一個整數。

d)　為(c)的函式撰寫函式原型。

7.6　找出下列各程式片段中的錯誤。假設：

```
int *zPtr;// zPtr will reference array z
int *aPtr = NULL;
void *sPtr = NULL;
int number;
int z[5] = {1, 2, 3, 4, 5};
sPtr = z;
```

a)　`++zptr;`

b)　`//use pointer to get first value of array; assume zPtr is initialized`
　　`number = zPtr;`

c) `// assign array element 2 (the value 3) to number;`
   `   assume zPtr is initialized`
   `number = *zPtr[2];`
d) `// print entire array z; assume zPtr is initialized`
   `for (size_t i = 0; i <= 5; ++i) {`
   `   printf("%d ", zPtr[i]);`
   `}`
e) `//assign the value pointed to by sPtr to number`
   `number = *sPtr;`
f) `++z;`

自我測驗解答

7.1 a) 位址　b) **0**，**NULL**，位址　c) **0**

7.2 a) 非。指向 **void** 的指標不能反參考，因為不知道到底要取用多少個位元組進行反參考。

b) 非。**void** 型別的指標能指定為其他型別的指標，而且 **void** 型別的指標能被指定為指向其他型別的指標。

7.3 a) `float numbers[SIZE] ={0.0, 1.1, 2.2, 3.3, 4.4, 5.5, 6.6, 7.7, 8.8, 9.9};`
b) `float *nPtr;`
c) `for (size_t i = 0; i <SIZE; ++i) {`
   `printf("%.1f ", numbers[i]);`
   `}`
d) `nPtr = numbers;`
   `nPtr = &numbers[0];`
e) `for (size_t i = 0; i <SIZE; ++i) {`
   `  printf("%.1f ", *(nPtr + i));`
   `}`
f) `for (size_t i = 0; i <SIZE; ++i) {`
   ` printf("%.1f ", *(numbers + i));`
   `}`
g) `for (size_t i = 0; i <SIZE; ++i) {`
   ` printf("%.1f ", nPtr[i]);`
   `}`
h) `numbers[4]`
   `*(numbers + 4)`
   `nPtr[4]`
   `*(nPtr + 4)`
i) 位址為：`1002500 + 8 * 4 = 1002532`。值為 8.8。
j) `numbers[5]` 的位址為：`1002500 + 5 * 4=1002520`。

   `nPtr-= 4` 的位址是 `1002520-4*4=1002504`。

   這個位址中的值為 1.1。

7.4　a)　`float *fPtr;`

b)　`fPtr = &number1;`

c)　`printf("The value of *fPtr is %f\n", *fPtr);`

d)　`number2 = *fPtr;`

e)　`printf("The valueof number2 is %f\n", number2);`

f)　`printf("The address of number1 is %p\n", &number1);`

g)　`printf("The address stored infptr is %p\n", fPtr);`

　　是，值是相同的。

7.5　a)　`voidexchange(float *x, float *y)`

b)　`voidexchange(float *x, float *y);`

c)　`intevaluate (intx, int(*poly)(int))`

d)　`intevaluate (intx, int(*poly)(int));`

7.6　a)　錯誤：`zPtr` 沒有指定初始值。

　　更正：在執行指標算術運算之前，以 `zPtr = z` 將 `zPtr` 設定初值。

b)　錯誤：指標沒有被反參考。

　　更正：將敘述式改爲 `number = *zPtr;`。

c)　錯誤：`zPtr[2]` 並非指標，所以不能反參考。

　　更正：將 `*zPtr[2]` 改爲 `zPtr[2]`。

d)　錯誤：以指標索引表示法參考了一個超出範圍的陣列元素。

　　更正：在 `for` 條件式中將運算子 <= 改爲 <。

e)　錯誤：對 `void` 指標反參考。

　　更正：若想對此指標反參考，則必須先將之轉換成整數指標。將敘述式改爲 `number=*((int *) sPtr);`。

f)　錯誤：試著以指標算術運算來更改陣列名稱的值。

　　更正：以一個指標變數取代陣列名稱來完成指標的算術運算，或是使用陣列的索引名稱來參考指定的元素。

習題

7.7　回答下列各項問題：

a)　_____指標是一般性的指標，可以保存任何型別的指標值。

b)　陣列名稱可視爲_____指標。

c)　_____運算子是傳回其運算元位址的一元運算子，____運算子傳回其運算元指向之物件的值。

7.8　是非題。如果答案爲非，請解釋原因。

a) 算術運算不能在指標上執行。

b) 指向函式的指標可用於呼叫它們指向的函式、傳遞給函式、從函式回傳、儲存在陣列中，以及指定給其他指標。

7.9 回答下列各項問題：假設整數佔 4 個位元組的記憶體，陣列在記憶體中的起始位址為 **2003800**。

a) 定義一個名稱為 **oddNum**，型別為 **int** 的陣列，它共有 10 個元素，元素的初始值為 **1** 到 **19** 的奇數。假設符號常數 **SIZE** 已定義為 **10**。

b) 定義一個指向型別為 **int** 的物件之指標 **iPtr**。

c) 以陣列索引表示法印出 **oddNum** 陣列的所有元素。請使用 **for** 敘述式，並假設一個已宣告之整數控制變數 **i**。

d) 以兩種敘述式將 **oddNum** 陣列的起始位址指定給指標變數 **iPtr**。

e) 以指標／位移表示法印出 **oddNum** 陣列的所有元素。

f) 以陣列名稱作為指標，使用指標／位移表示法印出 **oddNum** 陣列所有的元素。

g) 以指標索引表示法印出 **oddNum** 陣列的所有元素。

h) 分別以陣列索引表示法、指標／位移表示法（陣列名稱為指標）、指標索引表示法、及指標／位移表示法，參考 **oddNum** 陣列的元素 **3**。

i) **iPtr+5** 將參考到什麼位址？而那個位置所存放的值為何？

j) 假設 **iPtr** 指向 **oddNum[9]**，那麼 **iPtr -= 3** 將參考到什麼位址？那個位置所存放的值為何？

7.10 為下列每一項撰寫一個敘述式執行指定的工作。假設雙精度變數 **value1** 和 **value2** 已宣告，**value1** 的初始值為 **20.4568**。

a) 宣告變數 **dPtr** 為指向型別為 **double** 之物件的指標。

b) 指定變數 **value1** 的位址給指標變數 **dPtr**。

c) 印出被 **dPtr** 指向的物件的值。

d) 將 **dPtr** 指向的物件之值指定給變數 **value2**。

e) 印出 **value2** 的值。

f) 印出 **value1** 的位址。

g) 印出儲存於 **dPtr** 的位址。請問這個值與 **value1** 的位址是否相同？

7.11 完成下列各項：

a) 為函式 **addNumbers** 撰寫函式標頭，此函式的參數為長整數陣列 **numList** 和陣列大小，此函式回傳數字之和。

b) 為(a)的函式撰寫函式原型。

c) 為函式 **sort** 撰寫函式標頭，其中包含三個引數：整數陣列參數 **n**、常數整數大小、指向函式 *f* 的指標。函式 *f* 使用兩個整數，並傳回一個整數值；排序不會回傳任何值。

d) 為(c)的函式撰寫函式原型。

注意：習題 7.12 到 7.15 是頗具挑戰性的題目。如果你能夠完成這幾道題目的話，你應該可以輕易地製作更受歡迎的樸克牌遊戲。

7.12　（洗牌和發牌）修改圖 7.24 的程式，使發牌函式能夠一次發出 5 張牌。然後寫出以下的函式：

a)　判斷這 5 張牌裡是否有對子。

b)　判斷這 5 張牌裡是否有雙對子。

c)　判斷這 5 張牌裡是否有三條（如 3 張傑克）。

d)　判斷這 5 張牌裡是否有鐵支（如 4 張 A）。

e)　判斷這 5 張牌裡是否有同花（即 5 張同樣花色的牌）。

f)　判斷這 5 張牌裡是否有順子（即 5 張連續的牌）。

7.13　（專案：洗牌與發牌）使用習題 7.12 所發展的函式撰寫一個程式，讓它能夠發出兩家，每家 5 張牌的一局牌，然後分別檢視兩家的牌，並且判斷哪一家的牌較好。

7.14　（專案：洗牌與發牌）修改習題 7.13 的應用程式，使其可以模擬發牌者。5 張牌發出時必須「面朝下」，讓玩家無法看到牌。然後，程式應檢視莊家手上的牌，根據手上這付牌，讓莊家再抽 1、2 或 3 張牌，取代手上不需要的廢牌。然後，程式應再檢視莊家手上的牌。（警告：本題有點困難。）

7.15　（專案：洗牌與發牌）修改習題 7.14 中的程式，使其可以自動處理發牌者的牌，但玩家可以決定要換掉手中的哪些牌。然後，程式應分別檢視各家的牌，判定誰贏。請使用這個新程式，與電腦進行 20 場比賽。誰贏得比較多場次的比賽，你或電腦？讓你的朋友與電腦進行 20 場比賽。誰贏的場次較多？請依據比賽的結果，適度修改這個撲克牌遊戲程式（這題也有一點困難）。再玩 20 場遊戲。修改後的遊戲程式有比較好的成績嗎？

7.16　（修改洗牌與發牌程式）在圖 7.24 的洗牌發牌程式裡，我們所使用的是一個效率不大好的洗牌演算法，它可能會造成無限期延遲。本問題將會要求你創造一個能避免無限期延遲的高效率的洗牌演算法。

請依照下列的要求來修改圖 7.24 的程式。一開始將 **deck** 陣列的初始值設定成圖 7.29 所示。將 **shuffle** 函式修改成逐列逐行地訪視陣列元素的迴圈。在訪視的期間，每個元素都必須與隨機選取的陣列元素交換。將結果的陣列印出來，看看牌洗得好不好（如圖 7.30）。你的程式可以呼叫 **shuffle** 函式數次，以確保能得到滿意的洗牌結果。

請注意，雖然這種方式改進了洗牌演算法，不過發牌演算法還是得搜尋 **deck** 陣列，以找到可以發出的第一張、第二張、第三張牌等等。但它的缺點是，當這個發牌演算法在發出牌之後，它還是繼續搜尋 **deck** 剩下的部分。請修改圖 7.24 的程式，讓它在某張牌發出去之後，不必再試著去找尋適當的牌，讓程式能馬上處理下一張牌。在第 10 章我們將發展另一個發牌演算法，它只需對每一張牌進行一次動作。

洗牌之前的 deck 陣列												
	0	1	2	3	4	5	6	7	8	9	10	11	12
0	1	2	3	4	5	6	7	8	9	10	11	12	13
1	14	15	16	17	18	19	20	21	22	23	24	25	26
2	27	28	29	30	31	32	33	34	35	36	37	38	39
3	40	41	42	43	44	45	46	47	48	49	50	51	52

圖 7.29　洗牌之前的 deck 陣列

洗牌之後的 deck 陣列												
	0	1	2	3	4	5	6	7	8	9	10	11	12
0	19	40	27	25	36	46	10	34	35	41	18	2	44
1	13	28	14	16	21	30	8	11	31	17	24	7	1
2	12	33	15	42	43	23	45	3	29	32	4	47	26
3	50	38	52	39	48	51	9	5	37	49	22	6	20

圖 7.30　洗牌之後的 deck 陣列

7.17　（模擬：龜兔賽跑）在本習題裡，你將重現歷史上最偉大的事件——龜兔賽跑。本習題將以亂數產生器來模擬龜兔賽跑。

賽跑的場地共有 70 個方格，由「方格 1」開始。每個方格代表每次移動後可能的位置。終點線在方格 70。第一位抵達或經過方格 70 的參賽者將可獲得紅蘿蔔和萵苣作為獎賞。由於競賽的場地位於顛簸的山上，因此參賽者可能會跌跤。

我們有個每秒計時一次的碼錶，每次碼錶計時後，你的程式應根據圖 7.31 的規則來調整龜與兔的位置。

動物	移動方式	時間比例	實際移動
龜	快爬	50%	向右 3 格
	滑倒	20%	向左 6 格
	慢爬	30%	向右 1 格
兔	睡覺	20%	不移動
	大跳躍	20%	向右 9 格
	大滑倒	10%	向左 12 格
	小跳躍	30%	向右 1 格
	小滑倒	20%	向左 2 格

圖 7.31　烏龜和兔子移動的規則

請使用變數來記錄動物們的位置（位置編號為 1 到 70）。每隻動物都從方格 1 開始走，如果某動物向後滑超過了方格 1，則讓它重新由方格 1 開始。請以亂數 i 來產生上表的時間比例，i 的範圍為 1≤i≤10。對龜來講，若 1≤i≤5 則執行「快爬」，6≤i≤7 則「滑倒」，8≤i≤10 則是「慢爬」。至於兔的動作則可以用相似的技巧的模擬出。

開始賽跑時印出

```
BANG !!!!!
AND THEY'RE OFF !!!!!
```

然後在碼錶每次計時的時候（也就是每次迴圈循環），印出一條有 70 個位置的跑道，並以 T 代表龜所在的位置，以 H 代表兔所在的位置。有時候這兩位選手會在同一個位置上，此時烏龜會咬兔子一口，你的程式應從那個位置開始印出 OUCH!!!。除了印 T、H 或 OUCH!!!（平手）之外的其他位置均應爲空白。

每次印出跑道後，測試是否有某位選手到達或超過方格 70，假如是，印出獲勝的選手並結束模擬。如果龜贏了，印出 TORTOISE WINS!!!YAY!!!。如果兔贏了，印出 Hare wins. Yuch。平手的話，你可能會偏袒烏龜（受欺負者），或是你可以印出 It's a tie。如果沒有人獲勝，則重新執行迴圈，模擬新一場的競賽。當你的程式能夠執行時，請邀集一些同好一起來觀賞這場競賽，你會對他們的熱情投入感到驚訝！

7.18 （修改洗牌和發牌程式）修改圖 7.24 的洗牌和發牌程式，用同一函式（**shuffleAndDeal**）進行洗牌和發牌的動作。該函式應包含類似圖 7.24 函式 **shuffle** 的巢狀迴圈結構。

7.19 下面的程式做了什麼事？假設使用者輸入兩個同樣長度的字串。

```
1   // ex07_19.c
2   // What does this program do?
3   #include <stdio.h>
4   #define SIZE 80
5
6   void mystery1(char *s1, const char *s2); // prototype
7
8   int main(void)
9   {
10      char string1[SIZE]; // create char array
11      char string2[SIZE]; // create char array
12
13      puts("Enter two strings: ");
14      scanf("%79s%79s" , string1, string2);
15      mystery1(string1, string2);
16      printf("%s", string1);
17  }
18
19  // What does this function do?
20  void mystery1(char *s1, const char *s2)
21  {
22      while (*s1 != '\0') {
23          ++s1;
24      }
25
26      for (; *s1 = *s2; ++s1, ++s2) {
27          ; // empty statement
28      }
29  }
```

7.20 底下的程式做些什麼事？

```
1   // ex07_20.c
2   // what does this program do?
3   #include <stdio.h>
4   #define SIZE 80
5
6   size_t mystery2(const char *s); // prototype
7
8   int main(void)
9   {
10      char string[SIZE]; // create char array
11
12      puts("Enter a string: ");
```

```
13        scanf("%79s", string);
14        printf("%d\n", mystery2(string));
15   }
16
17   // What does this function do?
18   size_t mystery2(const char *s)
19   {
20        size_t x; // counter
21
22        // loop through string
23        for (x = 0; *s != '\0'; ++s) {
24            ++x;
25        }
26
27        return x;
28   }
```

7.21 找出下列各程式片段中的錯誤。如果錯誤可以更正的話，如何更正呢？

a) `int *number;`
    `printf("%d\n", *number);`

b) `float *realPtr;`
    `long*integerPtr;`
    `integerPtr = realPtr;`

c) `int * x, y;`
    `x = y;`

d) `char s[] = "this is a character array";`
    `int count;`
    `for(; *s != '\0'; ++s)`
    `   printf("%c ", *s);`

e) `short *numPtr, result;`
    `void *genericPtr = numPtr;`
    `result = *genericPtr + 7;`

f) `float x = 19.34;`
    `float xPtr = &x;`
    `printf("%f\n", xPtr );`

g) `char *s;`
    `printf("%s\n", s);`

7.22 （迷宮走訪）下列是以一個二維陣列所表示的迷宮。

```
# # # # # # # # # # #
# . . . # . . . . . #
. . . # . # # # # . #
# # # . # . . . # . #
# . . . . # # # . # . .
# # # # . # . # . # . #
# . . . # . # . # . # . #
# # . # . # . # . # . #
# . . . . . . . # . #
# # # # # . # # # . #
# . . . . . # . . . #
# # # # # # # # # # #
```

井字符號（#）代表迷宮的牆壁，而點號（.）則代表迷宮中可能的路徑。

有一個簡單的演算法保證能走出這個迷宮（假如這個迷宮的出口存在的話）。如果沒有出口，那麼你將會走回出發點。將你的右手放到你右邊的牆上，然後開始前進。不要將你的手從牆上移開。如果迷宮向右轉，你就沿著牆壁向右轉。不要將你的手從牆上移開。這樣子你將會到達迷宮的出口。可能會有比你所走的路徑還要短的路線存在，不過你所採用的方法卻可保證一定能夠走出迷宮。

請撰寫一個遞迴函式 **mazeTraverse** 來走出迷宮。此函式應接收的引數包括一個代表迷宮的 12×12 字元陣列，以及迷宮的起點位置。當 **mazeTraverse** 嘗試在迷宮找出出口時，它應在走過的路徑上放一個字元 **x**。在每一次移動之後，你的函式應顯示整個迷宮的圖形，讓使用者可以看到走迷宮的進行。

7.23 （**隨機產生迷宮**）請撰寫函式 **mazeGenerator**，此函式接受一個 12×12 的二維字元陣列，並能隨機產生迷宮。函式也應提供迷宮的出發和終止位置。用你在習題 7.22 寫作的 **mazeTraversal** 函式來測試幾個隨機產生的迷宮。

7.24 （**任意大小的迷宮**）請修改習題 7.22 和 7.23 中的函式 **mazeTraverse** 和 **mazeGenerator**，以便處理任意寬度和高度的迷宮。

7.25 （**指向函式之指標的陣列**）重新撰寫圖 6.22 的程式，改為使用選單式的介面。程式應提供使用者如下的四種選項：

```
Enter a choice:
   0  Print the array of grades
   1  Find the minimum grade
   2  Find the maximum grade
   3  Print the average on all tests for each student
   4  End program
```

使用指向函式之指標的陣列有一項限制，那便是所有的指標必須具有相同的型別。也就是說，這些指標所指到的函式，其回傳型別、及接收的引數型別都必須相同。因此，圖 6.22 裡的函式都必須修改成回傳型別相同，參數型別也相同。請將函式 **minimum** 和 **maximum** 修改成印出最小和最大的數值，且不傳回任何值。對於選項 3，修改圖 6.22 的 **average** 函式，使之印出每個學生的平均成績（而非針對某位學生）。函式 **average** 必須沒有回傳值，而且它的參數必須和 **printArray**、**minimum** 和 **maximum** 函式一樣。請將指向這四個函式的指標存在 **processGrades** 陣列裡，然後以使用者輸入的選擇作為陣列索引，來呼叫每一個函式。

7.26 下面的程式做了什麼事？假設使用者輸入相同長度的兩字串。

```c
1   // ex07_26.c
2   // What does this program do?
3   #include <stdio.h>
4   #define SIZE 80
5
6   int mystery3(const char *s1, const char *s2); // prototype
7
8   int main(void)
9   {
10     char string1[SIZE]; // create char array
11     char string2[SIZE]; // create char array
12
13     puts("Enter two strings: ");
14     scanf("%79s%79s", string1 , string2);
```

```
15      printf("The result is %d\n", mystery3(string1, string2));
16  }
17
18  int mystery3(const char *s1, const char *s2)
19  {
20      int result = 1;
21
22      for (; *s1 != '\0' && *s2 != '\0'; ++s1, ++s2) {
23          if (*s1 != *s2) {
24              result = 0;
25          }
26      }
27
28      return result;
29  }
```

專題：建造你自己的電腦

在下面這幾個問題裡，我們將暫時拋開高階語言的程式設計。我們打算「剝開」一部電腦來看看它內部的結構。我們將介紹機器語言的程式設計，並撰寫數個機器語言程式。然後我們將以軟體模擬的技巧建造一部電腦，你的機器語言程式便可在這部電腦上執行。

7.27　（**機器語言的程式設計**）讓我們來建造一部稱為 Simpletron 的電腦。就如同名稱一樣，這是一部簡單的機器，但是您很快可以看到，這也是一部功能很強大的機器。Simpletron 只能執行它直接看得懂的機器語言程式，這種語言我們稱之為 Simpletron Machine Language（簡稱為 SML）。

Simpletron 有一個累加器（accumulator），這是個「特別的暫存器」，在 Simpletron 使用資料來計算或測試之前，這些資料會先放在累加器中。Simpletron 裡所有的資訊均是以字組（words）為處理單位的。一個字組是一個有正負號的四位十進制數，如 **+3364**、**-1293**、**+0007**、**-0001** 等。

Simpletron 有 **100** 個字組的記憶體，這些字組是以其位置編號（**00**、**01**……、**99**）來參考的。在執行 SML 程式之前，我們必須先將程式載入（load）或放入記憶體裡。每一個 SML 程式的第一個指令（或敘述式）一定會放在位置 00。

以 SML 所撰寫的每一個指令都佔了一個字組的 Simpletron 記憶體，因此指令是有正負號的四位十進制數。假設 SML 指令的正負號都是正的，但資料字組則可能為正或為負。Simpletron 記憶體的每一個位置可以存放指令、程式用到的資料值、或是未使用（或未定義）的記憶體區域。每個 SML 指令的前兩位數是作業碼（operation code），他們指定了所要執行的動作。圖 7.32 列出了所有的 SML 作業碼。

作業碼	意義
輸入／輸出作業：	
#define READ 10	由終端機讀入一組至記憶體中時特定的位置。
#define WRITE 11	將記憶體中某特定位置的字組寫到終端機。
輸入／儲存作業：	
#define LOAD 20	由記憶體某特定位置載入一字組至累加器。
#define STORE 21	將累加器中的字組儲存到記憶體中特定的位置。
算術運算子：	
#define ADD 30	將記憶體某特定位置的字組與累加器相加（結果存在累加器中）。
#define SUBTRACT 31	將累加器減去記憶體中特定位置的字組（結果存在累加器）。
#define DIVIDE 32	將記憶體中特定位置的字組除以累加器中的字組（結果存在累加器）。
#define MULTIPLY 33	將記憶體中特定位置的字組乘上累加器中的字組（結果存在累加器）。
控制移轉作業：	
#define BRANCH 40	跳躍至記憶體的某特定位置。
#define BRANCHNEG 41	如果累加器為負的話，跳躍至記憶體某特定位置。
#define BRANCHZERO 42	如果累加器為零的話，跳躍至記憶體的某特定位置。
#define HALT 43	停止。亦即程式完成工作。

圖 7.32　SML 的作業碼

SML 指令的後兩位數是運算元（operand），他們指出了作業所需之資料存在記憶體中的位址。現在讓我們來看幾個簡單的 SML 程式。這個 SML 程式由鍵盤讀入兩個數，計算然後印出這兩個數的和。指令 **+1007** 從鍵盤讀進第一個數，並將它放到位置 **07**（已被初始化為零）。然後 **+1008** 讀進第二個數，並放到位置 **08**。接下來 load 指令 **+2007**，將第一個數放到累加器，而 add 指令 **+3008** 則把第二個數與累加器裡的值相加。所有的 SML 算術運算均會把結果留在累加器裡。接下來，store 指令 **+2109** 將結果由累加器寫回記憶體位置 09。然後 write 指令 **+1109** 便拿出位於 **09** 的數並印出它（有正負號的四位十進制數）。最後的 halt 指令 **+4300** 則結束了這個程式的執行。

| 範例 1 | | |
位置	數字	指令
00	+1007	*(Read A)*
01	+1008	*(Read B)*
02	+2007	*(Load A)*
03	+3008	*(Add B)*
04	+2109	*(Store C)*
05	+1109	*(Write C)*
06	+4300	*(Halt)*
07	+0000	*(Variable A)*
08	+0000	*(Variable B)*
09	+0000	*(Result C)*

下面的 SML 程式由鍵盤讀進了兩個數，判斷並印出其中較大的值。請注意，指令 **+4107** 是作為控制權的條件移轉，它很像 C 的 **if** 敘述式。

範例 2 位置	數字	指令
00	+1009	(Read A)
01	+1010	(Read B)
02	+2009	(Load A)
03	+3110	(Subtract B)
04	+4107	(Branch negative to 07)
05	+1109	(Write A)
06	+4300	(Halt)
07	+1110	(Write B)
08	+4300	(Halt)
09	+0000	(Variable A)
10	+0000	(Variable B)

現在撰寫 SML 程式來完成下列每一項工作。

a)　使用一個警示值控制迴圈讀進正整數，計算並印出他們的和。

b)　使用一個計數器控制式迴圈讀進 7 個數（有正也有負），計算並印出他們的平均值。

c)　讀進一連串的數，然後判斷並印出其中最大的數。讀進來的第一個數代表接下來應該再讀多少個數。

7.28　（**一個電腦模擬器**）雖然這乍看起來很驚人，但在本習題中，你將會建構你自己的電腦。但並不是要你動手將零件組裝成一部電腦。而是你將使用強大的電腦模擬（software-based simulation）技術來建立 Simpletron 的軟體模型（software model）。這個技術將不會令你失望。你的 Simpletron 模擬器將會把你正在使用的電腦變成 Simpletron，而你便可在上面執行、測試、及偵錯在習題 7.27 裡所寫的 SML 程式。

當你執行你的 Simpletron 模擬器時，首先它應印出：

```
*** Welcome to Simpletron!***
*** Please enter your program one instruction ***
*** (or data word) at a time.I will type the ***
*** location number and a question mark (?).***
*** You then type the word for that location.***
*** Type the sentinel -99999 to stop entering ***
*** your program. ***
```

請用一個一維陣列 **memory**（共有 100 個元素）來模擬 Simpletron 的記憶體。現在假設模擬器已經在執行了，讓我們來看看輸入習題 7.27 範例 2 的程式後的情形：

```
00 ? +1009
01 ? +1010
```

```
02  ?  +2009
03  ?  +3110
04  ?  +4107
05  ?  +1109
06  ?  +4300
07  ?  +1110
08  ?  +4300
09  ?  +0000
10  ?  +0000
11  ?  -99999
*** Program loading completed ***
*** Program execution begins  ***
```

這個 SML 程式現在已放入（或載入）到陣列 **memory** 了。Simpletron 將開始執行 SML 程式。執行是從位置 **00** 的指令開始，並且循序地執行，除非是透過控制權的移轉而跳到程式的其他部分。請使用變數 **accumulator** 來代表累加暫存器。使用變數 **instructionCounter** 來追蹤正在執行中之指令的記憶體位置。使用變數 **opertionCode** 指出目前正在執行的運算（也就是指令字組左邊的二個數字）。使用變數 **operand** 來表示目前之指令所操作到記憶體位置。因此假如指令有 **operand** 運算元，就是現在正在執行指令的最右邊二個數字。請勿直接從記憶體執行指令。而是將下一個要執行的指令從記憶體先傳遞給變數 **instructionRegister**。然後將此變數的左邊二位數放到變數 **opertionCode**，右邊兩位放到 **operand** 當中。

當 Simpletron 開始執行時，這些特殊的暫存器其初始值如下：

```
accumulator          +0000
instructionCounter      00
instructionRegister  +0000
operationCode           00
operand00
```

現在讓我們走訪一遍第一個 SML 指令+1009（記憶體位置 00）的執行過程。這個過程稱為指令執行週期（instruction execution cycle）。

instructionCounter 告訴我們下一個執行的指令所在的位置。我們用 C 的敘述式從 **memory** 中取出（fetch）那個記憶體位置的內容，如下

```
instructionRegister = memory[instructionCounter];
```

作業碼和運算元可以用底下的敘述式，從指令暫存器（instructionRegister）中粹取出

```
operationCode = instructionRegister / 100;
operand = instructionRegister %100;
```

現在 Simpletron 必須分辨出作業碼就是讀取（read）指令（另外有寫入、載入等指令）。我們將用一個 **switch** 來判斷這 12 種 SML 操作。

switch 敘述式將以如下的方式來模擬各種不同的 SML 指令（未完成的部分留給讀者）：

```
read:    scanf("%d", &memory[operand]);
load:    accumulator = memory[operand];
add:     accumulator += memory[operand];
```

各種 branch 指令：稍後即將討論到。

halt：此指令印出如下的訊息

```
*** Simpletron execution terminated ***
```

然後印出每個暫存器的名稱和內容，以及記憶體完整的內容。這種列印稱爲電腦傾印（computer dump）。爲了幫助你撰寫傾印函式，圖 7.33 列出了傾印格式的範例。在執行完 Simpletron 程式之後的螢幕傾印，將會顯示程式結束時，所有指令的實際值和資料值。不足欄寬的整數，你可以印出整數前面的 0 來補足，方法是用 0 作爲格式化標誌放在格式指定詞之前，例如 "%02d"。你也可以藉由格式化標誌「+」爲數值加上正負號（+和-）。因此如果要產生的數字型式爲+0000，你可以用格式指定詞 "%+05d"。

```
REGISTERS:
accumulator          +0000
instructionCounter      00
instructionRegister  +0000
operationCode           00
operand                 00

MEMORY:
        0       1       2       3       4       5       6       7       8       9
 0   +0000   +0000   +0000   +0000   +0000   +0000   +0000   +0000   +0000   +0000
10   +0000   +0000   +0000   +0000   +0000   +0000   +0000   +0000   +0000   +0000
20   +0000   +0000   +0000   +0000   +0000   +0000   +0000   +0000   +0000   +0000
30   +0000   +0000   +0000   +0000   +0000   +0000   +0000   +0000   +0000   +0000
40   +0000   +0000   +0000   +0000   +0000   +0000   +0000   +0000   +0000   +0000
50   +0000   +0000   +0000   +0000   +0000   +0000   +0000   +0000   +0000   +0000
60   +0000   +0000   +0000   +0000   +0000   +0000   +0000   +0000   +0000   +0000
70   +0000   +0000   +0000   +0000   +0000   +0000   +0000   +0000   +0000   +0000
80   +0000   +0000   +0000   +0000   +0000   +0000   +0000   +0000   +0000   +0000
90   +0000   +0000   +0000   +0000   +0000   +0000   +0000   +0000   +0000   +0000
```

圖 7.33　Simpletron 傾印（dump）的範例

讓我們繼續進行程式裡的第一個指令，也就是位置 00 的+1009。前面已經提過，switch 敘述式裡會以底下的 C 敘述式來模擬這項動作

```
scanf( "%d", &memory[operand]);
```

在 scanf 執行之前，應在螢幕上顯示一個問號（?），以提示使用者輸入資料。Simpletron 會等待使用者鍵入一個數值並按下 Return 鍵。然後便把值讀到位置 09。

此時第一個指令的模擬已告完成。剩下的是爲 Simpletron 準備執行下一個指令。由於剛才所執行的指令並沒有造成控制權的移轉，因此我們只需遞增指令計數暫存器即可。

```
++instructionCounter;
```

如此便完成了第一個指令的執行模擬。這整個過程（即指令執行週期）便從取出下一個指令開始，再重複地進行。

現在讓我們來看看該如何模擬分支指令（即控制權的移轉）。我們所要做的只是適當地調整指令計數器的值而已。因此，無條件分支指令（**40**）在 **switch** 裡將可模擬成

```
instructionCounter = operand;
```

有條件的「如果累加器為 0 則分支」指令可模擬成

```
if(accumulator == 0) {
instructionCounter = operand;
}
```

現在你應能夠製作你的 Simpletron 模擬器，並執行你在習題 7.27 所寫的每一個 SML 程式了。你可以建立其他功能的 SML 程式，並將它們加入你的模擬器中。

你的模擬器應能檢查出各種型別的錯誤。例如，在程式載入的階段，使用者輸入至 Simpletron 的記憶體的每個數，其範圍都應落在**-9999** 到**+9999** 之間。你的模擬器應使用一個 **while** 迴圈來檢查輸入的每個數是否都在這個範圍之內，如果不是的話，應再次提醒使用者重新輸入，直到輸入值正確為止。

在執行的階段，你的模擬器應檢查各種嚴重的錯誤，如除以零、執行不合法的作業碼、累加器溢位 (算術運算的結果大於**+9999** 或小於**-9999**) 等等。這種致命的錯誤稱為 fatal errors。當偵測到 fatal error 時，應印出如下列的錯誤訊息：

```
*** Attempt to divide by zero ***
*** Simpletron execution abnormally terminated ***
```

而且要印出完整的電腦傾印（格式如前面所述）。這將可幫助使用者找出程式錯誤的地方。

實作注意事項：實作 Simpletron 模擬器時，將 **memory** 陣列和所有作為變數的暫存器定義在 **main**。除此之外，程式應該包括另外三個函式：**load, execute** 和 **dump**。函式 **load** 讀取使用者從鍵盤輸入的 SML 指令（等到學到第 11 章的檔案處理，你將能夠從檔案中讀取 SML 指令）。函式 **execute** 執行目前載入在 **memory** 陣列裡的 SML 程式。函式 **dump** 印出 **memory** 的內容，以及存在 **main** 的變數的所有暫存器內容。必要時傳遞這些 **memory** 陣列和暫存器至其他函式以完成任務。函式 **load** 和 **execute** 必須修改定義在 **main** 的變數，因此你必須使用指標，藉由傳參考的方式將變數傳至函式。你需要修改問題描述中出現的敘述式，並使用適當的指標表示法。

7.29 （Simpletron **模擬器的修改**）在習題 7.28 裡，你撰寫了一個電腦的軟體模擬器，並在其上執行了以 Simpletron 機器語言（SML）所寫的程式。在本習題裡我們將為 Simpletron 模擬器提出數點修改和補強。在習題 12.25 和 12.26，我們將撰寫一個編譯器，用來將以高階語言撰寫的程式（一種類似 BASIC 的語言）翻譯成 Simpletron 機器語言。底下的修改和功能增強，其中有部分在執行由編譯器所產出之程式時，可能會有所幫助。

a)　將 Simpletron 模擬器的記憶體擴充為 1000 個記憶體位置，使 Simpletron 能夠處理較大的程式。

b)　讓模擬器能夠執行模數運算。這將需要新增一個 SML 指令。

c) 讓模擬器能夠執行指數運算。這將需要新增一個 SML 指令。

d) 將模擬器修改成以十六進制數值代替整數值來表示 SML 指令。

e) 將模擬器修改成能夠輸出 newline（即換行）。這將需要新增一個 SML 指令。

f) 將模擬器修改成除了整數之外，還能處理浮點數。

g) 將模擬器修改成能夠處理字串的輸入。（提示：每個 Simpletron 字組可以切割成 2 個部分，每個部分會存放一個兩位數的整數。每個兩位數的整數代表字元相對應的 ASCII 十進制數值。）增加一個機器語言指令，用來輸入一個字串並將此字串存放在某指定位置開始的記憶體中。那個位置的前半個字組記錄了這個字串的長度。接下來每個半字組則會存放以兩位十進制數字表示的 ASCII 字元。機器語言的指令必須將字元轉換成 ASCII 值，並將它存到半字組裡。）

h) 將模擬器修改成能夠處理存成(g)之格式的字串輸出。（提示：增加一個 SML 指令，它可從某個 Simpletron 記憶體位置開始列印字串。那個位置的前半字組將是字串的長度。接下來每個半字組則會存放以兩位十進制數字表示的 ASCII 字元。這個 SML 指令應先看看長度為何，然後根據此長度將半字組裡的 ASCII 值轉換成字元印出來。）

函式指標陣列習題

7.30 **（利用函式指標計算圓形周長、圓形面積或球體體積）**利用你在圖 7.28 學到的技巧，建立一個文字型態的選單式程式，讓使用者選擇要計算圓形周長、圓形面積或球體體積。接著，程式應該讓使用者輸入半徑，執行適當的計算並顯示結果。請使用一組函式指標，每個指標表示一個回傳 **void** 並接收 **double** 參數的函式。每個相對應的函式應該顯示指定要執行哪一種計算的訊息、半徑的值、參數的值，以及計算結果。

7.31 **（使用函式指標的計算器）**使用圖 7.28 中學到的技巧，建立一個文字型態的選單式程式，讓使用者選擇加減乘除兩個數字。接著，程式應該讓使用者輸入兩個 **double** 值，執行適當的計算並顯示結果。利用一組函式指標陣列，其中每個指標表示一個函式，該函式回傳 **void**，並接收兩個 **double** 參數。相對應的函式應該分別顯示指定要執行哪一種計算的訊息、參數值和計算結果。

進階習題

7.32 **（民意調查）**隨著網際網路的發展，有越來越多人在網站上連結、加入社會運動或發表各種意見。2008 年的美國總統候選人曾利用網路來獲取訊息以及競選經費。在本習題中，你將會寫一個簡單的民意調查程式，讓使用者針對五個社會意識議題來評分：1 代表最不重要，10 代表最重要。選擇五個對你來說重要的議題 (例如：政治議題、全球環境議題等等)。使用一個一維陣列 **topics**（型別為 **char***）來儲存這五個議題。為了要整理調查結果，請你使用具有 5 列、10 行的二維陣列 **responses**（型別為 **int**），每一列都對應到 **topics** 陣列的一個元素。當程式執行時，它應該要求使用者對每個議題進行評分。讓你的朋友和家人做這個民意調查。然後讓程式顯示整理過後的結果，包括：

a) 以表格顯示結果，將五個議題顯示在左邊，十個等級的評分放在上方，在每一格列出每個議題在該評分等級的計數。

b) 在每一列的最右邊，列出該議題的平均分數。

c) 哪一個議題得到最高的總點數？印出該議題以及所得點數。

d) 哪一個議題得到最低的總點數？印出該議題以及所得點數。

7.33 （碳足跡計算工具：函式指標陣列）使用本章中學到的函式指標陣列，你可以指定具有同樣一種型別的引數，並回傳同樣型別資料的一組函式。全球的政府組織與企業都逐漸關注碳足跡的問題（每年排放到大氣中的二氧化碳數量，來自人類在建築物中燃燒各種燃料以取得熱能，或是汽車燃燒燃料以取得動力等等）。許多科學家認為，這些溫室氣體會產生全球暖化的問題。建立三個函式，分別計算建築物、汽車和腳踏車的碳足跡。每一個函式都應該由使用者處讀入適當的資料，然後計算並印出碳足跡（拜訪幾個網站，研究怎麼計算碳足跡。）每個函式都不會接收任何參數，且回傳值為 **void**。寫一個程式，提示使用者輸入想要計算的碳足跡類型，然後呼叫函式指標陣列中的對應函式。針對每一種碳足跡型態，輸出該型態的資訊以及碳足跡。

NOTE

字元與字串

8

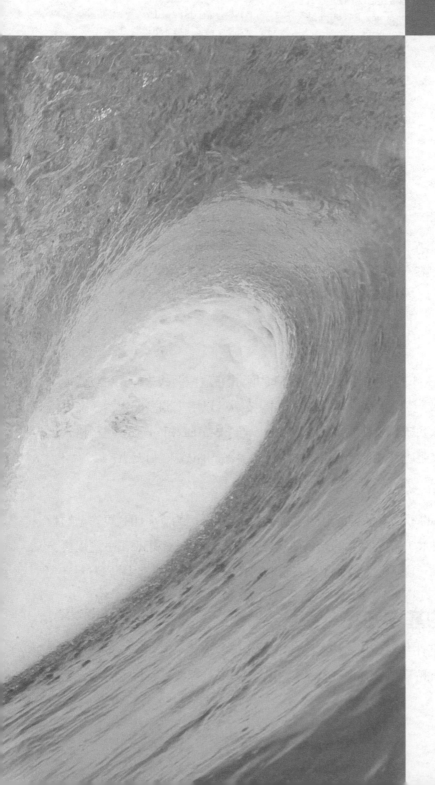

學習目標

在本章中，你將學到：

■ 使用字元處理函式庫
（**<ctype.h>**）的函式

■ 使用一般公用函式庫
（**<stdlib.h>**）的字串轉換
函式

■ 使用標準輸入／輸出函式庫
（**<stdio.h>**）的字串和字元
輸入／輸出函式

■ 使用字串處理函式庫
（**<string.h>**）的字串處理
函式

■ 使用字串處理函式庫
（**<string.h>**）的記憶體處
理函式

8.1　簡介

本章中我們將介紹 C 標準函式庫裡關於字串和字元處理的函式。這些函式讓程式可以處理字元、字串、數行的文字、以及記憶體區塊。本章所討論的技術可以用來開發編輯器、文書處理器、排版軟體、電腦化排版系統以及其他文書處理軟體。像 **printf** 和 **scanf** 這種格式化的輸入／輸出函式所執行的文字處理工作，也可以由本章所討論的函式來加以製作。

C11 附件 K 函式

如同我們在 8.11 節中所討論的，C11 的可選附件 K 描述了本章介紹的許多函式更安全的版本。如果你的編譯器適用附件 K 介紹的函式的話，你應該如同為 **printf** 和 **scanf** 選用更安全的 **printf_s** 和 **scanf_s** 一樣，為函式使用更安全的附件 K 版本。

8.2　字串和字元的基本知識

字元是構成原始程式的基本元件。每個程式皆由一連串的字元所組成，這些字元以某種意義組合在一起，電腦將這些字元解釋成一連串執行某件工作的指令。程式裡可以含有**字元常數**

（character constant）。字元常數是一個 **int** 值，以單引號括起來的字元來表示。字元常數的值便是此字元在機器的**字元集**（character set）中的整數值。例如'**z**'代表了字母 **z** 的整數值，'**\n**'代表了換行字元的整數值（在 ASCII 中分別是 122 和 10）。

字串（string）是視為一個單元的一連串字元。字串可以包含字母、數字、以及各種**特殊的字元**（special character，如+、-、*、/、$等）。C 裡的**字串常數**（string literal 或 string constant）會寫在雙引號裡，如下：

"John Q. Doe"　　　　　　　　（人名）

"99999 Main Street"　　　　　（街名住址）

"Waltham, Massachusetts"　　（城市和州名）

"(201) 555-1212"　　　　　　　（電話號碼）

C 裡的字串是一個以**空字元**（null character，'\0'）來作為結束的字元陣列。我們可以經由指向此字串第一個字元的指標來存取這個字串。字串的值是它的第一個字元的位址。因此在 C 裡，**字串相當於一個指標**（string is a pointer），事實上，是一個指向此字串第一個字元的指標。所以字串和陣列是十分類似的，因為字串也是一個字元陣列。

字串可在宣告時指定給一個字元陣列，或一個型別為 **char *** 的變數。以下的每個定義

```
char color[] = "blue";
const char *colorPtr = "blue";
```

會將變數初始化為字串**"blue"**。其中第一個宣告會建立一個內含 5 個元素的陣列 **color**，它的元素分別為 '**b**'、'**l**'、'**u**'、'**e**' 和 '**\0**'。第二個宣告則建立了一個指標變數 **colorPtr**，它指向存放在惟讀記憶體中某個位置的字串**"blue"**。

可攜性的小技巧 8.1

在 C 標準中明定字串文字是不可變的（亦即不可修改），但是有些編譯器並不會強制執行這個限制。如果你需要更改字串常數，最好將字串常數存放在字元陣列裡。

上述的陣列定義也可以寫成

```
char color[] = { 'b', 'l', 'u', 'e', '\0' };
```

當我們宣告一個字元陣列來存放字串時，這個陣列必須能夠放進整個字串和字串的結束空字元。上述的宣告會自動根據初始值串列中初始值的個數（5）來決定陣列的大小。

常見的程式設計錯誤 8.1

字元陣列的大小不夠存放進字串的結束符號（空字元）時會造成錯誤。

常見的程式設計錯誤 8.2

列印一個沒有結束空字元的「字串」會造成錯誤。列印將繼續超過「字串」的結尾，直到遇到空字元。

測試和除錯的小技巧 8.1

當我們將字元字串存放在字元陣列時，請確定陣列足以放進可能會存放的最長字串。C 允許儲存任何長度的字串。但如果字串比存放它的字元陣列長的話，則在記憶體中位於此陣列之後的資料，會將這個長字串覆寫。

我們可用 **scanf** 將字串儲存到陣列中。例如，以下的敘述式將會將一個字串存進字元陣列 **word[20]**：

```
scanf("%19s", word);
```

由使用者輸入的字串將會存放在 **word** 當中。變數 **word** 是一個陣列，亦即是一個指標，所以引數 **word** 之前不需加&。在 6.5.4 小節中我們曾經討論過，**scanf** 函式將會一直讀入字元，直到遇上了空白、tab、新行或 end-of-file 指示器為止。請注意，如果沒有用轉換指示詞%19s 指定欄位寬度為 19 個字元，當輸入字串的長度超過了 19 個字元，你的程式可能會當掉！所以在你使用 **scanf** 來讀取字串至字元陣列時，一定要加上欄位寬度。前面的敘述式設定欄位寬度 19，能確保讓 **scanf** 最多只會讀進 19 個字元，並將字串結束的空字元存到最後一個字元位置。這樣可以防止 **scanf** 將字元寫入超出字元陣列末端的記憶體。（如果想要讀取不限定長度的輸入字串，有一個非標準但是被廣泛使用的函式 **readline**，這個函式通常包含在 **stdio.h** 裡）。若我們想以字串的方式印出字元陣列，則這個陣列必須含有一個結束空字元。

常見的程式設計錯誤 8.3

把單一個字元當成字串來使用。字串是個指標，可能是一個較大的整數。然而，字元是比較小的整數（ASCII 值的範圍為 0-255）。在很多系統上，這麼作會造成錯誤，因為較低的記憶體位址通常保留為特殊的用途，像是作業系統的中斷處理程式，因此會發生「逾越存取（access violation）」的錯誤。

常見的程式設計錯誤 8.4

當一個字串被預期將一個字元當作引數傳遞給函式（反之亦然），會導致編譯錯誤。

8.3　字元處理函式庫

字元處理函式庫（character-handling library，`<ctype.h>`）包括了數個執行字元資料測試和操作的函式。每個函式都接收了一個無號字元（`unsigned char`，表示為 `int`）或 `EOF` 作為引數。我們曾在第 4 章討論過，字元通常是當成整數來操作，因為 C 的字元就是一個位元組的整數。`EOF` 的值通常為-1。表 8.1 列出字元處理函式庫的所有函式。

原型	函式的描述
`int isblank( int c );`	如果 c 為一空格，用以在文件的行中分隔文字，則傳回真，否則傳回 0 (偽)。 [注意：此函數在 Microsoft Visual C++ 中不能使用。]
`int isdigit( int c );`	如果 c 為一數字則傳回真，否則傳回 0 (偽)。
`int isalpha( int c );`	如果 c 為一字母則傳回真，否則傳回 0。
`int isalnum( int c );`	如果 c 為一數字或字母則會傳回真，否則傳回 0。
`int isxdigit( int c );`	如果 c 為一 16 進位的數字則會傳回真，否則傳回 0。(請參考附錄 C "數字系統" 對二進制，八進制，十進制和十六進制數字的進一步描述)
`int islower( int c );`	如果 c 為一小寫字母則傳回真，否則傳回 0。
`int isupper( int c );`	如果 c 為一大寫字母則傳回真，否則傳回 0。
`int tolower( int c );`	如果 c 是一個大寫字母，`tolower` 函式就傳回小寫的 c。如果不是，`tolower` 函式就傳回原來的引數。
`int toupper( int c );`	如果 c 是一個小寫字母，`toupper` 函式就會傳回大寫的 c。如果不是，`toupper` 函式就傳回原來的引數。
`int isspace( int c );`	如果 c 為一空白字元則傳回真。空白字元包括：換行 ('\n')，空白 (' ')，跳頁 ('\f')，回車 ('\r')，水平跳格 ('\t') 及垂直跳格 ('\v')。否則傳回 0。
`int iscntrl( int c );`	如果 c 為一控制字元則傳回真，否則傳回 0。
`int ispunct( int c );`	如果 c 是空格、數字以及字母以外的可列印字元，函式就會傳回真；不然傳回就是 0。
`int isprint( int c );`	如果 c 是包含空格 (' ') 的可列印字元，函式就會傳回真；不然就傳回零。
`int isgraph( int c );`	如果 c 是空格 (' ') 以外的可列印字元，函式就會傳回真；不然就傳回零。

圖 8.1　字元處理函式庫`<ctype.h>`的函式

8.3.1 函式 isdigit、isalpha、isalnum 以及 isxdigit

圖 8.2 的程式示範 isdigit、isalpha、isalnum 及 isxdigit 等函式的使用方式。函式 isdigit 會判斷它的引數是否為 0 到 9 之間的數字字元。函式 isalpha 會判斷它的引數是否為一個大寫字母（A-Z）或小寫字母（a-z）。函式 isalnum 會判斷它的引數是否為一個大寫字母、小寫字母或數字字元。函式 isxdigit 則會判斷它的引數是否為一個**十六進制數的數字**（hexadecimal digit，A-F、a-f、0-9）。

```c
1   // Fig. 8.2: fig08_02.c
2   // Using functions isdigit, isalpha, isalnum, and isxdigit
3   #include <stdio.h>
4   #include <ctype.h>
5
6   int main(void)
7   {
8      printf("%s\n%s%s\n%s%s\n\n", "According to isdigit: ",
9         isdigit('8') ? "8 is a " : "8 is not a ", "digit",
10        isdigit('#') ? "# is a " : "# is not a ", "digit");
11
12     printf("%s\n%s%s\n%s%s\n%s%s\n%s%s\n\n",
13        "According to isalpha:",
14        isalpha('A') ? "A is a " : "A is not a ", "letter",
15        isalpha('b') ? "b is a " : "b is not a ", "letter",
16        isalpha('&') ? "& is a " : "& is not a ", "letter",
17        isalpha('4') ? "4 is a " : "4 is not a ", "letter");
18
19     printf("%s\n%s%s\n%s%s\n%s%s\n\n",
20        "According to isalnum:",
21        isalnum('A') ? "A is a " : "A is not a ",
22        "digit or a letter",
23        isalnum('8') ? "8 is a " : "8 is not a ",
24        "digit or a letter",
25        isalnum('#') ? "# is a " : "# is not a ",
26        "digit or a letter");
27
28     printf("%s\n%s%s\n%s%s\n%s%s\n%s%s\n%s%s\n",
29        "According to isxdigit:",
30        isxdigit('F') ? "F is a " : "F is not a ",
31        "hexadecimal digit",
32        isxdigit('J') ? "J is a " : "J is not a ",
33        "hexadecimal digit",
34        isxdigit('7') ? "7 is a " : "7 is not a ",
35        "hexadecimal digit",
36        isxdigit('$') ? "$ is a " : "$ is not a ",
37        "hexadecimal digit",
38        isxdigit('f') ? "f is a " : "f is not a ",
39        "hexadecimal digit");
40  }
```

```
According to isdigit:
8 is a digit
# is not a digit

According to isalpha:
A is a letter
b is a letter
& is not a letter
4 is not a letter

According to isalnum:
A is a digit or a letter
8 is a digit or a letter
# is not a digit or a letter

According to isxdigit:
F is a hexadecimal digit
J is not a hexadecimal digit
7 is a hexadecimal digit
$ is not a hexadecimal digit
f is a hexadecimal digit
```

圖 8.2 函式 isdigit、isalpha、isalnum 和 isxdigit 的用法

圖 8.2 的程式對每個函式使用了條件運算子（**?:**）來決定在每次字元檢查之後該印出**"is a"**或**"is not a"**。例如，以下的運算式

```
isdigit('8') ? "8 is a " : "8 is not a "
```

表示如果**'8'**是一個數字字元（亦即 **isdigit** 傳回非零的值），則會印出**"8 is a"**，否則如果**'8'**不是一個數字字元（亦即 **isdigit** 傳回 0）便印出**"8 isnot a"**。

8.3.2 函式 islower、isupper、tolower 以及 toupper

圖 8.3 的程式示範 **islower**、**isupper**、**tolower** 和 **toupper** 函式的使用方式。函式 **islower** 會判斷它的引數是否為一個小寫字母（**a-z**）。函式 **isupper** 會判斷它的引數是否為一個大寫字母（**A-Z**）。函式 **tolower** 會將大寫字母轉換成小寫字母，並傳回轉換過的小寫字母。如果傳進來的引數不是大寫字母的話，**tolower** 便將引數原封不動地傳回。函式 **toupper** 會將小寫字母轉換成大寫字母，並傳回轉換過的大寫字母。如果傳進來的引數不是小寫字母，則 **toupper** 便會將引數原封不動地傳回。

```c
// Fig. 8.3: fig08_03.c
// Using functions islower, isupper, tolower, toupper
#include <stdio.h>
#include <ctype.h>

int main(void)
{
   printf("%s\n%s%s\n%s%s\n%s%s\n%s%s\n\n",
      "According to islower:",
      islower('p') ? "p is a " : "p is not a ",
      "lowercase letter",
      islower('P') ? "P is a " : "P is not a ",
      "lowercase letter",
      islower('5') ? "5 is a " : "5 is not a ",
      "lowercase letter",
      islower('!') ? "! is a " : "! is not a ",
      "lowercase letter");

   printf("%s\n%s%s\n%s%s\n%s%s\n%s%s\n\n",
      "According to isupper:",
      isupper('D') ? "D is an " : "D is not an ",
      "uppercase letter",
      isupper('d') ? "d is an " : "d is not an ",
      "uppercase letter",
      isupper('8') ? "8 is an " : "8 is not an ",
      "uppercase letter",
      isupper('$') ? "$ is an " : "$ is not an ",
      "uppercase letter");

   printf("%s%c\n%s%c\n%s%c\n%s%c\n",
      "u converted to uppercase is ", toupper('u'),
      "7 converted to uppercase is ", toupper('7'),
      "$ converted to uppercase is ", toupper('$'),
      "L converted to lowercase is ", tolower('L'));
}
```

圖 8.3 函式 islower、isupper、tolower 和 toupper 的使用

```
According to islower:
p is a lowercase letter
P is not a lowercase letter
5 is not a lowercase letter
! is not a lowercase letter

According to isupper:
D is an uppercase letter
d is not an uppercase letter
8 is not an uppercase letter
$ is not an uppercase letter

u converted to uppercase is U
7 converted to uppercase is 7
$ converted to uppercase is $
L converted to lowercase is l
```

圖 8.3　函式 **islower**、**isupper**、**tolower** 和 **toupper** 的使用(續)

8.3.3　函式 isspace、iscntrl、ispunct、isprint 以及 isgraph

圖 8.4 的程式示範 **isspace**、**iscntrl**、**ispunct**、**isprint** 和 **isgraph** 函式的使用方式。函式 **isspace** 會判斷某個字元是否為下列的空白字元之一：空白(**' '**)、換頁(**'\f'**)、新行（**'\n'**）、歸位字元（**carriage return**，**'\r'**）、水平跳格（**'\t'**）或垂直跳格（**'\v'**）。函式 **iscntrl** 會判斷字元是否為下列的**控制字元**（control characters）之一：水平 **tab**（**'\t'**）、垂直 **tab**（**'\v'**）、換頁（**'\f'**）、警告（**'\a'**）、後退（**'\b'**）、歸位字元（**'\r'**）或新行（**'\n'**）。函式 **ispunct** 會判斷某個字元是否為空白、數字字元或字母之外的**可列印字元**（printing character），如 $、#、（、）、[、]、{、}、;、:或%等等。函式 **isprint** 會判斷某個字元是否為一個可顯示在螢幕上的字元（包括空白字元）。函式 **isgraph** 和 **isprint** 一樣，不過所檢查的字元不包含空白字元。

```c
1   // Fig. 8.4: fig08_04.c
2   // Using functions isspace, iscntrl, ispunct, isprint, isgraph
3   #include <stdio.h>
4   #include <ctype.h>
5
6   int main(void)
7   {
8      printf("%s\n%s%s%s\n%s%s%s\n%s%s\n\n",
9         "According to isspace:",
10        "Newline", isspace('\n') ? " is a " : " is not a ",
11        "whitespace character", "Horizontal tab",
12        isspace('\t') ? " is a " : " is not a ",
13        "whitespace character",
14        isspace('%') ? "% is a " : "% is not a ",
15        "whitespace character");
16
17     printf("%s\n%s%s%s\n%s%s%s\n\n", "According to iscntrl:",
18        "Newline", iscntrl('\n') ? " is a " : " is not a ",
19        "control character", iscntrl('$') ? "$ is a " :
20        "$ is not a ", "control character");
21
```

圖 8.4　函式 **isspace**、**iscntrl**、**ispunct**、**isprint** 和 **isgraph** 的使用方式

```
22     printf("%s\n%s%s\n%s%s\n%s%s\n\n",
23         "According to ispunct:",
24         ispunct(';') ? "; is a " : "; is not a ",
25         "punctuation character",
26         ispunct('Y') ? "Y is a " : "Y is not a ",
27         "punctuation character",
28         ispunct('#') ? "# is a " : "# is not a ",
29         "punctuation character");
30
31     printf("%s\n%s%s\n%s%s%s\n\n", "According to isprint:",
32         isprint('$') ? "$ is a " : "$ is not a ",
33         "printing character",
34         "Alert", isprint('\a') ? " is a " : " is not a ",
35         "printing character");
36
37     printf("%s\n%s%s\n%s%s%s\n",  "According to isgraph:",
38         isgraph('Q') ? "Q is a " : "Q is not a ",
39         "printing character other than a space",
40         "Space", isgraph(' ') ? " is a " : " is not a ",
41         "printing character other than a space");
42  }
```

```
According to isspace:
Newline is a whitespace character
Horizontal tab is a whitespace character
% is not a whitespace character

According to iscntrl:
Newline is a control character
$ is not a control character

According to ispunct:
; is a punctuation character
Y is not a punctuation character
# is a punctuation character

According to isprint:
$ is a printing character
Alert is not a printing character

According to isgraph:
Q is a printing character other than a space
Space is not a printing character other than a space
```

圖 8.4　函式 `isspace`、`iscntrl`、`ispunct`、`isprint` 和 `isgraph` 的使用方式(續)

8.4　字串轉換函式

本節介紹一般公用函式庫（general utilities library）`<stdlib.h>` 裡的**字串轉換函式**（string-conversion function）。這些函式可以將由數字所組成的字串轉換成整數或浮點數值。圖 8.5 列出所有的字串轉換函式。標準 C 語言也包含了分別將字串轉換成 `long long int` 和 `unsigned long long int` 的 `strtoll` 和 `strtoull`。請注意，函式的標頭都使用 `const` 來宣告變數 `nPtr`（由右至左讀成「`nPtr` 是個指標，指向字元常數」）。`const` 將引數的值宣告為不可更改。

函式原型	函式的描述
`double strtod( const char *nPtr, char **endPtr );`	
	將字串 nPtr 轉換成 double。
`long strtol( const char *nPtr, char **endPtr, int base );`	
	將字串 nPtr 轉換成 long。
`unsigned long strtoul( const char *nPtr, char **endPtr, int base );`	
	將字串 nPtr 轉換成 unsigned long。

圖 8.5　一般公用函式庫中的字串轉換函式

8.4.1　函式 strtod

strtod 函式（圖 8.6）會將代表浮點數值的一連串字元轉換為 double。如果函式無法將第一個引數的任何部分轉換成 double，則傳回 0。此函式接收了 2 個引數：一個字串（char *）和一個指向字串的指標（char **）。其中字串引數包含了要轉換成 double 的字元序列，任何在字串開始處的空白字元都會被忽略。函式利用 char** 引數來修改呼叫函式（stringPtr）中的 char *，因此，指標會指向字串已經轉換完成的部分之後第一個字元的位置；或者如果沒有任何部分被轉換，則是指向整個字串。第 11 行表示 d 將設定為 string 轉換之後的 double 值，而 stringPtr 則會設定為在 string 中轉換之值（51.2）後面的第一個字元。

```
1   // Fig. 8.6: fig08_06.c
2   // Using function strtod
3   #include <stdio.h>
4   #include <stdlib.h>
5
6   int main(void)
7   {
8      const char *string = "51.2% are admitted"; // initialize string
9      char *stringPtr; // create char pointer
10
11     double d = strtod(string, &stringPtr);
12
13     printf("The string \"%s\" is converted to the\n", string);
14     printf("double value %.2f and the string \"%s\"\n", d, stringPtr);
15  }
```

```
The string "51.2% are admitted" is converted to the
double value 51.20 and the string "% are admitted"
```

圖 8.6　使用函式 strtod

8.4.2　函式 strtol

strtol 函式（圖 8.7）會將一串代表一個整數的字元轉換為 long int。如果函式無法將第一個引數的任何部分轉換成 long int，則傳回 0。此函式的 3 個引數：一個字串（char *）、一個指向字串的指標以及一個整數。其中，字串包含了要轉換到 long 的字元序列，任何在字串開始的空白字元都會被忽略。函式利用 **char ****引數來修改呼叫函式（**remainderPtr**）中的 **char ***，因此指標會指向字串已經轉換完成的部分後面第一個字元的位置；如果沒有任何部分能夠被轉換，則是指向整個字串。而整數則指定轉換之值的進位制（base）。

```
1   // Fig. 8.7: fig08_07.c
2   // Using function strtol
3   #include <stdio.h>
4   #include <stdlib.h>
5
6   int main(void)
7   {
8      const char *string = "-1234567abc"; // initialize string pointer
9      char *remainderPtr; // create char pointer
10
11     long x = strtol(string, &remainderPtr, 0);
12
13     printf("%s\"%s\"\n%s%ld\n%s\"%s\"\n%s%ld\n",
14        "The original string is ", string,
15        "The converted value is ", x,
16        "The remainder of the original string is ",
17        remainderPtr,
18        "The converted value plus 567 is ", x + 567);
19  }
```

```
The original string is "-1234567abc"
The converted value is -1234567
The remainder of the original string is "abc"
The converted value plus 567 is -1234000
```

圖 8.7　使用函式 **strtol**

第 11 行表示由 **string** 轉換所得的 **long** 值將指定給 **x**。第二個引數 **remainderPtr** 會指定為 **string** 轉換之後剩下的部分。若我們以 **NULL** 來作為第二個引數，則字串剩下的部分將會被丟棄。第三個引數 **0** 代表被轉換的值可能是八進制、十進制或十六進制的數字。數制可以指定為 0，或任何介於 2 到 36 之間的值（請參閱附錄 C「數字系統」，以獲得有關八進制、十進制和十六進制等數字系統更詳細的介紹。）。在十一進制到三十六進制的數字表示法中，我們用字元 A 到 Z 來表示數值 10 到 35。例如，十六進制的數值包括了數元 0 到 9 以及字元 A 到 F。十一進制的整數包括了數元 0 到 9 以及字元 A。二十四進制整數包括了數元 0 到 9 以及字元 A 到 N。而三十六進制整數則包括了數元 0 到 9 以及字元 A 到 Z。

8.4.3　函式 **strtoul**

strtoul 函式（圖 8.8）會從一串字元中找出代表 **unsigned longint** 的值，然後將它轉換成 **unsigned longint**。此函式的運作情形和 **strtol** 函式相同。第 11 行表示由 **string** 轉換所得的 **unsigned longint** 值將指定給 **x**。第二個引數&**remainderPtr** 會指定為 **string** 轉換之後剩下的部分。第三個引數 **0** 代表轉換的數值可以是八進制、十進制或十六進制的格式。

```
1   // Fig. 8.8: fig08_08.c
2   // Using function strtoul
3   #include <stdio.h>
4   #include <stdlib.h>
5
6   int main(void)
7   {
8      const char *string = "1234567abc"; // initialize string pointer
9      char *remainderPtr; // create char pointer
10
11     unsigned long int x = strtoul(string, &remainderPtr, 0);
12
13     printf("%s\"%s\"\n%s%lu\n%s\"%s\"\n%s%lu\n",
14        "The original string is ", string,
15        "The converted value is ", x,
16        "The remainder of the original string is ",
17        remainderPtr,
18        "The converted value minus 567 is ", x - 567);
19  }
```

```
The original string is "1234567abc"
The converted value is 1234567
The remainder of the original string is "abc"
The converted value minus 567 is 1234000
```

圖 8.8　使用函式 **strtoul**

8.5　標準輸入／輸出函式庫函式

本節將爲您介紹標準輸入／輸出函式庫（**<stdio.h>**）裡，幾個用來處理字元和字串資料的函式。圖 8.9 列出標準輸入／輸出函式庫中，關於字元和字串輸入／輸出的函式。

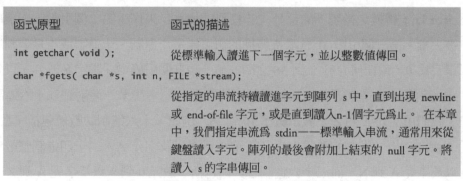

函式原型	函式的描述
`int getchar( void );`	從標準輸入讀進下一個字元，並以整數值傳回。
`char *fgets( char *s, int n, FILE *stream);`	
	從指定的串流持續讀進字元到陣列 s 中，直到出現 newline 或 end-of-file 字元，或是直到讀入n-1個字元爲止。 在本章中，我們指定串流爲 stdin——標準輸入串流，通常用來從鍵盤讀入字元。陣列的最後會附加上結束的 null 字元。將讀入 s 的字串傳回。

圖 8.9　標準輸入／輸出函式庫的字元和字串函式

函式原型	函式的描述
int getchar(void);	從標準輸入讀進下一個字元，並以整數值傳回。
char *fgets(char *s, int n, FILE *stream);	從指定的串流持續讀進字元到陣列 s 中，直到出現 newline 或 end-of-file 字元，或是直到讀入n-1個字元為止。 在本章中，我們指定串流為 stdin——標準輸入串流，通常用來從鍵盤讀入字元。陣列的最後會附加上結束的 null 字元。將讀入 s 的字串傳回。
int putchar(int c);	印出存放在 c 裡的字元，並將此字元以整數傳回。
int puts(const char *s);	印出字串 s 並且後面跟著一個換行字元。假如成功，則傳回一個非零的整數，假如發生錯誤，則傳回 EOF。
int sprintf(char *s, const char *format, ...);	和 printf 相同，不過輸出是放到陣列 s 而不是印到螢幕上。傳回寫入 s 中的字元數量，假如錯誤發生，則傳回 EOF。[注意：在本章安全程式設計章節及附錄F中，我們將討論更多有關 snprintf 及 snprintf_s 的安全相關函數。]
int sscanf(char *s, const char *format, ...);	和 scanf 相同，不過輸入是從陣列 s 讀進而不是鍵盤。傳回函數成功讀入之項目的數量，假如發生錯誤，則傳回 EOF。

圖 8.9　標準輸入／輸出函式庫的字元和字串函式(續)

8.5.1　函式 fgets 和 putchar

圖 8.10 的程式使用 fgets 和 putchar 函式從標準輸入（鍵盤）讀進一行文字，然後以遞迴的方式，反向地輸出這行文字的字元。函式 fgets 會一直從標準輸入將字元讀進它的第一個引數中（型別為 char 的陣列），直到讀到換行（newline）或檔案結束（end-of-file）指定詞，或是已讀入字元的最大數量為止。字元的最大數量就是 fgets 第二個引數指定值減 1。第三個引數則用來指定要從哪一個串流讀入字元，在這個程式裡，我們使用的是標準輸入串流（stdin）。當結束讀取動作時，程式會為這個陣列加上一個空字元（'\0'）。函式 putchar 會列印出它的字元引數。程式呼叫遞迴函式 reverse[1]，反向地印出讀取的文字。如果 reverse 接收到的陣列的第一個字元為空字元（'\0'），則 reverse 就返回。否則，就會以元素 sPtr[1] 開始的子陣列的位址再次呼叫 reverse，等到這個遞迴呼叫完成之後使用 putchar 印出 sPtr[0]。在 if 敘述式的 else 部分，兩個敘述式的順序正是 reverse 函

---

[1]. 我們在這裡使用遞迴來示範。使用迴圈從字串的最後一個字元（位置小於字串長度的位置）到第一個字元（位置 0 的字元）進行循環呼叫，通常會更有效率。

式的關鍵所在。這使得 **reverse** 在任何一個字元印出來之前，便會先到達字串的結束空字元。當 **reverse** 的遞迴呼叫結束之後，所有字元便都會以相反的順序印出來。

```c
1   // Fig. 8.10: fig08_10.c
2   // Using functions fgets and putchar
3   #include <stdio.h>
4   #define SIZE 80
5
6   void reverse(const char * const sPtr); // prototype
7
8   int main(void)
9   {
10      char sentence[SIZE]; // create char array
11
12      puts("Enter a line of text:");
13
14      // use fgets to read line of text
15      fgets(sentence, SIZE, stdin);
16
17      printf("\n%s", "The line printed backward is:");
18      reverse(sentence);
19  }
20
21  // recursively outputs characters in string in reverse order
22  void reverse(const char * const sPtr)
23  {
24      // if end of the string
25      if ('\0' == sPtr[0]) { // base case
26          return;
27      }
28      else { // if not end of the string
29          reverse(&sPtr[1]); // recursion step
30          putchar(sPtr[0]); // use putchar to display character
31      }
32  }
```

```
Enter a line of text:
Characters and Strings

The line printed backward is:
sgnirtS dna sretcarahC
```

圖 8.10　函式 **fgets** 和 **putchar** 的使用方式

8.5.2　函式 getchar

圖 8.11 的程式使用 **getchar** 和 **puts** 函式，從標準輸入讀取一些字元到字元陣列 **sentence** 中，然後將此字元陣列以字串印出。函式 **getchar** 會從標準輸入讀取一個字元，並且將此字元以整數傳回，回想第 4.7 節，回傳一個整數以支援檔案結束的指標。函式 **puts** 以一個字串作為引數，它會先印出一個新行字元，然後再印出此字串。這個程式在 **getchar** 讀取 79 個字元或讀到使用者在文字結尾處輸入換行字元時會停止輸入字元。然後在 **sentence** 陣列（第 20 行）的最後加上一個空字元，以便讓此陣列可以當作字串來進行處理。第 24 行使用 **puts** 印出存放在 **sentence** 裡的字串。

```
1   // Fig. 8.11: fig08_11.c
2   // Using function getchar.
3   #include <stdio.h>
4   #define SIZE 80
5
6   int main(void)
7   {
8      int c; // variable to hold character input by user
9      char sentence[SIZE]; // create char array
10     int i = 0; // initialize counter i
11
12     // prompt user to enter line of text
13     puts("Enter a line of text:");
14
15     // use getchar to read each character
16     while ((i < SIZE - 1) && (c = getchar()) != '\n') {
17        sentence[i++] = c;
18     }
19
20     sentence[i] = '\0'; // terminate string
21
22     // use puts to display sentence
23     puts("\nThe line entered was:");
24     puts(sentence);
25  }
```

```
Enter a line of text:
This is a test.

The line entered was:
This is a test.
```

圖 8.11　使用函式 `getchar`

8.5.3　函式 sprintf

圖 8.12 的程式使用 **sprintf** 函式將格式化資料印到陣列 **s**（字元陣列）裡。此函式所使用的轉換指定詞和 **printf** 函式一樣（請參閱第 9 章有關格式化的詳細討論）。這個程式輸入一個 **int** 值和一個 **double** 值，然後將他們格式化地印到陣列 **s** 裡。陣列 **s** 是 **sprintf** 的第一個引數。（註：若你所使用的系統支援 C11 的 **snprintf_s**，則較 **sprinf** 優先使用。若系統不支援 **snprintf_s**，但是支援 **snprintf**，相對於 **sprinf**，我們優先使用 **snprintf**。）

```
1   // Fig. 8.12: fig08_12.c
2   // Using function sprintf
3   #include <stdio.h>
4   #define SIZE 80
5
6   int main(void)
7   {
8      int x; // x value to be input
9      double y; // y value to be input
10
11     puts("Enter an integer and a double:");
12     scanf("%d%lf", &x, &y);
13
14     char s[SIZE]; // create char array
15     sprintf(s, "integer:%6d\ndouble:%7.2f", x, y);
16
17     printf("%s\n%s\n", "The formatted output stored in array s is:", s);
18  }
```

圖 8.12　使用函式 `sprintf`

```
Enter an integer and a double:
298 87.375
The formatted output stored in array s is:
integer:   298
double:  87.38
```

圖 8.12　使用函式 sprintf (續)

8.5.4　函式 sscanf

圖 8.13 的程式使用 sscanf 函式從字元陣列 s 中讀取格式化資料。此函式使用與 scanf 相同的轉換指定詞。這個程式會先從陣列 s 當中讀取一個 int 和一個 double，並且將這兩個值分別存到變數 x 和 y。接著印出 x 和 y 的值。陣列 s 是 sscanf 的第一個引數。

```c
1   // Fig. 8.13: fig08_13.c
2   // Using function sscanf
3   #include <stdio.h>
4
5   int main(void)
6   {
7      char s[] = "31298 87.375"; // initialize array s
8      int x; // x value to be input
9      double y; // y value to be input
10
11     sscanf(s, "%d%lf", &x, &y);
12     printf("%s\n%s%6d\n%s%8.3f\n",
13        "The values stored in character array s are:",
14        "integer:", x, "double:", y);
15  }
```

```
The values stored in character array s are:
integer: 31298
double:  87.375
```

圖 8.13　使用函式 sscanf

8.6　字串處理函式庫的字串操作函式

字串處理函式庫（<string.h>）提供了許多有用的函式，可以操作字串資料（**複製字串**以及**連接字串**，concatenating string）、**比較兩個字串**、搜尋字串當中的某些字元或其他字串、將**字串字符化**(tokenizing strings，將字串分割為邏輯片段)、以及**計算字串長度**(determining the length of strings)。本節將為您介紹字串處理函式庫的字串操作函式。這些函式列在圖 8.14 中。除了 strncpy 之外，每一個函式均會在其結果的最後加上空字元。（請注意：C11 標準中可自選的附件 K 描述了這些函式更安全的版本，在本章的「安全程式設計」單元會討論到。）

函式原型	函式的描述

char *strcpy(char *s1, const char *s2)

　　　　　　將字串 s2 複製至陣列 s1。並傳回 s1。

char *strncpy(char *s1, const char *s2, size_t n)

　　　　　　將字串 s2 的最多 n 個字元複製至陣列 s1。並傳回 s1。

char *strcat(char *s1, const char *s2)

　　　　　　將字串 s2 接到陣列 s1 的尾端。s2 的第一個字元會覆寫 s1 的結束字元。並傳回 s1。

char *strncat(char *s1, const char *s2, size_t n)

　　　　　　將字串 s2 的最多 n 個字元接到陣列 s1 的尾端。s2 的第一個字元會覆寫 s1 的結束字元。並傳回 s1。

圖 8.14　字串處理函式庫的字串操作函式

函式 **strncpy** 和 **strncat** 均有一個型別為 **size_t** 的參數。函式 **strcpy** 會把它的第二個引數（一個字串）複製給它的第一個引數（一個字元陣列，你必須確認其大小必須足以放下複製的字串及結束的空字元）。函式 **strncpy** 和 **strcpy** 是一樣的，不過 **strncpy** 會指定要從字串中複製多少字元到陣列中。函式 **strncpy** 並不一定要複製第二個引數的結束空字元，除非被複製的字元個數大於字串長度。例如，如果**"test"**是第二個引數，只有當 **strncpy** 的第三個引數至少為 5 時（**"test"**的 4 個字元加上 1 個結束空字元），才會寫入一個結束的空字元。如果第三個引數大於 5，則會等第三個引數所指定的字元數都寫到陣列之後，空字元才會加到陣列的尾端，而其他的輸入會在第一個空字元之後停止。

常見的程式設計錯誤 8.5

當 **strncpy** 的第三個引數小於等於第二個引數（字串）的長度時，就不會為第一個引數加上一個結束空字元。

8.6.1　函式 strcpy 和 strncpy

圖 8.15 的程式使用 **strcpy** 將陣列 **x** 中的整個字串複製給陣列 **y**，並使用 **strncpy** 將陣列 **x** 的前 14 個字元複製到陣列 **z**。我們為陣列 **z** 加上了一個空字元（**'\0'**），因為此程式呼叫 **strncpy** 時並沒有寫入結束的空字元（第三個引數小於第二個引數字串的長度）。

```
1   // Fig. 8.15: fig08_15.c
2   // Using functions strcpy and strncpy
3   #include <stdio.h>
4   #include <string.h>
5   #define SIZE1 25
6   #define SIZE2 15
7
```

圖 8.15　函式 **strcpy** 和 **strncpy** 的使用

```
8   int main(void)
9   {
10     char x[] = "Happy Birthday to You"; // initialize char array x
11     char y[SIZE1]; // create char array y
12     char z[SIZE2]; // create char array z
13
14     // copy contents of x into y
15     printf("%s%s\n%s%s\n",
16        "The string in array x is: ", x,
17        "The string in array y is: ", strcpy(y, x));
18
19     // copy first 14 characters of x into z. Does not copy null
20     // character
21     strncpy(z, x, SIZE2 - 1);
22
23     z[SIZE2 - 1] = '\0'; // terminate string in z
24     printf("The string in array z is: %s\n", z);
25  }
```

```
The string in array x is: Happy Birthday to You
The string in array y is: Happy Birthday to You
The string in array z is: Happy Birthday
```

圖 8.15　函式 **strcpy** 和 **strncpy** 的使用(續)

8.6.2　函式 strcat 和 strncat

函式 **strcat** 會將它的第二個引數（字串）串接到第一個引數（含有一個字串的字元陣列）。第二個引數的第一個字元將會蓋掉第一個引數字串的結束的空字元（**'\0'**）。你必須確保用來存放第一個字串的陣列，其大小放得下第一個字串、第二個字串、以及結束的空字元（由第二個字串複製來的）。函式 **strncat** 會將第二個字串中某特定數量的字元串接到第一個字串之後。而串接後的結果會自動附加一個結束的空字元。圖 8.16 的程式示範了 **strcat** 和 **strncat** 函式的使用方法。

```
1   // Fig. 8.16: fig08_16.c
2   // Using functions strcat and strncat
3   #include <stdio.h>
4   #include <string.h>
5
6   int main(void)
7   {
8      char s1[20] = "Happy "; // initialize char array s1
9      char s2[] = "New Year "; // initialize char array s2
10     char s3[40] = ""; // initialize char array s3 to empty
11
12     printf("s1 = %s\ns2 = %s\n", s1, s2);
13
14     // concatenate s2 to s1
15     printf("strcat(s1, s2) = %s\n", strcat(s1, s2));
16
17     // concatenate first 6 characters of s1 to s3. Place '\0'
18     // after last character
19     printf("strncat(s3, s1, 6) = %s\n", strncat(s3, s1, 6));
20
21     // concatenate s1 to s3
22     printf("strcat(s3, s1) = %s\n", strcat(s3, s1));
23  }
```

圖 8.16　函式 **strcat** 和 **strncat** 的使用方式

```
s1 = Happy
s2 = New Year
strcat(s1, s2) = Happy New Year
strncat(s3, s1, 6) = Happy
strcat(s3, s1) = Happy Happy New Year
```

圖 8.16　函式 strcat 和 strncat 的使用方式(續)

8.7　字串處理函式庫的比較函式

本節介紹字串處理函式庫的**字串比較函式**（string-comparison functions）：**strcmp** 和 **strncmp**。圖 8.17 列出這兩個函式的原型和簡略的函式描述。

函式原型	函式的描述
int strcmp(const char *s1, const char *s2);	
	比較字串 s1 與 s2。如果 s1 與 s2 相等則傳回 0；如果 s1 小於 s2 則傳回負值；如果 s1 大於 s2 則傳回正值。
int strncmp(const char *s1, const char *s2, size_t n);	
	比較字串 s1 與 s2（最多比較 n 個字元）。如果 s1 與 s2 相等則傳回 0；如果 s1 小於 s2 則傳回負值；如果 s1 大於 s2 則傳回正值。

圖 8.17　字串處理函式庫的字串比較函式

圖 8.18 的程式使用 **strcmp** 和 **strncmp** 比較三個字串。**strcmp** 函式會一個字元一個字元地比較它的第一個字串引數和第二個字串引數。如果兩個字串相等，則此函式會傳回 0；如果第一個字串小於第二個字串，則此函式會傳回負值；如果第一個字串大於第二個字串，則此函式會傳回正值。**strncmp** 函式的運作和 **strcmp** 十分類似，不過 **strncmp** 可以指定要進行比較的字元個數。此外，**strncmp** 不會對空字元之後的字元進行比較。此程式印出每個函式呼叫所傳回的整數值。

```c
1   // Fig. 8.18: fig08_18.c
2   // Using functions strcmp and strncmp
3   #include <stdio.h>
4   #include <string.h>
5
6   int main(void)
7   {
8      const char *s1 = "Happy New Year"; // initialize char pointer
9      const char *s2 = "Happy New Year"; // initialize char pointer
10     const char *s3 = "Happy Holidays"; // initialize char pointer
11
12     printf("%s%s\n%s%s\n%s%s\n\n%s%2d\n%s%2d\n%s%2d\n\n",
13        "s1 = ", s1, "s2 = ", s2, "s3 = ", s3,
14        "strcmp(s1, s2) = ", strcmp(s1, s2),
15        "strcmp(s1, s3) = ", strcmp(s1, s3),
16        "strcmp(s3, s1) = ", strcmp(s3, s1));
17
```

圖 8.18　函式 strcmp 和 strncmp 的使用

```
18      printf("%s%2d\n%s%2d\n%s%2d\n",
19          "strncmp(s1, s3, 6) = ", strncmp(s1, s3, 6),
20          "strncmp(s1, s3, 7) = ", strncmp(s1, s3, 7),
21          "strncmp(s3, s1, 7) = ", strncmp(s3, s1, 7));
22  }
```

```
s1 = Happy New Year
s2 = Happy New Year
s3 = Happy Holidays

strcmp(s1, s2) =  0
strcmp(s1, s3) =  1
strcmp(s3, s1) = -1

strncmp(s1, s3, 6) =  0
strncmp(s1, s3, 7) =  1
strncmp(s3, s1, 7) = -1
```

圖 8.18　函式 **strcmp** 和 **strncmp** 的使用(續)

常見的程式設計錯誤 8.6

誤以為 **strcmp** 和 **strncmp** 會在他們的引數相同時傳回 1，這會造成一個邏輯錯誤。這兩個函式都在相等時傳回 0（這一點很奇怪，0 是 C 語言的偽值）。因此，當你在比較兩個字串是否相等時，**strcmp** 或 **strncmp** 所傳回的結果應與 0 比較，來判斷兩個字串是否相等。

　　我們用姓氏的英文字母順序來解釋字串「大於」或「小於」另一字串的意思為何。我們會將"Jones"排在"Smith"之前，因為"Jones"的第一個英文字母 J 會排在"Smith"的第一個字母 S 之前。英文字母就像是一個有 26 個字母的串列，而且是一個有順序的串列。每個字母在此串列中都有它自己的位置。"Z"不僅僅是一個字母；"Z"還有個特別的意義，就是它是第 26 個字母。

　　字串比較函式如何知道某個字母排在另一個字母之前呢？其實所有的字元在電腦內部都是以像是 ASCII 或 Unicode 的字元集之**數碼**（numeric codes）來加以表示。所以，當電腦比較兩個字串時，實際上是比較字串之字元的數碼值，這個方法被稱為詞典編纂比較（lexicographicalcomparison）。有關 ASCII 字元的數值，請參閱附錄 B。

　　函式 **strcmp** 和 **strncmp** 回傳的負值和正值因編譯器而異。對於某些編譯器來說（像是 Visual C ++和 GNU gcc），這些值可能是 **-1** 或 **1**（如圖 8.18 所示）。對於其他編譯器來說（像是 Xcode LLVM），回傳的值表示每個字串中首字元的數碼之間的差異。對於這個程式中的比較，這是"**New** 中的"**N**"和"**Happy**"中的"**H**"之間的差異（**6** 或 **-6**，取決於哪個字串是每次呼叫的第一個引數）。

8.8 字串處理函式庫的搜尋函式

本節將介紹字串處理函式庫中用來搜尋字串中某些字元或其他字串的函式。這些函式列在圖 8.19 中。請注意，函式 **strcspn** 和 **strspn** 的傳回型別爲 **size_t**。（註：C11 標準的可選附錄 K 中有更多函式 **strtok** 更安全版本的描述，在本章的安全程式開發一節中我們會討論到。）

函式原型與描述
`char *strchr( const char *s, int c );`
找出字元 c 在字串 s 中第一次出現的位置。如果有找到的話，則傳回 c 在 s 中所在位置的指標。不然則傳回 NULL 指標。
`size_t strcspn( const char *s1, const char *s2 );`
計算並且傳回字串 s1 中，遇到第一個屬於字串 s2 中的字元時，共有幾個字元。
`size_t strspn( const char *s1, const char *s2 );`
計算並且傳回字串 s1 中，遇到第一個不屬於字串 s2 中的字元時，共有幾個字元。
`char *strpbrk( const char *s1, const char *s2 );`
找出字串 s2 中任何字元在字串 s1 中第一次出現的位置。如果有找到的話，則傳回此字元在 s1 中所在位置的指標。不然則傳回 NULL 指標。
`char *strrchr( const char *s, int c );`
找出字元 c 在字串 s 中最後一次出現的位置。如果找到的話，傳回 c 在 s 中所在位置的指標。不然則傳回 NULL 指標。
`char *strstr( const char *s1, const char *s2 );`
找出字串 s2 在字串 s1 中第一次出現的地方。如果找到的話，傳回此字串在 s1 中所在位置的指標。不然則傳回 NULL 指標。
`char *strtok( char *s1, const char *s2 );`
一連串的 strtok 呼叫會將字串 s1 切割成一個個的字符 (token)。而這些字符是以字串 s2 中所含的字元爲分隔點。第一次呼叫是以 s1 作爲第一個引數，而接下來的呼叫則以 NULL 作爲第一個引數並持續對同一字串切割字符。每次呼叫都會傳回一個指向目前字符的指標。如果已經沒有字符則會傳回空字元。

圖 8.19 字串處理函式庫的搜尋函式

8.8.1 函式 strchr

函式 **strchr** 會尋找字串中某個字元第一次出現的位置。如果找到該字元的話，**strchr** 會傳回一個指向字串中該字元的指標；否則 **strchr** 就傳回空字元。圖 8.20 的程式尋找字串 **"This is a test"**中，**'a'**和**'z'**第一次出現的地方。

```
1   // Fig. 8.20: fig08_20.c
2   // Using function strchr
3   #include <stdio.h>
4   #include <string.h>
5
6   int main(void)
7   {
8      const char *string = "This is a test"; // initialize char pointer
9      char character1 = 'a'; // initialize character1
10     char character2 = 'z'; // initialize character2
11
12     // if character1 was found in string
13     if (strchr(string, character1) != NULL) {
14        printf("\'%c\' was found in \"%s\".\n",
15           character1, string);
16     }
17     else { // if character1 was not found
18        printf("\'%c\' was not found in \"%s\".\n",
19           character1, string);
20     }
21
22     // if character2 was found in string
23     if (strchr(string, character2) != NULL) {
24        printf("\'%c\' was found in \"%s\".\n",
25           character2, string);
26     }
27     else { // if character2 was not found
28        printf("\'%c\' was not found in \"%s\".\n",
29           character2, string);
30     }
31  }
```

```
'a' was found in "This is a test".
'z' was not found in "This is a test".
```

圖 8.20　使用函式 strchr

8.8.2　函式 strcspn

函式 strcspn（見圖 8.21）會判斷第一個引數的字串從頭開始一直到第一個屬於第二個字串的字元為止，共有多少個字元。此函式會傳回這一段字串的長度。

```
1   // Fig. 8.21: fig08_21.c
2   // Using function strcspn
3   #include <stdio.h>
4   #include <string.h>
5
6   int main(void)
7   {
8      // initialize two char pointers
9      const char *string1 = "The value is 3.14159";
10     const char *string2 = "1234567890";
11
12     printf("%s%s\n%s%s\n\n%s\n%s%u\n",
13        "string1 = ", string1, "string2 = ", string2,
14        "The length of the initial segment of string1",
15        "containing no characters from string2 = ",
16        strcspn(string1, string2));
17  }
```

```
string1 = The value is 3.14159
string2 = 1234567890

The length of the initial segment of string1
containing no characters from string2 = 13
```

圖 8.21　使用函式 strcspn

8.8.3　函式 strpbrk

函式 strpbrk 會尋找第一個字串中第一次出現屬於第二個字串之字元的位置。如果找到的話，strpbrk 會傳回一個指向此字元（位於第一個字串中）的指標；否則就會傳回 NULL。圖 8.22 的程式由 string1 中找出任何屬於 string2 的字元第一次出現的地方。

```
1   // Fig. 8.22: fig08_22.c
2   // Using function strpbrk
3   #include <stdio.h>
4   #include <string.h>
5
6   int main(void)
7   {
8      const char *string1 = "This is a test"; // initialize char pointer
9      const char *string2 = "beware"; // initialize char pointer
10
11     printf("%s\"%s\"\n'%c'%s\n\"%s\"\n",
12        "Of the characters in ", string2,
13        *strpbrk(string1, string2),
14        " appears earliest in ", string1);
15  }
```

```
Of the characters in "beware"
'a' appears earliest in
"This is a test"
```

圖 8.22　使用函式 strpbrk

8.8.4　使用函式 strrchr

函式 strrchr 會尋找字串中某字元最後一次出現的位置。如果找到該字元的話，strrchr 傳回指向字串中這個字元的指標；否則便傳回 NULL。圖 8.23 的程式在字串 "A zoo has many animals including zebras" 裡找出最後一個 'z' 的位置。

```
1   // Fig. 8.23: fig08_23.c
2   // Using function strrchr
3   #include <stdio.h>
4   #include <string.h>
5
6   int main(void)
7   {
8      // initialize char pointer
9      const char *string1 = "A zoo has many animals including zebras";
10
11     int c = 'z'; // character to search for
12
13     printf("%s\n%s'%c'%s\"%s\"\n",
14        "The remainder of string1 beginning with the",
15        "last occurrence of character ", c,
16        " is: ", strrchr(string1, c));
17  }
```

```
The remainder of string1 beginning with the
last occurrence of character 'z' is: "zebras"
```

圖 8.23　使用函式 strrchr

8.8.5　函式 strspn

函式 strspn（見圖 8.24）會判斷第一個引數從頭開始到第一個屬於第二個字串的字元為止，共有多少個字元。此函式會傳回這一段字串的長度。

```c
1  // Fig. 8.24: fig08_24.c
2  // Using function strspn
3  #include <stdio.h>
4  #include <string.h>
5
6  int main(void)
7  {
8     // initialize two char pointers
9     const char *string1 = "The value is 3.14159";
10    const char *string2 = "aehi lsTuv";
11
12    printf("%s%s\n%s%s\n\n%s\n%s%u\n",
13       "string1 = ", string1, "string2 = ", string2,
14       "The length of the initial segment of string1",
15       "containing only characters from string2 = ",
16       strspn(string1, string2));
17 }
```

```
string1 = The value is 3.14159
string2 = aehi lsTuv

The length of the initial segment of string1
containing only characters from string2 = 13
```

圖 8.24　使用函式 strspn

8.8.6　使用函式 strstr

函式 strstr 會搜尋它的第一個字串引數，找出第二個字串引數第一次出現的位置。如果在第一個字串中找到第二個字串的話，便傳回指向第二個引數出現在第一個引數內之位置的指標。圖 8.25 的程式使用 strstr 來找出字串 "abcdefabcdef" 內的 "def" 字串。

```c
1  // Fig. 8.25: fig08_25.c
2  // Using function strstr
3  #include <stdio.h>
4  #include <string.h>
5
6  int main(void)
7  {
8     const char *string1 = "abcdefabcdef"; // string to search
9     const char *string2 = "def"; // string to search for
10
11    printf("%s%s\n%s%s\n\n%s\n%s%s\n",
12       "string1 = ", string1, "string2 = ", string2,
13       "The remainder of string1 beginning with the",
14       "first occurrence of string2 is: ",
15       strstr(string1, string2));
16 }
```

```
string1 = abcdefabcdef
string2 = def

The remainder of string1 beginning with the
first occurrence of string2 is: defabcdef
```

圖 8.25　使用函式 strstr

8.8.7　函式 strtok

函式 **strtok**（圖 8.26）用來將字串切成數個**字符**（token）。字符是由**分界字元**（delimiter，通常為空白或標點符號，但分界字元可以是任何字元）所分隔出的一連串字元。例如在一行文字中，每個字都可被視為一個字符，而分隔這些字的空白和標點符號則可視為分界字元。

```c
1   // Fig. 8.26: fig08_26.c
2   // Using function strtok
3   #include <stdio.h>
4   #include <string.h>
5
6   int main(void)
7   {
8      // initialize array string
9      char string[] = "This is a sentence with 7 tokens";
10
11     printf("%s\n%s\n\n%s\n",
12        "The string to be tokenized is:", string,
13        "The tokens are:");
14
15     char *tokenPtr = strtok(string, " "); // begin tokenizing sentence
16
17     // continue tokenizing sentence until tokenPtr becomes NULL
18     while (tokenPtr != NULL) {
19        printf("%s\n", tokenPtr);
20        tokenPtr = strtok(NULL, " "); // get next token
21     }
22  }
```

```
The string to be tokenized is:
This is a sentence with 7 tokens
```

```
The tokens are:
This
is
a
sentence
with
7
tokens
```

圖 8.26　使用函式 **strtok**

　　若我們想將一個字串切割成數個字符（token）的話（假設此字串含有一個以上的字符），那麼將需要呼叫多次的 **strtok**。第一次呼叫 **strtok**（第 15 行）含有兩個引數：第一個是要被切割的字串，第二個則是含有分界字元的字串。第 15 行程式中的敘述式

```c
char * tokenPtr = strtok(string, " "); // begin tokenizing sentence
```

將 **tokenPtr** 設定為指向 **string** 第一個字元的指標。**strtok** 的第二個引數 " " 表示 **string** 裡的字元是由空白所分隔。**strtok** 函式會找出 **string** 中第一個不為分界字元（空白）的字元，這就是第一個字符的開頭。接著此函式會找出 **string** 中的下一個分界字元，將它代換為空字元（**'\0'**），這樣子便會終止目前的字符。**strtok** 函式會儲存 **string** 中位於目前字符之後的第一個字元的指標，然後傳回一個指向目前字符的指標。

這些 **strtok** 的子序列呼叫（第 20 行）會繼續爲 **string** 切割字符。這些呼叫包含 **NULL** 字元成爲它們的第一個引數。引數 **NULL** 表示這次的 **strtok** 呼叫應從上次的 **strtok** 呼叫所儲存的字符指標開始，爲 **string** 繼續切割字符。如果 **strtok** 呼叫已經沒有字符了，**strtok** 就會傳回 **NULL**。在每一次重新呼叫 **strtok** 時，你可以改變分界字符。圖 8.26 的程式使用 **strtok** 來爲字串**"This is a sentence with 7 tokens."**切割字符。我們將每一個字符獨立地列印出來。請注意，**strtok** 函式會將**'\0'**放入每個字符的末端，因而更改輸入的字串。因此若在呼叫完 **strtok** 之後還要用到這個字串的話，應先爲它保留一份副本。（註：請參考 CERT 的 STR06-C，它討論到假設 **strtok** 不在第一個引數中修改字串的問題。）

8.9　字串處理函式庫的記憶體函式

本節所介紹的是字串處理函式庫裡有關記憶體區塊的操作、比較及搜尋的函式。這些函式將記憶體區塊當作字元陣列來處理，可以處理任何區塊的資料。圖 8.27 列出了字元處理函式庫中所有的記憶體函式。而本節中所有對函式討論所提到的「物件」一詞，都是指一個區塊中的資料。（註：這裡的每個函式在 C11 標準的可選附件 K 中，都有更安全的選用版本。我們在本章的「安全程式設計開發」章節中會討論。）

函式原型	函式的描述
`void *memcpy( void *s1, const void *s2, size_t n );`	
	從指標 s2 所指之物件複製 n 個字元到 s1 所指的物件。會傳回指向 s1 的指標。
`void *memmove( void *s1, const void *s2, size_t n );`	
	從指標 s2 所指之物件複製 n 個字元到 s1 所指的物件。此函式會先將 s2 所指之物件的 n 個字元複製到一暫時的陣列中，然後再從此暫時陣列複製 n 個字元到 s1 所指的物件。函式會傳回指向 s1 的指標。
`int memcmp( const void *s1, const void *s2, size_t n );`	
	比較 s1 和 s2 所指之物件的前 n 個字元。如果 s1 等於 s2 則傳回 0。如果 s1 小於 s2 則傳回負值。如果 s1 大於 s2 則傳回正值。
`void *memchr( const void *s, int c, size_t n );`	
	找出字元 c (轉換爲 unsigned char) 在 s 所指之物件的前 n 個字元中，第一次出現的位置。如果找到 c 的話，傳回一個指向 c 的指標。否則傳回 NULL。
`void *memset( void *s, int c, size_t n );`	
	將 s 所指之物件的前 n 個字元全指定爲 c (轉換爲 unsigned char)。傳回一個指向結果的指標。

圖 8.27　字串處理函式庫的記憶體函式

我們可看到這些字串的指標參數均宣告為 **void ***，這樣就可以用他們來處理任何資料型別的記憶體資料。還記得在第 7 章中我們曾經提到過，任何資料型別的指標可直接指定給 **void *** 指標，而 **void *** 指標也可以指定給任何其他型別的指標。由於 **void *** 指標不能被反參考，所以每個函式都會接收一個指定大小的引數，用來指出此函式要處理的字元個數（亦即位元組個數）。為了簡化起見，本節的所有範例都將對字元陣列（字元所構成的區塊）進行處理。圖 8.27 的函式沒有對結尾的空字元做檢查，因為這些函式所處理的記憶體區塊資料不一定是字串。

8.9.1　memcpy 函式

函式 **memcpy** 會從第二個引數所指向的物件，複製某個指定位元組數量的資料到第一個引數所指向的物件。此函式可以接收指向任何資料型別的物件的指標。如果兩個指標引數所指向的物件記憶體有所重疊的話（換句話說，他們有部分物件內容是一樣的），則此函式的結果將會是未定義的。在這種情況下，使用 **memmove**。圖 8.28 的程式使用 **memcpy** 將 **s2** 陣列裡的字串複製到 **s1** 陣列。

 增進效能的小技巧 8.1

當已經知道所需複製字串的長度時，**memcpy** 比 **strcpy** 更有效率。

```
1   // Fig. 8.28: fig08_28.c
2   // Using function memcpy
3   #include <stdio.h>
4   #include <string.h>
5
6   int main(void)
7   {
8      char s1[17]; // create char array s1
9      char s2[] = "Copy this string"; // initialize char array s2
10
11     memcpy(s1, s2, 17);
12     printf("%s\n%s\"%s\"\n",
13        "After s2 is copied into s1 with memcpy,",
14        "s1 contains ", s1);
15  }
```

```
After s2 is copied into s1 with memcpy,
s1 contains "Copy this string"
```

圖 8.28　使用函式 memcpy

8.9.2　函式 memmove

函式 **memmove** 和 **memcpy** 很像，都會從第二個引數所指向的物件，複製指定位元組數量的資料到第一個引數所指向的物件。但對第二個引數複製的動作會先複製到一個暫時的陣列，然後再由這個暫時的陣列複製到第一個物件。因此，本函式允許將某位元組的一部分字元複製到同一字串的其他位置，即使這兩部分重疊也沒問題。圖 8.29 的程式使用 **memmove** 將陣列 **x** 的後 10 個字元複製到陣列 **x** 的前 10 個字元。

常見的程式設計錯誤 8.7

除了 **memmove** 以外的字串處理函式，當你從某個字串複製一些字元到同字串上時，均會產生未定義的結果。

```c
1  // Fig. 8.29: fig08_29.c
2  // Using function memmove
3  #include <stdio.h>
4  #include <string.h>
5
6  int main(void)
7  {
8     char x[] = "Home Sweet Home"; // initialize char array x
9
10    printf("%s%s\n", "The string in array x before memmove is: ", x);
11    printf("%s%s\n", "The string in array x after memmove is: ",
12       (char *) memmove(x, &x[5], 10));
13 }
```

```
The string in array x before memmove is: Home Sweet Home
The string in array x after memmove is: Sweet Home Home
```

圖 8.29　使用函式 **memmove**

8.9.3　函式 **memcmp**

函式 **memcmp**（請參閱圖 8.30）會為第一個引數和第二個引數比較某個指定數目的位元組。如果第一個引數大於第二個引數，此函數會傳回一個大於 0 的值；如果兩個引數值相等，則此函式會傳回 0；如果第一個引數小於第二個引數，此函式會傳回一個小於 0 的值。

```c
1  // Fig. 8.30: fig08_30.c
2  // Using function memcmp
3  #include <stdio.h>
4  #include <string.h>
5
6  int main(void)
7  {
8     char s1[] = "ABCDEFG"; // initialize char array s1
9     char s2[] = "ABCDXYZ"; // initialize char array s2
10
11    printf("%s%s\n%s%s\n\n%s%2d\n%s%2d\n%s%2d\n",
12       "s1 = ", s1, "s2 = ", s2,
13       "memcmp(s1, s2, 4) = ", memcmp(s1, s2, 4),
14       "memcmp(s1, s2, 7) = ", memcmp(s1, s2, 7),
15       "memcmp(s2, s1, 7) = ", memcmp(s2, s1, 7));
16 }
```

```
s1 = ABCDEFG
s2 = ABCDXYZ

memcmp(s1, s2, 4) =  0
memcmp(s1, s2, 7) = -1
memcmp(s2, s1, 7) =  1
```

圖 8.30　使用函式 **memcmp**

8.9.4 函式 memchr

函式 **memchr** 會在某物件的指定位元組數的資料內，尋找某個位元組（以 **unsigned char** 表示）第一次出現的位置。如果找到這個位元組的話，**memchr** 會傳回一個指向此位元組物件的指標，否則便傳回 **NULL** 指標。圖 8.31 的程式會在字串 **"This is a string"** 裡尋找內含 **'r'** 的位元組。

```
1   // Fig. 8.31: fig08_31.c
2   // Using function memchr
3   #include <stdio.h>
4   #include <string.h>
5
6   int main(void)
7   {
8      const char *s = "This is a string"; // initialize char pointer
9
10     printf("%s\'%c\'%s\"%s\"\n",
11        "The remainder of s after character ", 'r',
12        " is found is ", (char *) memchr(s, 'r', 16));
13  }
```

```
The remainder of s after character 'r' is found is "ring"
```

圖 8.31 使用函式 **memchr**

8.9.5 函式 memset

函式 **memset** 會將第二個引數（為一個位元組）的值，連續複製到第一個引數所指向的物件的前 n 個位元組，n 的數目會由第三個引數指定。圖 8.32 的程式使用 **memset** 將字元 **'b'** 複製到 **string1** 的前 7 個位元組。

增進效能的小技巧 8.2

使用 **memset** 來將陣列的元素值設定為零，而不是以迴圈的方式將每個陣列元素個別填入 0。例如，在圖 6.3，可以用 **memset（n,0,5）**來初始化有 **5** 個元素的陣列 **n**；有許多硬體架構都具有記憶體區塊複製或清除指令，讓編譯器可以用 **memset** 以較高的效能來將記憶體填 0 值進行最佳化。

```
1   // Fig. 8.32: fig08_32.c
2   // Using function memset
3   #include <stdio.h>
4   #include <string.h>
5
6   int main(void)
7   {
8      char string1[15] = "BBBBBBBBBBBBBB"; // initialize string1
9
10     printf("string1 = %s\n", string1);
11     printf("string1 after memset = %s\n",
12        (char *) memset(string1, 'b', 7));
13  }
```

圖 8.32 使用函式 **memset**

```
string1 = BBBBBBBBBBBBBBB
string1 after memset = bbbbbbbBBBBBBBB
```

圖 8.32　使用函式 memset (續)

8.10　字串處理函式庫的其他函式

字串處理函式庫中最後兩個函式為 strerror 和 strlen。圖 8.33 列出 strerror 和 strlen 這兩個函式。

函式原型	函式的描述
char *strerror(interrornum);	
	將 errornum（錯誤代碼）對應成與系統相關的錯誤訊息字串（例如，根據電腦的區域設置，該訊息可能以不同的口語顯示），並傳回此串的指標。錯誤的數量定義於<errno.h>中。
size_t strlen(const char *s);	
	算出字串 s 的長度。回傳此長度（此長度不包含結束字元）。

圖 8.33　字串處理函式庫的其他函式

8.10.1　函式 strerror

函式 strerror 會接收一個錯誤號碼，然後產生一個錯誤訊息字串。此字串會傳回一個指向此字串的指標。圖 8.34 的程式示範 strerror 的使用方法。

```c
1  // Fig. 8.34: fig08_34.c
2  // Using function strerror
3  #include <stdio.h>
4  #include <string.h>
5
6  int main(void)
7  {
8     printf("%s\n", strerror(2));
9  }
```

```
No such file or directory
```

圖 8.34　使用函式 strerror

8.10.2　函式 strlen

函式 strlen 以一個字串作為引數，它會傳回此字串的字元數（在長度中不包括結束空字元）。圖 8.35 的程式示範了 strlen 的使用。

```
1    // Fig. 8.35: fig08_35.c
2    // Using function strlen
3    #include <stdio.h>
4    #include <string.h>
5
6    int main(void)
7    {
8       // initialize 3 char pointers
9       const char *string1 = "abcdefghijklmnopqrstuvwxyz";
10      const char *string2 = "four";
11      const char *string3 = "Boston";
12
13      printf("%s\"%s\"%s%u\n%s\"%s\"%s%u\n%s\"%s\"%s%u\n",
14         "The length of ", string1, " is ", strlen(string1),
15         "The length of ", string2, " is ", strlen(string2),
16         "The length of ", string3, " is ", strlen(string3));
17   }
```

```
The length of "abcdefghijklmnopqrstuvwxyz" is 26
The length of "four" is 4
The length of "Boston" is 6
```

圖 8.35　使用函式 **strlen**

8.11　安全程式設計

安全字串處理函式

本書前面的「安全程式設計」小節曾介紹 C11 標準中更安全的函式 **printf_s** 和 **scanf_s**。本章中提到幾個函式：**sprintf**、**strcpy**、**strncpy**、**strcat**、**strncat**、**strtok**、**strlen**、**memcpy**、**memmove** 和 **memset**。這些更安全的版本以及其他的字串處理和輸出入函式都在 C11 標準的自選式附件 K 中。如果您的 C 語言編譯器支援附件 K，你應該使用這些函式的安全版本。還有就是，更安全的版本有助於藉由一些額外的引數來表示目標陣列的元素數量，以及藉由確認指標引數並非空字元，來避免緩衝區溢位。

讀取數值輸入與輸入驗證

對輸入程式的資料進行驗證是很重要的。例如，當您要求使用者輸入範圍是 1-100 的 **int**，然後試著以 **scanf** 來讀取 **int**，會有幾種可能的問題。使用者可能會輸入：

- 一個超過程式要求的範圍（例如 102）的 **int**
- 一個超出電腦所接受的 **int** 範圍的 **int**（例如在 32 位元 **int** 的機器上輸入 8,000,000,000）
- 一個非整數的數值（例如 27.43）
- 一個非數字的值（例如 FOVR）

讀者可以使用本章所學到的各種函式來完整驗證輸入的值。例如，您可以

- 使用 **fgets** 來讀取一行文字的輸入

- 使用 **strtol** 將字串轉換到數字，並確認轉換是否成功，然後

- 確認值是否在範圍內。

更多關於轉換輸入值至數值的資訊與技巧，請參考在 **www.securecoding.cert.org** 中的 CERT 指南 INT05-C。

摘要

8.2　字串和字元的基本知識

- 字元（character）是構成原始程式的基本元件。每個程式皆由一連串的字元所組成，當它們以某種意義組合在一起時，電腦將這些字元解釋成一連串執行某件工作的指令。

- 字元常數（character constant）是一個 **int** 值，以單引號括起來的字元來表示。字元常數的值便是此字元在機器的字元集（character set）中的整數值。

- 字串（string）是視為單一個體的一連串字元。字串可以含有字母、數字、以及數種特殊的字元（如+、−、*、/、$等）。C 裡的字串常數會寫在一對雙引號裡。

- C 裡的字串是一個以空字元（**'\0'**）來作為結束的字元陣列（array of character）。

- 我們可以經由指向字串第一個字元的指標來存取這個字串。字串的值是它的第一個字元的位址。

- 字串可在宣告時指定給一個字元陣列，或一個型別為 **char *** 的變數。

- 我們宣告一個字元陣列來存放字串時，這個陣列必須能夠放進整個字串和字串的結束空字元。

- 我們可用 **scanf** 將字串儲存到陣列中。**scanf** 函式將會一直讀入字元，直到遇上了空白、tab、新行或 **end-of-file** 指示器為止。

- 若我們想以字串的方式印出字元陣列，則這個陣列必須含有一個結束空字元。

8.3　字元處理函式庫

- 函式 **isdigit** 會判斷它的引數是否為 0 到 9 之間的數字字元。

- 函式 **isalpha** 會判斷它的引數是否為一個大寫字母（A-Z）或小寫字母（a-z）。

- 函式 **isalnum** 會判斷它的引數是否為一個大寫字母（A–Z）、小寫字母（a–z）或數字字元（0–9）。

- 函式 **isxdigit** 會判斷它的引數是否為一個十六進制數的數字字元（A-F、a-f、0-9）。

- 函式 **islower** 會判斷它的引數是否為一個小寫字母（a-z）。

- 函式 **isupper** 會判斷它的引數是否為一個大寫字母（A-Z）。

- 函式 **toupper** 會將小寫字母轉換成大寫字母，並傳回轉換過的大寫字母。

- 函式 **tolower** 會將大寫字母轉換成小寫字母，並傳回轉換過的小寫字母。

- 函式 **isspace** 會判斷它的引數是否為下列的空白字元之一：**' '**（空白）、**'\f'**、**'\n'**、**'\r'**、**'\t'** 或 **'\v'**。

- 函式 **iscntrl** 會判斷它的引數是否為下列的控制字元（control characters）之一：'\t'、'\v'、'\f'、'\a'、'\b'、'\r'或'\n'。

- 函式 **ispunct** 會判斷它的引數是否為空白、數字字元或字母之外的可列印字元。
- 函式 **isprint** 會判斷它的引數是否為一個可顯示在螢幕上的字元（包括了空白）。
- 函式 **isgraph** 所判斷它的引數的字元是否為可列印字元，不過它不包含空白。

8.4 字串轉換函式

- **strtod** 函式會將代表浮點數值的一連串字元轉換為 **double** 型別。此函式接收二個引數：一個字串（**char ***）和一個指向字串（**char ***）的指標。其中字串包含了要轉換的字元序列，而指向 **char** * 的指標則會設定為轉換後剩下的字串部分的位址；或者如果字串的任何一部分都沒有被轉換，則設定為整個字串。
- **strtol** 函式會從一個字串找出代表一個整數的字元，然後將這個整數轉換為 **long** 型別。此函式接收了三個引數，一個字串（**char ***）、一個指向 **char** * 的指標，以及一個整數。字串含有要被轉換的字元序列，而指向 **char** * 的指標會設定為轉換之後的字串部分的位址，或如果字串的任何一部分都沒有被轉換，則設定為整個字串。至於整數則指定了轉換之值的數制基數。
- **strtoul** 函式會從一個字元序列中找出代表一個整數的字元，然後將這些字元轉換為 unsigned **long int**。此函式的作用和 strtol 相同。

8.5 標準輸入／輸出函式庫函式

- **fgets** 函式會一直讀入字元，直到遇到換行字元或檔案結束指示器為止。**fgets** 的引數為一個 char 型別的字元陣列、可讀入字元的最大數量，以及讀取的來源串流。當結束讀取動作時，程式會為這個陣列加上一個 **NULL** 字元（**'\0'**）。如果遇到換行，會含括在輸入字串中。
- 函式 **putchar** 會列印出它的字元引數。
- 函式 **getchar** 會從標準輸入讀取一個字元，並且將此字元以整數傳回。如果遇到 **end-of-file** 指示器，則 **getchar** 將會傳回 **EOF**。
- 函式 **puts** 以一個字串（**char ***）作為引數，它會在印出一個該字串之後再印出換行字元。
- 函式 **sprintf** 使用與 **printf** 相同的轉換指定詞，將格式化的資料以 char 型別列印到字元陣列中。
- 函式 **sscanf** 使用與 **scanf** 相同的轉換指定詞，從字串中讀出格式化的資料。

8.6 字串處理函式庫的字串操作函式

- 函式 **strcpy** 將它的第二個引數（字串）複製到它的第一個引數（字元陣列）。你必須確定字元陣列的大小足以放進字串加上結束的空字元。
- 函式 **strncpy** 和 **strcpy** 是一樣的，不過 **strncpy** 會指定最多可以複製多少字串中的字元到陣列中。只有在指定複製的字元數比字串長度大於 1 時，結束的空字元才會複製到目的字串。
- 函式 **strcat** 將它的第二個字串引數（包括結束的空字元）串接到它的第一個字串引數。第二個字串的第一個字元將會取代第一個字串的結束空字元（**'\0'**）。你必須確定用來儲存第一個字串的陣列足以放下第一個加第二個字串。

● 函式 **strncat** 會將第二個字串中特定數量的字元串接到第一個字串之後,並在其結果後附加一個結束的空字元。

8.7　字串處理函式庫的比較函式

● **strcmp** 函式會一個字元一個字元地比較它的第一個字串引數和第二個字串引數。如果兩個字串相等,則此函式會傳回 0;如果第一個字串小於第二個字串,則此函式會傳回負的值;如果第一個字串大於第二個字串,則此函式會傳回正的值。

● **strncmp** 函式的運作和 **strcmp** 十分類似,不過 **strncmp** 可以指定要進行比較的字元個數。如果有某個字串的字元數小於所指定的字元數,則 **strncmp** 會比較這兩個字串,直到遇到較短字串的 **NULL** 字元為止。

8.8　字串處理函式庫的搜尋函式

● 函式 **strchr** 尋找字串中某個字元第一次出現的位置。如果找到該字元的話,**strchr** 會傳回一個指向此字元的指標,否則 **strchr** 就傳回空字元。

● 函式 **strcspn** 會判斷第一個引數的字串從頭開始一直到不包含第二個引數字串中任何的字元為止,共有多少個字元。此函式會傳回這一段字串的長度。

● 函式 **strpbrk** 會尋找第一個引數中第一次出現屬於第二個引數之字元的位置。如果找到的話,**strpbrk** 會傳回一個指向此字元的指標,否則就會傳回 **NULL**。

● 函式 **strrchr** 會尋找字串中最後一次出現某字元的位置。如果找到的話,**strrchr** 傳回指向字串中此字元的指標,否則便傳回 **NULL**。

● 函式 **strspn** 會判斷第一個字串從頭開始到只包含第二個引數的字串字元為止,共有多少個字元。此函式會傳回這一段字串的長度。

● 函式 **strstr** 會搜尋它的第一個字串引數,找出第二個字串引數第一次出現的位置。如果在第一個字串中找到第二個字串的話,便傳回指向第二個引數出現在第一個引數內之位置的指標。

● 函式 **strtok** 的連續呼叫會將字串 **s1** 切割成數個以字串 **s2** 之字元所分隔的字符。第一次的呼叫必須以 **s1** 作為第一個引數,若第一個引數為 **NULL** 的話,則之後的呼叫表示將繼續對 **s1** 進行字符的分割。每次呼叫都會傳回一個指向目前字符的指標。如果函式呼叫時已經沒有字符,則會傳回空字元。

8.9　字串處理函式庫的記憶體函式

● 函式 **memcpy** 會從第二個引數所指向的物件中複製指定數目的位元組到第一個引數所指向的物件。此函式的指標引數可以指向任何資料型別的物件。

● 函式 **memmove** 會從第二個引數所指向的物件中複製指定數目的位元組到第一個引數所指向的物件。複製動作會先從第二個引數複製到一個暫時的陣列,然後再由這個暫時的陣列複製到第一個引數,完成一次的複製動作。

● 函式 **memcmp** 會比較第一個和第二個引數的某個指定個數的位元組。

- 函式 **memchr** 會在某物件的指定個數的位元組內,尋找某個位元組(以 **unsigned char** 表示)第一次出現的位元組。如果找到該位元組的話,**memchr** 會傳回指向此位元組的指標,否則便會傳回 **NULL** 指標。

- 函式 **memset** 會將第二個引數當作 **unsigned char** 複製到第一個引數所指向之物件內的某個指定個數的位元組。

8.10 字串處理函式庫的其他函式

- 函式 **strerror** 會按照使用者系統的格式將錯誤碼轉換成錯誤訊息字串。此函式會傳回一個指向此字串的指標。

- 函式 **strlen** 以一個字串作為引數,它會傳回此字串的字元數(不包括結束的空字元)。

自我測驗

8.1 為下列每一項要求撰寫一個 C 敘述式。假設變數 **c**(存放的資料為字元)、**x**、**y** 和 **z** 的型別為 **int**,變數 **d**、**e** 和 **f** 的型別為 **double**,變數 **ptr** 的型別為 **char ***,以及陣列 **s1[100]** 和 **s2[100]** 的型別為 **char**。

a) 將存放在變數 **c** 中的字元轉換成大寫字母。將結果指定給變數 **c**。

b) 判斷變數 **c** 的值是否為一個數字字元。用如圖 8.2-8.4 的條件運算子,在顯示結果時印出**"is a"**或**"is not a"**。

c) 判斷變數 **c** 的值是否為一個控制字元。在顯示結果時請用條件運算子印出**"is a"**或**"is not a"**。

d) 從鍵盤讀入一行文字到陣列 **s1** 裡。不能使用 **scanf**。

e) 印出存在陣列 **s1** 裡的那一行文字。不可使用 **printf**。

f) 將 **ptr** 指定為在 **s1** 中最後一次出現 **c** 的位置。

g) 印出變數 **c** 的值。不要使用 **printf**。

h) 判斷 **c** 的內容是否為一個字母。在顯示結果時請用條件運算子印出**"is a"**或**"is not a"**。

i) 從鍵盤讀進一個字元,並將這個字元存放在變數 **c** 中。

j) 將 **ptr** 指定成 **s2** 在 **s1** 中第一次出現的位置。

k) 判斷變數 **c** 的值是否為一個可列印字元。在顯示結果時請用條件運算子印出**"is a"**或**"is not a"**。

l) 從字串**"1.27 10.3 9.432"**中讀進三個 double 值到變數 **d**、**e** 及 **f**。

m) 將存在陣列 **s2** 中的字串複製到陣列 **s1**。

n) 將 **ptr** 指定成 **s2** 中任何字元在 **s1** 中第一次出現的位置。

o) 比較 **s1** 和 **s2** 的字串。並將結果印出來。

p） 將 **ptr** 設成 **c** 在 **s1** 中第一次出現的位置。

q） 使用 **sprintf** 將整數變數 **x**、**y** 和 **z** 的值印到陣列 **s1**。每一個值的列印欄位寬度為 **7**。

r） 將 **s2** 字串的 **10** 個字元串接到 **s1** 字串之後。

s） 判斷 **s1** 之字串長度。並將結果印出來。

t） 將 **ptr** 設成 **s2** 之第一個字符的位置。**s2** 中的字符是以逗號（**,**）作為分界字元的。

8.2 使用兩種不同的方式，將字元陣列 **vowel** 的初始值設定為字串**"AEIOU"**。

8.3 若下列各項的 C 陳述句在執行時會列印輸出，則會印出些什麼？如果敘述式有錯誤的話，請找出並更正錯誤。假設下列的變數已宣告過了：

```
chars1[50] = "jack", s2[50] = "jill", s3[50];
```

a） `printf("%c%s", toupper(s1[0]), &s1[1]);`

b） `printf("%s", strcpy(s3, s2));`

c） `printf("%s", strcat(strcat(strcpy(s3, s1), " and "), s2));`

d） `printf("%u", strlen(s1) + strlen(s2));`

e） `printf("%u", strlen(s3)); // using s3 after part (c) executes`

8.4 找出下列各程式片段中的錯誤，並說明如何更正。

a）
```
chars[10];
strncpy(s, "hello", 5);
printf("%s\n", s);
```

b） `printf("%s", 'a');`

c）
```
char s[12];
strcpy(s, "Welcome Home");
```

d）
```
if(strcmp(string1, string2)) {
puts("The strings are equal");
}
```

自我測驗解答

8.1 a） `c = toupper(c);`

b） `printf("'%c'%sdigit\n", c, isdigit(c) ? " is a " :" is not a ");`

c） `printf("'%c'%scontrol character\n",`
`c, iscntrl(c) ? " is a " :" is not a ");`

d） `fgets(s1, 100, stdin);`

e） `puts(s1);`

f） `ptr = strrchr(s1, c);`

g） `putchar(c);`

h） `printf("'%c'%sletter\n", c, isalpha(c) ? " is a " :" is not a ");`

i） `c = getchar();`

j） `ptr = strstr(s1, s2);`

k） `printf("'%c'%sprinting character\n",`
`c, isprint(c) ? " is a " :" is not a ");`

l)　`sscanf("1.27 10.3 9.432", "%f%f%f", &d, &e, &f);`

m)　`strcpy(s1, s2);`

n)　`ptr = strpbrk(s1, s2);`

o)　`printf("strcmp(s1, s2) = %d\n", strcmp(s1, s2));`

p)　`ptr = strchr(s1, c);`

q)　`sprintf(s1, "%7d%7d%7d", x, y, z);`

r)　`strncat(s1, s2, 10);`

s)　`printf("strlen(s1) = %u\n", strlen(s1));`

t)　`ptr = strtok(s2, ",");`

8.2　`charvowel[] = "AEIOU";`
　　　`charvowel[] = { 'A', 'E', 'I', 'O', 'U', '\0' };`

8.3　a)　`Jack`

　　b)　`jill`

　　c)　`jack and jill`

　　d)　`8`

　　e)　`13`

8.4　a)　錯誤：函式 `strncpy` 沒有爲陣列 `s` 寫一個結束的空字元，因爲它的第三個引數等於字串 `"hello"` 的長度。

　　　　更正：將 `strncpy` 的第三個引數改成 6，或將 `s[5]` 設定爲 `'\0'`。

　　b)　錯誤：試圖將字元常數以字串的形式印出來。

　　　　更正：使用 `%c` 來輸出這個字元，或將 `'a'` 改爲 `"a"`。

　　c)　錯誤：字元陣列 `s` 的大小不足以放下結束的空字元。

　　　　更正：將此陣列宣告爲大一點。

　　d)　錯誤：如果兩個字串相等的話，函式 `strcmp` 將會傳回 0，所以 `if` 敘述式的條件將爲僞，而 `printf` 便不會執行。

　　　　更正：在條件式裡將 `strcmp` 的結果與 0 來比較。

習題

8.5　（字元檢查）請撰寫一個程式由鍵盤輸入一個字元，然後用字元處理函式庫的每一個函式來檢查這個字元。你的程式應印出每一個函式所傳回來的值。

8.6　（以大寫和小寫字母字串互相轉換）請撰寫一個程式，將一行文字輸入到字元陣列 `s[100]`。請將這行文字的大寫字母以小寫字母的形式輸出，小寫字母以大寫字母的形式輸出。

8.7　（將字串轉換成整數並計算）請撰寫一個程式，輸入 6 個代表整數的字串，將這些字串轉換成整數，並計算這 6 個值的和及平均。

8.8　（將字串轉換成浮點數並計算）請撰寫一個程式輸入 6 個代表浮點數值的字串，將這些字串轉換成 `double` 值，將這些值存到一個 `double` 陣列，並計算這些值的和及平均。

8.9 （串接字串比較字串）請撰寫一個程式使用 `strcat` 函式將兩個由使用者所輸入的字串進行串接。程式應該印出串接前後的字串以及串接字串的長度。

8.10 （附加部分字串）請編寫一個使用函式 `strncat` 將部分字串附加到另一個字串的程式。程式應輸入字串以及要附加的字元數，並顯示第二個字串附加到第一個字串之後的結果及其長度。

8.11 （隨機製造句子）請撰寫一個程式使用隨機亂數產生器來製造句子。此程式應該使用 4 個指向 `char` 之指標陣列，分別稱為 `article`、`noun`、`verb` 和 `preposition`。這個程式應該用隨機的方式在陣列中選一個字，並且以下列陣列順序建立一個句子：`article`、`noun`、`verb`、`preposition`、`article` 和 `noun`，每當選取一個字組，就將該字組與句子中的前一個字組串接在一起，放置在足以容納整個句子的陣列中。這些字組之間應該以空格分開。當最後的句子輸出的時候，它的第一個字母要大寫，而且最後是以句點結束。程式應該產生 20 個這樣的句子。上面所提的那 4 個陣列可以分別填入下面說明的值：`article` 陣列應包含 `"the"`、`"a"`、`"one"`、`"some"` 及 `"any"`；`noun` 陣列應包含名詞，像是 `"boy"`、`"girl"`、`"dog"`、`"town"` 及 `"car"`；`verb` 陣列應包含動詞 `"drove"`、`"jumped"`、`"ran"`、`"walked"` 及 `"skipped"`；`preposition` 陣列應包含介詞 `"to"`、`"from"`、`"over"`、`"under"` 及 `"on"`。

在上述的程式完成並可執行之後，請將這個程式修改成能夠產生由數個這種句子所組成的短篇文章。（這種隨機作家的能力如何呢？）

8.12 （五行詩）五行詩是頗富幽默感的五行詩句，第一行和第二行與第五行押韻，第三行與第四行押韻。請使用類似習題 8.11 的技巧，撰寫一個程式隨機地產生一首五行詩。修飾這個程式，使其能夠產生出優雅的五行詩，這是一個高挑戰性的問題，但是結果卻是值得的。

8.13 （Pig Latin）請寫出一個可以將英文轉換成 pig Latin 的程式。Pig Latin 是用來編碼語言的一種形式，通常用在娛樂用途上。有許多方法可以形成 pig Latin 片語，為了單純起見，我們使用下述的演算法：

為了從英文片語中產生出 pig Latin 片語，請將片語先用 `strtok` 函式取出字符，將每個英文單字轉換為 pig Latin 單字，將每一個英文單字的開始字母放到最後的位置，並在後面加上兩字母「`ay`」。因此，單字「`jump`」將會變成「`umpjay`」，單字「`the`」變成「`hetay`」，而單字「`computer`」會變成「`omputercay`」。在字與字之間的空白仍然保留。讓我們假設：英文片語是由以空白隔開的字組成，且沒有標點符號，所有的字都有二個或更多的字母。printLatinWord 函式必須顯示每一個單字。（提示：每次呼叫函式 `strtok` 時，程式就會找到一個字符，將此字符的指標傳給函式 `printLatinWord`，列印對應的 pig-Latin 字組。請注意：本習題中我們使用簡化的方法將單字轉換成 PigLatin。你可以在 en.wikipedia.org/wiki/Pig_latin 找到更詳細的規則和變化版本。）

8.14 （將電話號碼切割成字符）請撰寫一個程式將電話號碼以字串形式輸入，格式如 `(555)555-5555`。此程式應使用 `strtok` 將區碼萃取成一個字符、電話號碼的前三碼為一個字符，還有後四碼也萃取成一個字符。電話號碼的七個數字應串接成一個字串。程式應把區碼字串轉換成 `int`，然後將電話號碼字串轉換成 `long`。然後印出區碼及電話號碼的值。

8.15 （顯示一個將其單詞反轉的句子）請編寫一個輸入一行文字的程式，利用函式 **strtok** 將該行文字切割成字符，並以反轉的順序輸出字符。

8.16 （搜尋子字串）請撰寫一個程式輸入一行文字並從鍵盤輸入一個搜尋字串。使用 **strstr** 函式找出搜尋字串在這一行文字中第一次出現的位置，然後將這個位置設給變數 **searchPtr**（型別為 **char ***）。如果找到搜尋字串的話，從搜尋字串開始印出這行文字剩下的部分。然後再次使用 **strstr** 函式找出搜尋字串在這行文字中第二次出現的位置。如果也找到的話，同樣將這行文字剩下的部分印出來。（提示：第二次呼叫 **strstr** 時，其第一個引數應為 **searchPtr + 1**。）

8.17 （計算子字串的出現次數）根據習題 8.16 的程式編寫一個程式，該程式輸入幾行文字和一個搜尋字串，並使用函式 **strstr** 來確定字串在這幾行文字中出現的總次數。請印出結果。

8.18 （計算字串中各種字元的出現次數）請編寫一個程式，輸入一行文字，並計算該行文字中的母音、子音、數字和空格的總數。

8.19 （從指定的文字中刪除特定的單字）請編寫一個輸入一行文字和特定單詞的程式。程式應該使用字串函式庫函式 **strcmp** 和 **strcpy** 從輸入的文字中刪除所有出現的特定單字。程式還應該計算在使用 **strtok** 函式移除特定單字之前和之後，指定文字中的單字數量。

8.20 （計算字串中的單字數量）請撰寫一程式輸入數行的文字，然後用 **strtok** 函式算出總共有多少個單字。假設單字之間都是以空格或換行字元分隔的。

8.21 （以英文字母順序排列字串）使用字串比較函式，以及陣列排序技巧撰寫一個程式，對數個字串進行英文字母順序的排序。使用你居住地區的 10 或 15 個城市的名稱當作你的程式的資料。

8.22 附錄 B 的圖表列出了 ASCII 字元集中各個字元的數碼。請研究該圖表，說出下列各小題是真或偽。

a) 字母「**A**」在字母「**B**」之前。

b) 數字「**9**」在數字「**0**」之前。

c) 常用符號加、減、乘、除都位於數字之前。

d) 數字在子母之前。

e) 假如某排序程式以漸增順序排列字串，則右括號會被放在左括號之前。

8.23 （以"Th"開頭的字串）請撰寫一個程式讀入一些字串，然後印出開頭為「**Th**」的字串。

8.24 （以"tion"結尾的字串）請撰寫一個程式讀入一些字串，然後印出結尾為「**tion**」的字串。

8.25 （印出各種 ASCII 碼的字元）請撰寫一支程式讓使用者可以輸入一個 ASCII 碼，然後列印出相對應的字元。

8.26 （寫出你自己的字元處理函式）根據附錄 B 的 ASCII 字元表，撰寫如圖 8.1 的字元處理函式。

8.27 （寫出你自己的字串轉換函式）參考圖 **8.5**，撰寫你自己的字串轉換成數字的函式。

8.28 （寫出你自己的字串複製及字串串接函式）撰寫兩種如圖 8.14 的字串複製和字串串接函式。第一種版本使用陣列索引表示法，第二種使用指標及指標的算術運算。

8.29　（**寫出你自己的字串比較函式**）撰寫兩種如圖 8.17 的字串比較函式。第一種版本使用陣列索引表示法，第二種使用指標及指標的算術運算。

8.30　（**寫出你自己的字串長度函式**）撰寫兩種如圖 8.33 的 `strlen` 函式。第一種版本使用陣列索引表示法，第二種使用指標及指標的算術運算。

專題：進階字串處理習題

上面的習題是用來測驗讀者是否瞭解字串處理的基本觀念。而接下來的習題則包括了一些中級與進階的問題，讀者將會發現，這些問題是很有挑戰性而且很有趣的。這些問題的難易度不一，有些程式需要一到二個小時撰寫和實作。其他的若要用於實驗教材，是很有用的，不過可能需要二或三星期的研究和實作。有些則是挑戰級的專案計劃。

8.31　（**文章分析**）有字串處理能力的電腦出現後，可以用一些較爲有趣的方式來分析大文豪的作品。很多人在探討莎士比亞是否眞有其人這件事。許多學者相信，一些證據顯示 Christopher Marlowe 事實上才是莎士比亞偉大作品的作者。研究人員曾經使用電腦來找出這兩位作家作品的相似之處。這個習題檢視三種使用電腦來分析文字的方法。

a）設計一個程式，從鍵盤讀取幾行文字，並且印出表格，指出文章中每個字母出現的次數。例如，下面這個片語

　　To be, or not to be:that is the question:

包含了一個「a」，兩個「b」，沒有「c」，以此類推。

b）撰寫一個程式讀入數行的文字，然後以表列的方式印出文章中一個字母的單字、兩個字母的單字、三個字母的單字等等各有多少個。例如，下面這個片語

　　Whether 'tis nobler in the mind to suffer

包含了

單字長度	出現次數
1	0
2	2
3	1
4	2 (including 'tis)
5	0
6	2
7	1

c）撰寫一個程式讀進數行的文字，然後以表列的方式印出每個單字出現在這段文字中的次數。程式應以單字在文章中出現的順序表列出所有的單字。例如，下面這幾行

　　To be, or not to be:that is the question:

　　Whether 'tis nobler in the mind to suffer

包含單字「to」3 次、單字「be」2 次、單字「or」1 次，等等。

8.32 （列印不同格式的日期）在商業信函上，我們會以幾種常見的格式來列印日期：其中比較常用的
兩種格式是

07/21/2003 和 July 21, 2003

撰寫一個程式讀進第一種格式的日期，然後將它以第二種格式印出來。

8.33 （支票保護系統）電腦時常運用在支票簽發系統，像是薪資和帳戶支付系統的應用。許多奇怪的
故事在流傳著，當印製週薪支票的時候，會錯誤的印出超過 100 萬面額的週薪支票。不過有時因
人爲的疏忽和／或機器的問題，而使得列印在支票上的金額發生了錯誤。系統的設計者當然必須
盡力地使他的系統不發生錯誤。

另一個嚴重的問題是支票可能會遭人塗改。爲了防止支票的金額遭到塗改，大多數的電腦化支票
開立系統都會使用一種稱爲支票保護（check protection）的技術。

設計使用電腦列印的支票，都會保留一定空間，讓電腦列印支票的金額。假如付款支票包含 9 九
個空白空間，讓電腦可以印出週薪支票的金額。如果金額很大，那麼這 9 個空間都會填滿數字。
例如：

```
11,230.60  （金額）
- - - - - - - - -
123456789  （位數）
```

但如果金額小於$1000 的話，則將會有數個空格保留空白。例如，

```
    99.87
- - - - - - - - -
123456789
```

留下了四個空白。如果支票保留空白一起印刷，就很容易遭人更改支票的金額。爲了防止支票遭
到塗改，大多數的支票開立系統都會填上前導星號（leading asterisks）來保護支票的金額，如下：

```
****99.87
- - - - - - - - -
123456789
```

請撰寫一個程式輸入一個要印在支票上的金額，然後以支票保護格式印出此金額加上前導星號。
假設支票上有 9 個空格。

8.34 （寫出支票金額的英文）接續上一個習題的討論，有一種常用的保護支票面額的方法，就是順道
印出支票金額的英文。一個常用的保障安全的方法，需將支票金額不但以數字書寫，還要用文字
寫出金額。即使有人能夠改變支票的數字，也很難改變文字書寫的金額數目。請撰寫一個 C 程式，
在輸入阿拉伯數字的支票金額後，能印出此金額的英文。例如 112.43 應印爲

FIFTY TWO and 43/100

8.35　（**專案：公制的轉換程式**）請撰寫一個程式幫助使用者進行公制的轉換。你的程式應讓使用者以字串來指定公制單位的名稱（如公分、公升、公克等）及英制單位的名稱（如英吋、1/4 加侖、磅等），而且也應能回答如下的簡單問句：

```
"How many inches are in 2 meters?"
"How many liters are in 10 quarts?"
```

你的程式應該辨認出不正確的轉換。例如，以下的問題

```
"How many feet are in 5 kilograms?"
```

這是沒有任何意義的，因為**"feet"**是長度單位，而**"kilograms"**卻是重量單位。

一個具挑戰性的字串處理專題

8.36　（**專案：猜字謎遊戲產生器**）大部分的人都曾經玩過縱橫字謎的遊戲，但極少數的人會嘗試自己建立猜字謎遊戲。產生一個猜字謎遊戲是件困難的事。這是一個字串處理的專題，複雜度和難度都很高。即使是最簡單的猜字謎遊戲產生器，你仍需克服相當多的問題。例如，你如何在電腦內表示猜字謎中的一個格子？你應該使用一組字串或是二維陣列呢？程式設計師需要一組來源文字（意指電子字典）作為程式的參考。我們應該將這些文字存放成何種形式，才能符合程式的複雜需求呢？如果你相當具有野心的話，可能會想要產生猜字謎遊戲的文字提示；也就是說，印出每一個橫列或直行的提示文字。單只列印出空白謎題本身，就不是一個簡單的問題。

進階習題

8.37　（**用更健康的食材烹調**）在美國，肥胖的問題以驚人的速度增加。你可以在疾病控制與防禦中心（CDC）的網站找到相關的圖表 www.cdc.gov/Obesity/data/index.html 顯示了美國人的肥胖趨勢。隨著肥胖的增加，相關問題也陸續發生（例如心臟疾病、高血壓、高膽固醇、第二型糖尿病）。寫一個程式，幫助使用者選擇更健康的食材來烹調，並幫助對某些食物（例如堅果、麩質）過敏的人找到替代食材。應該由使用者輸入一個食譜，然後由程式建議使用者將其中某些食材替換成更健康的材料。為了簡化這個程式，我們假設食譜中的計量單位（例如小匙、杯、大匙）不會使用縮寫，所有的數量都以數字來表達（例如：1 egg, 2 cups），而不會使用文字。我們在圖 8.36 列出一些常見的替代食材。你的程式應該列出如下的警告訊息：「Always consult your physician before making significant changes to your diet.」。

你的程式必須考慮到，替代食材不見得是一對一的。舉例來說，假如某個蛋糕食譜需要用 3 個蛋，我們可能會需要用 6 個蛋白來替代。你可以在以下網站找到計量單位的換算和替代食材的資料：

```
chinesefood.about.com/od/recipeconversionfaqs/f/usmetricrecipes.htm
www.pioneerthinking.com/eggsub.html
www.gourmetsleuth.com/conversions.htm
```

程式應該考慮使用者的健康狀況，例如高膽固醇、高血壓、減重、麩質過敏症等等。對高膽固醇患者，程式應該替換掉蛋和乳製品；假如使用者想要減重，則應該將糖類換成低卡洛里的替代品。

食材	替代品
1 cup sour cream	1 cup yogurt
1 cup milk	1/2 cup evaporated milk and 1/2 cup water
1 teaspoon lemon juice	1/2 teaspoon vinegar
1 cup sugar	1/2 cup honey, 1 cup molasses or 1/4 cup agave nectar
1 cup butter	1 cup margarine or yogurt
1 cup flour	1 cup rye or rice flour
1 cup mayonnaise	1 cup cottage cheese or 1/8 cup mayonnaise and 7/8 cup yogurt
1 egg	2 tablespoons cornstarch, arrowroot flour or potato starch or 2 egg whites or 1/2 of a large banana (mashed)
1 cup milk	1 cup soy milk
1/4 cup oil	1/4 cup applesauce
white bread	whole-grain bread

圖 8.36　常見的食材替換表

8.38　（**Spam 掃描器**）美國每年花費數十億美元在 Spam（垃圾信件）的問題上：包括垃圾信件處理軟體、裝置、網路資源、頻寬、生產力的損失。在網路上尋找最常見的垃圾信件訊息以及文字，然後檢查你自己的垃圾信件夾。找出垃圾信訊息中最常見的 30 個單字或片語。寫一個程式，讓使用者輸入一個 email 訊息。將訊息讀入一個很大的字元陣列，請確保讀入的字元不會超過陣列尾端。接著，掃描訊息中是否有那 30 個關鍵字或片語。每當訊息中找到一個關鍵字，就把該訊息的「垃圾點數」加 1。接著以該訊息獲得的點數，評估它是垃圾信的可能性有多大。

8.39　（**SMS 語言**）簡訊（Short Message Service，SMS）是一種通訊服務，讓使用者可以用手機傳送 160 個字元以下的文字訊息。隨著全世界手機人口的增加，在許多開發中國家，SMS被用在政治活動（發表意見以及表達反對立場）、或報導天災等等。你可以在：comunica.org/radio2.0/archives/87 看到一些例子。由於 SMS 簡訊長度是受到限制的，所以人們開始發展SMS 語言，這是由一般文字和片語縮寫而成的手機文字訊息、e-mail 或即時訊息。例如，在 SMS訊息中，「in my opinion」會變成「IMO」。請你研究網路上的 SMS 語言。寫一個程式，讓使用者用 SMS 語言輸入一個訊息，將它轉換成英語（或是你自己的母語）。程式同時也能將英語（或你的母語）轉換成 SMS 語言。你可能會碰到的問題是，一個 SMS 縮寫可能轉換成好幾種片語。例如，前述的 IMO 可以轉換成「International Maritime Organization」或是「in memory of」等等。

8.40　（**性別中立**）在習題 1.14 中，你研究了在各種溝通管道中如何消除語言中的各種性別歧視。你建立了一個演算法，能夠讀取一段文字，將具有性別差異的文字替代為性別中立的文字。現在請你建立一個程式，讀取一段文字，將具有性別差異的文字替代為性別中立的文字。並將結果印出來。

C 格式化輸入／輸出

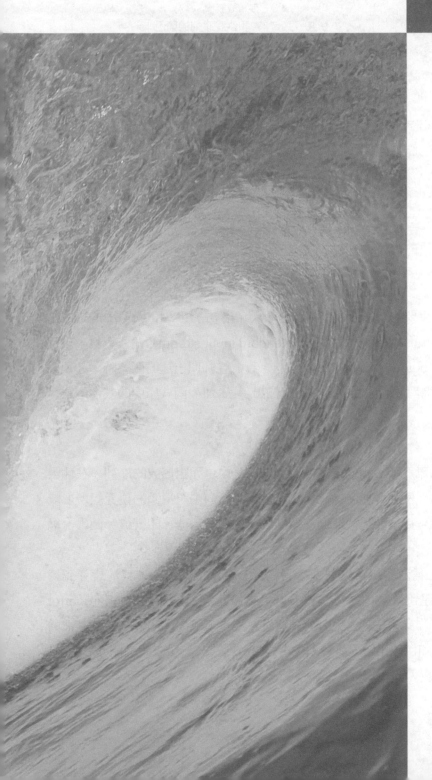

9

9.1　簡介

顯示結果是解決任何問題中很重要的一部分。本章將會深入介紹 **printf** 和 **scanf** 的格式化功能，這兩個函式分別可以用來從**標準輸入資料流**（standard input stream）輸入資料，以及從**標準輸出資料流**（standard output stream）輸出資料。程式在呼叫上述的函式時，必須含入<**stdio.h**>標頭。第 11 章將討論包含在標準輸入／輸出(<stdio.h>)函式庫中的其他函式。

9.2　資料流

所有的輸入和輸出都是以**資料流**（stream）來完成，資料流是由位元組形成的序列。在輸入操作當中，它就是從一項裝置（例如鍵盤、硬碟、網路連線）流向主記憶體的位元組所形成的串流。在輸出操作當中，就是從主記憶體流向一個裝置（例如顯示器、印表機、硬碟、網路連線）的位元組串流。

　　當程式開始執行時，有三種資料流會自動連接到程式。通常標準輸入資料流會連到鍵盤，而標準輸出資料流則會連到螢幕。第三個資料流，**標準錯誤資料流**（standard error stream）也是連接到顯示器。作業系統通常允許將這些資料流重新導向（redirect）到其他的裝置。我們將在第 11 章討論如何輸出錯誤訊息到標準錯誤資料流。資料流的細節亦於第 11 章討論。

9.3　使用 printf 的格式化輸出

精確的格式化輸出是以 printf 來完成的。每一個 printf 呼叫都包含一個**格式控制字串**（format control string），它會用來描述輸出的格式。格式控制字串也包含**轉換指定詞**（conversion specifier）、**旗標**（flag）、**欄位寬度**（field width）、**精確度**（precision）和**字元常數**（literal character）。再加上使用百分號（%），就構成**轉換指定詞**（conversion specification）。printf 函式可以執行以下列出的格式化功能，本章將討論所列出的每一種功能：

1. **四捨五入**（Rounding）浮點數值到指定的小數位數。
2. **對齊**（Aligning）有多行數字的小數欄位。
3. 將輸出的結果**向右對齊**（right justification）或**向左對齊**（left justification）。
4. 在一行輸出當中精確的位置插入字元常數（Inserting literal character）。
5. 以指數格式表示浮點數。
6. 以八進位制和十六進位制的格式來表示無號整數。（請參閱附錄 C 數字系統，以便獲得更多關於八進位數和十六進位數的資訊。）
7. 用固定的欄位寬度和精確度來顯示所有型別的資料。

　　printf 函式有以下格式：

```
printf(format-control-string, other-arguments);
```

其中格式控制字串（format-control-string）描述輸出格式，而其他引數（other-arguments，不一定要有）則對應到格式控制字串中的每一個轉換指定詞。每個轉換指定詞都是以%開始，並且用轉換指定詞當作結束。同一個格式控制字串中可能具有許多個轉換指定詞。

常見的程式設計錯誤 9.1

忘記用雙引號將格式控制字串括起來會造成語法錯誤。

9.4　顯示整數

整數是不含小數的數字，例如 776、0 或–52。整數值可以使用以下幾種格式中的一種來加以顯示。圖 9.1 描述整數**轉換指定詞**（integer conversion specifier）。

轉換指定詞	說明
d	顯示有號十進位整數。
i	顯示有號十進位整數。[注意：用在 scanf 的時候，i 和 d 指定詞是不一樣的。]
o	顯示無號八進位整數。
u	顯示無號十進位整數。
x or X	顯示無號十六進位整數。X 會顯示數字 0-9 以及字母 A-F。而 x 則顯示數字 0-9 及字母 a-f。
h, 1 or 11 (letter "ell")	放在任何整數轉換指定詞之前，分別用來顯示 short、long 或 long long 整數，這些統稱爲長度修飾詞 (length modifiers)。

圖 9.1　整數轉換指定詞

　　圖 9.2 的程式使用各種整數轉換指定詞來顯示整數。請注意它只有顯示出負號，而不會顯示正號，我們之後會看到如何強制顯示正號。另外，使用 %u 印出 -455 時（第 15 行），它會轉換成無號值 4294966841。

常見的程式設計錯誤 9.2

使用預期是 **unsigned** 值的轉換指定詞來顯示負的數值。

```
1   // Fig. 9.2: fig09_02.c
2   // Using the integer conversion specifiers
3   #include <stdio.h>
4
5   int main(void)
6   {
7      printf("%d\n", 455);
8      printf("%i\n", 455); // i same as d in printf, different in scanf
9      printf("%d\n", +455); // plus sign does not print
10     printf("%d\n", -455); // minus sign prints
11     printf("%hd\n", 32000);
12     printf("%ld\n", 2000000000L); // L suffix makes literal a long
13     printf("%o\n", 455); // octal
14     printf("%u\n", 455);
15     printf("%u\n", -455);
16     printf("%x\n", 455); // hexadecimal with lowercase letters
17     printf("%X\n", 455); // hexadecimal with uppercase letters
18  }
```

```
455
455
455
-455
32000
2000000000
707
455
4294966841
1c7
1C7
```

圖 9.2　整數轉換指定詞的使用方式

9.5　顯示浮點數

浮點數是指包含小數的數值，例如 **33.5**、**0.0** 或 **-657.983**。浮點數值可以使用幾種格式當中的一種來加以顯示。圖 9.3 描述浮點數轉換指定詞。**轉換指定詞**（conversion specifiers）e 和 E 會將浮點數以**指數記號**（exponential notation）顯示。指數表示法在電腦中和數學的科學記號（scientific notation）是一樣的。例如，150.4582 可以用科學記號表示如下：

$$1.504582 \times 10^2$$

電腦也可以用指數記號表示成

$$1.504582E+02$$

這個記號代表 **1.504582** 乘上 10 的二次方（**E+02**）。其中 **E** 代表「指數」（exponent）。

轉換指定詞	說明
e or E	以指數記號表示一個浮點數值。
f or F	以固定點表示法顯示浮點數值（在 Visual C++ 編譯器並未支援 F）。
g or G	以浮點數形式 f 或指數形式 e（或 E）顯示浮點數值的大小。
L	放在任何浮點轉換指定詞之前，表示顯示的數值是 long double 浮點數。

圖 9.3　浮點數轉換指定詞

9.5.1　轉換指定詞 e、E 和 f

用轉換指定詞 e、E 和 f 顯示出來的值，預設小數點右邊會有 6 位數的精確度（例如 1.045927）；但我們也可明確地指定不一樣的精確度。**轉換指定詞 f** 總是至少會在小數點前面顯示一位。轉換指定詞 e 和 E 會分別在指數前面顯示小寫的 e 和大寫的 E，它們都只在小數點前面顯示一位。

9.5.2　轉換指定詞 g 和 G

轉換指定詞 g（或 G） 會顯示沒有補上 0 的 e(E) 或 f 格式（例如 **1.234000** 會顯示成 **1.234**）。如果數值轉換成指數記號之後，該數值的指數小於 **-4** 或是大於等於指定的精準度（也就是 g 和 G 預定的六位有效位數），則這個數值就會使用 e（E）顯示；不然，就會使用轉換指定詞 f 顯示這個數值。使用 g 或 G 輸出數值的小數部分補上的 0 不會顯示，但至少會輸出一個小數位數。使用轉換指定詞 g，數值 **0.0000875**、**8750000.0**、**8.75** 和 **87.50** 將分別顯示成 **8.75e-05**、**8.75e+06**、**8.75** 和 **87.5**。數值 0.0000875 使用了 e 的表示法，因為當它轉換成指數記號時，它的指數會小於 -4（也就是 -5）。數值 8750000.0 也使用 e 的表示法，因為它的指數（6）等於預設的精準度。

轉換指定詞 g 和 G 指出顯示的最大有效數字，這包括小數點左邊的有效數字。如果使用轉換指定詞%g，數值 1234567.0 將會顯示為 1.23457e+06（請記住，所有的浮點數轉換指定詞的預設精確度都是 6）。請注意，這個結果中共有 6 位有效數字。當數值以指數記號顯示時，g 和 G 之間的差別與 e 和 E 之間在以指數表示法顯示數值時是相同的，小寫的 g 會輸出小寫的 e，大寫的 G 會輸出大寫的 E。

測試和除錯的小技巧 9.1

當輸出資料時，請確定使用者察覺到資料會因為格式化而不是很精確（也就是指定精確度會產生四捨五入上的誤差）。

9.5.3 浮點轉換指定詞的示範

圖 9.4 示範每個浮點數轉換指定詞的用法。請注意，%E、%e 以及%g 轉換指定詞會使輸出的數值四捨五入，而轉換指定詞%f 則不會。

增進效能的小技巧 9.1

某些編譯器的輸出中，指數的顯示會以加號（+）再加兩位數字的形式出現。

```c
1   // Fig. 9.4: fig09_04.c
2   // Using floating-point conversion specifiers
3   #include <stdio.h>
4
5   int main(void)
6   {
7       printf("%e\n", 1234567.89);
8       printf("%e\n", +1234567.89); // plus does not print
9       printf("%e\n", -1234567.89); // minus pints
10      printf("%E\n", 1234567.89);
11      printf("%f\n", 1234567.89); // six digits to right of decimal point
12      printf("%g\n", 1234567.89); // prints with lowercase e
13      printf("%G\n", 1234567.89); // prints with uppercase E
14  }
```

```
1.234568e+006
1.234568e+006
-1.234568e+006
1.234568E+006
1234567.890000
1.23457e+006
1.23457E+006
```

圖 9.4 浮點數轉換指定詞的使用

9.6 顯示字串和字元

轉換指定詞 **c** 和 **s** 分別用來顯示個別的字元和字串。**轉換指定詞 c** 必須使用 **char** 引數。轉換指定詞 **s** 的引數是指向 **char** 的指標。**轉換指定詞 s** 會不斷顯示字元，直到遇到結束的空（**'\0'**）字元為止。如果出於某種原因，被列印的字串中沒有空字元，**printf** 會繼續列印，直到它最後遇到零位元組才會停止。圖 9.5 中的程式說明使用轉換指定詞 **c** 和 **s** 顯示字元和字串。

```c
1  // Fig. 9.5: fig09_05c
2  // Using the character and string conversion specifiers
3  #include <stdio.h>
4
5  int main(void)
6  {
7     char character = 'A'; // initialize char
8     printf("%c\n", character);
9
10    printf("%s\n", "This is a string");
11
12    char string[] = "This is a string"; // initialize char array
13    printf("%s\n", string);
14
15    const char *stringPtr = "This is also a string"; // char pointer
16    printf("%s\n", stringPtr);
17 }
```

```
A
This is a string
This is a string
This is also a string
```

圖 9.5　字元和字串轉換指定詞的使用方法

　　大多數的編譯器不會發現格式控制字串中的錯誤，因此在程式執行時期產生錯誤結果之前，您通常不會意識到這些錯誤。

常見的程式設計錯誤 9.3

使用%c顯示字串是一個錯誤。轉換指定詞%c 希望收到 **char** 引數。但是字串是指向 **char** 的指標（也就是 **char ***）。

常見的程式設計錯誤 9.4

使用%s 來顯示 **char** 引數通常會導致致命的執行期錯誤，也稱為記憶體逾越存取的錯誤。轉換指定詞%s 希望收到的引數是指向 **char** 的指標。

常見的程式設計錯誤 9.5

使用單引號括住你想要呈現的字元字串會導致語法錯誤。字串必須用雙引號括住。

常見的程式設計錯誤 9.6

用雙引號括住字元常數會產生一個含有兩個字元的字串的指標，其中第二個字元就是結束的空字元。

9.7　其他轉換指定詞

圖 9.6 列出轉換指定詞 **p** 和%。圖 9.7 的程式當中，**%p** 顯示了 **ptr** 的值以及 **x** 的位址；因為 **ptr** 的值設定為 **x** 的位址，所以這兩個值是相同的。最後一個 **printf** 敘述式則使用了%%來顯示字元字串當中的%字元。

可攜性的小技巧 9.2

轉換指定詞 **p** 會以實作環境定義的方式來顯示位址（大部分的系統都使用十六進位制表示法，而不使用十進位制表示法）。

常見的程式設計錯誤 9.7

嘗試顯示百分比字元，但是在格式控制字串當中使用%而不是使用%%。當%出現在格式控制字串中時，它的後面必須接著一個轉換指定詞。

轉換指定詞	說明
p	使用實作環境所定義的方法顯示一個指標值。
%	顯示百分比字元。

圖 9.6　其他轉換指定詞

```
1   // Fig. 9.7: fig09_07.c
2   // Using the p and % conversion specifiers
3   #include <stdio.h>
4
5   int main(void)
6   {
7      int x = 12345; // initialize int x
8      int * ptr = &x; // assign address of x to ptr
9
10     printf("The value of ptr is %p\n", ptr);
11     printf("The address of x is %p\n\n", &x);
12
13     printf("Printing a %% in a format control string\n");
14  }
```

```
The value of ptr is 002EF778
The address of x is 002EF778

Printing a % in a format control string
```

圖 9.7　p 和%轉換指定詞的使用方式

9.8　使用欄位寬度和精準度的顯示方式

顯示在欄位當中資料的確切大小是由**欄位寬度**（field width）來指定。如果欄位寬度大於要顯示的資料，則程式的資料在欄位中會靠右對齊。代表欄位寬度的整數，可以加入轉換指定詞中的百分比符號（%）與轉換指定詞之間（例如：**%4d**）。

9.8.1　指定顯示整數的欄位寬度

圖 9.8 中的程式顯示兩組整數，每一組有 5 個整數。若要顯示的數值位數小於欄位寬度，則此數字會靠右對齊。若要顯示的數值位數大於欄位寬度，則程式會自動增加欄位寬度。注意負數的負號會佔欄寬的一個位置。欄位寬度可以與各種轉換指定詞一起使用。

常見的程式設計錯誤 9.8

顯示數值時沒有提供足夠的欄位寬度。可能會造成其他資料顯示的移位，也可能會造成令人困擾的輸出。請確定你的資料大小！

```
1   // Fig. 9.8: fig09_08.c
2   // Right justifying integers in a field
3   #include <stdio.h>
4
5   int main(void)
6   {
7      printf("%4d\n", 1);
8      printf("%4d\n", 12);
9      printf("%4d\n", 123);
10     printf("%4d\n", 1234);
11     printf("%4d\n\n", 12345);
12
13     printf("%4d\n", -1);
14     printf("%4d\n", -12);
15     printf("%4d\n", -123);
16     printf("%4d\n", -1234);
17     printf("%4d\n", -12345);
18  }
```

```
   1
  12
 123
1234
12345

  -1
 -12
-123
-1234
-12345
```

圖 9.8　整數在欄位當中靠右對齊

9.8.2 指定整數、浮點數和字串的精準度

printf 函式也提供指定顯示資料精確度的功能。精確度對於不同的資料型別有不同的意義。當精確度和整數轉換指定詞一起使用時，它指出程式至少必須顯示多少個位數。如果顯示數值的位數小於指定的精確度，則多出來的位數就會補上 0 或小數點，zeros are pefixed to the printed to value until the total number of digits is equivalent to the precision。假如精確度並非以零或是小數點來表示，則會補上空白。整數預設的精確度是 1。當和浮點數轉換指定詞 **e**、**E** 和 **f** 一起使用的時候，精確度代表小數點後面應該有幾個位數。和轉換指定詞 **g** 和 **G** 一起使用的時候，精確度代表的是顯示的最大有效數字位數。和轉換指定詞 **s** 一起使用的時候，精確度代表的是從這個字串顯示的字元個數的最大值。

當使用精確度時，放一個小數點（**.**），接著，在轉換指定詞和百分比符號之間放置一個表示精確度的整數。圖 9.9 中的程式示範如何在格式控制字串中使用精確度。要注意，當顯示浮點數值時，假如所指定的精確度小於浮點數的小數位數，則此浮點數就會四捨五入。

```c
1   // Fig. 9.9: fig09_09.c
2   // Printing integers, floating-point numbers and strings with precisions
3   #include <stdio.h>
4
5   int main(void)
6   {
7       puts("Using precision for integers");
8       int i = 873; // initialize int i
9       printf("\t%.4d\n\t%.9d\n\n", i, i);
10
11      puts("Using precision for floating-point numbers");
12      double f = 123.94536; // initialize double f
13      printf("\t%.3f\n\t%.3e\n\t%.3g\n\n", f, f, f);
14
15      puts("Using precision for strings");
16      char s[] = "Happy Birthday"; // initialize char array s
17      printf("\t%.11s\n", s);
18  }
```

```
Using precision for integers
        0873
        000000873

Using precision for floating-point numbers
        123.945
        1.239e+002
        124

Using precision for strings
        Happy Birth
```

圖 9.9 使用精確度顯示整數、浮點數和字串的資訊

9.8.3　結合欄位寬度和精確度

欄位寬度和精確度可以一起使用，方法是在百分比符號和轉換指定詞之間先寫欄位寬度，再寫一個小數點，最後才寫精確度。例如以下敘述式

```
printf("%9.3f", 123.456789);
```

會顯示 **123.457**，小數點右邊有三位，並且在寬度為 9 的欄位當中向右對齊。

程式也可以在格式控制字串後面的引數列中，使用整數運算式來指定欄位寬度和精確度。要使用這項功能，你必須加入星號（*）取代欄位寬度或精確度（或是二者）。引數列中和 **int** 相對的引數會先計算出來，並且放置在星號的位置。欄位寬度的數值可以是正的或負的（負的欄位寬度會讓顯示的資料靠左對齊，我們會在下一節討論它）。以下的敘述式

```
printf("%*.*f", 7, 2, 98.736);
```

用 **7** 代表欄位寬度、**2** 代表精準度，並且將輸出的數值 **98.74** 靠右對齊。

9.9　在 printf 格式控制字串中使用旗標

printf 函式還提供了旗標（flag）來輔助它的格式化輸出功能。共有 5 種旗標可以用於格式控制字串中（圖 9.10）。要在格式化控制字串中使用旗標，請直接在百分比記號右邊放置旗標。同一個轉換指定詞中可以同時結合數個旗標。

旗標	說明
-（負號）	在指定的欄位中將輸出靠左對齊。
+（正號）	在正值之前顯示正號，在負值之前顯示負號。
space	在正數之前顯示一空格，但不印 + 號。
#	和八進位轉換指定詞 o 一起使用的時候，輸出之前會加上 0。
	和十六進位轉換指定詞 x 或 X 一起使用的時候，在輸出之前會加上 0x 或 0X。
	沒有小數部份但是會以 e,E,f,g 或 G 顯示的浮點數來顯示小數點。（一般只在含有小數部分時才會顯示小數點。）對於 g 和 G 指定詞而言，小數點後面多餘的零不會消除。
0（零）	使用前導的零填補欄位。

圖 9.10　格式化字串控制旗標

9.9.1　靠右對齊和靠左對齊

圖 9.11 的程式示範字串、整數、字元以及浮點數的靠右對齊和靠左對齊。第 7 行輸出一行代表直行位置的數字，因此你可以確定靠右對齊和靠左對齊是否有正確地執行。

```c
1   // Fig 9.11: fig09_11.c
2   // Right justifying and left justifying values
3   #include <stdio.h>
4
5   int main(void)
6   {
7      puts("123456789012345678901234567890\n");
8      printf("%10s%10d%10c%10f\n\n", "hello", 7, 'a', 1.23);
9      printf("%-10s%-10d%-10c%-10f\n", "hello", 7, 'a', 1.23);
10  }
```

```
123456789012345678901234567890
     hello         7         a  1.230000

hello     7         a         1.230000
```

圖 9.11　輸出值的靠右對齊與靠左對齊

9.9.2　以有+號旗標和無+號旗標印出正數及負數

圖 9.12 的程式分別是使用有**+旗標**（flag）和沒有+旗標的方式，顯示一個正數和一個負數。在兩種情況中都會顯示負號，但是正號只有在使用+旗標的時候才會顯示出來。

```c
1   // Fig. 9.12: fig09_12.c
2   // Printing positive and negative numbers with and without the + flag
3   #include <stdio.h>
4
5   int main(void)
6   {
7      printf("%d\n%d\n", 786, -786);
8      printf("%+d\n%+d\n", 786, -786);
9   }
```

```
786
-786
+786
-786
```

圖 9.12　使用和沒有使用+旗標來顯示正數和負數

9.9.3　使用空白旗標

圖 9.13 的程式使用**空白旗標**（space flag）在一個正數前面增加一格空白。這對於具有同樣位數的正數和負數的對齊很有幫助。請注意，因為負號的關係，輸出值**-547** 之前不會放置一個空白。

```
1   // Fig. 9.13: fig09_13.c
2   // Using the space flag
3   // not preceded by + or -
4   #include <stdio.h>
5
6   int main(void)
7   {
8      printf("% d\n% d\n", 547, -547);
9   }
```

```
 547
-547
```

圖 9.13　使用空白旗標

9.9.4　使用#旗標

圖 9.14 的程式使用#旗標（flag）在八進位制數值的前面加上一個 0，在十六進位制數值前面
加上 0x 和 0X，並強迫以 g 顯示的數值顯示小數點。

```
1    // Fig. 9.14: fig09_14.c
2    // Using the # flag with conversion specifiers
3    // o, x, X and any floating-point specifier
4    #include <stdio.h>
5
6    int main(void)
7    {
8       int c = 1427; // initialize c
9       printf("%#o\n", c);
10      printf("%#x\n", c);
11      printf("%#X\n", c);
12
13      double p = 1427.0; // initialize p
14      printf("\n%g\n", p);
15      printf("%#g\n", p);
16   }
```

```
02623
0x593
0X593

1427
1427.00
```

圖 9.14　將#旗標結合轉換指定詞使用

9.9.5　使用 0 旗標

圖 9.15 的程式結合了+旗標和 0（零）旗標，在 9 個欄位寬度當中將 452 顯示成具有+號和前
導零，然後只使用 0 旗標和 9 個欄位寬將 452 再顯示一次。

```
1    // Fig. 9.15: fig09_15.c
2    // Using the 0 (zero) flag
3    #include <stdio.h>
4
5    int main(void)
6    {
7       printf("%+09d\n", 452);
8       printf("%09d\n", 452);
9    }
```

圖 9.15　使用 0（零）旗標

```
+00000452
000000452
```

圖 9.15　使用 0（零）旗標(續)

9.10　字元常數和跳脫序列的顯示

如你在本書所看到的，利用 `printf` 函式輸出包含在格式控制字串中的字元常數是很容易的。但是有一些有「問題」的字元，像是用來隔開格式控制字串本身的雙引號（"）。有些控制字元，像是換行和水平跳格，都必須用跳脫序列（escape sequences）來表示。跳脫序列會用反斜線（\）加上一個特別的跳脫字元（escape character）來表示。圖 9.16 列出所有的跳脫序列以及它們執行的動作。

跳脫序列	說明
\'（單引號）	輸出單引號（'）字元。
\"（雙引號）	輸出雙引號（"）字元。
\?（問號）	輸出問號（?）字元。
\\（反斜線）	輸出反斜線（\）字元。
\a（警告音或鈴聲）	輸出可聽見的聲音（鈴聲）或聽的到的警告聲。
\b（退格）	將游標在目前所在的行當中往後移一位。
\f（跳頁）	將游標移到下一個邏輯頁的起始位置。
\n（新行）	將游標移到下一行的起始位置。
\r（正向換行符號）	將游標移至目前所在行的起始位置。
\t（水平跳格）	將游標移至下一個水平跳格的位置。
\v（垂直跳格）	將游標移至下一個垂直跳格的位置。

圖 9.16　跳脫序列

9.11　使用 `scanf` 的格式化輸入

精確的輸入格式化會使用 `scanf` 來加以完成。每個 `scanf` 敘述式都包含格式控制字串，它會用來描述要輸入資料的格式。格式控制字串包含轉換指定詞和字元常數。`scanf` 函式具有以下的輸入格式化功能：

1. 輸入所有型別的資料。
2. 從輸入資料流當中輸入指定的字元。
3. 跳過輸入資料流中的某些指定字元。

9.11.1　scanf 的語法

scanf 函式會寫成以下的形式：

scanf(*format-control-string*, *other-arguments*);

其中的格式控制字串（format-control-string）描述輸入的格式，其他引數（other-arguments）則是一些指向變數的指標，這些變數會用來存放輸入的資料。

良好的程式設計習慣 9.1

當輸入資料時，每次只提示使用者輸入一個資料項或少量的資料即可。不要要求使用者在一個提示中輸入太多資料。

良好的程式設計習慣 9.2

請考慮當（不是假設，是要當它真的會發生）輸入錯誤的資料時，使用者和你的程式應該做些什麼。例如：輸入了對程式來說無意義的整數值，或是字串中遺漏了標點和空白。

9.11.2　scanf 轉換指定詞

圖 9.17 整理了用來輸入所有型別資料的轉換指定詞。本節剩餘的部分會提供程式來示範如何使用各個 scanf 轉換指定詞來讀取資料。請注意，d 和 i 轉換指定詞對利用 scanf 輸入來說有不同的意義，然而它們在以 printf 函式輸出時是可以互相交換的。

轉換指定詞	說明
整數	
d	讀進一個有正負號的十進位整數。對應的引數是指向整數的指標。
i	讀進一個有正負號的十進位，八進位或十六進位整數。對應的引數是指向整數的指標。
o	讀進一個八進位整數。對應的引數是指向無號整數的指標。
u	讀進一個無號的十進位整數。對應的引數是指向無號整數的指標。
x 或 X	讀進一個十六進位的整數。對應的引數是指向無號整數的指標。
h , l 及 ll	用於任何整數轉換指定之前，表示希望輸入 short 、long 或 long long 的整數。
浮點數	
e, E, f, g 或 G	讀進一個浮點數。對應的引數是指向浮點變數的指標。
l 或 L	用於任何浮點數轉換指定之前，表示希望輸入 double 或 long double 的浮點數。對應的引數是指向 double 或 long double 變數的指標。

圖 9.17　scanf 的轉換指定詞（1/2）

轉換指定詞	說明
字元和字串	
c	讀進一個字元。對應的引數是一個指向 char 的指標；不會加上空 ('\0') 字元。
s	讀進一個字串。對應的引數是一個指向型別為 char 的陣列的指標，並且該陣列足以儲存字串以及結尾的空 ('\0') 字元──這是自動增加的。
掃瞄集	
[scan characters]	在一字串當中尋找存放在某陣列中的字元。
其它	
p	讀取一個在 printf 敘述式中和 %p 的輸出具有相同形式的位址。
n	儲存目前為止 scanf 函式讀入的字元個數。對應的引數是指向整數的指標。
%	跳過輸入時的百分比符號 (%)。

圖 9.17　scanf 的轉換指定詞（2/2）

9.11.3　以 scanf 讀取整數

圖 9.18 的程式使用不同的整數轉換指定詞來讀取數個整數，然後以十進位制將這些整數顯示出來。請注意，其中的轉換指定詞%i 可以用來輸入十進位制、八進位制、以及十六進位制的整數。

```c
1  // Fig. 9.18: fig09_18.c
2  // Reading input with integer conversion specifiers
3  #include <stdio.h>
4
5  int main(void)
6  {
7     int a;
8     int b;
9     int c;
10    int d;
11    int e;
12    int f;
13    int g;
14
15    puts("Enter seven integers: ");
16    scanf("%d%i%i%i%o%u%x", &a, &b, &c, &d, &e, &f, &g);
17
18    puts("\nThe input displayed as decimal integers is:");
19    printf("%d %d %d %d %d %d %d\n", a, b, c, d, e, f, g);
20 }
```

```
Enter seven integers:
-70 -70 070 0x70 70 70 70

The input displayed as decimal integers is:
-70 -70 56 112 56 70 112
```

圖 9.18　使用整數轉換指定詞來讀取輸入

9.11.4　以 scanf 讀取浮點數

要輸入浮點數的時候，程式可以使用浮點數轉換指定詞 **e**、**E**、**f**、**g** 或 **G**。圖 9.19 的程式使用三種浮點數轉換指定詞讀進三個浮點數。並且將這三個數字以轉換指定詞 **f** 顯示出來。

```c
1   // Fig. 9.19: fig09_19.c
2   // Reading input with floating-point conversion specifiers
3   #include <stdio.h>
4
5   // function main begins program execution
6   int main(void)
7   {
8      double a;
9      double b;
10     double c;
11
12     puts("Enter three floating-point numbers:");
13     scanf("%le%lf%lg", &a, &b, &c);
14
15     printf("\nHere are the numbers entered in plain");
16     puts("floating-point notation:");
17     printf("%f\n%f\n%f\n", a, b, c);
18  }
```

```
Enter three floating-point numbers:
1.27987 1.27987e+03 3.38476e-06

Here are the numbers entered in plain floating-point notation:
1.279870
1279.870000
0.000003
```

圖 9.19　使用浮點數轉換指定詞來讀取輸入

9.11.5　以 scanf 讀取字元和字串

字元和字串分別用轉換指定詞 **c** 和 **s** 來進行輸入。圖 9.20 的程式會提示使用者輸入一個字串。這個程式使用%c 來讀取字串中的第一個字元，將它存放到字元變數 **x**，然後用%s 讀入字串的剩餘部分，並且將它存到字元陣列 **y**。

```c
1   // Fig. 9.20: fig09_20.c
2   // Reading characters and strings
3   #include <stdio.h>
4
5   int main(void)
6   {
7      char x;
8      char y[9];
9
10     printf("%s", "Enter a string: ");
11     scanf("%c%8s", &x, y);
12
13     puts("The input was:");
14     printf("the character \"%c\" and the string \"%s\"\n", x, y);
15  }
```

```
Enter a string: Sunday
The input was:
the character "S" and the string "unday"
```

圖 9.20　讀取字元和字串

9.11.6　掃描集用於 `scanf`

一連串的字元可以用**掃描集**（scan set）來進行輸入。掃描集是格式控制字串中，一些由中括號 **[]** 括起來，並且前面加上百分比符號的字元。掃描集會掃描輸入資料流中的字元，找出屬於此掃描集的字元。每次找到一個字元時，程式就會將它存放到掃描集對應的引數中，也就是指向字元陣列的指標。當遇到一個不包含在掃描集中的字元時，掃描集就停止輸入字元。如果輸入資料流的第一個字元不在掃描集中，則此陣列將不會被修改。圖 9.21 的程式會使用掃描集 **[aeiou]** 來掃描輸入資料流中的母音字母。注意，程式會讀入前輸入字串中的 7 個字母。第 8 個字母（**h**）不屬於掃描集，所以掃描的動作到此結束。

```c
1   // Fig. 9.21: fig09_21.c
2   // Using a scan set
3   #include <stdio.h>
4
5   // function main begins program execution
6   int main(void)
7   {
8      char z[9]; // define array z
9
10     printf("%s", "Enter string: ");
11     scanf("%8[aeiou]", z); // search for set of characters
12
13     printf("The input was \"%s\"\n", z);
14  }
```

```
Enter string: ooeeooahah
The input was "ooeeooa"
```

圖 9.21　使用掃描集

我們也可以使用**反掃描集**（inverted scan set）來掃描不在掃描集中的字元。只要在掃描集的中括號裡原來要掃描的字元前面加上一個**脫字符號^**（caret），就可以建立反掃描集。這會讀入並且儲存原來不在掃描集中的字元。當遇到第一個屬於反掃描集中的字元時，這個輸入動作就會結束。圖 9.22 的程式使用反掃描集 **[^aeiou]** 來找尋子音字母，更適當的說法是尋找「非母音」字母。

```c
1   // Fig. 9.22: fig09_22.c
2   // Using an inverted scan set
3   #include <stdio.h>
4
5   int main(void)
6   {
7      char z[9];
8
9      printf("%s", "Enter a string: ");
10     scanf("%8[^aeiou]", z); // inverted scan set
11
12     printf("The input was \"%s\"\n", z);
13  }
```

```
Enter a string: String
The input was "Str"
```

圖 9.22　使用反掃描集

9.11.7 欄位寬度用於 `scanf`

欄位寬度也可以用於 `scanf` 的轉換指定詞中，用來從輸入資料流讀取指定個數的字元。圖 9.23 的程式會輸入一連串的數字字元，其中前兩個字元讀取成兩位數的整數，輸入資料流中其他的數字則讀取成另一個整數。

```c
1   // Fig. 9.23: fig09_23.c
2   // inputting data with a field width
3   #include <stdio.h>
4
5   int main(void)
6   {
7      int x;
8      int y;
9
10     printf("%s", "Enter a six digit integer: ");
11     scanf("%2d%d", &x, &y);
12
13     printf("The integers input were %d and %d\n", x, y);
14  }
```

```
Enter a six digit integer: 123456
The integers input were 12 and 3456
```

圖 9.23 使用欄位寬度來輸入資料

9.11.8 跳過輸入資料流的某些字元

我們常需要跳過輸入資料流中的某些字元。例如日期可能會輸入為

11-10-1999

日期中的每一個數字都需要儲存起來，但分隔數字的連結線則可以丟棄。為了消去不需要的字元，我們可以將這些字元放到 `scanf` 的格式控制字串中（**空白字元**如空格、換行和跳格，這些會跳過所有前導的空白）。例如，要在輸入中跳過連結線，你可以使用敘述式

scanf("%d-%d-%d", &month, &day, &year);

雖然這個 `scanf` 確實可以消去上述輸入的連結線，但是日期也可能會以下面的方式進行輸入

10/11/1999

在這種情形，前一個 `scanf` 將無法去除不需要的字元。基於這個原因，`scanf` 提供**設定禁止字元**（assignment suppression character）*****。這個字元可使 `scanf` 從輸入的資料流中讀進任何型別的資料，並將它丟棄而不設定給變數。圖 9.24 的程式在 %c 轉換指定詞中使用了設定禁止字元，表示應該從輸入資料流中讀入一個字元並且將它丟棄。所以程式只會儲存月、日、年。將這些變數的值顯示出來以證明它們都是正確輸入的。每個 `scanf` 呼叫的引數列上沒有變數會對應到使用設定禁止字元的轉換指定詞。因為對應的字元會被丟棄。

```
1   // Fig. 9.24: fig09_24.c
2   // Reading and discarding characters from the input stream
3   #include <stdio.h>
4
5   int main(void)
6   {
7      int month = 0;
8      int day = 0;
9      int year = 0;
10     printf("%s", "Enter a date in the form mm-dd-yyyy: ");
11     scanf("%d%*c%d%*c%d", &month, &day, &year);
12     printf("month = %d   day = %d   year = %d\n\n", month, day, year);
13
14     printf("%s", "Enter a date in the form mm/dd/yyyy: ");
15     scanf("%d%*c%d%*c%d", &month, &day, &year);
16     printf("month = %d   day = %d   year = %d\n", month, day, year);
17  }
```

```
Enter a date in the form mm-dd-yyyy: 11-18-2012
month = 11   day = 18   year = 2012

Enter a date in the form mm/dd/yyyy: 11/18/2012
month = 11   day = 18   year = 2012
```

圖 9.24　從輸入資料流中讀進並且捨棄字元

9.12　安全程式設計

C 標準中列出許多函式庫的函式在使用不正確的引數時，將造成未定義的行為。因此需要避免這些情況造成安全性的隱憂。這些問題可能發生在使用 **printf**（或相關變化型，如 **sprintf**、**fprintf**、**printf_s** 等等）時輸入了錯誤轉換指定詞格式。CERT FIO00-C（**www.securecoding.cert.org**）規範中討論了上述情況，並且列表顯示出正確的格式化旗標、長度修飾詞及轉換指定詞字元該如何與轉換指定相互組合。此表格亦列出不同的轉換制定該以何種引數型態對應之。一般來說，在使用任何程式語言時，當規格書上提及某些操作將造成未定義行為，請避免此行為以防導致安全隱憂。

摘要

9.2　資料流

● 所有的輸入和輸出都是以資料流（stream）來處理，它是一系列的位元組。

● 通常標準輸入資料流（standard input stream）會連到鍵盤，而標準輸出資料流與錯誤資料流（standard output and error stream）則會連到電腦螢幕。

● 作業系統通常允許將標準輸入和輸出資料流重新導向（redirect）到其他的裝置。

9.3　使用 printf 的格式化輸出

● 格式控制字串描述了輸出值出現的格式。格式控制字串也包含轉換指定詞、旗標、欄位寬度、精確度和字元常數。

- 一個轉換指定由一個%和一個轉換指定詞組成。

9.4　顯示整數

- 整數會用以下的轉換指定詞來加以顯示：**d** 或 **i** 會用在有號整數。**o** 用在無號的八進位制整數，**u** 用在無號的十進位制整數，**x** 或 **X** 用在無號的十六進位制整數。修飾詞 **h**、**l** 或 **ll** 可以加在上述的轉換指定詞之前，分別用來表示 **short**、**long** 或 **longlong** 整數。

9.5　顯示浮點數

- 浮點數用以下的轉換指定詞來顯示：**e** 或 **E** 用在指數表示法，**f** 用在一般的浮點數表示法，**g** 或 **G** 用在 **e**（或 **E**）表示法或是 **f** 表示法。當指定 **g**（或 **G**）的轉換指定詞的時候，如果數值的指數小於 **-4** 或大於等於此數值的顯示精確度，則會以 **e**（或 **E**）的轉換方式顯示出來。
- **g** 和 **G** 轉換指定詞的精確度代表顯示的最大有效數字位數。

9.6　顯示字串和字元

- 轉換指定詞 **c** 顯示一個字元。
- 轉換指定詞 **s** 顯示一個以空字元當作結束的字元字串。

9.7　其他轉換指定詞

- 轉換指定詞 **p** 會以實作環境定義的方式來顯示位址（大部分的系統都使用十六進位制表示法）。
- 轉換指定詞%%可以輸出百分比符號字元%。

9.8　使用欄位寬度和精準度的顯示方式

- 如果欄位寬度大於要顯示的物件，則在預設的情況下，此物件會在欄位中靠右對齊。
- 欄位寬度可以與各種轉換指定詞一起使用。
- 和整數轉換指定詞一起使用時，精確度指出至少必須顯示多少個位數。如果顯示數值的位數小於指定的精確度，多出來的位數就會補上 0。
- 精確度用於浮點數轉換指定詞 **e**、**E** 和 **f** 的時候，表示小數點後面要顯示多少位數。精確度用在浮點數轉換指定詞 **g** 和 **G** 時，就是表示希望顯示多少位有效的數字。
- 精確度用在轉換指定詞 **s** 上時，表示要顯示的字元個數。
- 欄位寬度和精確度可以一起使用，方法是在百分比符號和轉換指定詞之間先寫欄位寬度，再寫一個小數點，最後才寫精確度。
- 也可以在格式控制字串後面的引數列中，經由整數運算式來指定欄位寬度和精確度。要使用這項功能，就要插入星號（*）取代欄位寬度或精確度。引數列中和 **int** 相對的引數會先計算出來，並且放置在星號的位置。

9.9　在 **printf** 的格式控制字串中使用旗標

- **-**旗標會使它的引數在欄位中靠左對齊。

- +號會在正值之前顯示加號，在負值之前顯示減號。
- 空白旗標會在不顯示+號的正數之前多顯示一個空格。
- #旗標（flag）在八進位制數值的前面加上一個 0，在十六進位制數值前面加上 0x 和 0X，並且強迫以 e、E、f、g 或 G 顯示的浮點數值來顯示小數點。
- 0 旗標會在沒有填滿整個欄位的數值前面顯示 0。

9.10 字元常數和跳脫序列的顯示

- 大多數想用 printf 敘述式顯示的字元常數都可以放在格式控制字串中。但是有一些有「問題」的字元，像是用來隔開格式控制字串的雙引號。有許多控制字元，像是換行和水平跳格，都必須用跳脫序列（escape sequences）來表示。跳脫序列會用反斜線（\）加上一個特別的跳脫字元（escape character）來加以表示。

9.11 以 scanf 讀取格式化輸入

- 輸入格式化是以函式庫函式 scanf 來達成的。
- 有號的整數可以 scanf 和轉換指定詞 d 或 i 來輸入的，無號的整數則使用 o、u、x 或 X 來輸入。修飾詞 h、l 和 ll 可以放在整數轉換指定詞之前，分別用來輸入 short、long 和 longlong 整數。
- 浮點數值是以 scanf 和轉換指定詞 e、E、f、g 或 G 來輸入。修飾詞 l 和 L 可以放在任何浮點數轉換指定詞之前，分別用來輸入 double 或 long double 數值。
- 字元是用 scanf 和轉換指定詞 c 來進行輸入。
- 字串是用 scanf 和轉換指定詞 s 來進行輸入。
- scanf 中的掃描集會掃描輸入資料流中的字元，找出只屬於此掃描集的字元。當找到符合的字元時，程式會將該字元存放到字元陣列中。當遇到一個不包含在掃描集中的字元時，掃描集就停止輸入字元。
- 只要在掃描集中的掃描字元前面加上一個脫字符號（caret，^）就可建立反掃描集。這會使 scanf 儲存沒有出現在掃描集的輸入字元，直到遇到反掃描集中的字元為止。
- 位址值是用 scanf 和轉換指定詞 p 來進行輸入。
- 轉換指定詞 n 會儲存目前為止 scanf 已經輸入的字元個數。對應的引數是一個指向 int 的指標。
- 設定禁止字元（assignment suppression character，*）是用來從輸入資料流中讀入資料，然後將資料丟棄。
- 欄位寬度也可以用在 scanf 的轉換指定中，用來從輸入資料流讀取指定個數的字元。

自我測驗

9.1　填充題

　　a)　所有的輸入和輸出都是用_____的形式來進行。

　　b)　_____資料流通常連到鍵盤。

c)　_____ 資料流通常連到電腦螢幕。

d)　精確的格式化輸出是以_____ 函式來完成的。

e)　格式控制字串包含_____、_____、_____、_____和_____。

f)　轉換指定詞____或____可以用來輸出一個有號的十進位制整數。

g)　轉換指定詞_____、_____和_____可分別用來顯示八進位制、十進位制和十六進位制的無號整數。

h)　修飾詞_____和_____可以放在整數轉換指定詞之前，是用來表示所顯示的是 **short** 或 **long** 整數值。

i)　_____ 轉換指定詞可以用來以指數表示法顯示一個浮點數。

j)　_____ 修飾詞可放在任何浮點轉換指定詞之前，表示顯示的數值是 **long double** 浮點數。

k)　轉換指定詞 **e**、**E** 和 **f** 如果沒有特別指定精確度，它們將會在小數點之後顯示____位精確度。

l)　轉換指定詞_____和_____分別用來顯示字串和字元。

m)　所有字串都以_____ 字元當作結束。

n)　**printf** 函式的轉換指定詞中的欄位寬度和精確度可以使用整數運算式來控制。只要將欄位寬度或精確度以_____ 取代，然後只要在引數列中放一個對應的整數運算式作為引數。

o)　_____ 旗標會使輸出在欄位內靠左對齊。

p)　_____ 旗標會顯示數值的正負號。

q)　精確的格式化輸入是以_____ 函式來完成的。

r)　_____ 可以用來掃描字串，並且找出某些特定的字元，然後將這些找到的字元存放到陣列中。

s)　_____ 轉換指定詞可以用來輸入有正負號的八進位制、十進位制和十六進位制整數。

t)　_____ 轉換指定詞可以用來輸入一個 **double** 值。

u)　_____ 可以用來從輸入資料流中讀取資料，然後將它丟棄，並且不會設定給任何變數。

v)　_____ 可用在 **scanf** 的轉換指定詞，表示要從輸入資料流中讀入指定個數的字元或數字。

9.2　請找出下列各項的錯誤，並且解釋如何更正。

a)　以下的敘述式應顯示字元**'c'**。

```
printf ("%s\n",'c');
```

b)　底下的敘述式應會顯示 **9.375%**。

```
printf ("%.3f%", 9.375);
```

c)　以下的敘述式應顯示字串**"Monday"**中的第一個字元。

```
printf ("%c\n", "Monday");
```

d)　`puts (""A string in quotes"");`

e)　`printf (%d%d, 12, 20);`

f)　`printf ("%c", "x");`

g)　`printf ("%s\n", 'Richard');`

9.3 爲下列各項撰寫敘述式。

a) 在一個 10 位數的欄位中，靠右對齊顯示 **1234**。

b) 用有正負號且 3 位精確度的有號（**+**或**-**）指數表示法，顯示 **123.456789**。

c) 讀入一個 double 值到變數 **number**。

d) 以八進位制格式，並且以前面加 **0** 的方式，顯示 **100**。

e) 讀入一個字串到字元陣列 **string**。

f) 連續讀入字元到陣列 **n** 中，直到遇到一個非數字字元爲止。

g) 使用整數變數 **x** 和 **y**，來指定用來顯示 double 值 **87.4573** 的欄位寬度和精確度。

h) 讀入一個 **3.5%** 這種格式的值。將百分比值存放到 float 變數 **percent**，並且從輸入資料流中刪除%。不能使用設定禁止字元。

i) 請在 20 個字元的欄位上，以精確度 3 來顯示具有正負符號的 long double 數值 **3.333333**。

自我測驗解答

9.1 a) 資料流 b) 標準輸入 c) 標準輸出 d) **printf** e) 轉換指定詞、旗標、欄位寬度、精確度、字元常數 f) **d**、**i** g) **o**、**u**、**x**（或 **X**） h) **h**、**l** i) **e**（或 E） j) L k) 6 l) **s**、**c** m) **NULL**（**'\0'**） n) 星號（*****） o) −（負號） p) +（正號） q) **scanf** r) 掃描集 s) **i** t) **le**、**lE**、**lf**、**lg** 或 **lG** u) 設定禁止字元（*****） v) 欄位寬度。

9.2 a) 錯誤：轉換指定詞 **s** 希望收到的引數是指向 **char** 的指標。

更正：要顯示字元 **'c'**，需要使用轉換指定詞%c 或將 **'c'** 改成 **"c"**。

b) 錯誤：嘗試顯示字元常數%，但沒有使用轉換指定詞%%。

更正：使用%%轉換指定詞來顯示%字元。

c) 錯誤：轉換指定詞 **c** 希望收到的引數是指向 **char** 的指標。

更正：要顯示 **"Monday"** 的第一個字元，需要使用轉換指定詞%1s。

d) 錯誤：嘗試顯示字元常數卻「沒有使用\"」跳脫序列。

更正：分別在左右雙引號"的前面加上反斜線\換成「\"」。

e) 錯誤：格式控制字串沒有用雙引號括起來。

更正：將%**d**%**d** 放到雙引號中。

f) 錯誤：字元 **x** 放到雙引號中。

更正：字元常數如果要用%c 顯示出來的話，應該放到單引號中。

g) 錯誤：要顯示的字串被放入單引號中。

更正：使用雙引號來表示字串，而不是使用單引號。

9.3 a) **printf**（**"%10d\n"**, 1234）;

b) **printf**（**"%+.3e\n"**, 123.456789）;

c) `scanf ("%lf", &number);`

d) `printf ("%#o\n", 100);`

e) `scanf ("%s", string);`

f) `scanf ("%[0123456789]", n);`

g) `printf ("%*.*f\n", x, y, 87.4573);`

h) `scanf ("%f%%", &percent);`

i) `printf ("%+20.3Lf\n", 3.333333);`

習題

9.4 為下列各項撰寫 `printf` 或 `scanf` 敘述式。

a) 在一個 15 位數的欄位中，以 8 位數靠左對齊顯示無號整數 **40000**。

b) 讀入一個十六進制數值到變數 hex。

c) 分別使用正號以及不使用正號印出 **200**。

d) 利用前置 **0x**，以十六進制格式顯示 **100**。

e) 將字元連續讀入陣列 **s** 中，直到遇到字母 **p** 為止。

f) 在一個位數 9 的欄位中，以前方補零顯示 **1.234**。

g) 讀進一個格式為 **hh:mm:ss** 的時間值，將這個時間的各個部分分別存進整數變數 **hour**、**minute** 和 **second** 中。跳過輸入資料流中的冒號(:)。請使用設定禁止字元。

h) 從標準輸入資料流讀入**"characters"**格式的字串。將字串存放到字元陣列 s，並且從輸入資料流中刪除雙引號。

i) 讀進一個格式為 **hh:mm:ss** 的時間值，將這個時間的各個部分分別存進整數變數 **hour**、**minute** 和 **second** 中。跳過輸入資料流中的冒號(:)。不能使用設定禁止字元。

9.5 下列各敘述式將會印出什麼？如果敘述式不正確，請解釋原因。

a) `printf("%-10d\n", 10000);`

b) `printf("%c\n", "This is a string");`

c) `printf("%*.*lf\n", 8, 3, 1024.987654);`

d) `printf("%#o\n%#X\n%#e\n", 17, 17, 1008.83689);`

e) `printf("% ld\n%+ld\n", 1000000, 1000000);`

f) `printf("%10.2E\n", 444.93738);`

g) `printf("%10.2g\n", 444.93738);`

h) `printf("%d\n", 10.987);`

9.6 找出下列各程式片段中的錯誤。請說明要如何更正這些錯誤。

a) `printf("%s\n", 'Happy Birthday');`

b) `printf("%c\n", 'Hello');`

c) `printf("%c\n", "This is a string");`

d) 底下的敘述式應會顯示**"BonVoyage"**：
   `printf(""%s"", "Bon Voyage");`

e)　`charday[] = "Sunday";`
　　`printf("%s\n", day[3]);`

f)　`puts('Enter your name: ');`

g)　`printf(%f, 123.456);`

h)　以下的敘述式應顯示字元'O'和'K'。
　　`printf("%s%s\n", 'O', 'K');`

i)　`char s[10];`
　　`scanf("%c", s[7]);`

9.7　（%d 和%i 的差異）寫一個程式，測試在 **scanf** 敘述式中使用轉換指定詞%**d** 和%**i** 有什麼不同。
程式要求使用者輸入兩個以空白分隔的整數，使用以下敘述式

　　`scanf("%i%d", &x, &y);`
　　`printf("%d %d\n", x, y);`

輸入並顯示數值。以下列各組輸入資料來測試程式：

10	10
-10	-10
010	010
0x10	0x10

9.8　（以不同欄位寬度印出數字）編寫一個程式來測試在各種長度的欄位中印出整數值 **12345** 和浮點
數 **1.2345** 的結果。請問將值印出在包含位數少於值的欄位時，會發生什麼事？

9.9　（將浮點數四捨五入）編寫一個印出值為 **100.453627** 的程式，將其四捨五入到最接近的位數、
十分之一、百分之一、千分之一和萬分之一。

9.10　（溫度轉換）編寫一個程式，將整數華氏溫度從 0 到 212 度轉換為精確度 3 位的浮點數攝氏溫度。
請使用下列公式進行計算

　　`celsius = 5.0 / 9.0 * (fahrenheit - 32);`

輸出應印出在兩個靠右對齊的列中，每列 10 個字元，而且攝氏溫度應加上正號或負號。

9.11　（跳脫序列）編寫一個程式來測試跳脫序列\'、\"、\?、\\、\a、\b、\n、\r 和\t。對於移
動游標的跳脫序列，印出跳脫序列之前和之後的字元，以便清楚游標在哪裡移動。

9.12　（列印問號）撰寫一個程式來測試?是否可直接放在 **printf** 的格式控制字串中來作為字元常數，
或是必須使用\?跳脫字元。

9.13　（使用每一種 scanf 轉換指定詞讀入整數）撰寫一個程式使用每一個 **scanf** 的整數轉換指定詞來
輸入數值 **437**。使用每一種整數轉換指定詞顯示此輸入的數值。

9.14　（使用浮點數轉換指定詞輸出數字）撰寫一個程式使用轉換指定詞 **e**、**f** 和 **g** 輸入數值 **1.2345**。
將每一個變數的值顯示出來，來檢驗每一個轉換指定詞都可以用來輸入這個值。

9.15 （**讀入引號中的字串**）在某些程式語言中，字串要用單引號或雙引號括住來輸入。撰寫一個程式來讀入三個字串 **suzy**、**"suzy"** 和 **'suzy'**。C 會忽略這些單引號和雙引號嗎？還是會將他們讀成字串的一部分？

9.16 （**以字元常數顯示問號**）撰寫一個程式來測試**?**是否可直接以字元常數`?`顯示，還是要放在 **printf** 敘述式中使用轉換指定詞 **%c** 的格式控制字串中來作為字元常數，或是必須使用**\?**跳脫字元。

9.17 （**使用 %g 與各種精確度**）撰寫一個程式使用轉換指定詞 **g** 來輸出數值 **9876.12345**。分別以精確度 **1** 到 **9** 來顯示此數。

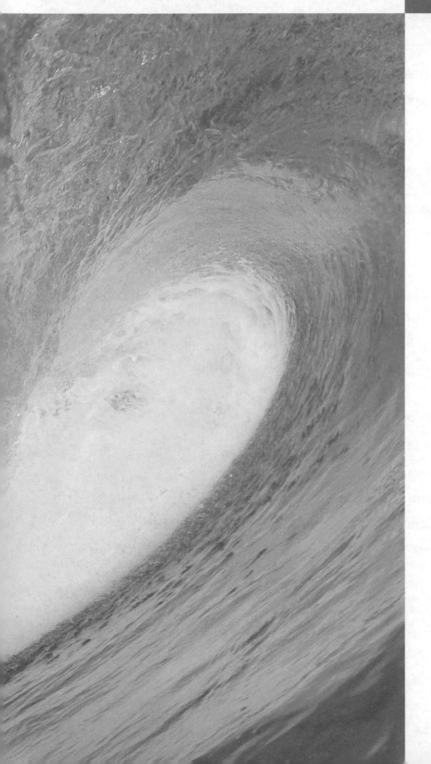

結構、集合、位元處理
以及列舉型別

10

10.1　簡介

結構（structure）會將一些彼此相關的變數集合在一個名稱之下，在 C 標準中有時也可稱為**聚合體**（aggregate）。結構可以含有許多不同資料型別的變數，相較之下，陣列僅能夠含有相同資料型別的元素。結構通常會用來定義儲存在檔案裡的記錄（record，請參閱第 11 章）。指標和結構可以構成複雜的資料結構，例如鏈結串列、佇列、堆疊和樹等（請參閱第 12 章）的資訊。這裡也將探討：

- **typedef**：用來建立先前已定義的資料型別的別名。

- **union**：和結構類似，但與成員共用相同的儲存空間。

- 位元運算子（bitwise operator）：用來處理運算元內的位元。

- 位元欄位（bit field）：**unsigned int** 或 **int** 的結構或集合成員，你可以在成員所儲存的位元欄位中存放指定的位元個數，可幫助你緊密地封裝資訊。

- 列舉型別（enumeration）：一組識別子所表示的整數常數。

10.2　結構定義

結構是**衍生的資料型別**（derived data type），它們是以其他型別的物件來建構的。請看以下的結構定義：

```
struct card {
    char *face;
    char *suit;
};
```

關鍵字 **struct** 開始一個結構的定義。識別字 **card** 稱為**結構標籤**（structure tag），結構標籤即為結構定義的名稱，它可以和 **struct** 組合在一起，用來宣告該**結構型別**（structure type）的變數，例如：**struct card**。宣告在結構定義大括號內的變數稱為該結構的**成員**（member）。同一個結構型別內的成員必須各自有自己獨一無二的名稱；但是兩個不同的結構型別，其所包含的成員名稱則可以是相同的，不會有所衝突（我們很快就會知道原因）。每一個結構定義都必須以分號結束。

常見的程式設計錯誤 10.1

忘了用分號來結束結構的定義是一種語法錯誤。

struct card 的定義裡包含兩個成員：**face** 和 **suit**，它們的型別為 **char ***。結構的成員可以是基本資料型別（例如，**int**、**float** 等）的變數，也可以是聚合（例如，陣列或其他結構）。我們在第 6 章曾經提過，陣列的每一個元素，其資料型別都必須相同。然而，結構的成員卻可以是各種不同的資料型別。例如，下面例子中，**struct** 包含用來表示員工姓名的字串陣列成員、表示員工年齡的 **unsigned int** 成員、含有 **'M'** 或 **'F'** 來代表員工性別的 **char** 成員、和用來表示員工時薪的 **double** 成員等。

```
struct employee {
    char firstName[20];
    char lastName[20];
    unsigned int age;
    char gender;
    double hourlySalary;
};
```

10.2.1　自我參考結構

一個型別為 **struct** 的變數不能夠宣告在同一個 **struct** 型別的定義中；但是，一個指向 **struct** 型別的指標卻可以包含在 **struct** 型別的定義中。例如，在 **struct employee2** 中：

```
struct employee2 {
    char firstName[20];
    char lastName[20];
    unsigned int age;
    char gender;
    double hourlySalary;
    struct employee2 teamLeader; // ERROR
    struct employee2 *teamLeaderPtr; // pointer
};
```

struct employee2 包含它自己的實體（**teamLeader**），此為錯誤所在。因為 **teamLeaderPtr** 是一個指標（指向 **struct employee2** 的型別），所以它可以宣告於定義中。若一個結構含有一個指向相同結構型別的指標成員，則此結構便稱為一個**自我參考結構**（self-referential structure）。在第 12 章中，我們會用自我參考結構來建立各種鏈結資料結構。

常見的程式設計錯誤 10.2

結構不能包含它自己的實例。

10.2.2　宣告結構型別的變數

結構的定義並沒有佔用任何的記憶體空間；每一個定義要建立一個新的資料型別，以供變數定義之用，就像構建該 **struct** 實例的藍圖一樣。結構變數的定義方式和其他型別的變數是一樣的。以下的定義

```
struct card aCard, deck[52], *cardPtr;
```

將 **aCard** 宣告為型別 **struct card** 的變數，將 **deck** 宣告為具有 52 個 **struct card** 型別之元素的陣列，並且將 **cardPtr** 宣告為一個指向 **struct card** 的指標。在上述敘述式之後，我們為一個名為 **aCard** 的 **struct card** 物件、**deck** 陣列中的 52 個 **struct card** 物件，以及一個型別為 **struct card** 的未初始化指標保留了記憶體。結構型別的變數在宣告時也可以直接放在結構定義的右大括號和結構定義終結處的分號之間，變數名稱之間則會以逗號來加以分隔。例如，上述的定義可以與 **struct card** 定義寫在一起，如下：

```
struct card {
   char *face;
   char *suit;
} aCard, deck[52], *cardPtr;
```

10.2.3　結構標籤名稱

結構標籤名稱是可有可無的。如果某個結構定義不包含結構標籤名稱，則這種結構型別的變數就一定只能宣告在結構定義內，而不能獨立宣告。

良好的程式設計習慣 10.1

在建立結構型別時，請務必給它一個結構標籤名稱。有了結構標籤名稱，在往後的程式裡才能夠宣告這種結構型別的新變數。

10.2.4　可對結構執行的運算

結構可執行的合法運算只有：

- 設定 **struct** 變數的值給另一個相同型別的 **struct** 變數（見 10.7 節），對一個指標成員來說，這個副本只是指標中儲存的位址。
- 取得 **struct** 變數的位址（**&**，見 10.4 節）。
- 存取 **struct** 變數的成員（見 10.4 節）。
- 使用 **sizeof** 運算子來決定 **struct** 變數的大小。

常見的程式設計錯誤 10.3

將某一型別的結構指定給不同型別的結構，會產生編譯時期錯誤。

　　結構是不能用==和!=運算子進行比較，因為結構的成員並不一定會存放在連續的記憶體位元組中。由於電腦會將某些資料型別存放在特定的記憶體邊界上（例如半字組、字組、或雙字組邊界），因此，結構有時會存在一些「洞」。字組是電腦裡存放資料的記憶體單元，它通常為 4 或 8 個位元組。請考慮以下的結構定義，此定義宣告 **struct example** 型別的變數 **sample1** 和 **sample2**：

```
struct example {
   char c;
   int i;
} sample1, sample2;
```

在字組為 4 個位元組的電腦裡，**struct example** 的每個成員必須放在字組的邊界上，亦即放在字組的開頭（這點是隨機器而異）。圖 10.1 為 **struct example** 型別的變數儲存在對齊記憶體邊界的範例，這個變數設定為字元**'a'**，也就是整數 97（圖 10.1 顯示了這兩個值的位元表示法）。如果成員是放在字組邊界的開頭，則 **struct example** 型別的變數的記憶體內會有三個位元組的洞（圖 10.1 的位元組 1-3）。在這個三位元組的洞內的值是未定義的。即使 **sample1** 和 **sample2** 這兩個成員的值實際上是相等的，但這兩個結構相比的結果卻未必是相同的。因為這個三位元組的洞不見得含有相同的數值。

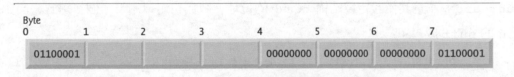

圖 10.1　**struct example** 型別的變數可能的記憶體邊界對齊（記憶體中有塊未定義的區域）

可攜性的小技巧 10.1

由於各種型別資料項的大小會隨機器而異，而且記憶體邊界對齊也會隨著機器的不同而有所差異，因此各種機器對相同結構的表示法會有所不同。

10.3　結構的初始化

結構可以像陣列一樣使用初始值列來設定初始值。要初始化一個結構，請於定義內的變數名稱後加上一個等號和一組大括號，於大括號內放入以逗號隔開的初始值列。例如，以下的宣告：

```
struct card aCard = { "Three", "Hearts" };
```

這個宣告產生一個型別 **struct card** 的變數 **aCard**（如 10.2 節所定義的），而且將它的成員 **face** 的初始值設定為**"Three"**，成員 **suit** 的初始值設定為**"Hearts"**。如果初始值列的初始值個數少於結構的成員個數，則剩下的成員將自動初始化為 0（若成員為指標則會設定為 **NULL**）。定義於函式定義之外的結構變數（也就是外部）若沒有在外部定義中明確地初始化的話，則其初始值將會設定為 0 或 **NULL**。我們也可以在指定敘述式裡為結構變數設定初始值。你可以將它指定為相同型別的另一個結構變數，也可以對結構的成員個別地指定初值。

10.4　使用.和->存取結構的成員

有兩個運算子可以用來存取結構的成員：**結構成員運算子**（.即 structure member operator），也稱為**點號運算子**（dot operator）以及**結構指標運算子**（->即 structure pointer operator），也稱為**箭號運算子**（arrow operator）。結構成員運算子會經由結構變數名稱來存取結構成員。例如，若我們想印出第 10.3 節中定義的結構變數 aCard 的成員 suit，則可以使用以下的敘述式

```
printf("%s", aCard.suit); // displays Hearts
```

結構指標運算子是由一個減號（-）和一個大於符號（>）緊密結合而成，透過**指向結構的指標**（pointer to the structure）來存取結構的成員。假設指標 **cardPtr** 宣告為指向 **structcard**，並且其值設定為結構 aCard 的位址。我們也可以用下一個敘述式來印出結構 **aCard** 的 **suit** 成員：

```
printf("%s", cardPtr->suit); // displays Hearts
```

運算式 **cardPtr->suit** 和（***cardPtr**）**.suit** 是相等的，後者會先對指標求值（反參考），然後再以結構成員運算子來存取成員 suit。此處的小括號是必要的，因為結構成員運算子（.）的運算優先權比指標反參考運算子（*）高。結構指標運算子、結構成員運算子，搭配小括號

組（用來呼叫函式），以及陣列索引所使用的中括號（[]），其運算子優先權是最高的，而且結合性都是由左至右。

良好的程式設計習慣 10.2

請勿在->和.運算子的前後留下任何的空白。消除這些空白可以幫忙突顯包含此運算子的運算式事實上為單一的變數名稱。

常見的程式設計錯誤 10.4

在結構指標運算子的-和>之間插入空白（或在除了?:運算子之外的任何多字元運算子中間插入空白，是一種語法錯誤。

常見的程式設計錯誤 10.5

試圖只用成員名稱來參考結構的成員是一種語法錯誤。

常見的程式設計錯誤 10.6

使用指標和結構成員運算子參考結構的成員時如果沒有加上小括號（例如*cardPtr.suit）是一種語法錯誤。為了預防這個錯誤，程式使用箭號（->）運算子來代替。

　　圖 10.2 的程式示範結構成員和結構指標運算子的使用方法。程式會分別使用結構成員運算子將結構 **aCard** 的成員的值設定為**"Ace"**和**"Spades"**（第 17 行和第 18 行）。接著指標 **cardPtr** 會指定為結構 **aCard** 的位址（第 20 行）。最後，**printf** 函式裡以三種方式印出結構變數 **aCard** 的成員。這三種方式為使用變數名稱 aCard 以及結構成員運算子，使用指標 **cardPtr** 和結構指標運算子，以及使用反參考指標 **cardPtr** 和結構成員運算子（第 22 行到第 24 行）。

```c
1   // Fig. 10.2: fig10_02.c
2   // Structure member operator and
3   // structure pointer operator
4   #include <stdio.h>
5
6   // card structure definition
7   struct card {
8      char *face; // define pointer face
9      char *suit; // define pointer suit
10  };
11
12  int main(void)
13  {
14     struct card aCard; // define one struct card variable
15
16     // place strings into aCard
17     aCard.face = "Ace";
18     aCard.suit = "Spades";
19
```

圖 10.2　結構成員運算子和結構指標運算子

```
20      struct card *cardPtr = &aCard; // assign address of aCard to cardPtr
21
22      printf("%s%s%s\n%s%s%s\n%s%s%s\n", aCard.face, " of ", aCard.suit,
23          cardPtr->face, " of ", cardPtr->suit,
24          (*cardPtr).face, " of ", (*cardPtr).suit);
25  }
```

```
Ace of Spades
Ace of Spades
Ace of Spades
```

圖 10.2　結構成員運算子和結構指標運算子(續)

10.5　使用結構與函式

結構可以用下列的方式傳給函式：

- 傳遞個別的結構成員。
- 傳遞整個結構。
- 傳遞指向此結構的指標。

當整個結構或個別的結構成員被傳遞給函式時，會以傳值呼叫的方式進行。因此，呼叫函式的結構成員不會被受呼叫的函式更改。若想以傳參考方式來傳遞結構，程式便需要傳入此結構變數的位址。而結構所組成的陣列則和其他的陣列一樣，會自動以傳參考呼叫的方式來傳遞。

在第 6 章中，我們曾提過程式可以使用結構以傳值呼叫來傳遞陣列。其作法是建立一個以陣列作為其成員的結構。因為結構是以傳值進行呼叫，所以這個陣列便能夠以傳值呼叫來加以傳遞。

常見的程式設計錯誤 10.7

誤以為結構和陣列一樣，會自動以傳參考呼叫來進行傳遞，然後試圖在受呼叫函式裡更改呼叫函式的結構的值，這是一個邏輯錯誤。

增進效能的小技巧 10.1

以傳參考呼叫來傳遞結構會比傳值呼叫更有效率（傳值呼叫會將整個結構複製一份）。

10.6　typedef

使用關鍵字 **typedef** 為之前定義的資料型別建立別名提供了相關技術。結構型別的名稱通常會以 **typedef** 來加以定義，以便建立較短的型別名稱。例如，以下的敘述式：

```
typedef struct card Card;
```

會將新的型別名稱 **Card** 定義為 **struct card** 型別的別名。C 程式設計師通常會以 **typedef** 來定義結構型別，因此便不再需要結構標籤。例如，以下的定義

```
typedef struct {
    char *face;
    char *suit;
} Card;
```

不需要額外的 **typedef** 敘述式便可以建立結構型別 **Card**。

良好的程式設計習慣 10.3

將 **typedef** 的名稱的第一個字母大寫，可以強調這種名稱是其他型別名稱的別名。

　　我們現在便可以使用 **Card** 來宣告 **struct card** 型別的變數。下面的宣告

```
Card deck[52];
```

宣告一個擁有 52 個 **Card** 結構的陣列（型別為 **struct card** 的變數）。以 **typedef** 來建立一個新名稱事實上並不會產生新的型別；**typedef** 只會為現存的型別名稱產生一個別名。有意義的名稱有助於程式「自行文件化」。舉例來說，當我們看到上述的宣告時，我們知道「**deck** 是一個擁有 52 個 **Card** 的陣列」。

　　typedef 也常用來為基本資料型別建立別名。例如，某個程式需使用 4 個位元組的整數，這在有些系統上可能是 **int** 型別，而有些系統則是 **long** 型別。為了可攜性的考量，程式設計師通常會使用 **typedef** 來為這個 4 位元組的整數取一個別名，例如 **Integer**。對於上述的兩種系統而言，我們只需要修改 **Integer** 這個別名的定義，便可以讓程式適用於兩種系統中。

可攜性的小技巧 10.2

使用 **typedef** 可以讓程式更具可攜性。

良好的程式設計習慣 10.4

使用 **typedef** 可以幫助程式增加可讀性與可維護性。

10.7　範例：高效率的洗牌和發牌模擬器

圖 10.3 的程式是根據第 7 章所討論的洗牌和發牌模擬器來撰寫的。這個程式以一個結構陣列
來代表一副牌，並使用高效率的洗牌和發牌演算法，圖 10.4 為此程式的輸出結果。

```c
1   // Fig. 10.3: fig10_03.c
2   // Card shuffling and dealing program using structures
3   #include <stdio.h>
4   #include <stdlib.h>
5   #include <time.h>
6
7   #define CARDS 52
8   #define FACES 13
9
10  // card structure definition
11  struct card {
12     const char *face; // define pointer face
13     const char *suit; // define pointer suit
14  };
15
16  typedef struct card Card; // new type name for struct card
17
18  // prototypes
19  void fillDeck(Card * const wDeck, const char * wFace[],
20     const char * wSuit[]);
21  void shuffle(Card * const wDeck);
22  void deal(const Card * const wDeck);
23
24  int main(void)
25  {
26     Card deck[CARDS]; // define array of Cards
27
28     // initialize array of pointers
29     const char *face[] = { "Ace", "Deuce", "Three", "Four", "Five",
30        "Six", "Seven", "Eight", "Nine", "Ten",
31        "Jack", "Queen", "King"};
32
33     // initialize array of pointers
34     const char *suit[] = { "Hearts", "Diamonds", "Clubs", "Spades"};
35
36     srand(time(NULL)); // randomize
37
38     fillDeck(deck, face, suit); // load the deck with Cards
39     shuffle(deck); // put Cards in random order
40     deal(deck); // deal all 52 Cards
41  }
42
43  // place strings into Card structures
44  void fillDeck(Card * const wDeck, const char * wFace[],
45     const char * wSuit[])
46  {
47     // loop through wDeck
48     for (size_t i = 0; i < CARDS; ++i) {
49        wDeck[i].face = wFace[i % FACES];
50        wDeck[i].suit = wSuit[i / FACES];
51     }
52  }
53
54  // shuffle cards
55  void shuffle(Card * const wDeck)
56  {
57     // Loop through wDeck randomly swapping Cards
58     for (size_t i = 0; i < CARDS; ++i) {
59        size_t j = rand() % CARDS;
60        Card temp = wDeck[i];
```

圖 10.3　使用結構的洗牌和發牌程式

```
61          wDeck[i] = wDeck[j];
62          wDeck[j] = temp;
63      }
64  }
65
```

圖 10.3　使用結構的洗牌和發牌程式(續)

```
Three of Hearts    Jack of Clubs      Three of Spades    Six of Diamonds
 Five of Hearts    Eight of Spades    Three of Clubs     Deuce of Spades
 Jack of Spades    Four of Hearts     Deuce of Hearts    Six of Clubs
Queen of Clubs     Three of Diamonds  Eight of Diamonds  King of Clubs
 King of Hearts    Eight of Hearts    Queen of Hearts    Seven of Clubs
Seven of Diamonds  Nine of Spades     Five of Clubs      Eight of Clubs
  Six of Hearts    Deuce of Diamonds  Five of Spades     Four of Clubs
Deuce of Clubs     Nine of Hearts     Seven of Hearts    Four of Spades
  Ten of Spades    King of Diamonds   Ten of Hearts      Jack of Diamonds
 Four of Diamonds  Six of Spades      Five of Diamonds   Ace of Diamonds
  Ace of Clubs     Jack of Hearts     Ten of Clubs       Queen of Diamonds
  Ace of Hearts    Ten of Diamonds    Nine of Clubs      King of Spades
  Ace of Spades    Nine of Diamonds   Seven of Spades    Queen of Spades
```

圖 10.4　高效率的洗牌和發牌模擬器的輸出結果

在這個程式中，函式 **fillDeck**（第 44-52 行）為 **Card** 陣列設定初始值，每一個花色從 **A** 到 **K**。**Card** 陣列會傳給（第 39 行）負責執行高效率洗牌演算法的 **shuffle** 函式（第 55-64 行）。函式 **shuffle** 的引數為一個具有 52 個 **Card** 的陣列。此函式使用一個迴圈結構來走訪這 52 張牌（第 58-63 行）。然後為每張牌隨機地選取一個介於 0 和 51 之間的整數。接著將陣列中目前的牌與隨機選取的 **Card** 互換（第 60-62 行）。當你對整個陣列進行 52 次的互換之後，這副牌便洗好了。第 7 章所顯示的洗牌演算法會造成延遲，而此處的演算法則可以完全免除。由於 **Card** 會在陣列中進行互換，因此 **deal** 函式（第 67-84 行）的高效率發牌演算法只需走訪這個陣列一次，即可發出洗好的牌。

常見的程式設計錯誤 10.8

參考到結構陣列中的個別結構時，忘記加上陣列的索引，會造成語法錯誤。

Fisher-Yates 洗牌演算法

建議你在真正的紙牌遊戲中使用所謂的無偏差洗牌演算法（*unbiased* shuffling algorithm）。這個演算法確保所有洗過的牌可能的排序發生的機率相同。習題 10.18 要求你研究流行的無偏差 Fisher-Yates 洗牌演算法，並用它來重新實作圖 10.3 中 **DeckOfCards** 的方法 **shuffle**。

10.8 Unions

union 和結構相似，是一種衍生的資料型別，但是它的成員會共享相同的儲存空間。在不同的情況下，同一個程式中有些變數可能是彼此毫無關連的，但是有一些變數之間卻有關聯。因此，**union** 會共享儲存空間，以免非使用中的變數浪費了儲存空間。**union** 的成員可以是任何的資料型別。用來儲存一個 union 所需的記憶體位元組數至少要能夠放得下此 union 最大的成員。在大部分的情況下，union 中會含有兩種或更多種資料型別。然而在某個時間片段，只有一個成員（亦即只有一種資料型別）可進行參考。你必須保證 union 中的資料是以正確的資料型別進行參考。

常見的程式設計錯誤 10.9

以錯誤型別的變數來參考儲存在 union 中的資料是一種邏輯錯誤。

可攜性的小技巧 10.3

如果以某種型別將資料存到 union 裡，而卻以另一種型別來參考該資料，則其結果會隨系統而有所差異。

10.8.1　宣告 union

union 的定義和結構定義具有相同的格式。底下的 union 定義

```
union number {
    int x;
    double y;
};
```

表示 number 是一個 union 型別，它的成員為 int x 和 double y。我們通常會將 union 的定義放在程式的標頭檔內，再將它包含到所有使用此 union 型別的原始檔中。

軟體工程的觀點 10.1

和 struct 定義一樣，union 定義也只是建立一種新的型別而已。將 union 或 struct 定義放在任何函式之外，並不會因此建立一個全域變數。

10.8.2　可對 union 執行的運算

可對 union 執行的運算有：

- 將某個 union 指定給另一個相同型別的 union。
- 取得一個 union 變數的位址（&）。
- 使用結構成員運算子和結構指標運算子來存取 union 的成員。

Union 之間不能用==和!=來比較，其道理和結構不能比較是一樣的。

10.8.3　在宣告中設定 union 的初始值

在宣告時，union 的初始值，其型別只能設定爲與第一個 union 成員值的型別相同。例如，以第 10.8.1 節的 union 來說，敘述式

```
union number value = { 10 };
```

合法地爲 union 變數 value 設定了初始值，因爲此 union 的初始值設定爲一個 int，但是接下來的宣告則會刪去初始值的浮點部分（有些編譯器會對此發出警告）：

```
union number value = { 1.43 };
```

可攜性的小技巧 10.4

儲存一個 union 所需的儲存空間，是依系統而定的，但是其大小至少要足以容納 union 中最大的成員。

可攜性的小技巧 10.5

有些 union 並不容易移植到其他的電腦系統上。一個 union 是否容易移植，通常決定於系統對此 union 成員的資料型別所進行的儲存邊界對齊方式。

10.8.4　Union 使用範例

圖 10.5 的程式使用型別爲 **union number**（第 6-9 行）的變數 **value**（第 13 行），來顯示存放在 union 中的 int 值和 double 值。此程式的輸出會隨系統而有所差異。由程式的輸出可知，double 值的內部表示法可能和 int 所表示的值差異頗大。

```c
1   // Fig. 10.5: fig10_05.c
2   // Displaying the value of a union in both member data types
3   #include <stdio.h>
4
5   // number union definition
6   union number {
7      int x;
8      double y;
9   };
10
11  int main(void)
12  {
13     union number value; // define union variable
14
15     value.x = 100; // put an integer into the union
16     printf("%s\n%s\n%s\n  %d\n\n%s\n  %f\n\n\n",
17        "Put 100 in the integer member",
18        "and print both members.",
19        "int:", value.x,
20        "double:", value.y);
```

圖 10.5　以兩種成員資料型別印出 union 的值

```
21
22    value.y = 100.0; // put a double into the same union
23    printf("%s\n%s\n%s\n  %d\n\n%s\n  %f\n",
24       "Put 100.0 in the floating member",
25       "and print both members.",
26       "int:", value.x,
27       "double:", value.y);
28 }
```

```
Put 100 in the integer member
and print both members.
int:
   100

double:
   -9255959211743313600000000000000000000000000000000000000000000000.000000

Put 100.0 in the floating member
and print both members.
int:
   0

double:
   100.000000
```

圖 10.5　以兩種成員資料型別印出 **union** 的值(續)

10.9　位元運算子

所有的資料在電腦內部均是以一連串的位元來加以表示。每個位元可以為值 0 或值 1。在大部分的系統裡，8 個連續的位元會構成一個位元組，這是 **char** 型別變數的典型儲存單位。其他的資料型別則會存放在較多的位元組。位元運算子（bitwise operator）可以用來操作一組完整運算元內的位元，不論 **signed** 或 **unsigned**。但程式通常會以無號數整數來與位元運算子共同使用，我們將這些位元運算子整理在圖 10.6。

可攜性的小技巧 10.6

位元資料的運算與機器有關。

　　位元 AND、位元 inclusive OR、和位元 exclusive OR 運算子會將其兩個運算元進行逐位元比較。如果兩個運算元的某個對應位元均為 **1**，則位元 AND 運算子便會將運算結果的這個位元設定為 **1**。如果兩個運算元的某個對應位元有一個為 **1**（或兩個都為 **1**），則位元 inclusive OR 運算子便會將運算結果的這個位元設定為 **1**。如果兩個運算元對應的位元值不一樣，則位元 exclusive OR 運算子便會將運算結果的這個位元設定為 **1**。左移（left-shift）運算子會將它的左運算元向左移數個位元，移動的位元數是由右運算元來指定。右移（right-shift）運算子會將它的左運算元向右移數個位元，移動的位元數也是由右運算元來指定。位元補數（bitwise complement）運算子將運算元中原本為 **0** 的位元全部變為 **1**，原本為 **1** 的位元會全部變為 **0**，

通常稱爲位元替換（toggling the bit）。接下來的例子將深入探討每一個位元運算子。圖 10.6
列出所有位元運算子的簡介。

運算子		說明
&	位元 AND	如果兩個運算元同一個位置的位元都爲 1，則運算結果的同位置位元爲 1。
|	位元 inclusive OR	如果兩個運算元同一位置的位元至少有一爲 1 的話，則運算結果的同位置位元便爲 1。
^	位元 exclusive OR	如果兩個運算元同一位置的位元只有一爲 1 的話，則運算結果的同位置位元便爲 1。
<<	左移	將第一個運算元往左移數個位元。左移的位元數由第二個運算元指定；右邊以 0 填滿。
>>	右移	將第一個運算元往右移數個位元。右移的位元數由第二個運算元指定。左邊的空位充填方式依不同機器而異。
~	1 的補數	所有爲 0 的位元都設定成 1，爲 1 的位元都會設定成 0。

圖 10.6　位元運算子

本節討論的位元運算子說明了整數運算元的二進制表示法。有關二進制（也稱爲 base-2）
數字系統的詳細說明，請參閱附錄 C。由於位元操作的機器相關性質，這些程式可能在你的
系統中無法正常運作，也可能在你的系統上執行的結果會不同。

10.9.1　以位元的形式印出一個 unsigned 整數

當我們在使用位元運算子時，以二進制表示法印出數值將有助於了解這些運算子確切的作
用。圖 10.7 的程式以 8 個位元一組的二進制表示法，印出一個 **unsigned int** 值。在本節的
範例中，我們假設 **unsigned int** 儲存在記憶體的 4 個位元組（32 個位元）中。

```c
 1  // Fig. 10.7: fig10_07.c
 2  // Displaying an unsigned int in bits
 3  #include <stdio.h>
 4
 5  void displayBits(unsigned int value); // prototype
 6
 7  int main(void)
 8  {
 9     unsigned int x; // variable to hold user input
10
11     printf("%s", "Enter a nonnegative int: ");
12     scanf("%u", &x);
13
14     displayBits(x);
15  }
16
17  // display bits of an unsigned int value
18  void displayBits(unsigned int value)
```

圖 10.7　以位元的形式印出一個 **unsigned int**

```
19  {
20      // define displayMask and left shift 31 bits
21      unsigned int displayMask = 1 << 31;
22
23      printf("%10u = ", value);
24
25      // loop through bits
26      for (unsigned int c = 1; c <= 32; ++c) {
27          putchar(value & displayMask ? '1' : '0');
28          value <<= 1; // shift value left by 1
29
30          if (c % 8 == 0) { // output space after 8 bits
31              putchar(' ');
32          }
33      }
34
35      putchar('\n');
36  }
```

```
Enter a nonnegative int: 65000
      65000 = 00000000 00000000 11111101 11101000
```

圖 10.7　以位元的形式印出一個 unsigned int(續)

displayBits 函式（第 18-36 行）使用位元 AND 運算子結合變數 **value** 與變數 **displayMask**（第 27 行）。通常位元 AND 運算子會與一個稱為**遮罩**（mask）的運算元一起使用，**mask** 是某些位元設定為 1 的整數值。mask 可以在選取值中的某些位元時將其他的位元隱藏起來。在函式 **displayBits** 裡，mask 變數 **displayMask** 的值指定為

```
    1 << 31        (10000000 00000000 00000000 00000000)
```

左移運算子會將值 1 從 **displayMask** 的最低位（最右邊）位元移到最高位（最左邊）的位元，並且將其他的位元填為 0。第 27 行

```
        putchar(value & displayMask ? '1' : '0');
```

會判斷變數 **value** 目前最左邊的位元應印出 1 或印出 0。當 **value** 和 **displayMask** 以&結合起來時，變數 **value** 的所有位元，除了最左邊的位元之外，都會被「遮掉」（mask off，或稱隱藏，hidden），因為任何位元與 0 執行 AND，其結果一定為 0。如果最左邊的位元為 1，則 **value & displayMask** 將得到「非零」的結果（真），然後將 1 印出來；否則便會印出 0。接著變數 **value** 運算式 **value <<=1**（相當於 **value=value <<1**）會向左移一個位元。然後對 **unsigned** 變數 **value** 的每一個位元重複執行這些步驟。圖 10.8 列出以位元 AND 運算子結合兩個位元所得的結果。

常見的程式設計錯誤 10.10

將邏輯 AND 運算子（&&）與位元 AND 運算子（&）混用是錯誤的。

位元 1	位元 2	位元 1 & 位元 2
0	0	0
1	0	0
0	1	0
1	1	1

圖 10.8　以位元 AND 運算子（&）結合兩個位元所得的結果

10.9.2　增加函式 displayBits 的通用性及可攜性

在圖 10.7 第 21 行中，我們將整數 31 寫死在程式中，以表示在變數 displayMask 中，值 1 應該移到最左邊的位元。類似地，在第 26 行中，我們將整數 32 寫死在程式中，表示迴圈應該重複 32 次，每一次處理變數 value 中的一個位元。我們假設 unsigned int 總是儲存在記憶體裡的 32 個位元（4 個位元組）中。現今的電腦普遍使用 32 位元或 64 位元字組的硬體架構。C 程式設計師的工作傾向於橫跨許多不同的硬體架構，而 unsigned int 有時候會儲存在更大或更小的位元數中。

可攜性的小技巧 10.7

圖 10.7 的程式可以利用以下介紹的方式讓它更具通用性及可攜性。我們只要根據程式執行平台的 unsigned int 所佔記憶體大小，把第 21 行的整數 31 和第 26 行的整數 32 替換成透過計算這些整數的運算式即可。符號常數 CHAR_BIT（定義在 <limits.h> 中）用來表示一個位元組中的位元數（通常是 8）。回想一下，運算子 sizeof 可決定用來儲存物件或型別所需的位元組數量。在使用 32 位元表示 unsigned int 的電腦中，運算式 sizeof(unsigned int) 的值為 4，在使用 64 位元表示 unsigned int 的電腦中，運算式 sizeof(unsigned int) 的值為 8。你可以把 31 以 CHAR_BIT * sizeof(unsigned int) - 1 做替換，把 32 以 CHAR_BIT * sizeof(unsigned int) 做替換。對 32 位元表示 unsigned int 的電腦來說，上述兩個運算式的值分別是 31 和 32；對 64 位元表示 unsigned int 的電腦來說，上述兩個運算式的值分別是 63 和 64。

10.9.3 使用位元 AND、inclusive OR、exclusive OR 以及補數運算子

圖 10.9 的程式示範了位元 AND 運算子、位元 inclusive OR 運算子、位元 exclusive OR 運算子及位元補數運算子的使用。程式使用 displayBits 函式（第 46-64 行）來印出 unsigned int 值。輸出結果見圖 10.10。

```c
1   // Fig. 10.9: fig10_09.c
2   // Using the bitwise AND, bitwise inclusive OR, bitwise
3   // exclusive OR and bitwise complement operators
4   #include <stdio.h>
5
6   void displayBits(unsigned int value); // prototype
7
8   int main(void)
9   {
10     // demonstrate bitwise AND (&)
11     unsigned int number1 = 65535;
12     unsigned int mask = 1;
13     puts("The result of combining the following");
14     displayBits(number1);
15     displayBits(mask);
16     puts("using the bitwise AND operator & is");
17     displayBits(number1 & mask);
18
19     // demonstrate bitwise inclusive OR (|)
20     number1 = 15;
21     unsigned int setBits = 241;
22     puts("\nThe result of combining the following");
23     displayBits(number1);
24     displayBits(setBits);
25     puts("using the bitwise inclusive OR operator | is");
26     displayBits(number1 | setBits);
27
28     // demonstrate bitwise exclusive OR (^)
29     number1 = 139;
30     unsigned int number2 = 199;
31     puts("\nThe result of combining the following");
32     displayBits(number1);
33     displayBits(number2);
34     puts("using the bitwise exclusive OR operator ^ is");
35     displayBits(number1 ^ number2);
36
37     // demonstrate bitwise complement (~)
38     number1 = 21845;
39     puts("\nThe one's complement of");
40     displayBits(number1);
41     puts("is");
42     displayBits(~number1);
43  }
44
45  // display bits of an unsigned int value
46  void displayBits(unsigned int value)
47  {
48     // declare displayMask and left shift 31 bits
49     unsigned int displayMask = 1 << 31;
50
51     printf("%10u = ", value);
52
53     // loop through bits
54     for (unsigned int c = 1; c <= 32; ++c) {
55        putchar(value & displayMask ? '1' : '0');
56        value <<= 1; // shift value left by 1
57
58        if (c % 8 == 0) { // output a space after 8 bits
59           putchar(' ');
60        }
61     }
62
63     putchar('\n');
64  }
```

圖 10.9　位元 AND、位元 inclusive OR、位元 exclusive OR 以及位元補數等運算子的
　　　　使用

```
The result of combining the following
    65535 = 00000000 00000000 11111111 11111111
        1 = 00000000 00000000 00000000 00000001
using the bitwise AND operator & is
        1 = 00000000 00000000 00000000 00000001

The result of combining the following
       15 = 00000000 00000000 00000000 00001111
      241 = 00000000 00000000 00000000 11110001
using the bitwise inclusive OR operator | is
      255 = 00000000 00000000 00000000 11111111

The result of combining the following
      139 = 00000000 00000000 00000000 10001011
      199 = 00000000 00000000 00000000 11000111
using the bitwise exclusive OR operator ^ is
       76 = 00000000 00000000 00000000 01001100

The one's complement of
    21845 = 00000000 00000000 01010101 01010101
is
4294945450 = 11111111 11111111 10101010 10101010
```

圖 10.10　輸出圖 10.9 的程式執行結果

位元 AND 運算子（&）

在圖 10.9 中，整數變數 **number1** 在第 11 行指定其值為 **65535**（**00000000 00000000 11111111 11111111**），而變數 **mask** 在第 12 行指定其值為 **1**（**00000000 00000000 00000000 00000001**）。當 **number1** 與 **mask** 在運算式 **number1&mask** 中以位元 AND 運算子（&）結合時（第 17 行），其結果為 **00000000 00000000 00000000 00000001**。變數 **number1** 的所有位元（除了最低位的位元之外），都被變數 **mask** 以 AND 運算「遮掉」（隱藏）了。

位元 inclusive OR 運算子（|）

位元 inclusive OR 運算子會用來將某個運算元的某些位元設定為 **1**。在圖 10.9 中，變數 **number1** 在第 20 行設定為 **15**（**00000000 00000000 00000000 00001111**），變數 **setBits** 在第 21 行設定為 **241**（**00000000 00000000 00000000 11110001**）。當 **number1** 與 **setBits** 在運算式 **number1|setBits** 中以位元 inclusive OR 運算子結合時（第 26 行），其結果為 **255**（**00000000 00000000 00000000 11111111**）。圖 10.11 列出以位元 inclusive OR 運算子結合兩個位元的結果。

位元 1	位元 2	位元 1	位元 2
0	0	0
1	0	1
0	1	1
1	1	1

圖 10.11　以位元 inclusive OR 運算子（|）結合兩個位元所得的結果

位元 exclusive OR 運算子（^）

如果兩個運算元相對應的這個位元恰有一個為 1 的話，位元 exclusive OR 運算子（^）會將運算結果中的位元設定為 1。在圖 10.9 中，變數 **number1** 和 **number2** 在第 29-30 行分別設定為值 **139**（00000000 00000000 00000000 10001011）和 **199**（00000000 00000000 00000000 11000111）。當這兩個變數在運算式 **number1 ^ number2** 中以位元 exclusive OR 運算子結合時（第 35 行），其結果為 00000000 00000000 00000000 01001100。圖 10.12 列出以位元 exclusive OR 運算子結合兩個位元所得到的結果。

位元 1	位元 2	位元 1 ^ 位元 2
0	0	0
1	0	1
0	1	1
1	1	0

圖 10.12　以位元 exclusive OR 運算子（^）結合兩個位元所得的結果

位元補數運算子（~）

位元補數運算子（~，bitwise complement operator）會把運算元中值為 1 的位元，在運算結果中設定為 0，將值為 0 的位元設定為 1；亦即對運算元進行 1 的補數運算（one's complement）。在圖 10.9 中，變數 **number1** 在第 38 行設定其值為 **21845**（00000000 00000000 01010101 01010101）。當以運算式~**number1** 求值時（第 42 行），其結果為（11111111 11111111 10101010 10101010）。

10.9.4　左移運算子（<<）和右移運算子（>>）的使用

圖 10.13 的程式示範左移運算子（<<）和右移運算子（>>）的使用方式。此程式也使用 **displayBits** 函式來印出 **unsigned int** 的值。

```c
1   // Fig. 10.13: fig10_13.c
2   // Using the bitwise shift operators
3   #include <stdio.h>
4
5   void displayBits(unsigned int value); // prototype
6
7   int main(void)
8   {
9      unsigned int number1 = 960; // initialize number1
10
11     // demonstrate bitwise left shift
12     puts("\nThe result of left shifting");
13     displayBits(number1);
14     puts("8 bit positions using the left shift operator << is");
15     displayBits(number1 << 8);
```

圖 10.13　位元移位運算子的使用方式

```
16
17      // demonstrate bitwise right shift
18      puts("\nThe result of right shifting");
19      displayBits(number1);
20      puts("8 bit positions using the right shift operator >> is");
21      displayBits(number1 >> 8);
22   }
23
24   // display bits of an unsigned int value
25   void displayBits(unsigned int value)
26   {
27      // declare displayMask and left shift 31 bits
28      unsigned int displayMask = 1 << 31;
29
30      printf("%7u = ", value);
31
32      // loop through bits
33      for (unsigned int c = 1; c <= 32; ++c) {
34         putchar(value & displayMask ? '1' : '0');
35         value <<= 1; // shift value left by 1
36
37         if (c % 8 == 0) { // output a space after 8 bits
38            putchar(' ');
39         }
40      }
41
42      putchar('\n');
43   }
```

```
The result of left shifting
    960 = 00000000 00000000 00000011 11000000
8 bit positions using the left shift operator << is
 245760 = 00000000 00000011 11000000 00000000

The result of right shifting
    960 = 00000000 00000000 00000011 11000000
8 bit positions using the right shift operator >> is
      3 = 00000000 00000000 00000000 00000011
```

圖 10.13　位元移位運算子的使用方式(續)

左移運算子（<<）

左移運算子（<<）會將它的左運算元向左移數個位元，移動的位元數是由右運算元來指定。右邊空出來的位元將填 0；而移出最左邊的位元則丟棄。在圖 10.13 的程式裡，變數 number1 在第 9 行設定其值為 960（00000000 00000000 00000011 11000000）。運算式 number1<<8 將 number1 向左移 8 位元（第 15 行）的結果為 245760（00000000 00000011 11000000 00000000）。

右移運算子（>>）

右移運算子（>>）會將它的左運算元向右移數個位元，移動的位元數也是由右運算元來指定。當我們在 unsigned int 執行右移運算時，左邊空出來的位元將填 0；而移出最右邊的位元則會捨棄。在圖 10.13 的程式中，運算式 number1>>8（第 21 行）將 number1 向右移 8 位元後的結果為 3（00000000 00000000 00000000 00000011）。

常見的程式設計錯誤 10.11

在右或左移位元運算中，若右運算元為負值或右運算元大於左運算元的位元數，則運算的結果是未定義的。

可攜性的小技巧 10.8

將負數右移的結果是定義在實作上。

10.9.5　位元指定運算子

每一個二元位元運算子都有一個相對應的指定運算子。圖 10.14 列出這些**位元指定運算子**（bitwise assignment operator），他們使用的方式和第 3 章所介紹的算術指定運算式類似。

逐位元指定運算子。

&=	逐位元 AND 指定運算子
|=	逐位元 inclusive OR 指定運算子
^=	逐位元 exclusive OR 指定運算子
<<=	左移指定運算子
>>=	右移指定運算子

圖 10.14　位元指定運算子

圖 10.15 列出截至目前為止，我們所介紹過的運算子的運算優先順序和結合性。圖中的運算優先順序是由上往下遞減。

運算子	結合性	型別
( ) [ ] . -> ++ *(postfix)* -- *(postfix)*	由左至右	最高的
+ - ++ -- ! & * ~ sizeof *(type)*	由右至左	單一的
* / %	由左至右	乘法運算子
+ -	由左至右	加法運算子
<< >>	由左至右	移位運算子
< <= > >=	由左至右	關係運算子
== !=	由左至右	相等運算子
&	由左至右	逐位元 AND
^	由左至右	逐位元 OR
|	由左至右	逐位元 OR
&&	由左至右	邏輯 AND
||	由左至右	邏輯 OR
?:	由右至左	條件運算子
= += -= *= /= &= |= ^= <<= >>= %=	由右至左	指定運算子
,	由左至右	逗號運算子

圖 10.15　運算子的運算優先順序與結合性

10.10　位元欄位

C 語言讓你可以在結構或 union 的無號或有號整數成員裡指定儲存的位元數量。這種功能稱為**位元欄位**（bit field）。位元欄位能夠將資料存放在最少的位元裡，提高記憶體的使用率。位元欄位的成員必須宣告為 int 或 unsigned int。

10.10.1　定義位元欄位

請看以下的結構定義：

```
struct bitCard {
    unsigned int face : 4;
    unsigned int suit : 2;
    unsigned int color : 1;
};
```

這個定義包含 3 個 **unsigned int** 的位元欄位──**face**、**suit** 和 **color**，用來代表 52 張牌中的一張。位元欄位的宣告方式是在 **unsigned** 或有號整數的**成員名稱**（member name）之後加上一個冒號（:）以及一個表示欄位寬度（width）的整數常數（亦即儲存此成員所佔用的位元數）。用來代表寬度的常數必須介於 0（於 10.10.3 節討論）與你的系統上 int 所佔用的位元個數之間。我們的範例均是在 4 位元組（32 位元）整數的電腦上進行測試。

　　上述的結構定義表示成員 **face** 佔用了 4 個位元，成員 **suit** 佔用了 2 個位元，而成員 **color** 則佔用了 1 個位元。位元的數目是根據每一個結構成員的需要來決定的。成員 **face** 儲存的值為 0（Ace）到 12（King），而 4 個位元能夠儲存的值為 0 到 15。成員 **suit** 儲存的值為 0 到 3（0 =紅心，1 =方塊，2 =梅花，3 =黑桃），而 2 個位元剛好足以儲存值 0 到 3。最後，成員 **color** 儲存的值為 0（紅色）或 1（黑色），1 個位元便能夠儲存這兩個值。

10.10.2　使用位元欄位表示牌面、花色和顏色

圖 10.16 的程式（輸出結果在圖 10.17）在第 20 行產生一個含有 52 個 **struct bitCard** 結構的陣列 **deck**。函式 **fillDeck**（第 31 到 39 行）將 52 張牌填入 **deck** 陣列，而函式 **deal**（第 43 到 55 行）則印出這 52 張牌。我們可看到結構的位元欄位成員其存取方式和其他的結構成員完全相同。在系統允許彩色輸出時，成員 **color** 可以用來顯示牌的顏色。

```
1   // Fig. 10.16: fig10_16.c
2   // Representing cards with bit fields in a struct
3   #include <stdio.h>
4   #define CARDS 52
5
6   // bitCard structure definition with bit fields
7   struct bitCard {
8       unsigned int face : 4; // 4 bits; 0-15
9       unsigned int suit : 2; // 2 bits; 0-3
10      unsigned int color : 1; // 1 bit; 0-1
11  };
12
13  typedef struct bitCard Card; // new type name for struct bitCard
14
15  void fillDeck(Card * const wDeck); // prototype
16  void deal(const Card * const wDeck); // prototype
17
18  int main(void)
19  {
20      Card deck[CARDS]; // create array of Cards
21
22      fillDeck(deck);
23
24      puts("Card values 0-12 correspond to Ace through King");
25      puts("Suit values 0-3 correspond Hearts, Diamonds, Clubs and Spades");
26      puts("Color values 0-1 correspond to red and black\n");
27      deal(deck);
28  }
29
30  // initialize Cards
31  void fillDeck(Card * const wDeck)
32  {
33      // loop through wDeck
34      for (size_t i = 0; i < CARDS; ++i) {
35          wDeck[i].face = i % (CARDS / 4);
36          wDeck[i].suit = i / (CARDS / 4);
37          wDeck[i].color = i / (CARDS / 2);
38      }
39  }
40
41  // output cards in two-column format; cards 0-25 indexed with
42  // k1 (column 1); cards 26-51 indexed with k2 (column 2)
43  void deal(const Card * const wDeck)
44  {
45      printf("%-6s%-6s%-15s%-6s%-6s%s\n", "Card", "Suit", "Color",
46          "Card", "Suit", "Color");
47
48      // loop through wDeck
49      for (size_t k1 = 0, k2 = k1 + 26; k1 < CARDS / 2; ++k1, ++k2) {
50          printf("%-6d%-6d%-15d",
51              wDeck[k1].face, wDeck[k1].suit, wDeck[k1].color);
52          printf("%-6d%-6d%d\n",
53              wDeck[k2].face, wDeck[k2].suit, wDeck[k2].color);
54      }
55  }
```

圖 10.16　用結構中的位元欄位表示一副樸克牌

```
Card values 0-12 correspond to Ace through King
Suit values 0-3 correspond Hearts, Diamonds, Clubs and Spades
Color values 0-1 correspond to red and black

Card  Suit  Color        Card  Suit  Color
0     0     0            0     2     1
1     0     0            1     2     1
2     0     0            2     2     1
3     0     0            3     2     1
4     0     0            4     2     1
5     0     0            5     2     1
6     0     0            6     2     1
7     0     0            7     2     1
8     0     0            8     2     1
9     0     0            9     2     1
10    0     0            10    2     1
11    0     0            11    2     1
12    0     0            12    2     1
0     1     0            0     3     1
1     1     0            1     3     1
2     1     0            2     3     1
3     1     0            3     3     1
4     1     0            4     3     1
5     1     0            5     3     1
6     1     0            6     3     1
7     1     0            7     3     1
8     1     0            8     3     1
9     1     0            9     3     1
10    1     0            10    3     1
11    1     0            11    3     1
12    1     0            12    3     1
```

圖 10.17　圖 10.16 之程式輸出

增進效能的小技巧 10.2

位元欄位有助於減少程式所需的記憶體容量。

可攜性的小技巧 10.9

位元欄位的操作依機器而異。

常見的程式設計錯誤 10.12

試圖以存取陣列元素的方式來存取位元欄位內個別的位元。此為語法錯誤。位元欄位並非「位元陣列」。

常見的程式設計錯誤 10.13

試圖求取位元欄位的位址（&運算子不可以用於位元欄位上，因為他們並沒有位址）。

增進效能的小技巧 10.3

雖然位元欄位可以節省空間，但使用他們將使編譯器產生執行速度較慢的機器語言程式碼。因為這需有額外的機器語言動作，來存取一個可定址儲存單元內的部分位元。這是在電腦科學中常見的空間與時間取捨的例子之一。

10.10.3　不具名稱的位元欄位

我們也可指定一個**不具名稱的位元欄位**（unnamed bit field），用來作為結構內的**填補區域**（padding）。例如，以下的結構定義：

```
struct example {
    unsigned int a : 13;
    unsigned int   : 19;
    unsigned int b : 4;
};
```

使用一個不具名稱的 19 位元欄位作為填補欄位——沒有任何資料可以存放在這 19 個位元裡。而成員 **b**（在 4 位元組為 1 字組的電腦上）則將存放到另一個儲存單元。

　　寬度為 0 的不具名位元欄位（unnamed bit field with a zero width）會用來將下一個位元欄位調整在新的儲存單元邊界上。例如，以下的結構定義：

```
struct example {
    unsigned int a : 13;
    unsigned int   : 0;
    unsigned int : 4;
};
```

使用一個不具名稱的 0 位元欄位，用來跳過 **a** 所存放之儲存單元的所有剩餘位元，並將 **b** 調整在下一個儲存單元的邊界上。

10.11　列舉型別常數

列舉（在 5.11 節曾稍微探討過）由關鍵字 **enum** 定義，它是一組由識別字所代表的整數**列舉常數**（enumeration constant）。除非特別指定，否則 **enum** 內的值都由 0 開始，然後逐漸遞增 1。例如，底下的列舉型別

```
enum months {
    JAN, FEB, MAR, APR, MAY, JUN, JUL, AUG, SEP, OCT, NOV, DEC
};
```

產生一個新的型別 **enum months**，其內的識別字分別會設定為整數 **0** 到 **11**。若我們想用數字 1 到 12 來表示每個月份，則可以改用以下的列舉型別：

```
enum months {
    JAN = 1, FEB, MAR, APR, MAY, JUN, JUL, AUG, SEP, OCT, NOV, DEC
};
```

由於此列舉型別的第一個數值會明確設定為 **1**，因此接下來的值會逐次遞增 **1**，於是得到 **1** 到 **12** 的數值。在同樣範圍內的列舉型別中的各個識別字必須都是唯一的。列舉型別內的每一個列舉常數都可以在定義時期明確為它的識別字設定一個

值。列舉型別內的不同成員可以設定為相同的常數值。圖 10.18 的程式中，列舉型別變數 **month** 用於 **for** 結構中，印出陣列 **monthName** 所儲存的一年中各月份名稱。請注意，我們將 **monthName[0]** 設定為空字串 **""**。你可以將 **monthName[0]** 設定為像「*****ERROR*****」之類的值，用來表示產生一個邏輯錯誤。

常見的程式設計錯誤 10.14

在列舉型別定義之後，將值設定給列舉型別常數會造成語法錯誤。

良好的程式設計習慣 10.5

只使用大寫字母當作列舉常數的名稱，如此可以突顯這些常數在程式中的功用，並且提醒你列舉型別常數並不是變數。

```c
1   // Fig. 10.18: fig10_18.c
2   // Using an enumeration
3   #include <stdio.h>
4
5   // enumeration constants represent months of the year
6   enum months {
7      JAN = 1, FEB, MAR, APR, MAY, JUN, JUL, AUG, SEP, OCT, NOV, DEC
8   };
9
10  int main(void)
11  {
12     // initialize array of pointers
13     const char *monthName[] = { "", "January", "February", "March",
14        "April", "May", "June", "July", "August", "September", "October",
15        "November", "December" };
16
17     // loop through months
18     for (enum months month = JAN; month <= DEC; ++month) {
19        printf("%2d%11s\n", month, monthName[month]);
20     }
21  }
```

```
 1    January
 2   February
 3      March
 4      April
 5        May
 6       June
 7       July
 8     August
 9  September
10    October
11   November
12   December
```

圖 10.18　使用列舉型別

10.12　匿名結構和匿名集合

本章前面我們介紹了 **struct**（結構）和 **union**（集合）。C11 現在支援匿名 **struct** 和匿名 **union**，可以巢狀套在具名 **struct** 和具名 **union** 中。巢狀的匿名 **struct** 或 **union** 中的成員被認為是封入 **struct** 或 **union** 的成員，而且可以透過封入型別的物件直接存取。例如，考慮下面的 **struct** 宣告：

```
struct MyStruct {
    int member1;
    int member2;

    struct {
        int nestedMember1;
        int nestedMember2;
    }; // end nested struct
}; // end outer struct
```

對於型別 **struct MyStruct** 的變數 **myStruct** 而言，你可以如下方式存取成員：

```
myStruct.member1;
myStruct.member2;
myStruct.nestedMember1;
myStruct.nestedMember2;
```

10.13　安全 C 程式設計

在本章的主題中可以應用多種 CERT 指南與規則。更多相關資訊，請參考網站 **www.securecoding.cert.org**。

struct 的 CERT 指南

如同我們在 10.2.4 小節中提到的，對於在 **struct** 成員邊界對齊的要求會造成在每個建立的 **struct** 變數會包含一些未定義的額外位元組。關於這個主題可參考下列的指南：

- EXP03-C：由於邊界對齊的要求，**struct** 變數的大小就不一定是其成員空間大小的總和。可以使用 **sizeof** 來計算整個 **struct** 變數所佔的位元組數。你將會看到，我們使用這個技巧來估算固定長度記錄，這資料是在第 11 章讀寫自檔案，並在第 12 章建立所謂的動態資料結構。
- EXP04-C：如同我們在 10.2.4 小節中提到的，**struct** 變數無法進行相等或不相等的比較，因為位元組中有可能包含了未被定義的資料。因此必須對個別的成員做比較。
- DCL39-C：在 **struct** 變數中，未被定義的額外位元組可能包含機密資料，這些資料是之前使用該記憶體位置的資料所留下的，應該不能被存取。這一份 CERT 指南探討到編譯器相關的機制，用來封包這些資料以清除額外的位元組。

`typedef` 的 CERT 指南

- DCL05-C：複雜型別的宣告，例如用在函式的指標會不容易閱讀。你應該使用 `typedef` 建立自我描述的型別名稱來增進程式的可閱讀性。

位元操作（Bit Manipulation）的 CERT 指南

- INT02-C：如同整數提升規則的結果（在 5.6 節討論過），在比 `int` 型別小的值使用位元運算會造成無法預期之結果。需要明確的轉換來確保結果正確。
- INT13-C：一些在有號整數型別的位元運算是因系統而異，也就是說在各種 C 編譯器會得到不同的結果。因此無號整數型別才可以用位元運算。
- EXP46-C：邏輯運算子 `&&` 和 `||` 常常與位元運算子 `&` 和 `|` 混淆。在條件運算式（`?:`）中使用使用 `&` 和 `|` 會導致不可預期的行為，因為 `&` 和 `|` 運算子不使用捷徑計算。

`enum` 的 CERT 指南

- INT09-C：允許多個列舉常數具有相同的值可能會造成難以找出的邏輯錯誤。在多數的例子，`enum` 的列舉常數應該各有獨一無二的值以避免這樣的邏輯錯誤。

摘要

10.1　簡介

- 結構（structure）會將一些彼此相關的變數結合成相同的名稱。結構可以含有不同資料型別的變數。
- 結構通常會用來定義儲存在檔案裡的記錄。
- 指標和結構可以構成複雜的資料結構，例如鏈結串列、佇列、堆疊和樹等。

10.2　結構定義

- 關鍵字 `struct` 開始一個結構的定義。
- 關鍵字 `struct` 後面的識別字稱為結構標籤（structure tag）。結構標籤即為結構定義的名稱。結構標籤和關鍵字 `struct` 一起使用，以宣告該結構型別的變數。
- 宣告在結構定義大括號內的變數稱為該結構的成員（member）。
- 同個結構的成員其名稱必須是唯一的。
- 每一個結構定義都必須以分號結束。
- 結構的成員可以是基本資料型別的變數，也可以是聚合資料型別的變數。
- 結構不能包含它自己的案例，但是可以包含指向自身型別的指標。
- 若一個結構含有一個指向相同結構型別的指標成員，則此結構便稱為一個自我參考結構（self-referential structure）。自我參考結構可以用來建立各種鏈結資料結構。

- 結構的定義是要建立一種新的資料型別，以供變數定義之用。
- 給定結構型別的變數可以放在以大括號括住的結構定義之中，各個變數名稱之間會以逗號加以分隔，最後以分別作爲結束。
- 結構標籤名稱是可有可無的。如果某個結構定義沒有結構標籤名稱，則這種結構型別的變數就一定要宣告在結構定義內。
- 結構的合法運算只有：設定結構變數的值給另一個相同型別的結構變數、取得結構變數的位址（&）、存取結構變數的成員、以及使用 sizeof 運算子來計算結構變數的大小。

10.3　結構的初始值設定

- 結構可以使用初始值串列來設定初始值。
- 如果初始值串列的初始值個數少於結構的成員個數，則剩下的成員將自動初始化爲 0（若成員爲指標則會設定爲 NULL）。
- 宣告在函式定義之外的結構變數成員若沒有明確地在外部定義中設定初始值的話，則其初始值將會設定爲 0 或 NULL。
- 我們也可以在設定敘述式裡爲結構變數設定初始值。你可以將它設定爲相同型別的另一個結構變數，也可以對結構的成員個別地設定數值。

10.4　利用.和->存取結構的成員

- 結構成員運算子（.）以及結構指標運算子（->）可用來存取結構成員。
- 結構成員運算子會經由結構變數名稱來存取結構成員。
- 結構指標運算子透過指向結構的指標來存取結構的成員。

10.5　使用結構與函式

- 結構可以用下列的方式傳給函式：傳遞個別的結構成員、傳遞整個結構、或傳遞指向此結構的指標。
- 結構變數預設是以傳值呼叫的方式傳遞。
- 若想以傳參考方式來傳遞結構，程式便需要傳入此結構變數的位址。而結構所組成的陣列則和其他的陣列一樣，會自動以傳參考呼叫的方式來傳遞。
- 要以傳值呼叫的方式傳遞一個陣列，其作法是產生一個包含陣列成員的結構。因爲結構是以傳值進行呼叫，所以這個陣列便能夠以傳值呼叫來加以傳遞。

10.6　typedef

- 使用關鍵字 typedef 可以爲之前定義的資料型別建立別名。
- 結構型別的名稱通常會以 typedef 來加以定義，以便建立較短的型別名稱。
- typedef 也常用來爲基本資料型別建立別名。例如，某個程式需使用 4 個位元組的整數，這在有些系統上可能是 int 型別，而有些系統則是 long 型別。爲了程式設計時的可攜性的考量，程式設計

師通常會使用 **typedef** 來爲這種佔 4 個位元組的整數取一個別名，例如 **Integer**。對於上述的兩種系統而言，我們只需要修改 **Integer** 這個別名的定義，便可以讓程式適用於兩種系統中。

10.8　Union

- **union** 是以關鍵字 **union** 進行宣告，其格式和結構一樣。它的成員會共用相同的儲存記憶體空間。
- **union** 的成員可以爲任何的資料型別。儲存一個 **union** 所需的位元組數至少要能夠放得下此 **union** 最大的成員。
- 一次只有一個 **union** 的成員可以進行參考。你必須保證 **union** 中的資料是以正確的資料型別進行參考。
- 可對 **union** 執行的運算有：將某一 **union** 設定給另一個同型別的 **union**、取得一個 **union** 變數的位址（**&**）、以及使用結構成員運算子和結構指標運算子來存取 **union** 的成員。
- 在宣告時，**union** 的初始值，其型別只能設定爲與第一個 **union** 成員的型別相同。

10.9　位元運算子

- 所有的資料在電腦的內部均是以一連串的位元（值 0 或值 1）來表示。
- 在大部分的系統裡，8 個連續的位元（bit）會構成一個位元組（byte），這是 **char** 型別變數的標準儲存單位。其他的資料型別則會存放在較多的位元組數中。
- 位元運算子可以用來操作一組完整運算元內的位元（例如 **char**、**short**、**int** 和 **long** 等型別，不論 **signed** 或 **unsigned**）。但通常會使用 **unsigned** 整數。
- 位元運算子有：位元 AND（**&**）、位元 inclusive OR（**|**）、位元 exclusive OR（**^**）、左移（**<<**）、右移（**>>**）、以及補數（**~**）。
- 位元 AND 運算子、位元 inclusive OR 運算子和位元 exclusive OR 運算子會將其兩個運算元進行逐位元比較。如果兩個運算元的某個位元均爲 1，則位元 AND 運算子便會將運算結果的這個位元設定爲 1。如果兩個運算元的某個位元有一個爲 1（或兩個都爲 1），則位元 inclusive OR 運算子便會將運算結果的這個位元設定爲 1。如果兩個運算元的某個位元恰好只有一個爲 1，則位元 exclusive OR 運算子便會將運算結果的這個位元設定爲 1。
- 左移運算子會將它的左運算元向左移數個位元，移動的位元數是由右運算元來指定。右邊空出來的位元將填 0；而移出最左邊的位元則丟棄。
- 右移運算子會將它的左運算元向右移數個位元，移動的位元數也是由右運算元來指定。對 **unsigned int** 進行右移運算時，左邊空出來的位元將填 0；而移出最右邊位元的 1 則會捨棄。
- 位元補數運算子將運算元中原本爲 0 的位元全部變爲 1，原本爲 1 的位元會全部變爲 0。
- 通常位元 AND 運算子會與一個稱爲遮罩（mask）的運算元一起使用，mask 是某些位元設定爲 1 的數值。mask 可以在選取某些位元時將其他的位元隱藏起來。

● 符號常數 **CHAR_BIT**（定義在**<limits.h>**中）用來表示一個位元組中的位元數（通常是 8）。它可使位元處理的程式更具通用性及可攜性。

● 每一個二元位元運算子都有一個相對應的位元指定運算子。

10.10 位元欄位

● C 語言讓你可以在結構或 **union** 的 **unsigned** 或有號整數成員裡指定儲存的位元數量。這種指定功能稱為位元欄位（bit field）。位元欄位能夠將資料存放在最少的位元裡，提高記憶體的使用率。

● 位元欄位的宣告方式是在 **unsigned int** 或 **int** 的成員名稱之後加上一個冒號（:）以及一個表示欄位寬度的整數常數。用來代表寬度的常數必須是介於 0 與電腦系統中 **int** 所佔用的位元個數之間的整數。

● 結構的位元欄位成員其存取方式和其他的結構成員完全相同。

● 我們也可指定一個沒有名稱的位元欄位，用來作為結構內的填補區域（padding）。

● 寬度為 0 的不具名位元欄位會用來將下一個位元欄位調整在新的儲存單元邊界上。

10.11 列舉型別常數

● **enum** 定義一組由識別字所代表的整數常數。除非特別指定，否則 **enum** 內的值都由 0 開始，然後逐漸遞增 1。

● 列舉型別內的識別字必須是唯一的。

● 列舉型別常數的值可以在定義時期明確為它設定一個值。

自我測驗

10.1 填充題

 a) _____將一些相關的變數集合在同一個名稱之下。

 b) _____將一些相關的變數集合在同一個名稱之下，且這些變數共用相同的儲存空間。

 c) 使用_____運算子的運算式，其運算結果中的位元會設定為 1，如果每個運算元相對應的位元均為 1 的話；否則便設定為 0。

 d) 宣告在結構定義之內的變數稱為此結構的_____。

 e) 使用_____運算子的運算式，其運算結果中的位元會設定為 1，如果每個運算元相對應的位元至少有一個為 1 的話；否則便設定為 0。

 f) 關鍵字_____開始結構的宣告。

 g) 關鍵字_____用來產生先前已定義過資料型別的別名。

 h) 使用_____運算子的運算式，其運算結果中的位元會設定為 1，如果每個運算元相對應的位元至少有一個為 1 的話；否則便設定為 0。

 i) 位元 AND 運算子&通常用來_____某些位元，這是指在一串位元中選取某幾個位元。

j)　關鍵字_____用來開始一個 union 的定義。

k)　結構的名稱稱為此結構的_____。

l)　結構的成員是以_____運算子或_____運算子來進行存取。

m)　_____和_____運算子分別用來將數值的位元往左或往右移位。

n)　_____是以識別字表示的一組整數。

10.2　是非題。如果不對，請解釋原因。

a)　結構只能含有一種資料型別。

b)　兩個 union 可以用==運算子來比較是否相等。

c)　結構標籤名稱是可有可無的。

d)　不同結構的成員其名稱必須是唯一的。

e)　關鍵字 **typedef** 可以用來定義新的資料型別。

f)　結構是以傳參考呼叫的方式傳給函式的。

g)　結構與結構是不能用==和!=運算子來進行比較的。

10.3　請為下行各項撰寫一個或一組敘述式：

a)　定義一個稱為 **part** 的結構，它含有一個 **unsigned int** 變數 **partNumber**，及最多 25 個字元的 **char** 陣列 **partName**（包括結尾的空字元）。

b)　將 **Part** 定義為 **struct part** 的別名。

c)　使用 **Part** 來宣告 **struct part** 型別的變數 **a**、**struct part** 型別的陣列 **b[10]**、及指向 **struct part** 的指標 **ptr**。

d)　從鍵盤讀入一個 **part number** 以及 **part name** 到變數 **a** 的成員。

e)　將變數 **a** 的成員值設定給陣列 **b** 的元素 3。

f)　將陣列 **a** 的位址設定給指標變數 **ptr**。

g)　使用變數 **ptr** 及結構指標運算子，印出陣列 **b** 元素 3 的成員。

10.4　請找出下行各項的錯誤。

a)　假設 **struct card** 已定義，它含有兩個指向 **char** 的指標 **face** 和 **suit**。此外，變數 **c** 宣告為 **struct card** 型別，且變數 **cPtr** 宣告為指向 **struct card** 型別的指標。變數 **cPtr** 設定為變數 **c** 的位址。

```
printf("%s\n", *cPtr->face );
```

b)　假設 **struct card** 已定義，它含有兩個指向 **char** 的指標 **face** 和 **suit**。陣列 **hearts[13]** 宣告為 **struct card** 型別。底下的敘述式應印出此陣列之元素 10 的成員 **face**。

```
printf("%s\n", hearts.face );
```

c)
```
union values {
char w;
```

```
        float x;
        double y;
        };
        union values v = { 1.27 };
```

d) 　`struct person {`
```
        char lastName[ 15 ];
        char firstName[ 15 ];
        unsigned int age;
        }
```

e) 假設 `struct person` 如(d)所定義，且更正為
```
        person d;
```

f) 假設變數 `p` 宣告為 `struct person` 型別，且變數 `c` 宣告為 `struct card` 型別。
```
        p = c;
```

自我測驗解答

10.1　a) 結構　b) union　c) 位元 AND(&)　d) 成員　e) 位元 inclusive OR (|)　f) **struct**　g) **typedef**　h) 位元 exclusive OR (^)　i) 遮罩　j) union　k) 標籤　l) 結構成員、結構指標　m) 左移運算子(<<)、右移運算子(>>)　n)列舉型別。

10.2　a)　非。結構可以含有不同資料型別的變數。

　　　b)　非。**Union** 不能比較，因有邊界對齊的問題存在。

　　　c)　是。

　　　d)　非。不同結構的成員可以有相同的名稱，但同一個結構的成員名稱須為唯一。

　　　e)　非。**typedef** 是為先前已定義過之型別定義新的名稱。

　　　f)　非。結構是以傳值呼叫的方式傳給函式的。

　　　g)　是。由於邊界對齊的問題。

10.3　a)　`structpart {`
```
            unsignedintpartNumber;
            charpartName[25];
            };
```

　　　b)　`typedef structpart Part;`

　　　c)　`Parta, b[10], *ptr;`

　　　d)　`scanf("%d%24s", &a. partNumber, a. partName);`

　　　e)　`b[3] = a;`

　　　f)　`ptr = b;`

　　　g)　`printf("%d %s\n", (ptr + 3)-> partNumber, (ptr + 3)-> partName);`

10.4　a)　***cPtr** 之外少了括號，使得此敘述的求值順序錯誤。正確敘述應爲

```
cPtr->face
```

　　　　或

```
( *cPtr ).face
```

　　b)　少了陣列的索引。正確敘述應爲

```
hearts[ 10 ].face
```

　　c)　union 的初始值型別只能設定爲與第一個成員的型別相同。

　　d)　結構定義之後必須要加上分號。

　　e)　變數宣告少了 **struct** 這個關鍵字。正確宣告應該是

```
struct person d;
```

　　f)　不同結構型別的變數不能互相設定。

習題

10.5　爲下列結構和 union 撰寫宣告。

　　a)　結構 **inventory** 包含了字元陣列 **partName[30]**、整數 **partNumber**、浮點數 **price**、整數 **stock**，以及整數 **reorder**。

　　b)　**Union data** 包含了 **char c**、**short s**、**long b**、**float f**、**double d**。

　　c)　結構 **address** 包含了字元陣列 **streetAddress[25]**、**city[20]**、**state[3]**，以及 **zipCode[6]**。

　　d)　結構 **student** 包含了陣列 **firstName[15]** 和 **lastName[15]**，以及來自於(c)小題之型別爲 **struct address** 的變數 **homeAddress**。

　　e)　結構 **test** 包含了 16 個位元欄位，其欄寬爲 1 位元。位元欄位的名稱爲從 **a** 到 **p** 的字母。

10.6　請根據底下的結構定義和變數宣告，

```
structcustomer {
    charlastName[15];
    charfirstName[15];
    unsigned int customerNumber;
    struct{
        charphoneNumber[11];
        charaddress[50];
        charcity[15];
        charstate[3];
        charzipCode[6];
    } personal;
} customerRecord, *customerPtr;
customerPtr = &customerRecord;
```

撰寫一個運算式來存取下行各項中的結構成員。

a) 結構 `customerRecord` 的成員 `lastName`。

b) `customerPtr` 所指到之結構的成員 `lastName`。

c) 結構 `customerRecord` 的成員 `firstName`。

d) `customerPtr` 所指到之結構的成員 `firstName`。

e) 結構 `customerRecord` 的成員 `customerNumber`。

f) `customerPtr` 所指到之結構的成員 `customerNumber`。

g) 結構 `customerRecord` 之成員 `personal` 的成員 `phoneNumber`。

h) `customerPtr` 所指到之結構的成員 `personal` 的成員 `phoneNumber`。

i) 結構 `customerRecord` 之成員 `personal` 的成員 `address`。

j) `customerPtr` 所指到之結構的成員 `personal` 的成員 `address`。

k) 結構 `customerRecord` 之成員 `personal` 的成員 `city`。

l) `customerPtr` 所指到之結構的成員 `personal` 的成員 `city`。

m) 結構 `customerRecord` 之成員 `personal` 的成員 `state`。

n) `customerPtr` 所指到之結構的成員 `personal` 的成員 `state`。

o) 結構 `customerRecord` 之成員 `personal` 的成員 `zipCode`。

p) `customerPtr` 所指到之結構的成員 `personal` 的成員 `zipCode`。

10.7 （修改洗牌與發牌程式）請修改圖 10.16 的程式，利用如圖 10.3 之高效率洗牌演算法來洗牌。以牌面和花色名稱的兩列格式輸出結果的牌。在每張牌之前列出其花色。

10.8 （使用 union）使用成員 `char c`、`short s`、`int i` 和 `long b` 建立一個 union 整數。請編寫一個輸入型別 `char`、`short`、`int` 和 `long` 之值的程式，並將這些值存在 union integer 型別的 union 變數中。每個 union 變數都應該以 `char`、`short`、`int` 和 `long` 印出。請問，這些值永遠都會正確印出嗎？

10.9 （使用 union）使用成員 `float f`、`double d` 和 `long double x` 建立 union 的 `floatingPoint`。請編寫一個程式，輸入 `float`、`double` 和 `long double` 型別的值，並將值存在型別 union `floatingPoint` 的 union 變數中。每個 union 變數應該以 `float`、`double` 和 `long double` 印出。請問，這些值永遠會被正確印出嗎？

10.10 （整數右移）撰寫一個程式為一個整數變數右移 4 個位元。此程式應在移位前後印出這個整數的位元表示。你的系統在空出來的位元裡填入 0 或填入 1 呢？

10.11 （左移整數）對一個 `unsigned` 整數左移一個位元即相當於乘以 2。請撰寫函式 `power2` 以兩個整數 `number` 和 `pow` 做為引數，並計算

```
number * 2^pow
```

請使用左移計算子來計算這項結果。此函式應將結果值以整數及位元印出來。

10.12 （將字元填塞到整數中）左移運算子可以用來將 4 個字元值填塞到一個 **unsigned** 整數裡。請撰寫一個程式由鍵盤輸入 4 個字元，然後將他們傳給函式 **packCharacters**。要將四個字元填塞到一個 unsigned 整數，首先把第一個字元設定給這個 **unsigned** 整數變數，然後把這個變數左移 8 個位元，再以位元 inclusive OR 運算子將第二個字元與這個變數結合起來。對第三和第四個字元重複進行這個步驟。你的程式應印出這 2 個字元在填塞之前和之後的位元表示格式，以驗證操作的正確性。

10.13 （將整數還原成字元）使用右移運算子、位元 AND 運算子及一個遮罩值，撰寫函式 **unpackCharacters** 將習題 10.12 所填塞好的 **unsigned** 整數還原成 4 個字元。要將一個 **unsigned int** 的 4 位元組整數還原成 4 個字元，首先將此整數以遮罩值 4278190080（**11111111 00000000 00000000 00000000**）遮罩掉，然後將結果右移 8 個位元。把結果設定給一個 **char** 變數。接著將此整數以罩遮值 16711680（**00000000 11111111 00000000 00000000**）遮罩掉。將結果設定給另一個 **char** 變數。接著用這個程序以 65280 和 255 的罩遮值來處理。你的程式應以位元形式印出還原之前的 **unsigned** 整數，及還原後的 2 個字元，以驗證操作的正確性。

10.14 （反轉整數的位元順序）撰寫一個程式反轉一個 **unsigned** 整數值的位元順序。此程式由使用者輸入一個 **unsigned** 整數，然後呼叫函式 **reverseBits** 以相反的順序印出位元。請印出反轉前後的位元值，以驗證操作的正確性。

10.15 （具可攜性的 displayBits 函式）修改圖 10.7 的函式 **displayBits**，使之能適用於 2 位元組整數及 4 位元組整數的系統。[提示：使用 **sizeof** 運算子來判斷整數所佔的大小。]

10.16 （求 X 值）下列程式使用 **multiple** 函式來判斷由鍵盤輸入的整數是否為整數 **x** 的倍數，請測試 **mutiple** 函式，找出 **x** 的值。

```c
// ex10_16.c
// This program determines whether a value is a multiple of X.
#include <stdio.h>

int multiple(int num); // prototype

int main(void)
{
   int y; // y will hold an integer entered by the user

   puts("Enter an integer between 1 and 32000: ");
   scanf("%d", &y);

   // if y is a multiple of X
   if (multiple(y)) {
      printf("%d is a multiple of X\n", y);
   }
   else {
      printf("%d is not a multiple of X\n", y);
   }
}

// determine whether num is a multiple of X
int multiple(int num)
{
   int mask = 1; // initialize mask
```

```
27      int mult = 1; // initialize mult
28
29      for (int i = 1; i <= 10; ++i, mask <<= 1) {
30         if ((num & mask) != 0) {
31            mult = 0;
32            break;
33         }
34      }
35
36      return mult;
37   }
```

10.17 以下的程式作了哪些事？

```
1   // ex10_17.c
2   #include <stdio.h>
3
4   int mystery(unsigned int bits); // prototype
5
6   int main(void)
7   {
8      unsigned int x; // x will hold an integer entered by the user
9
10     puts("Enter an integer: ");
11     scanf("%u", &x);
12
13     printf("The result is %d\n", mystery(x));
14  }
15
16  // What does this function do?
17  int mystery(unsigned int bits)
18  {
19     unsigned int mask = 1 << 31; // initialize mask
20     unsigned int total = 0; // initialize total
21
22     for (unsigned int i = 1; i <= 32; ++i, bits <<= 1) {
23
24        if ((bits & mask) == mask) {
25           ++total;
26        }
27     }
28
29     return !(total % 2) ? 1 : 0;
30  }
```

10.18 （Fisher-Yates 洗牌演算法）透過線上資料研究 Fisher-Yates 洗牌演算法，然後用它重新實現圖 10.3 中的洗牌方法。

進階習題

10.19 （電子病歷）近年來，在醫療照護上有一個新的議題，那就是病歷的電子化。由於電子病歷可能涉及的隱私和安全問題，人們正在謹慎地研究相關的方法。電子化病歷讓病患能輕鬆地在各種醫療專家之間傳遞他們的健康資料和紀錄。這可以改善醫療品質、避免藥物衝突和處方錯誤、降低成本，在危急時甚至能救人一命。在本習題中，你將開始著手設計某個人的 **HealthProfile** 結構。結構的成員有：此人的姓、名、性別、生日（年、月、日分別為一個屬性），身高（以吋為單位）以及體重（以磅為單位）。你的程式應該有一個函式，用來接收這些資料，然後設定 **HealthProfile** 變數的成員。程式還應該要有一些其他函式，用來計算並回傳使用者的年齡、最大心率、目標心率範圍（習題 3.47）以及 BMI 值（習題 2.32）。程式應該提示使用者輸入資訊，

建立此人的 **HealthProfile** 變數，顯示變數中的資訊，包括他的姓名、性別、生日、身高與體重。然後計算並顯示他的年齡、BMI、最大心率以及目標心率範圍。同時並顯示如習題 2.32 中的 BMI 表。

檔案處理

學習目標

在本章中，你將學到：

- 了解檔案與資料流
- 使用循序存取的檔案處理建立和讀取檔案
- 使用隨機存取的檔案處理建立和讀取檔案
- 開發實際的交易處理程式
- 學習檔案處理環境下的安全 C 程式設計

11.1　簡介

第一章已經學過所謂的資料階層。儲存在變數和陣列裡的資料是暫時的，當程式結束後這種資料都將會遺失。程式會利用**檔案（Files）**來長期地保存大量的資料。電腦會將檔案存放在輔助性儲存裝置，像是硬碟、固態磁碟（SSD）、快閃儲存裝置和 DVD。本章中，我們將介紹 C 程式如何建立、更新和處理資料檔案。我們會討論循序存取檔案和隨機存取檔案。

11.2　檔案和資料流

C 將每個檔案視爲連續的位元組串流（參見圖 11.1）。每種作業系統會提供判斷檔案結尾的方法，像是**檔案結尾記號（end-of-file marker）**，或是存放在系統維護管理資料結構中關於該檔案總位元組數目——這是由每個平台決定的，而且對你來說是隱藏的。

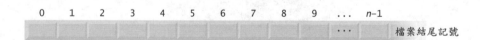

圖 11.1　C 將檔案視為具有 n 個位元組的資料

每個程式的標準資料流

當一個檔案開啓之後，就會有一個**資料流（stream）**和這個檔案結合在一起。在程式開始執行時，會有三個資料流也會自動開啓：

- **標準輸入（standard input）**：從鍵盤讀取資料
- **標準輸出（standard output）**：將資料印到螢幕上
- **標準錯誤（standard error）**：將錯誤訊息顯示到螢幕上

通訊管道

資料流提供程式與檔案之間的通訊管道。例如，標準輸入資料流讓程式能從鍵盤讀取資料，而標準輸出則讓程式能將資料印到螢幕上。

FILE 結構

開啓一個檔案會傳回一個指向 FILE 結構（定義在<stdio.h>中）的指標，它含有處理這個檔案所需要的資訊。在某些作業系統中 FILE 結構中包含了一個**檔案描述子**（file descriptor），也就是指到作業系統內的**開啓檔案表**（open file table）之陣列的索引值。這個陣列的每一個元素均含有一個**檔案控制區塊**（file control，block，FCB），作業系統便是經由 FCB 來管理某個特定的檔案。標準輸入、標準輸出、和標準錯誤會分別以下列三個指標來進行操作：**stdin**、**stdout** 和 **stderr**。

檔案處理函式 fgetc

標準程式庫提供了許多函式，這些函式用來從檔案讀取資料以及寫入資料到檔案中。函式 **fgetc**，和 **getchar** 類似，可以從檔案中讀取一個字元。函式 **fgetc** 的引數是一個 **FILE** 指標，它指向將要讀取字元的檔案。呼叫 **fgetc（stdin）**會從標準輸入 **stdin** 中讀取一個字元。這個呼叫和 **getchar（）**呼叫是相等的。

檔案處理函式 fputc

函式 **fputc**，和 **putchar** 類似，可將一個字元寫入檔案。函式 **fputc** 的引數是一個將要寫入的字元，以及一個指向要寫入檔案的指標。函式呼叫 **fputc（'a'，stdout）**會將字元**'a'**寫到 **stdout**，**stdout** 是標準輸出。這個呼叫和 **putchar（'a'）**呼叫是相等的。

其他檔案處理函式

其他許多用來從標準輸入讀取資料，以及寫入資料到標準輸出的函式，也都有名稱類似的檔案處理函式。例如，函式 **fgets** 和 **fputs** 分別用來從檔案中讀取一行文字，以及寫入一行文字到檔案中。接下來的幾節中，我們將介紹和 **scanf** 與 **printf** 相當的檔案處理函式──**fscanf** 和 **fprintf**。我們會在本章稍後討論 **fread** 和 **fwrite** 函式。

11.3　建立一個循序存取檔案

C 並未指定檔案的結構，所以 C 的檔案中並沒有記錄這種的觀念。在後面的例子中，我們可以看到程式設計師如何在一個檔案上，組織出一個記錄結構。

　　圖 11.2 的程式建立一個可以用在應收帳款系統的簡單循序存取檔案，它幫助公司管理信用客戶的應收帳款。程式為每位客戶建立了帳號、名稱以及餘額（客戶因收到受貨物或接受服務，而積欠公司的費用）。取自每位客戶的資料就會成為該客戶的一筆記錄。帳號會用來當作紀錄關鍵值，也就是會根據帳號的順序來產生和維護檔案。這個程式假設使用者會按照帳號順序輸入記錄。應用廣泛的應收帳款系統必須提供排序的功能，讓使用者能夠以任意順序輸入記錄。然後將記錄先排序後再寫入檔案。（請注意：圖 11.6-11.7 的程式會用到圖 11.2 所產生的資料檔，所以你必須先執行圖 11.2 的程式，然後才能執行圖 11.6-11.7 的程式。）

```c
1   // Fig. 11.2: fig11_02.c
2   // Creating a sequential file
3   #include <stdio.h>
4
5   int main(void)
6   {
7      FILE *cfPtr; // cfPtr = clients.txt file pointer
8
9      // fopen opens file. Exit program if unable to create file
10     if ((cfPtr = fopen("clients.txt", "w")) == NULL) {
11        puts("File could not be opened");
12     }
13     else {
14        puts("Enter the account, name, and balance.");
15        puts("Enter EOF to end input.");
16        printf("%s", "? ");
17
18        unsigned int account; // account number
19        char name[30]; // account name
20        double balance; // account balance
21
22        scanf("%d%29s%lf", &account, name, &balance);
23
24        // write account, name and balance into file with fprintf
25        while (!feof(stdin)) {
26           fprintf(cfPtr, "%d %s %.2f\n", account, name, balance);
27           printf("%s", "? ");
28           scanf("%d%29s%lf", &account, name, &balance);
29        }
30
31        fclose(cfPtr); // fclose closes file
32     }
33  }
```

```
Enter the account, name, and balance.
Enter EOF to end input.
? 100 Jones 24.98
? 200 Doe 345.67
? 300 White 0.00
? 400 Stone -42.16
? 500 Rich 224.62
? ^Z
```

圖 11.2　建立一個循序檔案

11.3.1 指向 FILE 的指標

現在讓我們看看這個程式。第 7 行表示 **cfPtr** 是個指向 **FILE** 結構的指標。C 程式使用個別的 **FILE** 結構來管理每個檔案。你不需要瞭解 **FILE** 結構的詳細構造就能夠使用檔案，您有興趣可以參考 **stdio.h** 中的宣告。我們很快可以看到 **FILE** 結構如何將某一個檔案間接地導向作業系統的檔案控制區塊（FCB）。

11.3.2 使用 fopen 開啓檔案

每一個開啓的檔案必須有個別的 **FILE** 型別的指標，這個指標會用來參考檔案。第 10 行指出程式將要使用一個稱爲**"clients.txt"**的檔案，並且和這個檔案建立「一條通訊管道」。檔案指標 **cfPtr** 會設定成指向以 **fopen** 開啓的檔案的 **FILE** 結構。**fopen** 函式有兩個引數：

- 檔案名稱（其中包含可以找到檔案位置的路徑）
- **檔案開啓模式**（file open mode）

檔案開啓模式**"w"**指出開啓的檔案是用來寫入（writing）的。如果檔案不存在，並且開啓這個檔案的目的是要用來寫入，則 **fopen** 函式就會建立這個檔案。如果一個已存在檔案開啓的目的是用來寫入，則會丟棄這個檔案的內容，而不會予以警告。在這個程式中，**if** 敘述式會用來判斷檔案指標 **cfPtr** 是不是 **NULL**（也就是檔案尚未開啓，因爲它不存在或是使用者沒有開啓打案的權限）。如果檔案指標是 **NULL**，則這個程式就會印出錯誤訊息並且結束這個程式。不然這個程式就會處理輸入並且寫入檔案。

常見的程式設計錯誤 11.1

使用寫入方式（**"w"**）開啓某一個已經存在的檔案，但是使用者實際上希望保存這個檔案。將會在沒有警告的情形下刪除這個檔案。

常見的程式設計錯誤 11.2

在程式中參考某一個檔案之前，忘了先開啓這個檔案會產生邏輯錯誤。

11.3.3 使用 feof 檢查檔案結尾記號

程式接下來會提示使用者輸入每一紀錄的所有欄位，或是當資料輸入完畢之後輸入檔案結尾。圖 11.3 列出了各種系統中代表檔案結尾的按鍵組合。

作業系統	按鍵組合
Linux/Mac OS X/UNIX	*<Ctrl> d*
Windows	*<Ctrl> z*

圖 11.3　幾種常見的電腦系統中代表檔案結尾的按鍵組合

第 25 行使用函式 **feof** 來判斷 **stdin** 所參考的檔案是否已經設定檔案結尾記號（end-of-file indicator）。檔案結尾記號會用來通知程式已經沒有資料要進行處理。在圖 11.2 的程式中，當使用者輸入了檔案結尾的按鍵組合的時候，就會設定標準輸入的檔案結尾記號。函式 **feof** 的引數是一個指向要用來測試檔案結尾記號是否設定的檔案指標（在本例中為 **stdin**）。如果已經設定檔案結尾記號，則這個函式就會傳回一個非零的值（真）；否則會傳回 0。當檔案結尾記號沒有設定的時候，這個程式中包含 **feof** 呼叫的 **while** 敘述式會一直執行。

11.3.4　使用 fprint 寫入資料到檔案

第 26 行會寫入資料到 **clients.txt** 檔案。不過可能稍後才會由用來讀取檔案的程式提取資料（請參考第 11.4 節）。**fprintf** 函式除了會接收一個檔案指標作為引數以外，**fprintf** 函式和 **printf** 函式是相同的，所接收的檔案指標會用來指定資料要寫到哪一個檔案。函式 **fprintf** 可以使用 **stdout** 做為檔案指標，將資料輸出到標準輸出中。如下面的敘述式：

```
fprintf(stdout, "%d %s %.2f\n", account, name, balance);
```

11.3.5　使用 fclose 關閉檔案

在使用者輸入了檔案結尾之後，程式會使用 **fclose** 函式來關閉檔案 **clients.txt**（第 31 行），並且結束程式執行。**fclose** 函式也會接收檔案指標（而不是檔案名稱）作為引數。如果沒有呼叫 **fclose** 函式，當程式停止執行之後，作業系統通常會關閉檔案。這就是作業系統「內務處理」的例子。

增進效能的小技巧 11.1

關閉一個檔案會釋放資源給其他正在等待這項資源的使用者或程式，因此確定檔案再也不使用就關閉，而非等到作業系統將程式關閉。

在圖 11.2 的程式執行範例中，使用者輸入五個帳戶的資訊，然後輸入檔案結尾，用來告知資料輸入的動作已經完畢。執行這個範例程式並未顯示記錄資料在檔案裡的真正格式。為了驗證我們已成功地建立該檔案，我們會在下一節建立讀取該檔案的程式，並且印出其內容。

FILE 指標、FILE 結構和 FCB 之間的關係

圖 11.4 說明了 **FILE** 指標、**FILE** 結構以及記憶體中的 FCB 之間的關係。當開啓 **"clients.txt"**檔案之後，檔案的 FCB 會複製到記憶體中。在這張圖中我們可以看出 **fopen** 所傳回來的檔案指標，與作業系統用來管理這個檔案的 FCB 兩者之間的連結關係。

　　程式可能不會處理任何檔案，也可能會處理一個或數個的檔案。程式中所使用的每一個檔案必須具有唯一的名稱，且將會由 **fopen** 傳回不同的檔案指標。在檔案開啓之後，所有後續的檔案處理函式都必須以適當的檔案指標來參考這個檔案。

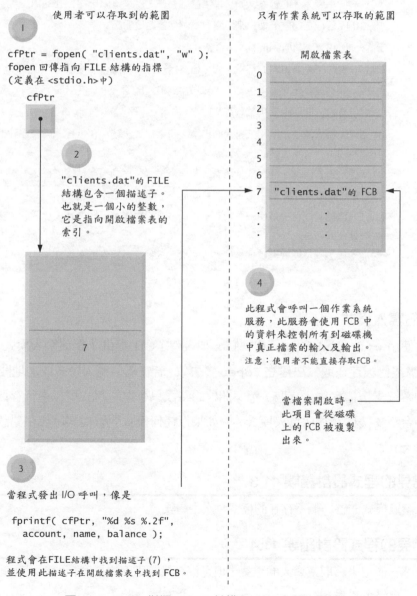

圖 11.4　FILE 指標、**FILE** 結構和 FCB 之間的關係

11.3.6　檔案開啓模式

檔案可以用一種或數種模式來開啓，如圖 11.5 所示。在表中前半的每一種檔案開啓的模式都有一個對應的二進位模式（包含字母 **b**），它會用來操作二進位檔案。我們會在第 11.5 節到 11.9 節介紹隨機存取檔案時，使用二進位模式。

模式	說明
r	開啓用來讀取的檔案
w	建立一個用來寫入的檔案。如果檔案已經存在，就會刪除已經存在的內容。
a	附加；開啓或是建立一個用來將資料寫到檔案結尾的檔案。
r+	開啓一個用來更新資料的檔案（可讀寫）。
w+	建立一個用來更新資料的檔案。如果檔案已經存在，就會刪除已經存在的內容。
a+	附加：開啓或是建立一個檔案，將資料寫到檔案尾端。
rb	以二進位模式開啓一個用來讀取的檔案。
wb	以二進位模式開啓一個用來寫入的檔案。如果檔案已經存在，程式就會刪除已經存在的內容。
ab	以二進位模式附加、開啓或是建立一個用來將資料寫到檔案結尾的檔案。
rb+	以二進位模式開啓一個用來更新資料的檔案（可讀寫）。
wb+	以二進位模式開啓一個用來更新資料的檔案。如果檔案已經存在，程式就會刪除已經存在的內容。
ab+	附加：以二進位模式開啓或是建立一個檔案，將資料寫到檔案尾端。

圖 11.5　檔案開啓模式

C11 的獨佔寫入模式

另外，當你使用 **w, w+, wb** 或 **wb+** 模式將 **x** 加入時，C11 提供了獨佔寫入模式。在獨佔寫入模式，如果檔案已經存在或無法建立 **fopen** 會失效。若在獨佔寫入模式成功地開啓一個檔案，並且所用的系統支援檔案獨佔存取，檔案開啓的時候只有你的程式可以進行存取。（一些邊義氣與系統平台不支援檔案獨佔寫入模式。）如果以任何模式開啓檔案時產生錯誤，**fopen** 函式就會傳回 **NULL**。

常見的程式設計錯誤 11.3

以讀取模式開啓一個不存在的檔案會產生錯誤。

常見的程式設計錯誤 11.4

開啓一個用來讀取或寫入的檔案，但是沒有設定正確的檔案存取權限（這和作業系統相關）會導致錯誤。

常見的程式設計錯誤 11.5

當沒有足夠的磁碟空間時，開啓檔案會導致執行時期錯誤。

常見的程式設計錯誤 11.6

使用寫入模式（**"w"**）開啓一個必須使用更新模式（**"r+"**）開啓的檔案會導致原本檔案中的內容遺失。

測試和除錯的小技巧 11.1

如果不需要修改檔案的內容，請以唯讀的方式（不會更新檔案）來開啓檔案。這可以防止不小心修改到檔案的內容。這是最小權限原則的另一個例子。

11.4　由循序存取檔案讀取資料

資料會儲存在檔案中，以便在需要的時候就能夠加以處理。在前一節中，我們示範如何建立一個循序存取檔案。而在本節中，我們將討論如何循序讀取一個檔案的資料。

圖 11.6 的程式會從圖 11.2 的程式產生的檔案**"clients.txt"**中讀取紀錄，並且印出內容。第 7 行指出 **cfptr** 是個指向 **FILE** 的指標。第 10 行嚐試以讀取模式（**"r"**）開啓檔案 **"clients.txt"**，並且判斷是否成功地開啓這個檔案（也就是 **fopen** 的傳回值不能是 **NULL**）。第 19 行從這個檔案中讀取一筆「紀錄」。除了 **fscanf** 必須加上一個指標引數以外，函式 **fscanf** 相當於 **scanf**，該引數用來指出程式想要從哪一個檔案中讀取資料。在上一個敘述式第一次執行以後，**account** 的值將會是 **100**，**name** 將會是**"Jones"**，而 **balance** 的值將會是 **24.98**。而每次在程式中的第二個 **fscanf** 敘述式（第 24 行）執行之後，程式就會從檔案中讀出另一個紀錄，此時 **account**、**name** 和 **balance** 也都會設成新的值。當到達檔案的終點時，就會將這個檔案關閉（第 27 行），並且結束程式的執行。唯有當程式嘗試讀取在最後一行之後的不存在資料時，**feof** 才會回傳真值。

```
1   // Fig. 11.6: fig11_06.c
2   // Reading and printing a sequential file
3   #include <stdio.h>
4
5   int main(void)
6   {
7      FILE *cfPtr; // cfPtr = clients.txt file pointer
8
9      // fopen opens file; exits program if file cannot be opened
10     if ((cfPtr = fopen("clients.txt", "r")) == NULL) {
11        puts("File could not be opened");
12     }
13     else { // read account, name and balance from file
14        unsigned int account; // account number
15        char name[30]; // account name
```

圖 11.6　讀取並列印一個循序檔

```
16        double balance; // account balance
17
18        printf("%-10s%-13s%s\n", "Account", "Name", "Balance");
19        fscanf(cfPtr, "%d%29s%lf", &account, name, &balance);
20
21        // while not end of file
22        while (!feof(cfPtr)) {
23           printf("%-10d%-13s%7.2f\n", account, name, balance);
24           fscanf(cfPtr, "%d%29s%lf", &account, name, &balance);
25        }
26
27        fclose(cfPtr); // fclose closes the file
28     }
29  }
```

```
Account   Name         Balance
100       Jones          24.98
200       Doe           345.67
300       White           0.00
400       Stone         -42.16
500       Rich          224.62
```

圖 11.6　讀取並列印一個循序檔(續)

11.4.1　重設檔案位置指標

為了從檔案循序讀取資料，程式通常會從檔案的開端開始讀取資料，並依序地讀取所有的資料，直到找到所需要的資料。在程式執行期間，可能必須從檔案的起始處，開始循序地處理檔案中的資料好幾次。敘述式

```
rewind(cfPtr);
```

可以用來將 **cfPtr** 所指向的檔案的**檔案位置指標**（file position pointer），也就是檔案下一個要讀取或寫入的位元組，重新指回到檔案的開頭（位元組 0）。檔案位置指標並不是真的指標。而是一個整數值，它代表檔案中下一個讀取或寫入動作操作的位元組。檔案位置指標通常也稱為**檔案位移**（file offset）。檔案位置指標是 **FILE** 結構的一個成員。

11.4.2　信用查詢程式

圖 11.7 的程式可以讓信貸部經理得到下列三種客戶的清單：欠款餘額為零的客戶、存款客戶、以及借款客戶。存款客戶的欠款餘額為負的值，而借款客戶的欠款餘額則為正的值。

此程式顯示一張選單，信貸部經理可以輸入三個選項中的一個，來獲取他所想要的信貸資訊：

- 選項 1 產生欠款餘額為零的帳戶清單
- 選項 2 產生存款帳戶的清單
- 選項 3 產生存款帳戶的清單
- 選項 4 會結束本程式的執行

這個程式執行輸出的範例請看圖 11.8。

```c
1   // Fig. 11.7: fig11_07.c
2   // Credit inquiry program
3   #include <stdio.h>
4
5   // function main begins program execution
6   int main(void)
7   {
8      FILE *cfPtr; // clients.txt file pointer
9
10     // fopen opens the file; exits program if file cannot be opened
11     if ((cfPtr = fopen("clients.txt", "r")) == NULL) {
12        puts("File could not be opened");
13     }
14     else {
15
16        // display request options
17        printf("%s", "Enter request\n"
18           " 1 - List accounts with zero balances\n"
19           " 2 - List accounts with credit balances\n"
20           " 3 - List accounts with debit balances\n"
21           " 4 - End of run\n? ");
22        unsigned int request; // request number
23        scanf("%u", &request);
24
25        // process user's request
26        while (request != 4) {
27           unsigned int account; // account number
28           double balance; // account balance
29           char name[30]; // account name
30
31           // read account, name and balance from file
32           fscanf(cfPtr, "%d%29s%lf", &account, name, &balance);
33
34           switch (request) {
35              case 1:
36                 puts("\nAccounts with zero balances:");
37
38                 // read file contents (until eof)
39                 while (!feof(cfPtr)) {
40                    // output only if balance is 0
41                    if (balance == 0) {
42                       printf("%-10d%-13s%7.2f\n",
43                          account, name, balance);
44                    }
45
46                    // read account, name and balance from file
47                    fscanf(cfPtr, "%d%29s%lf",
48                       &account, name, &balance);
49                 }
50
51                 break;
52              case 2:
53                 puts("\nAccounts with credit balances:\n");
54
55                 // read file contents (until eof)
56                 while (!feof(cfPtr)) {
57                    // output only if balance is less than 0
58                    if (balance < 0) {
59                       printf("%-10d%-13s%7.2f\n",
60                          account, name, balance);
61                    }
62
63                    // read account, name and balance from file
64                    fscanf(cfPtr, "%d%29s%lf",
65                       &account, name, &balance);
66                 }
67
```

圖 11.7　信用查詢程式

```
68              break;
69          case 3:
70              puts("\nAccounts with debit balances:\n");
71
72              // read file contents (until eof)
73              while (!feof(cfPtr)) {
74                  // output only if balance is greater than 0
75                  if (balance > 0) {
76                      printf("%-10d%-13s%7.2f\n",
77                          account, name, balance);
78                  }
79
80                  // read account, name and balance from file
81                  fscanf(cfPtr, "%d%29s%lf",
82                      &account, name, &balance);
83              }
84
85              break;
86      }
87
88      rewind(cfPtr); // return cfPtr to beginning of file
89
90      printf("%s", "\n? ");
91      scanf("%d", &request);
92  }
93
94  puts("End of run.");
95  fclose(cfPtr); // fclose closes the file
96  }
97 }
```

圖 11.7　信用查詢程式(續)

```
Enter request
 1 - List accounts with zero balances
 2 - List accounts with credit balances
 3 - List accounts with debit balances
 4 - End of run
? 1

Accounts with zero balances:
300       White               0.00

? 2

Accounts with credit balances:
400       Stone              -42.16

? 3

Accounts with debit balances:
100       Jones              24.98
200       Doe               345.67
500       Rich              224.62

? 4
End of run.
```

圖 11.8　圖 11.7 的信貸查詢程式的輸出範例

更新循序檔案

如果想要更改這種循序檔中的資料，可能會破壞檔案中的其他資料。舉例來說，如果想要將姓名 **"White"** 改成 **"Worthington"**，你可能無法直接覆蓋掉舊的名字。**White** 的紀錄原本以下列的格式被寫到檔案中

```
300 White 0.00
```

如果我們使用新的姓名重新寫入相同的位置，這個紀錄將成為

```
300 Worthington 0.00
```

新的紀錄將會比原來的紀錄長（也就是有更多字元）。這會導致 **"Worthington"** 第二個 **"o"**
之後的字元蓋掉了檔案中下一個循序紀錄的開頭部分。這個問題的是因為在使用 `fprintf` 和
`fscanf` 的**格式化輸入／輸出模式**（formatted input/output model）中，欄位大小是可以改變
的。例如，7、14、-117、2074 和 27383 都是儲存在相同數目的位元組中的 `int`，但是在顯示
在螢幕中或是寫到檔案中的時候，它們的欄位寬度卻不同。

　　因此，以 `fprintf` 和 `fscanf` 來進行的循序存取，通常不會用來更檔案中的紀錄。常見
的做法是將整個檔案重新寫過。如果想要更改以上描述的姓名，這個循序存取檔案
`300White 0.00` 之前的紀錄會複製到另一個新的檔案，接著寫入更改的新紀錄，然後再將
`300 White 0.00` 之後的紀錄複製到新的檔案中。所以要更改檔案中的某個紀錄，將需要處
理檔案中的每個紀錄。

11.5　隨機存取檔案

如同我們在前面所描述，檔案中的格式化輸出函式 `fprintf` 所產生的紀錄，其長度不一定每
個都一樣。而**隨機存取檔案**（random-access file）中的每一筆紀錄通常都具有固定的長度，
可以用來直接存取（所以比較快），而不需要在紀錄群中進行搜尋。這使隨機存取檔案適用於
像是航空訂位系統、銀行系統、銷售點系統、以及其他種類的**交易處理系統**（transaction
processing system），這類需要快速存取某些特定資料的軟體系統。有其他的方法可以用來製
作隨機存取檔案，但是我們僅討論最直接的方法，也就是使用固定長度的紀錄。

　　因為隨機存取檔案中的每一筆紀錄通常都有相同的長度，所以程式能夠計算「記錄關鍵
值」的函式，以求出每一筆紀錄正確的位置，這個位置是從檔案的開頭算起。我們很快可以
看到，這項功能讓我們能夠迅速存取某個特定的紀錄，甚至在大型的檔案中也是一樣。

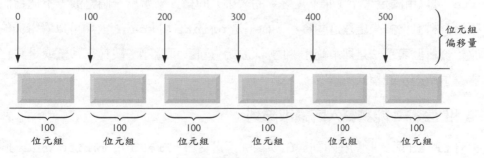

圖 11.9　以 C 語言的觀點來檢視一個隨機存取檔案

　　圖 11.9 的圖解說明了製造隨機存取檔案的方法。這種檔案很像一列有很多車廂的貨運列車一樣——某些車廂是空的，某些車廂有載運貨物。列車的每一個車廂都具有同樣的長度。

　　固定長度的紀錄讓程式可以在一個隨機存取檔案中加入資料，但是不會破壞檔案中的任何資料。程式也可以更改或刪除以前儲存的資料，而不必將整個檔案重新寫入一遍。在接下來的幾個小節中，我們將解說如何：

- 建立一個隨機存取檔案
- 輸入資料
- 以循序和隨機的方式來讀取資料
- 更新資料
- 刪除不再需要的資料。

11.6　建立隨機存取檔案

函式 **fwrite** 會從記憶體中某一個指定的位置，傳送指定數目的位元組到檔案中。這些資料會從檔案位置指標所指向的位置開始寫到檔案中。函式 **fread** 則會從檔案指標所指向的位置開始，將指定數目的位元組從檔案傳送到記憶體中某一個指定的區域。現在，如果要寫一個 4 位元組的整數到檔案時，就不必使用

```
fprintf(fPtr, "%d", number);
```

這個敘述式，因為它可能會為 4 位元組的整數寫入 1 或至多 11 位數（10 個位數加上 1 個正負號，每一個都需要用掉 1 個位元組，視位置設定的字元而定），我們可以使用

```
fwrite(&number, sizeof(int), 1, fPtr);
```

由變數 **number** 以四位元組的整數寫入 4 個位元組的系統到 **fPtr** 所代表的檔案（我們會簡短地解釋引數 **1**）。稍後可以用 **fread** 讀取 4 個位元組到整數變數 **number** 中。雖然 **fread** 和 **fwrite** 可以用固定大小（而不是變動的大小）的格式來讀寫一個整數，不過它們是以電腦的「原始資料」格式來處理這些資料，而不是 **printf** 和 **scanf** 人類可以看得懂的格式。既然「原始資料」表示法是與系統相關的，「原始資料」可能無法被其它系統或是其它編譯器及編譯器選項所產生的程式所讀取。

fwrite 和 fread 能夠寫入或讀取陣列

fwrite 和 **fread** 函式能夠在陣列與磁碟之間傳送資料。**fread** 和 **fwrite** 的第三個引數代表從磁碟讀取或寫入磁碟的陣列元素個數。前面的 **fwrite** 函式呼叫會寫入一個整數到磁碟

上，因此第三個引數為 **1**（就如同只有一個陣列元素要寫入）。檔案處理程式很少只寫一個欄位到檔案裡。它們通常都會一次寫入一個 **struct**，如下面的例子。

問題敘述

考慮以下的問題敘述：

> 製作一個能夠儲存 100 筆固定長度紀錄的交易處理系統。每筆紀錄應包含帳號（做為紀錄關鍵值）、姓氏、名字、以及餘額。這個程式應該能夠更改某個帳戶、插入一筆新的帳戶紀錄、刪除某個帳戶、以及將所有的帳戶紀錄列表到一個格式化的文字檔，進而可以加以列印。請使用隨機存取檔案。

　　接下來的幾節將會介紹製作這個交易處理程式所需要的技術。圖 11.10 的程式說明如何開啟一個隨機存取檔案，如何以 **struct** 來定義紀錄的格式、如何將資料寫進檔案、以及如何關閉這個檔案。這個程式使用 **fwrite** 函式將檔案**"accounts.dat"**內的 100 筆紀錄的初始值設定為空的 **struct**。每一個空的 **struct** 的帳號均為 0。姓氏均為**""**（表示空字串），名字均為**""**，還有餘額均為 **0.0**。以這種方式來為這個檔案設定初始值可以在磁碟上佔用所需要的空間，並且可以藉此判斷某一筆紀錄是否含有資料。

```c
1   // Fig. 11.10: fig11_10.c
2   // Creating a random-access file sequentially
3   #include <stdio.h>
4
5   // clientData structure definition
6   struct clientData {
7      unsigned int acctNum; // account number
8      char lastName[15]; // account last name
9      char firstName[10]; // account first name
10     double balance; // account balance
11  };
12
13  int main(void)
14  {
15     FILE *cfPtr; // accounts.dat file pointer
16
17     // fopen opens the file; exits if file cannot be opened
18     if ((cfPtr = fopen("accounts.dat", "wb")) == NULL) {
19        puts("File could not be opened.");
20     }
21     else {
22        // create clientData with default information
23        struct clientData blankClient = {0, "", "", 0.0};
24
25        // output 100 blank records to file
26        for (unsigned int i = 1; i <= 100; ++i) {
27           fwrite(&blankClient, sizeof(struct clientData), 1, cfPtr);
28        }
29
30        fclose (cfPtr); // fclose closes the file
31     }
32  }
```

圖 11.10　以循序的方式產生一個隨機存取檔案

　　函式 **fwrite** 會將一個位元組爲計的區塊資料寫到檔案中。第 27 行會將大小爲 **sizeof** （**struct clientData**）的 **blankClient** 結構寫到 **cfPtr** 所指向的檔案中。**sizeof** 運算子會傳回括號中的物件（在這裡是 **struct clientData**）所佔用的位元組個數。

　　函式 **fwrite** 可以寫入陣列的數個元素物件。若想要做到，則程式設計師必須提供一個指向陣列的指標當作呼叫 **fwrite** 的第一個引數，並且以第三個引數指定要寫入的元素個數。在前面所提的敘述式中，**fwrite** 是用來寫入單一的非陣列元素的物件。寫入單一物件也就相當於寫入一個陣列元素，因爲在這個 **fwrite** 呼叫中的第三個引數是 1。[請注意：圖 11.11、11.14 和 11.15 的程式會用到圖 11.10 所產生的資料檔，所以你必須先執行圖 11.10，然後才能執行圖 11.11、11.14 和 11.15。]

11.7　隨機地寫入資料到隨機存取檔案

圖 11.11 的程式將資料寫到檔案**"accounts.dat"**中。這個程式使用 **fseek** 函式與 **fwrite** 函式的組合將資料儲存在檔案中指定的位置。**fseek** 函式會先將檔案位置指標設到檔案中某個指定的位置，然後 **fwrite** 再將資料寫入。圖 11.12 爲此程式的一個執行範例。

```
1    // Fig. 11.11: fig11_11.c
2    // Writing data randomly to a random-access file
3    #include <stdio.h>
4
5    // clientData structure definition
6    struct clientData {
7       unsigned int acctNum; // account number
8       char lastName[15]; // account last name
9       char firstName[10]; // account first name
10      double balance; // account balance
11   };
12
13   int main(void)
14   {
15      FILE *cfPtr; // accounts.dat file pointer
16
17      // fopen opens the file; exits if file cannot be opened
18      if ((cfPtr = fopen("accounts.dat", "rb+")) == NULL) {
19         puts("File could not be opened.");
20      }
21      else {
22         // create clientData with default information
23         struct clientData client = {0, "", "", 0.0};
24
25         // require user to specify account number
26         printf("%s", "Enter account number"
27            " (1 to 100, 0 to end input): ");
28         scanf("%d", &client.acctNum);
29
30         // user enters information, which is copied into file
31         while (client.acctNum != 0) {
32            // user enters last name, first name and balance
33            printf("%s", "Enter lastname, firstname, balance: ");
34
35            // set record lastName, firstName and balance value
36            fscanf(stdin, "%14s%9s%lf", client.lastName,
```

圖 11.11　隨機寫入資料到一個隨機存取檔案

```
37              client.firstName, &client.balance);
38
39          // seek position in file to user-specified record
40          fseek(cfPtr, (client.acctNum - 1) *
41              sizeof(struct clientData), SEEK_SET);
42
43          // write user-specified information in file
44          fwrite(&client, sizeof(struct clientData), 1, cfPtr);
45
46          // enable user to input another account number
47          printf("%s", "Enter account number: ");
48          scanf("%d", &client.acctNum);
49      }
50
51      fclose(cfPtr); // fclose closes the file
52  }
53 }
```

圖 11.11　隨機寫入資料到一個隨機存取檔案(續)

```
Enter account number (1 to 100, 0 to end input): 37

Enter lastname, firstname, balance: Barker Doug 0.00

Enter account number: 29

Enter lastname, firstname, balance: Brown Nancy -24.54

Enter account number: 96

Enter lastname, firstname, balance: Stone Sam 34.98

Enter account number: 88

Enter lastname, firstname, balance: Smith Dave 258.34

Enter account number: 33

Enter lastname, firstname, balance: Dunn Stacey 314.33

Enter account number: 0
```

圖 11.12　圖 11.11 的程式執行範例

11.7.1　使用 fseek 定位檔案位置指標

第 40-41 行會把 **cfPtr** 所指向的檔案的檔案位置指標，移到由（**client.accountNum -
1**）***sizeof**（**struct clientData**）所計算出來的位元組位置，這個運算式所計算出來
的值稱為**偏移量**（offset）或**位移**（displacement）。因為帳號介於 1 到 100 之間，而檔案中的
位元組位置卻由 0 開始，因此計算紀錄所在的位元組位置時需要將帳號減去 1。因此，對紀錄
1 而言，程式會將檔案位置指標設定為檔案中的位元組 0。符號常數 **SEEK_SET** 表示檔案位置
指標會以相對於檔案開頭的位移量來進行搬移。如同以上敘述式所指出，在檔案中搜尋一次
帳號 1，會將檔案位置指標設定到檔案開始的位置，這是因為計算的位元組位置為 0。

　　圖 11.13 所示為檔案指標參考到記憶體中的 **FILE** 結構。其中檔案位置指標顯示下一個要
讀寫的位元組位於距離檔案開頭 5 個位元組的地方。

fseek 的函式原型

fseek 的函式原型是

```
int fseek(FILE *stream, long int offset, int whence);
```

其中 offset 是指由 stream 所指向的檔案的位置 whence 開始的第幾個位元組，正的 offset 是向後而負的是向前。引數 whence 的值可以是下列之一：SEEK_SET、SEEK_CUR 或 SEEK_END（定義在<stdio.h>中），指向檔案中搜尋開始的位置。符號常數 SEEK_SET 表示檔案位置指標會以相對於檔案開頭的位移量來進行搬移。SEEK_CUR 表示從檔案目前的位置開始；而 SEEK_END 則表示由檔案結束的位置測量。

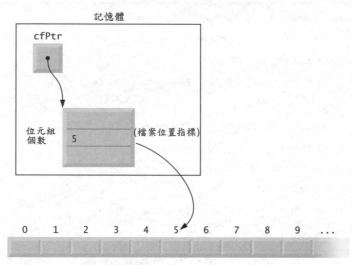

圖 11.13　檔案位置指標指向距離檔案開頭 5 個位元組的位置

11.7.2　檢測錯誤

為了單純化，本章的程式不提供檢測錯誤的功能。優良程式設計必須確定函式 fscanf（圖 11.11 的第 36-37 行）、fseek（第 40-41 行）、以及 fwrite（第 44 行）是否正確運作，可以藉由檢查它們的傳回值。fscanf 函式會回傳讀取成功的資料項數量；假如在讀取資料時發生錯誤，則會回傳 EOF 值。假如搜尋動作無法執行，函式 fseek 會回傳非零值（例如，試圖在檔案開始之前搜尋位置）。函式 fwrite 會回傳成功輸出的項目數量。假如這個數量比函式呼叫的第三個引數小，則產生了一個寫入錯誤。

11.8　由隨機存取檔案讀出資料

函式 **fread** 會從檔案中讀取指定數目的位元組到記憶體中。例如：

```
fread(&client, sizeof(struct clientData), 1, cfPtr);
```

會從 **cfPtr** 所指向的檔案中讀出 **sizeof**（**struct clientData**）個位元組，將它們放到結構 **client** 中，並傳回讀取的位元數。這會從檔案位置指標所指向的位置開始讀取資料。我們可以指定一個存放資料的陣列的指標，以及讀入陣列的元素個數，使用 **fread** 函式讀取幾個固定大小的陣列元素。先前的敘述式讀取一個元素。如果要讀取一個元素以上，你只要在 **fread** 敘述式的第三個引數指定元素的數目就可以了。**fread** 函式會回傳成功輸入的項目數量。假如這個數量比函式呼叫的第三個引數小，則產生了一個讀取錯誤。

　　圖 11.14 的程式以循序的方式讀取檔案**"accounts.dat"**中的每一筆紀錄，然後判斷紀錄中是否有資料，如果有的話則格式化印出這些資料。**feof** 函式會用來判斷是否已到達檔案的結束，而 **fread** 函式則會用來將資料由檔案傳送到 **clientData** 結構 **client**。

```c
1   // Fig. 11.14: fig11_14.c
2   // Reading a random-access file sequentially
3   #include <stdio.h>
4
5   // clientData structure definition
6   struct clientData {
7      unsigned int acctNum; // account number
8      char lastName[15]; // account last name
9      char firstName[10]; // account first name
10     double balance; // account balance
11  };
12
13  int main(void)
14  {
15     FILE *cfPtr; // accounts.dat file pointer
16
17     // fopen opens the file; exits if file cannot be opened
18     if ((cfPtr = fopen("accounts.dat", "rb")) == NULL) {
19        puts("File could not be opened.");
20     }
21     else {
22        printf("%-6s%-16s%-11s%10s\n", "Acct", "Last Name",
23           "First Name", "Balance");
24
25        // read all records from file (until eof)
26        while (!feof(cfPtr)) {
27           // create clientData with default information
28           struct clientData client = {0, "", "", 0.0};
29
30           int result = fread(&client, sizeof(struct clientData), 1, cfPtr);
31
32           // display record
33           if (result != 0 && client.acctNum != 0) {
34              printf("%-6d%-16s%-11s%10.2f\n",
35                 client.acctNum, client.lastName,
36                 client.firstName, client.balance);
37           }
38        }
39
40        fclose(cfPtr); // fclose closes the file
41     }
42  }
```

圖 11.14　以循序的方式讀取一個隨機存取檔案

```
Acct   Last Name      First Name    Balance
29     Brown          Nancy          -24.54
33     Dunn           Stacey         314.33
37     Barker         Doug             0.00
88     Smith          Dave           258.34
96     Stone          Sam             34.98
```

圖 11.14　以循序的方式讀取一個隨機存取檔案(續)

11.9　範例研究：交易處理程式

現在我們將使用隨機存取檔案來製作一個現實生活中的交易處理程式（圖 11.15）。這個程式會負責維護銀行的帳戶資訊，可以更改現有的帳戶、增加新的帳戶、刪除帳戶、以及將目前所有的帳戶清單存放到一個文字檔，進而用它來進行列印。假設已經執行過圖 11.10 的程式，它產生了檔案 **accounts.dat**。

選項 1：建立格式化的帳戶清單

這個程式將有五個選項。選項 5 會結束程式。選項 1 呼叫函式 **textFile**（第 64-94 行），將所有帳戶的格式化清單（通常稱為報告）存放到一個稱為 **accounts.txt** 的文字檔中，稍後可以列印這個文字檔。這個函式使用 **fread** 以及圖 11.14 程式的循序檔案存取技術。在你選擇選項 1 之後，檔案 **accounts.txt** 的內容為：

```
Acct   Last Name      First Name    Balance
29     Brown          Nancy          -24.54
33     Dunn           Stacey         314.33
37     Barker         Doug             0.00
88     Smith          Dave           258.34
96     Stone          Sam             34.98
```

選項 2：更新帳戶

選項 2 呼叫函式 **updateRecord**（第 97-140 行）來更改某個帳戶。此函式應該只能夠更改已經存在的紀錄，因此一開始的時候會先檢查使用者所指定的紀錄是否為空的。這筆紀錄會先以 **fread** 讀入結構 **client** 中，然後判斷 **client** 結構的成員 **acctNum** 是否是零。如果是的話，表示這筆紀錄並沒有任何資訊，因此就印出紀錄為空的訊息。然後重新顯示選單。如果紀錄中存有資訊，則函式 **updateRecord** 會輸入交易金額，計算出新的餘額，然後將這筆紀錄重新寫回檔案中。選項 2 的典型輸出如：

```
Enter account to update (1 - 100): 37
37     Barker         Doug             0.00

Enter charge (+) or payment (-): +87.99
37     Barker         Doug            87.99
```

選項 3：建立新帳戶

選項 3 會呼叫函式 **newRecord**（第 177-215 行）來增加一個新的帳戶到檔案中。如果使用者輸入的帳戶已經存在的話，則 **newRecord** 會印出錯誤訊息，表示這筆紀錄已經有資訊了，然後重新顯示選單。此函式使用與圖 11.11 程式相同的程序來增加一個新的帳戶。選項 3 的典型輸出如：

```
Enter new account number (1 - 100): 22
Enter lastname, firstname, balance
? Johnston Sarah 247.45
```

選項 4：刪除一個帳戶

選項 4 會呼叫函式 **deleteRecord**（第 143-174 行）由檔案中刪除一筆紀錄。此函式會先詢問使用者欲刪除的帳戶帳號，然後對此紀錄重新設定初始值。如果這個帳戶本來就沒有任何資訊，則 **deleteRecord** 將印出錯誤訊息來表示帳戶並不存在。

選項 5：建立新帳戶

選項 5 則會結束本程式的執行。本程式列在圖 11.15。請注意，我們會以修改模式（讀與寫）**"rb+"** 來開啓檔案 **"accounts.dat"**。

```c
1   // Fig. 11.15: fig11_15.c
2   // Transaction-processing program reads a random-access file sequentially,
3   // updates data already written to the file, creates new data to
4   // be placed in the file, and deletes data previously in the file.
5   #include <stdio.h>
6
7   // clientData structure definition
8   struct clientData {
9      unsigned int acctNum; // account number
10     char lastName[15]; // account last name
11     char firstName[10]; // account first name
12     double balance; // account balance
13  };
14
15  // prototypes
16  unsigned int enterChoice(void);
17  void textFile(FILE *readPtr);
18  void updateRecord(FILE *fPtr);
19  void newRecord(FILE *fPtr);
20  void deleteRecord(FILE *fPtr);
21
22  int main(void)
23  {
24     FILE *cfPtr; // accounts.dat file pointer
25
26     // fopen opens the file; exits if file cannot be opened
27     if ((cfPtr = fopen("accounts.dat", "rb+")) == NULL) {
28        puts("File could not be opened.");
29     }
30     else {
31        unsigned int choice; // user's choice
32
33        // enable user to specify action
```

圖 11.15　銀行帳戶程式

```
34          while ((choice = enterChoice()) != 5) {
35              switch (choice) {
36                  // create text file from record file
37                  case 1:
38                      textFile(cfPtr);
39                      break;
40                  // update record
41                  case 2:
42                      updateRecord(cfPtr);
43                      break;
44                  // create record
45                  case 3:
46                      newRecord(cfPtr);
47                      break;
48                  // delete existing record
49                  case 4:
50                      deleteRecord(cfPtr);
51                      break;
52                  // display message if user does not select valid choice
53                  default:
54                      puts("Incorrect choice");
55                      break;
56              }
57          }
58
59          fclose(cfPtr); // fclose closes the file
60      }
61  }
62
63  // create formatted text file for printing
64  void textFile(FILE *readPtr)
65  {
66      FILE *writePtr; // accounts.txt file pointer
67
68      // fopen opens the file; exits if file cannot be opened
69      if ((writePtr = fopen("accounts.txt", "w")) == NULL) {
70          puts("File could not be opened.");
71      }
72      else {
73          rewind(readPtr); // sets pointer to beginning of file
74          fprintf(writePtr, "%-6s%-16s%-11s%10s\n",
75              "Acct", "Last Name", "First Name","Balance");
76
77          // copy all records from random-access file into text file
78          while (!feof(readPtr)) {
79              // create clientData with default information
80              struct clientData client = {0, "", "", 0.0};
81              int result =
82                  fread(&client, sizeof(struct clientData), 1, readPtr);
83
84              // write single record to text file
85              if (result != 0 && client.acctNum != 0) {
86                  fprintf(writePtr, "%-6d%-16s%-11s%10.2f\n",
87                      client.acctNum, client.lastName,
88                      client.firstName, client.balance);
89              }
90          }
91
92          fclose(writePtr); // fclose closes the file
93      }
94  }
95
96  // update balance in record
97  void updateRecord(FILE *fPtr)
98  {
99      // obtain number of account to update
100     printf("%s", "Enter account to update (1 - 100): ");
101     unsigned int account; // account number
102     scanf("%d", &account);
103
104     // move file pointer to correct record in file
```

圖 11.15 銀行帳戶程式(續)

```
105        fseek(fPtr, (account - 1) * sizeof(struct clientData),
106           SEEK_SET);
107
108        // create clientData with no information
109        struct clientData client = {0, "", "", 0.0};
110
111        // read record from file
112        fread(&client, sizeof(struct clientData), 1, fPtr);
113
114        // display error if account does not exist
115        if (client.acctNum == 0) {
116           printf("Account #%d has no information.\n", account);
117        }
118        else { // update record
119           printf("%-6d%-16s%-11s%10.2f\n\n",
120              client.acctNum, client.lastName,
121              client.firstName, client.balance);
122
123           // request transaction amount from user
124           printf("%s", "Enter charge (+) or payment (-): ");
125           double transaction; // transaction amount
126           scanf("%lf", &transaction);
127           client.balance += transaction; // update record balance
128
129           printf("%-6d%-16s%-11s%10.2f\n",
130              client.acctNum, client.lastName,
131              client.firstName, client.balance);
132
133           // move file pointer to correct record in file
134           fseek(fPtr, (account - 1) * sizeof(struct clientData),
135              SEEK_SET);
136
137           // write updated record over old record in file
138           fwrite(&client, sizeof(struct clientData), 1, fPtr);
139        }
140     }
141
142     // delete an existing record
143     void deleteRecord(FILE *fPtr)
144     {
145        // obtain number of account to delete
146        printf("%s", "Enter account number to delete (1 - 100): ");
147        unsigned int accountNum; // account number
148        scanf("%d", &accountNum);
149
150        // move file pointer to correct record in file
151        fseek(fPtr, (accountNum - 1) * sizeof(struct clientData),
152           SEEK_SET);
153
154        struct clientData client; // stores record read from file
155
156        // read record from file
157        fread(&client, sizeof(struct clientData), 1, fPtr);
158
159        // display error if record does not exist
160        if (client.acctNum == 0) {
161           printf("Account %d does not exist.\n", accountNum);
162        }
163        else { // delete record
164           // move file pointer to correct record in file
165           fseek(fPtr, (accountNum - 1) * sizeof(struct clientData),
166              SEEK_SET);
167
168           struct clientData blankClient = { 0, "", "", 0 }; // blank client
169
170           // replace existing record with blank record
171           fwrite(&blankClient,
172              sizeof(struct clientData), 1, fPtr);
173        }
174     }
```

圖 11.15　銀行帳戶程式(續)

```
175
176   // create and insert record
177   void newRecord(FILE *fPtr)
178   {
179      // obtain number of account to create
180      printf("%s", "Enter new account number (1 - 100): ");
181      unsigned int accountNum; // account number
182      scanf("%d", &accountNum);
183
184      // move file pointer to correct record in file
185      fseek(fPtr, (accountNum - 1) * sizeof(struct clientData),
186         SEEK_SET);
187
188      // create clientData with default information
189      struct clientData client = { 0, "", "", 0.0 };
190
191      // read record from file
192      fread(&client, sizeof(struct clientData), 1, fPtr);
193
194      // display error if account already exists
195      if (client.acctNum != 0) {
196         printf("Account #%d already contains information.\n",
197            client.acctNum);
198      }
199      else { // create record
200         // user enters last name, first name and balance
201         printf("%s", "Enter lastname, firstname, balance\n? ");
202         scanf("%14s%9s%lf", &client.lastName, &client.firstName,
203            &client.balance);
204
205         client.acctNum = accountNum;
206
207         // move file pointer to correct record in file
208         fseek(fPtr, (client.acctNum - 1) *
209            sizeof(struct clientData), SEEK_SET);
210
211         // insert record in file
212         fwrite(&client,
213            sizeof(struct clientData), 1, fPtr);
214      }
215   }
216
217   // enable user to input menu choice
218   unsigned int enterChoice(void)
219   {
220      // display available options
221      printf("%s", "\nEnter your choice\n"
222         "1 - store a formatted text file of accounts called\n"
223         "    \"accounts.txt\" for printing\n"
224         "2 - update an account\n"
225         "3 - add a new account\n"
226         "4 - delete an account\n"
227         "5 - end program\n? ");
228
229      unsigned int menuChoice; // variable to store user's choice
230      scanf("%u", &menuChoice); // receive choice from user
231      return menuChoice;
232   }
```

圖 11.15　銀行帳戶程式(續)

11.10　安全程式設計

fprintf_s 和 fscanf_s

章節 11.3-11.4 的範例使用函式 **fprintf** 和 **fscanf** 分別進行檔案的讀寫。附錄 K 的新標準提供讀取檔案更安全的函式為 **fprintf_s** 和 **fscanf_s**，和先前所介紹到的 **printf_s** 及 **scanf_s** 相同，除了指定 FILE 指標參數來進行處理。若您的 C 編譯器標準函式庫包含這些函數，您該使用它們而非 **fprintf** 和 **fscanf**。

CERT 安全 C 撰寫標準的第九章

CERT 安全 C 撰寫標準的第九章專門探討輸出入和規則，關於檔案處理與數種此類用於檔案處理的函式都在這章介紹。更多的資訊請參訪網頁 www.securecoding.cert.org。

- FIO03-C：當以非獨佔檔案開啟模式來打開寫入檔案（圖 11.5），若有此檔案，函式 **fopen** 開啟檔案並擷取其內容，在 **fopen** 呼叫前沒有跡象顯示該檔案是否存在。要確認現有的檔案不是被開啟及擷取，您可以使用 C11 新的獨佔模式（在章節 11.3 探討過），在檔案不存在時用 **fopen** 開啟。

- FIO04-C：一個優良的程式碼必須確認檔案處理函式的回傳值是否傳回錯誤代碼，這確認了函式任務是否被正確定執行。

- FIO07-C：函式 **rewind** 不會回傳任何的值，因此無法確認運作是否正常。建議您使用函式 **fseek** 來替代，因為若有錯誤會回傳非零的值。

- FIO09-C：本章中我們介紹到文字檔案與二進制檔案，由於不同平台的二進制資料表示的差異，以二進制寫入的檔案通常不可攜。若要更可攜的檔案描述，參考使用文字檔案或函式庫，可以處理跨平台在二進制檔案表示上的差異。

- FIO14-C：某些函式庫的函式在文字檔案與二進制檔案的運作並非相同。尤其是，如果您從 **SEEK_END** 開始搜尋，函式 **fseek** 在二進制檔案運作無法保證正確，因此必須使用 **SEEK_SET**。

- FIO42-C：在許多平台，你一次只能開啟有限個檔案。因此，你必須總是在檔案不再被程式使用的時候將其關閉。

摘要

11.1　簡介

- 程式會利用檔案（File）來長期地保存資料。
- 電腦會將檔案存放在輔助性儲存裝置，例如硬碟、固態硬碟、快閃儲存裝置和 DVD。

11.2　檔案和串流

● C 將每個檔案視為連續的位元組串流。當一個檔案開啓之後，就會有一個資料流（stream）和這個檔案結合在一起。

● 在程式開始執行時，有三個資料流會自動開啓，它們是標準輸入（standard input）、標準輸出（standard output）和標準錯誤（standard error）。

● 資料流提供程式與檔案之間的通訊管道。

● 標準輸入資料流讓程式能從鍵盤讀取資料，而標準輸出則讓程式能將資料印到螢幕上。

● 開啓一個檔案會傳回一個指向 **FILE** 結構（定義在 **<stdio.h>** 中）的指標，它含有處理這個檔案所需要的資訊。**FILE** 結構中包含了一個檔案描述子（file descriptor），也就是指到作業系統內的開啓檔案表（open file table）之陣列的索引值。這個陣列的每一個元素均含有一個檔案控制區塊（file controlblock，FCB），作業系統便是經由 FCB 來管理某個特定的檔案。

● 標準輸入、標準輸出、和標準錯誤會分別以下列三個指標來進行操作：**stdin**、**stdout** 和 **stderr**。

● 函式 **fgetc** 可以從檔案中讀取一個字元。它的引數是一個 **FILE** 指標，指向將要讀取字元的檔案。

● 函式 **fputc** 可將一個字元寫入檔案。它的引數是一個將要寫入的字元，以及一個指向要寫入檔案的指標。

● 函式 **fgets** 和 **fputs** 分別用來從檔案中讀取一行文字，以及寫入一行文字到檔案中。

11.3　建立一個循序存取檔案

● C 並未指定檔案的結構。你必須自行組織檔案，以符合應用程式的需求。

● C 程式使用個別的 **FILE** 結構來管理每個檔案。

● 每一個開啓的檔案必須有個別的 **FILE** 型別的指標，這個指標會用來參考檔案。

● **fopen** 函式有兩個引數：一個是檔案名稱，另外一個是檔案開啓模式。它會回傳一個指向此開啓檔案的 **FILE** 結構的指標。

● 檔案開啓模式 **"w"** 指出開啓的檔案是用來寫入（writing）的。如果這個檔案並不存在，**fopen** 就會產生一個新的檔案。如果檔案已經存在，程式就會刪除已經存在的內容，而不會有任何警告。

● 如果無法開啓檔案，**fopen** 函式就會傳回 **NULL**。

● **feof** 函式接收一個指向 **FILE** 的指標。如果設定了檔案結尾記號，這個函式就會傳回一個非零的值（眞）；否則會傳回 0。任何嘗試從 **feof** 回傳 true 的檔案讀取都會失敗。

● **fprintf** 函式除了會接收一個檔案指標作為引數以外，**fprintf** 函式和 **printf** 函式是相同的，所接收的檔案指標會用來指定資料要寫到哪一個檔案。

● **fclose** 函式接收一個檔案指標做為引數並關閉指定的檔案。

● 當開啓檔案之後，檔案的檔案控制區塊（FCB）會複製到記憶體中。作業系統經由 FCB 來管理某個特定的檔案。

- 如果要建立一個新的檔案，或是想要在寫入資料之前丟棄檔案原本就有的內容，就要將這個檔案以寫入模式（**"w"**）開啓。
- 如果想要讀取一個已經存在的檔案，就要用讀取模式（**"r"**）來開啓這個檔案。
- 如果想要在已經存在的檔案後面加入新的紀錄，就要用附加模式（**"a"**）來開啓這個檔案。
- 如果想要開啓一個可以用來讀寫的檔案，就要使用以下三種修改模式中其中的一種——**"r+"**、**"w+"**或**"a+"**。其中"r+"模式開啓一個可以讀寫的檔案。**"w+"**模式建立一個可以讀寫的檔案。如果這個檔案本來就已經存在，就會刪除這個檔案中原來的內容。**"a+"**模式也開啓一個可以讀寫的檔案，不過所有的寫入動作都會從檔案結尾的位置開始進行。如果這個檔案並不存在，程式就會產生一個新的檔案。
- 每一種檔案開啓的模式都有一個對應的二進位模式（包含字母 **b**），它會用來操作二進位檔案。
- C11 支援獨佔寫入模式，將 **x** 加入 **w, w+**和**wb+**模式。

11.4　循序存取檔案讀取資料

- 除了 **fscanf** 必須加上一個指標引數以外，函式 **fscanf** 相當於 **scanf**，該引數用來指出程式想要從哪一個檔案中讀取資料。
- 爲了從檔案循序讀取資料，程式通常會從檔案的開端開始讀取資料，並依序地讀取所有的資料，直到找到所需要的資料。
- **rewind** 函數可以用來將其引數所指向的檔案的檔案位置指標（file position pointer），重新指回到檔案的開頭（位元組 0）。
- 檔案位置指標是一個整數值，它代表檔案中下一個讀取或寫入動作操作的位元組位置。檔案位置指標通常也稱爲檔案位移（file offset）。檔案位置指標是 **FILE** 結構的一個成員。
- 如果想要更改循序檔中的資料，可能會破壞檔案中的其他資料。

11.5　隨機存取檔案

- 隨機存取檔案（randomaccess file）中的每一筆紀錄通常都具有固定的長度，可以用來直接存取（所以比較快），而不需要在紀錄群中進行搜尋。
- 因爲隨機存取檔案中的每一筆紀錄通常都有相同的長度，所以程式能夠計算「記錄關鍵值」的函式，以求出每一筆紀錄正確的位置，這個位置是從檔案的開頭算起。
- 固定長度的紀錄讓程式可以在一個隨機存取檔案中加入資料，但是不會破壞檔案中的任何資料。程式也可以更改或刪除以前儲存的資料，而不必將整個檔案重新寫入一遍。

11.6　建立隨機存取檔案

- 函式 **fwrite** 會從記憶體中某一個指定的位置，傳送指定數目的位元組到檔案中。這些資料會從檔案位置指標所指向的位置開始寫入。
- 函式 **fread** 則會從檔案指標所指向的位置開始，將指定數目的位元組從檔案傳送到記憶體中某一個指定的區域。

- **fwrite** 和 **fread** 函式能夠在陣列與磁碟之間傳送資料。**fread** 和 **fwrite** 的第三個引數代表要處理的陣列元素個數。
- 檔案處理程式通常都會一次寫入一個 **struct**。
- 函式 **fwrite** 會將一個區塊（指定位元組的個數）的資料寫到檔案中。
- 若想要寫入數個陣列元素，則程式設計師必須提供一個指向陣列的指標當作呼叫 **fwrite** 的第一個引數，並且以第三個引數指定要寫入的元素個數。

11.7　隨機地寫入資料到隨機存取檔案

- **fseek** 函式會先將檔案位置指標設到檔案中某個指定的位置。它的第二個引數代表要尋找的位元組數目，第三個引數代表從哪個位置開始測量。第三個引數的值可以是下列三者之一：**SEEK_SET**、**SEEK_CUR** 或 **SEEK_END**（定義在 **<stdio.h>** 中）。符號常數 **SEEK_SET** 表示檔案位置指標會以相對於檔案開頭的位移量來進行搬移。**SEEK_CUR** 表示從檔案目前的位置開始；而 **SEEK_END** 則表示由檔案結束的位置開始。
- 優質的程式必須要藉由確認傳回值來判斷函式像是 **fscanf**、**fseek** 以及 **fwrite** 是否運作正確。
- **fscanf** 函式會回傳讀取成功的欄位數量；假如在讀取資料時發生錯誤，則會回傳 **EOF** 值。
- 假如搜尋動作無法執行，函式 **fseek** 會回傳非零值。
- 函式 **fwrite** 會回傳成功輸出的項目數量。假如這個數量比函式呼叫的第三個引數小，則產生了一個寫入錯誤。

11.8　由隨機存取檔案讀出資料

- 函式 **fread** 會從檔案中讀取指定數目的位元組到記憶體中。
- 我們可以指定一個存放資料的陣列的指標，以及讀入陣列的元素個數，來使用 **fread** 函式讀取幾個固定大小的陣列元素。
- **fread** 函式會回傳成功輸入的項目數量。假如這個數量比函式呼叫的第三個引數小，則產生了一個讀取錯誤。

自我測驗

11.1　填充題：

    a)　_____函式可以用來關閉一個檔案。

    b)　_____函式會以類似 **scanf** 從 **stdin** 讀進資料的方式，從檔案裡讀取資料。

    c)　_____函式會從指定的檔案裡讀取一個字元。

    d)　_____函式會從指定的檔案裡讀取一行。

    e)　_____函式可以用來開啟檔案。

    f)　_____函式通常用在隨機存取的應用程式中，負責從檔案讀取資料。

    g)　_____函式會將檔案位置指標移到檔案中某個指定的位置。

11.2 是非題。如果答案爲非，請解釋原因。

a) 函式 `fscanf` 不能從標準輸入讀取資料。

b) 你必須親自以 `fopen` 來開啓標準輸入、標準輸出及標準錯誤等資料流。

c) 程式中必須要呼叫 `fclose` 才能關閉某個檔案。

d) 如果某循序檔的檔案位置指標不是指向此檔案的開頭，那麼我們必須先關閉這個檔案，重新開啓，如此才可由此檔的開頭開始讀取資料。

e) 函式 `fprintf` 可以寫資料到標準輸出。

f) 不需覆寫其他的資料就能更改循序存取檔內的資料。

g) 爲了找出某個特定的記錄，並不需要搜尋整個隨機存取檔案裡的所有記錄。

h) 隨機存取檔案裡的記錄不是固定長度。

i) 函式 `fseek` 只能相對於檔案的開頭來尋找。

11.3 請爲下行各項撰寫一個或一組敘述式：假設這些敘述式都屬於同一個程式。

a) 以讀取模式開啓檔案`"oldmast.txt"`，並將傳回的檔案指標設給 `ofPtr`。

b) 以讀取模式開啓檔案`"trans.txt"`，並將傳回的檔案指標設給 `tfPtr`。

c) 以寫入（及建立）模式開啓檔案`"newmast.txt"`，並將傳回的檔案指標設給 `nfPtr`。

d) 撰寫一組敘述式，讀取"oldmast.txt"檔案中的一筆記錄。此記錄含有整數 accountNum、字串 name 及浮點數 currentBalance。

e) 撰寫一個敘述式，讀取`"trans.txt"`檔案中的一筆記錄。此記錄含有整數 `accountNum` 及浮點數 `dollarAmount`。

f) 撰寫一組敘述式，將一筆輸出到檔案"newmast.txt"。此記錄含有整數 accountNum、字串 name、及浮點數 currentBalance。

11.4 找出下列各程式片段中的錯誤，並說明如何更正錯誤。

a) 由 `fPtr` 所指到的檔案（`"payables.dat"`）尚未開啓。

```
printf(fPtr, "%d%s%d\n", account, company, amount);
```

b) `open("receive.txt","r+");`

c) 下列的敘述式應該讀取`"payables.dat"`檔案的一筆記錄。檔案指標 `payPtr` 指向了這個檔案，而檔案指標 `recPtr` 則指向了檔案`"receive.dat"`。

```
scanf(recPtr, "%d%s%d\n", &account, company, &amount);
```

d) 檔案`"tools.dat"`希望能在不刪除原有資料的情況下，增加新的資料。

```
if ((tfPtr = fopen("tools.txt", "w")) != NULL)
```

e) 檔案`"courses.txt"`希望能在不更改現有內容的情況下，附加新的資料。底下的陳述句用來開啓這個檔案

```
if ((cfPtr = fopen("courses.txt","w+")) != NULL)
```

自我測驗習題解答

11.1 a) `fclose` b) `fscanf` c) `fgetc` d) `fgets` e) `fopen` f) `fread` g) `fseek`

11.2 a) 非。函式 `fscanf` 也可從標準輸入裡讀取資料，只要在呼叫 `fscanf` 時包含指向標準輸入串流 `stdin` 的指標即可。

b) 非。這三個資料流會在程式開始執行時由 C 自動開啓。

c) 非。當程式結束執行時，檔案將會關閉。並不一定非得使用 `fclose` 才能關閉檔案。

d) 非。可以用函式 `rewind` 將檔案位置指標倒轉回檔案的開頭。

e) 是。

f) 非。在大部分的情況下，循序檔的記錄長度並非固定的。因此在更改某筆記錄時，有可能會覆寫到其他的資料。

g) 是。

h) 非。隨機存取檔案裡的記錄，通常具有固定長度。

i) 非。可從檔案的開頭、檔案的尾端、及檔案目前的位置等三個地方開始尋找。

11.3 a) `ofPtr = fopen("oldmast.txt", "r");`

b) `tfPtr = fopen("trans.txt","r");`

c) `nfPtr = fopen("newmast.txt","w");`

d) `fscanf(ofPtr,"%d%s%f", &accountNum, name,&currentBalance);`

e) `fscanf(tfPtr,"%d%f",&accountNum, &dollarAmount);`

f) `fprintf(nfPtr,"%d %s %.2f", accountNum, name,currentBalance);`

11.4 a) 錯誤：在參考檔案`"payables.dat"`的檔案指標之前，沒有開啓這個檔案。

更正：使用 `fopen` 以寫入模式、附加模式、或修改模式來開啓檔案`"payables.dat"`。

b) 錯誤：函式 `open` 並非標準 C 的函式。

更正：使用函式 `fopen`。

c) 錯誤：函式 scanf 應該是 fscanf。函式 fscanf 使用錯誤的檔案指標來參考"payables.dat"檔案。

更正：使用檔案指標 `payPtr` 來參考`"payables.dat"`。

d) 錯誤：因爲檔案是爲了用來寫入（ `"w"` ）而開啓的，所以會刪除檔案的內容。

更正：要增加資料到檔案，可以以更新模式（`"r+"`）或附加模式（`"a"`或`"a+"`）開啓檔案。

e) 錯誤：檔案`"courses.dat"`是以更新`"w+"`模式開啓當案，所以會刪除檔案原本的內容。

更正：以`"a"`或`"a+"`模式開啓檔案。

習題

11.5 填充題：

a) 電腦在輔助儲存裝置上儲存大量的資料當做_____。

b) 是由_____幾個欄位組成。

c) 若想要從某個檔案擷取一些特定的記錄，每個記錄最少要選出一個欄位，作爲_____。

d) 一群具有意義的字元稱爲一個_____。

e) 當程式開始執行時，C 自動開啓的三個資料流其指標的名稱爲_____、_____和_____。

f) 函式_____可將一個字元寫入到指定的檔案中。

g) 函式_____可將一行寫入到指定的檔案中。

h) _____函式通常用來寫資料到隨機存取檔裡。

i) _____函式會將檔案位置指標倒轉回檔案的開頭。

11.6 是非題。如果不對，請解釋原因。

a) 電腦所能執行的複雜功能，是由處理最基本的 0 和 1 就能達成的。

b) 因爲位元比較精簡，所以人們較喜歡處理位元，而不是字元和欄位。

c) 人們使用字元來撰寫程式和資料項目；電腦則會將這些字元當成一群 0 和 1 來加以操作和處理。

d) 個人的郵遞區域號碼就是數字欄位的一個例子。

e) 資料項目在電腦中會以資料階層的形式來處理，在這個階層中，當我們從欄位到字元，再到位元，逐漸擴展時，資料項目變得越來越大且越複雜。

f) 記錄鍵值會確認某個記錄是屬於某個特定的欄位。

g) 大多數公司會將資料儲存在單一檔案裡，以方便交給電腦處理。

h) 在 C 程式中，我們是藉由檔名來指向檔案。

i) 當程式建立一個檔案之後，電腦就會自動保留該檔案以備將來使用。

11.7 （替檔案配對程式建立測試資料）在撰寫習題 11.7 的程式之後，請再撰寫一個簡單的程式，建立用來測試該程式的測試資料。請使用如下的帳戶資料。

主檔案：

帳戶編號	名稱	餘額
100	Alan Jones	348.17
300	Mary Smith	27.19
500	Sam Sharp	0.00
700	Suzy Green	-14.22

交易檔案：

帳戶編號	金額
100	27.14
300	62.11
400	100.56
900	82.17

11.8 （**檔案配對**）習題 11.3 要求讀者撰寫一連串的單一敘述。實際上，這些敘述式會形成檔案處理程式的重要核心型別，也就是尋求符合檔案加以處理的程式。在商業的資料處理系統中，每個系統裡，通常會擁有幾個檔案。在應收帳款帳戶系統中，舉例來說，通常都有一個主檔案，包含每個客戶的詳細資訊，例如客戶的名稱、地址、電話號碼、未償付餘額、信用額度、折扣項目、契約安排、最近的採購和現金支付記錄。

當交易發生時（意指銷售、或是郵購付款）它們會被輸入一個檔案。在每個生意結算時（有些公司是以一個月為單位，有些則以一個星期為單位，在某些情況甚至是以一天為單位），交易的記錄檔案（自我測驗習題 11.3 裡的 **"trans.dat"**），就會應用於主檔案（自我測驗習題 11.3 裡的 **"oldmast.dat"**），如此就可更新每個帳戶採購和付款的記錄。在更新記錄之後，主檔案會重新整理成新的檔案（**"newmast.dat"**），這個檔案在下一次結算時，就會再一次進行更新的動作。

尋求符合檔案加以處理的程式需要處理一些問題，而這些問題對於處理單一檔案的程式，並不會碰到。舉例來說，並不是永遠都會找到符合的檔案。主檔案裡的客戶可能在這次結算時段中，並沒有任何的採購或者支付價款的情形發生，因此，交易檔案中沒有這個客戶的交易記錄。同樣的，確實有採購和支付貨款的客戶，可能剛好移轉到這個統計區域，而公司還來不及替這位客戶建立一個主記錄。

利用習題 11.3 的敘述式當作基礎，撰寫一個完整的尋求符合檔案處理的應收帳款程式。在每個檔案中，使用帳戶編號作為記錄關鍵值，作為尋求匹配之用。假設每個檔案都是循序檔案，而儲存的記錄都是按照帳戶編號遞增的順序排列。

當找到相符的情形（也就是，在主檔案和交易檔案中，都出現相同帳戶編號的記錄），就會將交易檔案上的金額加到主檔案上的目前餘額，而且寫入 **"newmast.dat"** 的記錄中（假設交易檔案裡，正的數值表示採購，負的數值表示支付）。當某個特定帳戶的主記錄存在，但是沒有對應的交易記錄，只要將主記錄寫入 **"newmast.dat"** 檔案。當有交易記錄，但是沒有對應的主記錄時，則列印出訊息「帳戶編號......沒有相符的交易記錄（**Unmatched transaction record for account number...**）」（可從交易記錄，填入相關的帳戶編號）。

11.9 （**測試檔案配對**）執行習題 11.8 的程式，並利用習題 11.7 建立的測試資料檔案。請仔細檢視結果。

11.10 （**多次交易的檔案配對**）可能（實際上是經常如此）有幾個交易記錄，會使用相同的記錄關鍵值。這種現象之所以發生，因為某個特定客戶在生意結算期間，有幾次採購並且支付了貨款。重寫習題 11.8 中的應收帳款程式，讓程式可以處理擁有幾個相同記錄關鍵值的交易記錄。修改習題 11.7 的測試資料，加入底下的交易紀錄。

帳戶編號	金額
300	83.89
700	80.78
700	1.53

11.11　（編寫敘述式）請為下列各項完成敘述式：假設結構

```
Struct person {
    char lastName[15];
    char firstName[15];
    char age[4];
};
```

已定義，且檔案已經以寫入模式開啟。

a)　為檔案" nameage.txt "設定初始值，使之擁有 100 筆記錄，且每筆記錄的 lastName = "unassigned"、firstname = ""、age = "0"。

b)　輸入 10 個 last name、first name 及 age，並將他們寫到這個檔案裡。

c)　更改某筆記錄；若記錄裡沒有資訊的話，則通知使用者"No info"。

d)　以重新為某記錄設初值的方式，來刪除這筆紀錄。

11.12　（**硬體庫存**）你是一家硬體商店的老闆，需要有一份庫存表，告訴你擁有哪些工具、擁有的數量以及每個工具的成本。請編寫一個程式，將檔案 "hardware.dat" 初始化為 100 筆空的記錄，讓您輸入跟每個工具相關的資料，讓你能夠列出所有工具、刪除不再擁有的工具記錄，並讓您更新文件中的任何資訊。工具識別號碼應為記錄編號。請使用以下資訊來啟動你的檔案：

紀錄編號#	工具名稱	數量	成本
3	電動砂光機	7	57.98
17	鐵鎚	76	11.99
24	線鋸	21	11.00
39	除草機	3	79.50
56	電鋸	18	99.99
68	螺絲起子	106	6.99
77	大鎚	11	21.50
83	扳手	34	7.50

11.13　（**電話號碼的單字產生器**）標準的電話鍵盤都有數字按鍵 0 到 9。而其中 2 到 9 的按鍵上每一個都有三個字母，如下表所示：

數字	字母	數字	字母
2	A B C	6	M N O
3	D E F	7	P R S
4	G H I	8	T U V
5	J K L	9	W X Y

　　許多人覺得電話號碼很難記，所以他們使用數字和字母間的對應將電話號碼對應到 7 個字母的單字。例如，若某人的電話號碼是 686-2377，他可以利用以上的對照表，發明出「NUMBERS」這個七個字母的單字。

　　企業界經常會想辦法使他們的電話號碼容易被客戶們記住。如果某家公司能以一個簡單的單字來代表他的電話號碼，無疑地這家公司將可以接到更多的電話。

　　每個 7 個字母的單字都只會對應到一組 7 位數的電話號碼。餐廳如果希望增進外賣業務，則可以使用 825-3688（註：TAKEOUT）的電話號碼。

　　每個 7 位數的電話號碼，會對應到許多單獨的 7 個字母的單字。不幸的是，大部分拼湊出來的單字都是沒有意義的。然而，當理髮店的老闆發現店裡的電話號碼 424-7288 會對應到「HAIRCUT」時，可能會非常高興。無疑地，酒店老闆也會對 233-7226 這支號碼感到欣喜若狂，因其對應到「BEERCAN」。而擁有 738-2273 這支號碼的獸醫，會很高興知道該號碼對應到「PETCARE」。

　　撰寫一個程式，對於每個指定的七位數碼，產生所有可能對應的 7 個字元的單字組合，並將它們寫入檔案中。共有 2187（3 的 7 次方）個單字。請避免使用 0 與 1 的電話號碼。

11.14　（**專案：修改電話號碼的單字產生器**）假如你的電腦中有電子辭典，修改習題 11.13 的程式，在電子辭典中尋找單字。7 個字母有時候會組成 2 個以上的單字（電話號碼 843-2677 可以組成「THEBOSS」）。

11.15　（**使用具有標準輸入／輸出資料流的檔案處理函式**）修改圖 8.11 的範例，以使用函式 `fgetc` 和 `fputs` 代替 `getchar` 和 `puts`。程式應該讓使用者選擇要從標準輸入中讀取並寫入標準輸出，或是從指定檔案讀取再寫入指定檔案。如果使用者選擇第二個選項，請讓使用者輸入輸入檔案和輸出檔案的檔案名稱。

11.16　（**將資料型別的大小寫入檔案**）請使用 `sizeof` 運算子寫一支程式，判斷電腦系統上各種資料型別的位元組大小。將結果寫入檔案 **"datasize.dat"**，以便稍後印出結果。檔案中的結果格式應如下所示（你的電腦上各種資料型別的大小可能與範例的輸出結果之顯示不同）：

資料型別	數目
`char`	1
`unsigned char`	1
`short int`	2
`unsigned short int`	2
`int`	4
`unsigned int`	4
`long int`	4
`unsigned long int`	4
`float`	4
`double`	8
`long double`	16

11.17　（檔案處理的 Simpletron 機器語言）在習題 7.28 中，你編寫了一個使用所謂 Simpletron 機器語言（SML）的特殊機器語言的電腦軟體模擬程式。在模擬中，每次你想執行一個 SML 程式，都可以透過鍵盤將程式輸入模擬器。如果你在輸入 SML 程式時犯了錯誤，模擬程式將重新啟動，並重新輸入 SML 程式碼。若能從檔案讀取 SML 程式而不是每次輸入 SML 程式最好，這會減少準備執行 SML 程式的時間和錯誤。

　　a)　修改你在習題 7.28 中編寫的模擬器，從使用者在鍵盤上指定的檔案中讀取 SML 程式。

　　b)　Simpletron 機器語言執行後，它會在螢幕上輸出其暫存器和記憶體的內容。若能在檔案中擷取輸出最好，因此，請修改模擬器，除了將輸出顯示在屏幕上以外，也要將輸出寫入檔案。

11.18　（修改後的交易處理程式）修改第 11.9 節中的程式，讓它包含一個選項，在螢幕上顯示帳戶列表。請將函式 `textFile` 修改爲使用標準輸出或額外函式參數的文字檔案，該參數指定輸出應寫入的位置。

進階習題

11.19　（專案：網路釣魚的掃描程式）網路釣魚是盜竊身分的一種方法，竊盜者假裝從可信賴的來源，透過 e-mail 詢問你的個人資料，像是使用者名稱、密碼、信用卡號和身分證字號等等。網路釣魚信件會宣稱它們來自銀行、信用卡公司、拍賣網、社交網站和線上刷卡服務等看起來合法的單位。這些詐騙訊息通常會提供連結，讓你連到假的網站，然後要求你輸入重要的資訊。

你可以拜訪以下網站：`http://www.snopes.com` 或是其他網站，找到最熱門的網路釣魚詐騙清單。你也可以參考 Anti-Phishing Working Group（`http://www.antiphishing.org/`）以及 FBI 的 Cyber Investigations 網站

（`http://www.fbi.gov/about-us/investigate/cyber/cyber`），上面有最新的詐騙資訊，並教導你如何保護自己。

建立一個清單，列出 30 個最常在網路釣魚訊息中出現的單字、片語和公司名稱。依據這些單字或片語出現在釣魚訊息中的可能性，指定一個點數給它（例如，有一點點可能性，就給 1 點，中等的可能性給 2 點，高度可疑則給 3 點）。寫一個程式，掃描一個文字檔，在其中尋找上述片語。假如在檔案中發現一個片語，就把該片語的點數加到總點數中。針對每一個搜尋到的單字或片語，輸出一行文字，包含這個字、它出現的次數和點數和。然後印出整封訊息得到的總點數。假如你收到了一封眞正的網路釣魚信件，你的程式是否會給它高分呢？假如你收到的是一封沒有問題的信件，你的程式會給它高分嗎？

NOTE

C 資料結構

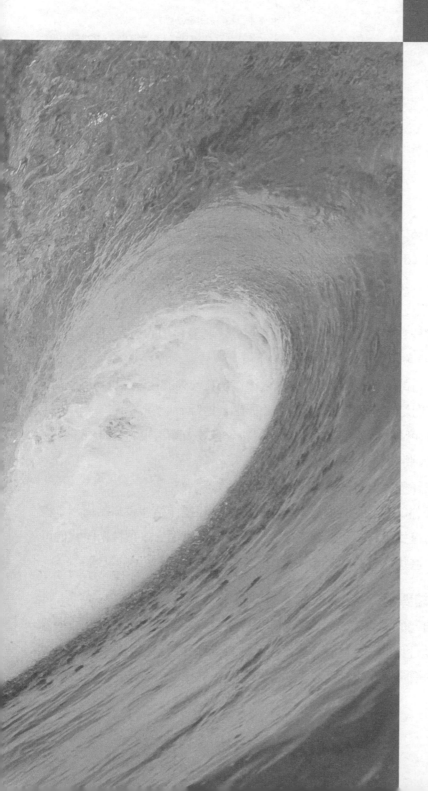

12

學習目標

在本章中，你將學到：

- 為資料物件動態配置和釋放記憶體。
- 使用指標、自我參考結構和遞迴建立鏈結資料結構。
- 產生以及操作鏈結串列、佇列、堆疊和二元樹。
- 學到鍊結資料結構的重要應用。
- 學習指標動態記憶體配置的安全 C 程式建議
- 在習題中建立自己的編譯器

12.1　簡介

我們已研究過固定大小的資料結構（data structure），例如一維陣列、二維陣列以及 **struct** 等。本章將討論**動態資料結構**（dynamic data structure），它可以在執行期間變大或縮小。

- **鏈結串列**（Linked list）是「排成一列」的資料項集合，我們可在鏈結串列中的任何位置加入和移除資料項目。

- **堆疊**（Stack）對編譯器和作業系統而言都是很重要的，其資料項的插入和刪除操作只能夠在堆疊的某一端，也就是**頂部**（top）進行。

- **佇列**（queue）表示等待的隊伍，其資料項的插入操作是在佇列的後端（也稱為尾端，tail）進行，刪除操作則是在佇列的前端（也稱為**頭端**）進行。

- **二元樹**（binary tree）可以用來快速搜尋和排序資料、有效去除重複的資料項、表示檔案系統的目錄、以及將運算式編譯成機器語言。

這些資料結構都可以用在許多有趣的應用程式。

我們將討論每種主要的資料結構，並且開發一些程式來建立和操作這些資料結構。本書 C++的部分會簡介物件導向的程式設計，我們到時候會探討資料抽象化。這項技術讓我們可以使用完全不同的機制來建立這些資料結構，進而產生更易於維護和重複使用的軟體。

額外專題：建構你自己的編譯器

我們希望你能嘗試「建構你自己的編譯器」的專題。你已經使用過編譯器將程式轉譯成機器語言，然後你可以在電腦上執行你的程式。在本專案中，你將親手打造自己的編譯器。它會讀取由敘述組成的檔案，你的編譯器要能夠將這些敘述句轉譯成 SML（Simpletron 機器語言）

指令。SML（Deitel 公司建立的）是你在第 7 章的專題「建構你自己的電腦」裡所學過的語言。然後，你的 Simpletron 模擬器程式就會執行你的編譯器產生的 SML 程式！這個專題將讓你有機會練習你在本書中學到的大部分知識。這個專題會帶你一步一步地探討高階語言的規格，並且說明將每種高階語言敘述式轉換成機器語言指令所需要的演算法。如果你是一個樂於接受挑戰的人，你可以嘗試習題中的建議，增強編譯器和 Simpletron 模擬程式的功能。

12.2　自我參考結構

自我參考結構（self-referential structure）含有一個指向相同型態之結構的指標成員。例如，以下的定義

```
struct node {
    int data;
    struct node *nextPtr;
};
```

定義了 **struct node** 型別。**struct node** 型別的結構具有兩個成員——整數成員 **data** 以及指標成員 **nextPtr**。指標成員 **nextPtr** 指向一個型別 **struct node** 的結構——此結構與指標 **nextPtr** 所屬的結構型別相同，因此這是一個「自我參考結構」。成員 **nextPtr** 稱為**鏈結**（link），亦即 **nextPtr** 可以用來將一個 **struct node** 結構與另一個 **struct node** 結構「相連」在一起。自我參考結構可以鏈結起來，形成有用的資料結構，例如串列、佇列、堆疊以及樹。圖 12.1 說明將兩個自我參考結構的物件鏈結成一個串列（list）。圖中的斜線表示**空指標**（NULL pointer），也就是放在第二個自我參考結構的鏈結成員，表示該鏈結不會再指向另一個結構。[請注意：反斜線只是為了方便說明，它並不是指 C 裡的反斜線字元。]**NULL**指標通常代表資料結構的結束，這就如同 **NULL** 字元代表字串的結束一樣。

常見的程式設計錯誤 12.1

沒有將串列最後一個節點的鏈結設定為 **NULL**，可能會導致執行時期錯誤。

圖 12.1　鏈結在一起的自我參考結構

12.3　動態記憶體配置

建立和維護可隨程式執行而增長和縮小的動態資料結構，必須使用**動態記憶體配置**（dynamic memory allocation）——這個功能讓程式在執行期間可以取得更多的記憶體空間來儲存新的節點，以及釋回不再需要的記憶體空間。

　　函式 **malloc** 和 **free**，以及運算子 **sizeof** 是專門用於動態記憶體配置。函式 **malloc** 的引數為所欲配置記憶體的位元組個數，它會傳回一個型別為 **void *** 的指標（**指向 void 的指標**，pointer to void），該指標會指向配置的記憶體。你呼叫 **void *** 指標可以指定給任何指標型別的變數。函式 **malloc** 通常會和 **sizeof** 運算子一起使用。例如，以下的敘述

```
newPtr = malloc(sizeof(struct node));
```

會計算 **sizeof**（**struct node**）的值來判斷 **struct node** 物件所需要的位元組個數，接著在記憶體中配置一塊大小為 **sizeof**（**structnode**）個位元組的新區域，然後將指向所配置記憶體的指標存放到 **newPtr**。配置的記憶體並沒有初始化。如果已經沒有可用的記憶體空間，則 **malloc** 將會傳回 **NULL** 指標。

　　free 函式會釋回記憶體空間，也就是將記憶體還給系統，使得之後有需要時可以再配置這塊記憶體。要釋放先前呼叫 **malloc** 動態配置的記憶體，可使用以下敘述

```
free(newPtr);
```

　　C 也提供 **calloc** 和 **realloc** 函式，用來建立及修改動態陣列。我們將在 14.9 節討論這些函式。接下來的小節將討論串列、堆疊、佇列和樹。這些資料結構都會以動態記憶體配置和自我參考結構來建立和維護。

可攜性的小技巧 12.1

結構的大小並不一定等於其所有成員的大小總和。這是因為各種與機器有關的邊界對齊需求的原因（請參閱第 10 章）。

測試和除錯的小技巧 12.1

當使用 **malloc** 時，請檢查其傳回值是否為 **NULL**，這表示記憶體沒有被配置。

常見的程式設計錯誤 12.2

當不再需要使用動態配置的記憶體空間時，沒有將它釋放可能會導致系統提前耗光記憶體。這有時稱為「記憶體外漏」。

測試和除錯的小技巧 12.2

當不再需要動態配置的記憶體空間時，請立即以 `free` 將該記憶體空間還給系統。然後將指標指向 `NULL` 以排除程式參照再生的記憶體且已經被配置為其他的用途之可能。

常見的程式設計錯誤 12.3

釋放不是由 `malloc` 動態配置的記憶體是一種錯誤。

常見的程式設計錯誤 12.4

參考已經釋放的記憶體是一種錯誤，通常會造成程式當掉。

12.4　鏈結串列

鏈結串列（linked list）是自我參考結構的線性集合，每個物件稱為**節點**（node），它們透過**指標鏈結**（link）串起來，因此稱為「鏈結」串列。我們可用指向串列第一個節點的指標來存取鏈結串列。接下來的節點則會使用儲存在每個節點的鏈結（link）指標成員來進行存取。依據慣例，串列最後一個節點的鏈結指標會設定為 `NULL`，藉此表示此串列的結束。資料會以動態的方式儲存在鏈結串列中，也就是說，依需要建立每個節點。節點中可以包含任何型別的資料，這也包括其他的 `struct`。堆疊和佇列也都是線性的資料結構，他們是具有某些限制的鏈結串列。樹是非線性的資料結構。

　　資料串列可儲存在陣列中，但鏈結串列有幾項優點。當資料結構中資料項的個數無法事先得知時，鏈結串列是很適合的。鏈結串列是動態的，所以在執行時串列長度能依需要增加或減少。陣列的大小在編譯時期已經建立，便不能夠加以更改。陣列可能會變成滿的。但唯有系統記憶體不足，無法滿足動態記憶體配置要求時，鏈結串列才會塞滿。

增進效能的小技巧 12.1

陣列可宣告比預期項目更多的元素，但會浪費記憶體。在這種情況下，鏈結串列提供較佳的記憶體使用率。

我們可將新元素插入串列的適當位置，以維持鏈結串列的排序。

增進效能的小技巧 12.2

在排序過的陣列中加入和刪除元素都很耗時，因為排在加入和刪除元素之後的所有元素都要移動。

增進效能的小技巧 12.3

陣列的所有元素會連續存放在記憶體中。因為任何陣列元素的位址，都可依據它相對於陣列的起始位置直接算出來，所以程式可直接存取任何陣列元素。鏈結串列無法立即存取他們的元素。

　　鏈結串列的節點通常不會存放在連續的記憶體區塊。然而，就邏輯上而言，我們可將鏈結串列的所有節點都視為連續的。圖 12.2 說明一個具有數個節點的鏈結串列。

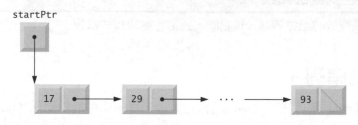

圖 12.2　鏈結串列的圖形表示法

增進效能的小技巧 12.4

使用動態記憶體配置（而非陣列）來建立可以在執行期間增加或縮小的資料結構，可以節省記憶體空間。請記住，指標會佔用空間，並且動態記憶體配置會產生函式呼叫的額外負擔。

　　圖 12.3 的程式（圖 12.4 顯示其輸出）操作一個由字元組成的串列。你可以依據字母順序將一個字元加到串列（**insert** 函式），或從串列中刪除某個字元（**delete** 函式）。稍後我們會詳細討論這個程式的細節。

```c
1   // Fig. 12.3: fig12_03.c
2   // Inserting and deleting nodes in a list
3   #include <stdio.h>
4   #include <stdlib.h>
5
6   // self-referential structure
7   struct listNode {
8      char data; // each listNode contains a character
9      struct listNode *nextPtr; // pointer to next node
10  };
11
12  typedef struct listNode ListNode; // synonym for struct listNode
13  typedef ListNode *ListNodePtr; // synonym for ListNode*
14
15  // prototypes
16  void insert(ListNodePtr *sPtr, char value);
17  char delete(ListNodePtr *sPtr, char value);
18  int isEmpty(ListNodePtr sPtr);
19  void printList(ListNodePtr currentPtr);
20  void instructions(void);
21
22  int main(void)
23  {
```

圖 12.3　在鏈結串列中加入和刪除節點

```
24       ListNodePtr startPtr = NULL; // initially there are no nodes
25       char item; // char entered by user
26
27       instructions(); // display the menu
28       printf("%s", "? ");
29       unsigned int choice; // user's choice
30       scanf("%u", &choice);
31
32       // loop while user does not choose 3
33       while (choice != 3) {
34
35          switch (choice) {
36             case 1:
37                printf("%s", "Enter a character: ");
38                scanf("\n%c", &item);
39                insert(&startPtr, item); // insert item in list
40                printList(startPtr);
41                break;
42             case 2: // delete an element
43                // if list is not empty
44                if (!isEmpty(startPtr)) {
45                   printf("%s", "Enter character to be deleted: ");
46                   scanf("\n%c", &item);
47
48                   // if character is found, remove it
49                   if (delete(&startPtr, item)) { // remove item
50                      printf("%c deleted.\n", item);
51                      printList(startPtr);
52                   }
53                   else {
54                      printf("%c not found.\n\n", item);
55                   }
56                }
57                else {
58                   puts("List is empty.\n");
59                }
60
61                break;
62             default:
63                puts("Invalid choice.\n");
64                instructions();
65                break;
66          } // end switch
67
68          printf("%s", "? ");
69          scanf("%u", &choice);
70       }
71
72       puts("End of run.");
73    }
74
75    // display program instructions to user
76    void instructions(void)
77    {
78       puts("Enter your choice:\n"
79          "   1 to insert an element into the list.\n"
80          "   2 to delete an element from the list.\n"
81          "   3 to end.");
82    }
83
84    // insert a new value into the list in sorted order
85    void insert(ListNodePtr *sPtr, char value)
86    {
87       ListNodePtr newPtr = malloc(sizeof(ListNode)); // create node
88
89       if (newPtr != NULL) { // is space available
90          newPtr->data = value; // place value in node
91          newPtr->nextPtr = NULL; // node does not link to another node
92
93          ListNodePtr previousPtr = NULL;
94          ListNodePtr currentPtr = *sPtr;
```

圖 12.3　在鏈結串列中加入和刪除節點(續)

```
95
96         // loop to find the correct location in the list
97         while (currentPtr != NULL && value > currentPtr->data) {
98            previousPtr = currentPtr; // walk to ...
99            currentPtr = currentPtr->nextPtr; // ... next node
100        }
101
102        // insert new node at beginning of list
103        if (previousPtr == NULL) {
104           newPtr->nextPtr = *sPtr;
105           *sPtr = newPtr;
106        }
107        else { // insert new node between previousPtr and currentPtr
108           previousPtr->nextPtr = newPtr;
109           newPtr->nextPtr = currentPtr;
110        }
111     }
112     else {
113        printf("%c not inserted. No memory available.\n", value);
114     }
115  }
116
117  // delete a list element
118  char delete(ListNodePtr *sPtr, char value)
119  {
120     // delete first node if a match is found
121     if (value == (*sPtr)->data) {
122        ListNodePtr tempPtr = *sPtr; // hold onto node being removed
123        *sPtr = (*sPtr)->nextPtr; // de-thread the node
124        free(tempPtr); // free the de-threaded node
125        return value;
126     }
127     else {
128        ListNodePtr previousPtr = *sPtr;
129        ListNodePtr currentPtr = (*sPtr)->nextPtr;
130
131        // loop to find the correct location in the list
132        while (currentPtr != NULL && currentPtr->data != value) {
133           previousPtr = currentPtr; // walk to ...
134           currentPtr = currentPtr->nextPtr; // ... next node
135        }
136
137        // delete node at currentPtr
138        if (currentPtr != NULL) {
139           ListNodePtr tempPtr = currentPtr;
140           previousPtr->nextPtr = currentPtr->nextPtr;
141           free(tempPtr);
142           return value;
143        }
144     }
145
146     return '\0';
147  }
148
149  // return 1 if the list is empty, 0 otherwise
150  int isEmpty(ListNodePtr sPtr)
151  {
152     return sPtr == NULL;
153  }
154
155  // print the list
156  void printList(ListNodePtr currentPtr)
157  {
158     // if list is empty
159     if (isEmpty(currentPtr)) {
160        puts("List is empty.\n");
161     }
162     else {
163        puts("The list is:");
164
```

圖 12.3　在鏈結串列中加入和刪除節點(續)

```
165        // while not the end of the list
166        while (currentPtr != NULL) {
167           printf("%c --> ", currentPtr->data);
168           currentPtr = currentPtr->nextPtr;
169        }
170
171        puts("NULL\n");
172     }
173  }
```

圖 12.3　在鏈結串列中加入和刪除節點(續)

```
Enter your choice:
   1 to insert an element into the list.
   2 to delete an element from the list.
   3 to end.
? 1
Enter a character: B
The list is:
B --> NULL

? 1
Enter a character: A

The list is:
A --> B --> NULL

? 1
Enter a character: C
The list is:
A --> B --> C --> NULL

? 2
Enter character to be deleted: D
D not found.

? 2
Enter character to be deleted: B
B deleted.
The list is:
A --> C --> NULL
? 2
Enter character to be deleted: C
C deleted.
The list is:
A --> NULL

? 2
Enter character to be deleted: A
A deleted.
List is empty.

? 4
Invalid choice.

Enter your choice:
   1 to insert an element into the list.
   2 to delete an element from the list.
   3 to end.
? 3
End of run.
```

圖 12.4　圖 12.3 中程式的範例輸出

　　鏈結串列的兩個主要函式為 **insert**（第 85-115 行）和 **delete**（第 118-147 行）。函式
isEmpty（第 150-153 行）稱為**判斷函式**（predicate function），它是用來判斷串列是否為空
的（也就是判斷指向串列第一個節點的指標是否為 **NULL**），它並不會更改串列的內容。如果
串列是空的，則它會傳回 **1**；否則會傳回 **0**。[註：若你使用符合 C 語言標準的編譯器，你可
以使用**_Bool** 型態（第 4.10 節）來取代 int。]函式 **printList**（第 156-173 行）會印出整個
串列。

12.4.1　**insert** 函式

字元會以字母的順序加入串列。函式 **insert**（第 85-115 行）接收串列的位址（address）以及要加入的字元。當程式將數值加入串列的起始位置時，便需要使用串列的位址。透過串列的位址（亦即指向串列第一個節點的指標），我們能夠以傳參考呼叫的方式來更改串列的內容。因為串列本身是一個指標（指向它第一個節點），所以傳遞串列的位址會產生一個**指向指標的指標**（pointer to a pointer），亦即**雙重指標**（double indirection）。這是一種複雜的表示法，並且程式設計時必須很謹慎。將一個字元加入串列的步驟如下（請參閱圖 12.5）：

1. 呼叫 **malloc** 產生一個節點、將 **newPtr** 指向所配置記憶體的位址（第 87 行），將加入字元指定給 **newPtr->data**（第 90 行），並且將 **NULL** 指定給 **newPtr->nextPtr**（第 91 行）。

2. 將 **previousPtr** 的值設定為 **NULL**（第 93 行）、將 **currentPtr** 的值設定為 ***sPtr**（第 94 行，指向串列起始位置的指標）。指標 **previousPtr** 和 **currentPtr** 可以用來存放加入點之前和加入點之後的節點位置。

3. 當 **currentPtr** 不等於 **NULL**，並且加入的數值大於 **currentPtr->data** 時（第 97 行），將 **currentPtr** 指定給 **previousPtr**（第 98 行），並且將 **currentPtr** 往前進指向串列的下一個節點（第 99 行）。這會為該數值找到加入點。

4. 如果 **previousPtr** 等於 **NULL**（第 103 行），則新的節點會加到串列的第一個節點（第 108-109 行）。將 ***sPtr** 設定給 **newPtr->nextPtr**（新節點的鏈結會指向原來的第一個節點），並且將 **newPtr** 指定給 ***sPtr**（讓 ***sPtr** 指向新節點）。否則，如果 **previousPtr** 不等於 **NULL**，則新節點會加到串列中的某個位置（第 108-109 行）。將 **newPtr** 指定給 **previousPtr->nextPtr**（前一個節點指向新節點），並且將 **currentPtr** 指定給 **newPtr->nextPtr**（新節點的鏈結會指向目前的節點）。

測試和除錯的小技巧 12.3

請將新節點的鏈結成員設定為 **NULL**。使用指標前，應設定其初始值。

　　圖 12.5 說明將含有字元 **'C'** 的節點，加入一個排序過的串列。圖的 (a) 顯示加入之前的串列和新節點。(b) 則顯示加入新節點之後的結果。重新指定的指標會以虛線箭號來表示。為了簡化，我們以 **void** 回傳型別來實作 **insert** 函式（以及本章中其它類似的函式）。**malloc** 函式在配置所需的記憶體時，有可能會失敗。在此種狀況下，我們的 **insert** 函式最好能夠回傳狀態，用來表示操作是否成功。

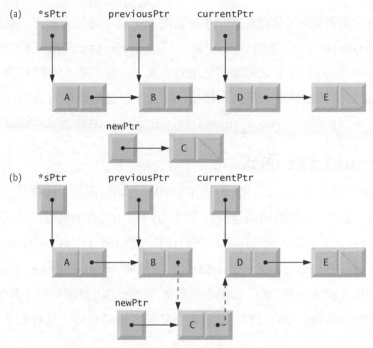

圖 12.5　依據順序將一個節點加入串列中

12.4.2　delete 函式

函式 **delete**（第 118-147 行）接收指向串列起始位置的指標的位址，以及即將刪除的字元。
從串列中刪除一個字元的步驟如下（參考圖 12.6）：

1. 如果刪除的字元為串列第一個節點的字元(第 121 行)，則將***sPtr** 指定給 **tempPtr**(**tempPtr**
   用來釋放不再需要的記憶體空間)，將（***sPtr**）**->nextPtr** 指定給***sPtr**（***sPtr** 現在指
   向串列的第二個節點)，釋放由 **tempPtr** 指向的記憶體空間，最後再傳回刪除的字元。

2. 否則將 **previousPtr** 的初始值設為***sPtr**，並且將 **currentPtr** 的初始值設定為
   （***sPtr**）**->nextPtr**（第 128-129 行）推進到第二個節點。

3. 當 **currentPtr** 不為 **NULL**，且刪除的值不等於 **currentPtr->data** 時（第 132 行），
   將 **currentPtr** 指定給 **previousPtr**（第 133 行），並且將 **currentPtr->nextPtr**
   指定給 **currentPtr**(第 134 行)。如果刪除字元在此串列中，則此操作會找出它的位置。

4. 如果 **currentPtr** 不為 **NULL**（第 146 行），則將 **currentPtr** 指定給 **tempPtr**（第
   138行），將 **currentPtr->nextPtr**指定給**previousPtr->nextPtr**(第139行)，
   釋放由 **tempPtr** 指向的節點（第 140 行），並且傳回從串列刪除的字元（第 142 行）。
   如果 **currentPtr** 等於 **NULL**，則傳回 **NULL** 字元（**'\0'**）來表示串列中無法找到欲
   刪除的字元。（第 146 行）

　　圖 12.6 說明由串列刪除某個節點的情形。圖的 (a) 為上述加入動作之後的串列。(b)顯示重新設定 **previousPtr** 的鏈結成員，並且將 **currentPtr** 指定給 **tempPtr**。指標 **tempPtr** 會用來釋放存放「C」之節點的記憶體空間。注意在第 124 行和第 141 行，我們釋放 **tempPtr**。記得我們建議設一釋放指標給 **NULL**，在這兩個地方我們並不這麼做，因為 **tempPtr** 為一局部自動變數（local automatic variable）且函式立即回傳。

12.4.3　printList 函式

函式 **printList**（第 156-173 行）接收一個指向串列起始位置的指標做為引數，並且將它稱為 **currentPtr**。函式會先判斷串列是否為空的（第 159-161 行）。如果是，則印出 **"The list is empty."** 並且終止。否則，它會印出串列的資料（第 162-172 行）。當 **currentPtr** 不為 **NULL** 時，函式會印出 **currentPtr->data**，然後將 **currentPtr->nextPtr** 指定給 **currentPtr** 來推進到下一個節點。如果串列最後一個節點的鏈結成員不是 **NULL**，則這個列印演算法會嘗試印出串列之後的資料，並且產生錯誤。鏈結串列、堆疊和佇列使用的列印演算法是相同的。

　　習題 12.20 請你撰寫一個可以列印出鏈結的遞迴函式。習題 12.21 是撰寫一個可以搜尋鏈結的特定資料之遞迴函式。

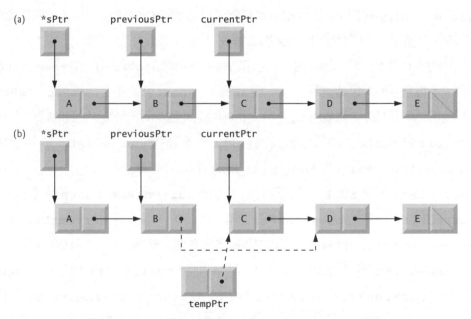

圖 12.6　從串列中刪掉一個節點

12.5　堆疊

堆疊（stack）可用一種有限制的鏈結串列來建構。程式只能夠由堆疊的頂端加入新節點或刪除節點。因此堆疊稱爲**後進先出**（last-in, first out；LIFO）的資料結構。堆疊會透過一個指向其頂端（top）元素的指標來進行存取。堆疊最後一個節點的鏈結（link）成員會設定爲 **NULL**，用來表示堆疊的底部。

　　圖 12.7 說明一個具有幾個節點的堆疊，stackPtr 指向堆疊的最頂端元素。堆疊和鏈結串列的表示法是一樣的。堆疊和鏈結串列的差異在於，加入和刪除動作可以發生在鏈結串列的任何位置，但是在堆疊中，只能夠在其頂端進行這兩項動作。

常見的程式設計錯誤 12.5

沒有將堆疊底部節點的鏈結設定爲 **NULL**，可能導致執行時期錯誤。

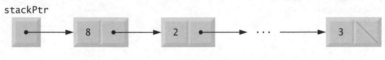

圖 12.7　堆疊的圖形表示法

主要的堆疊操作

用來操作堆疊的主要函式爲 **push** 和 **pop**。函式 **push** 會產生一個新節點，並且將它放到堆疊的頂端。函式 **pop** 會從堆疊的頂端移除一個節點、釋放此節點佔用的記憶體空間，並且傳回 **pop** 的數值。

堆疊實作

圖 12.8 的程式（圖 12.9 顯示其輸出）實作一個簡單的整數堆疊。程式提供三個選項：(1) push 一個數值到堆疊（函式 **push**）、(2) 由堆疊 pop 一個數值（函式 **pop**），以及 (3) 結束程式的執行。

```
1   // Fig. 12.8: fig12_08.c
2   // A simple stack program
3   #include <stdio.h>
4   #include <stdlib.h>
5
6   // self-referential structure
7   struct stackNode {
8      int data; // define data as an int
9      struct stackNode *nextPtr; // stackNode pointer
10  };
11
12  typedef struct stackNode StackNode; // synonym for struct stackNode
13  typedef StackNode *StackNodePtr; // synonym for StackNode*
14
15  // prototypes
```

圖 12.8　簡單的堆疊程式

```
16    void push(StackNodePtr *topPtr, int info);
17    int pop(StackNodePtr *topPtr);
18    int isEmpty(StackNodePtr topPtr);
19    void printStack(StackNodePtr currentPtr);
20    void instructions(void);
21
22    // function main begins program execution
23    int main(void)
24    {
25       StackNodePtr stackPtr = NULL; // points to stack top
26       int value; // int input by user
27
28       instructions(); // display the menu
29       printf("%s", "? ");
30       unsigned int choice; // user's menu choice
31       scanf("%u", &choice);
32
33       // while user does not enter 3
34       while (choice != 3) {
35
36          switch (choice) {
37             // push value onto stack
38             case 1:
39                printf("%s", "Enter an integer: ");
40                scanf("%d", &value);
41                push(&stackPtr, value);
42                printStack(stackPtr);
43                break;
44             // pop value off stack
45             case 2:
46                // if stack is not empty
47                if (!isEmpty(stackPtr)) {
48                   printf("The popped value is %d.\n", pop(&stackPtr));
49                }
50
51                printStack(stackPtr);
52                break;
53             default:
54                puts("Invalid choice.\n");
55                instructions();
56                break;
57          } // end switch
58
59          printf("%s", "? ");
60          scanf("%u", &choice);
61       }
62
63       puts("End of run.");
64    }
65
66    // display program instructions to user
67    void instructions(void)
68    {
69       puts("Enter choice:\n"
70          "1 to push a value on the stack\n"
71          "2 to pop a value off the stack\n"
72          "3 to end program");
73    }
74
75    // insert a node at the stack top
76    void push(StackNodePtr *topPtr, int info)
77    {
78       StackNodePtr newPtr = malloc(sizeof(StackNode));
79
80       // insert the node at stack top
81       if (newPtr != NULL) {
82          newPtr->data = info;
83          newPtr->nextPtr = *topPtr;
84          *topPtr = newPtr;
85       }
```

圖 12.8　簡單的堆疊程式(續)

```
86        else { // no space available
87            printf("%d not inserted. No memory available.\n", info);
88        }
89    }
90
91    // remove a node from the stack top
92    int pop(StackNodePtr *topPtr)
93    {
94        StackNodePtr tempPtr = *topPtr;
95        int popValue = (*topPtr)->data;
96        *topPtr = (*topPtr)->nextPtr;
97        free(tempPtr);
98        return popValue;
99    }
100
101   // print the stack
102   void printStack(StackNodePtr currentPtr)
103   {
104       // if stack is empty
105       if (currentPtr == NULL) {
106           puts("The stack is empty.\n");
107       }
108       else {
109           puts("The stack is:");
110
111           // while not the end of the stack
112           while (currentPtr != NULL) {
113               printf("%d --> ", currentPtr->data);
114               currentPtr = currentPtr->nextPtr;
115           }
116
117           puts("NULL\n");
118       }
119   }
120
121   // return 1 if the stack is empty, 0 otherwise
122   int isEmpty(StackNodePtr topPtr)
123   {
124       return topPtr == NULL;
125   }
```

圖 12.8　簡單的堆疊程式(續)

```
Enter choice:
1 to push a value on the stack
2 to pop a value off the stack
3 to end program
? 1
Enter an integer: 5
The stack is:
5 --> NULL

? 1
Enter an integer: 6
The stack is:
6 --> 5 --> NULL

? 1
Enter an integer: 4
The stack is:
4 --> 6 --> 5 --> NULL

? 2
The popped value is 4.
The stack is:
6 --> 5 --> NULL

? 2
The popped value is 6.
The stack is:
5 --> NULL
```

```
? 2
The popped value is 5.
The stack is empty.

? 2
The stack is empty.

? 4
Invalid choice.

Enter choice:
1 to push a value on the stack
2 to pop a value off the stack
3 to end program
? 3
End of run.
```

圖 12.9　圖 12.8 中程式的範例輸出

12.5.1　push 函式

函式 push（第 76-89 行）會將一個新節點放到堆疊的頂端。函式由三個步驟組成：

1. 呼叫 malloc 產生一個新節點，將配置的記憶體位置指定給 newPtr（第 78 行）。

2. 將想要放到堆疊的數值指定給 newPtr->data（第 82 行），將*topPtr（堆疊的頂端指標）指定給 newPtr->nextPtr（第 83 行）——此時 newPtr 的鏈結成員會指向原先的頂端節點。

3. 將 newPtr 指定給*topPtr（第 84 行）——此時*topPtr 指向新的堆疊頂端。

對*topPtr 的操作會更改 main 的 stackPtr 數值。圖 12.10 說明 push 函式。圖 (a) 顯示 push 操作之前的串列和新節點。圖 (b) 中的虛線箭號說明了 push 操作的步驟 2 和步驟 3，它讓含有 12 的節點變成新的堆疊頂端。

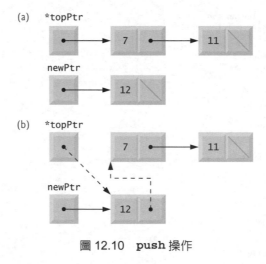

圖 12.10　push 操作

12.5.2　pop 函式

函式 **pop**（第 92-99 行）會從堆疊的頂端移除一個節點。**main** 會在呼叫 **pop** 之前，先檢查堆疊是否為空的。**pop** 操作包含以下 5 個步驟：

1. 將 ***topPtr** 指定給 **tempPtr**（第 94 行）；**tempPtr** 會用來釋放不再需要的記憶體。

2. 將（***topPtr**）**->data** 指定給 **popValue**（第 95 行），來將數值存放到頂端節點。

3. 將（***topPtr**）**->nextPtr** 指定給 ***topPtr**（第 96 行），所以 ***topPtr** 會包含新頂端節點的位址。

4. 釋放 **tempPtr**（第 97 行）所指向的記憶體空間。

5. 將 **popValue** 回傳給呼叫者（第 98 行）。

　　圖 12.11 說明 **pop** 函式。圖中的 (a) 顯示前一個 **push** 操作之後的堆疊狀態。圖 (b) 則顯示指向堆疊第一個節點的 **tempPtr**，以及指向堆疊第二個節點的 **topPtr**。**tempPtr** 指向的記憶體空間可以用函式 **free** 來加以釋放。

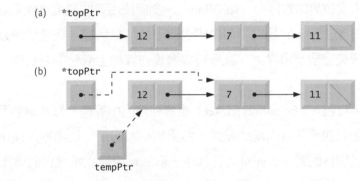

圖 12.11　pop 操作

12.5.3　堆疊的應用

堆疊有許多有趣的應用。例如，當進行函式呼叫時，受呼叫函式必須知道如何返回它的呼叫函式，所以返回位址會 push 到堆疊中（見 5.7 節）。接下來一連串的函式呼叫，則每個返回位址都會以先進後出的順序 push 到堆疊裡，所以每個函式都能夠返回它的呼叫函式。堆疊也以傳統非遞迴呼叫的相同機制，來處理遞迴的函式呼叫。

　　堆疊含有每次函式呼叫時系統為自動變數建立的空間。當函式返回其呼叫函式時，此函式的自動變數所佔用的空間將會從堆疊 pop 出來，於是程式便無法再參考這些變數。堆疊也會用於編譯器計算運算式以及產生機器語言程式碼的過程中。本章的習題會探討幾個堆疊的應用。

12.6　佇列

另一種常見的資料結構為**佇列**（queue）。佇列類似超市的結帳隊伍，櫃檯會先服務第一位顧客，其他顧客就加入隊伍末端等候結帳。佇列節點只能從**佇列前端**（head of the queue）移除，且只能從**佇列尾端**（tail of the queue）加入。因此佇列又稱為**先進先出**（first-in, first-out，FIFO）的資料結構。插入和移除操作稱為 **enqueue**（發音為"en-cue"）和 **dequeue**（發音為"dee-cue"）。

　　佇列在電腦系統中有許多應用。許多的電腦只有一顆處理器（processor），所以同一時間只能夠服務一個使用者。其它使用者個體會放到佇列。當前面使用者接受服務後，佇列中的個體會逐漸移到前面。當個體到達佇列最前面時，就成為下一個服務對象。同樣地，對於現在的多核心系統，可能會有比處理器更多的使用者，所以現在沒有在執行中的使用者會被放入佇列中，直到現在繁忙的處理器變為可用。在附錄 E 中，我們會討論多執行緒。當使用者的工作被劃分成多個能夠並行執行的線程時，可能會有比處理器更多的線程，所以當下未執行的線程需要在佇列中等待。

　　佇列也可以用來支援列印的排存（spooling）。多個使用者的環境可能只有一部印表機。許多的使用者可能會產生列印的輸出。如果印表機處於忙碌狀態，則還是可以繼續產生其它的輸出。這些輸出會先存放到磁碟上（就像縫線纏繞在線軸上直到需要它時），形成了一個等待列印的佇列。

　　電腦網路的資訊封包（information packet）也會在佇列中等待。每當封包到達某個網路節點時，它一定會沿著封包最後目的地的路徑，路由到網路的下一個節點。路由節點每次只能路由一個封包，所以額外的封包會先推入佇列中，直到路由器能處理它們為止。圖 12.12 說明一個具有幾個節點的佇列。請注意圖中兩個指向佇列頭端和尾端的指標。

常見的程式設計錯誤 12.6

沒有將佇列最後一個節點的鏈結設定為 **NULL**，可能導致執行時期錯誤。

　　圖 12.13 的程式（圖 12.14 為其輸出）執行佇列的操作。程式提供幾種選項：將一個節點加入佇列（函式 **enqueue**）、從佇列移除一個節點（函式 **dequeue**）、以及結束程式的執行。

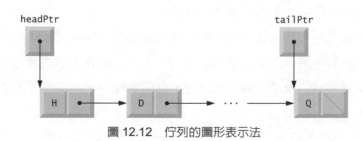

圖 12.12　佇列的圖形表示法

```c
1   // Fig. 12.13: fig12_13.c
2   // Operating and maintaining a queue
3   #include <stdio.h>
4   #include <stdlib.h>
5
6   // self-referential structure
7   struct queueNode {
8      char data; // define data as a char
9      struct queueNode *nextPtr; // queueNode pointer
10  };
11
12  typedef struct queueNode QueueNode;
13  typedef QueueNode *QueueNodePtr;
14
15  // function prototypes
16  void printQueue(QueueNodePtr currentPtr);
17  int isEmpty(QueueNodePtr headPtr);
18  char dequeue(QueueNodePtr *headPtr, QueueNodePtr *tailPtr);
19  void enqueue(QueueNodePtr *headPtr, QueueNodePtr *tailPtr, char value);
20  void instructions(void);
21
22  // function main begins program execution
23  int main(void)
24  {
25     QueueNodePtr headPtr = NULL; // initialize headPtr
26     QueueNodePtr tailPtr = NULL; // initialize tailPtr
27     char item; // char input by user
28
29     instructions(); // display the menu
30     printf("%s", "? ");
31     unsigned int choice; // user's menu choice
32     scanf("%u", &choice);
33
34     // while user does not enter 3
35     while (choice != 3) {
36
37        switch(choice) {
38           // enqueue value
39           case 1:
40              printf("%s", "Enter a character: ");
41              scanf("\n%c", &item);
42              enqueue(&headPtr, &tailPtr, item);
43              printQueue(headPtr);
44              break;
45           // dequeue value
46           case 2:
47              // if queue is not empty
48              if (!isEmpty(headPtr)) {
49                 item = dequeue(&headPtr, &tailPtr);
50                 printf("%c has been dequeued.\n", item);
51              }
52
53              printQueue(headPtr);
54              break;
55           default:
56              puts("Invalid choice.\n");
57              instructions();
58              break;
59        } // end switch
60
61        printf("%s", "? ");
62        scanf("%u", &choice);
63     }
64
65     puts("End of run.");
66  }
67
68  // display program instructions to user
69  void instructions(void)
70  {
71     printf ("Enter your choice:\n"
```

圖 12.13　處理佇列

```
72                " 1 to add an item to the queue\n"
73                " 2 to remove an item from the queue\n"
74                " 3 to end\n");
75    }
76
77    // insert a node at queue tail
78    void enqueue(QueueNodePtr *headPtr, QueueNodePtr *tailPtr, char value)
79    {
80       QueueNodePtr newPtr = malloc(sizeof(QueueNode));
81
82       if (newPtr != NULL) { // is space available
83          newPtr->data = value;
84          newPtr->nextPtr = NULL;
85
86          // if empty, insert node at head
87          if (isEmpty(*headPtr)) {
88             *headPtr = newPtr;
89          }
90          else {
91             (*tailPtr)->nextPtr = newPtr;
92          }
93
94          *tailPtr = newPtr;
95       }
96       else {
97          printf("%c not inserted. No memory available.\n", value);
98       }
99    }
100
101   // remove node from queue head
102   char dequeue(QueueNodePtr *headPtr, QueueNodePtr *tailPtr)
103   {
104      char value = (*headPtr)->data;
105      QueueNodePtr tempPtr = *headPtr;
106      *headPtr = (*headPtr)->nextPtr;
107
108      // if queue is empty
109      if (*headPtr == NULL) {
110         *tailPtr = NULL;
111      }
112
113      free(tempPtr);
114      return value;
115   }
116
117   // return 1 if the queue is empty, 0 otherwise
118   int isEmpty(QueueNodePtr headPtr)
119   {
120      return headPtr == NULL;
121   }
122
123   // print the queue
124   void printQueue(QueueNodePtr currentPtr)
125   {
126      // if queue is empty
127      if (currentPtr == NULL) {
128         puts("Queue is empty.\n");
129      }
130      else {
131         puts("The queue is:");
132
133         // while not end of queue
134         while (currentPtr != NULL) {
135            printf("%c --> ", currentPtr->data);
136            currentPtr = currentPtr->nextPtr;
137         }
138
139         puts("NULL\n");
140      }
141   }
```

圖 12.13　處理佇列(續)

```
Enter your choice:
   1 to add an item to the queue
   2 to remove an item from the queue
   3 to end

? 1
Enter a character: A
The queue is:
A --> NULL

? 1
Enter a character: B
The queue is:
A --> B --> NULL

? 1
Enter a character: C
The queue is:
A --> B --> C --> NULL

? 2
A has been dequeued.
The queue is:
B --> C --> NULL

? 2
B has been dequeued.
The queue is:
C --> NULL

? 2
C has been dequeued.
Queue is empty.

? 2
Queue is empty.

? 4
Invalid choice.

Enter your choice:
   1 to add an item to the queue
   2 to remove an item from the queue
   3 to end
? 3
End of run.
```

圖 12.14　圖 12.13 的程式執行範例

12.6.1　enqueue 函式

函式 **enqueue**（第 78-99 行）從 **main** 接收 3 個引數：指向佇列頭端的指標的位址、指向佇列尾端的指標的位址、以及加入佇列的數值。函式由三個步驟組成：

1. 產生一個新節點：產生一個新節點：呼叫 **malloc**，將配置的記憶體位置指定給 **newPtr**（第 80 行），將加入佇列的數值指定給 **newPtr->data**（第 83 行），以及將 **newPtr->nextPtr** 設定爲 **NULL**（第 84 行）。

2. 如果佇列是空的（第 87 行），將 **newPtr** 指定給*headPtr（第 88 行），因爲新的節點頭尾兩端都是佇列；否則將 **newPtr** 指定給（***tailPtr**）**->nextPtr**（第 91 行），因爲新的節點會指定在前一個尾端節點。

3. 將 **newPtr** 指定給*tailPtr（第 94 行），因爲新的節點是佇列尾端。

　　圖 12.15 說明 **enqueue** 操作。(a) 部分顯示 **enqueue** 動作之前的佇列和新節點。(b)中的虛線箭號則說明 **enqueue** 函式的步驟 2 和步驟 3，加入一個新節點到一個非空佇列的尾端。

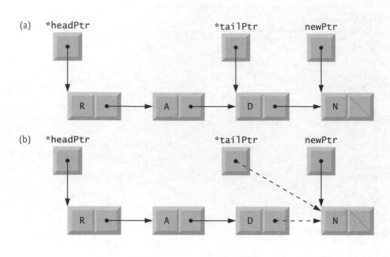

圖 12.15 **enqueue** 操作

12.6.2 **dequeue** 函式

函式 **dequeue**（第 102-115 行，如圖 12.16 所示）接收兩個引數，它們就是指向佇列頭端的指標的位址，以及指向佇列尾端的指標的位址，並且它會移除佇列的第一個節點。**dequeue** 操作包含以下 6 個步驟：

1. 將（***headPtr**）**->data** 指定給 value 來儲存資料（第 104 行）。

2. 將***headPtr** 指定給 **tempPtr**（第 105 行）用來釋放不再需要的記憶體。

3. 將（***headPtr**）**->nextPtr** 指定給***headPtr**（第 106 行），所以***headPtr** 現在會指向佇列新的第一個節點。

4. 如果***headPtr** 為 **NULL**（第 109 行），則將***tailPtr** 指定為 **NULL**（第 110 行），因為佇列是空的。

5. 釋放 **tempPtr**（第 113 行）所指向的記憶體空間。

6. 將 **value** 傳回給呼叫者（第 114 行）。

圖 12.16 說明 **dequeue** 函式。(a) 顯示前一個 **enqueue** 操作之後的佇列狀態。(b) 則顯示 **tempPtr** 指向 **dequeue** 的節點，而 **headPtr** 會指向佇列新的第一個節點。**tempPtr** 指向的記憶體可以用函式 **free** 加以釋放。

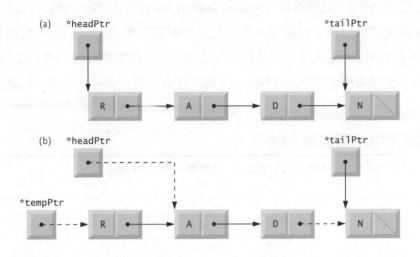

圖 12.16　<code>dequeue</code> 操作

12.7　樹

鏈結串列、堆疊和佇列都是**線性資料結構**（linear data structure）。**樹**（tree）是非線性的（nonlinear）、它是具有特殊屬性的二維資料結構。樹的節點包含兩個或多個鏈結。本節會討論**二元樹**（binary trees，圖 12.17），也就是節點都只含二個鏈結（可能兩個都是 **null**、其中一個是 **null**、或都不是 **null**）。**根節點**（root node）是樹的第一個節點。根節點的每個鏈結都指向**子節點**（child）。**左子節點**（left child）是**左子樹**（left subtree）的第一個節點，而**右子節點**（right child）則是**右子樹**（right subtree）的第一個節點。某個節點的子節點彼此為**兄弟節點**（sibling）。沒有子節點的節點稱為**葉節點**（leaf node）。電腦科學家通常從根節點往下畫出樹的結構，與自然界中樹的生長方向相反。

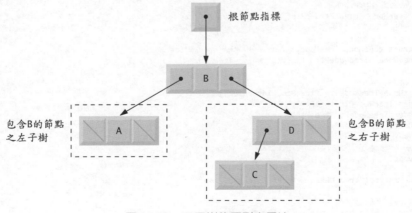

圖 12.17　二元樹的圖形表示法

　　本節將建立一種稱為**二元搜尋樹**（binary search tree）的特殊二元樹。二元搜尋樹（節點的數值沒有重複）的特性，就是左子樹中任何子節點的數值，均小於其**父節點**（parent node)的數值，而右子樹中任何子節點的數值，均大於其父節點的數值。圖 12.18 說明一個具有 9 個數值的二元搜尋樹。同一組資料的二元搜尋樹圖形可能會有所不同，數值加入二元樹的順序會決定其形狀。

常見的程式設計錯誤 12.7

沒有將樹的葉節點的鏈結設為 **NULL**，可能導致執行時期錯誤。

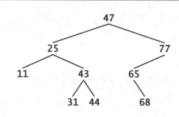

圖 12.18　二元搜尋樹（binary search tree）

　　圖 12.19（輸出顯示在圖 12.20）會建立一棵二元搜尋樹，並且以三種方式來走訪它的節點。這三種方式為**中序**（inorder）、**前序**（preorder）和**後序**（postorder）。程式會產生 10 個亂數並且將每個亂數加到樹中，但是它會將重複的數值捨棄。

```
1   // Fig. 12.19: fig12_19.c
2   // Creating and traversing a binary tree
3   // preorder, inorder, and postorder
4   #include <stdio.h>
5   #include <stdlib.h>
6   #include <time.h>
7
8   // self-referential structure
9   struct treeNode {
10     struct treeNode *leftPtr; // pointer to left subtree
11     int data; // node value
12     struct treeNode *rightPtr; // pointer to right subtree
13  };
14
15  typedef struct treeNode TreeNode; // synonym for struct treeNode
16  typedef TreeNode *TreeNodePtr; // synonym for TreeNode*
17
18  // prototypes
19  void insertNode(TreeNodePtr *treePtr, int value);
20  void inOrder(TreeNodePtr treePtr);
21  void preOrder(TreeNodePtr treePtr);
22  void postOrder(TreeNodePtr treePtr);
23
24  // function main begins program execution
25  int main(void)
26  {
27     TreeNodePtr rootPtr = NULL; // tree initially empty
28
29     srand(time(NULL));
30     puts("The numbers being placed in the tree are:");
```

圖 12.19　建立並走訪二元樹(續)

```
31
32          // insert random values between 0 and 14 in the tree
33          for (unsigned int i = 1; i <= 10; ++i) {
34             int item = rand() % 15;
35             printf("%3d", item);
36             insertNode(&rootPtr, item);
37          }
38
39          // traverse the tree preOrder
40          puts("\n\nThe preOrder traversal is:");
41          preOrder(rootPtr);
42
43          // traverse the tree inOrder
44          puts("\n\nThe inOrder traversal is:");
45          inOrder(rootPtr);
46
47          // traverse the tree postOrder
48          puts("\n\nThe postOrder traversal is:");
49          postOrder(rootPtr);
50       }
51
52    // insert node into tree
53    void insertNode(TreeNodePtr *treePtr, int value)
54    {
55       // if tree is empty
56       if (*treePtr == NULL) {
57          *treePtr = malloc(sizeof(TreeNode));
58
59          // if memory was allocated, then assign data
60          if (*treePtr != NULL) {
61             (*treePtr)->data = value;
62             (*treePtr)->leftPtr = NULL;
63             (*treePtr)->rightPtr = NULL;
64          }
65          else {
66             printf("%d not inserted. No memory available.\n", value);
67          }
68       }
69       else { // tree is not empty
70          // data to insert is less than data in current node
71          if (value < (*treePtr)->data) {
72             insertNode(&((*treePtr)->leftPtr), value);
73          }
74
75          // data to insert is greater than data in current node
76          else if (value > (*treePtr)->data) {
77             insertNode(&((*treePtr)->rightPtr), value);
78          }
79          else { // duplicate data value ignored
80             printf("%s", "dup");
81          }
82       }
83    }
84
85    // begin inorder traversal of tree
86    void inOrder(TreeNodePtr treePtr)
87    {
88       // if tree is not empty, then traverse
89       if (treePtr != NULL) {
90          inOrder(treePtr->leftPtr);
91          printf("%3d", treePtr->data);
92          inOrder(treePtr->rightPtr);
93       }
94    }
95
96    // begin preorder traversal of tree
97    void preOrder(TreeNodePtr treePtr)
98    {
99       // if tree is not empty, then traverse
100      if (treePtr != NULL) {
101         printf("%3d", treePtr->data);
```

圖 12.19　建立並走訪二元樹(續)

```
102          preOrder(treePtr->leftPtr);
103          preOrder(treePtr->rightPtr);
104      }
105  }
106
107  // begin postorder traversal of tree
108  void postOrder(TreeNodePtr treePtr)
109  {
110      // if tree is not empty, then traverse
111      if (treePtr != NULL) {
112          postOrder(treePtr->leftPtr);
113          postOrder(treePtr->rightPtr);
114          printf("%3d", treePtr->data);
115      }
116  }
```

圖 12.19　建立並走訪二元樹(續)

```
The numbers being placed in the tree are:
  6   7   4  12  7dup  2  2dup  5  7dup  11

The preOrder traversal is:
  6   4   2   5   7  12  11

The inOrder traversal is:
  2   4   5   6   7  11  12

The postOrder traversal is:
  2   5   4  11  12   7   6
```

圖 12.20　圖 12.9 中程式的範例輸出

12.7.1　insertNode 函式

圖 12.19 中用來建立和拜訪二元搜尋樹的函式都是遞迴的。函式 insertNode（第 52-82 行）會接收樹的位址，以及即將存放到樹的整數做為其引數。**節點只能當作「葉節點」加入二元搜尋樹**。將一個節點加入二元搜尋樹的步驟如下：

1.　如果 *treePtr 為 NULL（第 56 行），則會產生一個新節點（第 57 行）。呼叫 malloc，將配置到的記憶體指定給 *treePtr，將加入的整數指定給（*treePtr）->data（第 61 行），將（*treePtr）->leftPtr 和（*treePtr）->rightPtr 指定給 NULL（第 62-63 行），然後將控制權傳回給呼叫函式（main 或上一個 insertNode 呼叫）。

2.　如果 *treePtr 不為 NULL，並且加入的數值小於（*treePtr）->data，則以（*treePtr）->leftPtr 的位址做為引數來呼叫 insertNode 函式（第 72 行）加入節點至左子數的節點指標 treePtr。如果加入數值大於（*treePtr）->data，則以（*treePtr）->rightPtr 的位址做為引數來呼叫 insertNode 函式（第 77 行）加入節點至右子數的節點指標 treePtr。否則，遞迴步驟會一直進行，直到遇到 NULL 指標，然後再執行步驟 1 來加入新的節點。

12.7.2　走訪：`inOrder, preOrder, postOrder` 函式

函式 `inOrder`（第 86-94 行）、`preOrder`（第 97-105 行）和 `postOrder`（第 108-116 行）
均會接收一棵樹（亦即指向這棵樹根節點的指標）做為引數，然後走訪這棵樹。

　　`inOrder` 走訪的步驟如下：

1. 以 `inOrder` 來走訪左子樹。
2. 處理節點上的數值。
3. 以 `inOrder` 來走訪右子樹。

除非左子樹的數值都處理完畢，否則不會處理節點中的數值。對圖 12.21 的樹進行 `inOrder`
走訪的結果如下：

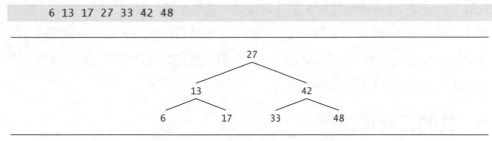

6 13 17 27 33 42 48

圖 12.21　具有 7 個節點的二元樹

　　二元搜尋樹的中序走訪會以遞增順序印出節點的數值。建立一棵二元搜尋樹的過程確實
會排序資料，因此這個過程稱為**二元樹排序法**（binary tree sort）。

　　`preOrder` 走訪的步驟如下：

1. 處理節點上的數值。
2. 以 `preOrder` 來走訪左子樹。
3. 以 `preOrder` 來走訪右子樹。

走到某個節點時，就會處理該節點的數值。當處理完特定節點的數值之後，程式會接著處理
左子樹的數值，最後才處理右子樹的數值。對圖 12.21 的樹進行 `preOrder` 走訪的結果為：

27 13 6 17 42 33 48

　　`postOrder` 走訪的步驟如下所示：

1. 以 `postOrder` 來走訪左子樹。
2. 以 `postOrder` 來走訪右子樹。
3. 處理節點上的數值。

程式會先印出所有子節點的數值，然後才印出該節點的值。圖 12.21 的 `postOrder` 走訪結果
如下：

```
6  17  13  33  48  42  27
```

12.7.3　消除重複數值

二元搜尋樹可以**消除重複數值**（duplicate elimination）。建立樹的時候會抓出重複的數值，因為重複數值也會跟隨著原來的數值，每次比較都有相同的決定「往左」還是「往右」。因此，這個重複的數值最終會與含有相同數值的節點進行比較。此時便可以很容易將重複的數值捨棄。

12.7.4　二元樹搜尋

在二元樹內搜尋某個鍵值也很快。如果樹的結構十分緊密的話，則每一層所包含的元素個數最多大約是上一層元素個數的兩倍。所以一棵具有 n 個元素的二元搜尋樹最多只有 $\log_2 n$ 層，因此程式最多只需要 $\log_2 n$ 次的比較，便能夠找到（或找不到）我們所要的數值。舉例來說，當我們搜尋一棵具有 1000 個元素的二元搜尋樹（緊密排列的）時，最多不會超過 10 次的比較，因為 $2^{10} > 1000$。而當搜尋一棵具有 1,000,000 個元素的二元搜尋樹（緊密排列）時，最多不超過 20 次的比較，因為 $2^{20} > 1,000,000$。

12.7.5　其他二元樹操作

本章習題介紹許多其它的二元樹操作演算法，例如以二維樹狀格式印出一棵二元樹、並且依據階層順序來走訪二元樹。依階層順序走訪二元樹會從樹根節點的階層開始，逐層地走訪每一層的節點。在樹的每個階層中，節點都是從左到右走訪。其它的二元樹習題還包括含有重複數值的二元搜尋樹，在二元樹加入字串數值，以及判斷一棵二元樹含有多少階層。

12.8　安全程式設計

CERT 安全 C 撰寫標準的第八章

CERT 安全 C 撰寫標準的第八章專門針對記憶體管理建議與準則，在這個章節有許多指標與動態記憶體配置的使用。更多的資訊請參考 www.securecoding.cert.org。

- MEM01-C/MEM30-C：指標應該要被初始化。相反地，指標應該要被指定到 **NULL** 或是記憶體中存在的位址。當你使用 **free** 釋放動態配置的記憶體，**free** 並非指派一個新的值給指標，它仍然是指向用於動態配置記憶體的記憶體位址。使用這樣的「懸置（dangling）」指標可能會導致程式當掉或是安全上的漏洞。當你釋放動態配置的記憶體，必須要立即將指標指向 **NULL** 或有效的位址。我們不打算在區域變數指標實做，因為在呼叫 **free** 之後就會立即地離開區域的範圍。

- MEM01-C：當你試著將已經釋放的動態記憶體釋放時，會發生不確定的行為，這是所知的雙重釋放漏洞。為了確保你不會嘗試再次地釋放相同記憶體位址，在呼叫 **free** 後立即將指標指向 **NULL**，試著將 **NULL** 指標釋放並不會有影響。
- ERR33-C：大多數標準庫函式傳回的值讓你能夠確定函式是否正確執行其任務。例如，如果函式 **malloc** 無法配置需要的記憶體會傳回 **NULL**，在使用儲存著 **malloc** 的傳回值之指標之前，你必須確定 **malloc** 所傳回的不是 **NULL**。

摘要

12.1　簡介

- 動態資料結構會在執行期間擴大和縮小。
- 鏈結串列是「排成一列」的資料項集合，我們可在鏈結串列中的任何位置加入和移除資料項目。
- 但只能在堆疊的頂端加入和移除節點。
- 佇列（queue）表示等待的隊伍；插入操作是在佇列的後端（也稱為尾端）進行，刪除操作則是在佇列的前端（也稱為頭端）進行。
- 二元樹（binary tree）可以用來快速搜尋和排序資料、有效去除重複的資料項、表示檔案系統的目錄、以及將運算式編譯成機器語言。

12.2　自我參考結構

- 自我參考結構（self-referential structures）含有一個指向相同型態之結構的指標成員。
- 自我參考結構可以鏈結起來，形成資料結構，例如串列、佇列、堆疊以及樹。
- NULL 指標通常代表資料結構的結束。

12.3　動態記憶體配置

- 要建立和維護動態資料結構，需使用動態記憶體配置。
- 函式 **malloc** 和 **free**，以及運算子 **sizeof** 是專門用於動態記憶體配置。
- 函式 **malloc** 的引數為所欲配置記憶體的位元組個數，它會傳回一個型別為 **void ***（指向 **void**）的指標，該指標會指向配置的記憶體。**void ***指標可以指定給任何指標型別的變數。
- 函式 **malloc** 通常會和 **sizeof** 運算子一起使用。
- **malloc** 配置的記憶體並沒有初始化。
- 如果已經沒有可用的記憶體空間，則 **malloc** 將會傳回 **NULL** 指標。
- **free** 函式會釋回記憶體空間，使得之後有需要時再配置這塊記憶體。
- C 也提供 **calloc** 和 **realloc** 函式，用來建立及修改動態陣列。

12.4　鏈結串列

- 鏈結串列（linked list）是自我參考結構的線性集合，每個物件稱爲節點（node），它們透過指標鏈結（pointer link）串起來。

- 我們可用指向串列第一個節點的指標來存取鏈結串列。接下來的節點則會使用儲存在每個節點的鏈結（link）指標成員來進行存取。

- 依據慣例，串列最後一個節點的鏈結指標會設定爲 **NULL**，藉此表示此串列的結束。

- 資料會以動態的方式儲存在鏈結串列中，也就是說，依需要建立每個節點。

- 節點中可以包含任何型別的資料，這也包括其他的 **struct** 物件。

- 鏈結串列是動態的，所以串列長度能依需要增加或減少。

- 鏈結串列的節點通常不會存放在連續的記憶體區塊。然而，就邏輯上而言，我們可將鏈結串列的所有節點都視爲連續的。

12.5　堆疊

- 堆疊（stack）可用有限制的鏈結串列實現。程式只能夠由堆疊的頂端加入新節點或刪除節點，因此又稱爲後進先出（last-in, first-out，LIFO）的資料結構。

- 用來操作堆疊的主要函式爲 **push** 和 **pop**。函式 **push** 會產生一個新節點，並且將它放到堆疊的頂端。函式 **pop** 會從堆疊的頂端移除一個節點、釋放此節點佔用的記憶體空間，並且傳回 **pop** 的數值。

- 當進行函式呼叫時，受呼叫函式必須知道如何返回它的呼叫函式，所以返回位址會 push 到堆疊中。如果接下來發生一連串的函式呼叫，則每個返回位址都會以先進後出的順序 push 到堆疊裡，所以每個函式都能夠返回它的呼叫函式。堆疊也以傳統非遞迴呼叫的相同機制，來處理遞迴的函式呼叫。

- 堆疊也會用於編譯器計算運算式以及產生機器語言程式碼的過程中。

12.6　佇列

- 佇列節點只能從佇列前端移除，且只能從佇列尾端加入，因此又稱爲先進先出（first-in, first-out，FIFO）的資料結構。

- 插入和移除操作稱爲 **enqueue** 和 **dequeue**。

12.7　樹

- 樹（tree）是非線性的（nonlinear）二維資料結構。樹的節點包含兩個或多個鏈結。

- 二元樹就是節點都只含二個鏈結的樹。

- 根節點是樹的第一個節點。二元樹根節點的每個鏈結都指向子節點。左子節點（left child）是左子樹（left subtree）的第一個節點，而右子節點（right child）則是右子樹（right subtree）的第一個節點。某個節點的子節點彼此爲兄弟節點（siblings）。

- 沒有子節點的節點稱爲葉節點。

- 二元搜尋樹（節點的數值沒有重複）的特性，就是左子樹中任何子節點的數值，均小於其父節點的數值，而右子樹中任何子節點的數值，均大於其父節點的數值。
- 節點只能當作「葉節點」加入二元搜尋樹。
- 中序（in-order）走訪的步驟為：先以中序方式走訪左子樹，然後處理根節點的值，再以中序方式走訪右子樹。除非左子樹的數值都處理完畢，否則不會處理節點中的數值。
- 二元搜尋樹的中序走訪會以遞增順序處理節點的數值。建立一棵二元搜尋樹的過程確實會排序資料，因此這個過程稱為二元樹排序法（binary tree sort）。
- 前序（pre-order）走訪的步驟如下：先處理根節點的數值、然後以前序方式走訪左子樹、再以前序方式走訪右子樹。走到某個節點時，就會處理該節點的數值。當處理完特定節點的數值之後，程式會接著處理左子樹的數值，最後才處理右子樹的數值。
- 後序（post-order）走訪的步驟如下所示：先以後序方式走訪左子樹，然後以後序方式走訪右子樹，再處理根節點中的數值。於是每個節點的數值會在它的子節點都印出之後才進行列印。
- 二元搜尋樹可以消除重複數值。建立樹的時候會抓出重複的數值，因為重複數值也會跟隨著原來的數值，每次比較都有相同的決定「往左」還是「往右」。因此，這個重複的數值最終會與含有相同數值的節點進行比較。此時便可以很容易將重複的數值捨棄。
- 在二元樹內搜尋某個鍵值也很快。如果樹的結構十分緊密的話，則每一層所包含的元素個數最多大約是上一層元素個數的兩倍。所以一棵具有 n 個元素的二元搜尋樹最多只有 $\log_2 n$ 層，因此程式最多只需要 $\log_2 n$ 次的比較，便能夠找到（或找不到）我們所要的數值。當我們搜尋一棵具有 1000 個元素的二元搜尋樹（緊密排列的）時，最多不會超過 10 次的比較，因為 $2^{10}>1000$。而當搜尋一棵具有 1,000,000 個元素的二元搜尋樹（緊密排列）時，最多不超過 20 次的比較，因為 $2^{20}>1,000,000$。

自我測驗

12.1　填充題：

- a)　自我_____結構可以用來建構動態資料結構。
- b)　函式_____可以用來動態配置記憶體空間。
- c)　_____是鏈結串列的特殊情況，所有的節點只能夠在此串列的起始位置進行加入和刪除操作。
- d)　不更改鏈結串列，而只讀取串列內容的函式稱為____函式。
- e)　佇列稱為_____資料結構。
- f)　在鏈結串列中，指向下一個節點的指標就稱為_____。
- g)　函式_____可以用來釋放動態配置記憶體空間。
- h)　_____是特殊化的鏈結串列，節點只能在鏈結串列的尾端加入，而從串列的前端刪除。
- i)　_____是一種非線性、二維的資料結構，包含的節點可擁有兩個或更多的鏈結。

j)　堆疊是一種_____資料結構，因爲最後加入的節點就是第一個移除的節點。

k)　_____樹的節點包含兩個鏈結成員。

l)　樹的第一個節點就是_____節點。

m)　樹節點的每個鏈結都指到該節點的_____或_____。

n)　沒有子節點的樹節點，就稱爲_____節點。

o)　二元樹的三種走訪演算法（本章說明）爲_____、_____和_____。

12.2　鏈結串列和堆疊有何差異？

12.3　堆疊和佇列有何差異？

12.4　撰寫一個或一些敘述式來完成以下的每項工作。假設所有的操作都在 **main** 中進行（因此，不需使用指標變數的位址），並且假設使用以下的定義：

```
struct gradeNode {
    char lastName[ 20 ];
    double grade;
    struct gradeNode *nextPtr;
};
typedef struct gradeNode GradeNode;
typedef GradeNode *GradeNodePtr;
```

a)　建立一個指向串列起始位置的指標（稱爲 **startPtr**）。此串列是空的。

b)　建立一個型別 **GradeNode** 的新節點，此節點會由型別 **GradeNodePtr** 的 **newPtr** 指標加以參考。將字串**"Jones"**指定給成員 **lastName**，將數值 **91.5** 指定給成員 **grade**（使用 **strcpy**）。請提供任何所需的宣告和敘述式。

c)　假設由 **startPtr** 所指向的串列目前含有兩個節點，一個含有**"Jones"**，而另一個含有**"Smith"**。節點會以英文字母的順序來進行排列。請將含有以下 **lastName** 和 **grade** 的節點依序加入串列中。

"Adams"	85.0
"Thompson"	73.5
"Pritchard"	66.5

請使用指標 **previousPtr**、**currentPtr** 和 **newPtr** 來執行加入操作。請說明每個加入操作之前，**previousPtr** 和 **currentPtr** 所指向的內容。假設 **newPtr** 都會指向新節點，並且此新節點已經指定資料。

d)　撰寫一個 **while** 迴圈來顯示串列中每個節點的數值。請使用指標 **currentPtr** 沿著串列進行移動。

e)　撰寫一個 **while** 迴圈來刪除串列中所有的節點，並且釋放每個節點所佔用的記憶體空間。請分別使用指標 **currentPtr** 和 **tempPtr**，走訪串列並且釋放記憶體空間。

12.5　（走訪樹）請寫出圖 12.22 中二元樹的中序、前序和後序走訪的結果。

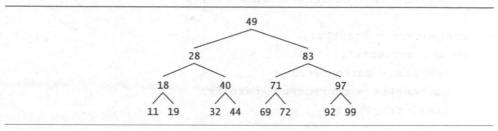

圖 12.22　15 個節點的樹

自我測驗解答

12.1　a) 參考　b) **malloc**　c) 堆疊　d) 判斷　e) FIFO　f) 鏈結　g) **free**　h) 佇列　i) 樹　j) LIFO　k) 二元　l) 根　m) 子節點或子樹　n) 葉節點　o) 中序、前序和後序

12.2　我們可在鏈結串列的任何位置加入或移除節點。但我們只能在堆疊的頂端加入和移除節點。

12.3　佇列擁有指向其頭端和尾端的指標，所以節點可以在尾端進行加入，而在頭端進行刪除。堆疊只有一個指向其頂端的指標，加入操作和刪除操作均會在頂端進行。

12.4　a)　`GradeNodePtr startPtr = NULL;`

b)　`GradeNodePtr newPtr;`
　　`newPtr = malloc( sizeof( GradeNode ) );`
　　`strcpy( newPtr->lastName, "Jones" );`
　　`newPtr->grade = 91.5;`
　　`newPtr->nextPtr = NULL;`

c)　要加入**"Adams"**時：
　　previousPtr 為 **NULL**，**currentPtr** 指向串列的第一個元素
　　`newPtr->nextPtr = currentPtr;`
　　`startPtr = newPtr;`
　　要加入**"Thompson"**時：
　　previousPtr 指向串列的最後一個元素（內容為**"Smith"**）
　　currentPtr 為 **NULL**。
　　`newPtr->nextPtr = currentPtr;`
　　`previousPtr->nextPtr = newPtr;`
　　要加入**"Pritchard"**時：
　　previousPtr 指向內容為**"Jones"**的節點
　　currentPtr 指向內容為**"Smith"**的節點
　　`newPtr->nextPtr = currentPtr;`
　　`previousPtr->nextPtr = newPtr;`

d)　`currentPtr = startPtr;`
　　`while ( currentPtr != NULL ) {`
　　　`printf( "Lastname = %s\nGrade = %6.2f\n",`

```
                    currentPtr->lastName, currentPtr->grade );
        currentPtr = currentPtr->nextPtr;
    }
e)  currentPtr = startPtr;
    while( currentPtr != NULL ) {
        tempPtr = currentPtr;
        currentPtr = currentPtr->nextPtr;
        free( tempPtr );
    }
    startPtr = NULL;
```

12.5　中序走訪的結果是

```
11, 18, 19, 28, 32, 40, 44, 49, 69, 71, 72, 83, 92, 97, 99
```

前序走訪的結果是

```
49, 28, 18, 11, 19, 40, 32, 44, 83, 71, 69, 72, 97, 92, 99
```

後序走訪的結果是

```
11, 19, 18, 32, 44, 40, 28, 69, 72, 71, 92, 99, 97, 83, 49
```

習題

12.6　（插入串列後串接）試撰寫一支程式，串接兩個鏈結的字元串列的程式。此程式應該包含函式 **concatenate**，將兩個表的指標作為引數，並將第二個串列串接到第一個串列。

12.7　（合併有序串列）編寫一個程式，將兩個有序的整數串列合併為一個有序的整數串列。函式 **merge** 應接收指向要合併之每個串列的第一個節點的指標，並傳回指向合併串列的第一個節點的指標。

12.8　（插入有序串列）試撰寫一支程式插入 25 個介於 0 至 100 的隨機整數至一個鏈結串列。程式必須計算這些元素的總和，以及這些元素的浮點數平均。

12.9　（建立鏈結串列，然後反轉元素）撰寫一個程式來建立一個具有 10 個字元的串列，然後以相反的順序複製此串列。

12.10　（反轉句子中的文字）撰寫一個可輸入一行文字，然後利用堆疊將這些文字以相反的順序顯示出來的程式。

12.11　（迴文判斷程式）撰寫一個程式，利用堆疊來判斷某個字串是否為迴文 (亦即此字串從前面和從後面的拼法是相同的)。程式應該忽略空白和標點符號。

12.12　（中置變後置轉換器）堆疊也會用於編譯器計算運算式以及產生機器語言程式碼的過程中。本題與下一題中，我們探討編譯器如何計算只由常數、運算子和小括號組成的算術運算式。

人類寫 **3 + 4** 和 **7 / 9** 這種算式的時候，都把運算子（+或/）放在運算元中間，這叫做**中置表示法**（infix notation）。但電腦「喜歡」用**後置表示法**（postfix notation），就是把運算子寫在兩個運算元右邊。前述中置算式的後序表示法分別是 **3 4 +**和**7 9 /**。

為了要計算出複雜的運算式，編譯器會先將它轉換成後置表示法，然後算出後置運算式的數值。這些演算法只需要由運算式的左邊往右邊走訪一次即可。每一種演算法都需要使用一個堆疊來支援它的操作，並且每個堆疊的用途都不盡相同。

在本習題中，你將撰寫一個中置變後置（infix-to-postfix）轉換演算法。在下一個習題中，你將撰寫一個後置運算式求值演算法。

請撰寫一個將只有一位整數的中序算術運算式（假設輸入的都是有效運算式）的程式，例如

```
(6 + 2) * 5 - 8 / 4
```

轉換成後置運算式。前述中置運算式的後置表示法如下

```
6 2 + 5 * 8 4 / -
```

程式應該將運算式讀入字元陣列 **infix**，然後使用堆疊函式來協助你產生後置運算式，並將其結果放到字元陣列 **postfix**。建立後置運算式的演算法如下：

1)將左小括號「**(**」推入堆疊。

2)將右小括號「**)**」加入 **infix** 末端。

3)當堆疊不是空的時候，從左到右讀取 **infix** 並執行下列動作：

若 **infix** 目前字元是數字，就將它複製到 **postfix** 下一個元素。

　　若 **infix** 目前字元是左小括號，就把它推入堆疊。

　　若 **infix** 目前字元是個運算子，

　　若如果堆疊頂端有運算子，且堆疊頂端運算子的優先權大於或

　　等於目前的運算子，就取出堆疊頂端運算子，

　　並將取出的運算子放入 **postfix**。

　　將 **infix** 目前字元推入堆疊。

　　若 **infix** 目前字元是右小括號。

　　將堆疊頂端的運算子一直取出來放進 **postfix**，直到堆疊頂端的

　　運算子是左小括號為止。

　　將左小括號從堆疊取出，然後丟掉。

運算式可用以下算術操作：

　　+加法

　　-減法

　　*乘法

　　/除法

　　^次方

　　%模數運算

堆疊應該使用以下的宣告進行維護：

```
struct stackNode {
    char data;
    struct stackNode *nextPtr;
};
typedef struct stackNode StackNode;
typedef StackNode *StackNodePtr;
```

程式應該包含 **main** 以及其他 8 個函式，這 8 個函式的函式標頭如下所示：

```
void convertToPostfix(char infix[],char postfix[])
```

將中置運算式轉換成後置表示法。

```
int isOperator(char c)
```

判斷 **c** 是否為運算子。

```
Int precedence(char operator1, char operator2)
```

判斷 **operator1** 的優先順序是否小於、等於或大於 **operator2** 的優先順序。函式會視情況傳
回-1、0 和 1。

```
Void push(StackNodePtr *topPtr,char value)
```

將數值 push 到堆疊中。

```
char pop(StackNodePtr *topPtr)
```

從堆疊 pop 一個數值。

```
Char stackTop(StackNodePtr topPtr)
```

傳回堆疊頂端的數值，但是不將它 **pop** 出來。

```
Int isEmpty(StackNodePtr topPtr)
```

判斷堆疊是否為空的。

```
voidprintStack(StackNodePtr topPtr)
```

列印堆疊的內容。

12.13　（後置運算式的求值）撰寫一個程式，計算後序運算式（假設是有效算式），例如

```
6 2 + 5 * 8 4 / -
```

此程式應將一段由數字和運算子組成的後序運算式讀入字元陣列。使用堆疊函式實作，掃瞄此運
算式並計算結果。演算法如下：

1)將空字元('\0') 加到後序運算式末端。碰到空字元時，處理便可結束。

2)還沒遇到'\0'時，就從左往右讀入運算式。

　　若目前字元是個數字，

　　將此整數值推入堆疊（數字字元的整數值，便是它在電腦字元集中的數

　　值，減掉'0'在電腦字元集中的數值）。

要不然，若目前字元是個運算子（*operator*），

將堆疊頂端的兩個元素取出，放入變數 *x* 和 *y*。

計算 *y operator x*

將計算結果再推入堆疊。

3)當在運算式碰到空字元時，就將堆疊頂端的數值取出。這就是後序運算式的結果。

[請注意：在步驟 2 中，假設運算子是「**/**」，堆疊頂端是 **2**，下一個是 **8**，就取出 **2** 放到 **x**，取出 **8** 放到 **y**，計算 **8 / 2**，再將結果 **4** 推入堆疊。此亦適用於其他二元運算子。]

下列的算術運算子可以出現在運算式中：

　　+加法

　　-減法

　　*乘法

　　/除法

　　^次方

　　%模數運算

堆疊應該使用以下的宣告進行維護：

```
struct stackNode {
    int data;
    struct stackNode *nextPtr;
};
typedef struct stackNode StackNode;
typedef StackNode *StackNodePtr;
```

程式應該包含 **main** 以及其他 6 個函式，這 6 個函式的函式標頭如下所示：

```
intevaluatePostfixExpression(char *expr)
```

計算出後置運算式的值。

```
int calculate(int op1,int op2, charoperator)
```

計算運算式 op1 operator op2 的值。

```
void push(StackNodePtr *topPtr, int value)
```

將數值 **push** 到堆疊中。

```
int pop(StackNodePtr *topPtr)
```

從堆疊 **pop** 一個數值。

```
int isEmpty(StackNodePtr topPtr)
```

判斷堆疊是否為空的。

```
void printStack(StackNodePtr topPtr)
```

列印堆疊的內容。

12.14 （**修改後置運算式的求值器**）修改習題 12.13 的中置轉後置演算法，讓它能夠處理多位數的整數運算元。

12.15 （**超市模擬**）撰寫一個程式，模擬超市的結帳隊伍。此隊伍是個佇列。顧客到達的時間，是 1~4 分鐘之間的隨機整數。顧客被服務的時間，是 1~4 分鐘之間的隨機整數。當然，這些速率必須平衡。若平均到達時間比平均服務時間來得快，此佇列便會無限拉長。就算它是「平衡」的，隨機結果也可能讓隊伍拖得很長。請撰寫一個超市模擬程式，使用以下演算法進行 12 小時（720 分鐘）的模擬：

1)隨機選擇 1 到 4 之間的一個整數，決定第一位顧客到達的時間。

2)在第一位顧客到達時：

　　決定顧客的服務時間（1 到 4 之間的隨機整數）；

　　開始服務此顧客；

　　排定下一位顧客的到達時間（將目前時間加上 1 到 4 之間的隨機整數）。

3)在每一分鐘：

　　若下一位顧客來了，

　　那麼；

　　將此顧客排入佇列；

　　排定下一位顧客的到達時間；

　　若上一位顧客服務完了；

　　那麼；

　　從佇列取出下一位顧客為他服務；

　　決定顧客的服務完成時間

　　（將目前時間加上 1 到 4 之間的隨機整數）。

將此模擬執行 720 分鐘，並回答下列問題：

a)　在這段時間內，佇列中最多有幾位顧客？

b)　顧客最長等待多久時間？

c)　若將到達時間從 1~4 分鐘改成 1~3 分鐘會怎麼樣？

12.16 （**允許二元樹包含重複數值**）修改圖 12.19 的程式來讓二元樹能夠包含重複的數值。

12.17 （**字串的二元搜尋樹**）根據圖 12.19 的程式撰寫一個程式，它讓使用者可以輸入一行文字，將句子分解成各別的單字，將每個單字加到二元搜尋樹，並且印出對此樹的中序、前序和後序的走訪結果。
[提示：將一行文字讀入陣列中。利用 **strtok** 將文字分成字符。當找到一個字符時，請為這棵樹建一個新節點，將 **strtok** 所傳回的指標指定給新節點的 **string** 成員，接著將此節點加入樹中。]

12.18 （**消除重複數值**）我們已經看到建立二元搜尋樹時，可輕易消除重複數值。請說明如果使用一維陣列，你將如何解決重複數值的問題？請比較陣列和二元搜尋樹消除重複數值的效能。

12.19　（二元樹的深度）撰寫一個 depth 函式，它會接收一棵二元樹，並算出該樹有幾層。

12.20　（遞迴逆向列印一個串列）撰寫一個成員函式 **printListBackward**，以相反順序遞迴輸出鏈結串列物件中的項目。撰寫一個測試程式來建立一個依照整數順序排序過的串列，並且以相反順序使用你的函式來列印該串列。

12.21　（遞迴搜尋串列）寫一個函式 searchList，遞迴搜尋鏈結串列中某個特定的值。若找到含有該值的節點，函式應傳回指向該節點的指標；否則函式就傳回 null 指標。撰寫一個測試程式來建立一個整數串列，並測試你的函式。你的程式應該提示使用者輸入想要尋找的值。

12.22　（二元樹搜尋）撰寫一個成員函式 **binaryTreeSearch**，以在二元搜尋樹物件中搜尋指定的值。此函式應接受兩個引數，一個是指向二元樹根節點的指標，另一個是搜尋鍵值。若找到含有搜尋鍵值的節點，函式應傳回指向該節點的指標；否則函式就傳回 **NULL** 指標。

12.23　（逐層走訪二元樹）圖 12.19 介紹三種走訪二元樹的遞迴方法：中序、前序、後序走訪。這個習題將介紹二元樹的**階層順序走訪**（level order traversal），在此方法中，節點的數值會由根節點階層開始，一層一層地顯示出來。每個階層的節點是從左往右列印。階層順序走訪並不是遞迴演算法。它使用佇列資料結構來控制節點的輸出。演算法如下：

1)將根節點加入佇列。

2)當佇列中還有節點時，

　　　取得佇列的下一個節點

　　　列印節點的值

　　若此節點的左指標不為 **NULL**

　　　　將左子節點加入佇列

　　若此節點的右指標不為 **NULL**

　　　　將右子節點加入佇列

撰寫函式 **levelOrder** 來執行二元樹的階層順序走訪。函式應該以指向二元樹根節點的指標為引數。修改圖 12.19 的程式來使用這個函式。比較此函式與其它走訪演算法的輸出結果，確認此函式的執行結果是否正確。[請注意：本程式中，你也需修改並使用圖 12.13 的佇列處理函式。]

12.24　（列印樹）撰寫一個遞迴成員函式 **outputTree**，顯示一棵二元樹。函式應該逐列地輸出二元樹的內容，並且將樹根顯示在螢幕的左邊，將樹底顯示在螢幕的右邊。每列會垂直地輸出。例如，圖 12.22 的二元樹的輸出結果如下：

```
                        97      99
                                92
                83
                        71      72
                                69
        49
                        40      44
                                32
                28
                        18      19
                                11
```

請注意，最右邊的葉節點會出現在輸出的右上角，而根節點則會出現在輸出的左方。每一行離前一行五個空格。函式 **outputTree** 的引數應該爲一個指向二元樹根節點的指標，而整數 **totalSpaces** 可以用來表示輸出數值之前的空格個數（此變數應該由 0 開始，因此根節點能夠輸出在螢幕的左邊）。本函式修改了中序走訪以印出此樹：它從最右邊節點開始走，一步步走回左邊。演算法如下：

當目前節點的指標不是 **NULL** 時

以目前節點的右子樹和 totalSpaces+5 遞迴呼叫 outputTree

使用 **for** 敘述式從 1 算到 **totalSpaces** 並印出空格

印出目前節點的數值

以遞迴呼叫 outputTree 當前結點的左子樹並將 **totalSpaces** 加 5

專題：建立自己的編譯器

在習題 7.27 至 7.29 中，我們介紹了 Simpletron Machine Language（SML），並且製作 Simpletron 電腦模擬器來執行以 SML 撰寫的程式。在習題 12.25 至 12.30 中，我們將建置一個編譯器，可將高階語言撰寫的程式轉換成 SML。本節貫穿了整個程式設計程序。你將以新的高階語言來撰寫程式、以你建構的編譯器來編譯程式、並且以你在習題 7.28 建構的模擬器來執行程式。（請注意：由於習題 12.25 至 12.30 的篇幅較長，我們將其置於 www.deitel.com/books/chtp8/的 pdf 檔中。）

C 前置處理器

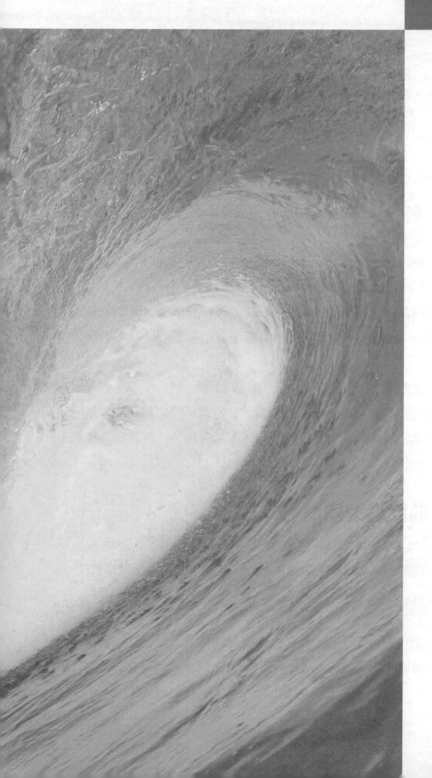

13

學習目標

在本章中，你將學到：

- 使用**#include** 來開發大型
  程式
- 使用**#define** 來建立具有引
  數的巨集和不具有引數的巨
  集
- 使用條件式編譯，指出不一定
  需要編譯的程式區段（例如協
  助你偵錯的程式碼）
- 在條件式編譯的過程中顯示
  錯誤訊息
- 使用斷言（assertion）來測試
  運算式的數值是否正確

13.1　簡介

C 前置處理器（C preprocessor）會在程式編譯之前執行。前置處理器所執行的一些動作包括了：

- 將其他檔案包含進編譯的檔案中
- 定義**符號常數**（symbolic constant）和**巨集**（macro）
- 程式碼的**條件式編譯**（conditional compilation）
- **條件式執行的前置處理器命令**（conditional execution of preprocessor directive）

所有前置處理器命令都會以**#**開始，並且同一行前置處理器命令之前只能夠出現空白字元和以**/***與***/**分隔的註解。

C 語言應該是現今所有程式語言中，存在著最大宗「舊有程式碼」的一種了。它已經被使用了超過四十年之久。身為一個專業的 C 語言程式設計師，你很有可能接觸到許多年前利用較舊的編程技巧所寫的程式。為了幫助您面對這樣的問題，本章討論了一些舊有的技巧，並建議了幾種較新的編程技巧可以取代之。

13.2　#include 前置處理器命令

本書在前面的章節已經使用過**#include** 前置處理器命令（preprocessor directive）。這個**#include** 命令會將特定檔案複製到命令所在的位置。**#include** 命令具有兩種格式：

```
#include <filename>
#include "filename"
```

這兩種格式之間的差異在於前置處理器開始搜尋要包含的檔案的位置。如果檔案名稱以角括號**<**和**>**括起來（用於**標準函式庫標頭檔，**standard library header），則搜尋通常以「實作環境相依」（implementation-dependent）的方式來執行，通常是在事先指定的編譯器及系統資料夾中。如果檔案名稱以雙引號括起來，則前置處理器會從編譯檔案所在的目錄底下開始搜尋指定的含入檔。這種方式通常會用來包含程式設計師自定的標頭檔。假如編譯器無法在目前的目錄底下找到相關檔案，它接下來會在事先指定的編譯器及系統目錄中搜尋。

　　#include 命令會用來包含標準函式庫標頭檔，像是 **stdio.h** 和 **stdlib.h**（請參閱圖 5.10），也可以用於包含有數個來源檔的程式，而這些程式會一起編譯。標頭檔含有不同程式檔中的共同宣告，此標頭檔通常會建立並且包含在程式檔中。這種宣告的例子就是

- 結構和集合宣告
- typedef
- 列舉型態
- 函式原型。

13.3　**#define** 前置處理器命令：符號常數

#define 命令可以建立符號常數（symbolic constant，以符號來表示常數）以及**巨集**（macro，定義成符號的運算）。**#define** 命令的格式如下

> #define *identifier*　*replacement-text*

當這一行出現在某個檔案時，之後所有該識別字（identifier）出現的位置（字串常數或註解中例外），都會在程式被編譯之前自動取代成**代換文字**（replacement-text）。例如，

> #define PI 3.14159

會將之後所有出現的符號常數 **PI**，都替換成數字常數 **3.14159**。符號常數讓你能夠為常數命名，並且在程式中使用該名稱。

測試和除錯的小技巧 13.1

所有位於符號常數名稱右邊的文字，都會取代該符號常數。例如，**#define PI = 3.14159** 會讓前置處理器將每個出現識別字 **PI** 的地方都換成**= 3.14159**。這是導致許多邏輯和語法錯誤的原因。基於此種理由，建議你在**#define** 命令之前宣告 **const** 變數型別，例如，**const double PI = 3.14159;**。

常見的程式設計錯誤 13.1

試圖用一個新的值重新定義符號常數是一種錯誤。

軟體工程的觀點 13.1

使用符號常數可以使程式容易修改，因爲它讓你不用在程式碼中搜索這個值的每一個出現的位置，而是只要在**#define** 命令中修改一次符號常數就好，當程式重新編譯時，程式中該常數的所有出現的地方都會相對應地修改。

良好的程式設計習慣 13.1

使用有意義的名稱來作爲符號常數，將有助於提升程式本身的註解能力。

良好的程式設計習慣 13.2

慣例上，在定義符號常數時僅使用大寫字母以及底線。

13.4　#define 前置處理器命令：巨集

巨集（macro）是由**#define** 前置處理器命令所定義的識別字。**巨集識別字**（macro-identifier）與符號常數一樣，程式裡的巨集識別字也會在編譯之前替換成**代換文字**。巨集可以定義成具有引數或不具有引數。沒有引數的巨集的處理方式與符號常數一樣。在**具有引數的巨集**（macro with arguments）中，引數會先代換到替換文字中，然後才將巨集**展開**（expand），也就是說，代換文字會取代程式中的識別字和引數。符號常數是巨集的一個型態。

13.4.1　具有一個引數的巨集

考慮以下具有一個引數的巨集定義，其功用爲計算圓的面積：

```
#define CIRCLE_AREA(x) ((PI) * (x) * (x))
```

展開具有一個引數的巨集

每當 **CIRCLE_AREA**（**y**）出現在檔案中時，**y** 的值將取代代換文字中的 **x**，符號常數 **PI** 將取代成它的數值（先前定義過），並且在程式中展開此巨集。例如，敘述式

```
area = CIRCLE_AREA(4);
```

會展開成

```
area = ((3.14159) * (4) * (4));
```

然後，在編譯時期，程式會計算運算式的數值，並且將其結果指定給 **area** 變數。

小括號的重要

當巨集引數為運算式時，代換文字中每個 **x** 的小括號可以確保正確的運算順序。例如，敘述式

```
area = CIRCLE_AREA(c + 2);
```

會展開成

```
area = ((3.14159) * (c + 2) * (c + 2));
```

這可以正確運算，因為小括號確保正確的運算順序。如果省略巨集定義中的小括號，則巨集會展開成

```
area = 3.14159 * c + 2 * c + 2;
```

它的計算式會變成

```
area = (3.14159 * c) + (2 * c) + 2;
```

因為運算子的優先權，所以其結果是錯的。

測試和除錯的小技巧 13.2

將巨集引數在代換文字中用小括號包起來，以防止邏輯錯誤。

最好使用函式

巨集 CIRCLE_AREA 也可以更安全地定義成函式。函式 circleArea

```
double circleArea(double x)
{
    return 3.14159 * x * x;
}
```

會與巨集 **CIRCLE_AREA** 執行相同的計算，但是當函式被呼叫時，該函式的引數僅只會被計算一次。另外，編譯器會對函式進行型別檢查（前置處理器不支援型別檢查）。

增進效能的小技巧 13.1

在過去，巨集常常被用來以行內程式碼取代函式呼叫，這可以消除函式呼叫的額外負擔。而現今最佳化過的編譯器通常會為你提供行內函式，因此許多程式設計師不再為了這個目的使用巨集。你也可以使用 C 標準中的關鍵字 inline（請參考附錄 E）。

13.4.2　具有兩個引數的巨集

以下的巨集定義有 2 個引數，其功用為計算矩形的面積：

```
#define RECTANGLE_AREA(x, y)  ((x) * (y))
```

每當程式中出現 **RECTANGLE_AREA**（**x**, **y**）時，**x** 和 **y** 的值被巨集代換文字所取代，並且，每個巨集名稱都會展開這個巨集。例如，敘述式

```
rectArea = RECTANGLE_AREA(a + 4, b + 7);
```

會展開成

```
rectArea = ((a + 4) * (b + 7));
```

在執行期間程式會計算運算式的數值，並且將其結果指定給 **rectArea** 變數。

13.4.3　巨集接續字元

巨集或符號常數的代換文字通常是在 **#define** 命令同一行中，位於識別字之後的所有文字。如果巨集或符號常數的代換文字太長，以致於無法於一行內撰寫完成，則你必須在該行行末加上一個**反斜線**\（backslash）接續字元，來表示下一行仍然是代換文字的一部分。

13.4.4　**#undef** 前置處理器命令

符號常數和巨集可以使用 **#undef 前置處理器命令**來移除。**#undef** 命令會「取消定義（undefine）」某個符號常數或巨集名稱。符號常數或巨集的**範圍**（scope）是從它定義的位置開始，一直到以 **#undef** 取消定義，或直到檔案結束為止。如果某個名稱被取消定義，該名稱可以再以 **#define** 重新定義。

13.4.5　標準函式庫的函式和巨集

標準函式庫的函式有時是根據其他函式庫的函式來定義成巨集的形式。定義在 **<stdio.h>** 標頭檔中的常見巨集是

```
#define getchar() getc(stdin)
```

getchar 的巨集定義使用 **getc** 函式，從標準輸入資料流取得一個字元。**<stdio.h>** 標頭檔裡的 **putchar** 函式及 **<ctype.h>** 標頭檔裡的字元處理函式，通常也都是以巨集製作而成的。

13.4.6　勿在巨集中放入具有邊際效應的運算式

具有邊際效應的運算式（也就是變數的值會被更改）不應該被傳給巨集，因為巨集的引數可能會計算一次以上。我們將在 13.11 節提供一個範例。

13.5　條件式編譯

條件式編譯（conditional compilation）讓你能夠控制前置處理器命令的執行，以及程式碼的編譯。每個條件前置處理器命令都會計算一個常數整數運算式。強制轉換運算式、**sizeof** 運算式、以及列舉常數都不能夠在前置處理器命令中進行計算。

13.5.1　#if...#endif 前置處理器命令

條件式前置處理器的結構很類似 **if** 選擇敘述式。請考慮以下的前置處理器命令碼：

```
#if !defined(MY_CONSTANT)
    #define MY_CONSTANT 0
#endif
```

這些命令判斷 MY_CONSTANT 是否被定義過，也就是判斷 MY_CONSTANT 是否已經出現在稍早的#define 命令。如果 MY_CONSTANT 已經被定義，則運算式 defined（MY_CONSTANT）的值會等於 1，否則會等於 0。如果結果是 0，則!defined（MY_CONSTANT）的計算結果將會得到 1，並且會定義 MY_CONSTANT。否則，程式會跳過#define 命令。每個**#if** 結構都必須以**#endif** 結束。命令**#ifdef** 和**#ifndef** 是#if defined（name）和#if !defined（name）的縮寫。多重的條件前置處理器結構可以使用**#elif**（相當於 if 結構中的 else if）和#else（相當於 if 結構中的 else）命令來進行測試。這些命令常被用來防止標頭檔在同一個來源檔中被含括多次。在本書的 C++章節中，我們常會用到這種技巧。這些命令也常常用於啓用或禁用使軟體及一系列平台相容的程式碼。

13.5.2　使用#if...#endif 將多行程式碼變成註解

在程式的開發過程中，程式設計師通常會將一大段的程式碼變成「註解」以免編譯它。如果程式碼含有多行註解，我們不能以/*和*/來將整段程式註解，因爲註解不能是巢狀結構的。取而代之地，程式設計師可以使用以下的前置處理器結構：

```
#if 0
    code prevented from compiling
#endif
```

若想編譯這段程式碼，請將前置結構中的 0 換成 1 即可。

13.5.3　條件式編譯偵錯程式碼

條件式編譯有時會用來幫助偵錯。許多的 C 編譯器都有提供**偵錯器**（debugger），這比條件式編譯提供更強大的功能。如果沒有除錯器，**printf** 敘述式可以用來印出變數值以及確認控制流程。這些 **printf** 敘述式可以被包含在條件式前置處理器命令中，所以這種敘述式只有在偵錯過程尚未結束時才會進行編譯。例如，

```
#ifdef DEBUG
    printf("Variable x = %d\n", x);
#endif
```

如果在命令**#ifdef DEBUG** 之前定義了符號常數 **DEBUG**（**#define DEBUG**），則程式中的 **printf** 敘述式才會編譯。偵錯完成之後，程式會將**#define** 命令從來源檔中移除或是標記成註解，而用來協助偵錯的 **printf** 敘述式，在編譯期間會被忽略。在較大型的程式中，我們可能希望定義幾個不同的符號常數，來控制來源檔不同區段的條件式編譯。許多編譯器允許你以編譯器旗標定義以及取消定義 **DEBUG** 之類你在每次編譯程式碼時都要提供的符號常數，這樣你就不需要更動原有的程式碼。

測試和除錯的小技巧 13.3

將條件式編譯的 **printf** 敘述式插入 C 期望的單一敘述式的位置（例如，控制敘述式的本體）時，請確保條件式編譯的敘述式包含在程式碼段落中。

13.6　#error 和#pragma 前置處理器命令

命令#error

```
#error tokens
```

會印出與實作環境相依的訊息，其中含有命令中指定的 token。token 是一連串以空白分隔的字元。例如，

```
#error 1 - Out of range error
```

包含 6 個 token。當某些系統處理**#error** 命令時，命令中的 token 將列印出來成為錯誤訊息，前置處理動作停止，且程式不會進行編譯。

命令#pragma

```
#pragma tokens
```

會產生實作環境定義的動作。實作環境無法辨識的 pragma 會被忽略。若想了解更多關於**#error** 和**#pragma** 的資訊，請查閱你所使用的 C 實作環境的說明文件。

13.7　#和##運算子

#運算子會將某個代換文字 token 轉換成由雙引號包圍起來的字串。請看以下的巨集定義：

```
#define HELLO(x) puts("Hello, " #x);
```

當 HELLO(John) 出現在程式檔案時，它會展開成

```
puts("Hello, " "John");
```

字串"John"會取代代換文字中的#x。在前置處理期間，由空白字元所分隔的字串會串接起來，所以上述的敘述式相當於

```
puts("Hello, John");
```

#運算子必須使用於具有引數的巨集，因爲#的運算元一定是巨集的某個引數。

　　##運算子可用來串接兩個 token。請看以下的巨集定義：

```
#define TOKENCONCAT(x, y)  x ## y
```

當 TOKENCONCAT 出現在程式中時，它的引數會串接在一起，然後用來取代該巨集。例如，程式中的 TOKENCONCAT(O, K)將會取代成 OK。##運算子必須有兩個運算元。

13.8　行號（Line Number）

#line 前置處理器命令，會讓接下來的原始程式碼的行號，由所指定的常數整數值重新開始計算。命令

```
#line 100
```

會讓下一行原始程式碼的行號由 100 開始計算。檔案名稱也可以包含在#line 命令中。命令

```
#line 100 "file1.c"
```

表示下一行原始程式碼的行號會從 100 開始計算，且任何編譯器訊息中所使用的檔案名稱爲"file1.c"。這個命令通常可以用來讓語法錯誤或編譯器警告而產生的訊息更具有意義。行號並不會出現在原始檔案中。

13.9　事先定義的符號常數

C 語言標準提供事先定義的符號常數（predefined symbolic constants），圖 13.1 列舉出部分 C 標準已事先定義的符號常數，更詳細的內容可參閱 C 語言標準文件 6.10.8 節）。事先定義的符號常數的識別字前後各有兩個底線字元，通常用於在錯誤訊息中包含附加資訊。這些識別字和 defined 識別字（用於第 13.5 節），都不能用於#define 和#undef 命令。

符號常數	說明
__LINE__	目前原始碼的行數（整數常數）。
__FILE__	來源程式檔案的名稱（字串）。
__DATE__	來源檔案編譯的日期（一個字串，其格式為"Mmmddyyyy"，例如"Jan 19 2002"）。
__TIME__	來源檔案編譯的時間（一個字串常數，其格式為"hh:mm:ss"）。
__STDC__	假如編譯器支援標準 C，其值為 1；反之為 0。在 Visual C++中需要編譯器旗標/Za。

圖 13.1　事先定義的符號常數

13.10　斷言

assert 巨集（定義在**<assert.h>**標頭檔）會在程式執行時期測試某個運算式的值。如果計算結果值為偽（0），則 **assert** 將印出一段錯誤訊息，並且呼叫 **abort** 函式（屬於一般的公用函式庫**<stdlib.h>**）來終止程式的執行。這是一個很有用的偵錯工具，可以用來測試某個變數是否有正確的值。例如，假設在程式中變數 **x** 的值應該不會大於 **10**。我們可以用一個斷言（assertion）來測試 **x** 的值，如果 **x** 的值大於 10，則印出錯誤訊息。敘述式為

```
assert(x <= 10);
```

如果執行到該敘述式時 **x** 大於 **10**，則程式會印出一段含有 **assert** 敘述式出現的地方的行號和檔案名稱的錯誤訊息，然後結束執行。接下來，你可以查看其鄰近的程式碼，找出錯誤的位置。

　　如果定義了符號常數 **NDEBUG**，則其後的斷言都會被忽略。因此當我們不再需要斷言時，你只需要將以下這一行程式碼

```
#define NDEBUG
```

加到程式碼檔案中，而不必手動刪除每個斷言。有許多編譯器都具有偵錯和發布的模組，這些模組會自動地為 **NDEBUG** 定義或解除定義。

軟體工程的觀點 13.2

斷言無法替代一般執行時期的錯誤處理。其作用只限於在程式發展時期找到邏輯錯誤。

（請注意：新的標準 C 中包含了一個新功能，稱作**_Static_assert**，實際上它是在編譯時期的 **assert** 版本，提供了在斷言失敗時的編譯錯誤訊息。我們將在附錄 E 中討論 **_Static_assert**。）

13.11　安全程式設計

我們曾在 13.4 節定義過巨集 CIRCLE_AREA

```
#define CIRCLE_AREA(x) ((PI) * (x) * (x))
```

被認爲是不安全的巨集,因爲其引數 x 被計算不只一次,這可能會導致微妙的錯誤。假若巨集裡的引數包含邊際效應,像是增加變數數值或是呼叫會改變變數值的函式,這樣的邊際效應可能會發生許多次。

舉例來說,如果我們呼叫 CIRCLE_AREA 如下:

```
result = CIRCLE_AREA(++radius);
```

則 CIRCLE_AREA 巨集的呼叫將被展開爲

```
result =  ((3.14159) * (++radius) * (++radius));
```

此敘述式讓 radius 增加兩次。此外,前述的敘述式其結果是未定義的,因爲 C 語言僅允許一個變數在一個敘述式只能被修改一次。在函式呼叫中,引數在傳入函式之前會事先被運算一次。因此,函式呼叫往往優選於不安全的巨集。

摘要

13.1　簡介

- C 前置處理器會在程式被編譯之前執行。
- 所有的前置處理器命令都會以#開始。
- 在同一行裡,只有空白字元及註解能夠出現在前置處理器命令之前。

13.2　#include 前置處理器命令

- #include 命令會含入所指定檔案的副本。如果檔案名稱以雙引號括起來,則前置處理器會到被編譯的檔案所在的目錄底下開始搜尋指定的含入檔。如果檔案名稱是以角括號<和>包含起來,像是 C 標準函式庫的標頭檔,則搜尋會按照實作環境定義的方式來執行。

13.3　#define 前置處理器命令:符號常數

- #define 前置處理器命令可以用來產生符號常數(symbolic constant)和巨集(macro)。
- 符號常數是某個常數的名稱。

13.4　#define 前置處理器命令:巨集

- 巨集是一個定義在#define 前置處理器命令中的運算。巨集會被定義爲具有引數或不具有引數。

- 代換文字（replacement-text）通常是在符號常數的識別字之後，或是跟在巨集引數列的右括號之後被指定。如果巨集或符號常數的代換文字太長，以致於無法於一行內撰寫完成，則你必須在行末加上一個反斜線（\），來表示下一行仍然是代換文字。

- 符號常數和巨集可以使用**#undef** 前置處理器命令來移除。**#undef** 命令會「取消定義（undefine）」某個符號常數或巨集名稱。

- 符號常數或巨集的範圍（scope）是從它定義的位置開始，一直到以**#undef** 取消定義，或直到檔案結束為止。

13.5　條件式編譯

- 條件式編譯（conditional compilation）讓你能夠控制前置處理器命令的執行，以及程式碼的編譯。

- 條件前置處理器命令會計算某個常數整數運算式。強制轉換運算式、**sizeof** 運算式、以及列舉常數都不能夠在前置處理器命令中進行計算。

- 每個**#if** 結構都必須以**#endif** 結束。

- 命令**#ifdef** 和**#ifndef** 是**#if defined**(name)和**#if !defined**(name)的縮寫。

- 多重條件前置處理器結構可以使用**#elif** 和**#else** 來進行測試。

13.6　#error 和#pragma 前置處理器命令

- **#error** 命令會印出含有此命令所指定之 token 的實作環境相關錯誤訊息。

- **#pragma** 命令會產生實作環境定義的動作。如果實作環境無法辨識某個 pragma，則這個 pragma 將會被忽略。

13.7　#和##運算子

- **#**運算子會將代換文字 token 轉換成由雙引號所包圍的字串。**#**運算子必須被使用於具有引數的巨集，因為#的運算元一定是巨集的某個引數。

- **##**運算子可用來串接兩個 token。**##**運算子必須有兩個運算元。

13.8　行號

- **#line** 前置處理器命令，會讓接下來的原始程式碼的行號，由所指定的常數整數值重新開始計算。

13.9　事先定義的符號常數

- 常數**__LINE__**是目前原始程式碼的行數（整數）。

- 常數**__FILE__**是檔案的名稱（字串）。

- 常數**__DATE__**是原始程式檔編譯時的日期（字串）。

- 常數**__TIME__**是原始程式檔編譯時的時間（字串）。

- 常數**__STDC__**指出編譯器是否支援標準 C。

- 每個事先定義的符號常數都以兩個底線字元開始及結束。

13.10 斷言

● assert 巨集（定義在<assert.h>標頭檔）會測試某個運算式的數值。如果運算式的值為偽（0），則 assert 會印出一段錯誤訊息，並且呼叫函式 abort 來終止程式的執行。

自我測驗

13.1 填充題：

a) 每個前置處理器命令都必須以_____開始。

b) 條件式編譯結構可以用_____和_____命令來擴充成多重狀況以進行測試。

c) _____命令可以用來產生巨集和符號常數。

d) 在同一行中，只有_____字元可以出現在前置處理器命令之前。

e) _____命令可以用來捨棄符號常數和巨集名稱。

f) _____和_____命令是#if defined(name)和#if !defined(name)的縮寫。

g) _____讓你能夠控制前置處理器命令的執行，以及程式碼的編譯。

h) 如果巨集計算運算式的值為 0，則_____巨集會印出一段訊息並且結束程式的執行。

i) _____命令會將一個檔案加入另一個檔案。

j) _____運算子將它的兩個引數串接起來。

k) _____運算子會將它的運算元轉換成字串。

l) _____字元表示符號常數或巨集的代換文字會在下一行中繼續定義。

m) _____命令讓下一行原始程式碼的行號，從所指定之數值開始計數。

13.2 寫一個程式，印出圖 13.1 的列表中事先定義的符號常數值。

13.3 為以下各項工作撰寫前置處理器命令以完成任務。

a) 將符號常數 YES 的值定義為 1。

b) 將符號常數 NO 的值定義為 0。

c) 含入標頭檔 common.h。這個標頭檔與即將被編譯的檔案位於相同目錄中。

d) 在文件開頭重新編號剩餘行數，起始編號為 3000。

e) 如果符號常數 TRUE 已定義，則取消它的定義，然後再將它重新定義為 1。請勿使用#ifdef。

f) 如果符號常數 TRUE 已定義，則取消它的定義，然後再將它重新定義為 1。請使用#ifdef 前置處理器命令。

g) 如果符號常數 TRUE 不等於 0，則定義符號常數 FALSE 為 0，否則，將 FALSE 定義為 1。

h) 定義 CUBE_VOLUME 巨集，令其可以計算立方體的體積。此巨集需包含一個引數。

自我測驗解答

13.1 a) `#`　b) `#elif`、`#else`　c) `#define`　d) 空白　e) `#undef`　f) `#ifdef`、`#ifndef`　g) 條件
式編譯　h) `assert`　i) `#include`　j) `##`　k) `#`　l) `\`　m) `#line`

13.2 如下（請注意：在 Visual C++中，`__STDC__`只能用**/Za** 編譯器旗標執行）：

```
1   // Print the values of the predefined macros
2   #include <stdio.h>
3   int main(void)
4   {
5      printf("__LINE__ = %d\n", __LINE__);
6      printf("__FILE__ = %s\n", __FILE__);
7      printf("__DATE__ = %s\n", __DATE__);
8      printf("__TIME__ = %s\n", __TIME__);
9      printf("__STDC__ = %d\n", __STDC__);
10  }
```

```
__LINE__ = 5
__FILE__ = ex13_02.c
__DATE__ = Jan  5 2012
__TIME__ = 09:38:58
__STDC__ = 1
```

13.3
a) `#define YES 1`

b) `#define NO 0`

c) `#include "common.h"`

d) `#line 3000`

e) `#if defined(TRUE)`
   `#undef TRUE`
   `#define TRUE 1`
`#endif`

f) `#ifdef TRUE`
   `#undef TRUE`
   `#define TRUE1`
`#endif`

g) `#ifdef TRUE`
   `#undef FALSE 0`
`#else`
   `#define FALSE 1`
`#endif`

h) `#define CUBE_VOLUME(x)((x)*(x)*(x))`

習題

13.4 （圓球體積）撰寫一個程式，定義具有一個引數的巨集，用來計算圓球的體積。程式應該計算半
徑 1 到 10 的圓球體積，並以表格列出結果。圓球體積的公式如下

$$(4.0 \ / \ 3) \ * \ \pi \ * \ r^3$$

其中π=3.14159。

13.5　（**兩整數相加**）撰寫一個程式，定義具有兩個引數 **x** 和 **y** 的巨集 **SUM**，利用 **SUM** 產生以下的輸出：

```
The sum of x and y is 13
```

13.6　（**兩數中的最小值**）撰寫一個定義和使用巨集 **MINIMUM2** 的程式，來找出兩個數中最小的數。請由鍵盤輸入數值。

13.7　（**三數中的最小值**）撰寫一個定義和使用巨集 **MINIMUM3** 的程式，來找出三個數中最小的數。**MINIMUM3** 巨集應使用習題 13.6 中的 **MINIMUM2** 巨集來找出最小的數。請由鍵盤輸入數值。

13.8　（**列印字串**）撰寫一個定義和使用巨集 **PRINT** 的程式，印出字串的值。

13.9　（**列印陣列**）撰寫一個定義和使用巨集 **PRINTARRAY** 的程式，印出整數陣列。此巨集應該接收陣列以及陣列的元素個數作為引數。

13.10　（**將陣列內容加總**）撰寫一個定義和使用巨集 **SUMARRAY** 的程式，來計算數值陣列的總和。此巨集的引數應該為陣列以及陣列的元素個數。

NOTE

C 語言的其他主題

14

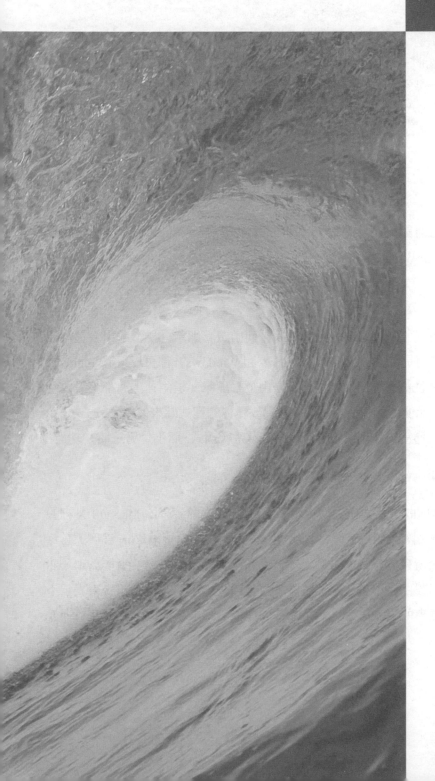

學習目標

在本章中，你將學到：

- 將程式輸入重導爲由檔案輸入
- 將程式輸出重導爲輸出到檔案
- 撰寫使用不定長度引數列的函式
- 處理命令列引數
- 編譯多來源檔案的程式
- 指定特定的型別給數值常數
- 以 **exit** 和 **atexit** 中止程式
- 處理程式的外部不同步事件
- 爲陣列動態配置記憶體，並改變先前動態配置的記憶體大小

14.1　簡介

本章將介紹不常在入門課程裡討論的額外主題。這裡所討論的大部分功能都是針對特定的作業系統，特別是 Linux/UNIX 和 Windows。

14.2　I/O 重導

一般而言，命令列程式是由鍵盤（標準輸入）進行輸入，而由螢幕顯示（標準輸出）進行輸出。在大部分的電腦系統中（特別是 Linux/UNIX，Mac OS X 和 Windows），都可以重導（redirect）為由檔案而不是鍵盤輸入，並且重導輸出至檔案而不是由螢幕顯示。這兩種重導都不需要使用標準函式庫中的檔案處理功能便能夠達成（亦即，透過改變你的程式碼來使用 fprintf，而不使用 printf 等等）。學生通常很難理解重導是一種作業系統函式，而不是另一種 C 功能。

14.2.1　以<重導輸入

有幾種方式可以從指令列（Windows 系統的命令提示字元，Linux 的命令列，Mac OS X 裡的終端機模式）重導輸入和輸出。讓我們以一個在 Linux/Unix 系統中的執行檔 sum 為例，它每次可以輸入一個整數，並且將所有的輸入的數值累加，直到遇到設定結束檔案指標為止，然後印出其結果。使用者通常可以由鍵盤輸入這些整數，並且輸入結束檔案按鍵組合來表示不再輸入任何新值。利用輸入重導的方式，輸入值可以從一個檔案讀取。例如，如果資料存放在檔案 input，則命令列

```
$ sum < input
```

會執行程式 **sum**；**重導輸入符號**（<，redirect input symbol）表示檔案 **input** 中的資料會被此程式當成輸入之用。Windows 系統或 OS X 的終端機視窗的輸入重導方式也是一樣的。上圖的命令列中，**$** 是 Linux/UNIX 的命令列提示字元（有些系統會使用%或其他符號當作提示字元）。

14.2.2　以 | 重導輸入

重導輸入的第二種方式稱為**管線**（piping）。**管線**（|，pipe）可以將某一個程式的輸出重導成另一個程式的輸入。假設程式 **random** 輸出一連串的整數亂數，**random** 的輸出可以用以下的 UNIX 命令列，以「管線」的方式導向至程式 **sum**。

```
$ random | sum
```

這會讓程式 **sum** 計算程式 **random** 所產生的整數的總和。在 Linux/UNIX、Windows 和 OS X 上，管線的執行方法是相同的。

14.2.3　重導輸出

標準輸出資料流可以使用**重導輸出符號**（>，redirect output symbol）重導至檔案。例如，若想要將程式 **random** 的輸出導向至檔案 **out**，請使用

```
$ random > out
```

此外，程式的輸出也可利用附加輸出符號（>>，append output symbol）附加到某個現存檔案的尾端。例如，若想要將程式 **random** 的輸出附加到上一個命令列所產生的檔案 **out**，請使用命令列

```
$ random >> out
```

14.3　可變長度的引數列

我們可以建立能接收不定引數個數的函式。本書中許多程式使用的標準函式庫函式 **printf**，便具有不定個數的引數。**printf** 最少必須接收一個字串來當作它的第一個引數，但是 **printf** 可以接收任何數目的額外引數。**printf** 函式的原型為

```
int printf(const char *format, ...);
```

這個函式原型中的**省略符號**（...）表示此函式會接收不定個數的任何型別的引數。請注意省略符號一定要放在參數列的最後面。

　　不定個數引數標頭檔（variable arguments header）**<stdarg.h>**（圖 14.1）的巨集和定義，提供建構**可變長度引數列**（variable-length argument list）所需要的功能。圖 14.2 的程式示範接收不定個數引數的 **average** 函式（第 25-39 行）。**average** 的第一個引數一定是進行平均值計算的數值個數。

識別字	說明
va_list	存放 va_start、va_arg 和 va_end 等巨集所需資訊的型別。若要存取不定長度引數列中的引數，程式必須先宣告一個型別 va_list 的物件。
va_start	在存取不定長度引數列之引數之前所引用的巨集。這個巨集會為宣告為 va_list 型別的物件進行初始化。而該物件便可以用於 va_arg 和 va_end 巨集。
va_arg	在不定長度引數列中，將下一個引數的數值和型別展開成運算式的巨集。每次呼叫 va_arg 都會修改以 va_list 宣告的物件，所以這個物件會指向引數列中的下一個引數。
va_end	此巨集會讓具有不定引數列的函式返回，其引數是以 va_start 巨集進行參考。

圖 14.1　**stdarg.h** 的可變長度引數列型別和巨集

```c
1   // Fig. 14.2: fig14_02.c
2   // Using variable-length argument lists
3   #include <stdio.h>
4   #include <stdarg.h>
5
6   double average(int i, ...); // prototype
7
8   int main(void)
9   {
10      double w = 37.5;
11      double x = 22.5;
12      double y = 1.7;
13      double z = 10.2;
14
15      printf("%s%.1f\n%s%.1f\n%s%.1f\n%s%.1f\n\n",
16         "w = ", w, "x = ", x, "y = ", y, "z = ", z);
17      printf("%s%.3f\n%s%.3f\n%s%.3f\n",
18         "The average of w and x is ", average(2, w, x),
19         "The average of w, x, and y is ", average(3, w, x, y),
20         "The average of w, x, y, and z is ",
21         average(4, w, x, y, z));
22   }
23
24   // calculate average
25   double average(int i, ...)
26   {
27      double total = 0; // initialize total
28      va_list ap; // stores information needed by va_start and va_end
29
30      va_start(ap, i); // initializes the va_list object
31
32      // process variable-length argument list
33      for (int j = 1; j <= i; ++j) {
34         total += va_arg(ap, double);
```

圖 14.2　使用可變長度引數列

```
35    }
36
37    va_end(ap); // clean up variable-length argument list
38    return total / i; // calculate average
39  }
```

```
w = 37.5
x = 22.5
y = 1.7
z = 10.2

The average of w and x is 30.000
The average of w, x, and y is 20.567
The average of w, x, y, and z is 17.975
```

圖 14.2　使用可變長度引數列(續)

函式 **average**（第 25-39 行）使用前置檔 **<stdarg.h>** 裡除了 **va_copy** 以外（見 E.8.10 節）的所有定義和巨集，因為只有它是在 C11 標準中新增的。型別 **va_list**（第 28 行）的物件 **ap** 會用於 **va_start**、**va_arg** 和 **va_end** 等巨集，並且用來處理函式 **average** 的可變長度引數列。此函式首先會呼叫巨集 **va_start**（第 30 行）來初始化 **va_arg** 和 **va_end** 所使用的物件 **ap**。這個巨集會接收兩個引數：物件 **ap** 以及引數列中位於省略符號之前最右邊的引數，在本例中為 **i**（**va_start** 在這裡利用 **i** 來判斷可變長度引數列的起始位置）。接下來，函式 **average** 重複將可變長度引數列裡的引數加到變數 **total**（第 33-35 行）。加到 **total** 的數值會藉著呼叫巨集 **va_arg**，從引數列中取出。巨集 **va_arg** 會接收兩個引數：物件 **ap** 以及引數列中期望的數值型別，在本例中為 **double**。此巨集會傳回引數的數值。函式 **average** 會以物件 **ap** 為引數引用 **va_end** 巨集（第 37 行），來讓 **average** 正常返回 **main**。最後，計算平均值然後返回 **main**。

常見的程式設計錯誤 14.1

將省略符號（**...**）放在函式參數列的中間是一種語法錯誤。省略符號只能夠放在參數列的尾端。

讀者可能會好奇可變長度引數列的函式，例如 **printf** 和 **scanf** 函式，如何知道每次呼叫 **va_arg** 巨集時，該使用哪一種型別。答案是，程式執行時，**printf** 和 **scanf** 會掃描格式控制字串裡的格式轉換指定詞，來決定下一個即將處理的引數型別。

14.4　使用命令列引數

在許多系統中，我們可在 **main** 的參數列上加入 **int argc** 和 **char *argv[]** 這兩個參數，進而從命令列傳遞引數給 **main**。參數 **argc** 會接收使用者輸入之命令列引數的個數。參數 **argv** 則是一個存放真正命令列引數的字串陣列。命令列引數通常會用來傳遞選項給程式、以及傳遞檔案名稱給程式。

圖 14.3 每次會逐字元地將某個檔案複製到另一個檔案。我們假設這個程式的執行檔為
mycopy。在 Linux/UNIX 系統中，**mycopy** 程式的一般命令列如下：

```
$ mycopy input output
```

這個命令列表示檔案 **input** 要被複製到檔案 **output**。當程式執行時，如果 **argc** 不是 **3**
（**mycopy** 本身也算是一個引數），則程式會印出錯誤訊息然後結束執行。否則，陣列 **argv**
會包含字串 **"mycopy"**、**"input"** 和 **"output"**。命令列中的第二個引數和第三個引數會讓程式
當成檔案名稱。檔案都是以函式 **fopen** 來進行開啟。如果兩個檔案都開啟成功的話，則從檔
案 **input** 讀取字元，然後寫到檔案 **output**，直到 **input** 的 end-of-file 標示設定為止。然後
程式便會結束執行。其結果就是檔案 **input** 的副本（若執行期間沒有發生錯誤）。關於命令
列引數的詳細資訊，請參閱系統的使用手冊。（請注意：在使用 Visual C++時，你可以利用在
方案總管中以滑鼠右鍵點擊專案名稱，接著選取 Properties，之後展開 Configuration Properties，
點選 Debugging 並在 Command Arguments 右邊的文字方塊中輸入引數來指定命令列引數。）

```c
1   // Fig. 14.3: fig14_03.c
2   // Using command-line arguments
3   #include <stdio.h>
4
5   int main(int argc, char *argv[])
6   {
7       // check number of command-line arguments
8       if (argc != 3) {
9           puts("Usage: mycopy infile outfile");
10      }
11      else {
12          FILE *inFilePtr; // input file pointer
13
14          // try to open the input file
15          if ((inFilePtr = fopen(argv[1], "r")) != NULL) {
16              FILE *outFilePtr; // output file pointer
17
18              // try to open the output file
19              if ((outFilePtr = fopen(argv[2], "w")) != NULL) {
20                  int c; // holds characters read from source file
21
22                  // read and output characters
23                  while ((c = fgetc(inFilePtr)) != EOF) {
24                      fputc(c, outFilePtr);
25                  }
26
27                  fclose(outFilePtr); // close the output file
28              }
29              else { // output file could not be opened
30                  printf("File \"%s\" could not be opened\n", argv[2]);
31              }
32
33              fclose(inFilePtr); // close the input file
34          }
35          else { // input file could not be opened
36              printf("File \"%s\" could not be opened\n", argv[1]);
37          }
38      }
39  }
```

圖 14.3　使用命令列引數

14.5　編譯多個檔案來源程式的注意事項

我們可以建構含有多個檔案來源的程式。當我們建構這種含有多個檔案的程式時，必須考慮一些注意事項。例如，函式定義必須完整地存放在一個檔案中，不能夠散佈到兩個以上的檔案中。

14.5.1　其他程式檔的全域變數 extern 宣告

在第 5 章中，我們介紹過儲存類別和範圍的觀念。我們曾經學過宣告在任何函式定義之外的變數，也就是全域變數（global variable）。全域變數在宣告之後，可以讓定義在相同檔案中的所有函式進行存取。全域變數也可以由其他檔案的函式加以存取。然而，全域變數必須宣告在每個使用它的檔案中。例如，如果我們在某個檔案裡定義全域整數變數 **flag**，而在其他檔案裡也想參考它的話，則其他檔案必須含有以下的宣告

```
extern int flag;
```

在這個宣告中，儲存類別指定詞 **extern** 表示變數 **flag** 可能定義在本檔案稍後的位置，或定義在其他檔案中。編譯器會通知連結器，本檔案中含有指向變數 **flag** 的未解析參考。如果連結器找到正確的全域定義，則連結器會標示 **flag** 所在的位置，來解析這項參考。如果連結器找不到 **flag** 定義的位置，則連結器會產生錯誤訊息，並且不會產生任何的執行檔。任何宣告在這個檔案範圍內的識別字預設都藉由 **extern** 宣告。

軟體工程的觀點 14.1

除非應用程式的效率問題非常重要，否則應該盡量避免使用全域變數，因為它們會違反最小優先權原則。

14.5.2　函式原型

如同其他程式檔的全域變數可以使用 **extern** 進行宣告，函式原型也可以將它的函式範圍擴展到其他檔案（函式原型不需要使用 **extern** 指定詞）。只要將函式原型包含到每個呼叫此函式的檔案中，並且將這些檔案一起編譯（請參閱 13.2 節），即可達成此目的。函式原型告訴編譯器，它所指定的函式可能定義在本檔案稍後的位置，或定義在不同的檔案中。此外，編譯器不會嘗試解析這個函式的參考，這件工作將留給連結器處理。如果連結器無法找到正確的函式定義，則連結器會產生一個錯誤訊息。

　　舉例說明使用函式原型來擴增函式的範圍：請考慮任何一個含有前置處理器命令 **#include <stdio.h>** 的程式，指令會將含有 **printf** 和 **scanf** 等函式的函式原型納入檔案。檔案內的其他函式便能夠使用 **printf** 和 **scanf** 來完成他們的工作。**printf** 和 **scanf**

定義於其他的檔案。我們不需知道他們定義的位置。我們只是在我們的程式中重複使用這些程式碼而已。連結器會自動解析這些函式的參考。這種程序讓我們能夠使用標準函式庫中的函式。

軟體工程的觀點 14.2

建立多個來源檔的程式可以增進軟體重複使用性與良好的軟體工程。函式可以由許多的應用程式進行共用。在這種情況下，函式應該存放在他們自己的原始檔中，並且每個原始檔應該只包含該函式原型的標頭檔。這讓不同應用程式的程式設計師只要包入正確的標頭檔，然後再將他們的應用程式與對應的原始檔一起編譯，就可以重複使用相同的程式碼。

14.5.3　以 `static` 限制範圍

我們也可以將全域變數或函式的範圍限制在定義它的檔案中。當儲存類別指定詞 `static` 應用到全域變數或函式時，這可以避免它被不是定義在該檔案的任何函式使用。這就是稱為**內部連結**（internal linkage）。前面沒有放置 `static` 指定詞的全域變數或函式，會被定義為**外部連結**（external linkage），它們可以被其他的檔案存取，只要該檔案含有正確的宣告或函式原型即可。

全域變數宣告

```
static const double PI = 3.14159;
```

會產生一個型別 `double` 的常數變數 `PI`，初始值設為 `3.14159`，並且指出 `PI` 只能夠由相同檔案內的函式進行存取。

`Static` 指定詞通常會用於只由某個檔案內的函式所呼叫的公用函式。如果在某個檔案之外不需要使用這個函式，則我們可以將 `static` 用到函式定義和原型中，來實行最小權限原則。

14.5.4　`makefile`

當我們建立含有多個來源檔的大型程式時，編譯該程式會很麻煩，而且如果有一個檔案進行小幅度的修改，則整個程式都需要重新編譯。許多系統會提供一種特殊的公用程式，可以用來編譯修改過的程式檔案。在 Linux/UNIX 系統上，這種公用程式就稱為 `make`。`Make` 公用程式會讀取 `makefile` 檔案，此檔案含有編譯和連結程式時所使用的指令。Eclipse™和 Microsoft® Visual C++®等軟體開發系統也會提供類似的公用程式。

14.6　以 exit 和 atexit 結束程式的執行

一般的公用函式庫（<stdlib.h>）提供除了由 main 函式返回之外的其他方法來結束程式的執行。函式 exit 致使程式執行立即結束。此函式通常會在偵測到輸入錯誤時，或程式所處理的檔案無法開啓時，才會結束程式的執行。函式 atexit 則會向系統註冊（register）一個函式，當程式成功結束時便會呼叫該函式。不管是程式執行到 main 的最後，或是當呼叫 exit 來結束執行，都會呼叫該函式。

函式 atexit 以一個指向函式的指標（亦即函式名稱）作爲引數。程式結束時呼叫的函式不能夠有引數，也不能夠傳回數值。

函式 exit 具有一個引數。這個引數通常是符號常數 EXIT_SUCCESS 或符號常數 EXIT_FAILURE。如果 exit 是以 EXIT_SUCCESS 來進行呼叫，則系統定義的成功結束值會傳回給呼叫的環境。如果 exit 是以 EXIT_FAILURE 來進行呼叫，則函式會傳回系統定義的不成功結束值。當呼叫 exit 函式時，先前以 atexit 註冊的所有函式，都將按照他們註冊的相反順序逐次呼叫。

圖 14.4 測試了 exit 和 atexit 函式。程式提示使用者決定以 exit 或是以到達 main 尾端來結束程式的執行。請注意，在此兩種情況下，在程式終止前都會執行 print 函式。

```c
1   // Fig. 14.4: fig14_04.c
2   // Using the exit and atexit functions
3   #include <stdio.h>
4   #include <stdlib.h>
5
6   void print(void); // prototype
7
8   int main(void)
9   {
10      atexit(print); // register function print
11      puts("Enter 1 to terminate program with function exit"
12         "\nEnter 2 to terminate program normally");
13      int answer; // user's menu choice
14      scanf("%d", &answer);
15
16      // call exit if answer is 1
17      if (answer == 1) {
18         puts("\nTerminating program with function exit");
19         exit(EXIT_SUCCESS);
20      }
21
22      puts("\nTerminating program by reaching the end of main");
23   }
24
25   // display message before termination
26   void print(void)
27   {
28      puts("Executing function print at program "
29         "termination\nProgram terminated");
30   }
```

圖 14.4　使用 exit 和 atexit 函式

```
Enter 1 to terminate program with function exit
Enter 2 to terminate program normally
1

Terminating program with function exit
Executing function print at program termination
Program terminated
```

```
Enter 1 to terminate program with function exit
Enter 2 to terminate program normally
2

Terminating program by reaching the end of main
Executing function print at program termination
Program terminated
```

圖 14.4　使用 **exit** 和 **atexit** 函式(續)

14.7　整數常數和浮點數常數的接尾詞

C 提供整數和浮點數的接尾詞（suffix），來明確地指定整數和浮點常數的資料型別（C 標準中認為這樣的文字值即為常數）。如果整數常數沒有接尾詞，則其型別就是第一個放得下該數值的型別（首先是 **int**、再來是 **long int**，然後是 **unsigned long int** 等等）。沒有接尾詞的浮點數常數，其型別會自動設定為 **double**。

　　整數接尾詞有：u 或 U 代表 unsignedint，l 或 L 代表 longint，ll 或 LL 代表 long long int。程式設計師可以將 u 或 U 結合 long int 和 long long int 來建立較大的無號數整數型別。以下常數的型別分別為 unsigned int、long int、unsigned long int 和 unsigned long long int：

```
174u
8358L
28373ul
9876543210llu
```

　　浮點數的接尾詞有：f 或 F 代表 float，而 l 或 L 代表 long double。以下常數的型別分別為 float 和 long double：

```
1.28f
3.14159L
```

14.8　訊號處理

外部的非同步**事件**（event）或**訊號**（signal）可能會讓程式過早終止。某些事件包括**中斷**（interrupt，在 Linux/UNIX 或 Windows 系統裡輸入**<Ctrl> c**，或是在 OS X 輸入**<command> c**），以及作業系統的結束命令。**訊號處理函式庫**（signal -handling library）**<signal.h>**能夠以函式 **signal** 來**捕捉**（trap）非預期事件。函式 **signal** 會接收兩個引數，一個整數的訊

號號碼以及一個指向訊號處理函式的指標。訊號可以由函式 **raise** 產生，它會以一個整數的訊號號碼來當成引數。圖 14.5 摘要列出定義在標頭檔 **<signal.h>** 的標準訊號。

訊號	說明
SIGABRT	程式不正常地結束（例如呼叫 abort 函式）。
SIGFPE	錯誤的算數運算，例如除以 0 或造成溢位的運算錯誤。
SIGILL	偵測到不合法的指令。
SIGINT	接收到一個中斷訊號（<Ctrl> c 或 <command> c）。
SIGSEGV	非法存取記憶體。
SIGTERM	結束程式執行的請求。

圖 14.5　**signal.h** 的標準訊號

圖 14.6 的程式使用函式 **signal** 來捕捉 **SIGINT**。第 12 行以 **SIGINT** 和一個指向 **signalHandler** 函式（還記得，函式的名稱就是指向函式的指標）的指標來呼叫 **signal**。當產生型別為 **SIGINT** 的訊號時，控制權便傳給函式 **signalHandler**，此函式會印出一段訊息，並且讓使用者選擇是否要繼續執行程式。如果使用者希望繼續執行程式，則訊號處理程式會再次呼叫 **signal** 來進行重新初始化，然後控制權會傳回程式偵測到訊號的位置。

本程式使用函式 **raise**（第 21 行）來模擬 **SIGINT**。程式會選取 **1** 到 **50** 之間的亂數。如果這個亂數等於 **25**，則會呼叫 **raise** 來產生訊號。一般而言，**SIGINT** 是由程式外部引發的。例如，在 Linux/UNIX 或 Windows 系統中，程式執行期間按下 **<Ctrl> c** 會產生 **SIGINT** 來中斷程式的執行。我們可以使用訊號處理來捕捉 **SIGINT**，並且避免程式被終止執行。

```c
1   // Fig. 14.6: fig14_06.c
2   // Using signal handling
3   #include <stdio.h>
4   #include <signal.h>
5   #include <stdlib.h>
6   #include <time.h>
7
8   void signalHandler(int signalValue); // prototype
9
10  int main(void)
11  {
12     signal(SIGINT, signalHandler); // register signal handler
13     srand(time(NULL));
14
15     // output numbers 1 to 100
16     for (int i = 1; i <= 100; ++i) {
17        int x = 1 + rand() % 50; // generate random number to raise SIGINT
18
19        // raise SIGINT when x is 25
20        if (x == 25) {
21           raise(SIGINT);
22        }
23
```

圖 14.6　訊號處理

```
24        printf("%4d", i);
25
26        // output \n when i is a multiple of 10
27        if (i % 10 == 0) {
28           printf("%s", "\n");
29        }
30     }
31  }
32
33  // handles signal
34  void signalHandler(int signalValue)
35  {
36     printf("%s%d%s\n%s",
37        "\nInterrupt signal (", signalValue, ") received.",
38        "Do you wish to continue (1 = yes or 2 = no)? ");
39     int response; // user's response to signal (1 or 2)
40     scanf("%d", &response);
41
42     // check for invalid responses
43     while (response != 1 && response != 2) {
44        printf("%s", "(1 = yes or 2 = no)? ");
45        scanf("%d", &response);
46     }
47
48     // determine whether it's time to exit
49     if (response == 1) {
50        // reregister signal handler for next SIGINT
51        signal(SIGINT, signalHandler);
52     }
53     else {
54        exit(EXIT_SUCCESS);
55     }
56  }
```

```
     1   2   3   4   5   6   7   8   9  10
    11  12  13  14  15  16  17  18  19  20
    21  22  23  24  25  26  27  28  29  30
    31  32  33  34  35  36  37  38  39  40
    41  42  43  44  45  46  47  48  49  50
    51  52  53  54  55  56  57  58  59  60
    61  62  63  64  65  66  67  68  69  70
    71  72  73  74  75  76  77  78  79  80
    81  82  83  84  85  86  87  88  89  90
    91  92  93
Interrupt signal (2) received.
Do you wish to continue (1 = yes or 2 = no)? 1
```

```
    94  95  96
Interrupt signal (2) received.
Do you wish to continue (1 = yes or 2 = no)? 2
```

圖 14.6　訊號處理(續)

14.9　動態記憶體配置：calloc 和 realloc 函式

第 12 章介紹過使用 **malloc** 函式來動態配置記憶體。我們在第 12 章中也曾提過，陣列在快速排序、搜尋、和資料存取方面的表現優於鏈結串列。然而，陣列通常是**靜態資料結構**（static data structures）。一般的公用程式庫（**stdlib.h**）另外提供兩種動態記憶體配置函式（dynamic memory allocation）──**calloc** 和 **realloc**。這些函式可以用來建立和修改**動態陣列**（dynamic array）。函式 **calloc** 可以動態為陣列配置記憶體空間。**calloc** 的原型如下：

```
void *calloc(size_t nmemb, size_t size);
```

它的兩個引數代表元素的個數（**nmemb**）以及每個元素的大小（**size**）。函式 **calloc** 也會將陣列所有元素的初值設定為 0。函式會傳回一個指標指向配置的記憶體，如果無法配置記憶體，則程式會傳回 **NULL** 指標。**malloc** 和 **calloc** 最主要的差異在於，**calloc** 會將它所配置的記憶體清除為 0，而 **malloc** 則不會。

　　函式 **realloc** 會改變由 **malloc**、**calloc** 或 **realloc** 所配置給某物件的記憶體大小。如果新配置的記憶體比先前配置的記憶體大，則原來物件中的內容並不會改變。否則，不被改變的內容僅止於新物件的大小。**realloc** 的原型如下：

```
void *realloc(void *ptr, size_t size);
```

它接收兩個引數：指向原始物件的指標（**ptr**）以及新物件的大小（**size**）。如果 **ptr** 為 **NULL**，則 **realloc** 的動作會與 **malloc** 相同。如果 **ptr** 不為 **NULL** 且 **size** 大於 0，則 **realloc** 會嘗試為此物件配置一塊新的記憶體。如果無法配置新的記憶體空間，則 **ptr** 指向的物件並不會改變。函式 **realloc** 會傳回一個指向重新配置記憶體空間的指標，或一個 **NULL** 指標（表示無法重新配置所需要的記憶體空間）。

測試和除錯的小技巧 14.1

請避免使用 **malloc**、**calloc**、**realloc** 函式呼叫記憶體空間為零的指標。

14.10　無條件跳躍的 goto

我們一直強調使用結構化程式設計技巧來建立可靠軟體的重要性，這樣的軟體是容易除錯、維護以及修改的。在某些情況下，效能的重要性更勝過嚴格遵守結構化程式設計技術的。這時候，我們可能會需要用到一些非結構化的程式設計技術。舉例來說，在迴圈持續條件式變成偽之前，我們可以用 break 來終止循環敘述式的執行。假如在迴圈結束之前工作就已經完成，這樣就可以節省不必要的循環工作。

　　非結構化程式設計的另一個實例是 **goto 敘述式**——也就是無條件跳躍（unconditional branch）。goto 敘述句會將程式的控制流程，轉移到 goto 敘述式所指定的**標籤（label）**之後的第一個敘述式。標籤是一個識別字加上一個冒號。標籤必須和指向它的 **goto** 敘述式位在同一個函式中。標籤在函式中不必是唯一的。圖 14.7 使用 goto 敘述式執行迴圈 10 次，每次都印出計數器的值。將 count 初始化為 1 之後，第 11 行會測試 count 的值，判斷它是否大於 10（start:標籤會被跳過，這是因為標籤本身不會執行任何動作），假如是，控制權會從 goto 轉移到 end:標籤（出現在第 20 行）之後的第一個敘述句；否則，第 15-16 行會印出 count 並將它遞增，然後控制權會從 goto（第 18 行）轉移到 start:標籤之後的第一個敘述句（出現在第 9 行）。

```
 1   // Fig. 14.7: fig14_07.c
 2   // Using the goto statement
 3   #include <stdio.h>
 4
 5   int main(void)
 6   {
 7      int count = 1; // initialize count
 8
 9   start: // label
10
11         if (count > 10) {
12            goto end;
13         }
14
15         printf("%d  ", count);
16         ++count;
17
18         goto start; // goto start on line 9
19
20   end: // label
21         putchar('\n');
22   }
```

```
1  2  3  4  5  6  7  8  9  10
```

圖 14.7　goto 敘述式

　　我們在第 3 章曾說過，任何程式都只需要三種控制結構就能完成：循序、選擇和循環。假如我們遵循結構化程式設計的原則，可能會在函式中產生很深的巢狀控制結構，這種結構很難有效率地離開。在這種情況下，有些程式設計師會使用 goto 敘述句，以便迅速離開深層的巢狀結構，也省去了離開控制結構所需的多個條件測試。在有些其他情況仍建議使用 goto，例如，請參見 CERT 的 MEM12-C 建議書：當使用和釋放資源而留下錯誤函式時，則建議考慮使用 Goto-Chain。

增進效能的小技巧 14.1

goto 敘述式可以用來有效率地離開深層巢狀結構。

軟體工程的觀點 14.3

goto 敘述式是非結構化的，會導致程式難以除錯、維護和修改。

摘要

14.2　I/O 重導

● 在許多電腦系統中，我們可以重新導向程式的輸入和輸出。
● 輸入可以在命令列中用重導輸入符號（<）或管線（|）來執行重新導向。
● 輸出可以在命令列中用重導輸出符號（>）或附加輸出符號（>>）來執行重新導向。重導輸出符號會將程式的輸出存放到檔案中，附加輸出符號會將輸出附加到檔案的尾端。

14.3　可變長度的引數列

● 變數引數標頭檔**<stdarg.h>**的巨集和定義，提供建構含有可變長度引數列的函式所需要的功能。

● 函式原型中的省略符號（...）表示引數的個數是可變的。

● **va_list** 型別適合存放 **va_start**、**va_arg** 和 **va_end** 等巨集所需要的資訊。若要存取可變長度引數列中的引數，程式必須先宣告一個型別為 **va_list** 的物件。

● 在存取可變長度引數列的引數之前，先呼叫 **va_start** 巨集。這個巨集會初始化宣告為 **va_list** 型別的物件，而該物件可以用於 **va_arg** 和 **va_end** 巨集。

● 巨集 **va_arg** 會展開成具有可變長度引數列中下一個引數的數值以及型態的運算式。每次呼叫 **va_arg** 都會修改以 **va_list** 宣告的物件，所以這個物件會指向引數列中的下一個引數。

● **va_end** 巨集會輔助具有可變長度引數列的函式的傳回動作，該引數列會以 **va_start** 參考。

14.4　使用命令列引數

● 在許多系統中，我們可在 **main** 的參數列上加入 **int argc** 和 **char*argv[]** 這兩個參數，進而從命令列傳遞引數給 **main**。參數 **argc** 會接收命令列引數的個數。參數 **argv** 則是存放真正命令列引數的字串陣列。

14.5　編譯多個來源檔程式的注意事項

● 函式定義必須完整存放在一個檔案中，它不能夠散佈在兩個或多個檔案中。

● 儲存類別指定詞 **extern** 表示變數是程式在同一個檔案中稍後的位置，或不同檔案中定義的。

● 全域變數必須宣告在每個使用它們的檔案中。

● 函式原型可以將此函式的範圍延伸至定義它的檔案之外。藉著將函式原型放到每個呼叫此函式的檔案中（通常藉著使用#include 加入包含原型的標頭檔），並且將這些檔案一起編譯，即可以達成此目的。

● 當儲存類別指定詞 **static** 應用到全域變數或函式時，這可以避免它被不是定義在該檔案的任何函式使用。這就是稱為內部連結（internal linkage）。前面的定義中沒有被宣告為 **static** 的全域變數或函式，會具有外部連結（external linkage），它們可以在其他的檔案中被存取，只要該檔案含有正確的宣告或函式原型即可。

● **static** 指定詞通常會用於只由某個特定檔案內的函式所呼叫的公用函式。如果在某個特定檔案之外不需要使用某個函式，則我們可以強制將 **static** 用到函式定義和原型中，來實行最小權限原則。

● 當我們建立含有多個來源檔的大型程式時，編譯該程式會很麻煩，且如果其中有一個檔案進行小幅度的修改，則整個程式都需要重新編譯。許多系統提供一種特殊的公用程式，讓程式只要重新編譯修改過的程式檔案即可。在 Linux/UNIX 系統上，這種公用程式稱為 **make**。**Make** 公用程式會讀取稱為 **makefile** 的檔案，此檔案含有編譯和連結程式時所使用的指令，而且只重新編譯上一次專案被建立之後被修改過那些檔案。

14.6　以 exit 和 atexit 結束程式的執行

● 函式 exit 強迫程式在正常執行狀況下結束。

● 函式 atexit 則會向系統註冊（register）一個函式，當程式成功結束時便會呼叫該函式。不管程式執行到 main 的最後，或是當呼叫 exit 來結束執行，都會呼叫該函式。

● 函式 atexit 以一個指向函式的指標作為引數。程式結束時呼叫的函式不能夠有引數，也不能夠傳回數值。

● 函式 exit 具有一個引數。這個引數通常是符號常數 EXIT_SUCCESS 或符號常數 EXIT_FAILURE。

● 當呼叫 exit 函式時，先前以 atexit 註冊的所有函式，都將按照他們註冊的相反順序逐次呼叫。

14.7　整數常數和浮點常數的接尾詞

● C 提供整數和浮點數的接尾詞，來指定整數和浮點常數的型別。整數接尾詞有：u 或 U 代表 unsigned 整數，l 或 L 代表 long 整數，而 ul 或 UL 代表 unsigned long 整數。如果整數常數沒有接尾詞，則其型別就是第一個放得下該數值的型別（首先是 int、再來是 long int，然後是 unsigned long int）。浮點數的接尾詞有：f 或 F 代表 float，而 l 或 L 代表 long double。沒有接尾詞的浮點常數，其型別會自動設定為 double。

14.8　訊號處理

● 訊號處理函式庫能夠以函式 signal 來捕捉非預期事件。函式 signal 會接收兩個引數：一個整數的訊號號碼以及一個指向訊號處理函式的指標。

● 訊號也可以由函式 raise 加上一個整數引數來加以產生。

14.9　動態記憶體配置：calloc 和 realloc 函式

● 一般的公用程式庫（<stdlib.h>）提供兩種動態記憶體配置函式──calloc 和 realloc。這些函式可以用來建立動態陣列。

● 函式 calloc 會為陣列分配記憶體。它會接收兩個引數：元素的個數以及每個元素的大小，並且將陣列所有元素的初始值都設定為 0。函式會傳回一個指標指向配置的記憶體，如果無法配置記憶體，則程式會傳回 NULL 指標。

● 函式 realloc 會改變之前由 malloc、calloc 或 realloc 所配置的物件的大小。如果新配置的記憶體比先前配置的記憶體容量大，則原始物件中的內容並不會改變。

● realloc 函式會接收兩個引數，亦即指向原始物件的指標以及新物件的大小（size）。如果 ptr 為 NULL，則 realloc 的動作會與 malloc 相同。否則，如果 ptr 不為 NULL 且 size 大於 0，則 realloc 會嘗試為此物件配置一塊新的記憶體。如果無法配置新的記憶體空間，則 ptr 指向的物件並不會改變。函式 realloc 會傳回一個指向重新配置的記憶體空間的指標，或是在無法重新配置新的記憶體空間時指向一個 NULL 指標。

14.10　無條件跳躍的 **goto**

- **goto** 敘述句會轉移程式的控制流程。程式會從 **goto** 敘述式所指定的標籤（label）之後的第一個敘述式開始執行。

- 標籤是一個識別字後面再加上一個冒號。標籤必須和指向它的 **goto** 敘述式位在同一個函式中。

自我測驗

14.1　填充題：

a)　_____除了鍵盤輸入之外，我們可以用符號從檔案重導輸入資料。

b)　_____符號可用來將螢幕輸出重新導向至檔案。

c)　_____符號可用來將程式的輸出附加到檔案的尾端。

d)　_____可以用來將某個程式的輸出導向成另一程式的輸入。

e)　函式參數列上的_____表示此函式可能會接收不定個數的引數。

f)　在存取可變長度引數列的引數之前，程式必須先呼叫_____巨集。

g)　_____巨集可以用來存取可變長度引數列上的個別引數。

h)　_____巨集提供函式正常返回的方式，該函式的可變長度引數列會以 **va_start** 巨集進行參考。

i)　**main** 的_____引數接收命令列中的引數個數。

j)　**main** 的_____引數將命令列引數以字元字串加以儲存。

k)　Linux/UNIX 的公用程式_____會讀取一個稱為_____的檔案，此檔案中含有如何編譯和連結由多個來源檔所組成的程式。

l)　_____函式會強迫程式結束執行。

m)　_____函式會向系統註冊一個函式，當程式正常結束時，便會呼叫這個註冊的函式。

n)　整數和浮點數之後可以附加型別修飾詞_____，用來指定常數的型別。

o)　_____函式可以用來捕捉非預期的事件。

p)　_____函式可以用來在程式中產生訊號。

q)　_____函式可以為陣列動態配置記憶體空間，並且將所有元素的初值設定為 0。

r)　_____函式可以改變動態配置的記憶體空間。

自我測驗解答

14.1　a) 重導輸入（<）　b) 重導輸出（>）　c) 輸出附加（>>）　d) 管線（|）　e) 省略符號（...）
f) **va_start**　g) **va_arg**　h) **va_end**　i) **argc**　j) **argv**　k) **make**、**makefile**　l) **exit**　m)
atexit　n) **suffix**　o) **signal**　p) **raise**　q) **calloc**　r) **realloc**

習題

14.2　(不定長度的引數列：計算乘積) 撰寫一個程式來計算一連串整數的數值乘積，這些整數會以可變長度引數列傳給函式 **product**。請以數個不同引數個數的呼叫，來測試你的程式。

14.3　(印出命令列引數) 寫一個程式，印出該程式的命令列引數。

14.4　(整數排序) 撰寫一個程式，將一個整數陣列依漸增排序或漸減排序。使用命令列引數來傳遞引數：-a 為漸增，-d 為漸減。(請注意：這是在 UNIX 中將選項傳遞給程式的標準格式。)

14.5　(訊號處理) 請查閱你的編譯器說明手冊，找出訊號處理函式庫 (**<signal.h>**) 所支援的訊號。撰寫一個程式，內含標準訊號 **SIGABRT** 和 **SIGINT** 的訊號處理常式。此程式應該以下列的方式來測試這兩個訊號的捕捉狀況：呼叫函式 **abort** 產生一個 **SIGABRT** 型別的訊號，以及由使用者鍵入<Ctrl> c (在 OS X 鍵入<Control>C) 產生一個 **SIGINT** 型別的訊號。

14.6　(動態配置陣列) 撰寫一個程式來動態配置一個整數陣列。此陣列的大小應該由鍵盤輸入。陣列的元素也應該由鍵盤輸入的數值來指定。將陣列的數值列印出來。接下來，重新配置此陣列的記憶體，讓它的元素數目變為目前的一半。印出陣列中其餘的數值，來驗證一下是否與原陣列的前半段元素是相同的。

14.7　(命令列引數) 撰寫一個程式來接收兩個命令列引數，這兩個引數都是檔案名稱。程式每次都會從第一個檔案讀取字元，然後將所有字元以大寫形式寫到第二個檔案。

14.8　(goto 敘述式) 寫一個程式，利用 goto 敘述式，並且只能使用下列三個 printf 敘述式模擬巢狀迴圈結構，印出如下的星號正方形圖形：

```
printf("%s", "*");
printf("%s", " ");
printf("%s", "\n");
```

```
*****
*   *
*   *
*   *
*****
```

C++：較好的 C；
簡介物件技術

15

本章綱要

15.1　簡介

我們現在開始本書的第二個部分。在前面的 14 個章節裡，我們介紹了用 C 來介紹程序式程式設計，以及由上而下（top-down）的程式設計的方法。在本書有關 C++的部分（從第 15 章到第 23 章），我們將介紹另外兩種不同的程式設計風格：**物件導向程式設計**（object-oriented programming，包含類別、封裝、物件、運算子多載、繼承和多型）以及**泛型程式設計**（generic programming，包含函式樣板及類別樣板）。這些章節的重點在利用「精心設計有用的類別」來建立可重複使用的軟體元件。

15.2　C++

C++增強了許多 C 的功能，並且提供物件導向程式設計（Object Oriented Programming，OOP）的功能，而 OOP 可以增進軟體的生產力、品質以及重複使用性。本章將討論許多 C++比 C 增強的功能。

　　C 的設計者和早期系統開發者未曾預期到這個語言會被如此廣泛地使用。當一種程式語言擁有像 C 這樣鞏固的地位之後，若想用一種新的語言加以取代以滿足新的需求，倒不如將它改良以達到新的需求。C++是由貝爾實驗室的 Bjarne Stroustrup 所發展出來的，它最早被稱為「具有類別的 C」。C++的名字中包含了 C 的遞增運算子（**++**），表示 C++是 C 的增強版。

　　我們希望能在第 15 章至第 23 章中盡量完整地介紹由美國國家標準局（American National Standards Institute，ANSI，美國當地適用）以及國際標準化組織（International Standards Organization，ISO，國際通用）所制定的 C++11 標準規範。我們已經詳細研究過 ANSI/ISO 的 C++標準文件，並且依據這些文件更正和補實我們的書籍。但是 C++實為一博大精深的程式語言，仍有一些精微之處和進階主題是我們未能討論到的。如果你希望得到更詳盡的 C++技術資料，我們建議你研讀 C++標準規範文件 "Programming languages——C++"（文件編號：ISO/IEC 14882-2011），在許多標準訂定組織的網站（如 **ansi.org** 和 **iso.org**）上可以訂購。標準文件的草稿可在以下網址找到：

```
http://www.open-std.org/jtc1/sc22/wg21/docs/papers/2011/n3242.pdf
```

15.3　一個簡單的程式：兩個整數的相加

本節再次討論圖 2.5 的加法程式，以說明 C++語言的幾個重要功能，以及 C++和 C 的主要不同之處。C 程式檔的副檔名為 **.c**（小寫字母）；而 C++的檔案則可以在下列幾種副檔名中擇一使用：**.cpp**、**.cxx** 以及 **.C**（大寫字母）等等。我們採用副檔名 **.cpp**。

15.3.1　C++的加法程式

圖 15.1 使用 C++式的輸入和輸出方式，取得使用者從鍵盤上鍵入的兩個整數，計算它們的和，並輸出計算結果。第 1 行和第 2 行都是以雙斜線（//）開始，代表該行其餘的部分是一項註解。你也可以使用**/*...*/**來做註解，這種方式的註解可以多於一行。

```cpp
1   // Fig. 15.1: fig15_01.cpp
2   // Addition program that displays the sum of two numbers.
3   #include <iostream> // allows program to perform input and output
4
5   int main()
6   {
7       std::cout << "Enter first integer: "; // prompt user for data
8       int number1;
9       std::cin >> number1; // read first integer from user into number1
10
11      std::cout << "Enter second integer: "; // prompt user for data
12      int number2;
13      std::cin >> number2; // read second integer from user into number2
14      int sum = number1 + number2; // add the numbers; store result in sum
15      std::cout << "Sum is " << sum << std::endl; // display sum; end line
16  }
```

圖 15.1　加法程式，顯示兩個整數的和

```
Enter first integer: 45
Enter second integer: 72
Sum is 117
```

圖 15.1　加法程式，顯示兩個整數的和(續)

15.3.2　<iostream>標頭檔

C++前置處理器命令（第 3 行）示範了標準 C++從標準函式庫將標頭檔包括到程式的方法。這一行告訴 C++前置處理器要將**輸入／輸出資料流標頭**（input/output stream header）檔案**<iostream>**的內容包含進程式裡。任何程式，只要是需要使用 C++的資料流輸入／輸出方式，將資料輸出到螢幕，或是從鍵盤輸入資料時，都必須載入這個標頭檔。我們將在第 21 章「C++資料流的輸入／輸出」中再詳細討論 **iostream** 的許多特性。

15.3.3　函式 main

如同 C 語言，每個 C++程式都從函式 main 開始執行（第 5 行）。位於 **main** 左邊的關鍵字 int 表示 **main** 函式會傳回一個整數值。C++要求程式設計師指定所有函式傳回值的型別，它可能是 **void**。在 C++中，指定一個具有空白小括號的參數列，與在 C 中指定一個 **void** 參數列是相同的。注意，在 C 中，在函式定義或原型中使用空白小括號是危險的。這樣做會取消編譯時期對函式呼叫的引數檢查，讓呼叫函式可以傳遞任意引數到函式中。這可能會導致執行時期錯誤。

 常見的程式設計錯誤 15.1

在 C++的函式定義中省略傳回值的型別是一種語法錯誤。

15.3.4　變數宣告

第 8、12、14 行是很常見的變數宣告。在 C++程式中，宣告幾乎可以放在程式的任何位置，但是必須出現在會使用到這些對應變數的程式之前。

15.3.5　標準輸出資料流物件及標準輸入資料流物件

第 7 行的敘述式使用**標準輸出資料流物件**（standard output stream object）**std::cout** 以及**串流插入運算子**（stream insertion operator）**<<**來輸出字串**"Enter first integer:"**。C++利用字元資料流來完成輸出及輸入的動作。因此，執行第 7 行就會將字元資料流**"Enter first integer:"**送至 **std::cout**，通常是「連接」至螢幕。我們習慣將此敘述式唸作「**std::cout** 取得字元字串**"Enter first integer:"**」。

第 9 行敘述式使用**標準輸入資料流物件**（standard input stream object）**std::cin** 以及
資料流擷取運算子（stream extraction operator）**>>** 從鍵盤獲得輸入值。使用資料流擷取運算
子可讓 **std::cin** 從標準輸入資料流（通常是鍵盤）取得輸入的字元。我們習慣將此敘述式
唸作「**std::cin** 將數值給予變數 **number1**」或是就念作「**std::cin** 傳值給 **number1**」。

當電腦執行完第 9 行的敘述式後，會等待使用者輸入變數 **number1** 的值。使用者只需鍵
入一個整數（或是字元），然後按下**輸入鍵**。電腦就會將輸入的數字字元轉換成整數值，並
將此整數值指定給變數 **number1**。

第 11 行會在螢幕上顯示出字串 **"Enter second integer:"**，這行敘述式是用來提示
使用者輸入數值。第 13 行則從使用者輸入的動作取得變數 **number2** 的值。

15.3.6　std::endl 資料流操作子

第 14 行的敘述式會計算變數 **number1** 和 **number2** 的和，並將結果指定給變數 **sum**。第 15 行先
顯示字元字串 **Sum is**，接著顯示變數 **sum** 的數值，後面跟著 **std::endl 資料流操作子**（stream
manipulator）。**endl** 是「**end line**」的縮寫，**std::endl** 資料流操作子會輸出一個換行字元，
然後「清除輸出緩衝區的資料」。這只是意謂著，在某些系統中，會將輸出資料先累積在電腦裡，
直到累積的數量夠多，才在螢幕上顯示，此時 **std::endl** 會強迫將累積的資料輸出到螢幕上顯
示。當輸出文字提示使用者的動作，例如輸入資料時，以上動作是很重要的。

15.3.7　std::說明

我們將 **std::** 放在 **cout**、**cin** 以及 **endl** 的前面。當我們使用標準 C++ 標頭檔時，這是必須
要的。而 **std::cout** 這樣的寫法代表我們使用的 **cout** 這個名稱，是屬於「名稱空間
（namespace）」**std** 的。名稱空間是 C++ 新增的特性之一，我們不會討論這些細節。所以目
前，你只需記得在程式中每次使用到 **cout**、**cin** 以及 **endl** 時，要在它們的前面加上 std::即
可。這樣可能有些繁瑣，因此在圖 15.3 中，我們介紹了 **using** 敘述式，可以避免每次使用到
名稱空間 **std** 這個名稱時，就需放上 **std::** 的麻煩。

15.3.8　串接的資料流輸出

第 15 行敘述式輸出多個不同型別的數值。資料流插入運算子會「知道」如何輸出每一種型別
的資料。在單一敘述式中使用多個資料流插入運算子（<<）可視為**串接的**（concatenating）、
連鎖的（chaining）**或接續的**（cascading）**資料流插入運算式**（stream insertion operation）。

在輸出敘述式中亦能執行運算功能。我們可以將第 14 行及第 15 行敘述式合併成如下的
敘述式

```
std::cout << "Sum is " << number1 + number2 << std::endl;
```

如此就可省略掉變數 `sum`。

15.3.9　`main` 中不需要 `return` 敘述式

你會發現在本例中，`main` 的最後並沒有出現 `return 0;`敘述式。根據 C++標準，假如程式到 main 的最後沒有碰到 `return` 敘述式，就表示程式成功結束了，就和在 `main` 中最後的敘述式是值為 0 的 `return` 敘述式是相同的。因此，我們在 C++程式中會省略 `main` 最末的 `return` 敘述式。

15.3.10　運算子多載

C++另一個強大的功能就是使用者能夠自訂資料型別，稱為類別（我們將在第 16 章探討它，第 17 章會提供更深入的討論）。然後使用者可以再「教導」C++如何使用>>及<<運算子來輸入及輸出自訂資料型別的值，這稱為**運算子多載**（operator overloading），我們在第 18 章將會討論這個主題。

15.4　C++標準函式庫

C++的程式主要是由函式及**類別**（class）所構成。你可以自行設計你所需要的每一個部分來建構 C++程式。另一方面，大部分的 C++程式設計師會利用 **C++標準函式庫**（C++ Standard Library）中已經存在的豐富類別和函式的特色來設計程式。因此，在進入 C++的「世界」時，有兩個部分需要學習。首先是學習 C++語言本身；其次是學習如何使用 C++標準函式庫中的類別和函式。本書中的 C++部分，我們將討論一些類別和函式，我們在另一本著作《C++ How to Program, 9/e》中會有更多的探討。通常編譯器供應商會提供標準的類別函式庫。而許多特殊用途的類別函式庫是由獨立的軟體供應商所提供。

軟體工程的觀點 15.1

使用「程式區塊法」來建立程式。避免重複的設計工作。盡量使用現有的程式。稱為「**軟體重複使用**（software reuse）」，此為物件導向程式設計的中心理念。

軟體工程的觀點 15.2

當你使用 C++開發程式時，通常會使用以下的程式區塊：C++標準函式庫中的類別和函式、你或你的伙伴自行建立的類別和函式，以及各家軟體支援廠商所提供的類別和函式。

　　自行建立類別和函式的優點是你會很清楚地知道其中實際運作的過程。你可以自行試驗 C++原始碼。而缺點則是必須耗費大量的時間和精力在設計、開發及維護新函式和類別的正確性及運作效率。

增進效能的小技巧 15.1

儘可能使用 C++標準函式庫中的函式及類別，避免自行撰寫，就可增進程式的執行效率，因爲標準函式庫是經過仔細的撰寫，能夠有效和正確的執行。這個技巧也可以減少程式開發所需的時間。

可攜性的小技巧 15.1

盡可能使用 C++標準函式庫中的函式及類別而不要自行撰寫，如此可增進程式的可攜性，因爲所有的 C++實作都能夠引入此標準函式庫。

15.5　標頭檔

C++標準函式庫被分成許多部分，每一部分都有它自己的標頭檔。在每一部分的標頭檔中，都包含了函式庫中相關函式的函式原型。標頭檔中也包含了這些函式所需要的各種類別型別和函式的定義，以及這些函式所需要的常數。標頭檔會「告訴」編譯器，函式庫和使用者自定元件介面如何使用。

　　圖 15.2 列出一些常用到的 C++標準函式庫標頭檔。以.h 結束的標頭檔名是屬於「舊式」的標頭檔，已被 C++標準函式庫的標頭檔所取代。

C++標準函式庫的標頭檔	說明
`<iostream>`	包含 C++標準輸入／輸出函式的函式原型。在第 15.3 節中介紹，在第 21 章會深入討論。
`<iomanip>`	包含可以格式化資料串流的資料流操作子的函式原型。這個標頭檔在第 15.15 節首次介紹，在第 21 章會深入討論。
`<cmath>`	包含數學函式庫中的函式的函式原型。
`<cstdlib>`	包含將數字轉換成文字、將文字轉換成數字、記憶體配置、亂數以及許多其他公用函式的函式原型。部分的標頭檔內容在第 18 及 22 章會介紹。
`<ctime>`	包含處理時間和日期的函式原型和型別。
`<array>`,`<vector>`, `<list>`,`<forward_list>`, `<deque>`,`<queue>`,`<stack>`, `<map>`,`<unordered_map>`,`<unordered_set>`,`<set>`, `<bitset>`	這些標頭檔包含能夠實作出 C++標準函式庫容器的一些類別。容器是在程式執行期間儲存資料用的。`<vector>`標頭檔在第 15.15 節首次介紹。

`<cctype>`	包含測試字元某些屬性的函式的函式原型（例如判斷字元為數字或標點符號），以及可用來將小寫字母轉換成大寫字母，或相反的轉換之函式的函式原型。
`<cstring>`	包含 C 語言字串處理函式的函式原型。這個標頭檔會在第 18 章介紹。
`<typeinfo>`	包含的類別可在執行時期確認資料的型別（即在執行時期決定資料的型別）。這個標頭檔會在第 20.8 節討論。
`<exception>`, `<stdexcept>`	這些標頭檔包含的類別用於例外處理（會在第 22 章討論）。
`<memory>`	包含 C++標準函式庫用來替 C++標準函式庫容器配置記憶體的類別以及函式。我們將在第 22 章討論這個標頭檔。
`<fstream>`	包含從磁碟上的檔案輸入以及輸出到磁碟上的檔案之函式的函式原型。
`<string>`	包含 C++標準函式庫中類別 **string** 的定義。
`<sstream>`	包含可以從記憶體上的字串輸入以及輸出到記憶體上的字串的函式的函式原型。
`<functional>`	包含 C++標準函式庫演算法所需使用到的類別和函式。
`<iterator>`	包含的類別可用來存取 C++標準函式庫容器中的資料。
`<algorithm>`	包含的函式可用來操作 C++標準函式庫容器中的資料。
`<cassert>`	包含幫助程式除錯的診斷訊息的巨集。
`<cfloat>`	包含系統對浮點數大小的相關限制。
`<climits>`	包含系統對整數大小的相關限制。
`<cstdio>`	包含 C 標準輸入／輸出函式的函式原型。
`<locale>`	包含的類別和函式，通常是由資料流處理資料的程序使用，對不同語言資料以其原來的形式加以處理（例如：貨幣格式、排序字串和字元顯示等）。

| `<limits>` | 包含的類別可針對每一種電腦平台定義其數值資料型別的限制。 |
| `<utility>` | 包含許多 C++標準函式庫標頭檔所使用的類別及函式。 |

圖 15.2　C++標準函式庫的標頭檔

　　程式設計師可以建立自訂的標頭檔，程式設計師自訂的標頭檔必須以 **.h** 結尾。程式設計師自訂的標頭檔可以利用**#include** 前置處理器命令引入程式。例如，我們可以在程式中引入標頭檔 **square.h**，只要將**#include "square.h"**命令放在程式的開端即可。

15.6　行內函式

以軟體工程的觀點來看，將 C 的程式寫成一組函式組合是比較好的方式，但函式的呼叫卻會增加執行時間上的負擔。C++提供**行內函式**（inline function）來協助降低函式呼叫所需要的時間，特別是對較小型函式的效果更明顯。在函式的定義中，於函式傳回值型別的前面加上修飾詞 **inline**，就會「通知」編譯器在程式需要呼叫函式的地方，直接插入函式程式碼的副本，如此就可以避免呼叫函式。這種作法的代價是，將會有許多份函式程式碼的副本插入程式（通常會使得程式變大），而不是如原先僅有一份函式副本，每次呼叫此函式時就將控制權轉移給此函式執行。除非是夠小的函式，否則編譯器會忽略 **inline** 這個修飾詞，不去插入函式碼。

軟體工程的觀點 15.3

如果行內函式有任何修改，會造成所有呼叫此函式的程式都需要重新編譯。這對程式的發展和維護事關重大。

增進效能的小技巧 15.2

使用行內函式可減少程式的執行時間，但會增加程式的大小。

軟體工程的觀點 15.4

修飾詞 **inline** 應該只用於程式碼很小且常被使用的函式。

定義 inline 函式

圖 15.3 使用行內函式 **cube**（第 11-14 行）來計算邊長爲 **side** 的正立方體的體積。函式 **cube** 參數列中的關鍵字 **const** 告訴編譯器，函式不能修改變數 **side**。這可以確保在執行計算的時候，**side** 的值不會被函式修改。請注意，**cube** 函式完整的定義出現在程式使用它之前。這是必須的，這樣編譯器才會知道要如何展開 **cube** 函式，將它的行內函式呼叫進來。因此，

可重複使用的行內函式通常會放在標頭檔中，這樣一來，每一個使用它們的來源檔都可以引入它們的定義。

軟體工程的觀點 15.5

const 修飾詞應該用來實行最小權限原則。使用最小權限原則正確地設計軟體，將可以大幅減少偵錯的時間，並且去除一些不正常的邊際效應。此外，還可以使程式更易於修改和維護。

第 4-6 行是 using 敘述式，可幫助我們不再需要重複使用前置字 std::。一旦引入這些 using 敘述式，則在程式的後續部分就能以 cout 取代 std::cout、cin 取代 std::cin 以及 endl 取代 std::endl。依此觀點推想，每個 C++範例都應該包含一個或多個 using 敘述式。

```cpp
1   // Fig. 15.3: fig15_03.cpp
2   // Using an inline function to calculate the volume of a cube.
3   #include <iostream>
4   using std::cout;
5   using std::cin;
6   using std::endl;
7
8   // Definition of inline function cube. Definition of function appears
9   // before function is called, so a function prototype is not required.
10  // First line of function definition acts as the prototype.
11  inline double cube( const double side )
12  {
13     return side * side * side; // calculate the cube of side
14  }
15
16  int main()
17  {
18     double sideValue; // stores value entered by user
19
20     for ( int i = 1; i <= 3; i++ )
21     {
22        cout << "\nEnter the side length of your cube: ";
23        cin >> sideValue; // read value from user
24
25        // calculate cube of sideValue and display result
26        cout << "Volume of cube with side "
27           << sideValue << " is " << cube( sideValue ) << endl;
28     }
29  }
```

```
Enter the side length of your cube: 1.0
Volume of cube with side 1 is 1

Enter the side length of your cube: 2.3
Volume of cube with side 2.3 is 12.167

Enter the side length of your cube: 5.4
Volume of cube with side 5.4 is 157.464
```

圖 15.3　使用行內函式計算正立方體的體積

許多程式設計師會用以下宣告代替第 4-6 行

```
using namespace std;
```

這樣程式就可以使用 C++標頭檔（例如<iostream>）中任何可能被引入的名稱。因此我們在接下來的程式中，都會使用前述宣告。

計算 for 敘述式的條件（第 20 行），我們會得到零值（偽）或是非零值（真）。這與 C 是一致的。C++也提供了 bool 型別，用來表示布林值（真／偽）。bool 有兩種可能的值，也就是關鍵字 true 和 false。當 true 和 false 被轉換為整數時，分別為數值 1 和 0。當非布林值被轉換成 bool 型別時，非零值為真，零值或空指標值則為偽。

15.7　C++的關鍵字

圖 15.4 列出 C 和 C++共有的關鍵字、C++特有的關鍵字，以及 C++11 標準才加入 C++的關鍵字。

C++的關鍵字				
C 和 C++程式語言共有的關鍵字				
auto	break	case	char	const
continue	default	do	double	else
enum	extern	float	for	goto
if	int	long	register	return
short	signed	sizeof	static	struct
switch	typedef	union	unsigned	void
volatile	while			
C++特有的關鍵字				
and	and_eq	asm	bitand	bitor
bool	catch	class	compl	const_cast
delete	dynamic_cast	explicit	export	false
friend	inline	mutable	namespace	new
not	not_eq	operator	or	or_eq
private	protected	public	reinterpret_cast	static_cast
template	this	throw	true	try
typeid	typename	using	virtual	wchar_t
xor	xor_eq			
C++11 的關鍵字				
alignas	alignof	char16_t	char32_t	constexpr
decltype	noexcept	nullptr	static_assert	thread_local

圖 15.4　C++的關鍵字

15.8　參考以及參考參數

在許多程式語言裡，有兩種方式可以將引數傳遞給函式，分別爲傳值（pass-by-value）和傳參考（pass-by-reference）。當使用傳值呼叫來傳遞引數時，會**複製**一份引數的值，並將其傳入被呼叫的函式（在函式呼叫堆疊中）。對此副本所做的修改並不會影響到呼叫者原來變數的值。如此一來，便可防止偶發性的邊際效應，而此項邊際效應會大幅妨礙開發中的軟體系統的正確性和可信賴度。在本章裡，前面提到的程式，每個引數的傳遞都是以傳值呼叫方式進行。

增進效能的小技巧 15.3

傳值呼叫的缺點之一，就是若要傳送較大的資料項，光是複製資料就會耗費可觀的執行時間和記憶體空間。

15.8.1　參考參數

在本節裡，我們將介紹「**參考參數**（reference parameters）」，C++用來執行傳參考呼叫的二種技術中的第一種。使用傳參考呼叫，呼叫函式允許被呼叫函式直接存取呼叫函式的資料，而被呼叫函式也可選擇修改該項資料。

增進效能的小技巧 15.4

使用傳參考呼叫可避免傳值呼叫爲了複製大量資料所耗費的時間，使程式執行更有效率。

軟體工程的觀點 15.6

使用傳參考呼叫會降低程式的安全性，這是因爲被呼叫函式可能會弄亂呼叫函式的資料。

　　稍後我們會展示如何同時兼顧傳參考呼叫在效能上的優點以及在軟體工程上保護呼叫函式的資料不被損毀。

　　參考參數可視爲在函式呼叫中其對應引數的一個別名。若要表示某個函式的參數是利用參考傳遞，我們只需在函式原型及函式定義中的參數型別之後加上一個符號&。例如，以下的參數宣告

```
int &count
```

應該由右到左讀作「**count** 是一個指向 **int** 變數的參考」。在函式呼叫時，只要提到此變數的名稱，就會以傳參考的方式進行呼叫。如此在被呼叫函式的本體中，以參數的名稱提到某個變數，就會參考到呼叫函式中的原始變數，而被呼叫的函式就會直接修改此原始變數的值。

15.8.2　以傳值和傳參考方式傳遞引數

圖 15.5 比較傳值呼叫和使用參考參數的傳參考呼叫的不同。其中，在呼叫函式 **squareByValue**（第 15 行）和函式 **squareByReference**（第 21 行）時，所傳遞的引數「形式」（style）是相同的，因為兩個變數在函式呼叫中都只是提到名稱。因此，若不檢查函式的原型或其定義，就無法單獨從呼叫來分辨出哪一個函式可以修改傳入的引數。因為函式原型的強制性，所以編譯器可以毫無困難地加以分辨。函式原型會告訴編譯器有關函式傳回值的資料型別、函式希望接收到的參數個數、參數的型別，以及這些參數的排列順序。編譯器將利用這些資訊來驗證函式呼叫。在 C 中，函式原型並不是必須的。函式原型在 C++中具強制性，因此會進行**型別安全連結**（type-safe linkage），它可以確保引數的型別與參數的型別一致。否則，編譯器會產生一個錯誤訊息。在編譯期間尋找這種型別錯誤，有助於防止在 C 中會發生的執行時期錯誤（將錯誤資料型別的引數傳遞給函式）。

```cpp
1    // Fig. 15.5: fig15_05.cpp
2    // Comparing pass-by-value and pass-by-reference with references.
3    #include <iostream>
4    using namespace std;
5
6    int squareByValue( int ); // function prototype (value pass)
7    void squareByReference( int & ); // function prototype (reference pass)
8
9    int main()
10   {
11      // demonstrate squareByValue
12      int x = 2;
13      cout << "x = " << x << " before squareByValue\n";
14      cout << "Value returned by squareByValue: "
15         << squareByValue( x ) << endl;
16      cout << "x = " << x << " after squareByValue\n" << endl;
17
18      // demonstrate squareByReference
19      int z = 4;
20      cout << "z = " << z << " before squareByReference" << endl;
21      squareByReference( z );
22      cout << "z = " << z << " after squareByReference" << endl;
23   }
24
25   // squareByValue multiplies number by itself, stores the
26   // result in number and returns the new value of number
27   int squareByValue( int number )
28   {
29      return number *= number; // caller's argument not modified
30   }
31
32   // squareByReference multiplies numberRef by itself and stores the result
33   // in the variable to which numberRef refers in function main
34   void squareByReference( int &numberRef )
35   {
36      numberRef *= numberRef; // caller's argument modified
37   }
```

```
x = 2 before squareByValue
Value returned by squareByValue: 4
x = 2 after squareByValue

z = 4 before squareByReference
z = 16 after squareByReference
```

圖 15.5　傳值和以參考參數傳參考方式的比較

常見的程式設計錯誤 15.2

由於參考參數在被呼叫函式的本體內只是提到其名稱，因此你可能會誤將該參考參數視為傳值呼叫的參數。如果變數的原始值被函式更改，就會導致不可預期的邊際效應。

增進效能的小技巧 15.5

想要有效率地傳遞大型物件，使用常數參考參數可以模擬傳值呼叫的運作方式和安全性，又可避免複製該大型物件的額外時間。被呼叫的函式將無法修改呼叫函式內的物件。

軟體工程的觀點 15.7

許多程式設計師並不會特地將傳值呼叫的參數宣告為 **const**，即使被呼叫函式不應該修改被傳遞的引數。在這種情況下，關鍵字 **const** 只會保護原始引數的副本，而非原始引數本身，這種方式使用傳值呼叫是安全的，因為被呼叫函式不會更改原始引數的值。

　　要將參考指定為常數，請在參數宣告中，將修飾詞 **const** 放置在型別指定詞之前。請注意圖 15.5 的第 34 行中，函式 **squareByReference** 參數列中&的位置。有些 C++程式設計師較喜歡寫成 **int& numberRef** 的寫法而非 **int**，對編譯器來說，兩種形式是一樣的。

軟體工程的觀點 15.8

為了同時考量明確性及效率，許多 C++程式設計師喜歡使用指標來傳送可修改的引數給函式，傳遞較小且不可修改的引數時使用傳值呼叫，至於傳遞較大且不可修改的引數時，則使用常數的傳參考呼叫。

15.8.3　參考作為函式內的別名

參考也可以用來當作函式內其他變數的別名（alias，雖然它們通常會以圖 15.5 中的方式與函式一起使用）。例如，下面的程式碼

```
int count = 1; // declare integer variable count
int &cRef = count; // create cRef as an alias for count
cRef++; // increment count (using its alias cRef)
```

會將變數 **count**（使用別名 **cRef**）的值加一。參考變數必須在宣告時就初始化（參見圖 15.6 和圖 15.7 的第 9 行），並且不能將此參考重新指定成其他變數的別名。當參考變數被宣告為其他變數的別名後，對此別名（即參考變數）執行的所有操作，實際上都會作用到原始變數上。別名只是原始變數的另一個名稱。對某個參考取其記憶體位址，或比較兩個參考，都不會造成語法上的錯誤；而每個操作實際上是作用在以此參考作為別名的變數身上。除非參考到一個常數，參考引數必須是一個左值（**lvalue**，即變數名稱），而不能是一個常數或是會傳回右值（**rvalue**，即計算的結果）的運算式。

```
1   // Fig. 15.6: fig15_06.cpp
2   // References must be initialized.
3   #include <iostream>
4   using namespace std;
5
6   int main()
7   {
8      int x = 3;
9      int &y = x; // y refers to (is an alias for) x
10
11     cout << "x = " << x << endl << "y = " << y << endl;
12     y = 7; // actually modifies x
13     cout << "x = " << x << endl << "y = " << y << endl;
14  }
```

```
x = 3
y = 3
x = 7
y = 7
```

圖 15.6　初始化並使用參考

```
1   // Fig. 15.7: fig15_07.cpp
2   // References must be initialized.
3   #include <iostream>
4   using namespace std;
5
6   int main()
7   {
8      int x = 3;
9      int &y; // Error: y must be initialized
10
11     cout << "x = " << x << endl << "y = " << y << endl;
12     y = 7;
13     cout << "x = " << x << endl << "y = " << y << endl;
14  }
```

Microsoft Visual C++ compiler error message:

```
fig15_07.cpp(9) : error C2530: 'y' :
    references must be initialized
```

GNU C++ compiler error message:

```
fig15_07.cpp:9: error: 'y' declared as a reference but not initialized
```

Xcode LLVM compiler error message:

```
Declaration of reference variable 'y' requires an initializer
```

圖 15.7　沒有將參考初始化是一種語法錯誤

15.8.4　從函式回傳一個參考

從函式傳回參考是具有危險性的。當傳回一個指向在被呼叫函式中宣告的變數時，這個變數在該函式中應被宣告為 **static**。否則，參考會指向一個函式終止後即被刪除的自動變數，這樣的變數為「未定義的變數」，程式會產生不可預期的結果。如果一個參考指向未定義的變數，就稱為**懸置參考**（dangling references）。

常見的程式設計錯誤 15.3

當宣告參考變數時並未將其初始化,除非此宣告為函式參數列的一部分,否則這是編譯時期錯誤。當宣告它們的函式被呼叫時,參考參數即被初始化。

常見的程式設計錯誤 15.4

嘗試將一個已宣告的參考重新指定成另一變數的別名,這是一種邏輯錯誤。因為這會將其他變數的值,也指定到已經宣告成為別名的參考的位址。

常見的程式設計錯誤 15.5

若傳回的指標或參考,指向位於被呼叫函式中的自動變數,這是邏輯錯誤。當程式出現此種狀況時,有些編譯器會發出警告。

15.8.5　未初始化參考的錯誤訊息

C++標準並未指定編譯器用來指出特殊錯誤的錯誤訊息。因此,我們在圖 15.7 中展示了不同編譯器在參考未初始化時所產生的錯誤訊息。

15.9　空的參數串列

C++跟 C 一樣,允許你定義不具參數的函式。在 C++裡,要表示空白的參數列可以在小括號內寫上 **void** 或什麼都不寫。以下的函式原型

```
void print();
void print( void );
```

每一個都指定函式 **print** 不需要接收任何引數,也不會傳回任何值。這些函式原型是相等的。

可攜性的小技巧 15.2

在 C++裡,空白的函式參數列所代表的意義和在 C 裡是大不相同的。在 C 裡,空白參數列代表取消所有引數檢查(即呼叫該函式時,可以傳遞任何的引數)。而在 C++裡,卻代表該函式不需傳入任何引數。所以,使用此項特性的 C 程式,若以 C++編譯器加以編譯,將產生編譯時期的錯誤。

15.10　預設引數

程式常常會重複以同樣的引數值呼叫函式。在這種情況下,你可以指定此種參數擁有**預設引數**(default argument),也就是預設要傳遞給參數的值。當呼叫具有預設引數的函式時,若程式省略引數,則編譯器就會重寫這個函式呼叫,自動插入該引數的預設值,並將它當作函式呼叫中的引數傳遞。

預設引數必須位於函式參數列中最右邊（尾端）的引數。當被呼叫函式的動入中包含了兩個或兩個以上的預設引數，如果某個被省略的引數不是位於引數列的最右邊，那麼所有在該引數右方的引數也都必須省略。當函式名稱第一次出現時，就應該指定預設引數的值，一般是在函式原型中指定。假如函式定義同時也是原型，則預設引數應該指定在函式標頭檔中。預設值可以是任何運算式，包括常數、全域變數或者函式呼叫。預設引數也可以用在行內函式。

圖 15.8 示範如何使用預設引數來計算盒子的體積。在第 7 行 **boxVolume** 的函式原型中指定三個參數的預設值都是 1。我們在函式原型中也提供了變數名稱，以便提高可讀性，當然，函式原型不一定要指出變數名稱。

常見的程式設計錯誤 15.6

在函式原型和標頭檔中同時指定預設引數是一種編譯時期錯誤。

```cpp
1   // Fig. 15.8: fig15_08.cpp
2   // Using default arguments.
3   #include <iostream>
4   using namespace std;
5
6   // function prototype that specifies default arguments
7   int boxVolume( int length = 1, int width = 1, int height = 1 );
8
9   int main()
10  {
11     // no arguments--use default values for all dimensions
12     cout << "The default box volume is: " << boxVolume();
13
14     // specify length; default width and height
15     cout << "\n\nThe volume of a box with length 10,\n"
16        << "width 1 and height 1 is: " << boxVolume( 10 );
17
18     // specify length and width; default height
19     cout << "\n\nThe volume of a box with length 10,\n"
20        << "width 5 and height 1 is: " << boxVolume( 10, 5 );
21
22     // specify all arguments
23     cout << "\n\nThe volume of a box with length 10,\n"
24        << "width 5 and height 2 is: " << boxVolume( 10, 5, 2 )
25        << endl;
26  }
27
28  // function boxVolume calculates the volume of a box
29  int boxVolume( int length, int width, int height )
30  {
31     return length * width * height;
32  }
```

```
The default box volume is: 1

The volume of a box with length 10,
width 1 and height 1 is: 10

The volume of a box with length 10,
width 5 and height 1 is: 50

The volume of a box with length 10,
width 5 and height 2 is: 100
```

圖 15.8　使用預設引數

　　第一次呼叫函式 **boxVolume**（第 12 行）時並未指定任何引數，因此使用三個預設值 1 都會用到。第二次呼叫時（第 16 行）傳入了 **length** 引數，所以只使用了 **width** 和 **height** 這兩個引數的預設值 1。第三次呼叫（第 20 行）傳入了 **length** 及 **width** 引數，所以就只使用了 height 這個引數的預設值 1。最後一次呼叫（第 24 行）則同時傳入 **length**、**width** 和 **height** 三個引數，因此就不使用任何預設值。傳進函式的任何引數會明確地由左到右指定給函式的參數。因此，當 **boxVolume** 收到一個引數時，函式會將這個值指定給 length 參數（也就是參數列最左邊的參數）。當 **boxVolume** 收到兩個引數時，函式會將這兩個引數的值依序指定給 **length** 和 **width** 參數。最後，當 **boxVolume** 收到全部三個引數時，函式會將這些引數值依序分別指定給 **length**、**width** 以及 **height** 參數。

良好的程式設計習慣 15.1

使用預設引數可以簡化函式呼叫的寫法。不過有些程式設計師則認為將所有的引數都明確地寫出來會讓程式更容易簡單明瞭。

軟體工程的觀點 15.9

假如一個函式的預設引數值改變了，所有使用此函式的程式碼都必須重新編譯。

常見的程式設計錯誤 15.7

在函式定義中，指定並嘗試使用一個不在最右邊（尾端）引數的預設引數，而此引數右方的所有引數並未同時指定預設值，這是一種語法錯誤。

15.11　一元範圍解析運算子

我們可以宣告具有相同名稱的區域變數和全域變數。這個動作會讓全域變數在區域變數的有效範圍內，被區域變數「隱藏」（hidden）起來。C++提供**一元範圍解析運算子**（::，unary scope resolution operator），可在某個區域變數的有效範圍內存取和該區域變數同名的全域變數。但是，無法在外層區塊使用一元範圍解析運算子來存取位於內層區域同名的區域變數。如果全域變數名稱和區域變數名稱並不相同的話，則不需使用一元範圍解析運算子即可直接存取全域變數。

　　圖 15.9 示範說明如何將一元範圍解析運算子用在同名的全域變數和區域變數上（分別為第 6 行和第 10 行）。為了強調區域和全域的變數 **number** 不同之處，程式特別將一個變數的型別宣告為 **int**，另一個則為 **double**。

```cpp
1   // Fig. 15.9: fig15_09.cpp
2   // Using the unary scope resolution operator.
3   #include <iostream>
4   using namespace std;
5
6   int number = 7; // global variable named number
7
8   int main()
9   {
10     double number = 10.5; // local variable named number
11
12     // display values of local and global variables
13     cout << "Local double value of number = " << number
14       << "\nGlobal int value of number = " << ::number << endl;
15  }
```

```
Local double value of number = 10.5
Global int value of number = 7
```

圖 15.9　使用一元範圍解析運算子

假如使用某個變數名稱的唯一一個變數是全域變數，則在此變數名稱上使用一元範圍解析運算子（::）是選用性的。

常見的程式設計錯誤 15.8

嘗試在外層區塊使用一元範圍解析運算子（::）來存取非全域變數是一個錯誤。而此時在外層區塊並沒有一個同名的全域變數存在，這樣會發生編譯時期錯誤；但外層區塊若有一個同名的全域變數存在，就是一種邏輯錯誤，因為你想要存取外層區塊的非全域變數，而程式卻指向全域變數。

良好的程式設計習慣 15.2

使用一元範圍解析運算子（::）來參考全域變數，會讓程式更容易閱讀及理解，因為程式會很清楚地表示出你想要存取全域變數而不是非全域變數。

軟體工程的觀點 15.10

使用一元範圍解析運算子（::）來參考全域變數，會讓程式比較容易修改，減少因不小心更動到非全域變數名稱而失敗的風險。

測試和除錯的小技巧 15.1

使用一元範圍解析運算子（::）來參考全域變數，會減少因非全域變數隱藏全域變數而發生邏輯錯誤的機會。

測試和除錯的小技巧 15.2

在程式中，應避免對不同的目的使用相同的變數名稱。雖然在許多的狀況下是允許如此做，但是可能會導致錯誤。

15.12　函式的多載

C++允許定義多個擁有相同名稱的函式，但這些函式的參數組合必須不同（最起碼參數型別、或參數個數、或參數型別的順序不能一樣）。這種功能稱爲**函式的多載**（function overloading）。當呼叫一個多載函式時，C++編譯器會在函式呼叫中選擇適當的函式來檢查它的引數個數、型別以及引數的順序。函式的多載通常用來建立幾個同名函式，而這些函式會對不同的資料型別執行類似工作。例如，數學函式庫中有許多函式爲多載的，可處理不同的數值資料型別。[1]

良好的程式設計習慣 15.3

將執行彼此密切相關工作的函式予以多載處理，可使程式更具可讀性，也更容易瞭解。

多載的 square 函式

圖 15.10 使用多載函式 **square** 來計算 **int** 型別（第 7-11 行）和 **double** 型別（第 14-18 行）數值的平方值。第 22 行傳遞數值 7，藉此呼叫函式 square 的 int 版本。C++會將此完整數值的字面常數預設爲 **int** 型別的值。同樣地，第 24 行傳遞數值 7.5，藉此呼叫函式 **square** 的 **double** 版本。C++會將此字面常數預設爲 **double** 值。在每個情況下，編譯器根據不同型別的引數，選擇正確的函式來呼叫。我們可以由輸出得知，兩種情況下都呼叫了正確的函式。

```cpp
1   // Fig. 15.10: fig15_10.cpp
2   // Overloaded functions.
3   #include <iostream>
4   using namespace std;
5
6   // function square for int values
7   int square( int x )
8   {
9      cout << "square of integer " << x << " is ";
10     return x * x;
11  }
12
13  // function square for double values
14  double square( double y )
15  {
16     cout << "square of double " << y << " is ";
17     return y * y;
18  }
19
20  int main()
21  {
22     cout << square( 7 ); // calls int version
23     cout << endl;
24     cout << square( 7.5 ); // calls double version
25     cout << endl;
26  }
```

```
square of integer 7 is 49
square of double 7.5 is 56.25
```

圖 15.10　多載的 **square** 函式

---

[1] 在 C++標準中，5.3 節討論過的數學函式庫函式具有 **float**、**double** 和 **long double** 的多載版本。

編譯器如何分辨多載函式

多載函式是以其各自的**簽名式**（signature）來區分——簽名式由函式名稱及其參數型別順序（非傳回值型別）組成。編譯器會依據每個函式的參數個數及型別編譯出其識別代碼，亦稱為**名稱管理**（name mangling）或**名稱修飾**（name decoration），以便進行型別安全連結（type-safe linkage）。這樣能夠確認呼叫的是正確的多載函式，以及傳入的引數型別符合參數型別的規定。

　　圖 15.11 顯示 GNU C++編譯器的執行結果。這裡顯示的不是程式執行後的輸出結果，而是 GNU C++所產生的，以組合語言表示的多載函式名稱代碼（mangled function names）。名稱代碼（mangled name）的格式是以連續兩個底線符號（__）、其後接著字母 z 以及一個數字開頭，後面加上函式名稱（**main** 除外）。z 後面的數字代表函式名稱中有多少個字元。例如，**square** 函式名稱有 6 個字元，因此它的名稱代碼以**__Z6** 開頭。

 常見的程式設計錯誤 15.9

建立兩個參數列相同但傳回值型別不同的多載函式，這是編譯時期錯誤。

```
1    // Fig. 15.11: fig15_11.cpp
2    // Name mangling.
3
4    // function square for int values
5    int square( int x )
6    {
7       return x * x;
8    } // end function square
9
10   // function square for double values
11   double square( double y )
12   {
13      return y * y;
14   } // end function square
15
16   // function that receives arguments of types
17   // int, float, char and int &
18   void nothing1( int a, float b, char c, int &d )
19   {
20      // empty function body
21   } // end function nothing1
22
23   // function that receives arguments of types
24   // char, int, float & and double &
25   int nothing2( char a, int b, float &c, double &d )
26   {
27      return 0;
28   } // end function nothing2
29
30   int main()
31   {
32      return 0; // indicates successful termination
33   }
```

```
__Z6squarei
__Z6squared
__Z8nothing1ifcRi
__Z8nothing2ciRfRd
_main
```

圖 15.11　藉名稱代碼進行型別安全連結

　　接下來是函式名稱後面接著參數列編碼。請看輸出的第 4 行，這來自原始碼第 25 行的函式 nothing2 的參數列，c 代表 char 型別，i 代表 int 型別，Rf 代表 float&型別（即 float 參考），Rd 代表 double&型別（即 double 參考）。在函式 nothing1 的參數列中，i 代表 int 型別，f 代表 float 型別，c 代表 char 型別，而 Ri 代表 int&型別。這兩個 square 函式按照它們的參數列進行區分；一個是 d（double 型別），而另一個是 i（int 型別）。

　　名稱代碼不包含函式傳回值的型別。多載函式可以具有不同的傳回值型別，但如果傳回值型別不同，那麼它們的參數列也必須不同。再強調一次，兩個函式不能具有相同的函式簽名式而只有傳回值型別不同。函式名稱代碼的表示法與編譯器有關。另外，main 函式並未使用名稱代碼，因爲它不能夠進行多載。

　　對名稱相同的函式，編譯器只能依據其參數列來加以區別。多載函式不一定要有相同個數的參數。程式設計師在使用預設參數來設計多載函式時要小心，以免造成模糊不清的情形。

常見的程式設計錯誤 15.10

呼叫具有預設引數的多載函式時，若省略其引數，可能會與該多載函式的另一版本相同，而造成編譯時期錯誤。例如，程式中有兩個多載函式，其中一個函式明確表示不需接受任何引數，而另一個同名函式所有的引數都設爲預設引數；當我們使用這個函式名稱進行呼叫，卻未提供任何引數值時，會產生編譯時期錯誤。因爲編譯器不知道該選擇哪個函式版本。

多載運算子

我們將在第 18 章討論多載運算子，以便定義如何運用這些運算子來處理各種使用者自訂型別的物件（其實，我們早已用過多載運算子了：像是資料流插入運算子<<和資料流擷取運算子>>就是這樣的多載運算子，它們可處理各種基本型別的資料。我們會在第 18 章說明如何對它們進行多載，來處理使用者自訂資料型別的物件。第 15.13 節將介紹函式樣板，可自動產生多載函式，對不同資料型別執行相同的工作。

15.13　函式樣板

多載函式一般用來處理類似的操作，這些操作使用不同的程式邏輯來處理不同的資料型別。如果對於每一種資料型別的程式邏輯和操作對都相同的話，使用**函式樣板**（function template）就可以更嚴謹和方便的操作函式的多載。你只需撰寫一份函式樣板的定義。讓 C++編譯器依程式中函式呼叫的引數型別，自動產生個別的**特殊化函式樣板**（function template specialization），來處理每種類型的函式呼叫。因此，只要定義一個函式樣板，就可達到定義一整群多載函式的效果。

15.13.1　定義函式樣板

圖 15.12 中包含一個函式 **maximum** 的函式樣板定義（第 4-18 行），這個函式用來找出三個數中的最大值。函式樣板定義的第一個字必須是關鍵字 **template**（第 4 行），其後接著以角括號（**<** 和 **>**）包圍的**樣板參數列**（template parameter list）。樣板參數列中的每個參數（通常稱為**正規型別參數**，formal type parameter）前面必須寫有關鍵字 **typename** 或關鍵字 **class**（它們在 C++ 中是同義字）。正規型別參數可以是內建型別或使用者自訂型別的替代字元（placeholder）。它們的用處是指定函式參數的型別（第 5 行），指定函式的傳回值型別，以及在函式定的本體中宣告變數（第 7 行）。函式樣板的定義方法和正常函式一樣，唯一不同處是用正規型別參數作為實際資料型別替代字元。

```
1   // Fig. 15.12: maximum.h
2   // Definition of function template maximum.
3
4   template < class T >  // or template< typename T >
5   T maximum( T value1, T value2, T value3 )
6   {
7      T maximumValue = value1; // assume value1 is maximum
8
9      // determine whether value2 is greater than maximumValue
10     if ( value2 > maximumValue )
11        maximumValue = value2;
12
13     // determine whether value3 is greater than maximumValue
14     if ( value3 > maximumValue )
15        maximumValue = value3;
16
17     return maximumValue;
18  }
```

圖 15.12　函式樣板 **maximum** 的標頭檔

圖 15.12 的函式樣板在第 4 行宣告一個正規型別參數 T，作為函式 **maximum** 所要測試資料型別的佔位字元。定義樣板時，樣板參數列中的型別參數的名稱不得重複。編譯器在程式原始碼內偵測到呼叫函式 **maximum** 時，會以傳給函式 **maximum** 的資料型別取代樣板定義中所有的 T，讓 C++ 建立一個完整的函式原始碼，此函式會針對指定資料型別的三個數值，決定其中的最大值，接著編譯此新產生的函式。因此，樣板就是為範圍相似的函式產生程式碼的一種方式。

常見的程式設計錯誤 15.11

在函式樣板中，每一個正規型別參數前面都必須置入關鍵字 **class** 或關鍵字 **typename**，如果寫成 **<class S, T>** 而非 **<class S, class T>**，會造成語法錯誤。

15.13.2   使用函式樣板

在圖 15.13 中，我們使用函式樣板 **maximum**(第 18、28 及 38 行)分別找出型別爲 **int**、**double** 及 **char** 時，三個數值中的最大值。

```cpp
1   // Fig. 15.13: fig15_13.cpp
2   // Function template maximum test program.
3   #include <iostream>
4   using namespace std;
5
6   #include "maximum.h" // include definition of function template maximum
7
8   int main()
9   {
10      // demonstrate maximum with int values
11      int int1, int2, int3;
12
13      cout << "Input three integer values: ";
14      cin >> int1 >> int2 >> int3;
15
16      // invoke int version of maximum
17      cout << "The maximum integer value is: "
18         << maximum( int1, int2, int3 );
19
20      // demonstrate maximum with double values
21      double double1, double2, double3;
22
23      cout << "\n\nInput three double values: ";
24      cin >> double1 >> double2 >> double3;
25
26      // invoke double version of maximum
27      cout << "The maximum double value is: "
28         << maximum( double1, double2, double3 );
29
30      // demonstrate maximum with char values
31      char char1, char2, char3;
32
33      cout << "\n\nInput three characters: ";
34      cin >> char1 >> char2 >> char3;
35
36      // invoke char version of maximum
37      cout << "The maximum character value is: "
38         << maximum( char1, char2, char3 ) << endl;
39   }
```

```
Input three integer values: 1 2 3
The maximum integer value is: 3

Input three double values: 3.3 2.2 1.1
The maximum double value is: 3.3

Input three characters: A C B
The maximum character value is: C
```

圖 15.13   示範函式樣板 **maximum**

在圖 15.13 中，編譯器會分別爲第 18、28 及 38 行的函式呼叫產生三個不同的函式，它們分別爲三個 **int** 值、三個 **double** 值與三個 **char** 值。比如說，針對型別 **int** 建立函式時，函式樣板特殊化會以 **int** 取代每個 **T**，如下所示：

```
int maximum( int value1, int value2, int value3 )
{
    int maximumValue = value1; // assume value1 is maximum

    // determine whether value2 is greater than maximumValue
    if ( value2 > maximumValue )
        maximumValue = value2;

    // determine whether value3 is greater than maximumValue
    if ( value3 > maximumValue )
        maximumValue = value3;

    return maximumValue;
}
```

15.14　簡介物件技術與 UML

本節中，我們討論物件導向，這是一種對世界進行思考和編寫電腦程式的自然方式。我們的目標是幫助你培養物件導向的思維方式，並介紹**統一塑模語言**（Unified Modeling Language™，UML™）——這是一種以圖形表示的語言，可讓設計物件導向軟體系統的設計者以業界標準的表示法呈現設計過程。在此，我們會先回顧一下我們在 1.8 節介紹的一些物件導向程式設計概念，然後介紹一些我們會在 15.15 節和第 16 至 23 章中使用的術語。

15.14.1　基本的物件技術觀念

無論你在現實世界中看到什麼，他們都是**物件**（object）——人、動物、植物、汽車、飛機、建築物、電腦等。人類用物件來思考，物件隨處可見，電話、房屋、交通號誌、微波爐和飲水機等，只是我們每天在我們周遭出現的物件的一小部分。

屬性和行為

物件有一些共同之處。它們都具有**屬性**（例如：大小、形狀、顏色和重量），而且它們都表現出**行為**（例如：球會滾動、反彈、膨脹和縮小；嬰兒會哭泣、睡覺、爬行、走路和眨眼；汽車會加速、刹車和轉彎；毛巾會吸水）。人類藉由研究物件所具有的屬性及觀察物件的行為來了解現有物件的種種。不同的物件可以具有相似的屬性，也可以表現出類似的行為。我們可以做些比較，例如，比較嬰兒和成人之間以及人與黑猩猩之間的差異。我們將學習軟體物件具有的各種屬性和行為。

物件導向設計和繼承

物件導向設計（object-oriented design，OOD）是以類似於人們對真實世界物件的描述方式來建立軟體模型。此法利用了類別（class）關係的優點，凡是屬於同一類別的物件，都有其共同特徵；例如，就交通工具類別而言，汽車、卡車、小型紅色休旅車以及壓路機都有許多共同點。OOD 也具有**繼承**（inheritance）關係的優點，新物件類別可吸收現存類別的特性，再加上自己獨有的性質。例如,「敞蓬車」類別當然有一般「轎車」類別的特性,但它另外具有獨特的性質:它的車頂可以摺疊。

　　物件導向設計提供了一種自然直觀的方式來看待軟體設計程序——顧名思義,就是按照我們描述真實世界物體的屬性、行為和關係的方式來建立物件模型。OOD 也模擬物件之間的通訊。如同人們彼此傳遞訊息一樣(例如,軍官命令士兵立正),物件也會以訊息進行溝通。例如,因為客戶已經提領了一定金額的錢,銀行帳戶物件便會接收訊息,將其餘額扣掉客戶所提領的金額相等的錢。

封裝和資訊隱藏

OOD 會將屬性和**操作**(operation,也就是行為)**封裝**(encapsulate,**或稱打包**,wrap)成物件,讓物件的屬性和操作緊密結合在一起。物件具有**資訊隱藏**(information hiding)的特性。這表示物件雖然知道如何透過已定義好的**介面**(interface)與其他物件溝通,但物件通常無法知道其他物件的實作方式,該物件會把自己的實作細節隱藏起來。例如開車時,我們不一定要懂引擎、傳動、剎車及排氣系統內部運作的細節,只要懂得踩油門、踩剎車、轉方向盤等等就可以開得很好了。我們將會見到,資訊隱藏對優良的軟體工程來說甚為重要。

物件導向程式設計

像 C++這種語言是**物件導向**(object oriented)的。以這種語言進行程式設計就稱為**物件導向程式設計**(object-oriented programming,OOP),可以讓你將物件導向設計實作成可運作的軟體系統。另一方面,像 C 這種程式語言則是**程序式的**(procedural),這種程式設計是**動作導向**(action oriented)的。在 C 中,程式設計的單元就是函式。C++的程式設計單元則是「類別」,我們可從類別**實體化**(instantiated,就是 OOP 中「建立」的意思)出物件。C++的類別具有函式與資料,函式實作了操作,資料則實作了屬性。

　　使用 C 的程式設計師會專注在函式的撰寫上。它們將執行某些共同任務的動作組成函式,再將函式組成程式。資料在 C 中當然也很重要,但觀念上,資料的存在主要是為了支援函式所執行的動作。至於系統規格裡所描述的程式動作,則可以幫助你決定用哪些函式組合來實作出該系統。

15.14.2　類別、資料成員與成員函式

C++的程式設計師專注在如何建立他們自己的使用者自定型別(user-defined types),即類別(classes)。每個類別含有資料,以及一組操作這些資料、並為**用戶端**(client,也就是使用此類別的其他類別或函式)提供服務的函式。類別的資料部分就稱為**資料成員**(data member）。例如銀行帳戶類別可能包含帳號和餘額。類別的函式部分叫作**成員函式**（member function），通常在其他物件導向程式語言（如 Java）中叫作**方法**（method）。例如銀行帳戶類別可能有存款（增加餘額）、提款（減少餘額）以及餘額查詢等成員函式。你能使用內建型別（和其他使用者自訂型別）作為「建構區塊」，以建立新的使用者自訂型別（類別）。系統規格中的名詞可幫助 C++程式設計者決定該建立哪些類別，以新增出彼此合作的物件來實作系統。

　　類別之於物件，好比藍圖之於房屋。類別就是建構類別中的物件的「計畫」。我們可以用一份藍圖建出許多房屋；同樣的，我們也可從一個類別實體化（建立）出許多物件。我們無法在藍圖中的廚房煮菜，但真實房屋的廚房就可以開伙了。我們無法睡在藍圖中的房間，但可以在真實房屋內的房間呼呼大睡。

　　類別可和其他類別具有關係。在物件導向設計的銀行程式中，**bank teller**（銀行出納員）類別會與其他類別，如 **customer**（客戶）類別、**cash drawer**（收銀機）類別與 **safe**（安全）類別等建立關係。這些關係稱為「**聯繫**」（association）。將軟體打包成類別後，未來的軟體系統可**再利用**（reuse）這些類別。

軟體工程的觀點 15.11

建立新的類別和程式時，若能再利用既有的類別，可以節省時間、金錢和精力。再利用也可幫你建立更可靠、更有效率的系統，因為既有的類別通常都已經過廣泛的測試、除錯及效能調校。

　　的確，有了物件技術，就可組裝現存類別建出更多所需的新軟體，好比汽車製造商組合可替換的零件。每個你所建立的新類別，都可能成為最有價值的軟體資產，你和其他程式設計者都可再利用，加速未來的軟體開發時程並提升品質。

15.14.3　介紹物件導向分析和設計（OOAD）

你很快就要寫較大型的 C++程式了。你要如何建立你的程式碼呢？或許跟許多程式設計初學者一樣，打開電腦開始硬幹。這對小程式或許管用，但要寫個軟體系統控制大銀行數千台自動提款機，或跟上千人的軟體開發團隊一起建構下一代的飛航控制系統，又該怎麼辦？由於這樣的專案既龐大又複雜，不可能光坐下埋頭寫程式就行了。

　　要建立最佳的解決方案，必須依照詳細的步驟去**分析**（analyzing）**專案需求**（requirement），也就是決定系統要做什麼；然後開發出能夠滿足這些需求的**設計**（design），也就是決定系統應該**怎麼做**。理想上，你應該要檢視整個過程，並仔細審核設計

（或由其他軟體專家審核你的設計），之後才開始寫程式。若以物件導向觀點來分析和設計系統，就稱爲**物件導向分析和設計**（object-oriented analysis and design，OOAD）。有經驗的程式設計人員都知道分析設計可以節省許多時間，避免因爲產生規劃不良的系統開發方法，而在實作過程中須大改特改，浪費大把時間、金錢與人力。

OOAD 是一種泛稱，就是指分析問題，並開發出解法的過程。下幾章所討論的一些小問題並不需徹底的 OOAD 程序。

當問題規模和參與軟體開發的人數增加時，OOAD 方法就比虛擬碼適用許多。理想上，團隊須達成共識，以嚴格規定的程序來解決問題，並用統一的溝通方式將該程序結果傳給其他組員。雖然現在有許多種 OOAD 程序，但已有一種廣泛使用的圖形化語言，可將任何 OOAD 程序的成果彼此溝通。這就是統一塑模語言(Unified Modeling Language, UML)，UML 誕生於 1990 年代中期，由三位軟體方法論大師指導開發：Grady Booch、James Rumbaugh 與 Ivar Jacobson。

15.14.4　UML 的沿革

1980 年代，越來越多組織開始用 OOP 建構應用程式，對發展標準 OOAD 程序的需求也因此浮現。許多方法論者，包括 Booch、Rumbaugh 和 Jacobson 都分別開發和推動各自的程序，以滿足這項需求。這些程序都有各自的表示法或「語言」（以圖表的形式表示），可傳遞分析和設計的結果。

1994 年，James Rumbaugh 與 Grady Booch 在 Rational Software Corporation 公司共事（現爲 IBM 的一個部門），兩位開始統一他們常用的程序。Ivar Jacobson 不久之後也加入了。1996 年，此團隊對軟體工程界發表了 UML 的初期版本，要求大家提供回饋意見。此時 Object Management Group™（OMG™）組織也邀請各界提出通用的塑模語言。OMG（**www.omg.org**）是非營利組織，常發表物件導向技術相關的指南和規格書（如 UML），以推動物件導向技術的標準化。有幾間公司，如 HP、IBM、Microsoft、Oracle 和 Rational Software 都體認到通用塑模語言的重要性。爲回應 OMG 希望各界提案的要求，這些公司組成了 **UML 合作夥伴**（UML Partners），並開發出 UML 1.1 版提交給 OMG。OMG 接受這項提案，並在 1997 年承擔繼續維護和更新 UML 的責任。在本書的 C++章節中，將使用 UML 目前的版本，也就是 UML 2 版的術語和表示符號。

統一塑模語言（UML）是目前物件導向系統塑模工具中最廣爲使用的圖形表示方式。系統設計者使用 UML 語言（以圖表形式表達）建立系統模型，本書中有關 C++的章節也使用 UML 表達。UML 一個吸引人的特色就是它具有彈性。UML 具可**擴充性**(extensible，也就是可用新功能擴充它），且不受限於任何特定 OOAD 程序。UML 塑模工程師可自由使用各種程序來發展系統，但現在所有人都可用同一套標準的圖形符號表達設計概念了。請參訪我們的 UML 資源中心網站 **www.deitel.com/UML/**，取得更多關於 UML 的資訊。

15.15　簡介 C++標準函式庫的 vector 類別樣板

本節簡介 C++標準函式庫的 **vector** 類別樣板，**vector** 可視為功能更強也更多的陣列。

15.15.1　以指標為基礎的 C 語言風格陣列之相關問題

以指標為基礎的 C 語言風格陣列（亦即到現在為止出現的陣列型態）十分容易出錯，例如稍早提過，程式會容易「跑出」陣列的邊界，因為 C 或 C++並不會自動檢查索引值是否落在陣列範圍之外。

　　另外，兩個陣列之間不能用等號運算子或關係運算子互相比較。在第 7 章學過，指標變數（一般通稱為指標）的值儲存的是記憶體位址。陣列名稱其實就是一個指標，代表在記憶體中，該陣列的起始位址。想當然耳，兩個不同的陣列一定佔用記憶體的不同區塊。

　　若函式能處理任意長度的陣列，那陣列的長度亦必須要作為引數傳入。再者，一個陣列無法藉由指定運算子指定給其他陣列，因為陣列名稱屬於 **const** 指標，所以不能當作指定運算子的左值。

　　上述某些狀況其實是處理陣列時較為「自然」的方法，但 C++並未提供這樣的功能。另一方面，C++標準函式庫提供類別樣板 **vector**，它能以功能更強且更不易出錯的方式取代原有的陣列。在第 18 章，我們會實作 **vector** 中與陣列功能相關的部分。你會學到修改運算子原本的用法，並用在自建的類別（這樣的技術稱為運算子多載）。

15.15.2　使用 vector 類別樣板

Vector 類別樣板在 C++所建構的應用程式裡都可以任意使用。你可能還不熟悉範例中的 **vector** 相關符號，因為 **vector** 使用的是樣板的標記方式。我們在第 15.13 節曾討論過函式樣板，第 23 章則會討論如何建立自訂的類別樣板。現在，你可以先照著本節範例的語法依樣畫葫蘆，那使用 **vector** 應該不是問題。

　　圖 15.14 的程式示範了 C++標準函式庫的類別樣板 **vector** 的功能，這是以指標為基礎的 C 語言風格的陣列所無法提供的。標準函式庫類別樣板 **vector** 提供了許多跟 **Array** 類別（見第 18 章）相同的功能。標準類別樣板 **vector** 定義於 **<vector>** 標頭檔（第 5 行），且屬於 **std** 命名空間。在本節末尾，我們會示範 **vector** 類別的邊界檢查功能，並簡介 C++的例外處理機制，這可以用來偵測並處理關於超出 **vector** 範圍的索引。

```cpp
1   // Fig. 15.14: fig15_14.cpp
2   // Demonstrating C++ Standard Library class template vector.
3   #include <iostream>
4   #include <iomanip>
5   #include <vector>
6   using namespace std;
7
8   void outputVector( const vector< int > & ); // display the vector
9   void inputVector( vector< int > & ); // input values into the vector
10
11  int main()
12  {
13     vector< int > integers1( 7 ); // 7-element vector< int >
14     vector< int > integers2( 10 ); // 10-element vector< int >
15
16     // print integers1 size and contents
17     cout << "Size of vector integers1 is " << integers1.size()
18        << "\nvector after initialization:" << endl;
19     outputVector( integers1 );
20
21     // print integers2 size and contents
22     cout << "\nSize of vector integers2 is " << integers2.size()
23        << "\nvector after initialization:" << endl;
24     outputVector( integers2 );
25
26     // input and print integers1 and integers2
27     cout << "\nEnter 17 integers:" << endl;
28     inputVector( integers1 );
29     inputVector( integers2 );
30
31     cout << "\nAfter input, the vectors contain:\n"
32        << "integers1:" << endl;
33     outputVector( integers1 );
34     cout << "integers2:" << endl;
35     outputVector( integers2 );
36
37     // use inequality (!=) operator with vector objects
38     cout << "\nEvaluating: integers1 != integers2" << endl;
39
40     if ( integers1 != integers2 )
41        cout << "integers1 and integers2 are not equal" << endl;
42
43     // create vector integers3 using integers1 as an
44     // initializer; print size and contents
45     vector< int > integers3( integers1 ); // copy constructor
46
47     cout << "\nSize of vector integers3 is " << integers3.size()
48        << "\nvector after initialization:" << endl;
49     outputVector( integers3 );
50
51     // use overloaded assignment (=) operator
52     cout << "\nAssigning integers2 to integers1:" << endl;
53     integers1 = integers2; // assign integers2 to integers1
54
55     cout << "integers1:" << endl;
56     outputVector( integers1 );
57     cout << "integers2:" << endl;
58     outputVector( integers2 );
59
60     // use equality (==) operator with vector objects
61     cout << "\nEvaluating: integers1 == integers2" << endl;
62
63     if ( integers1 == integers2 )
64        cout << "integers1 and integers2 are equal" << endl;
65
66     // use square brackets to create rvalue
67     cout << "\nintegers1[5] is " << integers1[ 5 ];
68
```

圖 15.14　C++標準函式庫的 **vector** 類別樣板

```
69      // use square brackets to create lvalue
70      cout << "\n\nAssigning 1000 to integers1[5]" << endl;
71      integers1[ 5 ] = 1000;
72      cout << "integers1:" << endl;
73      outputVector( integers1 );
74
75      // attempt to use out-of-range subscript
76      try
77      {
78         cout << "\nAttempt to display integers1.at( 15 )" << endl;
79         cout << integers1.at( 15 ) << endl; // ERROR: out of range
80      }
81      catch ( out_of_range &ex )
82      {
83         cout << "An exception occurred: " << ex.what() << endl;
84      }
85   }
86
87   // output vector contents
88   void outputVector( const vector< int > &array )
89   {
90      size_t i; // declare control variable
91
92      for ( i = 0; i < array.size(); ++i )
93      {
94         cout << setw( 12 ) << array[ i ];
95
96         if ( ( i + 1 ) % 4 == 0 ) // 4 numbers per row of output
97            cout << endl;
98      }
99
100     if ( i % 4 != 0 )
101        cout << endl;
102  }
103
104     // input vector contents
105     void inputVector ( vector< int > &array)
106     {
107        for ( size_t i = 0; i < array.size(); ++i )
108           cin >> array[ i ];
109     }
```

```
Size of vector integers1 is 7
vector after initialization:
          0             0             0             0
          0             0             0

Size of vector integers2 is 10
vector after initialization:
          0             0             0             0
          0             0             0             0
          0             0
```

```
Enter 17 integers:
1 2 3 4 5 6 7 8 9 10 11 12 13 14 15 16 17

After input, the vectors contain:
integers1:
          1             2             3             4
          5             6             7
integers2:
          8             9            10            11
         12            13            14            15
         16            17
```

圖 15.14　C++標準函式庫的 vector 類別樣板(續)

```
Evaluating: integers1 != integers2
integers1 and integers2 are not equal

Size of vector integers3 is 7
vector after initialization:
           1               2               3               4
           5               6               7
Assigning integers2 to integers1:
integers1:
           8               9              10              11
          12              13              14              15
          16              17
integers2:
           8               9              10              11
          12              13              14              15
          16              17

Evaluating: integers1 == integers2
integers1 and integers2 are equal

integers1[5] is 13

Assigning 1000 to integers1[5]
integers1:
           8               9              10              11
          12            1000              14              15
          16              17

Attempt to display integers1.at( 15 )
An exception occurred: invalid vector<T> subscript
```

圖 15.14　C++標準函式庫的 **vector** 類別樣板(續)

建立 vector 物件

第 13-14 行建立兩個 **vector** 物件，用來儲存 **int** 型別的值，**integers1** 裡有七個元素，**integers2** 裡有十個元素。一開始，**vector** 物件裡所有元素的初始值預設為 0。請注意，**vector** 能夠定義來儲存任何的資料型別，只要把 **vector<int>**中的 **int** 換成其他適當的資料型別即可。在這個標示法中，指明了 **vector** 裡面存放的物件的資料型別，它也類似 15.13 節介紹的函式樣板表示法。

vector 成員函式 size；outputVector 函式

第 17 行使用 **vector** 的成員函式 size 取得 **integer1** 的長度（元素個數）。為了呼叫成員函式，你用點運算子（.）來存取，就像你使用 **struct** 和 **union** 的成員一樣。第 19 行把 **integers1** 作為參數傳至 outputVector 函式（第 88-102 行），outputVector 裡頭有用到方括弧 **[]**（第 94 行），取得 **vector** 中每個元素的值以便輸出。注意前述表示法中**[]** 與存取陣列元素的**[]**的相似處。第 22 行與第 24 行對 **integers2** 也做了相同的事。

　　vector 類別樣板的成員函式 **size** 會用 **size_t** 型別（在許多系統裡代表 **unsigned int**）的值回傳 **vector** 裡的元素個數。因此，第 90 行便也宣告了 **size_t** 型別的控制變數 **i**。在某些編譯器，把變數 **i** 宣告成 **int** 型別會導致編譯器發佈警告訊息，因為迴圈繼續條件式（第 92 行）是比較一個 **signed** 值（變數 **i**）和一個 **unsigned** 值（size 函式回傳 **size_t** 型別的值）。

inputVector 函式

第 28-29 行把 **integers1** 和 **integers2** 作為引數傳遞給 **inputVector** 函式（第 105-109 行），以讀取使用者輸入並儲存於 **vector** 元素的值。該函式使用方括弧（**[]**）形成左值的效果，便可把輸入值儲存在 **vector** 每個元素。

用 != 比較兩個 vector 物件

第 40 行示範了 **vector** 物件之間能夠用 **!=** 運算子做比較。若兩個 **vector** 元素的內容不同，則運算子會回傳 **true**，反之則傳回 **false**。

用一個 vector 的內容設定另一個 vector 的初始值

C++標準函式庫的類別樣板 **vector** 允許你建立新的 **vector** 物件，並使用其他現存 **vector** 的內容設定新物件的初始值。第 45 行建立 **vector** 物件 **integers3**，並設定其初始值同 **integers1**。這個動作會呼叫 **vector** 的複製建構子完成複製運算式的動作。第 18 章會學到如何建立複製建構子的細節。第 47-49 行輸出 **integers3** 的長度和內容，顯示它設定了正確的初始值。

不同 vector 之間用 = 做指定和比較

第 53 行把 **integers2** 指定給 **integers1**，示範了指定運算子(**=**)可以用在 **vector** 物件。第 55-58 行輸出兩個物件的內容，顯示兩者現在有相同的值。接，在第 63 行用等號運算子(**==**)比較 **integers1** 和 **integers2**，用來判定經過第 53 行的指定運算後，兩個物件的內容是否相同（它們確實相同）。

用 [] 運算子存取與修改 vector 元素

第 67 行與第 71 行使用方括弧(**[]**)，分別取得 **vector** 元素作為右值(rvalue)和左值(lvalue)。右值是不可修改的，但左值可以。如同以指標為基礎的 C 語言風格的陣列使用方括弧的方式，C++在用 **[]** 存取 **vector** 元素時，也未執行邊界檢查。因此，你必須確保運算式在使用 **[]** 時，不會去操作到位於 **vector** 邊界外的元素。不過，標準的 **vector** 類別樣板在其成員函式 **at** 中提供了邊界檢查，我們會簡短討論第 79 行使用的 **at**。

15.15.3　例外處理：處理一個邊界外的索引

例外（exception）代表在程式執行期間發生問題。「例外」這個詞，暗示發生的問題較特別，如果「規則」是代表該敘述以正確、常規的方式執行，則發生問題便是代表「規則的例外」。**例外處理**（Exception handling）讓你建立**能容錯的程式**（fault-tolerant programs），可以解決（或控制）例外。在大部分的案例中，例外處理可以讓程式如沒事一般繼續執行。例如，即便有個要存取邊界以外索引的企圖存在，圖 15.14 的程式仍然順利執行完畢了。可能有更多嚴重的問題會妨礙程式正常執行，這需要程式去通知使用者有問題，並且結束執行。當函式偵測到不正確的陣列索引或參數之類的問題時，便會**拋出**（throw）一個「例外」訊息提醒例外情況已發生。這邊會簡介例外處理，並在第 22 章深入討論。

try 敘述句

在處理例外時，我們可以放置任何可能丟出例外的程式碼於 try 敘述句（try statement，第 76-84 行）。把可能丟出例外的程式碼放在 try 區塊（try block，第 76-80 行），而 catch 區塊（catch block，第 81-84 行）則放置處理例外問題的程式碼。**catch** 區塊可以不只一個，各個 **catch** 區塊可以分別處理由 **try** 區塊所拋出的不同類型的例外。若 **try** 區塊未拋出例外，第 81-84 行便不會執行。另外，**try** 和 **catch** 區塊本體的大括弧不能省略。

　　vector 的成員函式 **at** 有邊界檢查功能，若錯誤的索引作為引數時，會導致例外發生。一般來說，這個例外會導致 C++程式直接結束執行。如果索引正確，**at** 函式會回傳指定位置的元素，且是一個左值，而該左值是否可修改，則視呼叫函式位置的前後文而定。一個不可修改的左值，用來表示記憶體中的物件（像是 **vector** 的元素），但該物件不能修改。

執行 catch 區塊

當程式以 15 為引數呼叫 **vector** 成員函式 **at**（第 79 行），函式企圖存取位置 15 的元素，但它位在 **vector** 的邊界之外（此時 **integers1** 的指標裡只有十個元素）。因為邊界檢查是在執行時期實施，**vector** 的成員函式 **at** 在執行第 79 行時拋出一個 out_of_range 例外（從標頭檔**<stdexcept>**內）去通知程式有這個問題。在這個時刻，**try** 區塊會馬上結束，而 **catch** 區塊會開始執行，如果你在 **try** 區塊中有宣告任何變數，那它們便處於可見範圍之外，無法在 **catch** 區塊裡存取。（請注意：要避免使用 GNU C++編譯器時出現編譯錯誤，你可能需要載入**<stdexcept>**以使用 **out_of_range** 類別。）

　　catch 區塊宣告一個型別（**out_of_range**）和例外參數（**ex**），該參數用來接收一個參考值（reference）。**catch** 區塊能夠處理指定型別的例外。在 **catch** 區塊裡，你可以使用參數的識別字和捕捉例外的物件互動。

例外參數的 what 成員函式

當第 81-84 行捕捉（catch）了例外，程式會展示一個訊息，指出發生的問題。第 83 行呼叫了例外物件的 what 成員函式，以取得儲存在例外物件的錯誤訊息並展示出來。一旦訊息在這個例子中展示，就代表例外被處理了，且程式會繼續執行在 **catch** 區塊結束大括號之後的下一個敘述。在這個例子，程式已到達末尾，所以程式結束了。我們在整個 C++ 過程中使用例外處理，第 22 章會有例外處理的深入討論。

範例小結

在這一節，我們示範了 C++ 標準函式庫的 **vector** 類別樣板，這是一個功能強大、可重複使用的類別，能夠取代以指標爲基礎的 C 語言風格陣列。在第 18 章，你將看到 **vector** 將「多載」C++ 內建的運算子，進而達到許多陣列功能，且你會學到怎麼把運算子的用法，用相似的方式變成自建類別的用法。例如，我們會建立 **Array** 類別，這就像 **vector** 類別樣板，是陣列的功能進階版。我們的 **Array** 類別也提供了額外的功能，像是用 **>>** 和 **<<** 運算子，分別執行輸入和輸出整個陣列。

15.16　總結

在本章中，你學到了幾個 C++ 比 C 更增強的功能。我們使用 **cin** 和 **cout**，展示了基本的 C++ 輸入輸出方式，並綜觀 C++ 標準函式庫的標頭檔。我們討論了行內函式，它可以減少函式呼叫所帶來的額外負擔，因而增進效能。你學到了如何使用 C++ 的參考參數來進行傳參考呼叫，它也讓你能夠產生現存變數的別名。你也學到：數個名稱相同的函式藉著提供不同的簽名式，可以進行多載；此種函式可以使用不同的型別或不同數量的參數，來執行同樣或類似的工作。我們接著介紹了一種更簡單的多載函式：使用函式樣板，函式只要定義一次，但是可以使用多種不同的型別。你學到了物件技術的基本術語以及 UML 簡介，UML 是在爲 OO 系統建模時，最廣爲使用的圖形表示方法。在第 16 章，你會學到如何實作自定的類別，並在應用程式中使用這些類別的物件。

摘要

15.2　C++

- C++ 增強了許多 C 語言的功能，並且提供物件導向程式設計（object-oriented-programming，OOP）的功能，OOP 可以增進軟體的生產力、品質以及重複使用性。
- C++ 是由貝爾實驗室的 Bjarne Stroustrup 所發展出來的，它最早被稱爲「具有類別的 C」。

15.3　一個簡單的程式：兩個整數的相加

- C++ 的檔案名稱可以有許多種副檔名：**.cpp**、**.cxx** 以及 **.c**（大寫字母）等等。
- C++ 允許你使用 **//** 作爲註解的開端，而該行其餘部分則是註解的內容。C++ 的程式設計師也可以使用 C 的註解方式 **/*** 和 ***/**。

- 任何程式凡是要使用 C++的資料流輸入／輸出方式，將資料輸出到螢幕，或是從鍵盤輸入資料時，皆須載入資料流輸入／輸出標頭檔**<iostream>**。

- 就如同 C 一樣，每個 C++程式都從執行函式 **main** 開始。位於 **main** 左邊的關鍵字 **int** 表示 **main** 函式會傳回一個整數值。

- 在 C 中，你不需要指定函式傳回值的型別。但是，C++要求程式設計師一定要指定所有函式傳回值的型別，它可能是 **void**，否則會發生語法錯誤。

- 在 C++程式中，宣告幾乎可以放在程式的任何位置，但是必須出現在會使用到這些對應變數的程式之前。

- 標準輸出資料流物件（**std::cout**）以及資料流插入運算子（**<<**）用來在螢幕上顯示文字。

- 標準輸入資料流物件（**std::cin**）以及資料流擷取運算子（**>>**）用來從鍵盤取得輸入值。

- **std::endl** 資料流操作子會輸出一個換行符號，然後「清除輸出緩衝區的資料」。

- 而 **std::cout** 表示法代表我們使用的 **cout** 這個名稱，是屬於「名稱空間（namespace）」**std** 的。

- 在單一敘述式中使用多個資料流插入運算子（**<<**）可視為串接的、連鎖的或者接續的資料流插入運算。

15.4　C++標準函式庫

- C++的程式主要是由函式及類別所構成。你可以自行設計你所需要的每一個部分，來建構 C++程式。另一方面，許多 C++程式設計師會利用 C++標準函式庫中內容豐富的現有類別和函式。

15.5　標頭檔

- C++標準函式庫被分成許多部分，每一部分都有它自己的標頭檔。在標頭檔包含了函式庫中各個部分相關函式的函式原型。標頭檔中也包含了這些函式所需要的定義和各種類別型別和函式，包括函式裡的常數。

- 以.h 為副檔名的標頭檔是屬於「舊式」的標頭檔，已被 C++標準函式庫的標頭檔所取代。

15.6　行內函式

- C++提供行內函式（inline functions）來協助降低函式呼叫所需要的時間。在函式的定義中，於函式傳回值型別的前面加上識別字 **inline**，就會「通知」編譯器在程式需要呼叫函式的地方，直接插入複製的函式程式碼，如此就可以避免呼叫函式。

15.8　參考以及參考參數

- 在許多程式語言裡，有兩種方式傳遞引數給函式，分別為傳值（pass-by-value）和傳參考（pass-by-reference）。

- 當使用傳值呼叫來傳遞引數時，會複製一份引數的值並將其傳入（在函式呼叫堆疊）被呼叫的函式。對此副本所做的修改並不會影響到呼叫者原來變數的值。

- 使用傳參考呼叫時，呼叫函式允許被呼叫函式直接存取呼叫函式的資料，或者被呼叫函式也可選擇修改該項資料。

- 參考參數可視爲在函式呼叫中其對應引數的一個別名。

- 型別安全連結（type-safe linkage）能夠確認呼叫的是正確的多載函式，以及傳入的引數型別符合參數型別的規定。

- 若要表示某個函式的參數是利用參考傳遞，我們只需在函式原型中的參數型別之後加上一個符號&；當在函式的標頭檔列出參數的型別時，也使用同樣的表示方式。

- 一旦參考變數被宣告爲其他變數的別名後，對此別名（即參考變數）執行的所有操作都會作用到原始變數上。別名只是原始變數的另一個名稱。

15.9　空的參數列

- 在 C++裡，要表示空白參數列（empty parameter list）可以在小括號內寫上 void 或什麼都不寫。

15.10　預設引數

- 程式常常會重複以同樣的引數值呼叫函式。在這種情況下，程式設計師可以指定此種參數擁有預設引數（default argument），也就是傳遞給這個參數的預設值。

- 當呼叫具有預設引數的函式時，若程式省略引數，編譯器會自動插入該引數的預設值，並傳給被呼叫的函式。

- 預設引數必須位於函式參數列的最右邊（尾端）。

- 當函式名稱第一次出現時，就應該指定預設引數的值，一般是在函式原型中指定。

15.11　一元範圍解析運算子

- C++提供一元範圍解析運算子（::）可在某個區域變數的範圍內存取同名的全域變數。

15.12　函式的多載

- C++允許定義多個函式擁有相同的名稱，但其參數列的設定內容必須不同（數量、型別和／或順序）。這種功能稱爲函式的多載（function overloading）。

- 當呼叫一個多載函式時，C++編譯器會檢查此函式呼叫中的引數個數、型別以及引數的順序，以便選擇適當的函式。

- 多載函式是以其各自的簽名式（signature）來區分。

- 編譯器會依據每個函式的參數個數及型別編譯出其識別代碼，以便進行型別安全連結（type-safe linkage）。

15.13　函式樣板

- 多載函式一般用來處理類似的操作，這些操作使用不同的程式邏輯來處理不同型別的資料。如果對於每一種型別的資料都使用相同的程式邏輯和操作的話，使用函式樣板（function templates）來處理多載就可以更嚴謹和方便的操作。

- 程式設計師只需撰寫一份函式樣板的定義。讓 C++編譯器依程式中函式呼叫的引數型別，自動進行特殊化函式樣板（function template specialization），來處理每種類型的函式呼叫。這樣，定義一個函式樣板，就可達到定義一整群多載函式的效果。

- 函式樣板定義的第一個字必須是關鍵字 **template**，後接以角括號（<和>）包圍的樣板參數列（template parameter list）。

- 正規型別參數可以是內建型別或使用者自訂型別。它們的用處是指定函式參數的型別，函式的傳回值型別，以及在函式本體的定義中宣告變數。

15.14　簡介物件技術與 UML

- 統一塑模語言（Unified Modeling Language，UML）是一種以圖形表示的語言，可讓建構系統的人以通用符號呈現物件導向設計過程。

- 物件導向設計（Object-oriented design，OOD）可用描述真實世界物件的方式來建立軟體元件模型。它利用類別關係的優點，屬於同一個類別的物件會有相同特性。它也有繼承（inheritance）關係的優點，新物件類別可吸收現存類別的特性，再加上自己獨有的性質。OOD 會將資料（屬性）和函式（行為）封裝成物件，讓物件資料和函式緊密結合在一起。

- 物件有資訊隱藏（information hiding）的特性，物件通常無法知道其他物件的實作方式。

- 物件導向程式設計（object-oriented programming，OOP）可讓程式設計者將物件導向設計實作成可運作的軟體系統。

- C++程式設計者會建立自己的使用者自定型別（user-defined type），也就是類別。每個類別含有資料（稱為資料成員，data member）以及一組操作這些資料、並為用戶端提供服務的函式（稱為成員函式，member function）。

- 類別可和其他類別具有關係，這些關係稱為「聯繫（association）」。

- 將軟體打包成類別後，未來的軟體系統可再利用（reuse）這些類別。一群相關類別通常會打包成可再利用的元件（component）。

- 類別的實體稱為物件。

- 有了物件技術，程式設計者可將標準化、可替換的部分（就是類別）加以組裝，打造出更多他們所需要的新軟體。

- 以物件導向觀點來分析和設計系統的程序，就稱為物件導向分析與設計（object-oriented analysis and design，OOAD）。

15.15　簡介 C++標準函式庫的 **vector** 類別樣板

- C++標準函式庫的 **vector** 類別樣板，可以提供更強大且多樣的功能，用以替代以指標為基礎的 C 語言陣列。

- 所有整數 **vector** 物件的元素，則初始值皆預設為 0。

- **vector** 能被定義來儲存任意型別的資料，其宣告型式爲

    vector *<type>* *name(size)*;

- **vector** 類別樣板的 **size** 成員函式，其回傳值爲 **vector** 中的元素個數。

- 使用方括弧（**[]**），可以存取或修改 **vector** 元素的值。

- 標準類別樣板 **vector** 物件之間可以直接用**==**或**!=**運算子相互比較。指定運算子（**=**）也能使用在 **vector** 物件上。

- 一個不能修改的左值是用來表示記憶體中的物件（例如 **vector** 的元素）的運算式，但不能用來修改該物件。可修改的左值也是用來表示記憶體中的物件，但它就可以用來修改物件。

- 例外（exception）代表程式在執行期間發生了狀況。「例外」這個名稱就表示這個問題應該不常發生，如果「規則」（rule）代表程式都正常執行，那麼出問題就表示是「規則的例外」。

- 例外處理（exception handling）讓你能建立容錯程式（fault-tolerant program），以解決例外。

- 要處理例外，便要把可能會拋出例外的程式碼放在敘述式裡。

- **try** 區塊包含有可能拋出例外的程式碼，**catch** 區塊則包含當問題發生時處理例外的程式碼。

- 當 **try** 區塊結束，任何在 **try** 區塊裡面宣告的變數都會脫離可用範圍。

- **catch** 區塊宣告了一個型別和例外參數。在 **catch** 區塊裡，你能使用參數的識別字與捕捉到的例外物件互動。

- 例外物件的 **what** 方法（method），回傳的是這個例外的錯誤訊息。

自我測驗

15.1 回答以下的問題

- a) 在 C++裡，不同的函式可能擁有相同的名稱，不過每個函式都有不同的引數型別或引數個數。此稱爲函式的_____。
- b) _____使我們可在某個區域變數的有效範圍內存取同名的全域變數。
- c) 函式_____讓我們只需定義單一函式便能對各種不同的資料型別進行相同的操作。
- d) _____是爲物件導向系統塑模時，最廣爲使用的圖形表示方式。
- e) _____以描述眞實世界物件的方式建立軟體元件的模型。
- f) C++程式設計師製造他們自己的使用者定義型別，稱爲_____。

15.2 在 C++裡，函式的原型中含有一個宣告爲 double&型別的參數，其用意何在？

15.3 （是非題）C++所有函式呼叫的引數均是傳值呼叫。

15.4 寫一個完整的程式，提示使用者球體半徑，計算並印出球體體積。然後使用行內函式 **sphereVolume** 回傳下列運算式的結果：**(4.0 / 3.0) * 3.14159 * pow(radius, 3)**。

自我測驗解答

15.1 a) 多載（overloading） b) 一元範圍解析運算子（::） c) 樣板（template） d) 統一塑模語言（UML） e) 物件導向設計（OOD） f) 類別

15.2 這會宣告一個型別為 double 的參考參數，讓函式透過傳參考呼叫的方式存取原始的引數變數加以修改原始變數值。

15.3 非。C++允許使用參考參數直接執行傳參考呼叫。

15.4 請參見下述程式碼：

```cpp
1   // Exercise 18.4 Solution: Ex18_04.cpp
2   // Inline function that calculates the volume of a sphere.
3   #include <iostream>
4   #include <cmath>
5   using namespace std;
6
7   const double PI = 3.14159; // define global constant PI
8
9   // calculates volume of a sphere
10  inline double sphereVolume( const double radius )
11  {
12     return 4.0 / 3.0 * PI * pow( radius, 3 );
13  }
14
15  int main()
16  {
17     double radiusValue;
18
19     // prompt user for radius
20     cout << "Enter the length of the radius of your sphere: ";
21     cin >> radiusValue; // input radius
22
23     // use radiusValue to calculate volume of sphere and display result
24     cout << "Volume of sphere with radius " << radiusValue
25        << " is " << sphereVolume( radiusValue ) << endl;
26  }
```

```
Enter the length of the radius of your sphere: 2
Volume of sphere with radius 2 is 33.5103
```

習題

15.5 寫一個 C++程式，提示使用者輸入矩形的長跟寬，呼叫 **inline** 函式 **rectArea** 計算矩形的面積。

15.6 寫一個完整的 C++程式包含以下兩種可互相代替的函式，每個都可將變數 **count** 乘以自己，並請在 main 中定義。試著比較兩種方式的異同。這兩個函式如下：

a) 函式 **multipleByValue** 使用傳值呼叫來傳遞 **count** 的副本，並將傳入值乘以它自己後傳回新值。

b) 函式 **multipleByReference** 透過參考參數，使用傳參考呼叫來傳遞 **count**，並利用別名（也就是參考參數）將 **count** 的原始值乘以它自己。

15.7 函式多載的作用為何？

15.8 寫一個程式，使用函式樣板 **product** 來計算兩個引數的乘積。請以整數及浮點數引數來測試此程式。

15.9 寫一個程式，使用函式樣板 **swap** 來交換兩個引數的內容。請以整數、字元及浮點數來測試此程式。

15.10 請檢查下列的程式片段是否有錯。對於每個錯誤，請說明如何更正。（請注意：程式片段可能並沒有任何錯誤存在。）

a)
```
template < A >
A sum( A num1, A num2, A num3 )
{
return num1 + num2 + num3;
}
```

b)
```
void printResults( int x, int y )
{
   cout >> "The sum is " >> x + y >> '\n';
}
```

c)
```
template <class T>
int product(int num1, int num2 )
{
return num1*num2
}
```

d)
```
double multiply( int );
int multiply( int );
```

NOTE

類別、物件與
字串簡介

16

學習目標

在本章中，你將學到：

■ 如何定義類別，並使用類別建
　立物件

■ 如何使用成員函式實作類別
　的行為

■ 如何在類別中定義資料成
　員，以實作類別的屬性

■ 如何呼叫物件的成員函式執
　行工作

■ 類別資料成員與函式區域變
　數的差異

■ 建立物件時，如何使用建構子
　初始化物件資料

■ 如何建構類別，以將其介面與
　實作分開，提高可再利用性

■ 如何使用字串類別的物件

16.1　簡介

本章程式會開始應用我們在 1.8 節和 15.13 節中介紹的物件導向程式設計的基本觀念。一般而言，你在本書這個部分所寫的程式，會由 **main** 函式以及一或多個類別組成，每個類別均有資料成員（data member）與成員函式（member function）。假如你是業界開發團隊的一份子，那麼你開發的軟體系統就可能有幾百個、甚至幾千個類別。我們將在本章開發一個簡單、設計精良的框架，以組織 C++物件導向程式。

　　我們介紹精心設計、完整、可運作的系列程式，教你如何建立、使用自己的類別。這些範例起始於整合開發一個成績表，助教可以用它來維護學生的測驗成績。這裡也會介紹到 C++標準函式庫類別字串。

16.2　定義一個含有成員函式的類別

我們從圖 16.1 的範例開始，此範例由兩個部分組成，一個是 **GradeBook** 類別（第 8-16 行），助教可以用這個成績簿來維護學生的測驗成績；另一個是 **main** 函式（第 19-23 行），負責建立 **GradeBook** 物件。**main** 函式會使用此物件及其成員函式 **displayMessage**（第 12-15 行）在螢幕上顯示訊息，歡迎助教使用成績簿程式。

```cpp
1   // Fig. 16.1: fig16_01.cpp
2   // Define class GradeBook with a member function displayMessage;
3   // Create a GradeBook object and call its displayMessage function.
4   #include <iostream>
5   using namespace std;
6
7   // GradeBook class definition
8   class GradeBook
9   {
10  public:
11     // function that displays a welcome message to the GradeBook user
12     void displayMessage() const
13     {
14        cout << "Welcome to the Grade Book!" << endl;
15     } // end function displayMessage
16  }; // end class GradeBook
```

圖 16.1　定義含有成員函式 **displayMessage** 的 GradeBook 類別，建立
GradeBook 物件，並呼叫函式 **displayMessage**

```
17
18    // function main begins program execution
19    int main()
20    {
21        GradeBook myGradeBook; // create a GradeBook object named myGradeBook
22        myGradeBook.displayMessage(); // call object's displayMessage function
23    } // end main
```

```
Welcome to the Grade Book!
```

圖 16.1　定義含有成員函式 **displayMessage** 的 **GradeBook** 類別，建立
GradeBook 物件，並呼叫函式 **displayMessage**(續)

GradeBook 類別

在 **main** 函式（第 19-23 行）可以開始建立 **GradeBook** 物件之前，我們得告訴編譯器這個類別究竟有哪些成員函式與資料成員。**GradeBook** 類別定義（class definition，第 8-16 行）包含一個 **displayMessage** 成員函式（第 12-15 行），可以在螢幕上顯示訊息（第 14 行）。我們必須建立一個 **GradeBook** 類別的物件（第 21 行），並呼叫其 **displayMessage** 成員函式（第 22 行），才能執行第 14 行，顯示出歡迎訊息。本章稍後會詳細解釋第 21-22 行。

　　類別定義從第 8 行開始，開頭是關鍵字 **class**，後面是類別名稱 **GradeBook**。根據慣例，使用者自訂類別的名稱以大寫字母開頭，且名稱中後續字詞的第一個字母都要大寫，以方便閱讀。這種大寫形式通常稱為 Pascal **命名法**（Pascal case），因為這種慣例在 Pascal 程式語言中被廣泛使用。間或出現的大寫字母類似駱駝的駝峰。更一般地說，**駝峰式大小寫**（camel case）允許第一個字母是小寫或大寫（例如，第 21 行中的 **myGradeBook**）。

　　每個類別的**本體**（body）由一對左右大括號（{與}）括起來，如第 9 行和第 16 行所示。類別定義以分號結尾（第 16 行）。

常見的程式設計錯誤 16.1

忘記在類別定義的結尾放分號是一種語法錯誤。

　　回想一下，執行程式時，一定會自動呼叫 **main** 函式。但大部分函式不會自動被呼叫。稍後我們將看到，我們必須明確呼叫 **displayMessage** 成員函式，才能叫它執行工作。

　　第 10 行中的關鍵字 **public** 稱作**存取指定詞**（access specifier）。第 12-15 行定義了成員函式 **displayMessage**。此成員函式出現在存取指定詞 **public：**之後，表示此函式是「可公開存取」的，也就是說，程式中的其他函式（例如 **main**），以及其他類別的成員函式（如果存在的話）都可以呼叫它。存取指定詞後面都有個分號（：）。從現在開始，當我們提到存取指定詞 **public** 時，都會省略冒號。第 16.4 節會介紹另外一種存取指定 **private**。本書稍後還會學到存取指定詞 **protected**。

　　程式中的每個函式會執行一種功能，且工作完成時可能有傳回值，例如函式執行計算後，就會傳回計算結果。當你定義函式時，必須指定**傳回型別**（return type），表示函式完成工作時傳回的值的型別。在第 12 行中，函式名稱 `displayMessage` 左邊的關鍵字 `void` 就是函式的傳回型別。`void` 傳回型別表示 `displayMessage` 會執行工作，但工作完成後，**不會傳回任何資料給呼叫它的函式**（calling function，在這個範例中，就是 `main` 的第 22 行，稍後將看到）。你可以在圖 16.5 看到有傳回值的函式。

　　傳回型別的後面就是成員函式的名稱 `displayMessage`（第 12 行）。根據慣例，我們的函式名稱使用駝峰式大小寫，以小寫字母開頭。成員函式名稱後的小括號表示它是個函式。如果是一組空的小括弧(如第 12 行所示)，表示此成員函式執行工作時，不需額外資料。你可在第 16.3 節看到需要額外資料的成員函式。

　　我們在第 12 行中宣告成員函式 `displayMessage const`，因為在顯示「**Welcome to the Grade Book！**」訊息的過程中，該函式「不會」也「不該」修改呼叫它的 `GradeBook` 物件。宣告 `displayMessage const` 告訴編譯器，「這個函式不應該修改它所呼叫的物件－－如果是的話，請發出編譯時期錯誤通知。」如果你不小心在 `displayMessage` 中插入程式碼來修改物件，這可以幫助你知道錯誤所在。第 12 行通常稱作**函式標頭**（function header）。

　　所有函式的本體會用左右大括號（{和}）括起來，如第 13 行與第 15 行所示。函式本體所包含的敘述式可執行函式的工作。在這個案例中，成員函式 `displayMessage` 有一行敘述式（第 14 行）用來顯示「**Welcome to the Grade Book!**」訊息。此敘述式執行之後，這個函式便完成工作了。

測試 GradeBook 類別

接著，我們要在程式中使用 **GradeBook** 類別。所有程式都從 `main` 函式（第 19-23 行）開始執行。在本程式中，我們要呼叫 **GradeBook** 類別的 `displayMessage` 成員函式，以顯示歡迎訊息。一般而言，我們要建立類別物件後，才能呼叫該類別的成員函式（第 17.14 節介紹的 `static` 成員函式則是例外）。第 21 行建立一個 **GradeBook** 類別的物件，稱作 **myGradeBook**。該變數的型別是 **GradeBook**，也就是我們在第 8-16 行定義的類別。當我們宣告 int 型別的變數時，編譯器知道 int 是什麼，因為它是已經建立在 C++中的基本型別。然而，在第 21 行，編譯器「無法」自動得知 **GradeBook** 是什麼型別，因為它是使用者**自訂型別**（user-defined type）。所以，我們要寫上類別定義（class definition），編譯器才看得懂 **GradeBook**，如第 8-16 行所做的。若沒寫這幾行，編譯器將產生錯誤訊息。你建立的每個新類別都是一種新「型別」，可拿來建立物件。你可以依需要定義新的類別型別；這也是人們認為 C++ 是「**可擴充程式語言（extensible programming language）**」的原因之一。

　　第 22 行使用 **myGradeBook** 變數加上**點號運算子**（.，dot operator）、函式名稱 **displayMessage** 以及一組空的小括號來呼叫成員函式 **displayMessage**。此呼叫使 **displayMessage** 函式執行其工作。第 22 行的開頭「**myGradeBook**」表示 **main** 應使用第 21 行建立的 **GradeBook** 物件。第 12 行的空小括弧表示成員函式 **displayMessage** 不須任何額外資料，就能執行其工作，所以我們在第 22 行是用空的小括弧來呼叫此函式（第 16.3 節將介紹如何傳送資料給函式）。當 **displayMessage** 完成工作後，程式就跑到 **main** 的最尾端（第 23 行）並結束。

GradeBook 類別的 UML 類別示意圖

15.13 節中我們曾提到，UML 是給軟體開發者以標準化的圖形式語言表達他們的物件導向系統的工具。在 UML 中，每個 **UML 類別示意圖（UML class diagram）** 中的類別都以長方形代表，裡面分成三個部分。圖 16.2 是圖 16.1 中 **GradeBook** 類別的 UML 類別示意圖。最上層是類別名稱，此名稱水平置中並採用粗體字。中間部分是類別的屬性，對應到 C++ 的資料成員。這部分目前是空的，因為 **GradeBook** 類別還沒有任何屬性（第 16.4 節將介紹具有屬性的 **GradeBook** 類別）。最底下部分是類別的操作，對應到 C++ 的成員函式。UML 的操作模型是操作名稱後面接著一組小括弧。**GradeBook** 類別只有一個成員函式 **displayMessage**，所以圖 16.2 的底部只列出一個操作名稱。成員函式 **displayMessage** 不需額外資料便可執行工作，所以類別示意圖中 **displayMessage** 後面的小括號是空的，就跟圖 16.1 中第 12 行的成員函式標頭一樣。操作名稱前面的加號（+）表示 **displayMessage** 是一種 UML 公用（public）型的操作（就是 C++ 的 **public** 成員函式）。

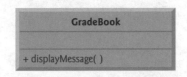

圖 16.2　UML 類別示意圖表示 **GradeBook** 類別有一個公用的 **displayMessage** 操作

16.3　定義一個具有參數的成員函式

第 1.8 節的汽車比喻曾討論到，踩油門會送訊號給車子，要它執行某個工作，也就是加速。但車子要加速到多快？如你所知，油門踩得愈重，車子加速愈快。因此，傳給車子的訊息包括要執行的工作,和幫助車子執行工作的額外資訊。這個額外資訊就是**參數**(parameter),參數值可幫助汽車決定加速程度。同樣的,成員函式可採用一或多個參數,表示執行工作所需的額外資料。函式呼叫會提供數值給函式的每個參數,稱爲**引數**(argument)。例如要存錢到銀行帳戶 **Account** 類別的 **deposit** 成員函式會指定一個參數,代表存款金額。呼叫 **deposit** 成員函式時,代表存款金額的引數值就會被複製到成員函式的參數中。接著,成員函式就會將這個值加進帳戶餘額中。

定義並測試 GradeBook 類別

下一個範例(圖 16.3)重新定義了 **GradeBook** 類別(第 9-18 行),我們修改了 **displayMessage** 成員函式(第 13-17 行),讓它在歡迎訊息中顯示課程名稱。新的 **displayMessage** 需要一個參數(第13行的 **courseName**),代表要輸出的課程名稱。

```cpp
1   // Fig. 16.3: fig16_03.cpp
2   // Define class GradeBook with a member function that takes a parameter,
3   // create a GradeBook object and call its displayMessage function.
4   #include <iostream>
5   #include <string> // program uses C++ standard string class
6   using namespace std;
7
8   // GradeBook class definition
9   class GradeBook
10  {
11  public:
12     // function that displays a welcome message to the GradeBook user
13     void displayMessage( string courseName ) const
14     {
15        cout << "Welcome to the grade book for\n" << courseName << "!"
16           << endl;
17     } // end function displayMessage
18  }; // end class GradeBook
19
20  // function main begins program execution
21  int main()
22  {
23     string nameOfCourse; // string of characters to store the course name
24     GradeBook myGradeBook; // create a GradeBook object named myGradeBook
25
26     // prompt for and input course name
27     cout << "Please enter the course name:" << endl;
28     getline( cin, nameOfCourse ); // read a course name with blanks
29     cout << endl; // output a blank line
30
31     // call myGradeBook's displayMessage function
32     // and pass nameOfCourse as an argument
33     myGradeBook.displayMessage( nameOfCourse );
34  } // end main
```

```
Please enter the course name:
CS101 Introduction to C++ Programming

Welcome to the grade book for
CS101 Introduction to C++ Programming!
```

圖 16.3　定義 **GradeBook** 類別,它具有含一個參數的成員函式。建立 **GradeBook** 物件,並呼叫其函式 **displayMessage**

討論 **GradeBook** 類別的新功能之前，先看看 main 是如何使用新類別的（第 21-34 行）。第 23 行建立一個 **string** 型別的變數，叫作 **nameOfCourse**，用來儲存使用者輸入的課程名稱。**string** 型別的變數表示一個字元字串，如「**CS101 Introduction to C++ Programming**」。**string** 實際上是 C++ 標準函式庫類別 string 的物件。此類別定義於標頭檔**<string>**中，而此名稱 **string** 就跟 **cout** 一樣，隸屬於命名空間 **std**。第 5 行加入了**<string>**標頭檔，編譯器才有辦法編譯第 13 行和第 23 行。注意，第 6 行的 **using** 命令可讓我們在第 23 行直接寫 **string**，而不用寫 **std::string**。目前，你可把 **string** 變數看作跟其他型別（如 **int**）的變數一樣。第 16.8 節將進一步探討 **string** 的其他功能。

第 24 行建立一個 **GradeBook** 類別物件，命名為 **myGradeBook**。第 27 行提示使用者輸入課程名稱。第 28 行從使用者處讀入名稱，並將它指派給 **nameOfCourse** 變數，這裡使用函式庫函式 **getline** 執行輸入工作。解釋這行程式碼之前，我們先解釋為何不能簡單寫成

```
cin >> nameOfCourse;
```

來取得課程名稱。

在範例程式執行時，我們採用「**CS101 Introduction to C++ Programming**」當作課程名稱，此名稱含多個以空白分開的單字（記得，我們用粗體字表示使用者輸入）。當 cin 與資料流擷取運算子共同使用來讀取 **string** 時，它會讀取字元，直到遇到第一個空白字元為止。因此，它只會讀到「CS101」。其餘的課程名稱會在後續的輸入操作時讀入。

此範例中，我們希望使用者一次輸入完整課程名稱，並按 **Enter** 送出至程式中，而且我們要把完整的課程名稱存在 **string** 變數 **nameOfCourse** 裡頭。第 28 行的函式呼叫 **getline(cin, nameOfCourse)**會從標準輸入資料流物件 **cin**（也就是鍵盤）讀入字元（包括輸入時所打的切分單字用的空白字元），直到碰到換行字元為止，再將字元存入 string 變數 **nameOfCourse** 中，並丟掉換行字元。當你在輸入資料時按 **Enter**，就會在輸入資料流中插入換行字元。亦請注意，程式必須含入**<string>**標頭檔，才能使用 **getline** 函式，**getline** 名稱隸屬於命名空間 **std**。

第 33 行呼叫 **myGradeBook** 的 **displayMessage** 成員函式。小括號裡的 **nameOfCourse** 變數就是傳給 **displayMessage** 成員函式的引數，讓函式得以執行工作。**main** 中的 **nameOfCourse** 變數值成為第 13 行 **displayMessage** 成員函式的 **courseName** 參數值。執行程式時，**displayMessage** 成員函式會將你輸入的課程名稱顯示成歡迎訊息的一部分（本執行範例是「**CS101 Introduction to C++ Programming**」）。

關於引數與參數的補充

若要在函式的定義指定函式運作所需的資料，請將額外資訊放在函式的**參數列**（parameter list），就是函式名稱後面的一對小括弧裡。參數列中的參數個數不限，沒有也可以（如圖 16.1 中第 12 行的空括號），表示該函式不需要任何參數。成員函式 **displayMessage** 的參數列（圖 16.3 的第 13 行）宣告該函式需要一個參數。每個參數都須指定型別及識別字。在本例中，string 型別與識別字 **courseName** 表示 **displayMessage** 成員函式需要一個 **string** 才能執行作業。成員函式本體使用 **courseName** 參數，以存取函式呼叫（**main** 的第 33 行）所傳給函式的值。第 15-16 行將 **courseName** 參數的值顯示為歡迎訊息的一部分。

函式可指定多個參數，中間用逗號隔開即可。函式呼叫中的引數個數與順序，必須跟被呼叫的成員函式標頭中的參數列相同。此外，函式呼叫中的引數型別，也必須跟函式標頭中對應的參數相同（後續章節將提到，引數型別不一定要跟參數型別相同，但必須「一致」）。在本範例中，函式呼叫中的那個 **string** 引數（就是 **nameOfCourse**）正好對應到成員函式定義中的那個 **string** 參數（就是 **courseName**）。

更新後的 **GradeBook** 類別的 UML 類別示意圖

圖 16.4 的 UML 類別示意圖將圖 16.3 的 **GradeBook** 類別予以模型化。就跟圖 16.1 定義的 **GradeBook** 類別一樣，此 **GradeBook** 類別具有 **public** 成員函式 **displayMessage**。但這一版的 **displayMessage** 有一個參數。UML 在操作名稱後的小括弧內列出參數名稱，中間加上冒號，再加上參數型別，藉此建立參數的模型。UML 有自己專屬的資料型別，跟 C++ 中的資料型別很像。

UML 是跟語言無關的，它可用在多種程式語言上，所以它使用的術語不一定跟 C++ 相同。例如 UML 的 **String** 型別就對應到 C++ 的 **string** 型別。**GradeBook** 類別的成員函式 **displayMessage**（圖 16.3 的第 13-17 行）有個 **string** 參數叫作 **courseName**，所以圖 16.4 在 **displayMessage** 操作名稱後面的小括號列上 **courseName: String**。此版的 **GradeBook** 類別依然沒有任何資料成員。

圖 16.4　UML 類別示意圖指出 **GradeBook** 類別有個公開的 **displayMessage** 操作，並有一個 **courseName** 參數，型別為 UML 的 **String**

16.4　資料成員、set 成員函式與 get 成員函式

在函式定義本體中宣告的變數，就稱為**區域變數**（local variable），它們的適用範圍就是從在函式中宣告的那一行開始，直到宣告區塊結束的右大括弧（}）為止。區域變數必須先宣告，才能在函式中使用。而在宣告該區域變數的函式之外，是不能存取該變數的。

　　類別通常由一或多個成員函式組成，這些函式可操控某個類別物件的屬性。屬性由類別定義中的變數表示。這種變數稱作「**資料成員（data member）**」，於類別定義中宣告，但它宣告在類別的成員函式定義本體的外部。每個類別中的物件都在記憶體中維護自己專屬的屬性。這些屬性在物件的生命週期中都會存在。本節範例說明含 **courseName** 資料成員的 **GradeBook** 類別，以表示特定 **GradeBook** 物件的課程名稱。如果你建立更多物件，而不是只有一個 **GradeBook** 物件，則每一個物件都會有它自己的 **courseName** 資料成員，這些物件都會有不同的值。

含一個資料成員、一個 set 成員函式與 get 成員函式的 GradeBook 類別

在下個範例中，**GradeBook** 類別（圖 16.5）將課程名稱當作資料成員，因此可在程式執行期間隨時使用或修改它。此類別中含有 **setCourseName**、**getCourseName** 與 **displayMessage** 成員函式。**setCourseName** 成員函式將課程名稱存在 **GradeBook** 的資料成員中。**getCourseName** 成員函式則從該資料成員取得課程名稱。**displayMessage** 成員函式（現在沒有參數了）仍會顯示含有課程名稱的歡迎訊息。然而，如你所見，此函式現在呼叫同類別的另一個函式 **getCourseName** 以取得課程名稱。

```cpp
1   // Fig. 16.5: fig16_05.cpp
2   // Define class GradeBook that contains a courseName data member
3   // and member functions to set and get its value;
4   // Create and manipulate a GradeBook object with these functions.
5   #include <iostream>
6   #include <string> // program uses C++ standard string class
7   using namespace std;
8
9   // GradeBook class definition
10  class GradeBook
11  {
12  public:
13     // function that sets the course name
14     void setCourseName( string name )
15     {
16        courseName = name; // store the course name in the object
17     } // end function setCourseName
18
19     // function that gets the course name
20     string getCourseName() const
21     {
22        return courseName; // return the object's courseName
23     } // end function getCourseName
24
25     // function that displays a welcome message
```

圖 16.5　定義並測試 GradeBook 類別，它具有一個資料成員、set 和 get 成員函式

```
26    void displayMessage() const
27    {
28        // this statement calls getCourseName to get the
29        // name of the course this GradeBook represents
30        cout << "Welcome to the grade book for\n" << getCourseName() << "!"
31            << endl;
32    } // end function displayMessage
33 private:
34    string courseName; // course name for this GradeBook
35 }; // end class GradeBook
36
37 // function main begins program execution
38 int main()
39 {
40    string nameOfCourse; // string of characters to store the course name
41    GradeBook myGradeBook; // create a GradeBook object named myGradeBook
42
43    // display initial value of courseName
44    cout << "Initial course name is: " << myGradeBook.getCourseName()
45        << endl;
46
47    // prompt for, input and set course name
48    cout << "\nPlease enter the course name:" << endl;
49    getline( cin, nameOfCourse ); // read a course name with blanks
50    myGradeBook.setCourseName( nameOfCourse ); // set the course name
51
52    cout << endl; // outputs a blank line
53    myGradeBook.displayMessage(); // display message with new course name
54 } // end main
```

```
Initial course name is:

Please enter the course name:
CS101 Introduction to C++ Programming

Welcome to the grade book for
CS101 Introduction to C++ Programming!
```

圖 16.5　定義並測試 **GradeBook** 類別，它具有一個資料成員、**set** 和 **get** 成員函式(續)

　　一般而言，講師所教授的課程都不只一門，每一門都有其課程名稱。第 34 行宣告 **courseName** 是一個 **string** 型別的變數。因為此變數宣告於類別定義中（第 10-35 行），但在類別的成員函式定義（第 14-17 行、第 20-23 行以及第 26-32 行）本體之外，因此該變數是一個資料成員。每個 **GradeBook** 類別的實體（也就是物件）都含一份類別中各個資料成員的副本，若有兩個 **GradeBook** 物件，每個物件有各自的 **courseName**，如範例 16.7 所示。讓 **courseName** 變成資料成員的好處之一，就是該類別的所有成員函式，都可以操作類別定義中的任何資料成員（此例中是 **courseName**）。

存取指定詞 public 和 private

大部分資料成員宣告的前面都有存取指定詞 **private**。在存取指定詞 **private** 後面（到下一個存取指定詞出現之間）所宣告的變數或函式，只能為它們所宣告的類別的成員函式或是該類別的夥伴（friend）所存取，如第 17 章所述。因此，只有 **GradeBook** 類別物件的 **setCourseName**、**getCourseName** 和 **displayMessage** 成員函式能使用資料成員 **courseName**（或是該類別的「夥伴」，如果有的話）。

測試和除錯的小技巧 16.1

將類別的資料成員設為 **private**，並將該類別的成員函式設為 **public**，可幫助除錯；因為若資料操作發生問題，可將範圍縮小至類別的成員函式或該類別的夥伴。

常見的程式設計錯誤 16.2

若某函式不是特定類別的成員（或不是該類別的夥伴），則試圖以此函式存取該類別的 private 成員，會產生編譯時期錯誤。

　　類別成員的預設存取權限是 **private**，所以在類別標頭之後以及第一個存取指定詞（如果有的話）之前的所有成員，都是 **private** 的。**public** 和 **private** 存取指定詞可以重複出現，但這沒有必要，且容易搞混。

　　用存取指定詞 **private** 宣告資料成員稱作**資料隱藏**（data hiding）。當程式建立一個 **GradeBook** 物件時，此物件就封裝（隱藏）了資料成員 **courseName**，只有該物件類別的成員函式能存取它。在 **GradeBook** 類別中，成員函式 **setCourseName** 與 **getCourseName** 會直接操作資料成員 **courseName**。

setCourseName 和 getCourseName 成員函式

成員函式 **setCourseName**（第 14-17 行）完成工作時不會傳回任何資料，所以其傳回型別為 void。此成員函式接收一個參數（name），代表當作引數傳入的課程名稱（如 **main** 的第 50 行所示）。第 16 行將 **name** 指派給資料成員 **courseName**，用以修改該物件（因為如此，我們不宣告 **setCourseName const**）。在本範例中，**setCourseName** 不會驗證課程名稱，也就是說，此函式不會檢查課程名稱是否符合特定格式，或是否遵循某種「有效」課程名稱的規則。例如，假設某大學印的學生成績單中，課程名稱不能超過 25 個字元。此時，我們可能想讓 **GradeBook** 類別檢查長度，確保 **courseName** 資料成員不會超過 25 個字元。第 16.8 節會討論到。

　　成員函式 getCourseName（第 20-23 行）傳回特定 **GradeBook** 物件的 **courseName**，「沒有」修改該物件，因此，我們宣告 **getCourseName const**。此成員函式有一個空的參數列，所以不需額外資料就能執行工作。此函式指出傳回值是個 **string**。若函式的傳回型別不是 **void**，則呼叫此函式且完成工作時，此函式會用 **return 敘述句**（**return statement**）傳回一個結果給呼叫者（如第 22 行）。例如，當你在自動提款機（ATM）上查詢餘額時，當然要 ATM 把帳戶餘額告訴你。同樣地，當某敘述式呼叫 **GradeBook** 物件的 **getCourseName** 成員函式時，該敘述式同樣希望得到 **GradeBook** 的課程名稱（本例中就是函式傳回型別所指定的 **string**）。

若你有一個 **square** 函式，它會傳回引數的平方值，則此敘述式

```
result = square( 2 );
```

會從 **square** 函式傳回 4，並將 **result** 變數的值設為 4。若你有個 **maximum** 函式，它會傳回三個整數引數中的最大值，則此敘述式

```
biggest = maximum( 27, 114, 51 );
```

會從 **maximum** 函式傳回 114，並將 **biggest** 變數的值設為 114。

　　第 16 和 22 行的敘述式都使用了 **courseName** 變數（第 34 行），雖然此變數並非在它們的成員函式中宣告。我們可以這樣做，是因為 **courseName** 是該類別的資料成員，而資料成員可以被該類別的成員函式所存取。

displayMessage 成員函式

成員函式 **displayMessage**（第 26–32 行）在完成工作時不會傳回任何資料，所以其傳回型別為 **void**。此函式不接收參數，所以它的參數列是空的。第 30–31 行輸出歡迎訊息，內含資料成員 **courseName** 的值。第 30 行呼叫成員函式 **getCourseName** 取得 **courseName** 的值。成員函式 **displayMessage** 亦可直接存取資料成員 **courseName**，就跟成員函式 **setCourseName** 和 **getCourseName** 一樣。稍後會簡單說明為何從軟體工程的觀點來看，最好選擇呼叫成員函式 **getCourseName** 取得 **courseName** 的值。

測試 GradeBook 類別

main 函式（第 38–54 行）建立一個 **GradeBook** 類別物件，並使用它的每個成員函式。第 41 行建立一個名為 **myGradeBook** 的 **GradeBook** 物件。第 44–45 行呼叫物件的 **getCourseName** 成員函式，以顯示課程名稱的初始值。第一行輸出不會顯示課程名稱，因為物件的 **courseName** 資料成員（是一個 **string**）一開始是空的。根據預設，**string** 的初始值是**空字串**（empty string），也就是不含任何字元的字串。空字串不會在螢幕上顯示任何東西。

　　第 48 行提示使用者輸入課程名稱。區域 **string** 變數 **nameOfCourse**（於第 40 行宣告）設為使用者輸入的課程名稱，此名稱是呼叫 **getline** 函式取得的（第 49 行）。第 50 行呼叫 **myGradeBook** 物件的 **setCourseName** 成員函式，並以 **nameOfCourse** 作為函式引數。呼叫此函式時，此引數的值會複製到成員函式 **setCourseName** 的參數 **name**（第 14 行）。接著便將此參數的值指派給資料成員 **courseName**（第 16 行）。第 52 行印出一行空白，第 53 行呼叫 **myGradeBook** 物件的 **displayMessage** 成員函式，顯示含課程名稱的歡迎訊息。

Set 和 Get 函式的軟體工程

只有類別的成員函式才能操作該類別的 **private** 資料成員（在第 17 章會看到，該類別的「夥伴」也能操作資料成員）。所以**物件的用戶端**（client of an object，也就是從該物件外部呼叫物件的成員函式的敘述式）呼叫類別的 **public** 成員函式，以要求特定物件的類別服務。這也是 **main** 函式敘述式中呼叫 **GradeBook** 物件的 **setCourseName**、**getCourseName** 和 **displayMessage** 成員函式的原因。類別通常會提供 public 成員函式，讓該類別的用戶端**設定**（set，也就是將值指派出去）或**取得**（get，也就是取回一個值）private 資料成員的值。這些成員函式的名稱不一定要以 **set** 或 **get** 開頭，但這是常見的命名慣例。此範例中，「設定」**courseName** 資料成員的是 **setCourseName** 成員函式；「取得」**courseName** 資料成員的是 **getCourseName** 成員函式。**set** 函式有時亦稱作**「改變子」**（mutator，因為它們可改變數值），**get** 函式亦稱作**「存取子」**（accessor，因為它們可存取數值）。

　　前面提過，以存取指定詞 **private** 宣告的資料成員，可以執行資料隱藏。提供 **public** 的 *set* 和 *get* 函式可讓類別的用戶端存取隱藏的資料，但只是間接存取。用戶端知道它在嘗試修改或取得物件的資料，但不知道物件執行這些操作的細節。有些時候，類別對內會用一種呈現資料的方式，對用戶端呈現時則用另一種。例如，假設 **Clock** 以 **private int** 資料成員 **time** 表示一天的時間，此資料儲存從午夜零時起到目前為止的秒數。但用戶端呼叫 **Clock** 物件的 **getTime** 成員函式時，物件可用 **string** 以「**HH:MM:SS**」格式傳回小時、分鐘和秒數。同樣的，假設 Clock 類別提供一個 *set* 函式，叫作 **setTime**，它讀入一個格式為「**HH:MM:SS**」的 **string** 參數。**setTime** 函式可將此 **string** 轉成秒數，然後存到 **private** 資料成員中。*set* 函式亦可檢查收到的值是否為有效時間（例如「**12:30:45**」是有效的，「**42:85:70**」是無效的）。*set* 與 *get* 函式可讓用戶端與物件互動，但物件的 private 資料仍安全地封裝（隱藏）在物件本身當中。

　　即使是同一類別中的其他成員函式，也應使用 *set* 與 *get* 函式操作這個類別的 **private** 資料，雖然這些成員函式「可以」直接存取 private 資料。在圖 16.5 中，成員函式 **setCourseName** 與 **getCourseName** 都是 **public** 成員函式，所以用戶端可以存取該類別，當然，該類別本身也可以存取它們。**displayMessage** 成員函式呼叫 **getCourseName** 成員函式，以取得資料成員 **courseName** 的值供顯示之用，就算 **displayMessage** 可直接存取 **courseName**，但還是透過 *get* 函式來存取資料成員會比較好，這樣可以建立更加穩固（也就是更易維護、不易故障）的類別。若我們要以某種方式改變資料成員 **courseName**，**displayMessage** 定義也不需要修改，只有直接操作資料成員的 *get* 與 *set* 函式本體需要被修改。例如，假設我們要將課程名稱分成兩個資料成員：**courseNumber**（如「**CS101**」）與

courseTitle（如「**Introduction to C++ Programming**」）顯示。**displayMessage** 成員函式依然只要呼叫 **getCourseName** 成員函式，就可取得完整的課程名稱，將它顯示在歡迎訊息中。此時，**getCourseName** 會需要把 **courseNumber** 與 **courseTitle** 組成一段 **string** 並傳回。**displayMessage** 成員函式依然可顯示完整的課程名稱「**CS101 Introduction to C++ Programming**」。至於從同類別的其他成員函式呼叫 *set* 函式有什麼好處？第 16.8 節討論驗證時你就明白了。

良好的程式設計習慣 16.1

請一定要用 **get** 和 **set** 函式存取、操作資料成員，以將改變類別資料成員的影響侷限在小範圍內。

軟體工程的觀點 16.1

請撰寫清楚、易於維護的程式。諸行無常。程式總有一天要改的，或者常常要改，程式設計者得體認到這點。

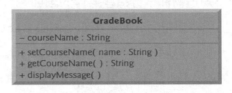

圖 16.6　**GradeBook** 類別的 UML 類別示意圖，它有 **private** 的 **courseName** 屬性，和 **public** 的 **setCourseName**、**getCourseName** 與 **displayMessage** 操作。

含一個資料成員、一個 set 函式與 get 函式的 GradeBook UML 類別示意圖

圖 16.6 是更新過的 UML 類別示意圖，描述圖 16.5 的 **GradeBook** 類別。此圖將 **GradeBook** 的資料成員 **courseName** 的屬性建模，條列如圖中間部分。UML 列出屬性名稱，並在屬性名稱之後接著冒號與屬性型別，以將資料成員表示成屬性。**courseName** 屬性的 UML 型別是 **String**，對應到 C++的 **string**。資料成員 **courseName** 在 C++中是 **private** 的，所以類別示意圖在屬性名稱前加上減號（–）。**GradeBook** 類別有三個 **public** 成員函式，因此類別示意圖在第三部分列出三個操作名稱。**setCourseName** 操作有一個 **String** 型別的參數，叫作 **name**。UML 在操作名稱後的小括弧後面，加上一個冒號及傳回型別，表示此操作的傳回型別。**GradeBook** 類別的成員函式 **getCourseName** 在 C++中的傳回型別是 **string**，所以類別示意圖顯示 UML 的 **String** 傳回型別。**setCourseName** 與 **displayMessage** 操作不會傳回任何值（也就是說在 C++它們傳回 **void**），所以 UML 類別示意圖沒有在操作的小括弧後面指明傳回型別。

16.5　以建構子將物件初始化

如第 16.4 節所述，建立 GradeBook 類別（圖 16.5）的物件時，其資料成員 courseName 會預設其初始值為空字串。若你建立 GradeBook 物件時，想同時提供課程名稱呢？你所宣告的每個類別都可提供一個或多個**建構子**（constructor），建立物件時，便能使用建構子將類別物件初始化。建構子是一種特殊的成員函式，在定義時其名稱必須和類別相同，編譯器才能區別它與該類別其他成員函式。建構子與其他成員函式的一個重要差異，就是建構子不能傳回值，因此它不能指定傳回型別（就連 void 也不行）。通常，建構子都宣告為 public。你也可以使用函式多載建立具有多個建構子的類別。

C++建立每個物件會自動呼叫建構子，它會幫助程式確保在使用物件前，每個物件均已妥當地初始化。建立物件時，程式會自動呼叫其類別的建構子。若類別沒有明確寫出建構子，編譯器就提供一個**預設建構子**（default constructor），也就是沒有參數的建構子。例如，當圖 16.5 的第 41 行建立 GradeBook 物件時，便呼叫了預設建構子。編譯器提供的預設建構子在建立 GradeBook 物件時，不會提供任何初始值給物件的基本型別資料成員。若資料成員本身是其他類別的物件的話，預設建構子會隱含呼叫每個資料成員的預設建構子，以確保資料成員能正確地初始化。這就是為什麼 string 資料成員 courseName（圖 16.5）會被初始化成空字串的原因，string 類別的預設建構子會將 string 的值設定成空字串。

在圖 16.7 的範例中，我們在建立物件時（第 47 行）指定 GradeBook 物件的課程名稱。本例中，引數「CS101 Introduction to C++ Programming」會傳送到 GradeBook 物件的建構子裡（第 14-18 行），並用來初始化 courseName。圖 16.7 定義了修改過的 GradeBook 類別，內含一個具有 string 參數的建構子，以接收課程名稱的初始值。

```cpp
1   // Fig. 16.7: fig16_07.cpp
2   // Instantiating multiple objects of the GradeBook class and using
3   // the GradeBook constructor to specify the course name
4   // when each GradeBook object is created.
5   #include <iostream>
6   #include <string> // program uses C++ standard string class
7   using namespace std;
8
9   // GradeBook class definition
10  class GradeBook
11  {
12  public:
13     // constructor initializes courseName with string supplied as argument
14     explicit GradeBook( string name )
15        : courseName( name ) // member initializer to initialize courseName
16     {
17        // empty body
18     } // end GradeBook constructor
19
20     // function to set the course name
21     void setCourseName( string name )
```

圖 16.7　實體化多個 GradeBook 類別的物件，並在建立各個 GradeBook 物件時，以
　　　　Gradebook 的建構子指定課程名稱

```
22       {
23           courseName = name; // store the course name in the object
24       } // end function setCourseName
25
26       // function to get the course name
27       string getCourseName() const
28       {
29           return courseName; // return object's courseName
30       } // end function getCourseName
31
32       // display a welcome message to the GradeBook user
33       void displayMessage() const
34       {
35           // call getCourseName to get the courseName
36           cout << "Welcome to the grade book for\n" << getCourseName()
37               << "!" << endl;
38       } // end function displayMessage
39   private:
40       string courseName; // course name for this GradeBook
41   }; // end class GradeBook
42
43   // function main begins program execution
44   int main()
45   {
46       // create two GradeBook objects
47       GradeBook gradeBook1( "CS101 Introduction to C++ Programming" );
48       GradeBook gradeBook2( "CS102 Data Structures in C++" );
49
50       // display initial value of courseName for each GradeBook
51       cout << "gradeBook1 created for course: " << gradeBook1.getCourseName()
52           << "\ngradeBook2 created for course: " << gradeBook2.getCourseName()
53           << endl;
54   } // end main
```

```
gradeBook1 created for course: CS101 Introduction to C++ Programming
gradeBook2 created for course: CS102 Data Structures in C++
```

圖 16.7　實體化多個 **GradeBook** 類別的物件，並在建立各個 GradeBook 物件時，以
　　　　Gradebook 的建構子指定課程名稱(續)

定義建構子

圖 16.7 的第 14-18 行定義 **GradeBook** 類別的建構子。注意，建構子的名稱與其類別相同，
在這裡是 **GradeBook**。建構子將執行工作所需的資料指定在它的參數列中。建立新物件時，
我們將此資料放在物件名稱後的小括號中（如第 47-48 行所示）。第 14 行表示 **GradeBook**
類別的建構子有個叫 **name** 的 **string** 參數。我們宣告這個建構子 explicit，因為它有單一參
數，這對於將在第 18.13 節學到的微妙原因來說很重要。現在，只要宣告所有單一參數的建構
子 **explicit** 就可以了。第 14 行沒有指定傳回型別，因為建構子不能傳回數值（連 **void** 也
不行）。另外，建構子不能宣告為 **const**（因為初始化物件時會修改到它）。

　　建構子使用**成員初值列**（member-initialized list，第 15 行）以建構子的參數 **name** 之值
來初始化 **courseName** 資料成員。成員初值出現在建構子的參數列與標示建構子本體開始的
左大括號之間。成員初值列用冒號（**:**）與參數列分隔。成員初值包含一個資料成員的變數名
稱，後面接著含有成員初值的小括號。在這個範例中，**courseName** 以參數 **name** 的值初始

化。如果一個類別包含一個以上的資料成員，則每個資料成員的初值之間是以逗號分隔。成員初值列在建構子的本體執行之前執行。你可以在建構子的本體中進行初始化，但稍後你會學到，使用成員初值會更有效率，而且某些型別的資料成員必須以這種方式進行初始化。

　　請注意，建構子（第 14 行）和 **setCourseName** 函式（第 21 行）使用名為 **name** 的參數。你可以在不同的函式中使用相同的參數名稱，因為這些參數對於每個函式來說都是區域性的，它們之間不會相互干擾。

測試 GradeBook 類別

圖 16.7 的第 44-54 行定義了 **main** 函式，以測試 **GradeBook** 類別，並示範如何使用建構子初始化 **GradeBook** 物件。第 47 行建立並初始化一個叫作 **gradeBook1** 的 **GradeBook** 物件。執行本行時，會呼叫 **GradeBook** 建構子（第 14-18 行），並傳入引數「**CS101 Introduction to C++ Programming**」以初始化 **gradeBook1** 的課程名稱。第 48 行重複此程序，建立一個叫作 **gradeBook2** 的 **GradeBook** 物件，這回傳入引數「**CS102 DataStructures in C++**」以初始化 **gradeBook2** 的課程名稱。第 51-52 行使用每個物件的 **getCourseName** 成員函式取得課程名稱，以顯示出建立物件時，的確進行初始化了。從輸出就可看出來，每個 **GradeBook** 物件都維護了一份自己的資料成員 **courseName**。

為類別提供預設建構子的方法

沒有引數的建構子就叫預設建構子。類別取得預設建構子的方法有以下幾種：

1. 編譯器隱含地在每個沒有任何使用者定義的建構子的類別中建立一個預設建構子。預設建構子不會初始化類別的資料成員，但若是該資料成員本身是另一個類別的物件的話，會呼叫每個資料成員的預設建構子。一個沒有初始化的變數通常會包含未定義的「垃圾」值（garbage value）。

2. 明確定義一個沒有引數的建構子。這種預設建構子會為每一個同時是其他類別的物件的資料成員呼叫預設建構子，並執行由設計者指定的額外資訊。

3. 如果你用引數定義了任何建構子，C++不會為該類別隱含地建立一個預設建構子。稍後我們會示範即使你已經定義了非預設建構子，C++11 標準還是允許你強制讓編譯器建立預設建構子。

圖 16.1、圖 16.3 和圖 16.5 的每一版 **GradeBook** 類別，均有編譯器自行隱含定義的預設建構子。

測試和除錯的小技巧 16.2

除非類別的資料成員不需初始化（這不太可能），不然還是提供一個建構子，以確保建立你自定類別的新物件時，類別的資料成員有合理的初始值。

 軟體工程的觀點 16.2

我們可用類別建構子設定資料成員的初始值，或在建立好物件後再設定它的值。然而，在用戶端程式碼含括物件的成員函式前，確定該物件已完整初始化，是個良好的軟體工程習慣。你不該單靠用戶端程式來確定物件是否已正確初始化。

將建構子納入 GradeBook 類別的 UML 類別示意圖

圖 16.8 的 UML 類別示意圖建立了圖 16.7 的 GradeBook 類別模型，它有一個建構子，其參數名稱是 name，型別是 string（由 UML 的 String 型別表示）。跟操作一樣，UML 類別示意圖將建構子的模型放在該類別的第三部分。為了區分建構子和類別操作，UML 在建構子名稱前面的雙箭號（<<和>>）之間放了「constructor」字樣。在第三部分中，我們習慣將類別的建構子列在其他操作前面。

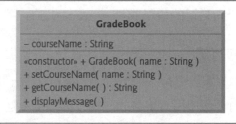

圖 16.8　UML 類別示意圖表示 GradeBook 類別有個建構子，並有一個 name 參數，型別為 UML 的 String

16.6　將類別放在獨立檔案以提高可再使用性

建立類別定義的好處之一，就是若套件設定得當，其他程式設計者便可重複使用我們的類別。例如，任何 C++程式均可重複使用 C++標準函式庫的 string 型別，只要在程式中包含標頭檔 <string> 即可（稍後你將會看到，這樣便可連結至此函式庫的目的碼）。

　　但想使用我們所設計的 GradeBook 類別的程式設計者，無法在別的程式中直接包含圖 16.7 的程式碼檔案就開始使用。你知道的，所有程式都從 main 函式開始執行，所有程式也只能有一個 main 函式。若其他程式設計者把圖 16.7 的程式碼包含進來，在他的程式中就多了一塊「垃圾」：我們的 main 函式，在他們的程式裡就有兩個 main 函式了。當編譯器要編譯含有兩個 main 函式的程式時會產生錯誤。因此，若將 main 跟類別定義擺在同一個檔案中，其他的程式就不能再利用這個類別了。本節介紹如何將 **GradeBook** 類別單獨放進另一個檔案中，跟 **main** 函式隔開，好讓別的程式能再利用。

標頭

本章前述範例都由一個**.cpp** 檔組成，此檔也叫**原始碼檔案**（source-code file），它包含 **GradeBook** 類別定義和一個 **main** 函式。在建構物件導向 C++程式時，通常會將可再利用的原始碼（如類別）定義在副檔名為**.h** 的檔案中，這就是**標頭檔**（header）。程式使用**#include** 前置處理指令以含括標頭檔，藉此運用可再利用的軟體元件，如 C++標準函式庫提供的 **string** 型別，以及像 **GradeBook** 這樣的使用者自訂型別。

　　下個範例中，我們將圖 16.7 的程式碼分成兩個檔案：**GradeBook.h**（圖 16.9）與 **fig16_10.cpp**（圖 16.10）。如你在圖 16.9 看到的，它的標頭只有 **GradeBook** 類別定義（第 7-38 行）以及這個類別使用的標頭。使用 **GradeBook** 類別的 **main** 函式則定義於原始碼檔案 **fig16_10.cpp**（圖 16.10）的第 8-18 行。為了讓你習慣本書接下來要介紹，以及業界所碰到的較大程式，我們通常用另一個含 **main** 函式的獨立原始碼檔案來測試我們的類別，這就叫**測試程式**（driver program）。稍後會介紹一個含有 **main** 的原始碼檔案如何用標頭內的類別定義，建立出類別的物件。

```
1   // Fig. 16.9: GradeBook.h
2   // GradeBook class definition in a separate file from main.
3   #include <iostream>
4   #include <string> // class GradeBook uses C++ standard string class
5
6   // GradeBook class definition
7   class GradeBook
8   {
9   public:
10      // constructor initializes courseName with string supplied as argument
11      explicit GradeBook( std::string name )
12         : courseName( name ) // member initializer to initialize courseName
13      {
14         // empty body
15      } // end GradeBook constructor
16
17      // function to set the course name
18      void setCourseName( std::string name )
19      {
20         courseName = name; // store the course name in the object
21      } // end function setCourseName
22
23      // function to get the course name
24      std::string getCourseName() const
25      {
26         return courseName; // return object's courseName
27      } // end function getCourseName
28
29      // display a welcome message to the GradeBook user
30      void displayMessage() const
31      {
32         // call getCourseName to get the courseName
33         std::cout << "Welcome to the grade book for\n" << getCourseName()
```

圖 16.9　將 **GradeBook** 類別定義與 **main** 分開，放在另一個檔案中

```
34          << "!" << std::endl;
35      } // end function displayMessage
36  private:
37      std::string courseName; // course name for this GradeBook
38  }; // end class GradeBook
```

圖 16.9　將 **GradeBook** 類別定義與 **main** 分開，放在另一個檔案中(續)

```
1   // Fig. 16.10: fig16_10.cpp
2   // Including class GradeBook from file GradeBook.h for use in main.
3   #include <iostream>
4   #include "GradeBook.h" // include definition of class GradeBook
5   using namespace std;
6
7   // function main begins program execution
8   int main()
9   {
10      // create two GradeBook objects
11      GradeBook gradeBook1( "CS101 Introduction to C++ Programming" );
12      GradeBook gradeBook2( "CS102 Data Structures in C++" );
13
14      // display initial value of courseName for each GradeBook
15      cout << "gradeBook1 created for course: " << gradeBook1.getCourseName()
16          << "\ngradeBook2 created for course: " << gradeBook2.getCourseName()
17          << endl;
18  } // end main
```

```
gradeBook1 created for course: CS101 Introduction to C++ Programming
gradeBook2 created for course: CS102 Data Structures in C++
```

圖 16.10　從 **GradeBook**.h 檔內含進 **Gradebook** 類別，以在 **main** 中使用

在標頭檔中使用 **std::** 和標準函式庫元件

在整個標頭檔中（圖 16.9），當用到 **string**（第 11、18、24 和 37 行）、**cout**（第 33 行）和 **endl**（第 34 行）時，我們使用 **std ::**。由於一些微妙的原因，我們將在後面的章節中說明，標頭檔不應包含 **using** 指令或 **using** 宣告。

含括一個內含使用者自訂類別的標頭檔

GradeBook.h（圖 16.9）這樣的標頭檔不能當作一個完整的程式使用，因為它沒有 **main** 函式。若要測試 **GradeBook** 類別（於圖 16.9 定義），必須另外寫一個內含 **main** 函式的原始碼檔案（如圖 16.10），該程式碼會實體化類別物件並加以使用。

編譯器看不懂 **GradeBook** 是什麼，因為它是使用者自訂型別。實際上，編譯器連 C++ 標準函式庫裡的類別都不懂。我們必須明確告訴編譯器該類別定義為何，它才知道要如何使用類別，這也是程式使用 **string** 型別之前必須包含 **<string>** 標頭檔的原因。如此，編譯器才曉得要為每個 **string** 物件保留多少記憶體空間，並確保程式以正確的方式呼叫 **string** 的成員函式。

為了在圖 16.10 的第 11-12 行建立 **gradeBook1** 和 **gradeBook2** 這兩個 **GradeBook** 物件，編譯器必須知道 **GradeBook** 物件的大小。雖然觀念上，物件包含了資料成員與成員函式，但 C++物件其實只包含資料。編譯器只會建立一份類別成員函式的副本，讓所有類別物

件共用此副本。當然，每個物件都要有自己的資料成員，因為各物件的資料內容可能不一樣（例如兩個不同的 **BankAccount** 物件就有不同的餘額）。但成員函式的程式碼是不能被修改的，所以可讓類別中所有的物件共享。因此，物件大小取決於儲存該類別資料成員所需的記憶體空間。第 4 行包含了 **GradeBook.h**，因此編譯器可得到所需資訊（圖 16.9 的第 37 行），決定 **GradeBook** 物件的大小，也可判斷是否正確的使用該類別的物件（圖 16.10 的第 11-12 行與第 15-16 行）。

　　第 4 行要求 C++前置處理器在編譯程式之前，先將此前置處理指令取代成 **GradeBook**.h（也就是 **GradeBook** 的類別定義）的內容。現在，編譯原始碼檔案 **fig16_10.cpp** 時，它就含有 **GradeBook** 類別定義了（因為有#include），編譯器也能決定 **GradeBook** 物件的建立方式，以及檢查是否正確呼叫他們的成員函式。現在，類別定義放在標頭檔裡（沒有 **main** 函式），在任何程式都能包含此標頭檔，以重複使用我們做的 **GradeBook** 類別。

如何找到標頭

注意，圖 16.10 中第 4 行的 **GradeBook.h** 標頭檔的檔名是以雙引號（**" "**）包起來，而不是箭號（<>）。程式的原始碼檔案與使用者自訂的標頭檔通常會放在「相同」目錄下。當前置處理器碰到雙引號中的標頭檔名時，它會在相同目錄中尋找標頭檔，就跟該檔在**#include**指令中出現的方式一樣。若前置處理器在該目錄中找不到標頭檔，它會從 C++標準函式庫標頭檔所在的目錄中尋找。當前置處理器碰到箭號中的標頭檔名時（如**<iostream>**），它會假設該標頭檔是 C++標準函式庫的一部分，而不會尋找被前置處理的程式所在的目錄。

測試和除錯的小技巧 16.3

為了確保前置處理器能正確找到標頭檔，#include 前置處理指令應將使用者自訂標頭檔名放在雙引號中（如**"GradeBook.h"**），將 C++標準函式庫標頭檔放在箭號中（如<iostream>）。

其他軟體工程議題

現在，**GradeBook** 類別已定義在標頭檔中，所以這個類別可以被再利用了。但是，將類別定義放在如圖 16.9 的標頭檔中，還是會把整個類別的實作暴露給該類別的用戶端。因為 **GradeBook.h** 只是個文字檔，誰都可以開啟及閱讀。軟體工程有句俗話：要用類別物件，用戶端程式碼只要知道該呼叫哪些成員函式、該餵哪些引數給每一個成員函式，以及每個成員函式的傳回型別就可以了。用戶端程式碼不需要知道這些函式的實作方式。

　　若用戶端程式碼已經知道類別的實作方式，該程式設計者可能就會依照類別實作的細節來寫用戶端程式碼。理想上，若類別實作變更，類別的用戶端不應該跟著變。將類別實作的細節隱藏起來，未來較易修改類別的實作方式，也可將用戶端的變動幅度降低，最好就此不用改用戶端程式碼。

　　第 16.7 節會介紹如何將 **GradeBook** 類別分成兩個檔案，以達成下列目的：

1. 類別可重複使用。

2. 類別的用戶端知道該類別要提供哪些成員函式、如何呼叫它們，以及傳回型別為何。

3. 用戶端不知道該類別成員函式的實作方式。

16.7　將介面與實作分開

前一節講到如何將類別定義與使用該類別的用戶端程式碼（如 **main** 函式）分開，以提升軟體的可再利用性。現在介紹另一條良好軟體工程的基本守則——**將介面與實作分開**。

類別的介面

介面（Interface）將事物，像是人與系統間互動的方式予以定義和標準化。例如，收音機控制器就是使用者與內部元件之間的介面。控制器可讓使用者執行部分操作（如切換電台、調音量、切換 AM 和 FM）。各種收音機可能以不同方式實作這些操作，有些用按鈕、有些用旋鈕、有些用聲控。介面說明了收音機提供「什麼」操作方式給使用者，但沒有說明「如何」實作收音機內部的操作。

　　同樣地，**類別的介面**（interface of a class）說明類別提供了「什麼（what）」服務給用戶端，以及如何要求（request）使用這些服務，但沒有說明「如何（how）」實作這些服務。類別的 **public** 介面由類別的 **public** 成員函式組成，也叫作類別的 **public 服務**（public services）。例如，**GradeBook** 類別的介面（圖 16.9）有一個建構子以及 **setCourseName**、**getCourseName** 和 **displayMessage** 成員函式。**GradeBook** 的用戶端（如圖 16.10 的 **main**）使用這些函式以要求類別的服務。稍後將看到，我們可以撰寫一種類別定義，裡面只列出成員函式名稱、傳回型別與參數型別，以指定類別的介面。

將介面與實作分開

前述範例中，每個類別定義均包含完整的類別的 **public** 成員函式定義，以及 **private** 資料成員的宣告。但為了達到更優良的軟體工程，應將成員函式的定義放在類別定義之外，如此一來，成員函式的實作細節便能從用戶端程式碼隱藏起來。這麼做可以確保你所寫的用戶端程式碼，不會依附於類別實作細節上。

　　圖 16.11-16.13 的程式將圖 16.9 的類別定義分成兩個檔案，以將 **GradeBook** 的介面與實作分開，標頭檔 **GradeBook.h**（圖 16.11）是 **GradeBook** 類別的定義，原始碼檔案 **GradeBook.cpp**（圖 16.12）則是 **GradeBook** 的成員函式定義。習慣上，定義成員函式的原始碼的主檔名和類別的標頭檔相同（如 **GradeBook**），但副檔名為 **.cpp**。原始碼檔案 **fig16_13.cpp**（圖 16.13）定義了 **main** 函式（用戶端程式碼）。圖 16.13 的程式碼與輸出和圖 16.10 一模一樣。圖 16.14 分別從 **GradeBook** 類別實作者與用戶端程式設計者的角度，顯示這三個檔案的編譯方式。後面將深入解釋本圖。

GradeBook.h：以函式原型定義類別介面

標頭檔 **GradeBook.h**（圖 16.11）內含另一個版本的 **GradeBook** 類別定義（第 8-17 行）。此版跟圖 16.9 的內容很像，但圖 16.9 的函式定義在圖 16.11 中則由**函式原型**（function prototype，第 11-14 行）取代，它描述類別的 **public** 介面，但沒有暴露類別成員函式的實作。「函式原型」是一種函式的宣告，可告訴編譯器此函式的名稱、傳回型別和參數型別。此標頭檔依然指定了類別的 **private** 資料成員（第 16 行）。同樣的，編譯器必須曉得類別的資料成員，以決定要為類別中的每一個物件保留多少記憶體空間。在用戶端程式碼中（圖 16.13 的第 5 行）中包含標頭檔 **GradeBook.h** 可提供編譯器所需的資訊，確保用戶端程式碼以正確方式呼叫 **GradeBook** 類別的成員函式。

```cpp
1   // Fig. 16.11: GradeBook.h
2   // GradeBook class definition. This file presents GradeBook's public
3   // interface without revealing the implementations of GradeBook's member
4   // functions, which are defined in GradeBook.cpp.
5   #include <string> // class GradeBook uses C++ standard string class
6
7   // GradeBook class definition
8   class GradeBook
9   {
10  public:
11     explicit GradeBook( std::string ); // constructor initialize courseName
12     void setCourseName( std::string ); // sets the course name
13     std::string getCourseName() const; // gets the course name
14     void displayMessage() const; // displays a welcome message
15  private:
16     std::string courseName; // course name for this GradeBook
17  }; // end class GradeBook
```

圖 16.11　**GradeBook** 類別定義，裡面有用來指定類別介面的函式原型

　　第 11 行的函式原型（圖 16.11）表示建構子需要一個 **string** 參數。前面提過，建構子沒有傳回型別，所以函式原型中沒有傳回型別。成員函式 **setCourseName** 的函式原型表示 **setCourseName** 需要一個 **string** 參數，且沒有傳回值（也就是傳回型別是 **void**）。成員函式 **getCourseName** 的函式原型表示此函式不需要參數，並傳回一個 **string**。最後，成員函式 **displayMessage** 的函式原型（第 14 行）指定 **displayMessage** 不需要參數，也

沒有傳回值。這些函式原型跟圖 16.9 中相對應的函式定義的開頭幾行相同，但它沒有寫上參數名稱（函式原型不一定要寫參數名稱），且每個函式原型均需以分號結尾。

 良好的程式設計習慣 16.2

雖然函式原型不一定要寫參數名稱（編譯器會忽略此名稱），但許多程式設計者還是會為了製作文件方便起見寫上名稱，方便閱讀。

GradeBook.cpp：將成員函式定義在另一個獨立的原始碼檔案中

原始碼檔案 **GradeBook.cpp**（圖 16.12）定義了 **GradeBook** 類別的成員函式，這些成員函式於圖 16.11 的第 11-14 行宣告。第 9–33 行是成員函式的定義，幾乎跟圖 16.9 中第 11-35 行的成員函式定義一模一樣。請注意，**const** 關鍵字必須在函式原型（圖 16.11 的第 13-14 行）以及函式 **getCourseName** 和 **displayMessage** 函式的函式定義（第 22 和 28 行）中都出現。

```cpp
1   // Fig. 16.12: GradeBook.cpp
2   // GradeBook member-function definitions. This file contains
3   // implementations of the member functions prototyped in GradeBook.h.
4   #include <iostream>
5   #include "GradeBook.h" // include definition of class GradeBook
6   using namespace std;
7
8   // constructor initializes courseName with string supplied as argument
9   GradeBook::GradeBook( string name )
10     : courseName( name ) // member initializer to initialize courseName
11  {
12     // empty body
13  } // end GradeBook constructor
14
15  // function to set the course name
16  void GradeBook::setCourseName( string name )
17  {
18     courseName = name; // store the course name in the object
19  } // end function setCourseName
20
21  // function to get the course name
22  string GradeBook::getCourseName() const
23  {
24     return courseName; // return object's courseName
25  } // end function getCourseName
26
27  // display a welcome message to the GradeBook user
28  void GradeBook::displayMessage() const
29  {
30     // call getCourseName to get the courseName
31     cout << "Welcome to the grade book for\n" << getCourseName()
32        << "!" << endl;
33  } // end function displayMessage
```

圖 16.12　**GradeBook** 成員函式定義，代表 **GradeBook** 類別的實作

每個函式標頭檔的成員函式名稱（第 9、16、22、28 行）前面都有類別名稱和 **::**，這稱為**範圍解析運算子**（scope resolution operator）。它們會把每個成員函式「綁」到宣告類別的成員函式與資料成員的 **GradeBook** 類別定義（現在是另一個檔案，圖 16.11）上面。若不在每個函式名稱前面寫「**GradeBook::**」，編譯器就不知道這些函式是 **GradeBook** 類別的

成員函式，而會把它們當成「自由」（free）或「鬆散」（loose）的函式，如 **main**。這些函式又稱作全域函式（global function）。如此一來，若沒有指定一個物件，這種函式就不能存取 **GradeBook** 的 **private** 資料，或呼叫類別的成員函式。所以，編譯器無法編譯這些函式。例如，圖 16.12 中的第 18 行和第 24 行存取了 **courseName** 變數，若不做此動作，便會造成編譯時期錯誤，因為 **courseName** 並沒有宣告成在每個函式內的區域變數，編譯器並不知道 **courseName** 已宣告成 **GradeBook** 類別的資料成員了。

常見的程式設計錯誤 16.3

在類別外部定義類別的成員函式時，若沒在函式名稱前面寫上類別名稱與範圍解析運算子（**::**），會造成錯誤。

為表示 **GradeBook.cpp** 裡的成員函式是 **GradeBook** 類別的一部分，我們必須先包含 **GradeBook.h** 標頭檔（圖 16.12 的第 5 行）。這樣便可在 **GradeBook.cpp** 檔中存取類別名稱 **GradeBook**。編譯 **GradeBook.cpp** 時，編譯器會使用 **GradeBook.h** 中的資訊，以確保下列事項：

1. 每個成員函式的第一行（第 9、16、22、28 行）都符合 **GradeBook.h** 檔中的函式原型，例如，編譯器會確保 **getCourseName** 不接受參數，並傳回一個 **string**，而且

2. 每個成員函式都知道類別的資料成員與其他成員函式，例如，第 18 和 24 行可存取 **courseName** 變數，因為它在 **GradeBook.h** 宣告為 **GradeBook** 類別的資料成員，而第 31 行可呼叫 **getCourseName** 函式，因為它們都在 **GradeBook.h** 中宣告為類別的成員函式（且這些呼叫都符合相對應的函式原型）。

測試 GradeBook 類別

圖 16.13 所執行的 **GradeBook** 物件操作與圖 16.10 相同。將 **GradeBook** 的介面與成員函式實作分開，並不會影響用戶端程式碼使用類別的方式。它只會影響程式編譯與連結的方式，稍後將詳細討論這部分。

```cpp
1   // Fig. 16.13: fig16_13.cpp
2   // GradeBook class demonstration after separating
3   // its interface from its implementation.
4   #include <iostream>
5   #include "GradeBook.h" // include definition of class GradeBook
6   using namespace std;
7
8   // function main begins program execution
9   int main()
10  {
11     // create two GradeBook objects
12     GradeBook gradeBook1( "CS101 Introduction to C++ Programming" );
```

圖 16.13　**GradeBook** 類別測試，此類別已將介面與實作分開

```
13    GradeBook gradeBook2( "CS102 Data Structures in C++" );
14
15    // display initial value of courseName for each GradeBook
16    cout << "gradeBook1 created for course: " << gradeBook1.getCourseName()
17       << "\ngradeBook2 created for course: " << gradeBook2.getCourseName()
18       << endl;
19 } // end main
```

```
gradeBook1 created for course: CS101 Introduction to C++ Programming
gradeBook2 created for course: CS102 Data Structures in C++
```

圖 16.13　**GradeBook** 類別測試，此類別已將介面與實作分開(續)

　　和圖 16.10 一樣，圖 16.13 的第 5 行包含了 **GradeBook.h** 標頭檔，因此編譯器可確保用戶端程式碼以正確方式建立、操作 **GradeBook** 物件。執行這個程式前，要先編譯圖 16.12 和圖 16.13 的原始碼檔案，並彼此連結，也就是說，用戶端程式碼內的成員函式呼叫，必須綁到成員函式的實作上，連結器會執行這項工作。

編譯和連結程序

圖 16.14 顯示 **GradeBook** 程式的編譯與連結程序，其執行結果可讓教師用此程式記錄成績。一般而言，由一位程式設計者建立、編譯類別的介面與實作，另一位使用此類別的用戶端程式碼設計者則使用此類別介面來實作。因此，本圖顯示類別實作程式設計者和用戶端程式設計者所需的部分。圖中虛線分別表示類別實作程式設計者、用戶端程式設計者，以及 **GradeBook** 應用程式使用者所需的部分。（請注意：圖 16.14 並不是 UML 示意圖。）

　　可再利用類別 **GradeBook** 的類別實作程式設計者會建立標頭檔 **GradeBook.h**，以及 **#include** 此標頭檔的 **GradeBook.cpp** 原始碼檔案，接著編譯原始碼檔案，以建立 **GradeBook** 的目的碼。為了隱藏 **GradeBook** 類別成員函式的實作細節，類別實作程式設計者會把標頭檔 **GradeBook.h**（此檔指定了類別介面和資料成員）以及 **GradeBook** 的目的碼（內含 **GradeBook** 成員函式的機器碼指令）提供給用戶端程式設計者。用戶端程式設計者不會拿到 **GradeBook.cpp** 的原始碼，所以用戶端不會知道 **GradeBook** 成員函式的實作方式。

　　用戶端程式設計者只需知道 **GradeBook** 的介面以使用此類別，並且要能連結它的目的碼。既然類別介面是 **GradeBook.h** 標頭檔中類別定義的一部分，用戶端程式設計者就必須要存取此檔案，並在用戶端原始碼檔案中**#include** 它。編譯用戶端程式碼時，編譯器會採用 **GradeBook.h** 中的類別定義，確保 **main** 函式正確地建立、操作 **GradeBook** 類別的物件。

　　建立可執行的 **GradeBook** 應用程式的最後一步，就是連結：

1. **main** 函式的目的碼（也就是用戶端程式碼），
2. **GradeBook** 成員函式實作的目的碼，以及
3. 類別實作程式設計者與用戶端程式設計者所使用的 C++類別（如 **string**）的 C++標準函式庫目的碼。

連結器的輸出便是可執行的 **GradeBook** 應用程式，講師可用它來管理學生成績了。在編譯程式碼之後，編譯器和 IDE 通常會替你呼叫連結器。

　　若想深入了解如何編譯多原始碼檔案的程式，請參見你的編譯器文件。在我們的 C++資源中心 **www.deitel.com/cplusplus/**，你可以找到各種 C++編譯器的連結。

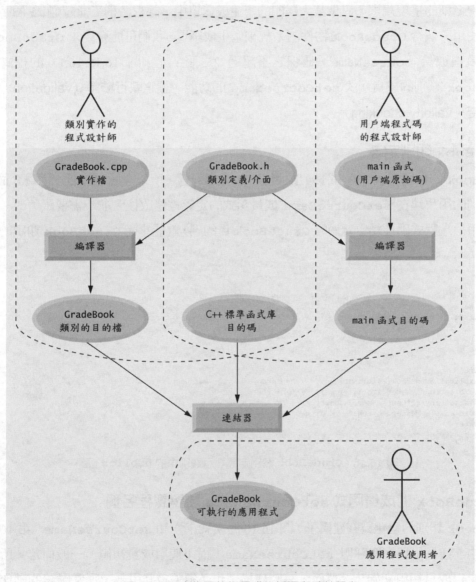

圖 16.14　產生可執行程式的編譯與連結程序

16.8　以 set 函式驗證資料

第 16.4 節介紹過 *set* 函式，可讓類別的用戶端修改 private 資料成員的值。圖 16.5 中，GradeBook 類別所定義的成員函式 setCourseName 只是將接收到的 name 參數值設給資料成員 courseName。此成員函式不會檢查課程名稱是否符合特定格式，或是否遵循某種「有效」課程名稱的呈現規則。假設某大學印的學生成績單中，課程名稱不能超過 25 個字元。若該大學使用一個含 GradeBook 物件的系統來產生成績單，我們可能會要求 GradeBook 類別檢查其資料成員 courseName，確保它不超過 25 個字元。圖 16.15-16.17 的程式加強了 GradeBook 類別的成員函式 setCourseName 的功能，讓它**執行驗證**（validation，也叫**正確性檢查**，validity checking）。

GradeBook 類別定義

GradeBook 的類別定義（圖 16.15）跟圖 16.11 完全一樣，所以介面也沒變。因為介面沒變，所以類別的用戶端在 setCourseName 成員函式的定義被修改後，並不需要跟著改。用戶端只要將用戶端程式碼連結更新過的 GradeBook 目的碼，就能享受 GradeBook 類別的增強功能。

```
1   // Fig. 16.15: GradeBook.h
2   // GradeBook class definition presents the public interface of
3   // the class. Member-function definitions appear in GradeBook.cpp.
4   #include <string> // program uses C++ standard string class
5
6   // GradeBook class definition
7   class GradeBook
8   {
9   public:
10     explicit GradeBook( std::string ); // constructor initialize courseName
11     void setCourseName( std::string ); // sets the course name
12     std::string getCourseName() const; // gets the course name
13     void displayMessage() const; // displays a welcome message
14   private:
15     std::string courseName; // course name for this GradeBook
16   }; // end class GradeBook
```

圖 16.15　GradeBook 類別定義表示類別中的 public 介面

以 GradeBook 的成員函式 setCourseName 驗證課程名稱

GradeBook 類別的變化寫在建構子（圖 16.16 的 9-12 行）和 setCourseName（第 16-29 行）的定義中。建構子現在會呼叫 setCourseName，而不使用成員初值。一般而言，所有資料成員都會以成員初值初始化。然而，有時建構子也必須驗證其引數，通常驗證的動作會在建構子的本體（第 11 行）中處理。對 setCourseName 的呼叫驗證了建構子的引數，並且「設定」資料成員 courseName。最初，courseName 的值會在建構子本體執行之前設定爲空字串，然後 setCourseName 會修改 courseName 的值。

在 **setCourseName** 中，第 18-19 行的 **if** 敘述式會判斷 **name** 參數是否包含有效的課程
名稱（也就是小於 25 個字元的 **string**）。若課程名稱有效，第 19 行就把課程名稱存入資料
成員 **courseName**。請注意第 18 行的運算式 **name.size()**。這是一個成員函式呼叫，就跟
myGradeBook.displayMessage() 一樣。C++標準函式庫的 **string** 類別定義了 **size** 成員
函式，可傳回 **string** 物件的字元數。**name** 參數是個 **string** 物件，所以以呼叫 **name.size()**
會傳回 **name** 的字元數。若此值小於等於 25，**name** 就是有效的，便會執行第 19 行。

```
1   // Fig. 16.16: GradeBook.cpp
2   // Implementations of the GradeBook member-function definitions.
3   // The setCourseName function performs validation.
4   #include <iostream>
5   #include "GradeBook.h" // include definition of class GradeBook
6   using namespace std;
7
8   // constructor initializes courseName with string supplied as argument
9   GradeBook::GradeBook( string name )
10  {
11     setCourseName( name ); // validate and store courseName
12  } // end GradeBook constructor
13
14  // function that sets the course name;
15  // ensures that the course name has at most 25 characters
16  void GradeBook::setCourseName( string name )
17  {
18     if ( name.size() <= 25 ) // if name has 25 or fewer characters
19        courseName = name; // store the course name in the object
20
21     if ( name.size() > 25 ) // if name has more than 25 characters
22     {
23        // set courseName to first 25 characters of parameter name
24        courseName = name.substr( 0, 25 ); // start at 0, length of 25
25
26        cerr << "Name \"" << name << "\" exceeds maximum length (25).\n"
27           << "Limiting courseName to first 25 characters.\n" << endl;
28     } // end if
29  } // end function setCourseName
30
31  // function to get the course name
32  string GradeBook::getCourseName() const
33  {
34     return courseName; // return object's courseName
35  } // end function getCourseName
36
37  // display a welcome message to the GradeBook user
38  void GradeBook::displayMessage() const
39  {
40     // call getCourseName to get the courseName
41     cout << "Welcome to the grade book for\n" << getCourseName()
42        << "!" << endl;
43  } // end function displayMessage
```

圖 16.16　**GradeBook** 類別的成員函式定義，其 **set** 函式會驗證資料成員 **courseName** 的長度

第 21-28 行的 **if** 敘述式會處理 **setCourseName** 所接收到的無效課程名稱（也就是大
於 25 個字元的名稱）。就算 **name** 參數太長，我們仍想讓 **GradeBook** 物件保持在**一致的狀
態**（consistent state），也就是說，讓物件的資料成員 **courseName** 包含一個有效的值（也
就是小於 25 個字元的 **string**）。因此，我們截掉（縮短）此課程名稱，並將 **name** 的前 25
個字元指定給 **courseName** 資料成員（但這會把課程名稱切得很奇怪）。標準類別 **string** 提

供成員函式 **substr**（「**substring**」的簡寫），它會複製現有 **string** 物件中的一部分，傳回一個新的 **string** 物件。第 24 行的呼叫（就是 **name.subst(0,25)**）傳遞兩個整數（0 和 25）給 **name** 的成員函式 **substr**。這些引數表示 **substr** 會傳回 **name** 字串的哪一部分。第一個引數指定原始 **string** 的起始點，會從這裡開始複製字元，所有字串中第一個字元的位置都是 0。第二個引數指定要複製多少字元。因此，第 24 行的呼叫會從 **name** 的位置 0 開始，切出一段 25 個字元長的字串，然後傳回（也就是 **name** 的前 25 個字元）。例如，若 **name** 的內容值是「**CS101 Introduction to Programming in C++**」，**substr** 就傳回「**CS101 Introductionto Pro**」。呼叫 **substr** 後，第 24 行將 **substr** 傳回的子字串設定給資料成員 **courseName**。如此，**setCourseName** 便可確保 **courseName** 的長度一定在 25 個字元以下。若成員函式要做截斷動作使課程名稱有效，第 26-27 行會以 **cerr** 顯示一段警告訊息。

注意，第 21-28 行的 **if** 敘述式有兩個本體敘述式，一個將 **courseName** 設定成 **name** 參數的前 25 個字元，另一個印出附加訊息給使用者看。

第 26-27 行的敘述式中，第二行敘述式前面不放資料流插入運算子也可以：

```
cerr << "Name \"" << name << "\" exceeds maximum length (25).\n"
     "Limiting courseName to first 25 characters.\n" << endl;
```

C++編譯器會把相鄰的字串常數接起來，就算它們出現在程式不同行也沒關係。因此，在上面的敘述式中，C++編譯器會把字串常數**"\" exceeds maximum length（25）.\n"**和**"Limiting courseName to first 25 characters.\n"**接成同一個字串常數，產生跟圖 16.16 的第 26-27 行一樣的輸出。這個動作讓你可以把很長的字串切成多行，一樣印得出來，不用寫額外的資料流插入運算子。

測試 GradeBook 類別

圖 16.17 展現了 **GradeBook** 類別修改版（圖 16.15-16.16）的驗證功能。第 12 行建立一個名為 **gradeBook1** 的 **GradeBook** 物件。前面提過，**GradeBook** 建構子呼叫 **setCourseName** 以初始化資料成員 **courseName**。在前一版類別中，在建構子中呼叫 **setCourseName** 的好處似乎不明顯。但現在建構子也享受到 **setCourseName** 提供的驗證功能了。建構子照常呼叫 **setCourseName** 就行了，不用把驗證碼再寫一遍。當圖 16.17 的第 12 行傳入初始的課程名稱「**CS101 Introduction to Programming in C++**」給 **GradeBook** 建構子時，建構子會將此值傳給 **setCourseName**，在 **setCourseName** 才進行真正的初始化。因為課程名稱超過 25 個字元，因此會執行第二個 if 敘述式的本體，將 **courseName** 初始化成切過的 25 字元課程名稱「**CS101 Introduction to Pro**」（被截掉的是第 12 行中舖底的地方）。

圖 16.17 的輸出有警告訊息，這是圖 16.16 中 **setCourseName** 成員函式第 26-27 行產生的。
第 13 行建立另一個名為 **gradeBook2** 的 **GradeBook** 物件，它傳給建構子的有效課程名稱剛
好 25 個字元。

```
1   // Fig. 16.17: fig16_17.cpp
2   // Create and manipulate a GradeBook object; illustrate validation.
3   #include <iostream>
4   #include "GradeBook.h" // include definition of class GradeBook
5   using namespace std;
6
7   // function main begins program execution
8   int main()
9   {
10     // create two GradeBook objects;
11     // initial course name of gradeBook1 is too long
12     GradeBook gradeBook1( "CS101 Introduction to Programming in C++" );
13     GradeBook gradeBook2( "CS102 C++ Data Structures" );
14
15     // display each GradeBook's courseName
16     cout << "gradeBook1's initial course name is: "
17        << gradeBook1.getCourseName()
18        << "\ngradeBook2's initial course name is: "
19        << gradeBook2.getCourseName() << endl;
20
21     // modify gradeBook1's courseName (with a valid-length string)
22     gradeBook1.setCourseName( "CS101 C++ Programming" );
23
24     // display each GradeBook's courseName
25     cout << "\ngradeBook1's course name is: "
26        << gradeBook1.getCourseName()
27        << "\ngradeBook2's course name is: "
28        << gradeBook2.getCourseName() << endl;
29   } // end main
```

```
Name "CS101 Introduction to Programming in C++" exceeds maximum length (25).
Limiting courseName to first 25 characters.

gradeBook1's initial course name is: CS101 Introduction to Pro
gradeBook2's initial course name is: CS102 C++ Data Structures

gradeBook1's course name is: CS101 C++ Programming
gradeBook2's course name is: CS102 C++ Data Structures
```

圖 16.17　建立並操作 GradeBook 物件，其課程名稱的長度不能超過 25 個字元

圖 16.17 的第 16-19 行顯示 **gradeBook1** 切過的課程名稱（在程式輸出中以粗體顯示）
以及 **gradeBook2** 的課程名稱。第 22 行直接呼叫 **gradeBook1** 的 **setCourseName** 成員函
式，將 **GradeBook** 物件的課程名稱換成比較短的，這麼一來就不用切了。接著，第 25-28
行再次輸出 **GradeBook** 物件的課程名稱。

Set 函式其他注意事項

public 的 set 函式（如 **setCourseName**）應小心處理所有資料成員（如 **courseName**）的
數值修改，確保新數值對該資料項目是合理的。例如，將月的天數設定成 37 就應該拒絕，把
人的體重設成 0 或負值也該拒絕，將考試成績設成 185（範圍應在 0 到 100）也要拒絕等等。

軟體工程的觀點 16.3

將資料成員設為 `private` 便可以控制存取權限，尤其是寫入存取權，只有透過 `public` 成員函式才能夠存取這些資料成員，以便確保資料的完整性。

測試和除錯的小技巧 16.4

光是把資料成員設成 `private` 並不能確保資料完整性，你必須提供適當的正確性檢查機制並回報錯誤。

　　類別的 *set* 函式可傳回適當數值給用戶端，讓它知道類別的物件設定的資料是無效的。用戶端可測試 *set* 函式的傳回值，判斷此物件修改是否成功，並採取適當動作。在我們介紹一些程式設計技術之後，會在後面的章節進行這些步驟。在 C++中，當設定值不合理時，如何透過例外處理機制通知用戶端，我們會在第 17 章做深入介紹。

16.9　總結

在本章中，你已經建立了使用者定義的類別，並建立與使用這些類別的物件了。我們宣告了類別的資料成員，用來維護每個類別物件的資料。我們也定義了成員函式，用來操作資料。你學到了不修改類別資料的成員函式應該宣告 `const`。我們示範了如何呼叫物件的成員函式，向它請求物件所提供的服務；也學到了如何將資料傳遞給這些成員函式作為引數。我們討論了成員函式的區域變數以及類別的資料成員之間的差異。我們也示範了要如何使用建構子，以及以成員初始列表來確保每個物件都設定了適當的初值。你學會了單一參數建構子應該宣告 `explicit`，而且建構子不能被宣告 `const`，因為它在物件初始化時會修改物件。

　　我們示範了如何將類別介面和實作分開，因此提升了良好的軟體工程。你學到了 `using` 指令和 `using` 宣告不能放在標頭檔。我們以一張示意圖，說明類別實作程式設計者和用戶端程式設計者需要用來編譯程式碼的檔案。我們示範了如何使用 *set* 函式來驗證物件的資料，確保物件能夠以一致性的狀態被維護。我們使用 UML 類別示意圖來模塑類別及其建構子、成員函式及資料成員。下一章中，我們將會更深入討論類別。

摘要

16.2　定義一個含有成員函式的類別

● 類別定義包含資料成員和成員函式，分別定義了類別的屬性和行為。

● 類別定義以關鍵字 `class` 起頭，緊接在後面的是類別名稱。

● 根據慣例，使用者自訂類別的名稱以大寫字母開頭，且類別名稱中後續字詞的第一個字母都要大寫，以方便閱讀。

- 每一個類別本體都會用一對大括號（{和}）括起來，並以分號做結尾。

- 出現在存取指定詞 **public** 後面的成員函式，可被程式中其他的函式呼叫，也可被其他類別的成員函式呼叫。

- 存取指定詞後面都有個分號（:）。

- 關鍵字 **void** 是一種特殊的傳回型別，表示此函式會執行工作，但工作完成後，不會傳回任何資料給呼叫它的函式。

- 根據慣例，函式名稱以小寫字母開頭，而名稱中每個後續字詞的第一個字母都要大寫。

- 函式名稱後空的小括弧組，表示此函式執行工作時，不需額外資料。

- 函式不能也不應該修改被呼叫的物件，所以它應該宣告為 **const**。

- 一般而言，我們要建立類別物件後，才能呼叫該類別的成員函式。

- 你建立的每個新類別都是一種 C++的新型別。

- 在 UML 中，每個類別都以長方形代表，裡面分成三個部分，其中（上到下）分別包含類別名稱、類別屬性和類別操作。

- UML 的操作模型是操作名稱後面接著小括弧。操作名稱前面的加號（+）表示一個 **public** 的操作（就是 C++的 **public** 成員函式）。

16.3　定義一個具有參數的成員函式

- 成員函式可採用一或多個參數，表示執行工作所需的額外資料。函式呼叫會為每個函式參數提供引數。

- 我們使用物件名稱加上點號運算子（.）、函式名稱，以及一組包含函式引數的小括號來呼叫成員函式。

- C++標準函式庫類別 **string** 的變數代表一個字元字串。此類別定義於標頭檔**<string>**中，而此名稱 **string** 隸屬於命名空間 **std**。

- **getline** 函式（取自標頭檔**<string>**）可從第一個引數開始讀取字元，直到碰到換行字元為止，並將這段字元（不含換行字元）存入第二個引數所指定的 **string** 變數中。換行字元會被捨棄掉。

- 參數列的參數個數不限，沒有也可以（以空的小括號組表示），表示該函式不需任何參數。

- 函式呼叫中的引數個數，必須跟成員函式標頭檔中的參數列中的參數個數相同。此外，函式呼叫中的引數型別，也必須跟函式標頭檔中對應的參數的型別一致。

- UML 在操作名稱後的小括弧內列出參數名稱，中間加上冒號，再加上參數型別，藉此建立操作的參數模型。

- UML 有自己專屬的資料型別。並非所有 UML 資料型別的名稱都跟 C++裡相對應的資料型別相同。UML 的 **String** 型別就對應到 C++的 **string** 型別。

16.4　資料成員、set 成員函式與 get 成員函式

● 在函式本體中宣告的變數，就稱爲區域變數（local variable），它們的適用範圍就是從宣告的那一行開始，直到結束的右大括弧（}）爲止。

● 區域變數必須先宣告，才能在函式中使用。而在宣告該區域變數的函式之外，是不能存取該變數的。

● 資料成員通常是 **private** 的。在 **private** 後面所宣告的變數或函式，只能爲該類別的成員函式或夥伴所存取。

● 當程式建立（實體化）一個類別物件時，此物件就封裝（隱藏）了其 **private** 資料成員，只有該類別物件的成員函式能存取它（或是類別的「夥伴」，第 17 章會介紹）。

● 若函式的傳回型別不是 **void**，則呼叫此函式且完成工作時，此函式會傳回一個結果給呼叫者。

● 根據預設，**string** 的初始值是空字串，也就是不含任何字元的字串。空字串不會在螢幕上顯示任何東西。

● 類別通常會提供 **public** 成員函式，讓該類別的用戶端設定（set）或取得（get）**private** 資料成員的值。這些成員函式的名稱通常以 set 或 get 開頭。

● set 和 get 函式可讓類別的用戶端間接存取隱藏的資料。用戶端不知道物件如何執行這些操作。

● 即使是同一類別中的其他成員函式，也應使用 set 與 get 函式操作類別的 **private** 資料。若類別的資料表示方式改變，以 set 與 get 函式存取資料的成員函式也不需要修改。

● **public** 的 set 函式應小心處理所有資料成員的數值修改，確保新數值對該資料項目是合理的。

● UML 列出屬性名稱，並在屬性名稱之後接著冒號與屬性型別，以將資料成員表示成屬性。在 UML 中，**private** 屬性前面要加上減號（-）。

● UML 在操作名稱後的小括弧後面，加上一個冒號及傳回型別，表示此操作的傳回型別。

● 對於沒有傳回值的操作，UML 類別示意圖不會指明傳回型別。

16.5　以建構子將物件初始化

● 每個類別都應提供一到多個建構子（constructor），建立物件時，便能使用建構子將類別物件初始化。建構子的名稱應與類別名稱相同。

● 建構子與函式間的一個差異，就是建構子不能傳回數值，因此它不能指定傳回型別（就連 **void** 也不行）。通常，建構子都宣告爲 **public**。

● C++建立每個物件時會自動呼叫建構子，用來確保程式使用物件前，每個物件均已初始化。

● 沒有參數的建構子就叫預設建構子。若類別沒有建構子，編譯器就提供一個預設建構子。你也可以明確定義一個預設建構子。假如你定義了建構子，C++就不會自行建立預設建構子。

● 單一參數的建構子應該宣告 **explicit**。

● 建構子使用成員初值列來初始化類別的資料成員。成員初值出現在建構子的參數列和開始建構子本體的左大括號之間。成員初值列以冒號（:）與參數列分隔。成員初值包含一個資料成員的變數名稱，

後面接著包含成員初始值的小括號組。你可以在建構子本體中執行初始化，但你會在本書後面學到使用成員初值函式會更有效率，並且必須以這種方式初始化某些型別的資料成員。

● UML 類別示意圖的第三部分中，在建構子名稱前面的雙箭號（<< 和 >>）之間放了「**constructor**」字樣，用來表示建構子的模型。

16.6 將類別放在獨立檔案中以提高可再利用性

● 類別定義若包裝得當，全世界的程式設計者都可再利用。

● 我們習慣將自訂的類別定義放在副檔名為 **.h** 的標頭檔中。

16.7 將介面與實作分開

● 若類別實作變更，類別的用戶端不應跟著變。

● 介面（Interface）定義一種標準化方式，讓事物（如人類）與系統彼此互動。

● 類別的 **public** 介面描述了類別用戶端可使用的 **public** 成員函式。介面說明用戶端可使用「什麼」服務，以及如何使用這些服務，但沒有說明類別「如何」實作這些服務。

● 將介面與實作分開，可讓程式更易於修改。修改類別實作不會影響到用戶端，只要類別介面保持不變即可。

● 標頭檔中不能放入 **using** 指令和 **using** 宣告。

● 函式原型包含了函式的名稱、傳回型別和此函式預期接收到的參數個數、型別與順序。

● 在定義了類別，並（透過函式原型）宣告其成員函式之後，成員函式就應定義在另一個獨立原始碼檔案中。

● 在「相對應的類別定義」外部定義成員函式時，在函式名稱前面必須寫上類別名稱與範圍解析運算子（**::**）。

16.8 以 set 函式驗證資料

● **string** 類別的 **size** 成員函式可傳回 **string** 的字元數。

● **string** 類別的成員函式 **substr**，它會複製現有 **string** 的一部分，傳回一個新的 **string**。函式的第一個引數表示原始 **string** 的起始點。第二個引數則指定要複製多少字元。

自我測驗

16.1 填充題

    a) 每個類別定義都包含了關鍵字_____，後面緊接著類別名稱。

    b) 類別定義通常儲存在副檔名為_____的檔案中。

    c) 函式標頭檔中的每個參數都應指定_____與_____。

    d) 各類別物件都維護一份自己的屬性時，代表該屬性的變數就叫作_____。

    e) **public** 關鍵字是一個_____。

f) 傳回型別＿＿＿＿表示該函式在工作執行完後不會傳回任何資訊。

g) ＿＿＿＿函式取自**<string>**函式庫，可讀取字元，直到碰到換行字元為止，並將這段字元複製到指定的 **string** 變數中。

h) 在類別定義外部定義成員函式時，函式標頭檔必須寫上類別名稱與＿＿＿＿，後面加上函式名稱，以將成員函式「綁」到類別定義上。

i) 原始碼檔案與其他用到某個類別的檔案均可透過＿＿＿＿＿前置處理指令來包含該類別的標頭檔。

16.2 是非題。如果答案為非，請解釋為什麼。

a) 根據慣例，函式名稱以大寫字母開頭，而名稱中後續字詞的第一個字母都要大寫。

b) 在函式原型中，函式名稱後面的空小括弧組表示此函式執行工作時，不需額外參數。

c) 在存取指定詞 **private** 後面所宣告的資料成員或成員函式，可為該類別的成員函式存取。

d) 在某個成員函式本體內宣告的變數叫作資料成員，該類別所有的成員函式都能使用該變數。

e) 所有函式的本體會用左右大括號（**{**和**}**）括起來。

f) 任何包含 **int main()** 的原始碼檔案都可用來執行程式。

g) 函式呼叫中的引數型別，必須跟函式原型的參數列中對應的參數一致。

16.3 區域變數和資料成員之間的差異為何？

16.4 請說明函式參數的作用為何？參數跟引數有什麼不同？

自我測驗解答

16.1 a) **class** b) **.h** c) 型別，名稱 d) 資料成員 e) 存取指定詞 f) void g) **getline** h) 範圍解析運算子 **(::)** i) **#include**。

16.2 a)錯。方法名稱以小寫字母開頭，而名稱中後續字詞的第一個字母都要大寫。 b) 是。 c) 是。 d) 非。這種變數叫作區域變數，只能在其宣告的成員函式內使用。 e) 是。 f) 是。 g) 是。

16.3 區域變數是在函式本體中宣告，只能從其宣告到宣告程式塊最接近的右大括號之間使用。資料成員在類別中宣告，但不在任何類別的成員函式主體中宣告。類別的每個物件都具有該類別的資料成員。資料成員可以被該類別的所有成員函式存取。

16.4 參數代表函式執行工作時，所需用到的額外資訊。函式所需用到的參數均指定在函式標頭檔中。引數是函式呼叫所提供的數值。呼叫函式時，引數值會傳給函式參數，讓函式執行工作。

習題

16.5 （將介面與實作分開）介面是什麼？介面如何與實作分開？

16.6 （以建構子初始化物件）建構子是什麼？如何以建構子初始化物件？

16.7 （資料隱藏）在 C++中如何達到資料隱藏？

16.8 （範圍解析運算子）範圍解析運算子（::）的目的爲何？何時要使用到範圍解析運算子？

16.9 （類別的可再利用性）請說明程式如何藉由其他程式確定類別的可再利用性。

16.10 （存值與取值）請說明何謂存值（mutator）與取值（accessor）？它們在物件導向程式設計中如何實作？

16.11 （修改 **GradeBook** 類別）以下列方式修改 **GradeBook** 類別（圖 16.11–圖 16.12）：

a) 加入第二個 **string** 資料成員，表示課程的講師姓名。

b) 提供 **set** 函式以變更講師姓名，並用 **get** 函式取得講師姓名。

c) 修改建構子以指定兩個參數，分別爲課程名稱和講師姓名。

d) 修改 **displayMessage** 函式，讓它先顯示歡迎訊息與課程名稱，然後顯示 **string** 型別的「**This course is presented by:**」，再接上講師姓名。

請在測試程式中使用你所修改的類別，以展現類別的新功能。

16.12 （**Inventory** 類別）建立一個 **Inventory** 類別，倉庫會使用它代表產品和原料的存貨。此類別應包含一個型別爲 **string** 的資料成員來提供產品描述，以及一個型別 **int** 的資料成員代表庫存量。此類別應提供一個建構子，可接收一個產品的初值，並用它初始化資料成員。建構子應驗證產品初值，確保它的庫存量大於 20，此爲該公司的最低庫存量。若沒有，應顯示錯誤訊息。此類別應該提供三個成員函式。成員函式 **purchase** 應該對目前庫存增加一個產品。成員函式 **Sales** 應該減少庫存量，並確保每次銷售後不會讓最低庫存量小於 20。成員函式 **getStock** 可傳回目前庫存量。請寫一支程式建立兩個 **Inventory** 物件，並測試 **Inventory** 類別的成員函式。

16.13 （**Invoice** 類別）建立一個稱爲 **Invoice** 的類別，這個類別是當某家五金行售出一樣商品時，當作發貨單用的。**Invoice** 類別包含四個資料成員，分別是物品編號（**string** 型別）、物品描述（**string** 型別）、購買數量（**int** 型別）、以及物品單價（**int** 型別）。此類別應有建構子，以初始化這四個資料成員。

接收多個引數的建構子以下列形式定義：

ClassName(TypeName1 parameterName1, TypeName2 parameterName2, ...)

請爲每個資料成員提供 **set** 與 **get** 函式。另外，再提供一個 **getInvoiceAmount** 成員函式，來計算發貨單總額（就是將購買數量乘以物品單價），然後以 **int** 數值傳回總額。若數量不是正數，應設爲 0。若物品單價不是正數，應設爲 0。寫個測試程式展現 **Invoice** 類別的功能。

16.14 （**Species** 類別）建立一個名爲 **Species** 的類別，可提供國際自然保護聯盟（IUCN）的研究小組用來代表全球各地的瀕危物種。一個物種應該包含四個資料成員：**name**（**string** 型別）、**country**（**string** 型別）、**population**（**int** 型別）和 **growthRate**（**int** 型別）。你的類別應該有一個建構子來初始化這四個資料成員。爲每個資料成員提供一個 *set* 函式和一個 *get* 函式。另外，提供一個名爲 **calculatePopulation** 的成員函式，該函式接受一個 **int** 型別變數 **year**，並顯示多年後的物種總數。請寫一個測試程式來展示類別的功能。

16.15 （**Date 類別**）建立一個名爲 **Date** 的類別，其中包含三條資訊作爲資料成員：月份(型別爲 **int**)、日期（型別爲 **int**）和年份（型別爲 **int**）。你的類別應該有一個具備三個參數的建構子來初始化三個資料成員。爲了本習題的目的，假設提供給年份和日期的值是正確的，但確定月份的值在 1 到 12 的範圍內；如果不是，則將月份設定爲 1。爲每個資料成員提供一個 *set* 函式和一個 *get* 函式。提供一個成員函式 **displayDate**，顯示以斜線（/）分隔的月份、日期、年份。請編寫一個測試程式，展示 **Date** 類別的功能。

進階習題

16.16 （**目標心率計算程式**）當你運動時，可以用一個心跳監視器來檢視你的心率是否維持在教練或醫師所建議的安全範圍。根據美國心臟協會（American Heart Association，AHA）的建議（**www.americanheart.org/presenter.jhtml?identifier=4736**），計算每分鐘最大心跳率的公式，是將 220 減去你的年齡。你的目標心率範圍是在 50－85% * 你的最大心率。（請注意：這個公式是由 AHA 所估算出來的。最大心率和目標心率可能會因個人的健康、體質和性別而有所不同。在你開始或變更一個新的運動課程之前，請先向醫師或合格的健康管理師諮詢。）建立一個類別 **HeartRates**。類別屬性包括：此人的姓、名、生日（年、月、日分別爲一個屬性）。此類別應有建構子，接收上述各項資料作爲參數。請爲每個屬性提供 set 與 get 函式。此類別還應該包含：**getAge** 函式，計算並回傳此人的年齡（以年計算）；**getMaxiumumHeartRate** 函式，計算並回傳此人的最大心率；以及 **getTargetHeartRate** 函式，計算並回傳此人的目標心率。由於你還不知道要如何取得電腦的目前時間，所以函式 **getAge** 應提示使用者輸入目前的年月日，才能計算此人的年齡。程式應該提示使用者輸入此人的資訊，建立 **HeartRates** 類別的物件，顯示物件中的資訊，包括他的姓名、生日，然後計算並顯示他的年齡（以年計算）、最大心率以及目標心率範圍。

16.17 （**電子化病歷**）近年來，在醫療照護上有一個新的議題，那就是病歷的電子化。由於電子化病歷可能涉及的隱私和安全問題，人們正在謹慎地研究相關的方法。電子化病歷讓病患能輕鬆地在各個醫療專家之間傳遞他們的健康資料和紀錄。可以改善醫療品質、避免藥物衝突和處方錯誤、降低成本，在危急時甚至能救人一命。在本習題中，你將開始著手設計某個人的 **HealthProfile** 類別。類別的屬性有：此人的姓、名、性別、生日（年、月、日分別爲一個屬性）、身高（以吋爲單位）以及體重（以磅爲單位）。此類別應有建構子，接收上述的資料。請爲每個屬性提供 set 與 get 函式。類別還應該要包含一些其他函式，用來計算並回傳使用者的年齡、最大心率、目標心率範圍（習題 16.16）以及 BMI 值（BMI 請參考習題 2.32）。程式應該提示使用者輸入此人的資訊，建立 **HealthProfile** 類別的物件，顯示物件中的資訊，包括他的姓、名、性別、生日、身高、體重，然後計算並顯示他的年齡、BMI、最大心率以及目標心率範圍。同時並顯示如習題 2.32 中的 BMI 表。請使用與習題 16.16 相同的技巧來計算此人的年齡。

運算子多載；
String 類別

18

18.1　簡介

本章將介紹如何讓 C++的運算子能與類別物件搭配操作，這項技術就稱爲**運算子多載**（operator overloading）。內建於 C++的一個多載運算子的例子就是<<，這個運算子可以同時作爲資料流插入運算子和逐位元左移運算子（我們在第 10 章曾討論過）。同樣地，>>運算子也經過多載；它可以作爲資料流擷取運算子和逐位元右移運算子。在 C++標準函式庫中，這兩個運算子都是經過多載的。你已使用過多載運算子。多載內建於 C++語言本身。舉例來說，C++語言本身已經將加法運算子（+）和減法運算子（-）予以多載過，根據這兩個運算子在整數算術、浮點數算術和指標算術的前後文義以及處理的資料基礎型別，它們會執行不同的操作。

　　C++允許你對大部分使用於類別物件的運算子予以多載，編譯器會根據運算元的型別產生適當的機器碼。多載運算子執行的工作，也可以透過明確的函式呼叫來執行，但是對程式設計者而言，使用運算子通常會比較清晰也更熟悉。

　　我們的例子以展示 C++標準函式庫的 **string** 類別開始，該類別擁有很多個多載運算子。這使你可以在實作自己的多載運算子之前，先觀察使用中的多載運算子。接下來，我們建立一個 **PhoneNumber** 類別，使我們能夠使用多載過的運算子<<和>>來更容易地輸出和輸入完整格式化的 10 位數字電話號碼。然後，我們會介紹一個 **Date** 類別，其中具有可將日期值遞增一天的多載前置和後置遞增（**++**）運算子。這個類別也多載+=運算子，以允許程式可以根據該運算子右側所指定的天數來遞增一個 **Date**。

　　接下來，我們將展示一個重要的範例研究，這是一個 **Array** 類別，它使用多載運算子和其他功能來解決各種指標型陣列的問題。這是本書中最重要的範例研究之一。我們有許多學生表示，**Array** 的範例研究使他們「頓悟」，而眞正地了解類別和物件技術的深層意義。在這個類別當中，我們將多載資料流插入、資料流擷取、指派、等號，關係和下標運算子。一

且精通這個 **Array** 類別，你將會確實明白物件技術的本質，即親手雕琢、使用與再使用可貴的類別。

　　於本章的結尾，將討論如何轉換型別（包括類別型別）、某些伴隨隱含式轉換所出現的問題、以及如何防止這些問題。

18.2　使用標準函式庫 **String** 類別的多載運算子

圖 18.1 展示 **string** 類別的多載運算子以及一些其他有用的成員函式，包括 **empty**、**substr** 以及 **at**。函式 **empty** 會判斷一個字串是否為空的、函式 **substr** 會傳回代表一部分現有 **string** 的 **string**、函式 **at** 會傳回 **string** 中某特定索引位置的字元（該索引已經過檢查是位於範圍界限之內的）。

```cpp
1   // Fig. 18.1: fig18_01.cpp
2   // Standard Library string class test program.
3   #include <iostream>
4   #include <string>
5   using namespace std;
6
7   int main()
8   {
9      string s1( "happy" );
10     string s2( " birthday" );
11     string s3;
12
13     // test overloaded equality and relational operators
14     cout << "s1 is \"" << s1 << "\"; s2 is \"" << s2
15        << "\"; s3 is \"" << s3 << '\"'
16        << "\n\nThe results of comparing s2 and s1:"
17        << "\ns2 == s1 yields " << ( s2 == s1 ? "true" : "false" )
18        << "\ns2 != s1 yields " << ( s2 != s1 ? "true" : "false" )
19        << "\ns2 >  s1 yields " << ( s2 > s1 ? "true" : "false" )
20        << "\ns2 <  s1 yields " << ( s2 < s1 ? "true" : "false" )
21        << "\ns2 >= s1 yields " << ( s2 >= s1 ? "true" : "false" )
22        << "\ns2 <= s1 yields " << ( s2 <= s1 ? "true" : "false" );
23
24     // test string member function empty
25     cout << "\n\nTesting s3.empty():" << endl;
26
27     if ( s3.empty() )
28     {
29        cout << "s3 is empty; assigning s1 to s3;" << endl;
30        s3 = s1; // assign s1 to s3
31        cout << "s3 is \"" << s3 << "\"";
32     } // end if
33
34     // test overloaded string concatenation operator
35     cout << "\n\ns1 += s2 yields s1 = ";
36     s1 += s2; // test overloaded concatenation
37     cout << s1;
38
39     // test overloaded string concatenation operator with a C string
40     cout << "\n\ns1 += \" to you\" yields" << endl;
41     s1 += " to you";
42     cout << "s1 = " << s1 << "\n\n";
43
```

圖 18.1　標準函式庫 **string** 類別的測試程式

```
44      // test string member function substr
45      cout << "The substring of s1 starting at location 0 for\n"
46          << "14 characters, s1.substr(0, 14), is:\n"
47          << s1.substr( 0, 14 ) << "\n\n";
48
49      // test substr "to-end-of-string" option
50      cout << "The substring of s1 starting at\n"
51          << "location 15, s1.substr(15), is:\n"
52          << s1.substr( 15 ) << endl;
53
54      // test copy constructor
55      string s4( s1 );
56      cout << "\ns4 = " << s4 << "\n\n";
57
58      // test overloaded copy assignment (=) operator with self-assignment
59      cout << "assigning s4 to s4" << endl;
60      s4 = s4;
61      cout << "s4 = " << s4 << endl;
62
63      // test using overloaded subscript operator to create lvalue
64      s1[ 0 ] = 'H';
65      s1[ 6 ] = 'B';
66      cout << "\ns1 after s1[0] = 'H' and s1[6] = 'B' is: "
67          << s1 << "\n\n";
68
69      // test subscript out of range with string member function "at"
70      try
71      {
72          cout << "Attempt to assign 'd' to s1.at( 30 ) yields:" << endl;
73          s1.at( 30 ) = 'd'; // ERROR: subscript out of range
74      } // end try
75      catch ( out_of_range &ex )
76      {
77          cout << "An exception occurred: " << ex.what() << endl;
78      } // end catch
79  } // end main
```

```
s1 is "happy"; s2 is " birthday"; s3 is ""

The results of comparing s2 and s1:
s2 == s1 yields false
s2 != s1 yields true
s2 >  s1 yields false
s2 <  s1 yields true
```

```
s2 >= s1 yields false
s2 <= s1 yields true

Testing s3.empty():
s3 is empty; assigning s1 to s3;
s3 is "happy"

s1 += s2 yields s1 = happy birthday

s1 += " to you" yields
s1 = happy birthday to you

The substring of s1 starting at location 0 for
14 characters, s1.substr(0, 14), is:
happy birthday

The substring of s1 starting at
location 15, s1.substr(15), is:
to you

s4 = happy birthday to you

assigning s4 to s4
s4 = happy birthday to you

s1 after s1[0] = 'H' and s1[6] = 'B' is: Happy Birthday to you

Attempt to assign 'd' to s1.at( 30 ) yields:
An exception occurred: invalid string position
```

圖 18.1　標準函式庫 **string** 類別的測試程式(續)

第 9-11 行建立了三個 **string** 物件，**s1** 以文字「**happy**」予以初始化，**s2** 以文字「**birthday**」予以初始化，而 **s3** 使用預設的 **string** 建構子來建立一個空的 **string**。第 14-15 行使用 **cout** 和 **<<** 運算子輸出這三個物件，這些運算子已經過 **string** 類別的設計者予以多載來處理 **string** 物件。然後第 16-22 行展示了使用 **string** 類別的多載等號和關係運算子將 **s2** 拿來和 **s1** 比較之後的結果，這些運算子使用每個 **string** 的字元值進行字典順序式的比較（見附錄 B 的 ASCII 字符集）。

String 類別提供成員函式 **empty**，以判斷一個 **String** 是否為空的，我們在第 27 行展示了這件事。如果 **String** 為空的，成員函式 **empty** 會傳回 **true**，否則會傳回 **false**。

第 30 行透過將 **s1** 指定給 **s3** 的方式，示範 **String** 類別的多載複製指定運算子。第 31 行輸出 **s3** 來證明該指定動作正確發揮了作用。

第 36 行展示 **String** 類別中用於串接字串的多載 **+=** 運算子。在這個例子中，**s2** 的內容被附加到 **s1**。然後在第 37 行將所得到而儲存在 s1 內的結果字串輸出出來。第 41 行顯示一個字串值，可以藉由使用運算子 **+=** 而附加到一個 **String** 物件。第 42 行展示了得到的結果。

String 類別提供成員函式 **substr**（第 47 行和 52 行）以 **String** 物件的型式傳回一個字串中的一部分。在第 47 行呼叫 **substr** 取出 **s1** 中一個 14 個字元長的子字串（由第二個引數所指定），該子字串的開始位置為 0（由第一個引數指定）。在第 52 行呼叫 **substr** 自 **s1** 的第 15 個位置開始取出一個子字串。當第二個引數未被指定時，**substr** 會傳回該 **String** 被呼叫之處的後續部分。

第 55 行建立一個 **string** 物件 **s4**，並將它以 **s1** 的副本予以初始化。這個結果會呼叫 **string** 類別的複製建構子。第 60 行使用 **string** 類別的多載複製指定運算子（=）來展示它正確地處理了自我指定，當我們在後續章節中建立 **Array** 類別的時候，我們會了解到自我指定是很危險的，我們也會說明該如何處理這樣的問題。

第 64-65 行使用 **string** 類別的多載 **[]** 運算子來建立左值，讓新的字元取代 **s1** 中現有的字元。第 67 行輸出 **s1** 的新值。**string** 類別的多載 **[]** 運算子不會執行任何範圍界限的檢查動作。因此，你必須確認使用標準的 **string** 類別的多載 **[]** 運算子執行運算時，不要無意中操作到那些位於 **string** 範圍以外的元素。**string** 類別不會在成員函式 **at** 中提供檢查範圍界限檢查的功能，如果它的引數是個無效的下標，則它會拋出一個例外。如果下標是有效的，函式 **at** 會根據呼叫所出現之處的前後文義，來決定以可修改的左值或是以不可修改的左值（即一個 **const** 的參考）的方式傳回指定位置之處的字元。第 73 行展示以無效的下標呼叫函式 **at** 時，會拋出一個 **out_of_range** 例外。

18.3　運算子多載的基本原理

正如你在圖 18.1 中所看到的，運算子提供了一個可用於操作 **string** 物件的簡潔符號。你當然也可以將運算子與使用者自訂型別一起使用。雖然 C++並不允許建立新的運算子，但它卻允許對大部分現有的運算子進行多載，以便這些運算子與物件一起使用的時候，能夠具有適用於這些物件的意義。

運算子多載並不會自動成形；我們必須撰寫運算子多載函式，來執行所想要的運算。如同你已學會的，我們藉由寫出非 **static** 成員函式定義或非成員函式定義來多載一個運算子，只是函式名稱現在變成以關鍵字 **operator** 開頭，再附加要多載的運算子符號。舉例來說，函式名稱 **operator+**可以用來多載加法運算子（+），將它應用在特定的類別（如列舉 **enum**）的物件上。當我們將運算子多載爲成員函式的時候，它們必須是非 **static** 的，這是因爲它們必須被針對所屬類別的物件來進行呼叫，並且對該物件加以操作。

如果要將某個運算子運用在類別物件上，你必須爲該類別定義多載運算子函式，不過有三個例外：

- 指定運算子（=）可以用在**大部分**類別上，以便對各資料成員執行逐成員賦值動作，此時每一個資料成員將從「原始」物件（在運算式的右半部），指定到指派動作的「目標」物件（在運算式的左半部）。對擁有指標成員的類別而言，這種逐成員賦值動作是十分危險的；通常我們都會爲這種類別明確地多載指定運算子。
- 取址運算子（&）會傳回指向該物件的指標；這個運算子也可以被多載。
- 逗號運算子會計算其左側運算式的值，然後再計算右側運算式的值，最後傳回後者的值。此運算子亦能被多載。

無法被多載的運算子

大多數的 C++運算子可以被多載。圖 18.2 展示了那些無法被多載的運算子[1]。

無法被多載的運算子			
.	.*（指向成員的指標）	::	?:

圖 18.2　無法被多載的運算子

運算子多載的規則與限制

當你準備爲自己的類別多載運算子的時候，應該銘記某些規則和限制：

---

[1] 儘管可能會多載位址（&）、逗號（,）、&&和‖運算子，但你仍應該避免這樣做，以避免微妙的錯誤。有關這方面的見解，請參閱 CERT 指南 DCL10-CPP。

- 運算子的優先性並不會因多載而有所改變。但是，可以使用小括號來強制地變動運算式中多載運算子的計算順序。

- 運算子之間的結合性不會因多載而有所改變，如果運算子通常是由左到右結合，那麼它的多載版本也如是。

- 你不能改變運算子的「元數」（亦即，運算子需要的運算元數）多載過的一元運算子仍然是一元運算子，多載過的二元運算子仍然是二元運算子。運算子 **&**、*****、**+** 以及 **-** 都有一元和二元版本；這些一元和二元的版本都可以個別地予以多載。

- 你無法建立新的運算子；僅有既存的運算子才可以被多載。

- 運算子如何作用於基本型別之值的意義不會因運算子的多載而改變。例如，你不能強令 **+** 運算子讓兩個 **int** 值相減。運算子多載僅適用於使用者自訂型別的物件，或使用者自訂型別的物件與基本型別的物件的混合體。

- 彼此相關的運算子，如 **+** 和 **+=**，必須分別地多載。

- 當多載 **()**、**[]**、**->** 或任何指定運算子的時候，運算子多載的函式必須被宣告為類別成員。對於所有其他的多載運算子，運算子多載函式可以是成員函式或是非成員函式。

軟體工程的觀點 18.1

類別的多載運算子會如此鍵入，是因它們盡可能地與基本型別的內建運算子運作方式相同。

18.4　多載二元運算子

二元運算子可以被多載成具有一個引數的非 **static** 成員函式，或具有兩個引數的非成員函式（其中一個引數必須是一個類別物件或指向類別物件的參考）。一個非成員運算子函式常常基於效能的考量而被宣告為某個類別的 **friend** 函式。

二元多載運算子作為成員函式

考慮使用 **<** 進行多載，藉以比較兩個使用者定義的 **String** 物件。當我們將二元運算子 **<** 多載成 **String** 類別的非 **static** 成員函式時，如果 **y** 和 **z** 是 **String** 類別物件，則 **y < z** 的處理方式，如同我們撰寫 **y.operator<(z)**，它會呼叫具有如下宣告的一個引數的成員函式 **operator<**：

```
class String
{
public:
    bool operator<( const String & ) const;
    ...
}; // end class String
```

用於二元運算子之多載運算子函式，僅有當左運算元為一個類別物件成員的函式時，才可以是成員函式。

二元多載運算子作為非成員函式

作為非成員函式，二元運算子 **<** 必須含有**兩個**引數，其中一個引數必須是該類別的物件（或一個指向物件的參考），且該類別已多載過相結合的運算子。如果 **y** 和 **z** 是 **String** 類別的物件或指向 **String** 類別的參考，則 **y < z** 的處理方式如同我們已經將 **operator<(y, z)** 撰寫於程式中，它會呼叫宣告如下的函式 **operator<**：

```
bool operator<( const String &, const String & );
```

18.5　二元資料流插入和資料流擷取運算子的多載

你可以使用資料流插入運算子（**<<**）和資料流擷取運算子（**>>**），來處理基本資料型別的輸出和輸入。C++類別函式庫將這些二元運算子予以多載，使其可以處理每一個基本型別，其中包括指標和 **char *** 字串。你也可以對這些運算子進行多載，使其能處理自訂型別的輸入和輸出操作。圖 18.3 至圖 18.5 的程式將這些運算子多載，以「（000）000-0000」的格式輸入和輸出 **PhoneNumber** 物件。這個程式假設了輸入的電話號碼是完全正確的。

```cpp
1   // Fig. 18.3: PhoneNumber.h
2   // PhoneNumber class definition
3   #ifndef PHONENUMBER_H
4   #define PHONENUMBER_H
5
6   #include <iostream>
7   #include <string>
8
9   class PhoneNumber
10  {
11     friend std::ostream &operator<<( std::ostream &, const PhoneNumber & );
12     friend std::istream &operator>>( std::istream &, PhoneNumber & );
13  private:
14     std::string areaCode; // 3-digit area code
15     std::string exchange; // 3-digit exchange
16     std::string line; // 4-digit line
17  }; // end class PhoneNumber
18
19  #endif
```

圖 18.3　將資料流插入和資料流擷取運算子多載成 **friend** 函式的 **PhoneNumber** 類別

```cpp
1   // Fig. 18.4: PhoneNumber.cpp
2   // Overloaded stream insertion and stream extraction operators
3   // for class PhoneNumber.
4   #include <iomanip>
5   #include "PhoneNumber.h"
6   using namespace std;
7
8   // overloaded stream insertion operator; cannot be
9   // a member function if we would like to invoke it with
10  // cout << somePhoneNumber;
```

圖 18.4　在類別 **PhoneNumber** 中，多載的資料流插入和資料流擷取運算子

```
11  ostream &operator<<( ostream &output, const PhoneNumber &number )
12  {
13      output << "(" << number.areaCode << ") "
14          << number.exchange << "-" << number.line;
15      return output; // enables cout << a << b << c;
16  } // end function operator<<
17
18  // overloaded stream extraction operator; cannot be
19  // a member function if we would like to invoke it with
20  // cin >> somePhoneNumber;
21  istream &operator>>( istream &input, PhoneNumber &number )
22  {
23      input.ignore(); // skip (
24      input >> setw( 3 ) >> number.areaCode; // input area code
25      input.ignore( 2 ); // skip ) and space
26      input >> setw( 3 ) >> number.exchange; // input exchange
27      input.ignore(); // skip dash (-)
28      input >> setw( 4 ) >> number.line; // input line
29      return input; // enables cin >> a >> b >> c;
30  } // end function operator>>
```

圖 18.4　在類別 **PhoneNumber** 中，多載的資料流插入和資料流擷取運算子(續)

```
1   // Fig. 18.5: fig18_05.cpp
2   // Demonstrating class PhoneNumber's overloaded stream insertion
3   // and stream extraction operators.
4   #include <iostream>
5   #include "PhoneNumber.h"
6   using namespace std;
7
8   int main()
9   {
10      PhoneNumber phone; // create object phone
11
12      cout << "Enter phone number in the form (123) 456-7890:" << endl;
13
14      // cin >> phone invokes operator>> by implicitly issuing
15      // the global function call operator>>( cin, phone )
16      cin >> phone;
17
18      cout << "The phone number entered was: ";
19
20      // cout << phone invokes operator<< by implicitly issuing
21      // the global function call operator<<( cout, phone )
22      cout << phone << endl;
23  } // end main
```

```
Enter phone number in the form (123) 456-7890:
(800) 555-1212
The phone number entered was: (800) 555-1212
```

圖 18.5　多載的資料流插入和資料流擷取運算子

多載資料流擷取（>>）運算子

資料流擷取運算子函式 **operator>>**（圖 18.4，第 21-30 行）會接收兩個引數，**istream** 參考 **input**，**PhoneNumber** 參考 **number**，並且傳回一個 **istream** 參考。運算子函式 **operator>>** 會用以下格式的將電話號碼輸入

```
(800) 555-1212
```

到 **PhoneNumber** 類別的物件中。當編譯器在圖 18.5 第 16 行看到如下的運算式時，

```
cin >> phone
```

編譯器將產生非成員函式呼叫

```
operator>>( cin, phone );
```

這個呼叫在執行的時候，參考引數 **input**（圖 18.4 第 21 行）變成 **cin** 的別名，而且參考引數 **number** 變成 **phone** 的別名。運算子函式以 strings 型別，將電話號碼的三個部分讀入 **areaCode**（第 24 行）、**exchange**（第 26 行）和 **line**（第 28 行）參數 **number** 參考之 **PhoneNumber** 物件的成員中。其中資料流操作子 **setw** 會限制每個 **strings** 所能讀入字元個數。與 **cin** 和 **strings** 一起使用時，**setw** 可以利用其引數所指示的字元個數，來限制被讀入的字元個數（換言之，**setw(3)** 允許讀入三個字元）。藉著呼叫 **istream** 的成員函式 **ignore**，我們將小括號、空白和橫線（-）字元忽略（圖 18.4 第 23、25 和 27 行），**ignore** 函式會捨棄掉輸入資料流中，由其引數所指定的字元個數（預設個數是一個字元）。函式 **operator>>** 會傳回 **istream** 型別的參考 **input**（也就是 **cin**）。這讓對 **PhoneNumber** 物件所做的輸入操作，可以與對其他 **PhoneNumber** 物件，或對其他資料型別物件的輸入操作，**串接**（cascaded）在一起。舉例來說，一個程式可以用下列方式，在一個敘述式內對兩個 **PhoneNumber** 物件進行輸入的動作：

```
cin >> phone1 >> phone2;
```

首先，運算式 **cin>>phone1** 會藉著以下的非成員函式呼叫來加以執行

```
operator>>( cin, phone1 );
```

然後此呼叫會傳回指向 **cin** 的參考，當作 **cin>>phone1** 的傳回值，所以剩餘的運算式可以單純地解釋成 **cin>>phone2**。這個運算式可以藉由以下的非成員函式呼叫來加以執行

```
operator>>( cin, phone2 );
```

良好的程式設計習慣 18.1

被多載的運算子其功能性應該仿效內建的同樣運算子，例如，**+** 運算子應該多載來執行加法，而不是減法。切勿過度或不一致的使用運算子多載，因為如此做會使得程式變得神秘又難以閱讀。

多載資料流插入（<<）運算子

資料流插入運算子函式（圖 18.4 第 11-16 行）會接受指向 **ostream** 的參考（**output**），以及指向 **const PhoneNumber** 的參考（**number**）的兩個引數，並且傳回一個 **ostream** 型別的參考。函式 **operator<<** 會顯示 **PhoneNumber** 型別的物件。當編譯器看到圖 18.5 第 22 行的運算式時

```
cout << phone
```

編譯器將產生非成員函式呼叫

```
operator<<( cout, phone );
```

因為電話號碼的各個部分儲存成 **string** 物件，所以函式 **operator<<** 將以 **string** 顯示。

多載運算子作為非成員 friend 函式

請注意，函式 **operator>>** 和 **operator<<** 是在 **PhoneNumber** 中宣告成非成員的 **friend** 函式（圖 18.3，第 11-12 行）。它們宣告成非成員函式的原因是，類別 **PhoneNumber** 的物件是這兩個運算子的右運算元。如果有 **PhoneNumber** 成員函式，輸入與輸出 **PhoneNumber** 時，就會用如下的錯誤敘述式：

```
phone << cout;
phone >> cin;
```

對於大多數習慣將 **cout** 和 **cin** 視如<<和>>左運算元的 C++程式設計者來說，這樣的敘述式寫法容易令人混淆。

　　對於二元運算子而言，多載的運算子函式只有在其左運算元是此運算子所屬的類別物件成員時，才可以宣告為成員函式。如果多載的輸入和輸出運算子需要直接存取非 **public** 類別成員，或者因為類別不提供適用的 *get* 函式的緣故，則將它們宣告為 **friend**。此外，因為 **PhoneNumber** 只是單純地作為輸出的用途，所以在函式 **operator<<** 的參數列（圖 18.4 第 11 行）中，**PhoneNumer** 參考是 **const** 的；又因為 **PhoneNumber** 物件必須被修改以便在物件中存放輸入的電話號碼，所以在函式 **operator>>** 的參數列（第 21 行）中，**PhoneNumber** 參考是非 **const** 的。

軟體工程的觀點 18.2

我們可以在不修改 C++標準輸入／輸出函式庫類別的情形下，將新使用者自訂型別的輸入／輸出功能加到 C++中。這是 C++程式語言具擴充性的另一個例子。

為什麼多載資料流插入與資料流擷取運算子視同非成員函式來多載

多載資料流插入運算子（<<）使用於左運算元為 **ostream&** 型別的運算式，如 **cout << classObject**。若是想要將該運算子使用於右運算元為使用者定義之類別物件的情況下，則它必須多載成一個非成員函式。要成為一個成員函式，運算子<<必須是 **ostream** 類別的成員之一。但對於使用者自定的類別而言，這是不可能的事，因為 C++標準函式庫類別是不允許被修改的。同樣的，多載資料流擷取運算子（>>）使用於左運算元為 **istream&** 型別的運算式，如 **cin >> classObject**，而且右運算元是一個使用者自定類別的物件，所以，它也必須是一個非成員函式。此外，每個這樣多載的運算子函式可能需要取用那些準備輸入或輸出之類別物件的 **private** 資料成員，所以基於效能上的考量，這些多載運算子函式可以使之成為該類別的 **friend** 函式。

18.6　多載一元運算子

類別的一元運算子可以多載成不具引數的非 **static** 成員函式；或是具有一個引數的非成員函式，該引數必須是此類別的物件或指向該類別物件的參考。用於實作多載運算子的成員函式必須是非 **static**，如此它們才能存取所屬類別每一個物件中的非 **static** 資料。

一元多載運算子作為成員函式

考慮多載一元運算子!來測試使用者自定 **string** 類別中的物件是否為空的。這樣的函式應該傳回 **bool** 計算的結果。當像!這樣的一元運算子被多載成不具有任何引數的成員函式，而且編譯器遇見運算式!s（**s** 為 **string** 類別的物件）時，編譯器將產生函式呼叫 **s.operator!()**。運算元 **s** 就是呼叫 **String** 類別成員函式 **operator!** 的 **String** 物件。函式宣告如下：

```
class String
{
public:
   bool operator!() const;
   ...
}; // end class String
```

一元多載運算子作為非成員函式

像!這樣的一元運算子也可以多載成具有一個引數的非成員函式。如果 s 是一個 **String** 類別物件（或指向 **String** 類別物件的一個參考），則!s 的處理方式就好像我們所寫的呼叫 **operator!(s)** 的程式碼一樣，它會呼叫非成員的 **operator!** 函式，此函式的宣告方式如下：

```
bool operator!( const String & );
```

18.7　多載一元前置與後置++和−−運算子

遞增和遞減運算子的前置和後置版本都可以施以多載。我們將會了解，編譯器如何區分前置和後置遞增和遞減運算子之間的差異。

　　若要多載前置遞增和後置遞增運算子，則這兩種經過多載的運算子函式必須具有清楚不同的簽署方式（signature），以便編譯器能夠分辨該使用哪一種++版本。遞增運算子前置版本的多載方式，與其他前置的一元運算子完全相同。本節所討論關於前置遞增和後置遞增運算子的多載，都適用於前置遞減和後置遞減運算子的多載。在下一節中，我們會檢視具有多載的前置和後置遞增運算子的 **Date** 類別。

多載前置遞增運算子

舉例來說，假設我們想要將 **Date** 物件 **d1** 的天數加 **1**。當編譯器遇到**++d1** 前置遞增運算式的時候，編譯器會產生以下的成員函式呼叫

```
d1.operator++()
```

這個運算子成員函式的原型將會是

```
Date &operator++();
```

如果將前置遞增運算子實作成非成員函式的話，則當編譯器遇到運算式**++d1** 的時候，編譯器將產生下列函式呼叫

```
operator++( d1 )
```

此非成員運算子函式的原型可宣告成

```
Date &operator++( Date & );
```

多載後置遞增運算子

對後置的遞增運算子施以多載是一項挑戰，因為此時編譯器必須能夠分辨多載的前置和後置遞增運算子的簽署方式。C++所採取的慣例是：當編譯器看到後置遞增運算式 **d1++**時，它會產生下列成員函式呼叫

```
d1.operator++( 0 )
```

這個運算子成員函式的原型是

```
Date operator++( int )
```

嚴格來說，引數 **0** 是沒有實際效用的數值，它只是讓編譯器能夠分辨前置和後置遞增運算子函式。我們用同一個語法來辨別遞減運算子的前置以及後置版本。

如果將後置遞增運算子實作成非成員函式，則當編譯器看到運算式 **d1++**時，編譯器會產生下列函式呼叫

```
operator++( d1, 0 )
```

此函式的原型將會是

```
Date operator++( Date &, int );
```

我們再一次看到，編譯器利用引數 **0** 來分辨被實作成非成員函式的前置和後置遞增運算子。請注意，後置遞增運算子會以傳值的方式傳回 **Date** 物件，然而前置遞增運算子則以傳址的方式傳回 **Date** 物件，這是因為後置遞增運算子通常會傳回一個暫時物件，在此暫時物件中含有

該物件在遞增執行之前的原始數值。C++會以右值來處理這種物件，它不能夠用於指定運算子的左邊。前置遞增運算子傳回的是實際上已經執行過遞增的物件，此時它含有新的數值。這種物件可以在連續的運算式中當作左值來使用。

增進效能的小技巧 18.1

由後置遞增（或遞減）運算子所建立的額外物件，可能會造成無法忽視的效能問題，尤其是在此運算子使用於迴圈的情形下更是如此。因為這個原因，我們應該要使用多載的前置遞增（或前置遞減）運算子。

18.8　範例研究：Date 類別

圖 18.6-18.8 的程式示範 **Date** 類別，它使用多載的前置遞增和後置遞增運算子，將 **Date** 物件的天數加 1，與此同時也視需要將日期物件的年份和月份予以適時地遞增。**Date** 標頭檔（圖 18.6）詳細敘明 **Date** 的 **public** 介面包含了多載的資料流插入運算子（第 11 行）、預設建構子（第 13 行）、函式 **setDate**（第 14 行）、多載的前置遞增運算子（第 15 行）、多載的後置遞增運算子（第 16 行）、多載的+=加法指定運算子（第 17 行）、測試閏年的函式（第 18 行），以及判斷這一天是否為當月最後一天的函式（第 19 行）。

```cpp
1   // Fig. 18.6: Date.h
2   // Date class definition with overloaded increment operators.
3   #ifndef DATE_H
4   #define DATE_H
5
6   #include <array>
7   #include <iostream>
8
9   class Date
10  {
11     friend std::ostream &operator<<( std::ostream &, const Date & );
12  public:
13     Date( int m = 1, int d = 1, int y = 1900 ); // default constructor
14     void setDate( int, int, int ); // set month, day, year
15     Date &operator++(); // prefix increment operator
16     Date operator++( int ); // postfix increment operator
17     Date &operator+=( unsigned int ); // add days, modify object
18     static bool leapYear( int ); // is date in a leap year?
19     bool endOfMonth( int ) const; // is date at the end of month?
20  private:
21     unsigned int month;
22     unsigned int day;
23     unsigned int year;
24
25     static const std::array< unsigned int, 13 > days; // days per month
26     void helpIncrement(); // utility function for incrementing date
27  }; // end class Date
28
29  #endif
```

圖 18.6　具有多載遞增運算子的 **Date** 類別

```
1   // Fig. 18.7: Date.cpp
2   // Date class member- and friend-function definitions.
3   #include <iostream>
4   #include <string>
5   #include "Date.h"
6   using namespace std;
7
8   // initialize static member; one classwide copy
9   const array< unsigned int, 13 > Date::days =
10     { 0, 31, 28, 31, 30, 31, 30, 31, 31, 30, 31, 30, 31 };
11
12  // Date constructor
13  Date::Date( int month, int day, int year )
14  {
15     setDate( month, day, year );
16  } // end Date constructor
17
18  // set month, day and year
19  void Date::setDate( int mm, int dd, int yy )
20  {
21     if ( mm >= 1 && mm <= 12 )
22        month = mm;
23     else
24        throw invalid_argument( "Month must be 1-12" );
25
26     if ( yy >= 1900 && yy <= 2100 )
27        year = yy;
28     else
29        throw invalid_argument( "Year must be >= 1900 and <= 2100" );
30
31     // test for a leap year
32     if ( ( month == 2 && leapYear( year ) && dd >= 1 && dd <= 29 ) ||
33        ( dd >= 1 && dd <= days[ month ] ) )
34        day = dd;
35     else
36        throw invalid_argument(
37           "Day is out of range for current month and year" );
38  } // end function setDate
39
40  // overloaded prefix increment operator
41  Date &Date::operator++()
42  {
43     helpIncrement(); // increment date
44     return *this; // reference return to create an lvalue
45  } // end function operator++
46
47  // overloaded postfix increment operator; note that the
48  // dummy integer parameter does not have a parameter name
49  Date Date::operator++( int )
50  {
51     Date temp = *this; // hold current state of object
52     helpIncrement();
53
54     // return unincremented, saved, temporary object
55     return temp; // value return; not a reference return
56  } // end function operator++
57
58  // add specified number of days to date
59  Date &Date::operator+=( unsigned int additionalDays )
60  {
61     for ( int i = 0; i < additionalDays; ++i )
62        helpIncrement();
63
64     return *this; // enables cascading
65  } // end function operator+=
66
```

圖 18.7　**Date** 類別成員和 **friend** 函式的定義

```
66
67    // if the year is a leap year, return true; otherwise, return false
68    bool Date::leapYear( int testYear )
69    {
70       if ( testYear % 400 == 0 ||
71          ( testYear % 100 != 0 && testYear % 4 == 0 ) )
72          return true; // a leap year
73       else
74          return false; // not a leap year
75    } // end function leapYear
76
77    // determine whether the day is the last day of the month
78    bool Date::endOfMonth( int testDay ) const
79    {
80       if ( month == 2 && leapYear( year ) )
81          return testDay == 29; // last day of Feb. in leap year
82       else
83          return testDay == days[ month ];
84    } // end function endOfMonth
85
86    // function to help increment the date
87    void Date::helpIncrement()
88    {
89       // day is not end of month
90       if ( !endOfMonth( day ) )
91          ++day; // increment day
92       else
93          if ( month < 12 ) // day is end of month and month < 12
94          {
95             ++month; // increment month
96             day = 1; // first day of new month
97          } // end if
98          else // last day of year
99          {
100            ++year; // increment year
101            month = 1; // first month of new year
102            day = 1; // first day of new month
103         } // end else
104   } // end function helpIncrement
105
106   // overloaded output operator
107   ostream &operator<<( ostream &output, const Date &d )
108   {
109      static string monthName[ 13 ] = { "", "January", "February",
110         "March", "April", "May", "June", "July", "August",
111         "September", "October", "November", "December" };
112      output << monthName[ d.month ] << ' ' << d.day << ", " << d.year;
113      return output; // enables cascading
114   } // end function operator<<
```

圖 18.7　Date 類別成員和 friend 函式的定義(續)

```
1     // Fig. 18.8: fig18_08.cpp
2     // Date class test program.
3     #include <iostream>
4     #include "Date.h" // Date class definition
5     using namespace std;
6
7     int main()
8     {
9        Date d1( 12, 27, 2010 ); // December 27, 2010
10       Date d2; // defaults to January 1, 1900
11
12       cout << "d1 is " << d1 << "\nd2 is " << d2;
13       cout << "\n\nd1 += 7 is " << ( d1 += 7 );
14
15       d2.setDate( 2, 28, 2008 );
16       cout << "\n\n  d2 is " << d2;
17       cout << "\n++d2 is " << ++d2 << " (leap year allows 29th)";
18
```

圖 18.8　Date 類別的測試程式

```
19      Date d3( 7, 13, 2010 );
20
21      cout << "\n\nTesting the prefix increment operator:\n"
22         << "   d3 is " << d3 << endl;
23      cout << "++d3 is " << ++d3 << endl;
24      cout << "   d3 is " << d3;
25
26      cout << "\n\nTesting the postfix increment operator:\n"
27         << "   d3 is " << d3 << endl;
28      cout << "d3++ is " << d3++ << endl;
29      cout << "   d3 is " << d3 << endl;
30   } // end main
```

```
d1 is December 27, 2010
d2 is January 1, 1900

d1 += 7 is January 3, 2011

  d2 is February 28, 2008
++d2 is February 29, 2008 (leap year allows 29th)

Testing the prefix increment operator:
  d3 is July 13, 2010
++d3 is July 14, 2010
  d3 is July 14, 2010

Testing the postfix increment operator:
  d3 is July 14, 2010
d3++ is July 14, 2010
  d3 is July 15, 2010
```

圖 18.8　Date 類別的測試程式(續)

　　main 函式（圖 18.8）建立了兩個 **Date** 物件（第 9-10 行），其中 d1 初始化成 2010 年 12 月 27 日，d2 已預先初始化成 1900 年 1 月 1 日。**Date** 建構子（定義於圖 18.7 的第 13-16 行）會呼叫 **setDate**（定義於圖 18.7 的第 19-38 行）來確認月、日和年是否為有效值。無效的月、日、年會造成 **invalid_argument** 例外。

　　main 函式的第 12 行(圖 18.8)使用多載的資料流插入運算子(定義於圖 18.7 的第 107-114 行)，來輸出每一個 **Date** 物件。**main** 函式第 13 行使用多載的運算子+=（定義於圖 18.7 的第 59-65 行），使 **d1** 加上 7 天。圖 18.8 的第 15 行使用函式 **setDate**，將 **d2** 設定成 2008 年 2 月 28 日，這一年恰好是閏年。然後，第 17 行對 **d2** 施以前置遞增運算，以便證明日期確實正確地增加成 2 月 29 日。接下來，第 19 行建立一個 **Date** 物件 **d3**，而且將它初始化成 2010 年 7 月 13 日。然後第 23 行利用多載的前置遞增運算子使 **d3** 加 1。第 21-24 行會在前置遞增運算的之前和之後輸出 **d3**，以便確認前置遞增運算的正確性。最後，第 28 行利用多載的後置遞增運算子使 **d3** 遞增。第 26-29 行會在後置遞增運算的之前和之後輸出 **d3**，以便確認後置遞增運算的正確性。

Date 類別前置遞增運算子

前置遞增運算子的多載方式是很直覺的。前置遞增運算子（定義於圖 18.7 第 41-45 行）呼叫工具函式 **helpIncrement**（定義於圖 18.7 第 87-104 行）使日期遞增。這個函式處理的是，當我們使當月最後一天遞增的時候,所發生之日期「回歸起始點」與「進位」的問題。這些進位都得將月份遞增 1。如果月份已經是 12,則年份也必須遞增 1,而且月份必須設定成 1。其中,函式 **helpIncrement** 使用函式 **endOfMonth** 判斷是否已到月底,以便使日數正確遞增。

　　多載的前置遞增運算子將傳回一個指向目前 **Date** 物件的參考(也就是我們剛遞增的物件)。會發生這個結果,是因為目前的物件***this** 被當成一個**Date** &回傳。這讓被前置遞增的 **Date** 物件,可以用來作為左值,這就是內建的前置遞增運算子處理基本型別的方法。

Date 類別後置遞增運算子

對後置遞增運算子的多載(定義於圖 18.7 第 49-56 行)比較需要技巧。為了模擬後置遞增的效應,我們一定要傳回一個 **Date** 物件尚未被遞增的副本。舉例來說,如果 **int** 變數 **x** 的數值是 **7**,下列敘述式

```
cout << x++ << endl;
```

將輸出變數 **x** 的原始值。所以我們希望我們的後置遞增運算子,也以類似的方式對 **Date** 物件進行操作。在剛進入 **operator++**的時候,我們會先將當前的物件(***this**)存放在 **temp** 中(第 51 行)。接下來,我們呼叫 **helpIncrement** 將當前的 **Date** 物件遞增。然後,程式第 55 行會將先前儲存在 **temp** 尚未遞增的物件副本回傳。當宣告 **Date** 物件 **temp** 的函式結束執行而跳離的時候,區域變數 **temp** 會被清除,所以這個函式不能夠傳回指向區域 **Date** 物件 **temp** 的參考。因此,如果將傳回到此函式的傳回型別宣告為 **Date** &,則所傳回的參考會指向不再存在的物件。

常見的程式設計錯誤 18.1

將參考(或指標)傳回給區域變數是大多數編譯器會發出警告的常見錯誤。

18.9　動態記憶體管理

你可以在一個程式中對任何內建型別或使用者自訂型別的物件或陣列,進行記憶體的配置和清除。這稱為**動態記憶體管理**(dynamic memory management),透過運算子 **new** 和 **delete** 進行。我們將在下一節運用這些能力來實作我們的 **Array** 類別。

　　你可以用 **new** 運算子動態**配置**(allocate,或保留)程式執行期間每個物件或內建陣列所需的記憶體空間。物件或內建陣列會建立在**自由儲存空間**(free store,又稱為**堆積**,heap)中。此空間由作業系統指配給各個程式,用來儲存動態配置的物件[2]。自由儲存空間中的配置

---

2. 運算子 **new** 可能無法獲得所需的記憶體,在這種情況下會發生 **bad_alloc** 例外。第 22 章會介紹如何在使用 **new** 時處理失敗。

完成之後，**new** 運算子會傳回一個指標，你可以藉由這個指標來存取記憶體中的資料。當我們不再需要記憶體時，可以用 **delete** 運算子**解置**（deallocate，或釋放）記憶體，傳回自由儲存空間，讓將來的 **new** 操作可以再次使用這個記憶體[3]。

使用 new 取得動態記憶體

考慮以下敘述式：

```
Time *timePtr = new Time();
```

運算子 **new** 為 **Time** 型別的物件配置適當的儲存空間大小，呼叫其預設建構子進行物件初始化，並傳回一指標，其型別由 **new** 運算子右側的敘述式所指定（此處為 **Time ***）。如果 **new** 無法為物件在記憶體中找到可用的空間，會以「拋出例外」的方式，指出發生了錯誤。

使用 delete 釋放動態記憶體

要清除動態配置的物件且釋放它所佔用的記憶體空間，請用 **delete** 運算子，如下所示：

```
delete timePtr;
```

這個敘述式會先呼叫 **timePtr** 指標指向物件的解構子，然後釋放與該物件相結合的記憶體，將它還給自由儲存空間。

常見的程式設計錯誤 18.2

不再需要動態配置的記憶體時，若不將記憶體釋放還給系統，會讓系統耗盡所有的記憶體空間。這有時稱為「**記憶體外漏**」（memory leak）。

測試和除錯的小技巧 18.1

不要刪除還未被 **new** 配置的記憶體。這麼做會導致未定義的行為。

測試和除錯的小技巧 18.2

在你刪除動態配置記憶體的區塊之後，請確保不要再次刪除同一個區塊。防止這種情況的方法之一是立即將指標設定為 **nullptr**。刪除 **nullptr** 不會產生任何效用。

動態記憶體初始化

用 **new** 新建基本型別變數時，可一併提供**初始值**（initializer），如下所示：

```
double *ptr = new double( 3.14159 );
```

---

3. 運算子 **new** 和 **delete** 可能會多載，但這超出了本書的範圍。如果你多載了 **new**，那麼你應該在同一個範圍中多載 **delete**，以避免微妙的動態記憶體管理錯誤。

以上敘述式會將新建的 **double** 物件的初始值設為 **3.14159**，並且將結果設給指向 **ptr** 的指標。我們可以用相同的語法，把以逗號分隔的引數列傳給物件的建構子。例如以下敘述式

```
Time *timePtr = new Time( 12, 45, 0 );
```

會把新建的 **Time** 物件的初始值設為 12:45 PM，並將產生的指標設給 timePtr。

使用 new [] 動態配置內建陣列

你也可以使用 **new** 運算子動態地配置內建陣列。例如，以下敘述式可配置一個具有 10 個元素的整數陣列，並將它設給 **gradesArray**：

```
int *gradesArray = new int[ 10 ]();
```

以上宣告 int 指標 **gradesArray**，並將一個動態配置的 **int** 陣列（具 10 個元素）的第一個元素的位址設給該指標。**int[10]** 後面接著的小括號將陣列元素初始化——基本的數值型別設定為 **0**，**bool** 設定為 **false**，指標設定為 **nullptr**，類別物件被它們的預設建構子初始化。在編譯期間產生的陣列，其大小必須透過常數整數運算式予以指定。不過，一個動態配置的陣列，其大小可以透過任何可於執行期間計算出結果的非負整數運算式予以指定。

C++ 11：使用帶有動態配置內建陣列的初始值列

在 C++11 標準產生之前，當動態地配置一個物件的內建陣列時，無法為每個物件的建構子傳入引數；陣列中每個物件會由預設建構子進行初始化。在 C++11，你可以使用初始值列將動態配置的內建陣列中的元素初始化，就像

```
int *gradesArray = new int[ 10 ]{};
```

這裡看到的大括號內的空集合說明預設初始化應該被用於每個元素——對基本型別來說，每個元素都設定為 **0**。大括號也可能包含以逗號分隔的陣列元素初始值列。

使用 delete [] 釋放動態配置的內建陣列

下列敘述式可以釋放 **gradesArray** 所指的記憶體

```
delete [] gradesArray;
```

若以上敘述式中的指標係指向物件的內建陣列，該敘述式會先呼叫該陣列中每個物件的解構子，然後再釋放記憶體。若 **gradesArray** 指向物件的內建陣列，而此敘述式未寫出中括號（**[]**），則結果是未定義的；有些編譯器只會呼叫解構子清除陣列中的第一個物件。將 **delete** 或 **delete[]** 用在一個 **nullptr** 不會產生任何效用。

常見的程式設計錯誤 18.3

對物件的內建陣列使用 **delete**，而非 **delete[]** 時，會造成執行期間的邏輯錯誤。爲確認陣列中的每個物件都會收到一個解構子呼叫，請記得使用 **delete[]** 運算子清除配置予一個陣列的記憶體。同樣地，請使用 **delete** 運算子來刪除配置予個別物件的記憶體，用 **delete[]** 刪除單一物件的結果是未定義的。

C++11：使用 unique_ptr 管理動態配置記憶體

C++11 的新指標 **unique_ptr** 對管理動態配置記憶體來說是個「聰明的指標」。當 **unique_ptr** 超出範圍時，它的解構子會自動傳回可管理的記憶體到自由儲存空間。在第 22 章，我們會介紹 **unique_ptr**，並且示範如何用它來管理動態配置物件或動態配置內建陣列。

18.10　範例研究：Array 類別

我們在第 6 章討論過內建陣列。以指標爲基礎的陣列會有一些問題，包括：

- 因爲 C++不會自行檢查下標（subscripts）是否落在內建陣列的範圍之外（雖然你仍然可以明確地執行這件事情），所以程式可能很容易「掉落」到陣列兩個端點之外。

- 大小爲 *n* 的內建陣列，必須以數字 0, ..., *n*- 1 來標示它的元素；改變下標的範圍是不被允許的。

- 一個完整的內建陣列不能夠一次全部輸入或輸出；我們必須個別讀取或寫入每一個元素（除非此陣列是以 **null** 結尾的 C 字串）。

- 兩個內建陣列不能夠使用等號運算子或關係運算子來進行有意義的比較（因爲陣列名稱只是一個指標，它指向陣列在記憶體中的起始位址，且兩個陣列永遠都位於不同的記憶體位置）。

- 我們將內建陣列傳給一般函式，此函式是用來處理任何大小的陣列時，此時陣列的大小也必須當作另一個額外的引數傳入。

- 內建陣列不能以指派運算子指派給另一個陣列。

類別的開發是一種有趣、兼具創造性和智慧性的挑戰工作，而其目標一直都是要「有技巧地建立有用的類別」。透過類別和運算子多載的運用，例如 C++標準函式庫的類別樣板 **array** 和 **vector**，C++確實能提供方法讓我們實作功能更強的陣列。在本節中，我們會開發我們自己的客製化陣列，這會比內建陣列更好用。在這個案例研究中，當我們提到「陣列」時，指的是內建陣列。

　　在這個範例中，我們建立了一個可以執行範圍檢查的陣列類別，它可以確保下標能夠位在 **Array** 的範圍限制之內。這個類別允許我們使用指派運算子，將一個陣列物件指定給另一個陣列物件。**Array** 類別的物件知道它們自己的大小，因此，傳遞 **Array** 給函式的時候，並不需要一個引數來另外傳送陣列的大小。整個 **Array** 可以分別使用資料流擷取和資料流插入運算子，來進行輸入或輸出的操作。此外，我們還可以使用等號運算子==和!=來進行 Array 間的比較。

18.10.1　使用 **Array** 類別

圖 18.9 至圖 18.11 的程式展示 **Array** 類別和它的多載運算子。首先，我們瀏覽一遍 **main**（圖 18.9），以及該程式的輸出，然後我們考慮該類別的定義（圖 18.10），以及該類別的成員函式定義（圖 18.11）。

```cpp
1   // Fig. 18.9: fig18_09.cpp
2   // Array class test program.
3   #include <iostream>
4   #include <stdexcept>
5   #include "Array.h"
6   using namespace std;
7
8   int main()
9   {
10      Array integers1( 7 ); // seven-element Array
11      Array integers2; // 10-element Array by default
12
13      // print integers1 size and contents
14      cout << "Size of Array integers1 is "
15         << integers1.getSize()
16         << "\nArray after initialization:\n" << integers1;
17
18      // print integers2 size and contents
19      cout << "\nSize of Array integers2 is "
20         << integers2.getSize()
21         << "\nArray after initialization:\n" << integers2;
22
23      // input and print integers1 and integers2
24      cout << "\nEnter 17 integers:" << endl;
25      cin >> integers1 >> integers2;
26
27      cout << "\nAfter input, the Arrays contain:\n"
28         << "integers1:\n" << integers1
29         << "integers2:\n" << integers2;
30
31      // use overloaded inequality (!=) operator
32      cout << "\nEvaluating: integers1 != integers2" << endl;
33
34      if ( integers1 != integers2 )
35         cout << "integers1 and integers2 are not equal" << endl;
36
37      // create Array integers3 using integers1 as an
38      // initializer; print size and contents
39      Array integers3( integers1 ); // invokes copy constructor
40
41      cout << "\nSize of Array integers3 is "
42         << integers3.getSize()
43         << "\nArray after initialization:\n" << integers3;
44
```

圖 18.9　**Array** 類別的測試程式

```
45      // use overloaded assignment (=) operator
46      cout << "\nAssigning integers2 to integers1:" << endl;
47      integers1 = integers2; // note target Array is smaller
48
49      cout << "integers1:\n" << integers1
50         << "integers2:\n" << integers2;
51
52      // use overloaded equality (==) operator
53      cout << "\nEvaluating: integers1 == integers2" << endl;
54
55      if ( integers1 == integers2 )
56         cout << "integers1 and integers2 are equal" << endl;
57
58      // use overloaded subscript operator to create rvalue
59      cout << "\nintegers1[5] is " << integers1[ 5 ];
60
61      // use overloaded subscript operator to create lvalue
62      cout << "\n\nAssigning 1000 to integers1[5]" << endl;
63      integers1[ 5 ] = 1000;
64      cout << "integers1:\n" << integers1;
65
66      // attempt to use out-of-range subscript
67      try
68      {
69         cout << "\nAttempt to assign 1000 to integers1[15]" << endl;
70         integers1[ 15 ] = 1000; // ERROR: subscript out of range
71      } // end try
72      catch ( out_of_range &ex )
73      {
74         cout << "An exception occurred: " << ex.what() << endl;
75      } // end catch
76   } // end main
```

```
Size of Array integers1 is 7
Array after initialization:
           0          0          0          0
           0          0          0

Size of Array integers2 is 10
Array after initialization:
           0          0          0          0
           0          0          0          0
           0          0

Enter 17 integers:
1 2 3 4 5 6 7 8 9 10 11 12 13 14 15 16 17

After input, the Arrays contain:
integers1:
           1          2          3          4
           5          6          7
integers2:
           8          9         10         11
          12         13         14         15
          16         17

Evaluating: integers1 != integers2
integers1 and integers2 are not equal

Size of Array integers3 is 7
Array after initialization:
           1          2          3          4
           5          6          7

Assigning integers2 to integers1:
integers1:
           8          9         10         11
          12         13         14         15
          16         17
```

圖 18.9　**Array** 類別的測試程式(續)

```
integers2:
       8         9        10        11
      12        13        14        15
      16        17

Evaluating: integers1 == integers2
integers1 and integers2 are equal

integers1[5] is 13

Assigning 1000 to integers1[5]
integers1:
       8         9        10        11
      12      1000        14        15
      16        17

Attempt to assign 1000 to integers1[15]
An exception occurred: Subscript out of range
```

圖 18.9　Array 類別的測試程式(續)

建立 Array，輸出其大小和顯示其內容

此程式以實體化兩個 Array 類別的物件為開端，這兩個物件分別是含有 7 個元素的 integers1（圖 18.9 第 10 行）和含有預設的 Array 大小，即 10 個元素（此預設值是由圖 18.10 第 14 行 Array 預設建構子的原型所指定）的 integers2（圖 18.9，第 11 行）。圖 18.9 第 14-16 行使用成員函式 getSize 來決定 integers1 的大小，並使用 Array 類別中經過多載的資料流插入運算子，來輸出 integers1 的內容。輸出結果證實了建構子正確地將 Array 元素初始化成零。接下來，第 19-21 行會輸出 Array integers2 的大小，並且使用 Array 類別中經過多載的資料流插入運算子來輸出 integers2 的內容。

使用多載的資料流插入運算子將資料存入 Array

程式第 24 行提示使用者輸入 17 個整數。第 25 行使用 Array 類別中經過多載的資料流擷取運算子來讀取前 7 個數值存放在 integers1 內，剩下的 10 個數值則存放在 integers2。第 27-29 行使用 Array 類別中多載過的資料流插入運算子輸出這兩個陣列的內容，以便確認原先輸入的正確性。

使用多載的不等號運算子

第 34 行計算下列的條件式，來測試多載的不等號運算子

```
integers1 != integers2
```

程式的輸出顯示這兩個陣列確實是不相等的。

以現存的 Array 內容副本初始化新的 Array

程式第 39 行使第三個 Array 類別物件 integers3 實體化，並且以 Array integers1 的副本對它進行初始化的工作。這會呼叫 Array 類別的**複製建構子**（copy constructor），將 integers1 的元素複製到 integers3。我們很快會討論複製建構子的細節。複製建構子也

可以經由將程式第 39 行寫成下列的方式，來加以呼叫：

```
Array integers3 = integers1;
```

在上面的敘述式中，等號並不是指定運算子。當等號出現在物件的宣告中時，它會替該物件呼叫一個建構子。不過這種形式的呼叫方式只能遞送單一引數給建構子，特別是位在=符號右側的值。

第 41-43 行會輸出 **integers3** 的大小，並使用 **Array** 類別中經過多載的資料流插入運算子輸出 **integers3** 的內容，以便確認複製建構子已經正確地設定 **integers3** 的元素。

使用多載的指定運算子

程式第 47 行藉著將 **integers2** 指定給 **integers1**，來測試多載的指定運算子(**=**)。第 49-50 行輸出上述兩個 **Array** 物件的內容，以便確認指定的過程是否成功。請注意，**Array integers1** 原先只存放 7 個整數，所以程式需要重新指定它的大小，來存放從 **integers2** 複製過來的 10 個元素。稍後我們將了解，多載的指定運算子執行這項重新設定大小的操作時，對用戶端程式碼而言是看不見的。

使用多載的等號運算子

程式第 55 行使用多載的等號運算子（**==**），去確認經過第 47 行之指定後的物件 **integers1** 和 **integers2** 確實相同。

使用多載的下標運算子

程式第 59 行使用多載的下標運算子來參考 **integers1[5]**，這是在 **integers1** 陣列範圍內的一個元素。這個加上下標的名稱在此會當成右值(rvalue)，它用來印出儲存於 **integers1[5]** 的值。程式第 63 行使用 **integers1[5]** 作為可以修改的左值（lvalue），它會置於指定敘述式的左邊，以便將新的值 1000 指定給 **integers1** 的元素 5。我們將發現，在 **operator[]** 確認 5 是 **integers1** 的合法下標後，它就會傳回一個用來當作可以修改的左值的參考。

第 70 行試圖將值 1000 指定給一個超出範圍的元素 **integers1[15]**。在這個例子中，**operator[]** 判斷出此下標位在範圍之外，所以它將丟出一個 **out_of_range** 例外。

有趣的是，陣列的下標運算子[]並未限定只能夠應用於陣列上；舉例來說，它也可以用來選取其他容器類別的元素，例如字串和字典之類的類別。此外，當多載過的 **operator[]** 函式被定義的時候，下標不再必須是整數，像是字元、字串、或者甚至是使用者自訂的類別物件，都可以作為下標。

18.10.2　**Array** 類別定義

截至目前為止,我們已經了解這個程式如何運作,接下來,讓我們探討類別的標頭檔(圖 18.10)。當我們談論到標頭檔中的每個成員函式時,我們將討論該函式的實作方式,如圖 18.11。在圖 18.10 中,第 34-35 行描繪的是類別 **Array** 的 **private** 資料成員。每一個 **Array** 物件包含一個表示 **Array** 元素個數的 **size** 成員,以及一個 **int** 型別的指標 **ptr**,這個指標會指向由 **Array** 物件所控制,以指標為基礎的動態配置整數陣列。

```cpp
1  // Fig. 18.10: Array.h
2  // Array class definition with overloaded operators.
3  #ifndef ARRAY_H
4  #define ARRAY_H
5
6  #include <iostream>
7
8  class Array
9  {
10     friend std::ostream &operator<<( std::ostream &, const Array & );
11     friend std::istream &operator>>( std::istream &, Array & );
12
13  public:
14     explicit Array( int = 10 ); // default constructor
15     Array( const Array & ); // copy constructor
16     ~Array(); // destructor
17     size_t getSize() const; // return size
18
19     const Array &operator=( const Array & ); // assignment operator
20     bool operator==( const Array & ) const; // equality operator
21
22     // inequality operator; returns opposite of == operator
23     bool operator!=( const Array &right ) const
24     {
25        return ! ( *this == right ); // invokes Array::operator==
26     } // end function operator!=
27
28     // subscript operator for non-const objects returns modifiable lvalue
29     int &operator[]( int );
30
31     // subscript operator for const objects returns rvalue
32     int operator[]( int ) const;
33  private:
34     size_t size; // pointer-based array size
35     int *ptr; // pointer to first element of pointer-based array
36  }; // end class Array
37
38  #endif
```

圖 18.10　具有多載運算子的 **Array** 類別定義

```cpp
1  // Fig. 18.11: Array.cpp
2  // Array class member- and friend-function definitions.
3  #include <iostream>
4  #include <iomanip>
5  #include <stdexcept>
6
7  #include "Array.h" // Array class definition
8  using namespace std;
9
10 // default constructor for class Array (default size 10)
11 Array::Array( int arraySize )
12    : size( arraySize > 0 ? arraySize :
13         throw invalid_argument( "Array size must be greater than 0" ) ),
14      ptr( new int[ size ] )
```

圖 18.11　**Array** 類別成員函式和 **friend** 函式的定義

```
15  {
16     for ( size_t i = 0; i < size; ++i )
17        ptr[ i ] = 0; // set pointer-based array element
18  } // end Array default constructor
19
20  // copy constructor for class Array;
21  // must receive a reference to an Array
22  Array::Array( const Array &arrayToCopy )
23     : size( arrayToCopy.size ),
24       ptr( new int[ size ] )
25  {
26     for ( size_t i = 0; i < size; ++i )
27        ptr[ i ] = arrayToCopy.ptr[ i ]; // copy into object
28  } // end Array copy constructor
29
30  // destructor for class Array
31  Array::~Array()
32  {
33     delete [] ptr; // release pointer-based array space
34  } // end destructor
35
36  // return number of elements of Array
37  size_t Array::getSize() const
38  {
39     return size; // number of elements in Array
40  } // end function getSize
41
42  // overloaded assignment operator;
43  // const return avoids: ( a1 = a2 ) = a3
44  const Array &Array::operator=( const Array &right )
45  {
46     if ( &right != this ) // avoid self-assignment
47     {
48        // for Arrays of different sizes, deallocate original
49        // left-side Array, then allocate new left-side Array
50        if ( size != right.size )
51        {
52           delete [] ptr; // release space
53           size = right.size; // resize this object
54           ptr = new int[ size ]; // create space for Array copy
55        } // end inner if
56
57        for ( size_t i = 0; i < size; ++i )
58           ptr[ i ] = right.ptr[ i ]; // copy array into object
59     } // end outer if
60
61     return *this; // enables x = y = z, for example
62  } // end function operator=
63
64  // determine if two Arrays are equal and
65  // return true, otherwise return false
66  bool Array::operator==( const Array &right ) const
67  {
68     if ( size != right.size )
69        return false; // arrays of different number of elements
70
71     for ( size_t i = 0; i < size; ++i )
72        if ( ptr[ i ] != right.ptr[ i ] )
73           return false; // Array contents are not equal
74
75     return true; // Arrays are equal
76  } // end function operator==
77
78  // overloaded subscript operator for non-const Arrays;
79  // reference return creates a modifiable lvalue
80  int &Array::operator[]( int subscript )
81  {
82     // check for subscript out-of-range error
83     if ( subscript < 0 || subscript >= size )
84        throw out_of_range( "Subscript out of range" );
```

圖 18.11　**Array** 類別成員函式和 **friend** 函式的定義(續)

```
85
86      return ptr[ subscript ]; // reference return
87   } // end function operator[]
88
89   // overloaded subscript operator for const Arrays
90   // const reference return creates an rvalue
91   int Array::operator[]( int subscript ) const
92   {
93      // check for subscript out-of-range error
94      if ( subscript < 0 || subscript >= size )
95         throw out_of_range( "Subscript out of range" );
96
97      return ptr[ subscript ]; // returns copy of this element
98   } // end function operator[]
99
100  // overloaded input operator for class Array;
101  // inputs values for entire Array
102  istream &operator>>( istream &input, Array &a )
103  {
104     for ( size_t i = 0; i < a.size; ++i )
105        input >> a.ptr[ i ];
106
107     return input; // enables cin >> x >> y;
108  } // end function
109
110  // overloaded output operator for class Array
111  ostream &operator<<( ostream &output, const Array &a )
112  {
113     // output private ptr-based array
114     for ( size_t i = 0; i < a.size; ++i )
115     {
116        output << setw( 12 ) << a.ptr[ i ];
117
118        if ( ( i + 1 ) % 4 == 0 ) // 4 numbers per row of output
119           output << endl;
120     } // end for
121
122     if ( a.size % 4 != 0 ) // end last line of output
123        output << endl;
124
125     return output; // enables cout << x << y;
126  } // end function operator<<
```

圖 18.11　**Array** 類別成員函式和 **friend** 函式的定義(續)

將資料流插入和資料流擷取運算子多載成 **friends**

圖 18.10 的第 10-11 行將多載過的資料流插入運算子和多載過的資料流擷取運算子，宣告為 **Array** 類別的 **friends**。當編譯器遇見像 **cout << arrayObject** 這樣的運算式時，它會以下列的函式呼叫來使用非成員函式 **operator<<**

```
operator<<( cout, arrayObject )
```

當編譯器遇到像 **cin >> arrayObject** 這樣的運算式時，它會以下列的函式呼叫來使用非成員函式 **operator>>**

```
operator>>( cin, arrayObject )
```

我們再一次注意到，因為 **Array** 物件一定會放在資料流插入運算子或資料流擷取運算子的右邊，所以這些資料流插入和資料流擷取運算子函式不能是 **Array** 類別的成員。

函式 **operator<<**（定義在圖 18.11 的第 111-126 行）會印出 **ptr** 指向之整數陣列的元素個數，此個數是利用 **size** 加以指明。函式 **operator>>**（定義在圖 18.11 的第 102-108 行）則直接將值輸入到 **ptr** 所指向的陣列中。這兩個運算子函式都會傳回適當的參考，因而使輸出或輸入的敘述式能串接起來。因為這兩個函式都已經宣告成 **Array** 類別的 **friends**，所以它們都可以存取 **Array** 的 **private** 資料。此外，在 **operator<<** 和 **operator>>** 的本體中可以使用 **Array** 類別的 **getSize** 和 **operator[]** 函式，在此情況下，這些運算子函式並不需要是 **Array** 類別的 **friends**。

你可能會試圖替換第 104-105 行中的計數控制 **for** 敘述式，以及其他許多類別 **Array** 實作中的 **for** 敘述式等這些用於 C++ 11 以範圍為基礎的 **for** 敘述式。不幸的是，以範圍為基礎的 **for** 不適用於動態配置的內建陣列。

Array 的預設建構子

圖 18.10 的第 14 行宣告了此類別的預設建構子，並且將陣列的預設大小指定為 10 個元素。當編譯器遇見像圖 18.9 第 11 行的宣告時，它便會呼叫 **Array** 類別的預設建構子，將 **Array** 的大小設定為 10 個元素。預設建構子（定義在圖 18.11 的第 11-18 行）會確認引數，並且將引數指定給 **size** 資料成員，它會使用 **new** 來取得這個 **Array** 之內部指標型表示（internal pointer-based representation）所需要的記憶體空間，然後將 **new** 傳回的指標指定給資料成員 ptr。接下來，建構子使用 **for** 敘述式，將陣列中的所有元素都設定為零。雖然，讓 **Array** 類別的成員不被初始化也是可以的，例如，若是這些成員要在稍後的某個時刻才會被讀取；但一般認為這是個不好的程式設計習慣。**Arrays** 和一般的物件應該在它們被建立的時候就正確地予以初始化。

Array 的複製建構子

圖 18.10 第 15 行宣告了一個複製建構子（copy constructor，定義於圖 18.11 第 22-28 行），藉由複製一個現存 **Array** 物件的副本，對 **Array** 進行初始化。這樣的複製動作必須十分謹慎，以避免掉入將兩個 **Array** 物件都指向同一個動態配置記憶體區塊的陷阱。如果編譯器被允許替這個類別定義一個預設的複製建構子，則上述情況正是預設的逐成員複製會導致的問題。每當需要複製某個物件時，程式就會呼叫複製建構子，例如

- 以傳值呼叫將物件傳遞給函式時
- 以傳值呼叫從函式傳回物件時
- 或是以相同類別另一個物件的副本，來初始化某個物件時

當我們要在宣告中將某個類別 **Array** 的物件予以實體化，並且以另一個 **Array** 類別的物件來對它進行初始化的時候，就會在這個宣告中呼叫複製建構子，如同圖 18.9 第 39 行的宣告一樣。

　　Array 的複製建構子將 **Array** 的初始值列的 **size** 複製到資料成員 **size** 中，接著使用 **new** 取得這個 **Array** 內部以指標為基礎表示法的記憶體空間，並將 **new** 所傳回的指標指定給資料成員 **ptr**。然後複製建構子會使用 **for** 敘述式去複製初始值列 **Array** 的所有元素到新的 **Array** 物件中。類別的物件可以「看見」該類別任何其他物件（使用 handle 來指出要存取哪一個物件）的 **private** 資料。

軟體工程的觀點 18.2

傳遞到複製建構子的引數應該是一個 **const** 參考，以便能夠複製 **const** 物件。

常見的程式設計錯誤 18.4

如果複製建構子只將來源物件的指標複製到目的物件的指標，則這兩個指標就會指到相同的動態配置記憶體。然後，第一個執行的解構子會將這塊動態配置記憶體刪除，其他物件的 **ptr** 就指向不再有配置內容的記憶體，這種狀況稱為「**懸置指標**」（dangling pointer），使用這種指標時，極可能產生嚴重的執行階段錯誤（例如，程式提早終止）。

Array 解構子

圖 18.10 第 16 行宣告了此類別的解構子（定義於圖 18.11 第 31-34 行）。當 **Array** 類別的物件離開其範圍時，便會呼叫它的解構子。解構子會使用 **delete[]** 釋放由 **new** 在建構子中動態配置的記憶體空間。

測試和除錯的小技巧 18.3

假如在刪除動態配置記憶體之後，指標仍繼續存在於記憶體中，請將指標的值設為 **nullptr**，這表示該指標將不會再指向自由儲存空間中的記憶體。把指標設為 **nullptr**，程式就再也不能存取這塊自由儲存空間，這塊記憶體就可以配置給其他的用途。若不把指標設為 **nullptr**，程式也許會不小心存取已經被重新配置的記憶體，造成非常難以偵知的邏輯錯誤。我們在圖 18.11 第 33 行並未設定 **nullptr**，因為在解構子執行之後，物件 Array 已經不存在於記憶體中。

getSize 成員函式

圖 18.10 第 17 行宣告了函式 **getSize**（定義於圖 18.11 第 37-40 行），這個函式回傳了 **Array** 中的元素個數。

多載的指定運算子

圖 18.10 第 19 行宣告了此類別經過多載的指定運算子函式。當編譯器看見圖 18.9 第 47 行的 **integers1 = integers2** 運算式時，編譯器將會以下面的呼叫來呼叫成員函式 **opertor=**

```
integers1.operator=( integers2 )
```

成員函式 **operator=** 的執行過程（圖 18.11 第 44-62 行）會進行**自我指定**（self-assignment）的測試（第 46 行），所謂自我指定，意即 **Array** 類別的物件企圖指定給它自己。當 **this** 等於 **right** 運算元的位址時，此程式即企圖進行自我指定，所以指定動作會被略過（也就是說，物件原本就是它自己；我們很快就會討論為什麼自我指定深具危險性）。如果並非自我指定，則函式會先判斷兩個陣列的大小是否相等（第 50 行）；如果它們的大小相同，則位在 **Array** 物件左邊的原始整數陣列就不會重新配置記憶體。否則，**operator=** 會使用 **delete[]** 運算子（第 52 行），釋放原來配置給目標 **Array** 的記憶體空間，將來源 **Array** 的 **size** 複製到目標 **Array** 的 **size**（第 53 行），然後再使用 **new** 配置目標 **Array** 所需要的記憶體空間，並且將 **new** 傳回的指標指定給 **Array** 的成員 **ptr**。然後，第 57-58 行的 **for** 敘述式會從來源 **Array** 複製元素到目標 **Array**。不論這是不是自我指定的動作，成員函式會以常數參考傳回現有的物件（即第 61 行的 ***this**）；這讓我們得以使用 **x = y = z** 這樣的串接式 **Array** 指定，但要避免使用（**x = y**）**= z** 這樣的運算，因為 **z** 無法被指定為（**x = y**）所傳回的 **const Array** 參考。如果自我指定發生，而且函式 **operator=** 沒有針對這種情形進行測試，則 **operator=** 可能會不必要地複製 **Array** 的元素給它自己。

軟體工程的觀點 18.4

複製建構子、解構子和多載的指定運算子，在各種使用到動態配置記憶體的類別中通常會被成組的提供。隨著 C++11 中移動語意的增加，其他函式也應該提供，正如我們在《C++程式設計藝術第九版》第 24 章中所討論的內容。

常見的程式設計錯誤 18.5

當某類別之物件含有指到動態配置記憶體的指標，卻未提供該類別一個複製建構子和一個多載過的指定，是一種邏輯錯誤。

C++11：移動建構子和移動指定運算子

C++11 增加了移動建構子和移動指定運算子的符號。我們在另一本書《C++程式設計藝術第九版》第 24 章有討論這些新的函式。

C++11：從你的類別中刪除不想要的成員函式

在 C++11 之前，你可以藉著將類別的複製建構子和多載指定運算子宣告為 **private** 成員來防止類別物件被複製或被指定。在 C++11 中，你可以直接從你的類別中刪除這些函式。在圖 18.10 的類別 **Array** 中這麼做，以下面的程式碼替換掉第 15 和 19 行的原型

```
Array( const Array & ) = delete;
const Array &operator=( const Array & ) = delete;
```

儘管你可以刪除任何一個成員函式，最普遍的用法是編譯器會自動產生成員函式──預設建構子、複製建構子、指派運算子，以及 C++11 中的移動建構子和移動指定運算子。

多載的等號和不等號運算子

圖 18.10 的第 20 行宣告了該類別經多載過的等號運算子（==）。當編譯器看見圖 18.9 中第 55 行的 **integers1 == integers2** 運算式時，編譯器將會以下面的呼叫來呼叫成員函式 **opertor==**

```
integers1.operator==( integers2 )
```

如果兩個陣列的 **size** 成員不相等的話，**operator==** 成員函式（定義在圖 18.11 的第 66-76 行）會立刻傳回 **false**。否則，**operator==** 會成對比較每個元素。如果所有元素都相等，則函式會傳回 **true**。只要出現一對不相同的元素，該函式就會立刻傳回 **false**。

圖 18.9 的第 23-26 行定義了此類別多載的不等號運算子（!=）。成員函式 **operator!=** 使用多載的 **operator==** 函式來判斷兩個 **Array** 是否相等，然後傳回比較結果的相反值。以這種方式撰寫 **operator!=** 函式，讓你可以重複使用 **operator==**，這可以減少在類別中所需撰寫的程式碼。此外，也請注意 **operator!=** 完整的函式定義會放在 **Array** 的標頭檔。故編譯器可以將 **operator!=** 當成行內函式定義處理。

多載的下標運算子

圖 18.10 的第 29 和 32 行宣告了兩個多載的下標運算子（分別定義在圖 18.11 第 80-87 和 91-98 行）。當編譯器遇到 **integers1[5]** 運算式（圖 18.9 第 59 行），它就會產生以下的呼叫，呼叫適當的多載成員函式 **operator[]**。

```
integers1.operator[]( 5 )
```

當下標運算子用於 **const Array** 物件時，編譯器就會建立 **const** 版本的 **operator[]** 呼叫（圖 18.11 第 91-98 行）。舉例來說，如果將一個 **Array** 傳遞給一個接收該 **Array** 作為名為 **z** 的 **const Array &** 的函式，則需要 **const** 版本的 **operator[]** 來執行敘述式

```
cout << z[ 3 ] << endl;
```

請記得，程式只能呼叫一個 **const** 物件的 **const** 成員函式。

每一個 operator[]的定義會判斷下標是不是會接收到範圍內的引數，如果不是，會個別拋出 out_of_range 例外。如果下標在範圍內，非 const 版本的 operator[] 會傳回適當的 Array 元素作為參考，用來當作可以修改的左值（也就是在引數左半部的敘述式）。如果下標在範圍內，const 版本的 operator[] 會傳回 Array 中適當元素的副本。

C++11：使用 unique_ptr 管理動態配置記憶體

在這個案例研究中，類別 Array 的解構子使用 delete[]將動態配置的內建陣列傳回給自由儲存空間。我們曾提過，C++11 讓你能夠使用 unique_ptr 來確保在 Array 物件超出範圍時已刪除此動態配置記憶體。在第 22 章中，我們會介紹 unique_ptr，並展示如何使用它來管理動態配置的物件或動態配置內建陣列。

C++11：傳遞初始值列給建構子

你可以用大括號包住且以逗號分隔的初始值列將陣列物件初始化，如

```
array< int, 5 > n = { 32, 27, 64, 18, 95 };
```

實際上，C++11 允許初始值列將**任何**物件初始化。另外，前置敘述式時也可以不寫入=，如

```
array< int, 5 > n{ 32, 27, 64, 18, 95 };
```

C++11 也允許在你宣告自定的類別物件時使用初始值列。例如，你可以提供一個 Array 建構子，讓下列宣告

```
Array integers = { 1, 2, 3, 4, 5 };
```

或是

```
Array integers{ 1, 2, 3, 4, 5 };
```

這兩個宣告中的任一個，建立一個包含 5 個元素（整數 1 到 5）的 Array 物件。

為了支援初始值列，你可以定義一個接收類別樣板 initializer_list 物件的建構子。對類別 Array 來說，你必須包含<initializer_list>標頭檔。接著，你可以定義一個第一行如下的建構子：

```
Array::Array( initializer_list< int > list )
```

你可以藉由呼叫其 size 成員函式來判斷 list 參數中元素的個數。要獲得每個初始值列並將其複製到 Array 物件的動態配置內建陣列中，你可以使用以範圍為基礎的 for 敘述式，如下所示：

```
size_t i = 0;
for ( int item : list )
    ptr[ i++ ] = item;
```

18.11　運算子作為類別函式與作為非成員函式的對照

不論運算子函式是實作為成員函式還是非成員函式，此運算子在運算式中的使用方式是不變的。哪一種方式比較好呢？

當運算子函式實作為成員函式的時候，最左邊（或唯一）的運算元必須是該運算子所屬類別的物件（或是指向物件的參考）。如果左運算元必須是不同類別或是基本型別的物件，則此運算子函式必須實作成非成員函式（如同我們在第 18.5 節，分別對<<和>>多載成資料流插入和資料流擷取運算子時將會做的）。如果一個非成員運算子函式必須直接存取某一個類別的 **private** 或 **protected** 成員，則該函式必須成為這個類別的 **friend**。

只有二元運算子的左運算元是此運算子所屬類別的物件，或者當一元運算子的單一運算元為此運算子所屬類別的物件時，該類別相對應的運算子成員函式才會被呼叫（由編譯器默默地完成）。

具有交換性的運算子

另一個讓我們選擇非成員函式來多載運算子的原因，是為了使該運算子具有交換性（commutative）。舉例來說，假設我們有一個型別 **long int** 之基本型別變數 **number**，以及一個類別 **HugeInt**（此類別可以用於任意大小的整數，而不會受到機器硬體字組大小的限制；我們會在本章習題中發展此類別）的物件 **bigInteger1**。加法運算子（+）產生了臨時的 **HugeInt** 物件，作為 **HugeInt** 物件和 **long int** 物件的加總結果（在運算式 **bigInteger1+number** 中），或者作為 **long int** 物件和 **HugeInt** 物件的加總結果（在運算式 **number + bigInteger1** 中）。因此，我們需要讓加法運算子具有交換性（與加法運算子操作兩個基本型別運算元的情形一樣）。而問題在於如果將運算子多載為成員函式，則加法運算子的左邊必須是類別物件。所以，我們也將此運算子多載成非成員函式，以便能將 **HugeInt** 物件放在加號的右邊。處理 **HugeInt** 物件出現在左方的 **operator+**函式，則仍然可以是一個成員函式。非成員函式只要交換它的引數並呼叫成員函式即可。

18.12　不同型別之間的轉換

大部分程式都可以處理許多不同型別的資訊。有時候，所有運算都只對「相同的型別」進行操作。例如，將一個 **int** 加到另一個 **int** 上，結果產生另一個 **int**。然而，我們也常需要將資料由某種型別轉換成另一種型別。這可能會發生在指定、計算、傳值給函式以及從函式傳回值的時候。編譯器知道如何執行基本型別之間的轉換。你可以使用強制轉型運算子，去強制執行不同基本型別間的轉換。

　　但是使用者自訂的型別又是如何處理？編譯器無法預先知道如何在不同使用者自訂的型別之間，以及使用者自訂型別和基本型別之間進行轉換，所以你必須詳細指明如何執行這項操作。這樣的型別轉換可以使用**轉型建構子**（conversion constructor）予以執行，這種建構子會被一個單一引數呼叫（我們稱這些建構子為單引數建構子）。這種建構子會將其他型別（包括基本型別）的物件轉換成特定類別的物件。

　　轉型運算子（conversion operator）也稱為強制轉型運算子（cast operator），它可以被用來將一個類別的物件轉換成另一個型別。這樣的轉型運算子必須為非 **static** 成員函式。下面的函式原型

```
MyClass::operator char *() const;
```

宣告了一個多載的強制轉型運算子函式，用於將類別 **MyClass** 的物件轉換成一個暫時的 **char***物件。因為這個運算子函式不會修改原始物件，所以它被宣告成 **const**。多載的**強制轉型運算子函式**（cast operator function）的傳回型別隱含地定義為就是此物件所要轉換成的型別。如果 **s** 是一個類別物件，則當編譯器遇見運算式 **static_cast<char *>(s)** 的時候，編譯器將產生下列函式呼叫，

```
s.operator char *()
```

將運算元 **s** 轉換成 **char***。

多載的強制轉型運算子函式

多載的強制轉型運算子函式能夠被定義成將使用者自訂型別物件轉換成基本型別物件，或其他使用者自訂型別物件。下列的函式原型

```
MyClass::operator int() const;
MyClass::operator OtherClass() const;
```

宣告了兩個多載的強制轉型運算子函式，分別將使用者自訂型別 **MyClass** 的物件轉換為整數，或是轉換成另一個使用者自訂型別 **OtherClass** 的物件。

隱含地呼叫強制轉型運算子和轉型建構子

強制轉型運算子和轉型建構子很好的一項功能是，在需要的時候，編譯器可以呼叫這些函式來隱含地建立暫時的物件。舉例來說，如果使用者自訂的 **String** 類別物件 **s** 出現在程式中一個通常應該使用 **char***型別的位置，例如

```
cout << s;
```

則編譯器可以呼叫多載的強制轉型運算子函式 `operator char *`，將此物件轉換成 `char *` 型別，並且將所產生的 `char *` 物件使用於所屬運算式中。利用提供予 `String` 類別的這個強制轉型運算子，資料流插入運算子就**不需要**加以多載才能利用 `cout` 來輸出 `String` 物件。

軟體工程的觀點 18.5

當轉換建構子或轉型運算子被用來執行隱含性轉換的時候，C++僅適用於一個隱含建構子或運算子函式呼叫（例如，一個單一使用者自訂的轉換）來嘗試匹配另一個多載運算子的需要。編譯器不會藉由進行一系列隱含性、使用者自訂的轉換方式來滿足多載運算子的需要。

18.13　`explicit` 建構子和轉型建構子

我們曾經將每個建構子宣告為 `explicit`，讓它們都可以用一個引數來呼叫。除了複製建構子之外，編譯器可以使用任何能夠以單引數呼叫但未宣告為 `explicit` 的建構子來執行隱含的轉換。建構子的引數會轉換成一個建構子所被定義的類別的物件。這種型別轉換會自動執行，而且你不需要使用強制轉型運算子。不過在某些狀況下，隱含型別轉換並不受歡迎，或者它很容易造成錯誤。舉例來說，圖 18.10 中我們的 `Array` 類別定義了一個接受單一 `int` 引數的建構子。這個建構子的用途是要建立一個 `Array` 物件，而且此物件含有此 `int` 引數所指定的元素個數。然而，如果這個建構子沒有宣告 `explicit`，則可能會被編譯器誤用來執行隱含的轉換。

常見的程式設計錯誤 18.6

很不幸地，編譯器可能在我們沒有預期到的情況下，使用隱含型別轉換，結果會產生具有歧義的運算式，而造成編譯時期錯誤或執行時期邏輯錯誤。

意外地將單引數建構子當成轉型建構子使用

圖 18.12 的程式使用圖 18.10-18.13 的類別 `Array`，示範說明不正確的隱含型別轉換。為了進行這種隱含轉換，我們移除了圖 18.10 中 `Array.h` 第 14 行的 `explicit` 關鍵字。

　　`main` 函式的第 11 行（圖 18.12）將一個 `Array` 物件 `integers1` 實體化，並且呼叫單一引數建構子，配以 `int` 數值 `7`，來指定 `Array` 中的元素個數。請回想一下圖 18.11 中，接收到一個 `int` 引數的 `Array` 建構子，將所有 `Array` 元素初始化為 `0`。第 12 行呼叫了函式 `outputArray`（定義於第 17-21 行），此函式接收到一個指向 `Array` 的 `const Array &` 當作其引數。此函式將輸出其 `Array` 引數中的元素個數，以及 `Array` 的內容。在這個範例中，`Array` 的大小是 `7`，所以結果輸出了 `7` 個 `0`。

　　第 13 行也呼叫了函式 **outputArray**，其引數是 **int** 數值 **3**。然而，這個程式並不包含一個可以接收 **int** 引數的 **outputArray** 函式呼叫。所以，編譯器會判斷類別 **Array** 是否提供了一個能將 **int** 轉換成 **Array** 的轉型建構子。由於 **Array** 建構子接收到一個 **int** 引數，所以編譯器假定這個建構子是一個轉型建構子，而且使用它將引數 **3** 轉換成含有三個元素的暫時 **Array** 物件。然後，編譯器將此暫時 **Array** 物件傳遞給函式 **outputArray**，以便輸出 **Array** 的內容。因此，即使我們沒有明確地提供能接收一個 **int** 引數的函式 **outputArray**，編譯器仍舊能編譯第 13 行。輸出結果顯示了一個含有三個元素的 **Array**，而內容都是 **0**。

```cpp
1   // Fig. 18.12: fig18_12.cpp
2   // Single-argument constructors and implicit conversions.
3   #include <iostream>
4   #include "Array.h"
5   using namespace std;
6
7   void outputArray( const Array & ); // prototype
8
9   int main()
10  {
11     Array integers1( 7 ); // 7-element Array
12     outputArray( integers1 ); // output Array integers1
13     outputArray( 3 ); // convert 3 to an Array and output Array   contents
14  } // end main
15
16  // print Array contents
17  void outputArray( const Array &arrayToOutput )
18  {
19     cout << "The Array received has " << arrayToOutput.getSize()
20        << " elements. The contents are:\n" << arrayToOutput << endl;
21  } // end outputArray
```

```
The Array received has 7 elements. The contents are:
            0           0           0           0
            0           0           0
The Array received has 3 elements. The contents are:
            0           0           0
```

圖 18.12　單引數建構子和隱含型別轉換

預防單引數建構子造成的隱含型別轉換

我們之前宣告關鍵字 **explicit** 的每個單引數建構子，以便在不允許經由轉型建構子進行隱含性轉型的時候，利用這個關鍵字抑制這種型別轉換。宣告成 **explicit** 的建構子，無法用來進行隱含型別轉換。在圖 18.13 的例子中，對圖 18.10 之 **Array.h** 所進行唯一的修改是，將關鍵字 **explicit** 加到第 14 行單引數建構子的宣告中。

```cpp
explicit Array( int = 10 ); // default constructor
```

　　圖 18.13 提出一個對圖 18.12 的程式稍加修改的版本。當圖 18.13 的程式進行編譯的時候，編譯器會產生錯誤訊息，指出在第 13 行傳給 **outputArray** 的整數值並不能轉換成

const Array &。編譯器的錯誤訊息（來自 Visual C++）顯示在輸出視窗中。第 14 行將示範說明，explicit 建構子如何被用於建立一個含有 3 個元素的暫時 Array，並且將它傳遞給函式 outputArray。

測試和除錯的小技巧 18.4

請將 explicit 關鍵字用在單引數建構子上，除非不打算把它們當作轉型建構子。

```cpp
1   // Fig. 18.13: fig18_13.cpp
2   // Demonstrating an explicit constructor.
3   #include <iostream>
4   #include "Array.h"
5   using namespace std;
6
7   void outputArray( const Array & ); // prototype
8
9   int main()
10  {
11     Array integers1( 7 ); // 7-element Array
12     outputArray( integers1 ); // output Array integers1
13     outputArray( 3 ); // convert 3 to an Array and output Array   contents
14     outputArray( Array( 3 ) ); // explicit single-argument constructor call
15  } // end main
16
17  // print Array contents
18  void outputArray( const Array &arrayToOutput )
19  {
20     cout << "The Array received has " << arrayToOutput.getSize()
21        << " elements. The contents are:\n" << arrayToOutput << endl;
22  } // end outputArray
```

```
c:\examples\ch18\fig18_13\fig18_13.cpp(13): error C2664: 'outputArray' : can-
not convert parameter 1 from 'int' to 'const Array &'
         Reason: cannot convert from 'int' to 'const Array'
         Constructor for class 'Array' is declared 'explicit'
```

圖 18.13　示範 explicit 建構子

C++11：explicit 轉型運算子

在 C++11 中，和宣告單引數建構子 explicit 類似，你也可以宣告轉型建構子 explicit 來預防編譯器使用它們進行隱含轉換。例如，如下的原型：

```
explicit MyClass::operator char *() const;
```

宣告 MyClass 的 char *為強制轉型運算子 explicit。

18.14　多載函式呼叫運算子()

多載函式呼叫運算子 () （function call operator）具有強大的功能，這是因為函式可以接收任意數量、由逗號分隔的參數。例如，在一個客製化的 String 類別中，我們將這個運算子多載，用來從一個 String 中選取一段子字串，這個運算子有兩個整數參數，指定所要選擇的子字串的開始位置和長度。operator()函式會檢查是否發生起始位置超出字串範圍，或是子字串的長度為負數的錯誤。

多載函式呼叫運算子必須是非 **static** 成員函式，而且第一行必須定義爲：

```
String String::operator()( size_t index, size_t length ) const
```

在這個例子中，應該有一個 **const** 成員函式，因爲獲得下標應該不能修改原始 **String** 物件。

假設 **string1** 是 **String** 的物件，獲得字串 **"AEIOU"**。當編譯器遇到運算式 **string1(2, 3)**，就產生了成員函式呼叫

```
string1.operator()( 2, 3 )
```

它會傳回內容爲"IOU"的 **String**。

函式呼叫運算子的另一種可能用途是啓用備用 **Array** 下標符號。你可能更喜歡多載函式呼叫運算子來啓用符號 **chessBoard(row, column)**，而 **chessBoard** 是修改過的二維 **Array** 類別的物件，而不是使用 C++的雙方括號表示法，例如 **chessBoard[row][column]**。習題 18.7 要求你建立這個類別。函式呼叫運算子的主要用途是定義函式物件（在《C++程式設計藝術第九版》的第 16 章中討論）。

18.15　總結

在本章中，你學到了如何多載運算子以便搭配類別物件一起工作。我們也示範了如何使用標準 C++類別 string，該類別利用多載運算子建立出更健全、可再利用的類別，取代了 C 語言中的字串。接著我們討論了 C++標準加諸於運算子多載上的幾個限制。我們隨後展示了 **PhoneNumber** 類別，其中擁有多載運算子<<和>>，可讓我們很方便地輸出和輸入電話號碼。讀者也看到 **Date** 類別，其中擁有多載前置和後置遞增（++）運算子，且我們展示一種區分遞增（++）運算子的前置和後置版本所需要的特殊語法。

接下來，我們介紹了動態記憶體管理的概念。讀者學到了如何分別透過 **new** 和 **delete** 運算子動態性地建立和銷毀物件。接著，我們展示一個 **Array** 類別的範例研究，該範例中使用了多載運算子和其他功能以解決各種指標型陣列的問題。本範例研究有助於讀者眞正地了解類別與物件技術的重點，包括手工雕琢、可貴類別的使用和再用。於這種類別中，你可看到多載資料流插入、資料流擷取、指定、等號和下標運算子。

你現在已經知道爲什麼要將多載運算子實作爲成員函式或是非成員函式的理由。本章最後討論了型別（包括類別型別）的轉換、單引數建構子所定義之隱含式轉換所衍生的問題，以及如何透過使用 **explicit** 建構子來避免這些問題。

在下一章中，我們將繼續關於類別的討論，引進名為「繼承」的另一種軟體再利用形式。我們將會看到，當類別之間有共同的屬性和行為時，可以於一個共同的「基礎」類別上定義這些屬性和行為，並將這些能力「傳承」予新的類別定義，從而使你能夠以最少的程式碼創造新的類別。

摘要

18.1　簡介

- C++允許你對大部分的運算子予以多載，使這些運算子能對它們所使用的前後文義擁有良好的敏感度；編譯器會根據前後文義（尤其是運算元的型別）產生適當的機器碼。

- 內建於 C++的一個多載運算子的例子就是運算子<<，這個運算子可以同時作為資料流插入運算子和逐位元左移運算子。同樣地，>>運算子也經過多載；它可以作為資料流擷取運算子和逐位元右移運算子。在 C++標準類別函式庫中，這兩個運算子都是經過多載的。

- C++語言本身也多載了+和-運算子。依據這兩個運算子在整數算術、浮點數算術和指標算術的前後文義，它們會執行不同的操作。

- 多載運算子執行的工作，也可以透過明確的函式呼叫來加以執行，但是對程式設計者而言，使用運算子表示法通常會比較清晰也更熟悉。

18.2　使用多載的標準函式庫 string 類別

- 標準類別 string 定義於標頭檔<string>中，屬於命名空間 std。

- 類別 string 提供許多經過多載的運算子，其中包含等號、關係、指定、加法指定（用於字串串接）以及下標運算子。

- 類別 string 提供成員函式 empty，當 string 為空字串時，此函式會傳回 true；否則，它將傳回 false。

- 標準類別 string 的成員函式 substr 會藉第二個引數所指定的長度，取得一個子字串，其起始位置是由第一個引數指定。當第二個引數沒有指定的時候，substr 會傳回它被呼叫來處理的 string 的剩餘部分。

- 類別 string 多載的[]運算子不會執行任何範圍界限檢查。因此，你必須確定，使用標準類別 string 多載的[]運算子，並不會操作到 string 範圍界限以外的元素。

- 標準類別 string 在它的成員函式 at 中，有提供範圍界限檢查，如果此函式的引數是無效下標，則函式將「拋出例外」。在預設情況下，這會讓程式結束執行。如果下標是有效的，則函式 at 會根據前後文義傳回一個指向指定位置的字元的參考或 const 參考。

18.3　運算子多載的基本原理

● 多載運算子的方式為，寫出其非 **static** 成員函式定義或非成員函式定義，其中函式名稱是關鍵字 **operator**，其後跟隨著要多載的運算子符號。

● 當我們將運算子多載為成員函式的時候，它們必須是非 **static** 的，這是因為它們必須被該類別的物件來進行呼叫，並且對該物件加以操作。

● 如果要將某個運算子運用在類別物件上，你必須定義一個多載運算子，不過有三個例外：指定運算子（＝）、取址運算子（&）和逗點運算子（,）。

● 你不能透過多載的方式，來改變運算子的優先性與結合性。

● 你不能改變運算子的「元數」（即，運算子的運算元數目）。

● 你不能建立新的運算子，只有既有的運算子可以被多載。

● 你不能改變運算子作用於基本型別之物件的意義。

● 多載一個用於某類別的指定運算子和加法運算子，並不意味著+=運算子也會被多載。只有透過以外顯的方式針多載運算子+=才能得到。

● 多載（）、**[]**、**->**和指定運算子必須被宣告為類別的成員。對於其他運算子，該運算子多載函式可以是類別成員或是非成員函式。

18.4　多載二元運算子

● 二元運算子可以多載成具有一個引數的非 **static** 成員函式，或具有兩個引數的非成員函式（其中一個引數必須是類別物件或指向該類別物件的參考）。

18.5　二元資料流插入和資料流擷取運算子的多載

● 多載的資料流插入運算子（**<<**）用於其左運算元具有 **ostream &** 型別的運算式中。基於這個原因，它必須多載成非成員函式。同樣地，多載的資料流擷取運算子（**>>**）也必須是非成員函式。

● 選擇一個非成員函式來多載運算子的另一個理由是，這樣子能讓此運算子具有交換性。

● 在與 **cin** 搭配使用的時候，**setw** 可以藉著其引數，將讀入的字元個數限制在該引數所指明的字元個數。

● 類別 **istream** 的成員函式 **ignore** 會捨棄在輸入資料流中、指定個數的字元（預設為一個字元）。

● 基於效率的考量，如果多載的輸入運算子和輸出運算子需要直接存取非 **public** 的類別成員，則必須將它們宣告成 **friend** 函式。

18.6　多載一元運算子

● 類別的一元運算子可以多載成不具引數的非 **static** 成員函式，或是具有一個引數的非成員函式，該引數必須是此類別的物件或指向該類別物件的參考。

● 用於實作多載運算子的成員函式必須是非 **static**，如此它們才能存取所屬類別每一個物件中的非 **static** 資料。

18.7　多載一元前置和後置++和--運算子

● 前置和後置遞增和遞減運算子都能加以多載。

● 若要多載前置遞增和後置遞增運算子，則這兩種多載的運算子函式必須具有清楚不同的引數簽署方式（signature）。前置版本的多載方式與其他前置的一元運算子完全相同。後置遞增運算子提供第二個引數就可以得到有別於其他運算子的引數簽署方式，其中第二個引數必須是 **int** 型別。在用戶端程式碼（client code）中並沒有提供這個引數。它是由編譯器隱含地使用來區分前置和後置遞增運算子。我們用同一個語法來區分遞減運算子函式的前置以及後置版本。

18.9　動態記憶體管理

● 你可以在程式中透過動態記憶體管理，針對任何內建型別或使用者自訂型別，控制記憶體的配置和清除。

● 自由儲存空間（又稱為堆積）是配發給每個程式的記憶體區塊，作為執行期間動態配置給儲存物件之用。

● 運算子 **new** 能為物件配置適當的記憶體空間大小，執行物件的建構子，並傳回正確型別的指標。如果 **new** 無法為物件在記憶體中找到可用的空間，會以拋出例外的方式，指出發生了錯誤。除非例外被處理，否則這通常會導致程式立即結束。

● 運算子 **delete** 可清除動態配置的物件且釋放它所佔用的記憶體空間。

● 物件的內建陣列可藉由以下方式，使用 **new** 運算子進行動態配置：

```
int *ptr = new int [ 100 ]();
```

以上敘述會配置一個具 100 個整數的內建陣列，將每個元素以值的初始化初始為 **0**，且將內建陣列的起始位置指定給 **ptr**。前述的內建陣列可以使用下列敘述式加以清除

```
delete [] ptr;
```

18.10　範例研究：**Array** 類別

● 藉由複製一個類別現存物件的成員，複製建構子可以將該類別的一個新物件予以初始化。含有動態配置記憶體的類別，通常會提供一個複製建構子、解構子和多載過的指定運算子。

● 成員函式 **operator=** 的實作應該針對自我指定的情形進行測試，所謂自我指定指的是一個物件被指定給它自己。

● 當下標運算子使用於 **const** 物件上的時候，編譯器將呼叫 **operator[]** 的 **const** 版本，當下標運算子使用於 non-**const** 物件上的時候，編譯器將呼叫運算子 **operator[]** 的 non-**const** 版本。

● 下標運算子（**[]**）可以用來選取其他類型容器的元素。同時，利用多載的機制，索引值也不再必須要是整數。

18.11　運算子作為成員函式與作為非成員函式的對照

- 運算子函式可以是成員函式或非成員函式；當它是非成員函式的時候，為了效能的緣故，會做成 **friend**。成員函式使用 **this** 指標，隱含地取得其中一個類別物件引數（對二元運算子而言是左運算元）。在非成員函式呼叫中，與二元運算子的兩個運算元有關的引數都必須明確地列出。

- 當運算子函式實作為成員函式的時候，最左邊（或唯一）的運算元必須是該運算子所屬類別的物件（或是指向物件的參考）。

- 如果左運算元必須是一個不同類別的物件，或者必須是基本型別的物件，則這個運算子函式必須實作成非成員函式。

- 如果一個非成員運算子函式必須直接存取某一個類別的 **private** 或 **protected** 成員，則該函式必須成為這個類別的 **friend**。

18.12　不同型別之間的轉換

- 編譯器無法預先知道如何在不同使用者自訂的型別之間，以及使用者自訂型別和基本型別之間進行轉換，所以你必須詳細指明如何執行這項操作。這樣的型別轉換可以使用轉型建構子（conversion constructor）予以執行，這種建構子是一種單引數的建構子，它會將其他型別（包括基本型別）的物件轉換成特定類別的物件。

- 任何可以單一引數呼叫的建構子都可以視為轉型建構子。

- 轉型運算子必須為非 **static** 成員函式。多載的強制轉型運算子函式可以被定義為將使用者自訂型別的物件，轉換成基本型別的物件，或轉換成其他使用者自訂型別的物件。

- 多載的強制轉型運算子函式並沒有指定傳回的型別，其傳回的型別就是此物件所要轉換成的型別。

- 在需要的時候，編譯器可以默默地呼叫強制轉型建構子和轉型建構子。

18.13　**explicit** 建構子和轉型運算子

- 宣告成 **explicit** 的建構子無法用來進行隱含型別轉換。

18.14　多載函式呼叫運算子**()**

- 多載的函式呼叫運算子（）具有強大的功能，這是因為函式可以接收任意數量的參數。

自我測驗

18.1　填充題：

    a)　假設 **a** 和 **b** 是整數變數，而且我們寫出總和運算式 **a + b**。現在假設 **c** 和 **d** 是浮點數變數，而且我們寫出總和運算式 **c + d**。這裡的兩個+運算子明顯地用於不同的用途。這是一個＿＿的例子。

    b)　關鍵字＿＿＿＿＿＿用於定義多載的運算子函式。

    c)　除了＿＿＿＿＿＿、＿＿＿＿＿和＿＿＿＿＿＿運算子之外，所有用在類別物件上的運算子都必須加以多載。

d) 運算子的_____、_____和_____不能藉著對運算子施以多載而有所改變。

e) 不能加以多載的運算子是_____、_____、_____和_____。

f) _____運算子能釋放先前經由 **new** 配置的記憶體空間。

g) _____運算子可以為指定型別的物件動態配置記憶體，並且傳回一個指向該型別的_____。

18.2 請解釋運算子<<和>>的多重意義。

18.3 名稱 **operator**/會使用在什麼樣的前後文義？

18.4 （是非題）只有現有的運算子能夠被多載。

18.5 經過多載的運算子優先權，和原始運算子的優先權比較起來結果如何？

自我測驗解答

18.1 a) 運算子多載　b) **operator**　c) 指定（＝），位址（＆），逗點（,）　d) 優先權，結合性，「元數」　e). , ?: , .*和::　f)**delete**　g)**new**，指標。

18.2 運算子>>既是右移運算子，也是資料流擷取運算子，取決於其上下文。運算子<<既是左移運算子，也是資料流插入運算子，取決於其上下文。

18.3 用於運算子多載：這會是一個函式名稱，它將替特定類別提供/運算子的多載版本。

18.4 是。

18.5 兩者的優先權相同。

習題

18.6 （記憶體配置與解置運算子）比較及對照動態記憶體配置和解置運算子 **new**、**new []**、**delete** 和 **delete[]**。

18.7 （多載小括號運算子）多載函式呼叫運算子()是一個很好的例子，它允許程式設計者使用另一個二維陣列下標的形式，此下標形式在某些程式語言中頗常使用。此時程式設計者不使用下列方式

```
chessBoard[ row ][ column ]
```

於物件的陣列、我們可以將函式呼叫運算子多載成能使用以下的替換形式

```
chessBoard( row, column )
```

建立一個類別 **DoubleSubscriptedArray**，其與圖 18.10-18.11 中類別 **Array** 的功能類似。在建構期間，該類別應該可以建立擁有任意列數和行數的 **DoubleSubscriptedArray**。此類別應該提供 **operator()** 來執行雙下標的運算。舉例來說，在一個稱為 **chessBoard** 的 3 5 **DoubleSubscriptedArray** 中，使用者可以寫 **chessBoard**(1,3)來存取位於第 1 列第 3 行的元素。還記得 **operator()** 可以接受任意個數的引數。**DoubleSubscriptedArray** 的底層表示法應該是一個一維的整數陣列，它包含 *row**行數個元素。函式 **operator()** 應該執行適當的

指標運算，來存取底層陣列的每個元素。**operator()** 應該有二種版本，一種會傳回型別 **int&**（使得 **DoubleSubscriptedArray** 的元素可以當作左值使用），而另一個則會傳回型別 int。該類別也應該提供以下的運算子：==、!=、=、<<（用於以列和以行的格式輸出 **DoubleSubscriptedArray**），和>>（用於輸入整個 **DoubleSubscriptedArray** 的內容）。

18.8 （Complex 類別）請考慮圖 18.14-18.16 所示的類別 **Complex**。此類別允許對所謂的複數進行操作。這種數值具有 **realPart** + **imaginaryPart** * *i* 的形式，其中的 *i* 代表
$$\sqrt{-1}$$

a) 修改此類別，讓此類別可以分別利用多載的>>和<<運算子來輸入和輸出複數，(讀者必須從類別中移除 **print** 函式)。

b) 將乘法運算子多載，以便讓程式能夠像代數一樣，將兩個複數相乘。

c) 將 **==** 和 **!=** 運算子多載，以便能比較兩個複數。

做完這題習題後，你可能會想閱讀有關標準函式庫的 **complex** 類別（從標頭檔 **<complex>**）。

```cpp
1  // Fig. 18.14: Complex.h
2  // Complex class definition.
3  #ifndef COMPLEX_H
4  #define COMPLEX_H
5
6  class Complex
7  {
8  public:
9     explicit Complex( double = 0.0, double = 0.0 ); // constructor
10    Complex operator+( const Complex & ) const; // addition
11    Complex operator-( const Complex & ) const; // subtraction
12    void print() const; // output
13 private:
14    double real; // real part
15    double imaginary; // imaginary part
16 }; // end class Complex
17
18 #endif
```

圖 18.14　Complex 類別定義

```cpp
1  // Fig. 18.15: Complex.cpp
2  // Complex class member-function definitions.
3  #include <iostream>
4  #include "Complex.h" // Complex class definition
5  using namespace std;
6
7  // Constructor
8  Complex::Complex( double realPart, double imaginaryPart )
9     : real( realPart ),
10    imaginary( imaginaryPart )
11 {
12    // empty body
13 } // end Complex constructor
14
15 // addition operator
16 Complex Complex::operator+( const Complex &operand2 ) const
17 {
18    return Complex( real + operand2.real,
19       imaginary + operand2.imaginary );
20 } // end function operator+
21
22 // subtraction operator
```

圖 18.15　Complex 類別成員函式的定義

```
23  Complex Complex::operator-( const Complex &operand2 ) const
24  {
25     return Complex( real - operand2.real,
26        imaginary - operand2.imaginary );
27  } // end function operator-
28
29  // display a Complex object in the form: (a, b)
30  void Complex::print() const
31  {
32     cout << '(' << real << ", " << imaginary << ')';
33  } // end function print
```

圖 18.15　**Complex** 類別成員函式的定義(續)

```
34  // Fig. 18.16: fig18_16.cpp
35  // Complex class test program.
36  #include <iostream>
37  #include "Complex.h"
38  using namespace std;
39
40  int main()
41  {
42     Complex x;
43     Complex y( 4.3, 8.2 );
44     Complex z( 3.3, 1.1 );
45
46     cout << "x: ";
47     x.print();
48     cout << "\ny: ";
49     y.print();
50     cout << "\nz: ";
51     z.print();
52
53     x = y + z;
54     cout << "\n\nx = y + z:" << endl;
55     x.print();
56     cout << " = ";
57     y.print();
58     cout << " + ";
59     z.print();
60
61     x = y - z;
62     cout << "\n\nx = y - z:" << endl;
63     x.print();
64     cout << " = ";
65     y.print();
66     cout << " - ";
67     z.print();
68     cout << endl;
69  } // end main
```

```
x: (0, 0)
y: (4.3, 8.2)
z: (3.3, 1.1)

x = y + z:
(7.6, 9.3) = (4.3, 8.2) + (3.3, 1.1)

x = y - z:
(1, 7.1) = (4.3, 8.2) - (3.3, 1.1)
```

圖 18.16　複數

18.9 （HugeInt 類別）一台 32 位元整數的電腦，能夠表示範圍介於大約負 20 億到正 20 億之間的整數。這種固定大小的限制通常就足以應付所需，但是在某些應用程式中，我們想要使用範圍大很多的整數。這就是 C++所要達成的任務，也就是建立強而有力的新資料型別。請考慮圖 18.17-18.19 的類別 **HugeInt**。請仔細研究這個類別，然後回答以下的問題：

a)　確切描述此類別如何運作。

b)　此類別具有什麼限制？

c)　多載*乘法運算子。

d)　多載/除法運算子。

e)　多載所有關係運算子和等號運算子。

（請注意：因為由編譯器提供的指定運算子和複製建構子能夠正確地複製整個陣列資料成員，所以我們沒有展示類別 **HugeInt** 的指定運算子和複製建構子。）

```cpp
1   // Fig. 18.17: Hugeint.h
2   // HugeInt class definition.
3   #ifndef HUGEINT_H
4   #define HUGEINT_H
5
6   #include <array>
7   #include <iostream>
8   #include <string>
9
10  class HugeInt
11  {
12     friend std::ostream &operator<<( std::ostream &, const HugeInt & );
13  public:
14     static const int digits = 30; // maximum digits in a HugeInt
15
16     HugeInt( long = 0 ); // conversion/default constructor
17     HugeInt( const std::string & ); // conversion constructor
18
19     // addition operator; HugeInt + HugeInt
20     HugeInt operator+( const HugeInt & ) const;
21
22     // addition operator; HugeInt + int
23     HugeInt operator+( int ) const;
24
25     // addition operator;
26     // HugeInt + string that represents large integer value
27     HugeInt operator+( const std::string & ) const;
28  private:
29     std::array< short, digits > integer;
30  }; // end class HugetInt
31
32  #endif
```

圖 18.17　**HugeInt** 類別定義

```cpp
1   // Fig. 18.18: Hugeint.cpp
2   // HugeInt member-function and friend-function definitions.
3   #include <cctype> // isdigit function prototype
4   #include "Hugeint.h" // HugeInt class definition
5   using namespace std;
6
7   // default constructor; conversion constructor that converts
8   // a long integer into a HugeInt object
9   HugeInt::HugeInt( long value )
10  {
11     // initialize array to zero
12     for ( short &element : integer )
13        element = 0;
14
15     // place digits of argument into array
16     for ( size_t j = digits - 1; value != 0 && j >= 0; --j )
17     {
18        integer[ j ] = value % 10;
19        value /= 10;
```

圖 18.18　**HugeInt** 類別成員函式以及 **friend** 函式定義

```
20        } // end for
21   } // end HugeInt default/conversion constructor
22
23   // conversion constructor that converts a character string
24   // representing a large integer into a HugeInt object
25   HugeInt::HugeInt( const string &number )
26   {
27      // initialize array to zero
28      for ( short &element : integer )
29         element = 0;
30
31      // place digits of argument into array
32      size_t length = number.size();
33
34      for ( size_t j = digits - length, k = 0; j < digits; ++j, ++k )
35         if ( isdigit( number[ k ] ) ) // ensure that character is a digit
36            integer[ j ] = number[ k ] - '0';
37   } // end HugeInt conversion constructor
38
39   // addition operator; HugeInt + HugeInt
40   HugeInt HugeInt::operator+( const HugeInt &op2 ) const
41   {
42      HugeInt temp; // temporary result
43      int carry = 0;
44
45      for ( int i = digits - 1; i >= 0; --i )
46      {
47         temp.integer[ i ] = integer[ i ] + op2.integer[ i ] + carry;
48
49         // determine whether to carry a 1
50         if ( temp.integer[ i ] > 9 )
51         {
52            temp.integer[ i ] %= 10;  // reduce to 0-9
53            carry = 1;
54         } // end if
55         else // no carry
56            carry = 0;
57      } // end for
58
59      return temp; // return copy of temporary object
60   } // end function operator+
61
62   // addition operator; HugeInt + int
63   HugeInt HugeInt::operator+( int op2 ) const
64   {
65      // convert op2 to a HugeInt, then invoke
66      // operator+ for two HugeInt objects
67      return *this + HugeInt( op2 );
68   } // end function operator+
69
70   // addition operator;
71   // HugeInt + string that represents large integer value
72   HugeInt HugeInt::operator+( const string &op2 ) const
73   {
74      // convert op2 to a HugeInt, then invoke
75      // operator+ for two HugeInt objects
76      return *this + HugeInt( op2 );
77   } // end operator+
78
79   // overloaded output operator
80   ostream& operator<<( ostream &output, const HugeInt &num )
81   {
82      size_t i;
83
84      for ( i = 0; ( i < HugeInt::digits ) && ( 0 == num.integer[ i ] ); ++i )
85         ; // skip leading zeros
86
87      if ( i == HugeInt::digits )
88         output << 0;
89      else
90         for ( ; i < HugeInt::digits; ++i )
```

圖 18.18　**HugeInt** 類別成員函式以及 **friend** 函式定義(續)

```
91              output << num.integer[ i ];
92
93       return output;
94  } // end function operator<<
```

圖 18.18　**HugeInt** 類別成員函式以及 **friend** 函式定義(續)

```
1  // Fig. 18.19: fig18_19.cpp
2  // HugeInt test program.
3  #include <iostream>
4  #include "Hugeint.h"
5  using namespace std;
6
7  int main()
8  {
9     HugeInt n1( 7654321 );
10    HugeInt n2( 7891234 );
11    HugeInt n3( "99999999999999999999999999999" );
12    HugeInt n4( "1" );
13    HugeInt n5;
14
15    cout << "n1 is " << n1 << "\nn2 is " << n2
16       << "\nn3 is " << n3 << "\nn4 is " << n4
17       << "\nn5 is " << n5 << "\n\n";
18
19    n5 = n1 + n2;
20    cout << n1 << " + " << n2 << " = " << n5 << "\n\n";
21
22    cout << n3 << " + " << n4 << "\n= " << ( n3 + n4 ) << "\n\n";
23
24    n5 = n1 + 9;
25    cout << n1 << " + " << 9 << " = " << n5 << "\n\n";
26
27    n5 = n2 + "10000";
28    cout << n2 << " + " << "10000" << " = " << n5 << endl;
29  } // end main
```

```
n1 is 7654321
n2 is 7891234
n3 is 99999999999999999999999999999
n4 is 1
n5 is 0

7654321 + 7891234 = 15545555

99999999999999999999999999999 + 1
= 100000000000000000000000000000

7654321 + 9 = 7654330

7891234 + 10000 = 7901234
```

圖 18.19　**HugeInt** 測試程式

18.10　（RationalNumber **類別**）使用以下功能建立一個類別 **RationalNumber**（分數）：

　　a)　建立一個建構子，用於預防分數的分母為 0，把不是最簡分數的分數約分，並且避免分母為負。

　　b)　將這個類別的加法、減法、乘法、除法運算子進行多載。

　　c)　將這個類別的關係運算子和等號運算子進行多載。

18.11　（Polynomial **類別**）請開發類別 **Polynomial**。類別 **Polynomial** 在程式的內部表示法是以陣列元素來代表每個多項式的數項。每一項都包含係數和指數部分。例如，以下項目

　　　　$2x^4$

的係數為 2，而指數為 4。試開發一個完整類別，其中包含適當的建構子和解構子函式，以及 *set* 函式和 *get* 函式。類別也應該提供以下經過多載的運算子功能：

a) 　將加法運算子（+）多載成能使兩個 **Polynomial** 相加。

b) 　將減法運算子（-）多載成能使兩個 **Polynomial** 相減。

c) 　將指定運算子多載成能使一個 **Polynomial** 指定給另一個 **Polynomial**。

d) 　將乘法運算（*）多載成能使兩個 **Polynomial** 相乘。

e) 　多載加法指定運算子（+=）、減法指定運算子（-=），以及乘法指定運算子（*=）。

物件導向程式設計： 繼承

19

19.1　簡介

本章將介紹物件導向程式設計（Object Oriented Programming，OOP）的另一個特色：**繼承**（inheritance）來繼續我們的討論。繼承是軟體再利用的一種形式，你可以創造出新的類別並吸收固有類別的資料與行為，加強並賦予它們新的能力。軟體再利用可以節省程式開發的時間，再利用已開發完成和除錯無誤的高品質軟體，可以增加系統實作時的效率。

當你建立新類別時，不需撰寫全新的資料成員和成員函式，只需要指定新類別要**繼承**（inherit）現存類別的成員即可。這種現存的類別稱為**基本類別**（base class），而新類別稱為**衍生類別**（derived class）。其他程式語言，例如 Java 與 C#，則將基本類別稱為**父類別**（superclass），而將衍生類別稱為**子類別**（subclass）。衍生類別代表一群較為特殊化的物件。

C++提供三種繼承的方式：**public**、**protected** 和 **private**。在本章中，我們會著重於 **public** 繼承，並簡要說明其他兩種繼承。在 **public** 繼承中，衍生類別的每個物件都可以視為此衍生類別的基本類別的物件。然而，基本類別的物件並不是衍生類別的物件。例如，我們有一個運輸工具的基本類別，而汽車是它的衍生類別，則所有汽車都是運輸工具，但並非所有的運輸工具都是汽車，運輸工具也可以是貨車或是船。

我們必須分辨「**是一種關係**」（is-a relationship）和「**有一個關係**」（has-a relationship）的差異。「是一種」關係代表繼承。在「是一種」關係中，衍生類別的物件也可以視為其基本類別的物件，例如，汽車是一種運輸工具，所以運輸工具的任何屬性和行為也都是汽車的屬性和行為。相較之下，「有一個」關係代表組合（我們在第 17 章討論過組合）。在「有一個」關係中，一個物件會包含其他類別的一個或更多的物件作為它的成員。例如，汽車會有許多零件；它有一個方向盤、有一個煞車踏板、有一個傳動器，還有很多其他各種零件。

19.2　基本類別與衍生類別

圖 19.1 列出幾個簡單的基本類別和衍生類別的例子。基本類別往往更具一般性，而衍生類別則較具特殊性。

基本類別	衍生類別
Student	GraduateStudent, UndergraduateStudent
Shape	Circle, Triangle, Rectangle, Sphere, Cube
Loan	CarLoan, HomeImprovementLoan, MortgageLoan
Employee	Faculty, Staff
Account	CheckingAccount, SavingsAccount

圖 19.1　繼承範例

因為每個衍生類別物件都是其基本類別的一個物件，而一個基本類別可能會有許多衍生類別，由某個基本類別所代表的物件集合，通常會大於衍生類別所代表的物件集合。例如，基本類別 **Vehicle** 代表所有的運輸工具，包含汽車、卡車、船、飛機、腳踏車，依此類推。相反地，衍生類別 **Car** 代表較少量、特殊的運輸工具子集合。

繼承關係會形成一個類別階層。基本類別和它的衍生類別之間，存在階層的關係。雖然類別可以獨立存在，一旦它們被沿用於某個繼承關係中，它們就會與其他的類別產生關連。如此，一個類別若不是基本類別（提供成員給別的類別繼承），就是一個衍生類別（成員係由繼承其他類別的成員而來）；或同時是基本類別，也是繼承自其他類別的衍生類別。

CommunityMember 類別的階層結構

讓我們發展一個五層的簡單繼承階層關係（如圖 19.2 所示的 UML 類別示意圖）。大學社區通常會有數千位社區成員（**CommunityMembers**）。

這些社區成員包括學校的員工（**Employee**）、學生（**Student**）和校友（每一個類別 **Alumnus**）。員工又分成教師（**Faculty**）和職員（**Staff**）。教師又可分為行政主管（**Administrator**）或老師（**Teacher**）。然而、有些行政主管同時也是老師。請注意，這裡 AdministratorTeacher 類別形成多重繼承。若是**單一繼承**（single inheritance），一個類別是從一個基本類別衍生出來。若是**多重繼承**（multiple inheritance），衍生出來的類別同時繼承兩個或更多（可能彼此之間沒有關係）個基本類別。通常，不鼓勵使用多重繼承。

在圖 19.2 中，該階層的每一個箭頭皆代表「是一種」關係。例如，依據這個類別階層的箭號，我們便可以說，「**Employee** 是一種 **CommunityMember**」，而「**Teacher** 是一種 **Faculty** 成員」。**CommunityMember** 是 **Employee**、Student 和 Alumnus 的**直接基本類**

別。此外，**CommunityMember** 是該階層圖中所有其他類別的**間接基本類別**。間接基本類別在類別階層中至少被繼承了兩層或以上。

圖 19.2　大學的 **CommunityMember** 繼承階層

　　由此圖的底部開始，你可以順著箭號的方向向上，對最上方的基本類別套用「是一種」關係。例如，**AdministratorTeacher** 同時是一種 **Administrator**、是一種 **Faculty** 成員、是一種 **Employee**、也是一種 **CommunityMember**。

Shape 類別階層結構

現在考慮圖 19.3 中的 **Shape** 繼承階層。這個階層是由基本類別 **Shape** 開始。類別 **TwoDimensionalShape** 和 **ThreeDimensionalShape** 是由基本類別 **Shape** 所衍生出來的；**Shape** 可以是一種 **TwoDimensionalShape** 或是一種 **ThreeDimensionalShape**。此階層結構的第三層包含了屬於 **TwoDimensionalShape** 類別或 **ThreeDimensionalShape** 類別裡，更具體而特定的類型。跟圖 19.2 一樣，我們也可以從圖的最底部，順著箭頭到達這個類別階層圖最頂部的基本類別，而找出好幾個「是一種」關係。比如說，一個 Triangle 是一種 **TwoDimensionalShape**、並且也是一種 **Shape**，而一個 **Sphere** 是一種 **ThreeDimensionalShape**，同時也是一種 **Shape**。

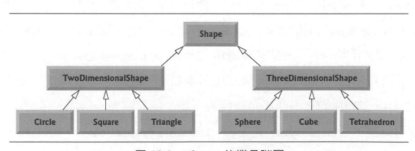

圖 19.3　**Shape** 的繼承階層

為了指出 **TwoDimensionalShape** 類別（圖 19.3）是衍生自（或繼承自）**Shape** 類別，**TwoDimensionalShape** 類別的定義可以起頭如下：

```
class TwoDimensionalShape : public Shape
```

這是最常用到的繼承形式，**public 繼承**的例子。我們也會討論 **private 繼承**和 **protected 繼承**（第 19.5 節）。以所有型式的繼承而言，從基本類別衍生出的類別無法直接存取該基本類別的 **private** 成員；但基本類別中的這些 **private** 成員仍然被繼承到衍生類別內（換句話說，這些 **private** 成員依然是衍生類別中的一部分）。在 **public** 繼承中，當其他所有基本類別成員變成該衍生類別的成員時（也就是說，該基本類別的 **public** 成員會變成該衍生類別的 **public** 成員，並且，我們稍後將看到，該基本類別的 **protected** 成員會變成該衍生類別的 **protected** 成員），它們會保有原本的成員存取權。透過這些被繼承的基本類別成員函式，衍生類別可以操作基本類別的 **private** 成員（如果這些被繼承的成員函式在基本類別中提供這種功能）。請注意，**friend** 函式是不被繼承的。

繼承並不適用於每一種類別關係。在第 17 章中，我們討論過「有一個」關係，在這種關係中，類別中某些成員是其他類別的物件。這種關係會藉著組合現有的類別的方式來建立類別。例如，已知有三個類別分別是 **Employee**、**BirthDate** 和 **TelephoneNumber**，如果我們說 **Employee** 是一種 **BirthDate** 或 **Employee** 是一種 **TelephoneNumber**，都是不恰當的。然而，我們可以說，**Employee** 有一個 **BirthDate**，或是 **Employee** 有一個 **TelephoneNumber**。

你可以用類似的方式來看待基本類別的物件和衍生類別的物件；它們的共通性表現在基本類別的成員中。所有衍生自同一個基本類別之類別的物件可以被當作是該基本類別的物件（換言之，這些物件與基本類別間存在著「是一種」關係）。在第 20 章中，我們會舉許多例子來探討這種關係的優點。

19.3　基本類別和衍生類別之間的關係

在本節中，我們使用一個公司的薪資發放系統中含有員工職位類型的繼承階層，來討論基本類別與衍生類別之間的關係。雇員（將以基本類別的物件表示）將被給付其業績的某個百分比作為薪資，而底薪制雇員（將以衍生類別的物件表示）將會收到底薪加上業績的某個百分比當作薪水。我們將雇員以及底薪制雇員之間的關係仔細逐步的分成一系列五個例子。

19.3.1　建立並使用 CommissionEmployee 類別

我們先來觀察 **CommissionEmployee** 類別的定義（圖 19.4-19.5）。**CommissionEmployee** 的標頭檔（圖 19.4）說明了 **CommissionEmployee** 類別中的 **public** 服務，其中包含建構子

（第 11-12 行）以及成員函式 **earnings**（第 29 行）和 **print**（第 30 行）。第 14-27 行宣告了 **public** *get* 和 *set* 函式，用來操控類別中的資料成員（在 32-36 行宣告）：**firstName**、**lastName**、**socialSecurityNumber**、**grossSales** 和 **commissionRate**。以成員函式 **setGrossSales**（在圖 19.5 第 57-63 行定義）和 **setCommissionRate**（在圖 19.5 第 72-78 行定義）為例，它們將引數指定給資料成員 **grossSales** 與 **commissionRate** 之前，會先驗證這些值是否正確。

```cpp
1   // Fig. 19.4: CommissionEmployee.h
2   // CommissionEmployee class definition represents a commission employee.
3   #ifndef COMMISSION_H
4   #define COMMISSION_H
5
6   #include <string> // C++ standard string class
7
8   class CommissionEmployee
9   {
10  public:
11     CommissionEmployee( const std::string &, const std::string &,
12        const std::string &, double = 0.0, double = 0.0 );
13
14     void setFirstName( const std::string & ); // set first name
15     std::string getFirstName() const; // return first name
16
17     void setLastName( const std::string & ); // set last name
18     std::string getLastName() const; // return last name
19
20     void setSocialSecurityNumber( const std::string & ); // set SSN
21     std::string getSocialSecurityNumber() const; // return SSN
22
23     void setGrossSales( double ); // set gross sales amount
24     double getGrossSales() const; // return gross sales amount
25
26     void setCommissionRate( double ); // set commission rate (percentage)
27     double getCommissionRate() const; // return commission rate
28
29     double earnings() const; // calculate earnings
30     void print() const; // print CommissionEmployee object
31  private:
32     std::string firstName;
33     std::string lastName;
34     std::string socialSecurityNumber;
35     double grossSales; // gross weekly sales
36     double commissionRate; // commission percentage
37  }; // end class CommissionEmployee
38
39  #endif
```

圖 19.4　**CommissionEmployee** 類別的標頭檔

```cpp
1   // Fig. 19.5: CommissionEmployee.cpp
2   // Class CommissionEmployee member-function definitions.
3   #include <iostream>
4   #include <stdexcept>
5   #include "CommissionEmployee.h" // CommissionEmployee class definition
6   using namespace std;
7
8   // constructor
9   CommissionEmployee::CommissionEmployee(
10     const string &first, const string &last, const string &ssn,
11     double sales, double rate )
12  {
13     firstName = first; // should validate
14     lastName = last; // should validate
```

圖 19.5　**CommissionEmployee** 類別的實作檔案，以該類別表示收取總業績某個百分比作為薪資的員工

```
15     socialSecurityNumber = ssn; // should validate
16     setGrossSales( sales ); // validate and store gross sales
17     setCommissionRate( rate ); // validate and store commission rate
18  } // end CommissionEmployee constructor
19
20  // set first name
21  void CommissionEmployee::setFirstName( const string &first )
22  {
23     firstName = first; // should validate
24  } // end function setFirstName
25
26  // return first name
27  string CommissionEmployee::getFirstName() const
28  {
29     return firstName;
30  } // end function getFirstName
31
32  // set last name
33  void CommissionEmployee::setLastName( const string &last )
34  {
35     lastName = last; // should validate
36  } // end function setLastName
37
38  // return last name
39  string CommissionEmployee::getLastName() const
40  {
41     return lastName;
42  } // end function getLastName
43
44  // set social security number
45  void CommissionEmployee::setSocialSecurityNumber( const string &ssn )
46  {
47     socialSecurityNumber = ssn; // should validate
48  } // end function setSocialSecurityNumber
49
50  // return social security number
51  string CommissionEmployee::getSocialSecurityNumber() const
52  {
53     return socialSecurityNumber;
54  } // end function getSocialSecurityNumber
55
56  // set gross sales amount
57  void CommissionEmployee::setGrossSales( double sales )
58  {
59     if ( sales >= 0.0 )
60        grossSales = sales;
61     else
62        throw invalid_argument( "Gross sales must be >= 0.0" );
63  } // end function setGrossSales
64
65  // return gross sales amount
66  double CommissionEmployee::getGrossSales() const
67  {
68     return grossSales;
69  } // end function getGrossSales
70
71  // set commission rate
72  void CommissionEmployee::setCommissionRate( double rate )
73  {
74     if ( rate > 0.0 && rate < 1.0 )
75        commissionRate = rate;
76     else
77        throw invalid_argument( "Commission rate must be > 0.0 and < 1.0" );
78  } // end function setCommissionRate
79
80  // return commission rate
81  double CommissionEmployee::getCommissionRate() const
82  {
83     return commissionRate;
```

圖 19.5　**CommissionEmployee** 類別的實作檔案，以該類別表示收取總業績某個百分比作為薪資的員工(續)

```
84    } // end function getCommissionRate
85
86    // calculate earnings
87    double CommissionEmployee::earnings() const
88    {
89       return commissionRate * grossSales;
90    } // end function earnings
91
92    // print CommissionEmployee object
93    void CommissionEmployee::print() const
94    {
95       cout << "commission employee: " << firstName << ' ' << lastName
96          << "\nsocial security number: " << socialSecurityNumber
97          << "\ngross sales: " << grossSales
98          << "\ncommission rate: " << commissionRate;
99    } // end function print
```

圖 19.5　CommissionEmployee 類別的實作檔案，以該類別表示收取總業績某個百
分比作為薪資的員工(續)

CommissionEmployee 建構子

在本節的前幾個範例中，CommissionEmployee 建構子的定義故意不使用成員初始值列的語
法，好讓我們展示 private 和 protected 指定詞會如何影響衍生類別的成員存取權限。如圖
19.5 第 13-15 行所示，我們是在建構子本體中將值指定給資料成員 firstName、lastName 和
socialSecurityNumber。在本節稍後，我們將回頭在建構子中使用成員初始值列。

　　要注意的是我們並沒有在指定給對應的資料成員前，驗證建構子的引數 first、last
和 ssn 的值是否正確。我們當然可以驗證姓與名的有效性（也許可根據姓名是否具有合理的
長度）。同樣地，也可以驗證社會安全號碼，以確認其包含 9 個數字、有或無破折號（譬如
說，123-45-6789 或是 123456789）。

CommissionEmployee 成員函數 earnings 與 print

成員函式 earnings（第 87-90 行）會計算 CommissionEmployee 的收入。第 89 行將
commissionRate 乘以 grossSales，再將計算結果傳回。成員函式 print（第 93-99 行）
會顯示出 CommissionEmployee 物件中資料成員的值。

測試 CommissionEmployee 類別

圖 19.6 中的程式是用來測試 CommissionEmployee 類別。第 11-12 行將 CommissionEmployee
實體化為物件 employee，並呼叫建構子，以"Sue"為名、"Jones"為姓、"222-22-2222"為社會
安全號碼、10000 為總業績以及 0.06 為佣金比率來初始化物件。第 19-24 行使用 employee 的 get
函式來顯示其資料成員的值。第 26-27 行呼叫物件的成員函式 setGrossSales 和
setCommissionRate 來改變資料成員 grossSales 和 commissionRate 的值。然後第 31 行
呼叫 employee 的 print 成員函式來輸出更新過後的 CommissionEmployee 資訊。最後，第
34 行會顯示出經由物件的成員函式 earnings 使用更新過的資料成員 grossSales 和
commissionRate 的值，所計算出來的 CommissionEmployee 的收入。

```cpp
1    // Fig. 19.6: fig19_06.cpp
2    // CommissionEmployee class test program.
3    #include <iostream>
4    #include <iomanip>
5    #include "CommissionEmployee.h" // CommissionEmployee class definition
6    using namespace std;
7
8    int main()
9    {
10       // instantiate a CommissionEmployee object
11       CommissionEmployee employee(
12          "Sue", "Jones", "222-22-2222", 10000, .06 );
13
14       // set floating-point output formatting
15       cout << fixed << setprecision( 2 );
16
17       // get commission employee data
18       cout << "Employee information obtained by get functions: \n"
19          << "\nFirst name is " << employee.getFirstName()
20          << "\nLast name is " << employee.getLastName()
21          << "\nSocial security number is "
22          << employee.getSocialSecurityNumber()
23          << "\nGross sales is " << employee.getGrossSales()
24          << "\nCommission rate is " << employee.getCommissionRate() << endl;
25
26       employee.setGrossSales( 8000 ); // set gross sales
27       employee.setCommissionRate( .1 ); // set commission rate
28
29       cout << "\nUpdated employee information output by print function: \n"
30          << endl;
31       employee.print(); // display the new employee information
32
33       // display the employee's earnings
34       cout << "\n\nEmployee's earnings: $" << employee.earnings() << endl;
35    } // end main
```

```
Employee information obtained by get functions:

First name is Sue
Last name is Jones
Social security number is 222-22-2222
Gross sales is 10000.00
Commission rate is 0.06

Updated employee information output by print function:

commission employee: Sue Jones
social security number: 222-22-2222
gross sales: 8000.00
commission rate: 0.10

Employee's earnings: $800.00
```

圖 19.6　**CommissionEmployee** 類別的測試程式

19.3.2　不使用繼承機制建立 **BasePlusCommissionEmployee** 類別

我們現在討論在本章簡介中提到的繼承的第二部分：建立並測試類別 **BasePlusCommissionEmployee**（全新且獨立的類別，見圖 19.7-19.8），其中資料包含了姓氏、名字、社會安全號碼、總業績、佣金比率以及底薪。

```
1    // Fig. 19.7: BasePlusCommissionEmployee.h
2    // BasePlusCommissionEmployee class definition represents an employee
3    // that receives a base salary in addition to commission.
4    #ifndef BASEPLUS_H
5    #define BASEPLUS_H
6
7    #include <string> // C++ standard string class
8
9    class BasePlusCommissionEmployee
10   {
11   public:
12      BasePlusCommissionEmployee( const std::string &, const std::string &,
13         const std::string &, double = 0.0, double = 0.0, double = 0.0 );
14
15      void setFirstName( const std::string & ); // set first name
16      std::string getFirstName() const; // return first name
17
18      void setLastName( const std::string & ); // set last name
19      std::string getLastName() const; // return last name
20
21      void setSocialSecurityNumber( const std::string & ); // set SSN
22      std::string getSocialSecurityNumber() const; // return SSN
23
24      void setGrossSales( double ); // set gross sales amount
25      double getGrossSales() const; // return gross sales amount
26
27      void setCommissionRate( double ); // set commission rate
28      double getCommissionRate() const; // return commission rate
29
30      void setBaseSalary( double ); // set base salary
31      double getBaseSalary() const; // return base salary
32
33      double earnings() const; // calculate earnings
34      void print() const; // print BasePlusCommissionEmployee object
35   private:
36      std::string firstName;
37      std::string lastName;
38      std::string socialSecurityNumber;
39      double grossSales; // gross weekly sales
40      double commissionRate; // commission percentage
41      double baseSalary; // base salary
42   }; // end class BasePlusCommissionEmployee
43
44   #endif
```

圖 19.7 **BasePlusCommissionEmployee** 類別的標頭檔

```
1    // Fig. 19.8: BasePlusCommissionEmployee.cpp
2    // Class BasePlusCommissionEmployee member-function definitions.
3    #include <iostream>
4    #include <stdexcept>
5    #include "BasePlusCommissionEmployee.h" // class definition
6    using namespace std;
7
8    // constructor
9    BasePlusCommissionEmployee::BasePlusCommissionEmployee(
10      const string &first, const string &last, const string &ssn,
11      double sales, double rate, double salary )
12   {
13      firstName = first; // should validate
14      lastName = last; // should validate
15      socialSecurityNumber = ssn; // should validate
16      setGrossSales( sales ); // validate and store gross sales
17      setCommissionRate( rate ); // validate and store commission rate
18      setBaseSalary( salary ); // validate and store base salary
19   } // end BasePlusCommissionEmployee constructor
20
21   // set first name
22   void BasePlusCommissionEmployee::setFirstName( const string &first )
23   {
```

圖 19.8 **BasePlusCommissionEmployee** 類別代表有底薪又有佣金的雇員

```
24        firstName = first; // should validate
25    } // end function setFirstName
26
27    // return first name
28    string BasePlusCommissionEmployee::getFirstName() const
29    {
30        return firstName;
31    } // end function getFirstName
32
33    // set last name
34    void BasePlusCommissionEmployee::setLastName( const string &last )
35    {
36        lastName = last; // should validate
37    } // end function setLastName
38
39    // return last name
40    string BasePlusCommissionEmployee::getLastName() const
41    {
42        return lastName;
43    } // end function getLastName
44
45    // set social security number
46    void BasePlusCommissionEmployee::setSocialSecurityNumber(
47        const string &ssn )
48    {
49        socialSecurityNumber = ssn; // should validate
50    } // end function setSocialSecurityNumber
51
52    // return social security number
53    string BasePlusCommissionEmployee::getSocialSecurityNumber() const
54    {
55        return socialSecurityNumber;
56    } // end function getSocialSecurityNumber
57
58    // set gross sales amount
59    void BasePlusCommissionEmployee::setGrossSales( double sales )
60    {
61        if ( sales >= 0.0 )
62            grossSales = sales;
63        else
64            throw invalid_argument( "Gross sales must be >= 0.0" );
65    } // end function setGrossSales
66
67    // return gross sales amount
68    double BasePlusCommissionEmployee::getGrossSales() const
69    {
70        return grossSales;
71    } // end function getGrossSales
72
73    // set commission rate
74    void BasePlusCommissionEmployee::setCommissionRate( double rate )
75    {
76        if ( rate > 0.0 && rate < 1.0 )
77            commissionRate = rate;
78        else
79            throw invalid_argument( "Commission rate must be > 0.0 and < 1.0" );
80    } // end function setCommissionRate
81
82    // return commission rate
83    double BasePlusCommissionEmployee::getCommissionRate() const
84    {
85        return commissionRate;
86    } // end function getCommissionRate
87
88    // set base salary
89    void BasePlusCommissionEmployee::setBaseSalary( double salary )
90    {
91        if ( salary >= 0.0 )
92            baseSalary = salary;
93        else
```

圖 19.8　**BasePlusCommissionEmployee** 類別代表有底薪又有佣金的雇員(續)

```
94          throw invalid_argument( "Salary must be >= 0.0" );
95   } // end function setBaseSalary
96
97   // return base salary
98   double BasePlusCommissionEmployee::getBaseSalary() const
99   {
100     return baseSalary;
101  } // end function getBaseSalary
102
103  // calculate earnings
104  double BasePlusCommissionEmployee::earnings() const
105  {
106     return baseSalary + ( commissionRate * grossSales );
107  } // end function earnings
108
109  // print BasePlusCommissionEmployee object
110  void BasePlusCommissionEmployee::print() const
111  {
112     cout << "base-salaried commission employee: " << firstName << ' '
113        << lastName << "\nsocial security number: " << socialSecurityNumber
114        << "\ngross sales: " << grossSales
115        << "\ncommission rate: " << commissionRate
116        << "\nbase salary: " << baseSalary;
117  } // end function print
```

圖 19.8　BasePlusCommissionEmployee 類別代表有底薪又有佣金的雇員(續)

定義 BasePlusCommissionEmployee 類別

BasePlusCommissionEmployee 標頭檔（圖 19.7）定義了 BasePlusCommissionEmployee 類別的 public 服務，其中包含 BasePlusCommissionEmployee 的建構子（第 12-13 行）與成員函式 earnings（第 33 行）與 print（第 34 行）。第 15-31 行宣告了 public *get* 和 *set* 函式，用來操控類別中的 private 資料成員（在 36-41 行宣告）firstName、lastName、socialSecurityNumber、grossSales、commissionRate 和 baseSalary。這些變數和成員函式已經將底薪制雇員的全部特徵要素封裝於其中了。注意這個類別與 CommissionEmployee 類別之間的相似性（圖 19.4-19.5）；在這個例子中，我們先不去探討這個相似性。

BasePlusCommissionEmployee 類別的成員函式 earnings（在圖 19.8 第 104-107 行中定義）計算底薪制雇員的收入。第 106 行將雇員底薪，加上雇員總業績與佣金比率的乘積，然後將其結果傳回。

測試 BasePlusCommissionEmployee 類別

圖19.9 用來測試 BasePlusCommissionEmployee 類別。第11-12行將 BasePlusCommissionEmployee 類別實體化成 employee 物件，並且傳遞"Bob"、"Lewis"、"333-33-3333"、"5000"、0.04 以及 300 到建構子，分別當作名字、姓氏、社會安全號碼、總業績、佣金比率以及底薪的資料。第 19-25 行使用了 BasePlusCommissionEmployee 的 get 函式取回該物件資料成員中的值以供輸出。第 27 行呼叫了物件的 setBaseSalary 成員函式來更改底薪。成員函式 setBaseSalary（圖 19.8、第 89-95 行）確認資料成員 baseSalary 不能被指定為負數，因為員工的底薪不可以是負的。圖 19.9 第 31 行呼叫物件的 print 成員函式來輸出更新過的 BasePlusCommissionEmployee 資訊，而第 34 行則呼叫成員函式 earnings 來顯示 BasePlusCommissionEmployee 的收入。

```cpp
1   // Fig. 19.9: fig19_09.cpp
2   // BasePlusCommissionEmployee class test program.
3   #include <iostream>
4   #include <iomanip>
5   #include "BasePlusCommissionEmployee.h" // class definition
6   using namespace std;
7
8   int main()
9   {
10     // instantiate BasePlusCommissionEmployee object
11     BasePlusCommissionEmployee
12        employee( "Bob", "Lewis", "333-33-3333", 5000, .04, 300 );
13
14     // set floating-point output formatting
15     cout << fixed << setprecision( 2 );
16
17     // get commission employee data
18     cout << "Employee information obtained by get functions: \n"
19        << "\nFirst name is " << employee.getFirstName()
20        << "\nLast name is " << employee.getLastName()
21        << "\nSocial security number is "
22        << employee.getSocialSecurityNumber()
23        << "\nGross sales is " << employee.getGrossSales()
24        << "\nCommission rate is " << employee.getCommissionRate()
25        << "\nBase salary is " << employee.getBaseSalary() << endl;
26
27     employee.setBaseSalary( 1000 ); // set base salary
28
29     cout << "\nUpdated employee information output by print function: \n"
30        << endl;
31     employee.print(); // display the new employee information
32
33     // display the employee's earnings
34     cout << "\n\nEmployee's earnings: $" << employee.earnings() << endl;
35  } // end main
```

```
Employee information obtained by get functions:

First name is Bob
Last name is Lewis
Social security number is 333-33-3333
Gross sales is 5000.00
Commission rate is 0.04
Base salary is 300.00

Updated employee information output by print function:

base-salaried commission employee: Bob Lewis
social security number: 333-33-3333
gross sales: 5000.00
commission rate: 0.04
base salary: 1000.00

Employee's earnings: $1200.00
```

圖 19.9　**BasePlusCommissionEmployee** 類別的測試程式

探討 BasePlusCommissionEmployee 類別與 CommissionEmployee 類別之間的類似性

BasePlusCommissionEmployee 類別（圖 19.7-19.8）中的程式碼和 **CommissionEmployee** 類別（圖 19.4-19.5）的程式碼有大部分是相同的。舉例來說，在 **BasePlusCommissionEmployee** 類別裡，**private** 資料成員 **firstName** 和 **lastName**，以及成員函式 **setFirstName**、**getFirstName**、**setLastName** 與 **getLastName**，都跟 **CommissionEmployee** 類別裡的相同。

CommissionEmployee 類別與 BasePlusCommissionEmployee 類別皆包含了 private 資料成員 socialSecurityNumber、commissionRate 和 grossSales，也都包含了 get 與 set 函式來操控這些成員。除此之外，BasePlusCommissionEmployee 的建構子跟類別 CommissionEmployee 的建構子幾乎一模一樣，除了 BasePlusCommissionEmployee 的建構子也設定了 baseSalary。BasePlusCommissionEmployee 類別的其它額外組件包含 private 資料成員 baseSalary，和成員函式 setBaseSalary 與 getBaseSalary。BasePlusCommissionEmployee 類別的 print 成員函式與 CommissionEmployee 類別的 print 成員函式幾乎一樣，除了 BasePlusCommissionEmployee 的 print 函式會多印出 baseSalary 資料成員的值。

　　我們從 CommissionEmployee 類別中，逐行逐字地複製程式碼，再貼到 BasePlusCommissionEmployee 類別裡，接下來修改 BasePlusCommissionEmployee 類別使其涵蓋基本薪資的資料，與操控基本薪資資料的各種成員函式。這種複製貼上（copy-and-paste）的方式通常就是錯誤的起因，而且非常的耗時。

軟體工程的觀點 19.1

從某個類別複製程式碼，再到另一個類別裡貼上，這種作法會讓錯誤的程式碼擴散到整個系統，造成程式維修的夢魘。當你想讓一個類別「吸收」另一個類別的成員函式與資料成員時，請使用繼承而不是複製貼上，以避免程式碼（以及中間可能產生之錯誤）的複製。

軟體工程的觀點 19.2

有了繼承，階層中所有類別共同的資料成員與成員函式都會在基本類別內宣告。當這些共同的特徵需要改變時，你只需要在基本類別中做修改，衍生類別則直接繼承這些改變。如果不使用繼承，就要對所有複製過，有問題的原始碼檔案，進行全面性的修改。

19.3.3 建立 CommissionEmployeeBasePlusCommissionEmployee 繼承階層

我們現在來建立並測試由 CommissionEmployee 類別（圖 19.4-19.5）衍生出的全新版本 BasePlusCommissionEmployee 類別（圖 19.10-19.11）。在這個例子中，一個 BasePlusCommissionEmployee 物件是一種 CommissionEmployee（因為繼承會將 CommissionEmployee 類別的能力傳遞下去），但 BasePlusCommissionEmployee 類別多了一個資料成員 baseSalary（圖 19.10 第 22 行）。類別定義的第 10 行有一個冒號（:），代表繼承關係。關鍵字 public 表示繼承的類型。身為一個衍生類別（使用了 public 繼承方法），BasePlusCommissionEmployee 繼承 CommissionEmployee 類別除了建構子以外的所有成員，每個類別都要提供自己專屬的建構子（解構子也不會被繼承）。因此，

BasePlusCommissionEmployee 類別的 public 服務包含它的建構子（第 13-14 行）以及由 CommissionEmployee 類別繼承而來的 public 成員函式；雖然我們在 BasePlusCommissionEmployee 類別的原始碼中看不見這些被繼承之成員函式的程式碼，但它們仍然是衍生類別 BasePlusCommissionEmployee 的一部分。衍生類別的 public 服務還包含成員函式 setBaseSalary、getBaseSalary、earnings 和 print（第 16-20 行）。

```
1   // Fig. 19.10: BasePlusCommissionEmployee.h
2   // BasePlusCommissionEmployee class derived from class
3   // CommissionEmployee.
4   #ifndef BASEPLUS_H
5   #define BASEPLUS_H
6
7   #include <string> // C++ standard string class
8   #include "CommissionEmployee.h" // CommissionEmployee class declaration
9
10  class BasePlusCommissionEmployee : public CommissionEmployee
11  {
12  public:
13     BasePlusCommissionEmployee( const std::string &, const std::string &,
14        const std::string &, double = 0.0, double = 0.0, double = 0.0 );
15
16     void setBaseSalary( double ); // set base salary
17     double getBaseSalary() const; // return base salary
18
19     double earnings() const; // calculate earnings
20     void print() const; // print BasePlusCommissionEmployee object
21  private:
22     double baseSalary; // base salary
23  }; // end class BasePlusCommissionEmployee
24
25  #endif
```

圖 19.10　BasePlusCommissionEmployee 類別定義說明了其與
　　　　　CommissionEmployee 間的繼承關係

```
1   // Fig. 19.11: BasePlusCommissionEmployee.cpp
2   // Class BasePlusCommissionEmployee member-function definitions.
3   #include <iostream>
4   #include <stdexcept>
5   #include "BasePlusCommissionEmployee.h" // class definition
6   using namespace std;
7
8   // constructor
9   BasePlusCommissionEmployee::BasePlusCommissionEmployee(
10     const string &first, const string &last, const string &ssn,
11     double sales, double rate, double salary )
12     // explicitly call base-class constructor
13     : CommissionEmployee( first, last, ssn, sales, rate )
14  {
15     setBaseSalary( salary ); // validate and store base salary
16  } // end BasePlusCommissionEmployee constructor
17
18  // set base salary
19  void BasePlusCommissionEmployee::setBaseSalary( double salary )
20  {
21     if ( salary >= 0.0 )
22        baseSalary = salary;
23     else
24        throw invalid_argument( "Salary must be >= 0.0" );
25  } // end function setBaseSalary
26
27  // return base salary
28  double BasePlusCommissionEmployee::getBaseSalary() const
29  {
```

圖 19.11 BasePlusCommissionEmployee 的實作檔：private 的基本類別資料不
　　　　可以被衍生類別存取

```
30        return baseSalary;
31    } // end function getBaseSalary
32
33    // calculate earnings
34    double BasePlusCommissionEmployee::earnings() const
35    {
36        // derived class cannot access the base class's private data
37        return baseSalary + ( commissionRate * grossSales );
38    } // end function earnings
39
40    // print BasePlusCommissionEmployee object
41    void BasePlusCommissionEmployee::print() const
42    {
43        // derived class cannot access the base class's private data
44        cout << "base-salaried commission employee: " << firstName << ' '
45           << lastName << "\nsocial security number: " << socialSecurityNumber
46           << "\ngross sales: " << grossSales
47           << "\ncommission rate: " << commissionRate
48           << "\nbase salary: " << baseSalary;
49    } // end function print
```

Compilation Errors from the LLVM Compiler in Xcode

```
BasePlusCommissionEmployee.cpp:37:26:
  'commissionRate' is a private member of 'CommissionEmployee'
BasePlusCommissionEmployee.cpp:37:43:
  'grossSales' is a private member of 'CommissionEmployee'
BasePlusCommissionEmployee.cpp:44:53:
  'firstName' is a private member of 'CommissionEmployee'
BasePlusCommissionEmployee.cpp:45:10:
  'lastName' is a private member of 'CommissionEmployee'
BasePlusCommissionEmployee.cpp:45:54:
  'socialSecurityNumber' is a private member of 'CommissionEmployee'
BasePlusCommissionEmployee.cpp:46:31:
  'grossSales' is a private member of 'CommissionEmployee'
BasePlusCommissionEmployee.cpp:47:35:
  'commissionRate' is a private member of 'CommissionEmployee'
```

圖 19.11 **BasePlusCommissionEmployee** 的實作檔：**private** 的基本類別資料不
可以被衍生類別存取(續)

　　圖 19.11 展示了 **BasePlusCommissionEmployee** 類別的成員函式實作。建構子（第
9-16 行）介紹了**基本類別初始值列語法**（base-class initializer syntax，第 13 行），使用成員
初始值列來傳遞引數到基本類別（**CommissionEmployee**）的建構子。C++實際上需要衍生
類別建構子呼叫它的基本類別建構子，來初始化繼承自衍生類別的基本類別資料成員。第 13
行以明確地以名稱呼叫 **CommissionEmployee** 建構子的方式來傳遞建構子的參數 **first**、
last、**ssn**、**sales** 和 **rate** 當成引數來初始化基本類別的資料成員 **firstName**、
lastName、**socialSecurityNumber**、**grossSales** 和 **commissionRate**。 如果
BasePlusCommissionEmployee 的建構子沒有明確地呼叫 **CommissionEmployee** 類別
的建構子，C++會嘗試隱含地呼叫 **CommissionEmployee** 類別的預設建構子；但這個類別
並無此建構子，所以編譯器會發出錯誤訊息。回想第 16 章提到的，編譯器會為沒有明確寫出
建構子的類別提供一個無參數的預設建構子。但是 **CommissionEmployee** 類別明確地包含
建構子，所以編譯器不會為它提供預設建構子。

常見的程式設計錯誤 19.1

當衍生類別建構子呼叫基本類別的建構子時，必須使用與基本類別建構子定義的參數數量和型別一致的引數，否則會導致編譯時期錯誤。

增進效能的小技巧 19.1

在衍生類別建構子中，在成員初始值列明確地呼叫基本類別建構子並初始化成員物件，可以避免重複初始化的問題，在重複初始化的情況下，程式會呼叫預設建構子，然後資料成員會在衍生類別建構子的本體中再次被修改。

存取基本類別 `private` 成員的編譯時期錯誤

編譯器會針對圖 19.11 第 37 行產生一個錯誤訊息，因為基本類別 `CommissionEmployee` 的資料成員 `commissionRate` 和 `grossSales` 是 `private`；基本類別 `CommissionEmployee` 的 `private` 資料不允許衍生類別 `BasePlusCommissionEmployee` 的成員函式存取它們。編譯器在第 44-47 行會基於相同的原因，針對 `BasePlusCommissionEmployee` 的成員函式 `print` 發出額外的錯誤訊息。如你所見，C++強制地限制對 `private` 資料成員的存取，所以即使是衍生的類別（與它的基本類別關係密切）也不能存取基本類別的 `private` 資料。

避免於 BasePlusCommissionEmployee 之內的錯誤

我們在圖 19.11 中刻意地納入錯誤程式碼來強調衍生類別的成員函式不可以存取基本類別的 `private` 資料。`BasePlusCommissionEmployee` 中的錯誤可以使用從 `CommissionEmployee` 類別繼承的 get 成員函式來避免。例如，第 37 行可以呼叫 `getCommissionRate` 和 `getGrossSales` 來存取 `CommissionEmployee` 的 `private` 資料成員 `commissionRate` 和 `grossSales`。同樣的，第 44-47 行可以使用適當的 get 成員函式來取回基本類別資料成員中的值。在下一個例子當中，我們將展示使用 `protected` 資料也可以讓我們避免在這個例子中碰到的錯誤。

使用#include 在衍生類別的標頭檔加入基本類別的標頭檔

請注意我們使用#include 將基本類別的標頭檔引入衍生類別的標頭檔之中（圖 19.10 第 8 行）。必須這麼做的原因有三：第一，在第 10 行為了讓衍生類別能夠使用基本類別的名稱，我們必須告知編譯器這個基本類別的存在；而在 `CommissionEmployee`.h 定義的類別正是在做這項事情。

　　第二個原因是編譯器需要使用類別的定義資訊來判斷這個類別所產生之物件的大小（正如我們曾於第 16.6 節討論過的）。一個要建立一個某類別的物件的用戶端程式#include 這個類別的定義資訊，好讓編譯器預留足夠的記憶體來容納該物件。當使用繼承時，衍生類別物件的大小是由它的類別定義中所明確宣告的資料成員，**以及**繼承自它的直接與間接基本類別的資料成員所決定。在第 8 行納入基本類別的定義目的是要讓編譯器知道基本類別的資料成員會需要多少記憶體，而這些記憶體需求會併入衍生類別物件的總記憶體需求量內計算以決定要給多少記憶體空間。

　　第 8 行的最後一個理由是要讓編譯器判斷衍生類別是否正確的使用由基本類別繼承而來的成員。例如，在圖 19.10-19.11 中的程式，編譯器使用基本類別的標頭檔來判斷被衍生類別存取的資料成員是否在基本類別中被宣告為 **private**。因為這些資料成員不能被衍生類別所存取，編譯程式會告知錯誤發生。編譯器也會使用基本類別的函式原型來驗證衍生類別對被繼承之基本類別函式所做的函式呼叫。

繼承階層中的連結過程

在第 16.7 節中，我們討論了建立一個可執行之 **GradeBook** 應用程式的連結過程。在那個例子當中，你看到了用戶端的目的碼（object code）與 **GradeBook** 類別的目的碼連結，還有任何使用在用戶端目的碼或是在 **GradeBook** 類別內的 C++標準函式庫類別的目的碼，也都會被連結在一起。

　　連結的過程類似於在繼承階層內使用類別之程式所採用者。這個過程需要這個程式中所有類別所使用到的目的碼，以及和該程式所使用之任何衍生類別有關的直接與間接基本類別的目的碼。假設用戶端程式想要建立一個使用 **BasePlusCommissionEmployee** 類別的應用程式，而這個類別是由 **CommissionEmployee** 類別衍生而來（我們會在第 19.3.4 節看到一個例子）。在編譯用戶端應用程式之時，該用戶端目的碼必須與 **BasePlusCommissionEmployee** 類別和 **CommissionEmployee** 類別的目的碼連結，因為 **BasePlusCommissionEmployee** 類別繼承了基本類別 **CommissionEmployee** 的成員函式。這份程式碼也會與 **CommissionEmployee** 類別、**BasePlusCommissionEmployee** 類別或用戶端程式碼所使用到的任何 C++標準函式庫類別的目的碼連結。這個機制讓該程式可以存取到所有它可能用到之功能性的實作。

19.3.4　使用 protected 資料的 CommissionEmployee-BasePlusCommissionEmployee 繼承階層

第 16 章介紹了存取指定詞 **public** 和 **private**。基本類別中的 **public** 成員可以在其本體中存取，或是在程式的任何地方進行存取，只要在該處程式擁有指向該基本類別或其衍生類別之任何物件的代表（handle，例如名稱、參考或是指標）。基本類別的 **private** 成員只允許在其本體中存取，或由該基本類別的夥伴存取。在本節中，我們將介紹存取指定詞 **protected**。

protected 存取方式的保護程度介於 public 和 private 之間。我們可以將 CommissionEmployee 基本類別的成員宣告成 protected，就可以讓 BasePlusCommissionEmployee 類別直接存取 CommissionEmployee 類別的資料成員 firstName、lastName、socialSecurityNumber、grossSales 和 commissionRate。基本類別以及衍生類別的成員函式和 friend 函式，可以存取該基本類別本體中的 protected 成員。

定義具有 protected 資料的 CommissionEmployee 基本類別

現在 CommissionEmployee 類別（圖 19.12）將資料成員 firstName、lastName、socialSecurityNumber、grossSales 以及 commissionRate 宣告為 protected（第 31-36 行）而非 private。該成員函式之實作與圖 19.5 中的程式完全相同，所以 CommissionEmployee.cpp 並未展示於此。

```cpp
1  // Fig. 19.12: CommissionEmployee.h
2  // CommissionEmployee class definition with protected data.
3  #ifndef COMMISSION_H
4  #define COMMISSION_H
5
6  #include <string> // C++ standard string class
7
8  class CommissionEmployee
9  {
10 public:
11    CommissionEmployee( const std::string &, const std::string &,
12       const std::string &, double = 0.0, double = 0.0 );
13
14    void setFirstName( const std::string & ); // set first name
15    std::string getFirstName() const; // return first name
16
17    void setLastName( const std::string & ); // set last name
18    std::string getLastName() const; // return last name
19
20    void setSocialSecurityNumber( const std::string & ); // set SSN
21    std::string getSocialSecurityNumber() const; // return SSN
22
23    void setGrossSales( double ); // set gross sales amount
24    double getGrossSales() const; // return gross sales amount
25
26    void setCommissionRate( double ); // set commission rate (percentage)
27    double getCommissionRate() const; // return commission rate
28
29    double earnings() const; // calculate earnings
30    void print() const; // print CommissionEmployee object
31 protected:
32    std::string firstName;
33    std::string lastName;
34    std::string socialSecurityNumber;
35    double grossSales; // gross weekly sales
36    double commissionRate; // commission percentage
37 }; // end class CommissionEmployee
38
39 #endif
```

圖 19.12　CommissionEmployee 類別定義中以 protected 宣告資料，可讓衍生類別存取這些變數

BasePlusCommissionEmployee 類別

圖 19.10–19.11 中，BasePlusCommissionEmployee 類別的定義並沒有改變，所以這裡我們不再展示它。現在 BasePlusCommissionEmployee 繼承了圖 19.12 更新過的 CommissionEmployee。BasePlusCommissionEmployee 物件可以存取繼承而來，且在 CommissionEmployee 類別

中宣告為 **protected** 的資料成員（也就是資料成員 **firstName** 、 **lastName** 、 **socialSecurityNumber** 、 **grossSales** 和 **commissionRate** ）。結果，編譯圖 19.11（第 34-38 、41-49 行） **BasePlusCommissionEmployee** 類別的 **earnings** 和 **print** 成員函式的定義時，編譯器就不會產生任何錯誤訊息。這說明了衍生類別擁有直接存取基本類別之 **protected** 資料成員的特殊權限。衍生類別的物件也可以存取該衍生類別間接繼承的任何基本類別中的 **protected** 成員。

　　BasePlusCommissionEmployee 類別並不會繼承 **CommissionEmployee** 類別的建構子。但是， **BasePlusCommissionEmployee** 類別的建構子（圖 19.11 第 9-16 行）會使用成員初始值列語法明確的呼叫類別 **CommissionEmployee** 的建構子（第 13 行）。回想 **CommissionEmployee** 類別並沒有預設建構子好讓 **BasePlusCommissionEmployee** 類別可以被隱含性地呼叫，所以 **BasePlusCommissionEmployee** 的建構子必須明確地呼叫 **CommissionEmployee** 類別的建構子。

測試修改過的 BasePlusCommissionEmployee 類別

為了要測試更新過的類別階層，我們重新測試取自圖 19.9 的程式。一如圖 19.13 所示，其輸出與圖 19.9 是一樣的。我們首先建立一個不使用繼承的類別 **BasePlusCommissionEmployee**，還建立了一個使用繼承的類別 **BasePlusCommissionEmployee** 版本；但是，這兩個類別都提供相同的功能。請注意 **BasePlusCommissionEmployee** 的程式碼（也就是標頭檔以及實作檔）有 74 行，比起沒使用繼承的類別 **BasePlusCommissionEmployee** 版本的 161 行程式碼短上許多，因為使用繼承的版本吸收了 **CommissionEmployee** 類別部分的功能，而沒使用繼承的版本卻什麼功能都沒有吸收到。而且，現在只有一份 **CommissionEmployee** 類別的功能性被宣告且定義在 **CommissionEmployee** 類別中。這讓原始程式碼更容易維護、修改和除錯，因為與 **CommissionEmployee** 相關的原始程式碼只存在於 **CommissionEmployee.h** 以及 **CommissionEmployee.cpp** 的檔案中。

```
Employee information obtained by get functions:

First name is Bob
Last name is Lewis
Social security number is 333-33-3333
Gross sales is 5000.00
Commission rate is 0.04
Base salary is 300.00

Updated employee information output by print function:

base-salaried commission employee: Bob Lewis
social security number: 333-33-3333
gross sales: 5000.00
commission rate: 0.04
base salary: 1000.00

Employee's earnings: $1200.00
```

圖 19.13　基本類別的 **protected** 資料可以被衍生類別所存取

使用 **protected** 資料的注意事項

在此例子中，我們將基本類別的資料成員宣告爲 **protected**，所以衍生類別可以直接修改其資料。繼承 **protected** 資料成員會增加一點效能，原因是我們不用經由 set 或 get 成員函式就可以直接存取這些成員，省去了呼叫函式的額外負擔。

軟體工程的觀點 19.3

於大部分的狀況下，比較好的作法是使用 **private** 資料成員以鼓勵正確的軟體工程，而將程式碼最佳化的問題交付給編譯器處理即可。你的程式碼將會更容易維護、修改和除錯。

　　使用 **protected** 資料成員會產生兩個嚴重的問題。首先，衍生類別的物件並非一定要使用成員函式來設定基本類別 **protected** 資料成員的值。因此，衍生類別的物件可以輕鬆地將不合法的值指定給 **protected** 資料成員，這會讓物件處於不一致的狀態，例如，**CommissionEmployee** 類別的資料成員 **grossSales** 宣告成 **protected** 時，其衍生類別的物件可以指定負值給 **grossSales**。使用 **protected** 資料成員的第二個問題是，衍生類別成員函式更有可能被撰寫成與基本類別的實作有很大的依賴關係。但事實上，衍生類別應該只依賴於基本類別的服務(也就是非 **private** 成員函式)而不應該與基本類別的實作有關。在基本類別使用 **protected** 資料成員時，如果基本類別的實作改變了，我們可能需要修改該基本類別的**所有**衍生類別。例如，如果因爲某些原因，我們打算將資料成員 **firstName** 和 **lastName** 的名稱改成 **first** 和 **last**，則我們也必須更改衍生類別中所有直接參考這些基本類別資料成員的發生位置。這樣的軟體被稱作是脆弱的(**fragile**)或**易變的**(brittle)，因爲基本類別的細微改變都可能「破壞」(break) 衍生類別的實作。你應該可以在改變基本類別的實作的同時，還能繼續對衍生類別提供相同的服務。當然，如果基本類別的服務改變的話，我們必須重新實作我們的衍生類別，但是良好的物件導向設計會試圖避免這種事發生。

軟體工程的觀點 19.4

當基本類別應該提供某個服務（也就是非 **private** 成員函式）給它的衍生類別和 **friend**，而不應該提供服務給其他類別時，程式應該使用 **protected** 存取指定詞。

軟體工程的觀點 19.5

將基本類別資料成員宣告爲 **private**（而不是將它們宣告爲 **protected**）讓你可以改變基本類別的實作，而毋需改變衍生類別的實作。

19.3.5　使用 private 資料的 CommissionEmployeeBasePlus CommissionEmployee 繼承階層

現在重新檢視我們的階層，這一次要使用最佳的軟體工程實作方式。類別 CommissionEmployee 現在將資料成員 firstName、lastName、socialSecurityNumber、grossSales 和 commissionRate 宣告為 private（圖 19.4 第 31-36 行）。

更改 CommissionEmployee 類別的成員函式定義

在 CommissionEmployee 建構子的實作中（圖 19.14 第 9-16 行），我們使用了成員初始值列（第 12 行）來設定成員 firstName、lastName 和 socialSecurityNumber 的值。我們示範衍生類別 BasePlusCommissionEmployee（圖 19.15）如何呼叫非 private 的基本類別成員函式（setFirstName、getFirstName、setLastName、getLastName、setSocialSecurityNumber 和 getSocialSecurityNumber）來操控這些資料成員。

在建構子的本體和成員函式 earnings（圖 19.14 第 85-88 行）與 print（第 91-98 行）的成員函式本體，我們呼叫了該類別的 set 和 get 成員函式來存取該類別的 private 資料成員。如果我們決定更改資料成員的名稱，則 earinings 與 print 的定義並不需要配合修改，只有直接操作資料成員的 get 和 set 成員函式的定義需要配合更改。這些更改僅侷限在基本類別之內，衍生類別則不需要做任何的更改。將更改的影響以這種方式侷限在本地是個良好的軟體工程作法。

```cpp
1   // Fig. 19.14: CommissionEmployee.cpp
2   // Class CommissionEmployee member-function definitions.
3   #include <iostream>
4   #include <stdexcept>
5   #include "CommissionEmployee.h" // CommissionEmployee class definition
6   using namespace std;
7
8   // constructor
9   CommissionEmployee::CommissionEmployee(
10     const string &first, const string &last, const string &ssn,
11     double sales, double rate )
12     : firstName( first ), lastName( last ), socialSecurityNumber( ssn )
13   {
14     setGrossSales( sales ); // validate and store gross sales
15     setCommissionRate( rate ); // validate and store commission rate
16   } // end CommissionEmployee constructor
17
18   // set first name
19   void CommissionEmployee::setFirstName( const string &first )
20   {
21     firstName = first; // should validate
22   } // end function setFirstName
23
24   // return first name
25   string CommissionEmployee::getFirstName() const
26   {
27     return firstName;
```

圖 19.14 CommissionEmployee 類別實作檔案：CommissionEmployee 類別使用成員函式來操控它的 private 資料

```cpp
28   } // end function getFirstName
29
30   // set last name
31   void CommissionEmployee::setLastName( const string &last )
32   {
33      lastName = last; // should validate
34   } // end function setLastName
35
36   // return last name
37   string CommissionEmployee::getLastName() const
38   {
39      return lastName;
40   } // end function getLastName
41
42   // set social security number
43   void CommissionEmployee::setSocialSecurityNumber( const string &ssn )
44   {
45      socialSecurityNumber = ssn; // should validate
46   } // end function setSocialSecurityNumber
47
48   // return social security number
49   string CommissionEmployee::getSocialSecurityNumber() const
50   {
51      return socialSecurityNumber;
52   } // end function getSocialSecurityNumber
53
54   // set gross sales amount
55   void CommissionEmployee::setGrossSales( double sales )
56   {
57      if ( sales >= 0.0 )
58         grossSales = sales;
59      else
60         throw invalid_argument( "Gross sales must be >= 0.0" );
61   } // end function setGrossSales
62
63   // return gross sales amount
64   double CommissionEmployee::getGrossSales() const
65   {
66      return grossSales;
67   } // end function getGrossSales
68
69   // set commission rate
70   void CommissionEmployee::setCommissionRate( double rate )
71   {
72      if ( rate > 0.0 && rate < 1.0 )
73         commissionRate = rate;
74      else
75         throw invalid_argument( "Commission rate must be > 0.0 and < 1.0" );
76   } // end function setCommissionRate
77
78   // return commission rate
79   double CommissionEmployee::getCommissionRate() const
80   {
81      return commissionRate;
82   } // end function getCommissionRate
83
84   // calculate earnings
85   double CommissionEmployee::earnings() const
86   {
87      return getCommissionRate() * getGrossSales();
88   } // end function earnings
89
90   // print CommissionEmployee object
91   void CommissionEmployee::print() const
92   {
93      cout << "commission employee: "
94         << getFirstName() << ' ' << getLastName()
95         << "\nsocial security number: " << getSocialSecurityNumber()
96         << "\ngross sales: " << getGrossSales()
97         << "\ncommission rate: " << getCommissionRate();
98   } // end function print
```

圖 19.14 **CommissionEmployee** 類別實作檔案：**CommissionEmployee** 類別使用
成員函式來操控它的 **private** 資料(續)

增進效能的小技巧 19.2

使用成員函式來存取資料成員的值，可能會比直接存取該資料稍慢。儘管如此，現今優化的編譯器已經過精心的設計，會默默地進行許多最佳化（例如將 *set* 和 *get* 成員函式的呼叫行內化）。你應該遵照軟體工程原則來撰寫程式，並把最佳化的工作留給編譯器。「不要預測編譯器的行為」是很好的準則。

更改 BasePlusCommissionEmployee 類別的成員函式定義

BasePlusCommissionEmployee 類別繼承 CommissionEmployee 的 public 成員函式，而可以經由所繼承的成員函式存取 private 基本類別的成員。圖 19.10 類別標頭檔仍然保持不變。該類別的成員函式實作有一些改變（圖 19.15），因此與該類別之前的版本（圖 19.10-19.11）有所區分。成員函式 earnings（圖 19.15 第 34-37 行）和 print（第 40-48 行）呼叫成員函式 getBaseSalary 來取得底薪的值，而不是直接存取 baseSalary 的值。這樣可以避免資料成員 baseSalary 之實作有重大變更時，earnings 和 print 函式也必須隨著變更。例如，假設我們決定要將資料成員 baseSalary 重新命名或是改變它的資料型別，只有成員函式 setBaseSalary 和 getBaseSalary 需要隨著更改。

```cpp
1   // Fig. 19.15: BasePlusCommissionEmployee.cpp
2   // Class BasePlusCommissionEmployee member-function definitions.
3   #include <iostream>
4   #include <stdexcept>
5   #include "BasePlusCommissionEmployee.h"
6   using namespace std;
7
8   // constructor
9   BasePlusCommissionEmployee::BasePlusCommissionEmployee(
10     const string &first, const string &last, const string &ssn,
11     double sales, double rate, double salary )
12     // explicitly call base-class constructor
13     : CommissionEmployee( first, last, ssn, sales, rate )
14  {
15     setBaseSalary( salary ); // validate and store base salary
16  } // end BasePlusCommissionEmployee constructor
17
18  // set base salary
19  void BasePlusCommissionEmployee::setBaseSalary( double salary )
20  {
21     if ( salary >= 0.0 )
22        baseSalary = salary;
23     else
24        throw invalid_argument( "Salary must be >= 0.0" );
25  } // end function setBaseSalary
26
27  // return base salary
28  double BasePlusCommissionEmployee::getBaseSalary() const
29  {
30     return baseSalary;
31  } // end function getBaseSalary
32
33  // calculate earnings
34  double BasePlusCommissionEmployee::earnings() const
35  {
```

圖 19.15 繼承 CommissionEmployee 類別的 BasePlusCommissionEmployee 類別無法直接存取 CommissionEmployee 類別的 private 資料

```
36        return getBaseSalary() + CommissionEmployee::earnings();
37    } // end function earnings
38
39    // print BasePlusCommissionEmployee object
40    void BasePlusCommissionEmployee::print() const
41    {
42        cout << "base-salaried ";
43
44        // invoke CommissionEmployee's print function
45        CommissionEmployee::print();
46
47        cout << "\nbase salary: " << getBaseSalary();
48    } // end function print
```

圖 19.15 繼承 CommissionEmployee 類別的 BasePlusCommissionEmployee 類
別無法直接存取 CommissionEmployee 類別的 private 資料(續)

BasePlusCommissionEmployee 成員函式 earnings

BasePlusCommissionEmployee 類別的 earnings 函式（圖 19.15 第 34-37 行）重新定義了
CommissionEmployee 類別的成員函式 earnings（圖 19.14 第 85-88 行）來計算底薪制雇員的收入。
BasePlusCommissionEmployee 類別版本的 earnings 經由呼叫基本類別 CommissionEmployee
的 earnings 函式（其運算式為 CommissionEmployee::earnings()，圖 19.15 第 36 行）來取得
員工收入的佣金部分。然後 BasePlusCommissionEmployee 的 earnings 函式再將底薪
加入這個值來計算員工的總收入。請注意衍生類別在呼叫重新定義的基本類別成員函式時所
用的語法，將基本類別名稱和二元範圍解析運算子（::）放在基本類別成員函式名稱之前。這
種成員函式呼叫是很好的軟體工程實作技術；還記得第 17 章我們提過，如果某個物件的成員
函式執行其他物件所需的動作，我們需要呼叫該成員函式，避免複製其程式碼本體。藉由使用
BasePlusCommissionEmployee 的 earnings 函式來呼叫 CommissionEmployee 的
earnings 函式，來計算 BasePlusCommissionEmployee 物件部分收入的方式，我們避
免了複製該部分的程式碼，並減少程式碼維護問題。

常見的程式設計錯誤 19.2

當某個基本類別的成員函式在其衍生類別內被重新定義時，衍生類別版本通常會呼叫基
本類別的函式版本來執行一些額外的工作。當參考基本類別成員函式的時候，忘記在基
本類別名稱之後加上 :: 運算子，可能會造成無窮遞迴，因為衍生類別的成員函式會因此
自己呼叫自己。

BasePlusCommissionEmployee 成員函式 print

同樣地，BasePlusCommissionEmployee 的 print 函式（圖 19.15 第 40-48 行）重新定義了
CommissionEmployee 類別的 print 函式（圖 19.14，第 91-98 行）來輸出底薪制雇員的正確資
訊。BasePlusCommissionEmployee 的新版本以修飾名稱 CommissionEmployee::print()（圖

19.15，第 45 行）來呼叫 `CommissionEmployee` 的 `print` 成員函式，來顯示 `BasePlusCommissionEmployee` 物件的一部分資訊（`"commission employee"` 字串和 `CommissionEmployee` 類別 `private` 資料成員的值）。然後 `BasePlusCommissionEmployee` 的 `print` 函式會把剩餘的 `BasePlusCommissionEmployee` 物件資訊（也就是 `BasePlusCommissionEmployee` 類別底薪的值）輸出。

測試修改後的類別階層

再一次，這個範例使用取自圖 19.9 的 `BasePlusCommissionEmployee` 測試程式，並產生相同的輸出。雖然每個「底薪制雇員」類別表現的如出一轍，這個例子中的版本卻是最佳的工程實作。藉由使用繼承及呼叫成員函式將資料隱藏並確保合法性，我們已經十分有效率地建構出一個設計優良的類別。

總結 CommissionEmployee–BasePlusCommissionEmployee 範例

在這一節中，我們精心設計了一組逐步發展的範例，藉此讓讀者了解使用繼承的軟體工程設計。你學會了如何以繼承來建立衍生類別，如何使用 `protected` 的基本類別成員讓衍生類別能夠存取它繼承之基本類別的資料成員，以及如何重新定義基本類別的函式來提供更適當的版本供衍生類別的物件使用。此外，你還學到如何應用軟體工程的技巧，而在第 17 章和本章，我們則學到如何建構出易於維護、修改、除錯的類別。

19.4　衍生類別的建構子與解構子

如我們在前面章節解釋過的，實體化一個衍生類別物件會引發一連串的建構子呼叫，而在衍生類別的建構子開始進行它的工作之前，會先呼叫它最直接繼承的基本類別建構子。呼叫方法可以是公開地呼叫（經由基本類別的成員初始值列）或是隱含的呼叫（呼叫基本類別的預設建構子）。同樣地，如果基本類別係衍生自其他的類別，則基本類別建構子需要呼叫階層中再上一層的類別建構子，依此類推。在這一連串的呼叫中，最後一個被呼叫的建構子是位在階層中最底層者，而這個建構子將會是第一個執行完成的。大多數的衍生類別建構子本體則會最後執行。每個基本類別建構子會初始化衍生類別物件所繼承的基本類別資料成員。以我們曾經學過的 `CommissionEmployee`/`BasePlusCommissionEmployee` 的階層為例，當程式產生一個 `BasePlusCommissionEmployee` 物件，`CommissionEmployee` 的建構子就會被呼叫。因為 `CommissionEmployee` 類別在階層的最底層，它的建構子會執行並且將屬於 `BasePlusCommissionEmployee` 物件的 `CommissionEmployee` 類別 `private` 資料成員初始化。當 `CommissionEmployee` 的建構子完成執行後，會將控制權傳回給

BasePlusCommissionEmployee 的建構子，而 **BasePlusCommissionEmployee** 的建構子則會將 **BasePlusCommissionEmployee** 物件的 **baseSalary** 初始化。

軟體工程的觀點 19.6

當程式建立衍生類別的物件時，衍生類別的建構子會立刻呼叫基本類別的建構子，然後基本類別的建構子本體將會執行，之後衍生類別的成員初始值列才會執行，最後執行的是衍生類別的建構子本體。如果這個階層超過兩層，上述過程往上傳遞。

　　當衍生類別物件被摧毀時，程式會呼叫該物件的解構子。這會開始一連串的解構子呼叫，在此情況下，衍生類別的解構子和直接基本類別與間接基本類別的解構子以及各類別的成員將會以它們建構子執行順序的相反順序進行呼叫。要呼叫衍生類別物件的解構子時，解構子會執行它的工作，然後呼叫階層中下一個基本類別的解構子。這個過程會不斷重複，直到程式呼叫階層最頂端基本類別的解構子。然後物件會從記憶體中移除。

軟體工程的觀點 19.7

假設我們建立一個衍生類別的物件，其中基本類別和衍生類別都含有一些其他類別的物件（經由組合的方式）。在建立衍生類別的物件時，程式會先執行基本類別成員物件的建構子，然後執行基本類別的建構子本體，然後執行衍生類別成員物件的建構子，最後執行衍生類別的建構子本體。衍生類別物件的解構子的呼叫順序與他們所對應的建構子呼叫順序剛好相反。

　　基本類別的建構子、解構子、多載指定運算子(詳見第 18 章)並不會被衍生類別所繼承。但是衍生類別的建構子、解構子以及多載指定運算子可以呼叫基本類別的建構子、解構子和多載指定運算子。

C++11：繼承基本類別的建構子

有時衍生類別的建構子只是模仿基本類別的建構。C++11 經常要求的便利功能是能夠繼承基本類別的建構子。你現在可以透過在衍生類別定義中的**任何位置明確地含括**一個 **using** 宣告來做到這一點，如下所示

```
using BaseClass::BaseClass;
```

在前面的宣告中，**BaseClass** 是基本類別的名稱。除了一些例外（列於下方），對於基本類別中的每個建構子，編譯器都會生成一個衍生類別的建構子，用於呼叫相對應的基本類別建構子。產生的建構子只對衍生類別的額外資料成員執行預設的初始化。繼承建構子時：

● 預設情況下，每個繼承的建構子與其相對應的基本類別建構子具有相同的存取等級（**public**、**protected** 或 **private**）。

- 預設、複製和移動建構子不會被繼承。

- 如果透過在其原型中放置 **= delete** 來刪除基本類別中的建構子,則衍生類別中相對應的建構子也會被刪除。

- 如果衍生類別沒有明確定義建構子,編譯器會在衍生類別中產生預設建構子——即使它從其基本類別繼承其他建構子也一樣。

- 如果在衍生類別中明確定義的建構子具有與基本類別建構子**相同**的參數列,則基本類別建構子不會被繼承。

- 基本類別建構子的預設引數不會被繼承。相反地,編譯器會在衍生類別中生成**多載建構子**。例如,如果基本類別宣告建構子

> *BaseClass*(int = 0, double = 0.0);

編譯器會產生下列兩個沒有預設引數的衍生類別建構子

> *DerivedClass*(int);
> *DerivedClass*(int, double);

它們分別呼叫指定預設引數的 **BaseClass** 建構子。

19.5　public、protected 和 private 繼承

從基本類別衍生出類別時,我們有 **public**、**protected** 或 **private** 等三種繼承方法。在本書中,一般狀況下我們都使用 **public** 繼承。**protected** 繼承很少見。在某些狀況下,會使用 **private** 繼承來取代組合。圖 19.16 針對每種繼承方式摘要列出衍生類別對基本類別成員的存取性。第一欄列出代表基本類別成員存取指定詞。

基本類別成員存取指定詞	繼承方法		
	public	**Protected**	**private**
public	在衍生類別中 **public**。可由成員函式直接存取 **friend** 函式及非成員函式。	在衍生類別中 **protected**。可由成員函式及 **friend** 函式直接存取。	在衍生類別中 **private**。可由成員函式及 **friend** 函式直接存取。
Protected	在衍生類別中 **protected**。可由成員函式和 **friend** 函式直接存取。	在衍生類別中 **protected**。可由成員函式和 **friend** 函式直接存取。	在衍生類別中 **private**。可由成員函式和 **friend** 函式直接存取。
private	在衍生類別中隱藏。成員函式及 **friend** 函式可透過基本類別的 **public** 或 **protected** 成員函式來存取。	在衍生類別中隱藏。成員函式及 **friend** 函式可透過基本類別的 **public** 或 **protected** 成員函式來存取。	在衍生類別中隱藏。成員函式及 **friend** 函式可透過基本類別的 **public** 或 **protected** 成員函式來存取。

圖 19.16　摘要列出衍生類別對基本類別成員的存取性

在以 **public** 繼承衍生一個類別時，該基本類別的 **public** 成員就成爲該衍生類別的 **public** 成員，而該基本類別的 **protected** 成員就成爲該衍生類別的 **protected** 成員。該基本類別的 **private** 成員不可以從該衍生類別直接存取，但是可以透過呼叫該基本類別的 **public** 和 **protected** 成員來存取。

當以 **protected** 繼承衍生一個類別時，該基本類別的 **public** 成員和 **protected** 成員會成爲該衍生類別的 **protected** 成員。當以 **private** 繼承衍生一個類別時，該基本類別的 **public** 和 **protected** 成員都會成爲該衍生類別的 **private** 成員（換言之，所有函式都成爲工具函式）。**Private** 和 **protected** 繼承皆非「是一種（is-a）」關係。

19.6　使用繼承的軟體工程

有時候學生很難了解到程式設計者在大型軟體專案中所面對的問題。具有大型專案開發經驗的人都會說，有效率地再利用軟體可以改善軟體開發的過程。物件導向程式設計讓軟體再利用變得更容易，從而減少軟體發展的時間並改良軟體的品質。

當我們使用繼承從現存的類別建立新類別時，新的類別會繼承現存類別的資料成員與成員函式，如圖 19.16 所描繪的。我們可以藉由重新定義基本類別中的成員或加入新的成員來客製化一個新類別以符合我們的需求。撰寫衍生類別的 C++程式設計者不需要動到基本類別的原始碼。衍生類別必須要能夠連結到基本類別的目的碼。這項強而有力的功能深深吸引了許多軟體開發人員。他們可以開發自有的類別程式碼，供銷售或授權使用，並且能以目的碼的方式提供類別程式碼給顧客使用。使用者能夠從這些類別庫很快地衍生出新的類別，而不需要存取該私有的原始碼。軟體開發人員只需要提供目的碼的標頭檔案即可。

現存許多有用的類別庫，可藉由繼承達到軟體充分地再利用。現在與 C++編譯器一起銷售的程式庫，通常趨向於較一般性的應用，在使用範圍上也有所侷限。現在全世界都致力於開發各式各樣應用領域的類別程式庫。

軟體工程的觀點 19.8

在物件導向系統的設計階段中，設計者常常要決定哪些類別應該要緊密地關聯。設計者應該「篩選」出共同的屬性以及行爲，將這些東西放到基本類別內，然後以繼承方法形成衍生類別。

軟體工程的觀點 19.9

建立衍生類別並不會影響到其基本類別的原始碼。繼承會保留基本類別的完整性。

19.7　總結

本章介紹了繼承——藉著汲取現存類別的資料成員及成員函式來產生新類別,並加入新的功能將它們強化。藉著一系列員工繼承階層的範例,你學到了基本類別與衍生類別的表示方法,並使用 **public** 繼承來產生一個衍生類別,它繼承了基本類別的成員。本章介紹了存取指定詞 **protected**,衍生類別的成員函式可以存取基本類別的 **protected** 成員。你學到了如何存取透過在名稱前面加上該基本類別的名稱以及二元範圍解析運算子(::)的方式重新定義過的基本類別成員。你也學到了屬於繼承階層某部分之類別物件的建構子和解構子的呼叫順序。最後,我們解釋了三個繼承類型:**public**、**protected** 以及 **private**,以及使用這些繼承方式時,衍生類別對基本類別成員的存取性。

在第 20 章,我們會引進多型(polymorphism)的觀念來討論繼承,這是一個讓我們能夠撰寫以更一般性的方式來處理各式具有繼承關係的類別的程式。在我們學習第 20 章之後,你將會熟悉物件導向程式設計中的主要概念:類別、物件、封裝、繼承以及多型。

摘要

19.1　簡介

● 軟體再利用可以減少程式開發的時間與金錢花費。

● 繼承是軟體再利用的一種形式,你可以創造出新的類別並吸收原有類別的能力,將它轉化為己所用,或加強新的能力。這種現存的類別稱為基本類別,而新類別稱為衍生類別。

● 每一個衍生類別的物件也是其基本類別的物件。但是,基本類別的物件並非其衍生類別的物件。

● 「是一種」關係代表繼承。在「是一種」關係中,衍生類別的物件也可視為它的基本類別物件。

● 「有一種」關係代表組合,一個物件內可能包含一或多個其他類別的物件作為成員,但不會在它的介面中直接顯現出這些物件的行為。

19.2　基本類別與衍生類別

● 直接基本類別就是衍生類別所明確繼承的類別。間接基本類別繼承兩層以上的類別階層。

● 單一繼承(single inheritance)是指衍生類別只繼承自一個基本類別。而多重繼承(multiple inheritance)代表一個類別繼承自多個基本類別(可能互相不相干)。

● 衍生類別代表一群更為特殊化的物件。

● 繼承關係會形成類別階層。

● 可用類似的方式來處理基本類別的物件和衍生類別的物件;各物件類型之間所分享的共通之處係以基本類別的資料成員與成員函式來表現。

19.4　衍生類別的建構子與解構子

● 當某個衍生類別的物件被實體化時，基本類別的建構子會立即被呼叫，以初始化該衍生類別物件中來自基本類別的資料成員，然後該衍生類別建構子初始化額外的衍生類別資料成員。

● 當衍生類別的物件被摧毀時，會以相反於建構子被呼叫的順序來呼叫解構子，先呼叫衍生類別的解構子，然後才呼叫基本類別的解構子。

● 基本類別的 public 成員可以在程式的任何地方進行存取，只要在該處程式擁有該基本類別或其衍生類別的任何物件代表或使用二元範圍解析運算子，只要該類別的名稱位在範圍中。

● 基本類別的 private 成員只允許在基本類別內或是從其夥伴存取。

● 基本類別的 protected 成員可以經由該基本類別的成員和夥伴，以及任何衍生自該基本類別之成員和夥伴來存取。

● 在 C++11 中，衍生類別可以透過在衍生類別定義中的任意位置含括下列形式的 using 宣告，從其基本類別繼承建構子

$$using BaseClass::BaseClass;$$

19.5　public、protected 和 private 繼承

● 當提供非 private 成員函式來操控並驗證資料的時候，先將這些資料成員宣告成 private，有助於強化良好的軟體工程習慣。

● 從基本類別衍生出新類別時，可將基本類別宣告成 public、protected 或 private。

● 利用 public 繼承方式衍生新類別時，該基本類別的 public 成員就成為衍生類別的 public 成員，而該基本類別的 protected 成員就成為衍生類別的 protected 成員。

● 以 protected 繼承衍生新類別時，該基本類別的 public 成員和 protected 成員會成為該衍生類別的 protected 成員。

● 以 privare 繼承衍生新類別時，該基本類別的 public 成員和 protected 成員就成為衍生類別的 private 成員。

自我測驗

19.1　填充題

　　a)　＿＿＿＿是一種軟體的再利用的形式，新類別吸收現有類別的資料和行為，並提供這些新類別新增的能力。

　　b)　基本類別的＿＿＿＿成員只可以在基本類別的定義，或是衍生類別的定義以及它們的夥伴中被存取。

　　c)　在＿＿＿＿的關係中，衍生類別的物件也可視為它的基本類別物件。

　　d)　在＿＿＿＿的關係中，類別物件擁有一或多個其他類別的物件當作成員。

e)　在單一繼承中，類別與其衍生類別間存在_____關係。

f)　基本類別的_____成員可由基本類別中其他成員存取，或是在程式的任何地方進行存取，只要在該處程式擁有該基本類別或其衍生類別物件的代表。

g)　基本類別的 **protected** 存取成員在保護的等級上介於 **public** 存取與_____存取之間。

h)　C++提供了_____，讓衍生類別可以繼承許多個基本類別，即使這些類別彼此之間並無關係。

i)　當衍生類別的物件被實體化時，基本類別的_____會被公開或隱含地呼叫，以便對衍生類別物件中來自基本類別的資料成員進行必要的初始化。

j)　從基本類別利用 **public** 繼承方法衍生出新類別時，該基本類別的 **public** 成員就成為該衍生類別的_____成員，該基本類別的 **protected** 成員就成為該衍生類別的_____成員。

k)　從基本類別利用 **protected** 繼承方法衍生出新類別時，該基本類別的 **public** 成員就成為該衍生類別的_____成員，該基本類別的 **protected** 成員就成為該衍生類別的_____成員。

19.2　是非題。如果答案為非，請解釋為什麼。

a)　基本類別的建構子不會被衍生類別所繼承。

b)　有一種關係「*has-a*」是透過繼承加以實作的。

c)　類別 **Car** 與類別 **SteeringWheel** 及 **Brakes** 之間存在「*is-a*」的關係。

d)　繼承會鼓勵再利用經過驗證的高品質軟體。

e)　當衍生類別的物件被摧毀時，解構子的呼叫順序剛好相反於建構子被呼叫的順序。

自我測驗解答

19.1　a)繼承　b) **protected**　c) *is-a* 或繼承（適用於 **public** 繼承）　d) *has-a* 或組合或聚合　e) 階層　f) **public**　g) **private**　h) 多重繼承　i) 建構子　j) **public**、**protected**　k) **protected**、**protected**

19.2　a) 是　b) 非。關係「*has-a*」是透過組合加以實作的。而關係「*is-a*」則是透過繼承加以實作的　c) 非。這是一個「*has-a*」關係的例子。類別 **Car** 和類別 **Vehicle** 才具有「*is-a*」的關係　d) 是　e) 是。

習題

19.3　（用組合的方式來代替繼承）很多使用繼承所寫的程式，也可以利用組合的技術改寫，反之亦然。請使用組合而不是繼承的方式，重新撰寫 **CommissionEmployee-BasePlusCommissionEmployee** 類別階層體系中的 **BasePlusCommissionEmployee** 類別。當你完成之後，請比較與評論使用這兩種方法來設計 **CommissionEmployee** 和 **BasePlusCommissionEmployee** 類別相對的優點，並延伸至一般的物件導向程式。哪一種方法較合乎自然呢？為什麼呢？

19.4　（**繼承優勢**）討論繼承如何促進軟體再利用性，在程式開發期間節省時間，並有助於防止錯誤。

19.5　（**基本類別的** protected **和** private）有些程式開發者不喜歡使用 `protected` 存取，因為他們認為 `protcted` 破壞了基本類別的封裝。試討論在基本類別中使用 `protected` 存取與使用 `private` 存取的相關優點。

19.6　（**學生繼承階層**）請繪製一個和圖 19.2 相似的大學學生繼承階層架構。先使用 `Student`（學生）作為該階層的基本類別，然後納入由 `Student` 衍生的 `UndergraduateStudent`（大學生）和 `GraduateStudent`（研究生）類別。繼續盡可能延伸階層的深度（亦即更多的階層數）。例如，`Freshman`（大一生）、`Sophomore`（大二生）、`Junior`（大三生）和 `Senior`（大四生）可從 `UndergraduateStudent` 衍生，而 `DoctoralStudent`（博士生）和 `MastersStudent`（碩士生）可衍生自 `GraduateStudent`。繪製完這個階層架構之後，請討論各類別之間存在的關係。（註：你不需要為這個習題編寫任何程式碼。）

19.7　（**加強版圖形階層**）圖形的世界比圖 19.3 裡繼承階層體系所包含的圖形要多得多。針對二度空間跟三度空間，請記下你所能想到的所有圖形，而這些圖形以盡可能多層的方式，再去形成一個更為複雜的 `Shape` 類別階層體系。你的階層必須有一個基本類別 Shape，並且衍生出兩個類別 `TwoDimensionalShape` 和 `ThreeDimensionalShape`。（請注意：這一題不需要你撰寫任何程式碼。）我們將在第 20 章的習題中，使用這個階層，並且將所有的圖形當成基本類別 `Shape` 的物件加以處理（這種技術叫作多型，是第 20 章的主題）。

19.8　（**四邊形繼承階層**）請繪製一個 `Quadrilateral`（四邊形）、`Trapezoid`（梯形）、`Parallelogram`（平行四邊形）、`Rectangle`（矩形）和 `Square`（正方形）等類別的繼承階層架構。請使用 `Quadrilateral` 作為該階層架構的基本類別。盡可能加深該階層架構的深度。

19.9　（Package **繼承階層**）包裹郵遞服務，如 FedEx®、DHL®和 UPS®，皆提供各種不同的郵遞選項，而每一個選項皆有不同的運輸費用。建立一個繼承階層來表示不同類別的包裹形式。請使用 `Package` 類別作為階層中的基本類別，然後加入兩個由 `Package` 類別衍生出的類別 `TwoDayPackage` 和 `OvernightPackage`。基本類別 `Package` 應該包含代表寄件者與收件者雙方的姓名、住址、城市、州和郵遞區號的資料成員，另外也要加入資料成員來記載郵件的重量（盎司）以及載運每盎司貨件的價格。`Package` 的建構子應該要初始化這些資料成員。請確認重量和載運每盎司貨件價格都是正數。`Package` 應該提供 `public` 的成員函式 `calculateCost` 來傳回（`double` 型別）貨運此一貨件所需的價錢。而 `Package` 類別的函式 `calculateCost` 會計算貨件重量乘上載運每盎司貨物的價格所得的成本。衍生類別 `TwoDayPackage` 應該繼承 `Package` 基本類別的功能性，並加入一個資料成員來代表公司對於兩天到貨郵件服務所收取的固定費率。`TwoDayPackage` 的建構子應該接收一個值，並將這個資料成員初始化成這個值。`TwoDayPackage` 也應該重新定義成員函式 `calculateCost` 來讓它計算新的貨運價格，固定費率加上由基本類別 `Package` 的成員函式 `calculateCost` 所計算出來的值。類別

OvernightPackage 應該直接從 Package 類別繼承而來，並加上額外的資料成員代表隔夜送貨服務每盎司的費率。OvernightPackage 類別應該重新定義成員函式 calculateCost 來將額外的費用加到一般費用之中。請寫一個測試程式建立每一種 Package 類別的物件，並測試他們的成員函式 calculateCost。

19.10　（Account 繼承階層）請建立一個銀行可能會用來表示客戶帳號的繼承階層。所有在這家銀行的客戶都可從他的帳戶存款與提款。銀行還有其他特殊的帳號。例如，存款帳戶可以從他所存的錢中獲得利息。另外，支票帳戶則會在每次交易時收取手續費。

建立一個繼承階層，把 Account 當作基本類別，而從基本類別 Account 衍生出的類別有 SavingsAccount 和 CheckingAccount。基本類別 Account 應該只含一個資料成員，型態為 double，用來表示目前帳戶的餘額。這個類別應該提供接收一個參數的建構子，並將資料成員給初始化為這個參數值。建構子要驗證初始餘額一定要大於或等於 0.0。如果不是，則將餘額設定成 0.0，並顯示出錯誤訊息來表示出初始餘額不正確。這個類別需要提供三個成員函式。成員函式 credit 應該對目前的餘額增加一個定量。成員函式 debit 應該從 Account 提出金錢，並確保提款的金額不會超出 Account 的餘額。如果提領金額真的超過帳戶餘額的話，那麼，所留存的存款數額不變，但函式會列印出一條訊息，上面有「提領金額超過帳戶餘額」字樣。getBalance 成員函式可傳回目前餘額。

衍生類別 SavingsAccount 應該繼承 Account 的功能，然後加上資料成員（double 型別）來記錄這個 Account 的利率（百分比）。SavingsAccount 的建構子要接收的參數有初始餘額以及初始利率。SavingsAccount 應該提供一個 public 成員函式 calculateInterest（傳回一個 double）來計算這個帳戶所獲取的利息。成員函式 calculateInterest 計算利息的方法是將利率乘上目前帳戶餘額。（請注意：SavingsAccount 應該繼承成員函式 credit 和 debit，而不進行任何的重新定義。）

衍生類別 CheckingAccount 應該從基本類別 Account 繼承而來，並增加資料成員（double 型別）來代表每筆交易所需要的手續費。CheckingAccount 的建構子應該接收的參數有初始餘額以及手續費。CheckingAccount 類別需要重新定義成員函式 credit 和 debit，讓它們在每一筆交易不論是否交易成功，都會從帳戶餘額減去手續費。CheckingAccount 的這些函式應該呼叫基本類別 Account 的函式來對帳戶餘額做更新。CheckingAccount 的 debit 函式應該只在提款動作成功時收取手續費（即提款金額不超過餘額）。（提示：將 Account 的 debit 函式定義成傳回一個布林數（bool）來指示提款是否成功。然後使用這個傳回值來決定是否收取手續費。）在定義完階層中的這些類別之後，寫一個程式針對每個類別來建立物件並測試它們的成員函式。以此方法將利息金額加到 SavingsAccount 物件中：先呼 calculateInterest 函式，然後將傳回的利息金額傳給物件的 credit 函式。